PYTHON

風格徹底研究

超詳實、好理解的 Python 必學主題

Jason C McDonald 著／H&C 譯

no starch press

懷念與致敬 Chris "Fox" Frasier。

對您永遠都像 "lern u a snek" 這句密語。

作者簡介

Jason C. McDonald 是一位軟體開發工程師、講師和小說作家、文字工作者。白天擔任軟體工程師的工作。夜晚是 MousePaw Media（https://mousepawmedia.com/）的創辦人，這是一家開放原始碼（開源）軟體的公司，他在那裡教授和培育軟體開發的新手。一般來說，您可以在他最喜歡的咖啡店裡找到他。

技術審校者簡介

Steven Bingler 是一位住在麻州波士頓的軟體工程師，擁有電機工程的碩士學位。他是一位經驗豐富的技術審校人員，閒暇時喜歡騎自行車、攀岩，並尋找新的美食餐廳。

Denis Pobedrya 在 Libera.IRC 網路上稱為「deniska」，熟悉 Python 資料模型的一些深入主題。他是一位多才多藝的人，曾從事多種工作（包括倉管）。目前是一位市場服務的 Python 後端開發人員。

Ryan Palo 是一位從機械工程轉行成軟體開發人員的專家，目前在 Flashpoint 使用 Python 進行開發工作，擁有電腦科學（智慧系統）的碩士學位。他熱愛分享自己對物理、數學、寫作和程式碼的熱情，可以透過他的部落格 https://www.assertnotmagic.com/ 來發掘他分享的文章。家裡的成員有他和他的妻子、女兒、貓、狗，另外還有各種不同的 Linux 裝置以及很多的烏克麗麗。

對於 **Daniel Foerster** 來說，為本書進行技術編輯和審校是一份互助共好和展現熱情的工作。在年輕時有幸接觸 Python，而至今還沒有遇到其他程式語言能像 Python 一樣適合他。領導 Python 開發工作多年並參與了教授程式設計的課程，目前不管是在職場中或是其他場合，Daniel 都把重心轉向教學與傳道授業。

Simon de Vlieger，在某些圈子中被稱為「supakeen」，是 Python IRC 社群中的老鳥。他是一位高階程式設計師，對 Python、C 和實驗性程式語言感興趣，同時對軟體安全也很熟悉。他在 AVR 和其他微型嵌入式晶片上很有經驗也非常得心應手。目前在 Red Hat 工作，致力於以合理和可重複的方式建構 Linux。

前言

「並行（concurrency）」這個主題超簡單？真的假的？

這就是我聽到本書內容的訴求時所產生的第一反應。一般來說，Python 是一套很好且很容易理解學習的程式語言，但在程式設計的世界中，很多事情真的不是「超簡單」的。

可是後來 Jason 解釋了他在寫這本書時的想法。這本書所訴求的「超簡單」不是指將 Python 以過於簡化的方式來講解呈現。相反地，這裡的「超簡單」指的是這本書讓讀者讀完後會說：「這個主題一開始看起來難以理解，但作者講解之後，我現在覺得它很容易理解了。」我在過去 30 年中研究並教授程式設計，尤其是 Python，我可以說這絕對是任何教學形式的最佳目標：「把概念清晰地呈現，就算是複雜的主題也一樣，讓內容看起來也很好理解和吸收」。

但是，本書的雄心並不只在「好理解」這方面展現其特質，所呈現的內容份量也同樣令人印象深刻。本書涵蓋了幾乎每位想要寫出有用程式碼的人可能需要的 Python 主題。從變數、資料結構和迴圈的基礎知識，到像並行和平行這種較深入的主題都有講解。當我翻閱這本書時，每一章都很完整且內容十分豐富扎實，讓我留下了深刻的印象。

那麼，這本書是否真的讓「並行（concurrency）」（以及其他所有主題）看起來超簡單、好理解呢？在經過多年的教學和寫書經驗後，我知道我無法回答這個問題，因為每個人的感受不同。但我可以肯定地說，本書所舉的例子引人入勝且經過深思熟慮，講解十分清晰易懂，且涵蓋範圍廣泛。這樣的內容組合真的很難被超越。

Naomi Ceder

致謝

您可能聽過這句諺語「養育一個孩子需要舉全村之力」。同樣地，寫一本書除了作者之外，也是需要社群體系的支持。以本書來說，也有幾個「社群」參與其中！

Python 社群，特別是在 Libera.Chat IRC 上的「#python」頻道的朋友們，從我第一次寫下「Hello, world」以來，一直支持、提供資訊和挑戰給我。我對這門程式語言的大部分了解都歸功於這個聊天室中可愛的網友們。我非常感激他們對本書的所有回饋和見解，從一開始到整個過程的結尾都一直在給予支持。

我非常感謝 Forem 和 DEV 社群（https://dev.to/），他們熱情地接受了我的文章，特別是本書內容是以發布在社群上的《Dead Simple Python》文章系列為基礎來編修完成的。特別感謝 DEV 的聯合創始人 Ben Halpern 和 Jess Lee，以及社群經理 Michael Tharrington，他們鼓勵並推廣我在該平台上的創作。如果沒有他們給予的曝光度和正面回饋，我可能不會考慮將這些內容編寫成書。

特別感謝本書的技術編輯們：Daniel Foerster（pydsigner）、Ryan Palo、Denis Pobedrya（deniska）和 Simon de Vlieger（supakeen）。Andrew Svetlov 提供了對於不斷變化之非同步內容的出色見解。Python Packaging Authority 的 Bernát Gábor 確保了我的「封裝」章節內容閃耀動人。Kyle Altendorf（altendky）教會

我以 src 為基礎的專案結構，並在物件導向程式設計章節上提供了反饋。James Gerity（SnoopJ）幫我修正了關於「多重繼承」的內容。還有其他技術編輯 Gil Gonçalves、grym 和 TheAssassin 也進行了審校和反饋。我無法一一列舉在深入的技術辯論中參與並為本書提出建議的所有人。您們知道我說的是誰。

特別感謝那些（未具名）編輯的熱情支持，正是他們對我的寫作充滿信心，才讓我有勇氣把《Dead Simple Python》文章以書籍形式出版。非常感謝他們！

非常感謝所有在 Python 和 Ubuntu 社群、MousePaw Media、Canonical 和其他地方的朋友們，特別是 Naomi Ceder、Richard Schneiderman (johnjohn101)、James Beecham、Laís Carvalho、Cheuk Ting Ho、Sangarshanan Veera、Raquel Dou、David Bush、John Chittum、Pat Viafore、Éric St-Jean、Chloé Smith、Jess Jang、Scott Taylor、Wilfrantz Dede、Anna Dunster、Tianlin Fu、Gerar Almonte、LinStatSDR 和 leaftype。您們對本書進展的關心，讓我感到非常鼓舞！

最後，也是最重要的是，我想要感謝親人給予我的無盡支持。我的母親 Anne McDonald 提供了寶貴的編輯和創意意見，教導我寫作的一切，並從一開始就支持我的夢想。我非常感激我最好的朋友 Daniel Harrington，他就是我寫作上的好搭擋。非常感謝我的哥哥 Jaime López（Tacoder），他是混亂和趣味的掌控者。感謝 Bojan Miletić，我獨特迷人的兄弟，他也是《The Bug Hunters Café》的合作主持人，感謝他無盡的熱情和支持。深深地愛戴和感謝我親愛的姑姑 Jane McArthur，她自稱是我最大的粉絲，另外還有我一起惹麻煩的拍檔 Chris "Fox" Frasier——我非常想念您們。

簡介

Python 是很獨特的程式語言。身為一名軟體開發者,我已經開始愛上 Python 的本質與特色。能夠寫好 Python 程式會產生一種特別的藝術美感。我很喜歡為某些問題找出最具「Python 風格(Pythonic)」的解決方案,然後再回頭思考,嗯,這應該找不出其他答案了吧?

可惜的是,多年來我出於本能,希望透過我原本熟悉的其他程式語言的觀點來看待 Python。雖然我能閱讀和寫出 Python 程式,但我未能看到某種做法的明顯特質。這就像只依賴翻譯字典來說西班牙語一樣。我能寫 Python,但我無法真正以 Python 的方式來思考。這個語言的本質特點對我而言是模糊的。

當我開始真正理解 Python,真正以 Python 的方式來思考時,我對這個語言有了全新的喜愛。解決方案變得顯而易見,程式設計變得讓人愉悅,而不再是一個謎團。

當一位全新的開發者開始學習 Python 時,他們沒有太多先入為主的觀念。他們沒有「原生程式語言」來阻礙對 Python 的初次接觸。但對於一位已經熟悉其他程式語言的開發者來說,轉向 Python 的過程在某些方面會更加困難。他們不僅需要學習新的東西,而且在很多方面還需要「忘掉」一些舊有的知識。

本書會您在這趟學習旅程中很好的一本導引指南。

本書適用讀者

如果您已經熟悉其他程式語言，現在想要學 Python，而且不想浪費時間在初學者導向的課程，那麼這本書很適合您。我將專注於「Python 風格（Pythonic）」的寫作方式，只會提供對底層一般性程式設計概念最少且針對性的解釋。

如果您是一位中階程度的 Python 開發者，您也會發現這本書很有用。儘管我自己多年來一直在使用 Python，但直到最近對於某些主題才「恍然大悟」。這本書提供了我希望當初一開始學習時就能得到的解釋。

如果您還沒學過程式設計，別灰心。市面上有數百本優秀的書籍和資源可以作為第一門程式語言學習 Python 的材料。我特別推薦 Eric Matthes 的《Python 程式設計的樂趣｜範例實作與專題研究的 20 堂程式設計課，第三版》（碁峰資訊，2023 出版）或 Al Sweigart 的《Python 自動化的樂趣｜搞定重複瑣碎&單調無聊的工作，第二版》（碁峰資訊，2020 出版）。學習之後，您可以回到這本書來強化和擴充您所學到的知識。

「簡單」的真意

從表面上看，這本書所討論的主題看起來一點也不簡單。您可能會想知道這麼厚的一本書怎麼可能會是「簡單」的！當我為本書英文版取名時用了「簡單」的字樣，我是在描述對這些主題的回顧觀點，而不是前瞻觀點。我們應該認識到，任何值得學習的主題，在初次接觸時都會感到難以克服。同樣地，任何一個適合現有軟體開發者的解釋都應該具有足夠的深度，以使其完全脫離不符合前瞻的「簡單」標籤。

在這本書中，我希望把每個主題的解釋都十分清晰，以至於在每個章節結束時，讀者都會覺得這裡的概念很明顯清楚。不論這個主題一開始看起來多麼複雜，讀者最終應該會留下一個「真的很簡單」的印象，這時候讀者可以確信自己已經像一位原生的 Python 開發者這樣思考了。

為了達到這種程度的理解，通常我會從最低層、最明確的形式開始解釋這個主題。一旦確定了這個基礎，我就會逐層增加，最終達到最常用的隱含和慣用形式。這樣的做法希望能幫助讀者，對於程式語言中每個特性的工作原理有一個扎實且舒適的理解。

本書內容

本書共分為五個部分（Part）。不同於許多針對初學者的課程，我會假設讀者希望盡快開始撰寫高品質的程式碼（而非不是太過簡化的教學範例）。我的方法需要讀者配合進行一些初步的工作，但這樣做會有回報，可以確保讀者能更輕鬆地將新知識應用於實際專案中。

Part I：「Python 環境」（第 1 章至第 4 章）會讓您扎實地踏進 Python 的世界：介紹它的理念、工具、基本語法和專案結構。這會為您撰寫真正的程式碼打下堅實的基礎。

Part II：「必學的基本結構」（第 5 章至第 8 章）探索了 Python 的基本結構元素（變數、函式、類別和例外處理），並教您如何充分運用和發揮其潛力。

Part III：「資料與流程」（第 9 章至第 12 章）涵蓋了控制執行流程和操作資料的多種獨特方式。這部分的內容討論了資料結構、迴圈、迭代、生成器、共常式、檔案和 2 進位資料等主題。

Part IV：「進階概念」（第 13 章至第 17 章）揭開了讓您的程式碼更強大的進階技巧，包括繼承、反射和並行處理。這裡的內容涉及大多數書籍和教學課程只會略過的「可怕」主題。

Part V：「程式碼之外的議題」（第 18 章至第 20 章）教您如何測試、除錯和部署真實的專案。

最後，第 21 章則綜述了讀者在 Python 開發的旅程中可以繼續探索的未來眾多方向。

本書沒有的內容

由於本書是針對現下的程式設計師所編寫的，所以我不會重複講述太多一般性的理論。讀者應該已經知道（不特定於某種程式語言的角度）什麼是變數和函式、類別和物件之間的差異等一般性知識。本書我最多會簡要定義和解說那些在程式設計界並不十分普遍的概念。

我對這些主題的討論雖不十分全面，但著重於為讀者提供堅實的基礎，焦點是放在為什麼以及如何做。鼓勵讀者透過額外的獨立閱讀來擴充理解更多知識，因此我把將程式庫函式等的完整清單留給線上說明文件。當這些功能在範例中運用時，很多流行的標準程式庫特性，如隨機數和日期時間操作，只會提供很少的解釋。

為了控制本書內容的範圍，這裡也不會說明大多數第三方工具和程式庫。我經常被要求介紹 Python 預設工具的流行替代方案，但這些替代方案會隨著時間的流行和失寵，所以我還是堅持使用預設內建的工具。但在整個生態系統幾乎都只有使用某項第三方工具時，甚至超過了標準程式庫，在這種少數例外的情況中，我們使用這項第三方工具。

一般來說，當某項第三方工具或程式庫特別值得注意時，我會建議讀者參考其官方說明文件或官方網站的內容。

如何閱讀本書

本書更多是作為一個「引導」，而不是一個案頭「參考」。我建議從這裡開始，按順序閱讀學習完成各個章節。無論您是 Python 語言的新手，還是已經使用過一段時間但還不太完全理解的讀者，您都會發現依序閱讀學習本書各章節的內容能填補許多您從未意識到的知識空白。

無論如何，如果您需要更好地理解某個特定主題，可以直接跳到涉及該主題的章節來閱讀和學習。本書大多數章節都是獨立的，但我還是假設您已經閱讀並理解前面章節中的材料。

關於詞彙術語

幾乎所有的 Python 書籍或網路文章都使用了從其他程式語言借來的詞彙術語，比如元素（element）、本體（body）和變數（variable）等詞彙。雖然這好像是有幫助的，因為它們把 Python 的概念與讀者現有的知識關聯起來，但我認為這種借用術語的方式最終是不產生效果的。以其他程式語言的術語來理解 Python，反而會阻礙讀者寫出乾淨無瑕、符合慣用語法的程式碼。更重要的是，如果習慣使用錯誤的術語，在閱讀官方說明文件時會變得非常困難。

因此，即使大多數社群認為近似的同義詞也可以接受，我仍決定堅持使用官方的詞彙術語。本書可能是少數幾本堅持這個立場的書籍，但我認為這很重要。要成為內行人，您必須學會說當地的方言！

理論回顧

就算您已經熟悉某種程式語言，但您的理論知識仍可能有一些空缺。例如，如果您是一位 Haskell 開發者，可能對於物件導向程式設計不太熟悉；或者如果您是一位 C++ 開發者，可能對於純函數式程式設計不太熟悉。

為了彌補這些差距，書中時不時會提供理論回顧，簡要介紹與特定程式設計範式和模式相關的基本理論和最佳實務。如此一來，當您已熟悉某個概念，完全可以跳過理論回顧，直接進入與 Python 相關的內容。

客觀或是主觀？

在一本技術書籍中，很難完全不受個人主觀意見的影響，尤其是像這本書一樣專注於慣用實務的書籍，但我已盡量保持「客觀」。

本書並不是我個人對 Python 的看法，而是 Python 社群的集體智慧的凝聚。我在寫作的過程中所扮演的角色發生了許多變化，我的開發實務也因為這本書的兩年研究、實驗和激烈辯論而發生了巨大變化。

然而，永遠無法滿足每個人的期望。有時我會在字中特別提到某些爭議還沒有滿意的結論。就算我認為某些問題已經解決，仍可能引起某些 Python 開發者的強烈反應；事實上，有些問題在我更深入理解之前也有過強烈的反應。

即使您認為自己對程式設計或者 Python 已經有相當程度的熟悉，但我還是建議
您以開放的心態來閱讀這本書。我已經努力解釋了本書內容中所有建議的理
由，但我鼓勵讀者能以同樣程度的理由來支持任何有效的建議。

範例程式碼

在本書中，我精心建構了大部分的範例程式碼，這些範例是用來展示與書中內
容討論之主題相關的真實（雖然是簡化的）使用情境。在許多情況下，我會特
意讓範例變得較複雜，以突顯教學常常忽略的問題和意外情況。我盡力指出範
例程式變得複雜的情況，但讀者需要知道範例有可能會為了專注於目前的主題
而過度簡化或規避了其他與之無關的內容。

這種做法通常需要比一般您習慣之教學範例有更長的程式碼，所以章節內容的
長度可能看起來比實際上還要長。不要因為頁數而感到沮喪，一次只要處理一
個小節，逐步進行即可。

這本書中的所有範例都能執行，或者至少是可預測地失效，不然會有特別的說
明告知。程式碼都會一直遵循 Python 的風格慣例。我強烈建議讀者自己重新打
字並實際操作每個範例。

我已努力標註了應該存成檔案以執行的 Python 程式碼片段。檔名會列出來，而
每個程式片段會以編號 :1、:2 等方式來呈現。當某個片段被修改時，我會在
該片段後面加上一個字母，例如 :2b 是 :2a 的修訂，程式中而修訂部分會以粗
體表示。

本書幾乎所有的相關範例程式碼都可以在本書的官方 GitHub 儲存庫中找到：
https://github.com/codemouse92/DeadSimplePython。

關於程式專案

有人問我為什麼這本書中沒有提供一個完整的專案讓我們在書中進行實作，我
的答案相當簡單：我假設您可能已經有一個想要用 Python 完成的專案。所以我
不想分散讀者的注意力，而是專注於一種能夠應用於您工作的方式來呈現本
書的內容。

如果您還沒有想好要做什麼專案,現在是個很好的開始時機!假設您有個問題,並試想出有個解決方案(或想出更好的解決方案),然後建構那個解決方案。拆解問題,從分解的一小部分開始入手。這裡沒有創造完美第一個專案的魔法公式,只有動手實作並內化為您個人能運用的東西。不要想著第一次就能做得很完美或相當理想,軟體開發與程式設計這一行有個格言:「第一次做出來的東西總是被拋棄的」。不要害怕一開始就出錯!這本書會教會您使用工具,讓您可以回頭修正。

當然,如果專案對您來說並不實際,那只從本書的範例程式碼來學習也是完全可以的。

無論如何,我強烈建議您建立一個屬於您個人的「測試場」專案,以便能在造成破壞時也不會有重大影響的環境中嘗試運用 Python。我會在第 2 和第 3 章介紹怎麼執行 Python 程式碼,並在第 4 章中談到專案的結構。在第 18 章則會討論套裝和發布時,我還會重新說明專案結構的內容。

前提條件

- 您應該已經有了其他程式語言的基礎。這本書教的是 Python,不是程式設計的基礎。

- 您應該有一台能執行 Python 3.7 或更新版本的電腦。如果您還沒安裝 Python,不用擔心,我們會在第 2 章講解安裝的步驟。

- 您應該知道怎麼在電腦上使用命令列,尤其是相對路徑和絕對路徑的使用,以及切換檔案系統的目錄等相關操作。如果您對這些還不太熟悉,建議您先去學一下吧。(我會等您的。)

- 您應該要有網路連線,就算連線速度不快,只要可以瀏覽線上說明文件並偶爾下載套件即可。不過,書中大部分的範例程式已盡量可以在沒有網路的情況下可運作執行。

現在,去拿杯您最喜歡的飲料,在電腦前準備好筆記本和筆。我們開始 Python 的學習旅程吧!

目錄

PART I Python 環境 1

第 1 章　Python 哲理 3

Python 究竟是什麼？ 3

對 Python 的誤解迷思 4

　　迷思#1：Python 只是一套腳本語言 4

　　迷思#2：Python 很慢 5

　　迷思#3：Python 不能編譯 5

　　迷思#4：Python 在幕後進行編譯 6

　　迷思#5：Python 不適合大型專案 6

Python 2 與 Python 3 7

定義「Python 風格（Pythonic）」的程式碼 8

Python 之禪 9

說明文件、PEP 和您 10

誰說了算？ 11

Python 社群 11

追求明確的做法 12

總結 13

第 2 章　您的開發環境 15

安裝 Python 16

在 Windows 中安裝 16

在 macOS 中安裝 16

在 Linux 中安裝 17

以原始程式碼來安裝 17

使用直譯器 20

互動對話 20

執行 Python 程式檔 21

套件和虛擬環境 21

建立虛擬環境 22

啟用虛擬環境 23

離開虛擬環境 24

簡介 pip 25

系統範圍的套件 25

安裝套件 25

requirements.txt 26

套件更新 26

移除套件 27

找出要想的套件 27

關於 pip 要特別留意的警告… 27

虛擬環境與 Git 28

檔案中 Shebang 的情況 29

檔案編碼 30

一些額外的虛擬環境使用技巧 31

使用沒有啟用的虛擬環境 31

其他選擇 32

PEP 8 簡介 33

每行程式碼的字元限制 33

定位點或是空格？ 34

品質控制：靜態分析工具 35

Pylint 35

Flake8 37

Mypy 40

Style Janitors：自動格式化工具 40

autopep8 40

Black 41

測試框架 41

導覽各種程式碼編輯器 41

IDLE 42

Emacs 與 Vim 42

PyCharm 42

Visual Studio Code 43

Sublime Text 43

Spyder 44

Eclipse + PyDev/LiClipse 44

The Eric Python IDE 45

總結 45

第 3 章　語法課程 47

Hello, World！ 47

陳述式與運算式 48

空白的重要性 49

什麼都不做 50

注釋與說明字串 51

說明字串 51

宣告變數 53

常數要怎麼用？ 54

數學運算 54

認識數值型別 54

運算子 55

math 模組 57

邏輯運算 58

條件 58

比較運算子 59

布林、None 和識別運算子 59

真值 61

邏輯運算子 61

海象運算子 62

省略符號 63

字串 64

字串字面值 64

原始字串 66

格式化字串 67

樣板字串 72

字串轉換 73

關於字串連接的注意事項 74

函式 75

類別與物件 76

錯誤處理 77

元組與串列 78

迴圈 79

while 迴圈 79

迴圈控制 80

for 迴圈 80

結構化模式比對 81

字面值模式和萬用字元 81

Or 模式 82

捕捉模式 83

守衛陳述式 84

更多關於結構化模式比對的內容 85

總結 85

第 4 章　專案結構與引入 87

設定儲存庫 88

模組和套件 88

PEP 8 與命名規範 89

專案目錄結構 90

import 的工作原理 91

import 能做和不能做的事項 92

從模組引入函式 94

遮蔽的問題 94

巢狀套件的問題 96

小心使用 import * 97

在您的專案中引入 98

以絕對位置來引入 99

以相對位置來引入 99

從相同的套件中引入 100

入口點 101

模組入口點 101

套件入口點 103

控制套件引入 103

程式入口點 105

Python 模組搜尋路徑 106

真實的運作原理 107

總結 109

PART II   必學的基本結構 111

第 5 章   變數與型別 113

在 Python 中的變數：名稱與值 114

指定 114

資料型別 117

type() 函式 118

鴨子型別（duck typing） 118

作用域與垃圾回收 119

區域範圍和參照計數垃圾回收器 119

直譯器關閉 121

全域作用域 121

全域作用域的危險之處 123

nonlocal 關鍵字 124

作用域的解析 125

類別的奇怪案例 125

世代式垃圾回收器 126

不變的事實 126

透過指定傳遞 127

集合與參照 129

　　淺複製 132

　　深複製 134

強制轉型與轉換 135

關於系統匈牙利命名法的注意事項 137

術語回顧 138

總結 140

第 6 章　函式與 lambda 141

Python 函式基礎知識 144

遞迴 146

預設引數值 148

關鍵字引數 151

多載函式 153

可變引數 153

　　關鍵字可變引數 155

僅限關鍵字參數 156

　　僅限位置參數 157

　　引數型別：現在都放在一起！ 157

巢狀函式 158

閉包 159

　　以閉包來遞迴 160

　　有狀態的閉包 161

Lambdas 的運用 163

　　為什麼 lambda 很有用？ 163

　　把 lambdas 當作排序鍵 166

裝飾器 167

型別提示與函式註釋 170

　　鴨子型別與型別提示 172

　　您應該使用型別提示嗎？ 173

總結 173

第 7 章　物件與類別 175

宣告類別 177

　　初始化方法 178

　　建構方法 179

　　終結方法 180

屬性 181

　　實例屬性 182

　　類別屬性 182

作用域的命名慣例 183

　　非公開 183

　　公開 184

　　名稱改編 184

　　何時使用公開、非公開或是名稱改編？ 185

方法 185

　　實例方法 186

　　類別方法 186

　　靜態方法 187

特性 188

　　設定場景 188

　　定義特性 190

　　使用裝飾器的特性 193

　　不使用 property 的時機 195

特殊方法 196

　　場景設定 196

　　轉換方法 198

　　比較方法 201

　　二元運算子的支援 203

　　單元運算子的支援 204

　　製作可呼叫物件 205

　　更多特殊方法：向前看 206

類別裝飾器 206

與物件的結構化模式比對匹配 208

當函數式遇見物件導向 211

使用類別的時機 212

　　類別不是模組 212

　　單一職責 213

　　分享狀態 213

　　物件真的適合您嗎？ 213

總結 214

第 8 章　錯誤和例外處理 215

在 Python 中的例外 216

閱讀 Traceback 的內容 218

捕捉例外：LBYL vs. EAFP 220

多重例外 222

小心 Diaper 反面模式 223

引發例外 225

使用例外 228

　　例外與日誌記錄 229

　　冒泡技巧 234

　　例外鏈 235

Else 和 Finally 237

　　Else：「如果一切都順利」 237

　　Finally：「一切之後」 239

建立例外 243

各種例外的展示 244

總結 246

PART III　資料與流程 247

第 9 章　集合與迭代 249

迴圈 250

　　while 迴圈 250

　　for 迴圈 252

集合 253

　　元組 253

　　附名元組 254

串列 255

雙向佇列 256

集合 257

frozenset 259

字典 260

檢查或是排除？ 261

字典變體應用 262

拆解集合 263

星號運算式 264

拆解字典 265

集合的結構化模式比對 267

由索引或鍵來存取 269

切片表示法 269

切片的起算和結束 270

負值索引下標 271

切片的跳隔幅度 272

複製切片 274

slice 物件 274

在自訂物件上切片 274

使用 islice 275

in 運算子 275

檢查集合的長度 276

迭代 278

可迭代物件和迭代器 278

手動使用迭代器 278

使用 for 迴圈來進行迭代 282

在迴圈中排序集合 283

列舉迴圈 284

迴圈中的變更 285

迴圈的巢狀嵌套與替代方案 287

迭代工具 289

基本內建工具 289

Filter 290

Map 291

Zip 293

Itertools 293

自訂可迭代類別 295

總結 299

第 10 章 產生器與綜合運算 301

惰性求值與積極的可迭代物件 301

無限迭代器 302

產生器 303

產生器與迭代器類別 306

關閉產生器 308

關閉的動作 310

丟出例外 311

使用 yield from 314

產生器運算式 316

產生器物件是有惰性的 317

使用多重迴圈的產生器運算式 318

在產生器運算式中的條件式 320

巢狀產生器運算式 323

串列綜合運算 324

集合綜合運算 325

字典綜合運算 326

產生器運算式的危險性 327

很快就變得難以閱讀 327

不能取代迴圈 328

很難除錯 329

使用產生器運算式的時機 330

簡易型協程 331

從協程返回值 333

行為的順序 334

什麼是非同步？ 336

總結 336

第 11 章　文字輸入輸出和情境管理器 337

標準的輸入與輸出 338

再探 print() 功能 338

再探 input() 函式 343

串流 344

情境管理器基礎概念 346

檔案模式 347

讀取檔案 349

read() 方法 349

readline() 方法 350

readlines() 方法 351

以迭代來讀取 352

串流位置 352

寫入檔案 354

write() 方法 354

writelines() 方法 356

使用 print() 寫入檔案 357

換行分隔符號 358

情境管理器的細節 359

情境管理器的原理 359

使用多重情境管理器 360

實作情境管理協定 361

__enter__() 方法 362

__exit__() 方法 363

使用自訂類別 364

路徑 367

路徑物件 368

路徑的組成部分 369

建立路徑 373

相對路徑 375

套件的相對路徑 377

Path 的相關操作 380

非原地檔案寫入 381

os 模組 382

檔案格式 383

    JSON 383

    其他格式 387

總結 391

第 12 章　2 進位與序列化的處理 393

2 進位表示法和位元運算 394

    複習一下數字系統 394

    Python 整數與 2 進位 400

    位元運算子 401

位元組字面值 403

類位元組物件 405

    建立位元組物件 406

    使用 int.to_bytes() 408

    序列操作 409

    位元組轉換成整數 410

使用 struct 410

    struct 格式字串和打包 411

    使用 struct 解開資料 414

    struct 物件 416

類位元組物件的位元運算操作 417

    透過整數進行位元運算操作 417

    透過迭代進行位元運算操作 419

使用 memoryview 421

讀取與寫入 2 進位資料 423

    組織資料 424

    寫入檔案 428

    從 2 進位檔讀取資料 429

    2 進位串流中的移位處理 432

    使用 BufferedRWPair 433

序列化的技術 435

    禁用工具：pickle、marshal 和 shelve 436

    序列化格式 438

總結 441

PART IV　進階概念 443

第 13 章　繼承和混入 445
繼承的使用時機 448
　　繼承的罪過 449
Python 繼承的基礎知識 450
多重繼承 453
　　方法解析順序 453
　　維持一致的方法解析順序 458
　　明確的解析順序 461
　　多重繼承中的解析基底類別 462
混入 465
總結 468

第 14 章　元類別和抽象基底類別 469
元類別 470
　　使用 type 建立類別 470
　　自訂元類別 472
透過鴨子型別來設定型別的期望 474
　　EAFP：捕捉例外 475
　　LBYL：檢查屬性 475
抽象類別 477
　　內建抽象基底類別 478
　　從抽象基底類別衍生 479
　　實作自訂抽象基底類別 482
虛擬子類別 485
　　設定範例 486
　　使用虛擬子類別 488
總結 491

第 15 章　內省和泛型 493
特殊屬性 494
內部物件屬性存取：__dict__特殊屬性 494
　　列出屬性 497

取得屬性 497

檢查屬性 500

設定屬性 500

刪除屬性 502

函式屬性 502

函式屬性的錯誤用法 503

可變性和函數屬性 505

描述器 506

描述器協定 506

以錯誤的方式編寫描述器類別 507

使用描述器 508

以正確的方式編寫描述符類別 510

在同一個類別中使用多重描述器 512

Slots 的運用 514

將屬性名稱綁定到值 515

使用帶有 Slots 的任意屬性 516

Slots 與繼承 517

不可變類別 517

單一調度泛型函式 520

使用型別提示登錄單一調度函式 521

使用顯式型別登錄單一調度函式 522

使用 register() 方法登錄單一調度函式 523

使用 Element 類別 524

任意執行 525

總結 528

第 16 章　非同步與並行 529

在 Python 中的非同步 531

範例場景：Collatz 遊戲，同步版本 533

非同步 536

原生協程 537

工作 540

事件迴圈 541

讓它真正非同步 542

排程與非同步執行流程 544

　　簡化程式碼 546

非同步迭代 547

非同步情境管理器 549

非同步產生器 550

其他非同步的概念 550

總結 551

第 17 章　執行緒與平行 553

執行緒 554

　　並行與平行 554

　　基本的執行緒處理 555

　　逾時 558

　　Daemon 執行緒 559

　　Futures 和 Executors 560

　　以 Future 來處理逾時 563

競爭條件 565

　　競爭條件的範例 567

　　使用 ThreadPoolExecutor 建立多個執行緒 568

鎖 570

死鎖、活鎖與飢餓 571

以佇列傳遞訊息 573

使用多重 workers 執行緒的 futures 575

以多行程來實現平行處理 577

　　醃漬資料 577

　　速度考量和 ProcessPoolExecutor 579

Producer / Consumer 問題 581

　　引入模組 582

　　監控佇列 582

　　子行程的清理 583

　　Consumer 584

　　檢查空的佇列 585

　　Producer 585

　　啟動行程 586

效能結果 587

多行程處理的日誌記錄 588

總結 588

PART V 程式碼之外的議題 591

第 18 章 套裝與發布 593

規劃您的套裝處理 594

貨物崇拜程式設計的危險 594

套裝的說明 595

決定套裝的目標 595

專案結構：src 或 src-less 597

使用 setuptools 套裝發布套件 598

專案檔與結構 599

元資料的歸屬 600

README.md 和 LICENSE 檔 600

setup.cfg 檔 601

setup.py 檔 608

MANIFEST.in 檔 609

requirements.txt 檔 610

pyproject.toml 檔 612

測試安裝設定配置 613

建置套件 614

發行到 pip（Twine） 615

上傳到 Test PyPI 615

安裝上傳的套件 616

上傳到 PyPI 617

其他替代的套裝工具 617

Poetry 618

Flit 618

發布到終端使用者 618

PEX 619

Freezers 619

　　　　映像檔和容器 621

　　　　對原生 Linux 套裝的補充說明 624

　說明文件 625

　總結 626

第 19 章　除錯與記錄 629

警告 630

　　警告的類型 631

　　過濾警告 632

　　將警告轉換成例外 634

記錄 635

　　Logger 物件 635

　　Handler 物件 637

　　依不同級別來記錄 638

　　控制 Log 級別 640

　　執行範例 641

　　Filter、Formatter 與配置設定 643

Assert 陳述式 643

　　正確使用 assert 644

　　錯誤使用 assert 645

　　觀看 assert 的實際執行 647

inspect 模組 648

使用 pdb 649

　　除錯範例 649

　　啟動除錯器 651

　　Debugger shell 模式的命令 652

　　逐步執行程式碼 652

　　設定中斷點並步進函式 653

　　穿越執行堆疊 654

　　檢查原始碼 656

　　檢查解決方案 657

　　事後剖析除錯 658

使用 faulthandler 660

使用 Bandit 評估程式的安全性 661

向 Python 回報錯誤 664

總結 665

第 20 章　測試與效能分析 667

測試驅動開發（TDD） 668

測試框架 668

範例專案 669

測試和專案結構 670

測試基礎 672

　　開始編寫範例 672

　　單元測試 673

　　以 pytest 執行測試 675

　　例外測試 676

Test Fixtures 的運用 677

　　延續這個例子：API 的使用 680

　　在測試模組間共享資料 681

不穩定測試和有條件跳過測試 682

進階的 Fixtures 工具：造假模擬和參數化 684

　　延續這個例子：代表打字的錯誤 684

　　參數化 686

　　Fixture 的間接參數化 687

　　使用 Monkeypatch 進行輸入模擬 689

　　標記 690

　　從標準串流捕捉 693

　　GUI 測試 695

　　延續這個例子：連接 API 到 Typo 695

　　Autouse Fixtures 696

　　混合參數化 698

　　模糊測試 699

　　範例的總結 699

程式碼覆蓋率 701

使用 tox 進行自動化測試 704

效能測試與效能分析 706

　　使用 timeit 進行效能測試 706

使用 cProfile 或 profile 進行效能分析 708

tracemalloc 712

總結 713

第 21 章　未來的路徑 715

關於未來 716

未來有哪些延伸的路徑？ 716

Python 應用程式開發 717

Python 遊戲開發 718

Python 網頁開發 719

客戶端的 Python 719

Python 的資料科學 720

Python 的機器學習 722

安全性 723

Python 的嵌入式開發 724

編寫腳本 724

Python 的偏好 725

參與 Python 的開發 726

開發 Python 套件和工具 726

開發 Python 擴充模組 727

貢獻給 Python 728

參與 Python 社群 730

提問 730

回答問題 731

使用者團體 732

PyLadies 團體 732

研討會 733

加入 Python 軟體基金會 734

這條路還很長… 734

附錄 A　特殊屬性和方法 737

附錄 B　Python 除錯器（PDB）命令 747

詞彙術語 751

PART I

Python 環境

第 1 章
Python 哲理

我相信學習 Python 最好的起點不是從程式語言本身開始,而是從推動它的哲理開始。要寫出好的 Python 程式碼,您必須先了解 Python 是什麼。本章會專注於這個主題。

Python 究竟是什麼?

Python 是由荷蘭程式設計師 Guido van Rossum 在 1991 年所開發的一種程式語言。它的名字並不是指那條經常被當作吉祥物的「蟒蛇」,而是指 Monty Python 的 Flying Circus 飛行馬戲團(單就這個事實就能告訴您很多關於這個語言背後的心路歷程)。這個開始於聖誕節假期的專案如今已成為最受歡迎的電腦程式語言之一。

從技術角度來看,Python 被認為是一種高階、通用的程式語言,完全支援程序式、物件導向和函數式等多種程式設計範式。

Python 的粉絲很快就會發掘它的可讀性和簡潔性，讓大家一開始覺得這個程式語言像是「魔法」一般。連程式新手在使用後都講了一個不太有用的感想：「Python 很容易，就像是虛擬程式碼一樣！」

這種說法並不完全正確。不要被這個程式語言很自然的可讀性所迷惑：Python 本身具備獨特的特點，也受到許多其他程式語言的影響，但它與其他程式之間很少的有相似之處。要真正精通 Python，必須獨立學習，而不是與其他程式語言進行強烈的比較。本書正是要做到這一點。

然而，最重要的是，Python 是一種理念。它是由一群多樣的程式怪咖集體共同創造出來的，他們只有一個大膽的願望，就是建立一套令人驚豔的程式語言。當您真正理解 Python 時，它會改變您整個視角和觀點。您會成為了其中的一份子，這套程式語言已經有了自己生命。

正如 Guido van Rossum 在他著名的 King's Day 演講中所解釋的那樣：

> 我相信最重要的理念是 Python 是在網路上完全公開發展起來的，是由一群志願者（但不是業餘愛好者！）的共同努力成果，他們懷有熱情和歸屬感。

對 Python 的誤解迷思

Python 有很多迷思和誤解，其中許多迷思讓大家對特定應用程式甚至整個程式語言感到避諱。

迷思#1：Python 只是一套腳本語言

在討論程式語言時，我認為「腳本語言（scripting language）」是一個最隱晦的術語之一，這暗示該語言不適合用來撰寫「真正的」軟體（參閱迷思#5）。

Python 是**圖靈完全**（**turing-complete**）的程式語言，這表示您可以用 Python 實作任何程式設計，然後能夠執行使用該語言編寫的任何程式。

換句話說，其他程式語言能做的事情，Python 也能做到。不過，容不容易或者其做法是否明智，就要視您嘗試的內容而定了。

迷思#2：Python 很慢

很容易誤以為像 Python 這樣的高階或直譯型程式語言在速度上不能像 C 這樣的編譯型或低階程式語言這麼快速。但事實上取決於程式語言的實作方式和使用方式。在本書中，我們會介紹一些與改善 Python 程式碼效能相關的概念。

Python 語言直譯器的預設實作是使用 C 語言開發的 CPython，相較於原生機器碼確實較慢。不過，還有許多程式庫和相關技術，以及其他語言的實作（例如 PyPy），整體上效能更好，甚至接近原生機器碼的速度（詳見第 21 章）。

談了這麼多，您應該了解到效能在專案中實際的影響是麼樣的。在大多數情況下，Python 的速度已夠快，足以成為應用程式開發、資料分析、科學計算、遊戲軟體開發、網頁開發等領域的良好選擇。CPython 的效能限制一般是在處理極端高效能要求的特定場景下才會成為問題。即便如此，還是有方法可以克服這些瓶頸。對於大多數的專案開發來說，Python 的基本效能已經很足夠了。

迷思#3：Python 不能編譯

Python 是一種**直譯式程式語言**，這代表程式碼在執行時會被語言的直譯器進行讀取、直譯和執行。使用 Python 編寫的專案的終端使用者一般是需要安裝 Python 直譯器來配合的。

這與我喜歡稱之為**組譯式程式語言**，如 C、C++ 或 FORTRAN 等形成對比。在這些語言中，編譯的最終結果是機器碼，可以直接在任何相容的電腦上執行，而無須在該電腦上新增額外的程式（或與程式碼捆綁在一起）。

> NOTE
>
> 關於「**編譯語言**（**compiled language**）」這個術語存在相當多的爭議，這就是為什麼我喜歡使用「**直譯**（**interpreted**）」和「**組譯**（**assembled**）」這兩個術語來進行區分。這是個相當深奧的議題。

許多開發者認為這表示 Python 不能編譯（組譯）成機器碼，這似乎是很容易的推論。但事實上，Python 是可以被編譯成機器碼的，雖然這樣不是很必要，也很少這麼做。

如果您想走這樣的路線，有幾種選擇可進行。在 UNIX 系統中，內建的 Freeze 工具能把 Python 位元組碼轉譯成 C 陣列，然後把這個 C 程式碼組譯成機器碼。然而，這並不完全等同於組譯的 Python 程式碼，因為在幕後仍然需要呼叫 Python 直譯器來配合。Freeze 只適用於 UNIX 系統。cx_Freeze 工具以及 Windows 上的 py2exe 都和 Freeze 工具有類似的功能。

若想要把 Python 真正編譯成機器碼，您必須使用一個中介語言來配合。您可以使用 Nuitka 將 Python 程式碼轉譯成 C 和 C++，然後再將其組譯成機器碼。您也可以使用 VOC 將 Python 轉譯成 Java。Cython 也允許把特殊形式的 Python 轉譯成 C，雖然它主要用於以 C 語言編寫的 Python 擴充模組。

迷思#4：Python 在幕後進行編譯

Python 直譯器會把程式碼轉換為**位元組碼**，然後去執行它。直譯器內含一個**虛擬機器**，能夠以類似 CPU 執行機器碼的方式來執行 Python 位元組碼。有時為了提升效能，直譯器會提前把程式碼轉換為位元組碼，生成包含位元組碼的 .pyc 檔。儘管在某種意義上這是一種「編譯」，但在把程式碼編譯為位元組碼和編譯為機器碼之間還是有一個關鍵的區別：位元組碼仍然透過直譯器執行，而機器碼則是直接執行，無須額外的程式配合。（從技術上來說，把程式碼編譯為機器碼稱之為**組譯**，雖然這個區別常被忽視或忽略。）

在實務應用中，大多數 Python 專案以原始程式碼或 Python 位元組碼的形式發布，並在使用者的電腦上已安裝的 Python 直譯器中執行。在某些情況下，例如為了在終端使用者電腦上很容易安裝，或在封閉原始程式碼專案中，使用標準的執行檔是更為方便。針對這些情況，是有像 PyInstaller 和 cx_Freeze 這樣的工具可以協助處理。這些工具並不是對程式碼編譯，而是將 Python 原始程式碼或位元組碼與直譯器捆綁在一起，以便可以單獨執行（請參閱第 18 章）。

迷思#5：Python 不適合大型專案

我曾聽過一些開發者說：「Python 只有在整個專案都能放在一個檔案中時才有用。」這句話是基於 Python 的多檔案專案結構混亂而產生了誤解。這確實是大家提及的原因，但這是因為只有少數開發者知道如何正確地對 Python 專案進行結構化的整理。

事實上，Python 的專案結構比 C++ 和 Java 要簡單得多。一旦開發者理解了套件、模組和引入系統的概念（第 4 章），使用多個程式檔就會變得十分容易。

這個迷思的另一個原因是與 Python 是動態型別（dynamically typed）有關，相較於 Java 或 C++ 這樣的靜態型別（statically typed）程式語言，有些人認為這樣會讓「重構」變得困難。但實際上，只要開發者知道如何運用 Python 的型別系統而不是對抗它（請參閱第 5 章），這就不會成為問題。

Python 2 與 Python 3

多年來，Python 有兩個主要版本並存。從 2001 年開始，Python 2 成為標準版本，這表示大部分關於 Python 的書籍和文章都是針對這個版本而寫的。最後發佈的 Python 2 版本是 2.7 版。

目前的版本是 Python 3，在開發過程中被稱為 Python 3000 或 Py3k。從 2008 年發布一直到 2019 年是處於兩個版本之間的一種模糊狀態。許多現有的程式碼和套件都是還是用 Python 2 編寫的，同時 Python 3 在新專案中越來越受推薦，而這些新專案不需要過去遺留程式的支援。有很多技術和工具可用於編寫能在兩個版本中執行的程式碼，這為許多現有專案的過渡帶來了很大的便利。

近年來，特別是自從 Python 3.5 發布以後，我們已經完全轉向 Python 3 了。大多數主要的程式庫都正式支援 Python 3，而遺留程式的支援變得不再是首要考慮的事項。

從 2020 年 1 月 1 日起，Python 2 已正式停用，而 Python 3 成為確定的標準版本。由於 Python 4 目前只是個模糊的謠言，可以肯定的是 Python 3 將會陪伴我們很多年。

很不幸地，許多軟體開發團隊在把他們的程式碼從 Python 2 轉移到 Python 3 的進展很緩慢（有時是無法避免的），這讓許多專案陷入了困境。如果您以專業的身分來使用 Python，很有可能需要您去協助把一些程式碼轉換為 Python 3。Python 的標準程式庫中內建了一個叫做 2to3 的工具，能協助自動化轉換的相關處理。讓程式碼透過這個工具來執行是不錯的第一步，但您仍然需要手動更新程式碼，讓程式改用 Python 3 所提供的一些新的模式和工具。

定義「Python 風格（Pythonic）」的程式碼

在 Python 開發者之間，您常會聽到很多關於「**Python 風格（Pythonic）**」的程式碼和其特性的話題。一般來說，符合 Python 語言的寫法，並且有充分利用語言特性的程式碼就可以稱為「Python 風格（Pythonic）」。

不幸的是，這個議題很容易引起不同的解釋。因此，在 Python 社群中，最佳實務（best practices）的話題經常引起激烈的爭辯。不要感到驚訝，只有透過不斷地探討我們自己的規範和標準，這樣才能不斷改進，並提升我們自己的理解能力。

我們對於 Python 最佳實務的爭辯傾向，大都源自於「**只有一種方法可以做到（There's Only One Way To Do It (TOOWTDI)）**」哲學，是 2000 年 PythonLabs 諷刺回應 Perl 社群「**有很多種方法可以做到（There's More Than One Way To Do It (TMTOWTDI)）**」而創造出的相關術語。雖然這兩個社群之間有著歷史上的競爭，但這些哲學並不完全對立。

Python 開發者合理地假設在某些特定問題上，都存在某種單一、可以量化的「最佳」解決方案。我們的任務就是找出那個解決方案，但也知道這是很難完全達成的目標。只有透過不斷的討論、爭辯和實驗，不斷改進我們的做法，去追求理論上的最佳解決方案。

同樣的情況，Perl 社群也了解到要找到最佳解決方案通常是不太可能的，因此強調透過實驗而不是遵從嚴格的標準，以此來尋出更好的解決方案。Perl 社群致力於不斷地發現更好、更優的解決方案。

最終目標都是一樣的：找出最佳的解決方案，只是強調的方式有所不同。

在這本書中，我會重點介紹一些被普遍接受的 Python 程式編寫方式。然而，我不是在宣稱自己寫的內容是最終的權威。在 Python 社群中的同行們總是能夠提供許多有價值的意見給我，我從他們身上總是能學到新的東西！

Python 之禪

在 1999 年，官方的 Python 郵件清單（mailing list）上展開了一場關於為這門語言所撰寫一些正式指導原則的討論。社群中的重要成員 Tim Peters 詼諧地列出了 19 條原則的摘要，並預留了第 20 個位置給 Guido van Rossum 填寫（但他從未填寫完成）。

其他社群成員很快就把此摘要視為對 Python 哲學的絕佳概述，最終完整地採納為「**Python 之禪（The Zen of Python）**」。這段完整的文字由 Python 以 PEP 20 的形式發表。（中文版摘自維基百科）

> Beautiful is better than ugly.（優美優於醜陋，）
>
> Explicit is better than implicit.（明瞭優於隱晦；）
>
> Simple is better than complex.（簡單優於複雜，）
>
> Complex is better than complicated.（複雜優於繁雜，）
>
> Flat is better than nested.（扁平優於嵌套，）
>
> Sparse is better than dense.（稀疏優於稠密，）
>
> Readability counts.（可讀性很重要！）
>
> Special cases aren't special enough to break the rules.（特例亦不可違背原則，）
>
> Although practicality beats purity.（即使實用比純粹更優。）
>
> Errors should never pass silently.（錯誤絕不能悄悄忽略，）
>
> Unless explicitly silenced.（除非它明確需要如此。）
>
> In the face of ambiguity, refuse the temptation to guess.（面對不確定性，拒絕妄加猜測。）
>
> There should be one—and preferably only one—obvious way to do it.（任何問題應有一種，且最好只有一種，顯而易見的解決方法。）
>
> Although that way may not be obvious at first unless you're Dutch.（儘管這方法一開始並非如此直觀，除非你是荷蘭人。）

Now is better than never.（做優於不做，）

Although never is often better than *right* now.（然而不假思索還不如不做。）

If the implementation is hard to explain, it's a bad idea.（很難解釋的，必然是壞方法。）

If the implementation is easy to explain, it may be a good idea.（很好解釋的，可能是好方法。）

Namespaces are one honking great idea—let's do more of those!（命名空間是個絕妙的主意，我們應好好利用它。）

這也有不同的解讀，有人認為 Tim Peters 在寫《Python 之禪》時是在開玩笑。然而，如果有一件事是我從 Python 開發者那裡學到的，那就是「玩笑」和「認真」之間的界線像蜘蛛絲一樣細微。

無論如何，《Python 之禪》的內容是討論 Python 最佳實務的好起點。許多開發者，包括我自己，經常會回過頭參考這些指引內容。在這本書中，我也會經常提到它。

說明文件、PEP 和您

本書的目標是要當作您學習之旅的起點，而非終點。當您熟悉 Python 語言之後，就可轉向參考 Python 廣泛的官方說明文件，進一步了解特定的功能或工具。這些官方文件可以在線上找到，網址是 https://docs.python.org/。

在 Python 中，任何新功能都會以 Python Enhancement Proposal（PEP）的形式開始。每個提案都會分配一個獨一無二的編號，並發佈到官方的 PEP 索引網站 https://python.org/dev/peps/。一旦提出之後，PEP 將進行審核、討論，最終看是被接受或拒絕。

被接受的 PEP 實際上是文件的擴展，因為這些內容是對所定義功能最有凝聚力和權威性的描述。此外，還有幾個 Meta-PEP 和 Informational PEP，它們為 Python 社群和這套語言提供了支持和基礎。

因此，如果您對 Python 有任何問題，官方說明文件和 PEP 索引應該是您首先查閱的地方。在本書中，我會經常提出這些資源的參考指引。

誰說了算？

要了解語言是如何發展以及為何演變，知道誰在掌控是很重要的。當提出一個 PEP 時，誰有權決定是否接受或拒絕呢？

Python 是一個開放原始碼的專案，正式由非營利的 Python 軟體基金會主持。與許多其他流行的程式語言不同，Python 與任何營利組織之間並沒有什麼正式的關聯。

作為一個開放原始碼的專案，Python 有一個活躍且充滿熱情的社群支持。在這個社群的中心是核心團隊，這些值得信賴的志願者負責維護 Python 語言並讓社群運作順暢。

Python 之父 Guido van Rossum 曾擔任 Python 的仁慈獨裁者（BDFL），他對所有 PEP 的最終決策負責，並監督語言的持續發展。然而在 2018 年，他決定離開這個角色。

在他辭職幾個月後，PEP 13 成立了一個新的管理體制。現在 Python 語言是由核心團隊選出的五人指導委員會來管理。每次 Python 語言有新版本發布時，都會選出新的指導委員會。

Python 社群

Python 社群是一個龐大而多元的團體，由來自世界各地共同熱愛這個獨特語言的人們所組成。多年前，當我還是新手並意外發現這個社群以來，我從中得到了非常多的幫助、指導和靈感。同時，我也有幸能夠回饋給其他人。這本書的完成絕對離不開 Python 社群這些朋友們的持續反饋！

Python 社群是由核心團隊管理，遵守 Python 行為準則的規範。簡言之，這個準則強調開放、謹慎和尊重的行為，可以歸納如下：

總而言之，我們對彼此友好相待。對社群的貢獻是出於自願而不是必要。如果我們都能記住這一點，這些準則就會自然而然就會遵守了。

我強烈鼓勵任何使用 Python 的開發者加入這個充滿活力的社群。參與其中的最佳方式之一是透過 Libera.Chat 的 IRC #python 聊天室。您可以在 https://python.org/community/ 找到有關進入 IRC 的指南。

如果您對 Python 有任何問題，包括在閱讀本書的過程中有任何問題，我建議您在 IRC 頻道上尋求幫助。很有可能可以在那裡碰到我和本書大部分的技術審校人員。

在第 21 章中，我會介紹 Python 社群的眾多相關內容。

追求明確的做法

Python 的口號「只有一種正確的做法」一開始可能讓人感到困惑。解決某個問題的方法應該有很多種。是 Python 開發者對自己的口號和理念太過著迷了嗎？

幸運的是，並不是這樣的。這個口號理念有一個更加鼓舞人心的含義，每位 Python 開發者都應該能理解。

「Python 之禪」中的有段話能提供一些洞見和看法，這神秘莫測的禪語是：

> There should be one—and preferably only one—obvious way to do it.
> 任何問題應有一種，且最好只有一種，顯而易見的解決方法。

> Although that way may not be obvious at first unless you're Dutch.
> 儘管這方法一開始並非如此直觀，除非你是荷蘭人。

當然，Tim Peters 指的是 Python 之父 Guido van Rossum，因為他是荷蘭人。作為語言的創造者，Guido 通常能夠直接找到在 Python 中解決問題的「最明顯的做法」，尤其是在語言的早期階段。

這個「**明顯的、明確的做法（obvious way）**」是 Python 對於「最佳解決方案」的稱呼，它結合了好的實務做法、乾淨無暇的風格和合理的效能，生成優雅的程式碼，即使對於最新的新手來說也能夠理解。

解決問題的細節通常會指引「明確的做法」：某些情況可能需要迴圈、另一種則可能需要遞迴、還有一種可能需要使用串列綜合運算。與「明顯、明確」這個詞的涵義相反時，解決方案往往就變得不簡單也不好懂。最佳解決方案只有在您了解它之後才會變得「**明顯、明確（obvious）**」，要找到最佳解決方案才是困難的地方，因為大多數的人都不是 Guido。

然而，追求「最明顯的做法」是 Python 社群的一個重要**特點**，而且這個特點對於本書有很深的影響。在這本書中的很多見解都源於我與其他 Python 開發者激烈的辯論後所生成的。因此，我從那些在嚴謹技術問題上與我彼此意見相左的同行中挑出了本書的技術審校小組。

被視為解決問題的「正確做法」通常被接受是因為其技術價值，而不是因為 Python 開發者的某種偏見。Python 開發者們是我有幸合作過的最嚴謹的對象之一。這種思維做法也影響到我們的每一次討論，也引發了一些精彩且具有啟發性的學術辯論。

新的情況一直都會出現。對於任何一位 Python 開發者來說，編寫程式碼永遠不會真正變得「容易」。在每個專案中都會出現需要仔細考量甚至要爭辯的情況。開發者必須嘗試以最明顯的做法來解決問題，然後把解決方案提交給同行進行批判指教。

這本書中提到的做法在很多情況下，是以我的觀點來說是最明顯的做法。大多數做法也都得到了社群中同行的認同，但我還不敢斷言這樣的做法完全符合在 Python 之禪中「荷蘭人」的定義。如果您在 Python 社群學到了爭論的技巧，請不要以這本書來當作解決方案的最好證據！找出「明顯、明確解決方案」的能力並不是由教導就學得會的，這是要透過實踐實作才能學到的。

總結

儘管多年來有著許多關於 Python 的誤解迷思，但 Python 是一個多功能且技術上很堅實的程式語言，能夠處理您所提出的任何問題。無論您是在編寫自動化應用、處理大型資料集、建立本機使用者應用程式、實作機器學習，或是開發網路應用程式和 API，Python 都是一個堅實的選擇。最重要的是，Python 背後有一個充滿活力、多元且樂於助人的社群支持。

成功的關鍵在於寫出能充分發揮 Python 語言優勢和特性的程式碼。目標不僅僅是寫出能執行的程式碼，而是寫出看起來優雅又運作良好的程式碼。本書的其餘章節內容將會循序漸進教您如何達到這個目標。

第 2 章
您的開發環境

開發環境是影響您在程式語言中發揮工作效率的重要因素之一。不要只滿足於基本的預設命令提示字元模式，您應該組建一個適合任何專案等級的開發環境。

一個好的 Python 開發環境通常包括語言的直譯器、pip 套件管理器、虛擬環境、專門的 Python 程式碼編輯器以及一個或多個靜態分析工具，可用來檢查程式碼是否有錯誤和問題。我會在本章中討論每一項工具，此外也會介紹 Python 中常見的樣式風格慣例，並提出一個導覽介紹，說明最常見的 Python 整合開發環境（IDE）。

安裝 Python

在進行任何處理之前,您需要先安裝 Python 本身以及一些必要的工具。如您在第 1 章中所了解的,Python 是一種直譯語言,因此您需要安裝它的**直譯器**。您還必須安裝 pip,這是 Python 的套件管理器,這樣您才能安裝其他的 Python 工具和程式庫。具體的安裝步驟會因系統平台而異,但我會在這裡介紹目前的主流平台。

在這本書中,我使用的是 Python 3.9,也是撰寫時的最新版本。如果您在之後閱讀本書,只需使用最新的 Python 3 穩定版本即可。書中的所有指示應該都適用。您只需要在命令行中適當地更改版本號碼即可。

這裡只是一份簡要的安裝指南。若想要獲得完整的、官方的指示,涵蓋更多情境和進階選項的說明,請參閱 https://docs.python.org/using/。

在 Windows 中安裝

在 Windows 系統中,一般情況下並不會預設安裝 Python,所以您需要從 https://python.org/downloads/windows/ 下載安裝程式並執行。在安裝程式的第一個畫面中,務必要勾選 **Install the launcher for all users** 和 **Add Python to PATH** 的選項。

Python 也可以透過 Windows 的 Microsoft Store 來取得。不過,截至我撰稿時,這種安裝方式仍被官方視為不穩定。我建議還是去 Python 官方網站下載安裝程式會比較好。

在 macOS 中安裝

在 macOS 系統中,您可以使用 MacPorts 或 Homebrew 來安裝 Python 和 pip。

使用以下指令來透過 MacPorts 安裝 Python 和 pip,將「38」替換為您要下載的版本數字(移掉小數點):

```
sudo port install python38 py38-pip
sudo port select --set python python38
sudo port select --set pip py38-pip
```

或者，您可以使用 Homebrew 一次安裝 Python 和 pip，其指令如下：

```
brew install python
```

使用上述兩種方法之一來進行安裝即可。

在 Linux 中安裝

如果您正在使用 Linux 作業系統，很有可能 Python（python3）已經預設安裝好了，不過您需要的其他工具可能還沒有安裝。（為了確保萬無一失，我還是會告訴您如何安裝 Python。）

在 Ubuntu、Debian 或相關的 Linux 發布版可執行以下指令安裝 Python 和 pip：

```
sudo apt install python3 python3-pip python3-venv
```

若是在 Fedora、RHEL，或 CentOS 中，您可以執行下列指令：

```
sudo dnf python3 python3-pip
```

若是在 Arch Linux，執行下列指令：

```
sudo pacman -S python python-pip
```

對於其他 Linux 發布版本，您需要自己搜尋 Python 3 和 pip 的軟體套件來進行安裝。

以原始程式碼來安裝

如果您正在使用的是類 UNIX 系統，而且系統可能是內建的 Python 3 版本過舊，或是根本沒有套件管理器，那您可以從原始程式碼來建置 Python。這是我安裝最新版本 Python 的方式。

獨立安裝

在 macOS 中安裝 Python 的建置相依套件需考量一些相對複雜的事項。請參閱 https://devguide.python.org/setup/#macos-and-os-x 上的說明文件來進行安裝。

在大多數 Linux 系統中,您需要確保有安裝了 Python 所依賴的幾個程式庫的開發檔案。最佳的安裝方式取決於您的系統,更具體地說,取決於您使用的套件管理器。

如果您使用的是有 APT 套件管理器的 Linux 發布版,例如 Ubuntu、Pop!_OS、Debian 或 Linux Mint,請勾選啟用原始程式碼的選項,該選項位於「 Software Sources」或「Software & Updates settings」中,或者確保在 sources.list 檔案中包含了對應的設定。(具體的做法取決於您的系統,其細節已超出了本書的範圍。)

接著請執行下列指令:

```
sudo apt-get update
sudo apt-get build-dep python3.9
```

如果您收到「Unable to find a source package for python3.9」的回應訊息,請將數字「9」改成較低(或較高)的數字,直到找到一個有效的版本。Python 3 的相依套件在次級版本之間並沒有太大的變化。

如果您的 Linux 發布版使用 DNF 套件管理器,例如現代的 Fedora、RHEL 或 CentOS,請執行以下指令:

```
sudo dnf install dnf-plugins-core
sudo dnf builddep python3
```

如果您使用的是較舊版本的 Fedora 或 RHEL,而其使用的是 yum 套件管理器,請執行以下指令:

```
sudo yum install yum-utils
sudo yum-builddep python3
```

如果您使用的是 SUSE Linux,則必須逐個安裝相依的套件,包括所需的程式庫。表 2-1 列出了這些相依的內容。如果您使用的是其他以 UNIX 為基礎的系統,這份清單會很有幫助,不過您可能需要更改套件名稱或從原始程式碼建置相依的內容。

表 2-1：Python 3 根據 SUSE Linux 建置相依關係的內容

automake	intltool	netcfg
fdupes	libbz2-devel	openssl-devel
gcc	libexpat-devel	pkgconfig
gcc-c++	libffi-devel	readline-devel
gcc-fortran	libnsl-devel	sqlite-devel
gdbm-devel	lzma-devel	xz
gettext-tools	make	zlib-devel
gmp-devel	ncurses-devel	

下載和建置 Python

讀者可以從 https://www.python.org/downloads/source/ 下載 Python 的原始程式碼，這是個被壓縮的 Gzipped source tarball 檔案（.tgz）。我通常會把這個 tarball 檔案移到一個專用的目錄，專門放 Python 原始程式碼的 tarball 檔，尤其是在常常同時擁有多個 Python 版本的時候。在該目錄中，使用「tar -xzvf Python-3.x.x.tgz」這個指令可解壓縮這個檔案，把「Python-3.x.x.tgz」替換為您下載的 tarball 檔名即可。

接下來，在解壓縮後的目錄中依序執行以下指令，確保各個指令都成功執行後再執行下一個指令：

```
./configure --enable-optimizations
make
make altinstall
```

這些指令能設定 Python 以供正常使用，確保 Python 不會在目前的環境中遇到錯誤，並把它安裝在現有的 Python 安裝程式的旁邊。

> **ALERT**
>
> 如果您已經有其他版本的 Python 安裝在電腦上，就應該都要執行「make altinstall」命令。否則，現有的安裝可能會被覆蓋或隱藏，從而損壞您的系統！只有在您確定這是系統上的第一個 Python 的安裝時，您才能執行「make install」命令。

安裝完成之後，您就能立即使用 Python。

使用直譯器

現在您已經安裝了 Python 的直譯器，您可以執行 Python 腳本和專案程式。

互動對話

直譯器的互動對話能讓您即時輸入和執行程式碼，並查看結果。您可以在命令行中使用以下命令開始一個互動對話：

```
python3
```

> **ALERT**
>
> 您應該要習慣使用 python2 或 python3 這樣的指定執行版本方式，而不是使用 python 這個命令，因為後者有可能會指向錯誤的版本（現在很多系統上都預安裝了 python）。您可以隨時在上述三個命令後加上「--version」選項來檢查所呼叫的 Python 版本（例如，python3 --version）。

雖然上述方法在 Windows 上應該也能像其他系統一樣運作，但在 Windows 中對 Python 檔的執行還是建議使用以下替代做法：

```
py.exe -3
```

為了保持系統的獨立性，本書的其餘部分我會一直使用 python3 命令來執行。

當您開啟互動對話模式時，應該會看到類似以下的內容：

```
Python 3.10.2 (default)
Type "help", "copyright", "credits" or "license" for more information.
>
```

在提示符號「>」後面閃動的游標位置輸入任何您想要的 Python 程式碼，按下 Enter 後直譯器就會立即執行。您甚至可以輸入多行陳述句，例如條件陳述句，直譯器會在執行程式碼之前知道這裡還需要輸入更多行內容。當直譯器等待您輸入更多行內容時，您會看到三個點「...」的提示符號。當輸入完成需要的內容後，在空行上按下 Enter 鍵，直譯器就會執行整個程式區塊：

```
> spam = True
> if spam:
...     print("Spam, spam, spam, spam...")
...
Spam, spam, spam, spam...
```

若想要離開互動對話模式，可執行下列指令：

```
> exit()
```

在互動對話模式中測試 Python 程式是非常有用的，但此模式的其他用途則相對有限。未來您需要知道有這個模式的存在，但在這本書中我不會太常使用它。相反地，您應該使用一個適當的程式碼編輯器來編寫和執行程式。

執行 Python 程式檔

您可以使用文字編輯器或程式碼編輯器來編寫腳本和程式。在本章的最後，我會推薦幾個程式碼編輯器和整合開發環境（IDE），與此同時，您還是可以使用您喜歡的文字編輯器來編寫程式碼。

Python 的程式碼是寫在「.py」檔案中的。若想要執行 Python 程式檔（例如 myfile.py），您可以在命令行中使用以下命令（不是在互動式直釋器中）：

```
python3 myfile.py
```

套件和虛擬環境

在大多數其他的程式語言之中，一個**套件**（**package**）相當於一個程式庫（library），都是由一組程式碼組成。Python 因為「一切需要的都已包含在內」而聞名，大部分功能只需透過簡單的 import 陳述式就能取用。但如果您需要處理一些超過基本功能的事情，例如建置華麗的使用者介面，通常就需要安裝另一個套件來配合。

還好大多數第三方程式庫的安裝都相當簡單。程式庫的作者把它們打包成套件，我們之前安裝的方便小巧工具「pip 套件管理器」可以用來安裝這些套件。稍後我會介紹如何使用這個工具。

使用多個第三方套件需要一些技巧。有些套件需要先安裝其他套件來配合，有些套件還可能與其他套件衝突，我們還可以根據需要安裝特定版本的套件。我在之前是否有提到您的電腦上的某些應用程式和作業系統元件依賴於特定的 Python 套件呢？這就是為什麼虛擬環境存在的原因。

虛擬環境就像沙盒，您可以在其中只安裝特定於某個專案所需的 Python 套件，避免這些套件與其他專案（或您的系統）產生衝突的風險。您可以為每個專案建立不同的小沙盒，只在其中安裝需要的套件，讓一切都能保持整齊有序。實際上我們並沒有改變系統上已安裝的 Python 套件，因此可以避免破壞與您的專案無關但又很重要的事物。

您甚至可以建立與特定專案無關的虛擬環境。例如，我有一個專門用來執行 Python 3.10 的隨機程式碼檔案的虛擬環境，其中含有一組特定的工具，我用它們來解決問題。

建立虛擬環境

每個虛擬環境都放在一個專屬的目錄中。通常我們會把這個資料夾命名為 env 或 venv。

對於每個專案，我通常喜歡在專案資料夾內建立一個專屬的虛擬環境。Python 提供了一個名為 venv 的工具來完成這個工作。

如果您使用 Git 或其他**版本控制系統**（**version control system，VCS**）來追蹤程式碼的變更，還有一個額外的設定步驟在後面會提到。

若想要在目前的工作目錄中建立名為 venv 的虛擬環境，請在命令列中執行以下指令：

```
python3 -m ❶ venv ❷ venv
```

第一個 venv ❶是一個用來建立虛擬環境的指令，而第二個 venv ❷是指定虛擬環境的路徑。在上述的範例中，venv 只是個相對路徑，會在目前的工作目錄中建立一個「venv/」目錄。不過，您也可以使用絕對路徑，並且可以任意取名。例如，您可以在 UNIX 系統的「/opt」目錄中建立一個名為 myvirtualenv 的虛擬環境，像這樣：

```
python3 -m venv /opt/myvirtualenv
```

請留意，雖然我可以使用任何 Python 版本，例如「python3.9 -m venv venv」，但在這裡用我了「python3」。

如果您使用的是舊於 Python 3.3 的版本，請確保安裝了系統的 virtualenv 套件，然後使用這個指令：

```
virtualenv -p python3 venv
```

現在如果您查看專案的工作目錄，就會看到「venv/」資料夾已經被建立了。

啟用虛擬環境

若想要使用您的虛擬環境，則需要先啟用。

在類 UNIX 系統中，請執行如下命令來啟用：

```
$ source venv/bin/activate
```

在 Windows 系統中，則請執行如下命令：

```
> venv\Scripts\activate.bat
```

若外如果您在 Windows 中使用 PowerShell，請請執行如下命令：

```
> venv\Scripts\activate.ps1
```

對於使用 PowerShell 的使用者來說，有些人需要先執行「set-executionpolicy RemoteSigned」才能在 Windows PowerShell 上使用虛擬環境。如果遇到問題，可以試試這個方法。

就像魔法一樣，您現在已經在使用虛擬環境了！您應該會在命令提示行中開頭看到「(venv)」（不是在結尾）的提示字元，表示您正在使用名為 venv 的虛擬環境。

ALERT

如果您同時開啟了多個終端視窗（通常是命令提示字元視窗），您應該知道
虛擬環境只會在您明確啟用的那個終端視窗中生效！在支援的終端視窗上，
請注意「(venv)」的文字標示，以此可確認您正在使用之虛擬環境的名稱。

在虛擬環境內部，您仍然可以存取系統中（虛擬環境外）相同的所有檔案，但
您的環境**路徑**會被虛擬環境覆蓋。實際上，您在虛擬環境中安裝的任何套件僅
在該虛擬環境中可用，從虛擬環境中無法存取系統範圍的套件，除非您有明確
指定。

如果您希望虛擬環境也能看到系統範圍的套件，您可以在建立虛擬環境時使用
一個特殊的旗標（flag）來設定。一旦虛擬環境建立完成後，就無法更改這個
設定。

```
python3 -m venv --system-site-packages venv
```

離開虛擬環境

若想要離開虛擬環境回到系統中，只需要一個簡單的命令。

UNIX 使用者準備好了嗎？只需執行以下命令：

```
$ deactivate
```

就是這條命令，對於使用 Windows PowerShell 的使用者也是一樣的。

在 Windows 命令提示字元模式中則稍微複雜一些：

```
> venv\Scripts\deactivate.bat
```

命令還是相當簡單的。請記住，就像啟用虛擬環境一樣，如果您把虛擬環境命
名為其他名稱，只需要把上述命令中對應的 venv 改成您命名的名稱即可。

簡介 pip

對於 Python 的套件系統，我們大多數人都抱有很高的期待。Python 的套件管理器是 **pip**，在虛擬環境中，安裝套件一般是非常簡單的。

系統範圍的套件

請記住，在進行任何 Python 開發工作時，應該都是使用虛擬環境來處理。這樣能確保專案始終都使用正確的套件進行工作，而不會有機會搞亂電腦上其他程式專案可用的套件（以及其版本）。如果您絕對確定要在系統整體的 Python 環境中安裝套件，也可以使用 pip 進行安裝。首先，確保您**沒有**處於虛擬環境中，然後執行以下指令：

```
python3 -m pip command
```

把上述命令的 command 替換為您要用的 pip 命令，我接下來會介紹這些命令。

安裝套件

若想要安裝套作，可執行「pip install 套件」來進行安裝。舉例來說，想要安裝 PySide6 到啟用的虛擬環境中，您可以使用下列命令來進行：

```
pip install PySide6
```

如果您想要安裝特定版本的某些東西，則可加上兩個等號（==），再放上想要的版本數字（不要有空格）：

```
pip install PySide6==6.1.2
```

還有：您若使用 >= 符號，則表示至少要等於或大於這個數字的版本，這稱之為**需求指定符號**。

```
pip install PySide6>=6.1.2
```

這行指令會安裝最新版本的 PySide6，至少是 6.1.2 版本。這對於想要安裝最新版本的套件，同時確保至少安裝某個**最低**版本的套件（可能不是最新版）是非常有幫助的。如果無法找到符合安裝需求的套件版本，pip 會顯示錯誤訊息。

如果您使用的是類 UNIX 系統，則可能需要使用「pip install "PySide6>=6.1.2"」命令，因為在 shell 中「>」有另外一個意思。

requirements.txt

您可以為專案撰寫一個 requirements.txt 檔案，這樣可以省下更多時間，不只是您自己，其他使用者也能夠透過這個檔案一次性安裝所有需要的套件。這個檔案會列出專案所需的套件清單。當建立虛擬環境時，您和其他使用者只需使用這個檔案執行一個指令，就能夠安裝所有需要的套件。

若想要建立這個檔案，在檔案中每行列出一個 pip 套件的名稱，以及它的版本編號（如果需要的話）。例如，我的某個專案有這樣的 requirements.txt 檔案：

📁Listing 2-1: requirements.txt
```
PySide2>=5.11.1
appdirs
```

現在所有人都可以用下列命令一次性安裝檔案中列出的所有套件：

```
pip install -r requirements.txt
```

當我在談到套件和發布版時，會在第 18 章重新回顧 requirements.txt 的運用。

套件更新

您也可以使用 pip 更新已安裝的套件。例如，想要讓 PySide6 更新到最新版本，可執行以下命令：

```
pip install --upgrade PySide6
```

如果您有個 requirements.txt 檔，也可一次更新所有需要的套件：

```
pip install --upgrade -r requirements.txt
```

移除套件

您可以使用下列命令移除套件：

```
pip uninstall package
```

請把上述命令中的 package 字樣改成您要移除的套件名稱。

有一個小小的問題要注意。安裝某個套件也會同時安裝它所依賴的其他套件，這稱之為套件的相依。但是，刪除套件時並不會移除它的**相依內容**，所以您可能需要自行處理並移除這些相依的內容。這可能變得有點複雜，因為多個套件可能共用相同的相依內容，這樣的移除就有可能破壞另一個套件，因此在移除套件時要很小心。

這就是使用虛擬環境的另一個好處。一旦陷入這種移除的困境，我可以直接刪掉虛擬環境，再重新建立一個新的，然後只安裝我需要的套件。這樣就能輕鬆搞定套件相依的移除問題。

找出要想的套件

好了，您現在已學會怎麼安裝、更新和移除套件了，但您怎麼知道 pip 提供了哪些套件可以給您取用呢？

有兩種方法可以找出想要的套件。第一種是使用 pip 來進行搜尋，假設您想要關於「web scraping」的套件，可執行如下命令：

```
pip search web scraping
```

執行後會給您一大堆結果來篩選，但有時候當您忘記某個套件的名稱時，這種方式非常有幫助。如果您想要更方便地瀏覽及想要取得更多套件資訊，可以參考官方的 Python 套件索引網站 https://pypi.org/。

關於 pip 要特別留意的警告⋯

除非您對所有技術細節有專業知識，否則**千萬別在** UNIX 系統上使用 sudo pip！這會對您的系統安裝造成很多壞的影響（系統套件管理員可能無法修復），如果您決定使用這條命令，那麼您可能會讓系統無法回復。

一般來說，當有人認為需要用 sudo pip 命令時，實際上應該只需用「python3 -m pip」或「pip install --user」就能把套件安裝到本機使用者目錄。大部分其他問題都可以透過虛擬環境來解決。除非您是專家且完全了解自己在做什麼以及如何還原，否則**千萬不要**使用 sudo pip！

> ALERT
>
> 講真格的，千萬不要使用 sudo pip！

虛擬環境與 Git

虛擬環境和版本控制系統（如 Git）一起使用時可能會有點棘手。虛擬環境的目錄中含有您用 pip 安裝的**實際套件**，這些套件會讓您的版本控制倉庫變得混亂，並且可能會放入大而無用的檔案，而且您也不能保證將虛擬環境的資料夾複製到另一台電腦就能正常運作。

因此，您**不會**希望在版本控制系統中追蹤這些檔案。有兩個解決方案可用：

1. 只在您的倉庫之外建立虛擬環境。

2. 在版本控制系統中取消追蹤虛擬環境目錄。

上述兩項解決方案都有其支持的理由，但您要選用哪一項取決於您的專案、環境和特定需求。

如果您在使用 Git，就在專案的根目錄建立或編輯一個叫做「.gitignore」的檔案，在檔案內加入這一行：

📂Listing 2-2: .gitignore
```
venv/
```

如果您的虛擬環境取了不同的名稱，請把這一行改成對應的名稱。如果您使用了不同的版本控制系統，像是 Subversion 或 Mercurial，請查閱其相關說明文件，看看要怎樣忽略像是 venv 這樣的目錄。

通常在開發者在複製您的程式碼倉庫之後，就會建立屬於他們自己的虛擬環境，此時可能會使用您提供的 requirements.txt 檔案來安裝所需的套件。

即使您打算把虛擬環境放在倉庫之外，還是養成好習慣，使用 .gitignore 檔作為額外的保障。在版本控制系統中，最佳做法是選擇性地提交檔案，但還是有可能會有出現失誤的時候。由於 venv 是虛擬環境目錄中最常見的名稱之一，在 .gitignore 檔中加入這個名稱至少可以防止一些意外的提交。如果您的團隊對於虛擬環境有其他標準名稱，您也可以考慮把這些名稱加入該檔案中。

檔案中 Shebang 的情況

一般來說，會執行您的程式碼的使用者和開發者也會使用虛擬環境。然而，如果您的 Python 檔案的第一行出了問題，這一切就很可能出現錯誤。

我所談的 shebang，這是一個特殊的指令，由井號和驚嘆號構成的字元序列「#!」，會出現在 Python 程式檔的最上方，它讓您可以直接執行這個檔案：

☐ Listing 2-3: hello_world.py
```
#!/usr/bin/env python3 ❶

print("Hello, world!")
```

shebang（簡稱 haSH-BANG，或 #!）❶ 這行提供了 Python 直譯器的路徑。雖然這是可選擇性加入的，但我強烈建議在您的程式碼中放上這行指令，這樣檔案就可以標記為可執行的，並且可以直接執行，像這樣：

```
./hello_world.py
```

這會很有幫助，但如同之前提到的，必須小心處理 shebang。這行 shebang 告知電腦要找哪個確切的 Python 直譯器來使用，所以錯誤的 shebang 有可能會跳脫虛擬環境的限制，甚至指向未安裝的直譯器版本。

您可能在其他地方見過這種 shebang 寫法：

☐ Listing 2-4: shebang.py:1a
```
#!/usr/bin/python
```

這行程式碼的寫法真的不正確，這種寫法會強制電腦使用特定系統範圍的 Python 複本。如此一來就會再次忽略使用虛擬環境的主要目的。

> **NOTE**
>
> 您可能會好奇為什麼在 Windows 中「#!/usr/bin/python」會是有效的路徑。這種寫法確實可以運作，這要歸功於 PEP 397 所提出的一些巧妙做法（但還是建議避免這樣使用）。

此外，您通常會在 Python 檔中使用下列這種 shebang 寫法來執行 Python 3：

📂 Listing 2-5: shebang.py:1b
```
#!/usr/bin/env python3
```

如果是在 Python 2 和 Python 3 都能執行的腳本程式檔，則使用下列這個 shebang 寫法：

📂 Listing 2-6: shebang.py:1c
```
#!/usr/bin/env python
```

關於 shebang 和其處理規則，分別在 PEP 394（針對類 UNIX 系統）和 PEP 397（針對 Windows 系統）的官方說明文件中有詳細介紹。不管您是以哪一個系統開發程式，了解在 UNIX 和 Windows 中所使用的 shebang 寫法和其影響是很重要的。

檔案編碼

從 Python 3.1 開始，所有的 Python 程式檔都是使用 **UTF-8 編碼**，這使得直譯器可以使用 Unicode 中的所有字元（在這版本之前，預設是使用舊的 ASCII 編碼）。

如果您需要使用不同的編碼系統，而不是預設的 UTF-8，則必須明確告知 Python 直譯器。

舉例來說，如果要在 Python 程式檔中使用 Latin-1 編碼，就在檔案頂端、shebang 行下方加入一行指示。為了能正確運作，這行應該放在第一或第二行，因為直譯器會在這兩行尋找相關資訊。

```
# -*- coding: latin-1 -*-
```

如果您需要使用其他的編碼系統，就把上述的「latin-1」換成您需要的編碼系統名稱即可。假如指定了 Python 不認識的編碼系統，它會拋出錯誤訊息。

雖然前面的方式是傳統的指定編碼寫法，但還有其他兩種有效的寫法讓您來標示。您可以使用下列這種形式，不需要用難記的「-*-」符號：

```
# coding: latin-1
```

或是用下列這行較長的英文陳述語句來標示：

```
# This Python file uses the following encoding: latin-1
```

不管您用上述哪一種寫法，都必須完全和上面所示一樣，只需把「latin-1」替換為您需要的編碼系統名稱即可。上述的第一或第二種形式是較常見的寫法。

若想要瞭解更多資訊，可閱讀 PEP 263，這份說明文件定義了這項功能特性。

在大多數的情況下，使用預設的 UTF-8 編碼就足夠了，如果需要其他編碼，現在的您已經知道該如何告知直譯器了。

一些額外的虛擬環境使用技巧

當您習慣使用虛擬環境和 pip 後，您需要學習更多技巧和工具來讓整個處理過程變得更輕鬆。以下是一些較受歡迎的技巧：

使用沒有啟用的虛擬環境

在不啟用虛擬環境的情況下，您仍然可以使用虛擬環境內的二進行檔案。舉例來說，您可以用 venv/bin/python 來執行虛擬環境的 Python 實例，或用 venv/bin/pip 來執行虛擬環境的 pip 實例。這些指令的效果和啟動虛擬環境後是一樣的。

舉例來說，假設我的虛擬環境名稱為 venv，我可以在終端機內執行下列指令：

```
venv/bin/pip install pylint
venv/bin/python

> import pylint
```

上述指令可以成功執行。不過，在系統範圍的 Python 互動 shell 模式中仍然無法使用「import pylint」（除非您在系統範圍中有安裝了 pylint）。

其他選擇

在本書中，我會使用 pip 和 venv，因為它們是現代 Python 的預設工具。然而，還有其他一些值得了解的解決方案。

Pipenv

有許多 Python 開發者喜歡用 Pipenv，它把 pip 和 venv 整合成一個統一的工具，並提供許多額外的功能。

因為 Pipenv 的工作流程有相當大的差異，這裡就不介紹討論。如果您對它有興趣，我建議閱讀寫得很好的線上說明文件，網址為 https://docs.pipenv.org/。網站中有詳盡的設定和使用說明，以及對 Pipenv 優點的更詳細解釋。

pip-tools

這個工具可以簡化 pip 的相關工作，包括自動更新、幫忙撰寫 requirements.txt 檔等等。

您應該只在虛擬環境中安裝和使用 pip-tools，這才是此套工作的設計本意和目的。更多資訊可以在 https://pypi.org/project/pip-tools/ 找到。

poetry

有些 Python 開發者很討厭 pip 的整個工作流程。有位開發者建立了 poetry，這套工具被當作另一個可選用的套件管理器。我在這本書中並未使用 poetry，因為它的作業方式和行為非常不同，我在這裡只簡單提及這套工具。

您可以在官網：https://python-poetry.org/ 上找到更多資訊、下載指南（創作者不建議使用 pip 來安裝），以及說明文件。

PEP 8 簡介

不同於許多其他程式語言，Python 有一份官方的程式風格指南，就是 **PEP 8**。雖然這份指南主要是為了標準程式庫的程式碼而設計的，但許多 Python 開發者都選擇將其視為準則來遵循。

這不代表您必須完全遵循這些風格：如果您在專案中有確實的理由採用不同的風格慣例，那也是可以的，但應該在合理的範圍內保持程式風格的一貫性。

PEP 8 本身在一開始就明確指出這一點：

> 風格指南的目的在於保持一致性。遵循風格指南以維持一致性很重要。在專案內維持一致性更重要。而在模組或函式內維持一致性則是最重要。

> 然而，也要知道什麼時候可以不遵循規範，有時候風格指南的建議可能並不適用。當有疑問時，就要靠自己的判斷了。看看其他範例，然後決定哪個看起來最好。有疑問時請教別人也是可以的！

在實際應用中，您可能會發現沒什麼理由去違反 PEP 8。這個風格指南並沒有包羅萬象的內容，它留下了很多彈性空間，同時也清楚地指出了好的和不好的程式碼風格。所以，遵循 PEP 8 是相當不錯的選擇。

每行程式碼的字元限制

PEP 8 建議每行最多 79 個字元，或者在 80 個字元的位置換行，不過這個議題存有許多爭議。有些 Python 開發者遵循這項規則，但也有人偏好 100 或 120 個字元才換行。這該怎麼辦呢？

延長寬度限制的換行最常見的論點是現在的螢幕變得更寬且解析度更高。80 個字元的限制是過時的遺物了，對吧？**絕對不是！**維持相同的換行限制有幾個原因，如下所示：

- 視力受損的人可能需要使用較大的字型大小或放大介面來工作

- 某個檔案在提交時在側邊比較和查看差異

- 分割畫面編輯器，同時顯示多個檔案

- 垂直螢幕

- 在筆記型電腦螢幕上並排顯示兩個視窗，編輯器只有平常寬度的一半

- 使用舊款螢幕的人，無法負擔升級至最新的 1080p 螢幕

- 在行動裝置上查閱程式碼

- 為 No Starch 出版社編寫程式書籍

在上述這些情況下，80 個字元限制的理由很顯而易見，因為 120 個或更多字元的長度在水平空間上根本不夠放。軟換行是指在截斷行的剩餘部分顯示在另一行（沒有行號），確實能解決其中的一些問題。然而，這種顯示很不好閱讀，經常這樣用的人都會提到這一點。

這並不代表您必須絕對遵循 79 個字元的最大限制。這裡還是有一些例外，最重要的是**可讀性**和**一致性**。許多開發者遵循 80/100 原則：在大多數情況下盡量遵循 80 個字元的「軟」換行；而 100 個字元的「硬」換行，則留給那些低限制會影響可讀性的情況。

定位點或是空格？

嗯，是的，這場爭論已經讓很多友誼緊繃，不少關係也突然結束了（好吧，這有點誇張？）。大多數程式設計師對這個議題都有強烈的看法。

PEP 8 建議使用「空格（space）」而不是「定位點（tab）」，從技術上來看，兩者都是可以用的。重點是**不要混用**，要麼都用空格，要麼都用定位點，並且在整份專案中維持一致。

如果您使用空格，那麼還有一個關於使用多少格空格的爭議。PEP 8 也回答了這個問題：**每層縮排層級使用 4 個空格**。對視力受損或對某些形式有閱讀障礙的人來說，使用太少的空格可能會對程式碼的可讀性產生負面影響。

順帶一提，大多數的程式碼編輯器在按下 TAB 鍵時能自動輸入 4 個空格，所以不能用要按太多下空白鍵當作藉口。

品質控制：靜態分析工具

在任何程式設計師的工具箱中，其中最實用的工具之一就是可靠的**靜態分析工具**（**static analyzer**），它會讀取您的原始程式碼，找出潛在的問題或是與標準不相符的地方。如果您以前從未使用過這類工具，現在是改變的時候了。有種常見的靜態分析工具稱為 Linter，能檢查原始程式碼是否存在常見的錯誤、潛在的錯誤和風格不一致等情況，其中兩個最受歡迎的 Linter 工具是 Pylint 和 PyFlakes。

還有很多 Python 靜態分析工具可供使用，包括像 Mypy 這樣的靜態型別檢查器，還有像 mccabe 這樣的複雜度分析工具。

接著會教您怎麼安裝這些工具，並介紹如何使用其中的某些工具。我建議您只選用其中一種 linter，然後安裝其他的靜態分析工具。

Pylint

Pylint 可能是 Python 中功能最多的靜態分析工具了。其預設的處理就相當不錯，而且您還可以自訂要檢查和忽略的內容。

我建議您可以使用 pip 在虛擬環境中安裝 Pylint 套件。安裝好之後就可以像下列這樣，把想要分析的程式檔名稱傳給 Pylint：

```
pylint filetocheck.py
```

您也可以一次分析整個套件或模組（我會在第 4 章解釋什麼是模組和套件）。例如，如果您想要讓 Pylint 分析目前工作目錄中名為 myawesomeproject 的套件，您可以執行以下指令：

```
pylint myawesomeproject
```

Pylint 會掃描這些檔案並在命令列上顯示警告和建議。隨後您就可以編輯檔案並進行必要的修改。

舉例來說，下列這個 Python 程式檔：

📂Listing 2-7: cooking.py:1a

```
def cooking():
    ham = True
    print(eggs)
    return order
```

我會在系統的命令提示模式中對這個檔執行 linter：

```
pylint cooking.py
```

Pylint 會提供如下的回應：

```
************* Module cooking
cooking.py:1:0: C0111: Missing module docstring (missing-docstring)
cooking.py:1:0: C0111: Missing function docstring (missing-docstring)
cooking.py:3:10: E0602: Undefined variable 'eggs' (undefined-variable)
cooking.py:4:11: E0602: Undefined variable 'order' (undefined-variable)
cooking.py:2:4: W0612: Unused variable 'ham' (unused-variable)

------------------------------------------------------------------------
Your code has been rated at -22.50/10
```

這個程式檢查工具在程式碼中找到了五個錯誤：模組和函式都沒有 docstrings
（請參考第 3 章）。其中嘗試使用了不存在的變數 eggs 和 order。而且對變數
ham 指定了值，但在程式中卻沒有使用這個值。

如果 Pylint 對於某行程式碼提出疑問，而您認為這行程式碼應該保留原樣，您
可以告知靜態分析工具忽略這行並繼續執行。您可以透過一個特殊的注釋來做
到告知的設定，可直接在該行程式碼上方或是受影響的程式區塊頂端加入注
釋。舉例來說：

📂Listing 2-8: cooking.py:1b

```
# pylint: disable=missing-docstring

def cooking(): # pylint: disable=missing-docstring
    ham = True
    print(eggs)
    return order
```

上述的第一行指令，我告知 Pylint 不要對整個程式區塊的「missing-docstring」
提出警告。接下來的行內注釋則壓下關於函式「missing-docstring」的警告，
行內注釋只會影響該行程式碼。如果我再次執行靜態分析，只會看到其他兩個
linter 提出的錯誤提示：

```
************* Module cooking
cooking.py:5:10: E0602: Undefined variable 'eggs' (undefined-variable)
cooking.py:6:11: E0602: Undefined variable 'order' (undefined-variable)
cooking.py:4:4: W0612: Unused variable 'ham' (unused-variable)

-----------------------------------------------------------------------
Your code has been rated at -17.50/10 (previous run: -22.50/10, +5.00)
```

此時，我會編輯程式碼並實際修復剩餘的問題（當然，這個範例只是示範，我不會列出修復的內容）。

您也可以透過在專案的根目錄建立一個 pylintrc 檔案來控制 Pylint 在整個專案中的行為。若想要建立 pylintrc 檔案，可執行以下指令：

```
pylint --generate-rcfile > pylintrc
```

找到 pylintrc 檔案，然後開啟它，在其中進行編輯以開啟或關閉不同的警告、忽略某些檔案以及設定其他相關選項。說明文件對於這部分的內容還不是很完善，但您可以從 pylintrc 檔案的注釋中大致了解各種選項的功用。

當您執行 Pylint 時，它會在目前的工作目錄尋找 pylintrc（或 .pylintrc）檔。或者，您也可以指定不同的檔名供 Pylint 讀取其設定，例如 myrcfile，只需在呼叫 Pylint 時，使用「--rcfile」選項並指定檔案名稱即可：

```
pylint --rcfile=myrcfile filetocheck.py
```

有些 Pylint 老手喜歡在他們的 home 目錄下建立 .pylintrc 或 .config/pylintrc 檔（僅適用於類 UNIX 系統）。如果 Pylint 找不到其他的設定檔，它就會使用位在 home 目錄下的那個檔案。

雖然 Pylint 的說明文件並不十分完整，但仍然很有用。您可以連到 https://pylint.readthedocs.io/ 找到相關說明文件。

Flake8

Flake8 工具實際上是由三個靜態分析工具組合而成的：

■ PyFlakes 是一套類似 Pylint 的 linter（程式碼檢查工具）。它更快速且避免產生不必要的錯誤訊息（這兩項都是 Pylint 常被抱怨的點）。此外，它忽略了樣式規則，這些規則會由下一個工具來處理。

- pycodestyle 是一套樣式檢查工具，可以協助您寫出符合 PEP 8 樣式指南的程式碼風格（這套工具之前稱為 pep8，但為了避免與實際的風格樣式指南混淆，後來改名了）。

- mccabe 這套工具會檢查程式碼的 McCabe（或稱循環複雜度）。如果您還不知道這是什麼，別擔心，此工具的目的基本上就是在您的程式碼結構變得太複雜時提出警告和提醒。

您可以在虛擬環境中用 pip 安裝 Flake8 套件，這也是我最常用的做法。

若想要掃描某個程式檔、模組或套件，只需要在命令列中輸入 flake8 後面接上檔案名稱即可。舉例來說，如果要掃描之前的 cooking.py 檔（範例見 Listing 2-8），我會輸入下列這個指令：

```
flake8 cooking.py
```

執行後的輸出結果如下：

```
cooking.py:2:5: F841 local variable 'ham' is assigned to but never used
cooking.py:3:11: F821 undefined name 'eggs'
cooking.py:4:12: F821 undefined name 'order'
```

（您有留意到 Flake8 並沒有提出缺少 docstrings 的錯誤回報，這是因為在 Liner 中此功能預設是關閉的）

在預設的情況下，只會執行 PyFlakes 與 pycodestyle。如果您想要分析程式碼複雜度，還需要在命令中加上「--max-complexity」參數，後面接著一個數字。一般來說，複雜度超過 10 就會被認定為太高，但如果您了解 McCabe 複雜度的意義，您還可以根據需求自行調整。舉例來說，若要檢查 cooking.py 檔案的複雜度，可會輸入如下這個指令：

```
flake8 --max-complexity 10 cooking.py
```

不論怎麼執行 Flake8，都會得到一份含有所有程式碼錯誤與警告的完整清單。

如果您需要讓 Flake8 忽略某些認為有問題的部分，可以使用「# noqa」來注釋，放在要忽略錯誤的程式碼後面。這個注釋應該要放在有錯誤的那一行程式碼內。如果您對有錯誤之程式碼加上了「# noqa」注釋，那麼這個注釋會讓 Flake8 忽略該行的所有錯誤。

以我的程式碼為例，如果我想要忽略之前收到的這兩個錯誤，可以在程式碼中像下列這樣加上注釋：

Listing 2-9: cooking.py:1c

```
def cooking():
    ham = True     # noqa F841
    print(eggs)    # noqa F821, F841
    return order   # noqa
```

這裡您會看到三種不同的情況。第一種，我只忽略錯誤警告F841。第二種，我忽略了兩項錯誤警告（雖然其中一個實際上並未產生；這只是個示範）。第三種，我忽略了所有可能的錯誤。

Flake8 也支援設定檔。在專案目錄中是可以建立一個名為 .flake8 的檔案。在檔案中以 [flake8] 開始一個段落，接著加上想要定義的所有 Flake8 相關設定（請參考說明文件的介紹）。

Flake8 也會接受專案範圍的設定檔，可以是名為 tox.ini 或 setup.cfg 的檔案，只要裡面含有 [flake8] 的設定段落就可以了。

舉例來說，如果您想要每次執行 Flake8 時自動執行 mccabe，而不是每次都要加上「--max-complexity」參數，並建立一個 .flake8 檔案，內容如下：

Listing 2-10: .flake8

```
[flake8]
max-complexity = 10
```

有些開發者喜歡在系統範圍定義一個 Flake8 的全域設定檔，但這只能在類UNIX 的系統中進行。在 home 目錄中，建立一個叫 .flake8 或 .config/flake8 的檔案作為設定檔。

Flake8 相較於 Pylint 的主要優勢之一就是它的說明文件很完整。Flake8 提供了所有警告、錯誤、選項等的完整清單介紹。讀者可以連到網站：https://flake8.readthedocs.io/ 找到這份說明文件。

Mypy

Mypy 是個很特別的靜態分析器,因為它完全專注於處理**型別註釋**(**type annotation**)(詳見第 6 章)。因為 Mypy 涉及到我尚未詳細介紹的許多概念,所以在這裡並不會深入探討。

不過,現在是安裝 Mypy 的好時機。就像前面介紹的其他工具一樣,您可以從 pip 安裝 mypy 套件。

安裝完成之後就可以把程式檔、套件或模組傳給 mypy 來進行檢查:

```
mypy filetocheck.py
```

Mypy 只會嘗試檢查檔案中具有型別註釋的內容,而忽略其他部分。

Style Janitors:自動格式化工具

還有個會讓您覺得很有用的工具,那就是**自動格式化工具**(**autoformatter**),它可以自動調整 Python 程式碼,包括空格、縮排,以及適用 PEP 8 的相同表示方式(例如使用 != 取代 <>)。其中的兩個選項是 autopep8 和 Black。

autopep8

autopep8 工具是利用 pycodestyle(Flake8 中的一部分),甚至使用與該工具相同的設定檔來確定最終是要遵循或忽略的風格樣式規則。

如往常一樣,您可以使用 pip 安裝 autopep8。

在預設的情況下,autopep8 只會修正空格,但如果加上「--aggressive」參數,則會進行額外的修改。實際上,如果您加兩個這個參數,它會進行更多修改。其功能的完整清單已超出本書的範圍,所以請連到網路查閱 https://pypi.org/project/autopep8/ 的說明文件來取得更多資訊。

若想要直接就地修復某個 Python 程式碼檔中大部分 PEP 8 問題(預設是建立副本來修改,而不是直接修改),請執行下列這個指令:

```
autopep8 --in-place --aggressive --aggressive filetochange.py
```

直接修改程式檔感覺好像有點冒險，但實際上並不會。風格樣式的修改僅僅是編排上的改變，並不會影響程式碼的實際運作。

Black

Black 這套工具相對簡單：它是假設您想要完全遵循 PEP 8 規範，因此並沒有太多複雜的選項。

與 autopep8 一樣，您可以用 pip 安裝 Black，不過它需要 Python 3.6 或更新的版本。若想要用 Black 來格式化某個檔案，只需要輸入程式檔名稱即可：

```
black filetochange.py
```

您可以透過「black --help」命令來查看 Black 的所有功能選項，這些選項相當簡單易懂。

測試框架

測試框架在良好的開發流程中扮演著重要角色，不過在本章的內容我還不會測深入討論。Python 有三個主要的測試框架選擇：Pytest、nose2 和 unittest，另外還有一個有潛力的新專案叫做 ward。這些框架都可以透過 pip 安裝。

若想要解釋介紹這個主題，需要討論更多的知識，所以我會在第 20 章更深入探討這個議題。

導覽各種程式碼編輯器

您已經有了 Python 直譯器、虛擬環境、靜態分析工具，還有其他相關的工具。現在已經準備好可以開始編寫程式了。

您可以用任何基本的文字編輯器來編寫 Python 程式碼，就像編寫所有其他程式語言一樣。但是使用一個適當的程式碼編輯器，您會更容易寫出更具品質的程式碼。

在結束本章內容之前，我想為您導覽幾個最受歡迎的 Python 程式碼編輯器（code editor）與整合開發環境（**IDE**）。這裡只列出幾個較受歡迎的選擇，實際上還有很多選擇等您選用。**如果您已經知道自己要使用哪個程式碼編輯器或 IDE，可跳到本章最後一節的內容。**

IDLE

Python 有自己的整合開發環境（IDE），名稱叫做 IDLE，在 Python 的標準安裝中一同提供。這是個相當簡單的 IDE，主要由兩個元件組成：編輯器和互動式 shell 介面。使用 IDLE 也不錯，所以如果您現在還不想安裝其他編輯器，可以從使用 IDLE 開始。不過，我建議您多瞭解一些其他選擇，因為大多數編輯器和 IDE 的實用功能都是 IDLE 所缺乏。

Emacs 與 Vim

對於各位純粹主義者和老派的駭客而言，應該會很高興知道 Emacs 和 Vim 都有優秀的 Python 支援。但是其設定就不是那麼簡單，由於篇幅有限，這裡不會深入討論。

如果您本身就是 Emacs（或 Vim？）的愛好者，可以在下列的 Real Python 網站中找到優秀的教學指南。

關於 Emacs，請參考 https://realpython.com/emacs-the-best-python-editor/。

關於 Vim，請參考 https://realpython.com/vim-and-python-a-match-made-in-heaven/。

PyCharm

根據 JetBrains 在「The State of Developer Ecosystem 2021（2021 年開發者生態系調查）」中的結果，他們的 PyCharm IDE 在 Python 程式開發領域大獲好評，遠遠領先其他選擇。PyCharm 提供了兩種版本：免費的 PyCharm Community Edition 和付費的 PyCharm Professional Edition。（JetBrains 採取一些措施來消除偏見而獲好評。這份調查結果在此：https://www.jetbrains.com/lp/devecosystem-2021/python/。）

這兩個版本都是專用的 Python 程式碼編輯器，內建自動完成、重構、除錯和測試工具。PyCharm 可以輕鬆管理和使用虛擬環境，並與版本控制軟體整合。PyCharm 甚至能進行靜態分析（使用它自己的工具）。專業版還增加了針對資料處理、科學開發和網頁開發的工具。

如果您已熟悉 JetBrains 其他的 IDE，像是 IntelliJ IDEA 或 CLion，那麼 PyCharm 會是一個很棒的 Python IDE 選擇。與其他的程式碼編輯器相比，PyCharm 需要更多的電腦資源，但如果您的電腦效能還不錯，使用上不會是問題。如果您以前沒有使用過 JetBrains 其他的 IDE，可以先試用 PyCharm Community Edition，然後再考慮是否要投資購買付費版本。

您可以連到 https://jetbrains.com/pycharm/ 網站找到更多相關資訊和下載連結。

Visual Studio Code

Visual Studio Code 在支援 Python 方面表現很優異。根據 2021 年 JetBrains 的調查，它是第二受歡迎的 Python 程式碼編輯器。Visual Studio Code 是免費且開放原始碼的，幾乎在所有平台上都能執行。只要安裝 Microsoft 的官方 Python 擴充套件，您就可以開始使用了！

Visual Studio Code 支援自動完成、重構、除錯和虛擬環境切換，還能與常見的版本控制整合。它可以和 Pylint、Flake8、Mypy 等多種受歡迎的靜態分析工具整合，甚至可以和最常用的 Python 單元測試工具相互配合。

請連到 https://code.visualstudio.com/ 下載和安裝。

Sublime Text

Sublime 是另一款受歡迎的多種語言程式碼編輯器。大家喜歡它的快速和簡捷，而且可以輕鬆透過擴充功能和設定檔進行客製化。Sublime Text 可以免費試用，但如果您喜歡它並想繼續使用，就需要購買授權。

Anaconda 外掛可以讓 Sublime Text 變成一個 Python 整合開發環境，擁有所有功能：自動完成、導覽、靜態分析、自動格式化、測試執行，甚至還有文件瀏覽器。相較其他選擇，它需要稍微進行手動設定，特別是在您想要使用虛擬環境時。不過，如果您喜歡 Sublime Text，這個外掛絕對是值得使用的。

您可以在 https://sublimetext.com/ 下載 Sublime Text，以及在 https://damnwidget.github.io/anaconda/ 下載 Anaconda 外掛。第二個連結也提供在 Sublime Text 安裝外掛的相關說明指示。

Spyder

如果您專注於科學程式設計或資料分析，或是喜歡 MATLAB 的介面，那麼您會在使用 Spyder 時會感到很熟悉。這是個免費且開放原始碼的 Python IDE，同時也是以 Python 撰寫開發的工具。

除一般功能之外，Spyder 還有整合了許多常見的 Python 資料分析和科學計算程式庫，它內建了完整的程式碼效能分析器和變數瀏覽器。Spyder 還有支援許多外掛功能，例如：單元測試、自動格式化和編輯 Jupyter notebooks 的檔案等。

讀者可以到 https://spyder-ide.org/ 下載 Spyder。

Eclipse + PyDev/LiClipse

Eclipse 雖然在新一代的編輯器面前失掉了以往的榮耀，但仍然有不少的忠實使用群。雖然它主要針對像 Java、C++、PHP 和 JavaScript 這樣的程式語言，但透過安裝 PyDev 外掛，Eclipse 也能變成 Python 的 IDE。

如果您的系統已經安裝了完全免費的 Eclipse，那麼您只需要在 Eclipse Marketplace 安裝 PyDev 外掛。請在 https://eclipse.org/ide/ 下載 Eclipse，然後在 Marketplace 中尋找 PyDev 外掛即可。

除此之外，您也可以安裝 LiClipse，它內含了 Eclipse、PyDev 和其他實用的工具。PyDev 的開發人員推薦使用這種方式安裝，因為這樣能直接支持他們的開發工作。讀者可在 30 天的試用期內免費使用 LiClipse，之後則需購買授權。請連到 https://liclipse.com/ 下載 LiClipse 安裝。

PyDev 提供自動完成、重構、支援型別提示和靜態分析、除錯、單元測試整合等許多功能。您可以在 https://pydev.org/ 找到更多關於 PyDev 的資訊。

The Eric Python IDE

Eric 可能是上述介紹的各種選擇名單中歷史最悠久的整合開發環境，這套工具依然像往常這般可靠耐用。以 Monty Python's Flying Circus 的 Eric Idle 為名，Eric 是一套免費、開放原始碼，且以 Python 撰寫開發的整合開發環境。

Eric 提供了撰寫 Python 時可能需要的一切功能：自動完成、除錯、重構、靜態分析、測試整合、文件工具、虛擬環境管理等等，可以說是應有盡有。

讀者可以在 https://eric-ide.python-projects.org/ 找到關於 Eric 的相關資訊以及下載連結。

總結

寫程式所牽涉到的不僅僅是撰寫程式碼而已，還需要許多相關的配合。透過設定好開發環境、專案和整合開發環境，這樣才能準備好全心投入，讓撰寫出來的程式碼品質更出色。

現階段您應該已經組建了一個能夠應對任何上線專案級別的 Python 開發工作平台。最起碼，您應該已經安裝了 Python 直譯器、pip、虛擬環境（venv）、一個或多個靜態分析工具，以及一個 Python 程式碼編輯器。

現在，您可以在程式碼編輯器或整合開發環境（IDE）中，建立一個名稱為 FiringRange 的專案，以便在閱讀本書時能動手實驗。目前暫時確保一切都能正常運作，您可以在該專案中建立一個含有以下內容的 Python 程式檔：

Listing 2-11: hello_world.py
```
#!/usr/bin/env python3

print("Hello, world!")
```

要執行這支程式的命令如下：

```
python3 hello_world.py
```

執行的結果如下所示：

```
Hello, world!
```

我會在第 4 章中詳細講解 Python 專案的正確結構，但在第 3 章則會介紹在您的測試場域中單獨撰寫和執行 Python 程式檔，這樣的安排應該就足夠了。

如果您對所選的整合開發環境（IDE）還不太熟悉，現在花點時間來熟悉一下吧！特別要確定您已知道怎麼導覽和執行程式碼、管理檔案、處理虛擬環境、使用互動式主控台以及使用靜態分析工具。

第 3 章
語法課程

Python 是一門獨特的程式語言，融合了許多常見和獨特的概念。在深入研究這門程式語言的細節之前，必須先掌握它的基本語法。

在本章中，您將學到大部分在 Python 中常見的基本語法結構，同時也會熟悉語言中基本的數學和邏輯特性。

大部分的 Python 開發者會建議新手參考官方的 Python 教學指南，這個指南對語言結構有很好的介紹。雖然我在這本書中會詳細講解所有這些概念，但那份教學指南仍然是值得閱讀的好資源：https://docs.python.org/3/tutorial/。

Hello, World!

如果沒有傳統的「Hello World」程式範例，對程式語言的介紹好像就有點不對味。在 Python 中，這支程式的寫法是這樣的：

☐Listing 3-1: hello_world.py

```
print("Hello, world")
```

這支程式沒有什麼新奇的，它只是呼叫 print() 函式把文字輸出到主控台，然後把要輸出的資料包在引號中當作引數傳入。您可以傳入任何資料，它們都會在主控台上顯示出來。

我也可以用 input() 函式從主控台取得輸入：

☐Listing 3-2: hello_input.py

```
name = input(❶ "What is your name? ")
print("Hello, " + name)
```

這裡使用 input() 函式，並將提示訊息以字串形式傳遞❶。當我執行這段程式碼時，Python 就會使用我在主控台輸入的名字來顯示問候語句。

陳述式與運算式

在 Python 中，每一行以換行符號結束的程式碼句子就是**陳述式**（**statement**），有時也被稱為**簡單陳述式**（**simple statement**）。不像許多受 C 語言啟發的程式語言，Python 不需要在程式行的尾端加上特殊的符號來表示行尾。

在 Python 中，一段可以求值成單一值的程式碼就稱為**運算式**（**expression**，或譯為**表達式**）。您可以在 Python 中任何需要值的地方放入運算式。運算式會被評算求值成一個值，然後這個值就會在陳述式中該位置上被使用。

舉例來說，我可以在一個陳述式中建立一個變數，並在另一個陳述式中將其內容印到主控台：

☐Listing 3-3: hello_statements.py:1a

```
message = "Hello, world!"
print(message)
```

我把 "Hello, world!" 表示式指定給 message 變數，然後把這個 message 變數傳給 print() 函式來輸出。如果您想要在同一行放置多個陳述式，則可以用分號（;）來將多個陳述式分開。為了展示這個應用，下面的範例是用前面一樣的兩個陳述式，但這次是塞在同一行，中間用分號隔開：

📁Listing 3-4: hello_statements.py:1b

```
message = "Hello, world!"; print(message)
```

雖然這段程式碼是合法的，但使用這種寫法並不被鼓勵。Python 的設計理念非常重視可讀性，將多個陳述式放在同一行往往會降低可讀性。

建議一行只放置一條陳述式，除非您有很特殊的理由需要這樣做。

空白的重要性

當您看到某段 Python 原始程式碼範例時，很可能會先注意到使用縮排來進行層級安排的巢狀結構。一個**複合陳述式**會由一個或多個**子句**組成，每個子句由一行程式碼（稱為 **header 標頭**）和一個程式碼區塊（稱為 **suite 附屬**）構成，這裡的附屬和標頭會相關聯。

例如下列這支程式會根據 name 變數是否有指定名字而印出不同的訊息：

📁Listing 3-5: hello_conditional.py

```
name = "Jason"
if name != "": ❶
    message = "Hello, " + name + "!"
    print(message)
print("I am a computer.") ❷
```

我使用了一個條件陳述式，❶這行其標頭為 if ，然後有一個內含兩行縮排程式碼的附屬，這個附屬「屬於」該標頭。附屬的程式碼只有在標頭中的條件表示式評算為 True 時才會被執行。

未縮排的那行程式碼❷不是屬於條件陳述式的附屬，它會在這支程式每次執行時都執行。

假如巢狀結構的層級變深，則需要加入更多縮排：

📁Listing 3-6: weather_nested_conditional.py

```
raining = True
hailing = False
if raining:
    if hailing:
        print("NOPE")
    else:
        print("Umbrella time.")
```

第一個 print 陳述式縮排了兩層（一層 4 個空格），這樣 Python 就知道它同時屬於前面的兩個條件陳述式。

考慮到空白的重要性，在 Python 的世界裡，「定位點與空格」的爭議是一直都在。您可能還記得在第 2 章中提到的 PEP 8 風格樣式指南中強調每層縮排層級要使用 4 個空格或一個 TAB 定位點。不管是用哪一種，**關鍵是維持一致！** Python 實際上並不關心您使用一個 TAB 定位點、2 個空格、4 個空格，甚至 7 個空格（雖然這有點太誇張）來當作每層縮排的層級。重點是在整份檔案中所有程式碼區塊中維持一致。

就算您在技術上還有不足之處，但在整個專案中應該只用一種縮排風格。千萬不要混用定位點和空格。整合開發環境（IDE）中是有工具能幫助您自動進行調整。保持一致的縮排風格可以提高程式碼的可讀性，並減少因為縮排而造成的錯誤。

為了簡單起見，我在程式碼範例中都會遵循 PEP 8 的慣例，每個縮排層級使用 4 個空格。雖然我建議您遵循相同的慣例，您還是可以在編輯器中設定，讓每次按下 TAB 鍵時自動插入 4 個空格。但如果您對使用定位點有著堅定的偏好，那也是可以繼續使用，這真的不重要。最重要的是要保持一致性。

> **NOTE**
>
> 如果您需要把條件陳述式（或類似的東西）放在同一行中，可以省略換行和縮排，就像這個例子：「if raining: print("Umbrella time.")」，冒號（:）可當作分隔符號。然而，就像之前提到的分號一樣，請留意這種寫法可能會對可讀性產生影響。

什麼都不做

有時候您可能要插入完全沒有作用的陳述式。在稍後想要在程式碼附屬的位置上放入一個合法的佔位符號是特別有用。為此，Python 提供了 pass 關鍵字。

舉例來說，我可以在條件陳述式「if raining」中使用 pass 關鍵字當作佔位符號，等將來再換成我想要撰寫的最終程式碼：

☞ Listing 3-7: raining_pass.py

```
raining = True
if raining:
    pass
```

只要記住，pass 代表「通過」，什麼都不做，這是它存在的唯一理由。

注釋與說明字串

在 Python 中撰寫注釋（comment，或譯註解），只需在該行的開頭加上井號（#）。井號之後的所有內容都是注釋，這些內容會被直譯器忽略掉。

☞ Listing 3-8: comments.py

```
# This is a comment
print("Hello, world!")
print("How are you?") ❶ # This is an inline comment.
# Here's another comment
# And another
# And...you get the idea
```

如果您執行上面這支程式，兩個 print 陳述式都會執行。第二個 print 陳述式中，❶從 # 號開始的部分是個行內注釋，會被直譯器忽略。剩餘的其他 # 號行也都是注釋。

> ALERT
>
> 如果井號（#）出現在字串的引號中，它會被解譯為該字串內的文字字元，而不會產生注釋。

說明字串

正式來說，Python 並沒有「多行」注釋的語法，您只需逐行以井號加入注釋即可。唯一的例外是**說明字串**（**docstring**）。它的形式如下：

☞ Listing 3-9: docstrings.py:1

```
def make_tea():
    """Will produce a concoction almost,
    but not entirely unlike tea.
    """
    # ...function logic...
```

我定義了一個「理論上」可以泡茶的函式，並在函式內部使用了說明字串（docstring）來描述這個函式。

說明字串（docstring）的存在是為了提供函式、類別和模組的詳細文件說明，特別是公開的部分。它們通常以三個引號（"""）當作開始和結束，這樣可以讓字串跨多行撰寫。您通常會將說明字串放在定義的內部，例如在上面範例中是放在函式的頂端位置。

> **NOTE**
>
> 您可以使用任何字串來作為說明字串（docstring），但標準做法是只使用三個引號。詳細規範請參考 PEP 257。

注釋（comments）和說明字串（docstrings）有三個重要的區別：

1. 說明字串是字串文字，且會被直譯器看到，但注釋則會被忽略。

2. 說明字串是用來自動生成文件。

3. 說明字串通常只會放在模組、函式、類別或方法等定義的頂端。而注釋則可以放在任何地方。

確實可以用三個引號的字串文字來撰寫類似「多行注釋」，但不建議這麼做，因為字串文字很容易留在 Python 嘗試將其當作「值」的地方，因而導致程式出現錯誤。

簡而言之，請按照說明字串的設計原意來運用，在其他情況下則使用注釋。許多 Python 的整合開發環境（IDE）都有快捷鍵可以為選定區塊加上或消除注釋，這可以節省很多時間。

我可以在程式碼的其他部分存取這些說明字串（docstring）。例如，根據之前的例子，我可以這樣做：

📁Listing 3-10: docstrings.py:2

```
print(make_tea.__doc__) # This always works.
help(make_tea) # Intended for use in the interactive shell.
```

說明字串有其自己的風格樣式規範，詳細內容可以在 PEP 257 中找到。

宣告變數

您可能已經注意到 Python 並沒有專用的關鍵字來宣告新的變數（以這個語言來說，技術上稱為「**名稱**」，請參閱第 5 章）。在這裡，我定義了兩個變數「名稱」：name 和 points：

📂Listing 3-11: variables.py

```
name = "Jason"
points = 4571
print(name) # displays "Jason"
print(points) # displays 4571
points = 42
print(points) # displays 42
```

Python 是**動態型別**（**dynamically typed**）的程式語言，這表示某個值的資料型別是在評算時確定的。與靜態型別的程式語言相對立，靜態型別的語言要在初始化時先宣告資料型別。（像 C++ 和 Java 就是靜態型別）

在使用 Python 時，隨時都可以用等號（=）把值指定給某個「名稱」，這樣它就會自動推斷資料型別。如果這個名稱是個全新的變數，Python 就會建立它；如果這個名稱已經存在，Python 就會改變它的值，這是個相當直覺的系統。

一般來說，使用 Python 變數只需遵循下列兩項規則：

1. 在存取變數之前先定義它，否則會出現錯誤。

2. 就算是在替換變數的值時，也不要改變它原本所儲存的資料型別。

Python 被視為是一種**強型別**（**strongly typed**）**語言**，這通常表示無法將不同型別的資料混在一起。舉例來說，Python 不允許您將整數和字串相加。另一方面，**弱型別**（**weakly typed**）**語言**允許您對不同資料型別之間進行操作，而且它們會試著找出您要求的操作應該怎麼執行（JavaScript 就屬於弱型別的語言）。在強、弱型別這兩個術語之間有一個完整的範疇，對於哪些行為應該歸類在哪一種還存在著很多爭議。雖然 Python 明確屬於「強型別」的範疇，但它與某些程式語言相比，其型別算是屬於比較弱的範疇。

不過，Python 在綁定上相對鬆散，所以您可以把不同型別的值指定給已經存在的變數。雖然從技術上來說是允許的，但強烈建議您不要這麼做，因為這可能導致程式碼變得混亂不清。

常數要怎麼用？

Python 並沒有正式定義的常數（constant）。根據 PEP 8 的建議，您可以使用全大寫加底線的命名方式來表示某個變數是打算當作「常數」來處理的。這種命名慣例有時被幽默地稱為「screaming snake case，譯為大寫蛇形命名法」，因為它是用全大寫和底線來命名的。舉例來說，名稱「INTEREST_RATE」表示您不希望這個變數的值在任何情況下被重新定義或更改。雖然直譯器本身不會阻止對常數進行修改，但如果您這麼做，程式碼檢查工具就會發出警告。

數學運算

Python 具備一個優秀程式語言中應該擁有的所有數學運算功能。Python 對於簡單和複雜的數學運算都有極好的支援，這是 Python 在科學運算、資料處理和統計分析等領域廣受歡迎的原因之一。

認識數值型別

在我們深入了解運算之前，應該先了解這三種用來儲存數值的資料型別。

整數（int）用來儲存整數數值。在 Python 中，整數永遠是帶符號的，且實際上沒有最大值限制。整數預設使用十進位（base-10），但也可以用二進位（0b101010）、8 進位（0o52）或 16 進位（0x2A）表示。

浮點數（float）用來儲存帶有小數部分的數值（例如 3.141592）。您也可以用科學記號（例如 2.49e4）來表示。在內部，這些數值以雙精度的 IEEE 754 浮點數格式儲存，而該格式本身有一些固有的限制。（如果想更深入了解浮點數運算的限制和陷阱，可閱讀 David Goldberg 寫的文章「What Every Computer Scientist Should Know About Floating-Point Arithmetic」：https://docs.oracle.com/cd/E19957-01/806-3568/ncg_goldberg.html）

您也可以用 float("nan") 來表示無效的數值，用 float("inf") 來表示比最大可能值還大的值，或用 float("-inf") 來表示比最小可能值還小的值。

請留意我在這裡把「特殊值」用引號括起來。因為這是必要的，尤其是在您不引入 math 模組的情況下使用這些值的時候（關於引入模組的更多說明，請參見第 4 章）。如果您已經**引入**了 math 模組（請參閱後面的「math 模組」小節詳細說明），就可以使用直接用常數 nan、inf，以及其他值，而不用加引號。

複數（**complex**）可以儲存虛數，只要在數值後面加上 j，例如 42j。您也可以使用加號把實部和虛部的數值結合在一起：24+42j。

如果您在數學課上錯過了複數，虛數的因數之一就是負一的平方根，儘管這個值是完全不可能的；沒有任何值可以與自身相乘而得到負值！然而虛數的概念肯定會出現在現實世界的數學中。很恐怖，對吧？

在 Python 中，還有兩種額外的物件型別 **Decimal** 和 **Fraction** 可用來儲存數值資料。Decimal 儲存固定小數點的數值，而 Fraction 儲存分數。如果想使用這兩種型別，則需要先引入相對應的模組。

以下是兩種型別的簡單應用範例：

🗁Listing 3-12: fractions_and_decimals.py

```python
from decimal import Decimal
from fractions import Fraction

third_fraction = Fraction(1, 3)
third_fixed = Decimal("0.333")
third_float = 1 / 3

print(third_fraction)  # 1/3
print(third_fixed)     # 0.333
print(third_float)     # 0.3333333333333333

third_float = float(third_fraction)
print(third_float)     # 0.3333333333333333

third_float = float(third_fixed)
print(third_float)     # 0.333
```

float() 函式會把 Fraction 和 Decimal 物件轉換成浮點數。

運算子

Python 有一般的運算子，還有一些可能對某些開發者不太熟悉的附加運算子。

以下是一段範例程式碼，其中展示了數學運算子。我會把每個等式包在 print() 陳述式中，這樣在執行程式碼後就能查看結果：

📂Listing 3-13: math_operators.py

```
print(-42)            # negative (unary), evaluates to -42
print(abs(-42))       # absolute value, evaluates to 42
print(40 + 2)         # addition, evaluates to 42
print(44 - 2)         # subtraction, evaluates to 42
print(21 * 2)         # multiplication, evaluates to 42
print(680 / 16)       # division, evaluates to 42.5
print(680 // 16)      # floor division (discard remainder), evaluates to 42
print(1234 % 149)     # modulo, evaluates to 42
print(7 ** 2)         # exponent, evaluates to 49
print((9 + 5) * 3)    # parentheses, evaluates to 42
```

一元（單個運算元）的負號運算子是可以改變後面值的符號。abs() 函式在技術上也被視為一元運算子。這裡其他的運算子都是**二元**的，也就是說它們接受兩個運算元。

> NOTE
>
> 另外還有一個一元的 + 運算子，純粹是為了讓 +4 這樣的陳述式在語法上是合法有效的。它對內建型別並沒有實質的影響。陳述式 +-3 和 -+3 都會產生值 -3。
>
> 除了常見的算術運算子之外，Python 還提供了**增量指定運算子**（**augmented assignment operator**），有時也會非正式地稱為**複合指定運算子**（**compound assignment operator**）。這些運算子允許您使用變數的目前值作為左運算元來執行操作。

📂Listing 3-14: augmented_assignment_operators.py

```
foo = 10
foo += 10   # value is now 20 (10 + 10)
foo -= 5    # value is now 15 (20 - 5)
foo *= 16   # value is now 240 (15 * 16)
foo //= 5   # value is now 48 (240 // 5)
foo /= 4    # value is now 12.0 (48 / 4)
foo **= 2   # value is now 144.0 (12.0 ** 2)
foo %= 51   # value is now 42.0 (144.0 % 15)
```

如果您需要在同一個運算元上進行向下取整數除法（//）和餘數（%）運算，Python 提供了 divmod()函式可進行高效的計算，並以一個元組（tuple）的形式返回兩個結果。因此，「c = divmod(a, b)」與「c = (a // b, a % b)」是相同的。

Python 也有 bitwise 運算子，對於那些已經熟悉位元運算的讀者，我會在下面的範例中列出這些運算子。不過在第 12 章之前，我不會先介紹這些概念。

○Listing 3-15: bitwise_operators.py

```
print(9 & 8)    # bitwise AND, evaluates to 8
print(9 | 8)    # bitwise OR, evaluates to 9
print(9 ^ 8)    # bitwise XOR, evaluates to 1
print(~8)       # unary bitwise ones complement (flip), evaluates to -9
print(1 << 3)   # bitwise left shift, evaluates to 8
print(8 >> 3)   # bitwise right shift, evaluates to 1
```

> NOTE
>
> Python 也有用於矩陣相乘的二元運算子 @，雖然目前內建的型別並不支援。
> 如果您有支援這個運算子的變數，則可以透過 x @ y 來進行處理。相關的增
> 量指定運算子 @= 也是存在的。

math 模組

Python 在 math 模組中提供了許多額外的函式，還有 5 個最常見的數學常數：
pi、tau、e、inf 和 nan。

○Listing 3-16: math_constants.py

```
import math

print(math.pi)    # PI
print(math.tau)   # TAU
print(math.e)     # Euler's number
print(math.inf)   # Infinity
print(math.nan)   # Not-a-Number

infinity_1 = float('inf')
infinity_2 = ❶ math.inf
print(infinity_1 == infinity_2) # prints True
```

這 5 個常數都是浮點數，可以直接當作數值❶。官方說明文件提供了 math 模
組所有可用項目的完整清單。

您可能還記得高中三角函數教過的小技巧，可以使用到物體的距離和所處位置
到物體頂端的角度來計算物體的高度。以下是使用 Python 和 math 模組的計算
處理：

○Listing 3-17: surveying_height.py

```
import math

distance_ft = 65   # the distance to the object
angle_deg = 74     # the angle to the top of the object
```

```
# Convert from degrees to radians
angle_rad = ❶ math.radians(angle_deg)
# Calculate the height of the object
height_ft = distance_ft * ❷ math.tan(angle_rad)
# Round to one decimal place
height_ft = ❸ round(height_ft, 1)

print(height_ft)  # outputs 226.7
```

我使用了 math 模組中的兩個函式：math.radians() ❶和 math.tan() ❷。而 round()
函式❸則是 Python 語言本身內建的。

> **ALERT**
>
> 由於浮點數的儲存方式，round() 函式對於浮點數的處理可能會出現令人意外
> 的情況。您最好考慮改用字串格式化來處理浮點數的顯示。

邏輯運算

Python 乾淨清晰且明確的語法是讓它受觀迎的元素之一。在這裡，我會介紹條
件陳述式和運算式，以及比較和邏輯運算子。

條件

條件陳述式是由 if、elif 和 else 子句組成的複合陳述式，每個子句都由標頭和
附屬程式區塊所組成。和大多數程式語言一樣，在 Python 中，您可以用任意數
量的 elif 條件式，它們放在 if 和 else （可選擇性使用）之間。以下是一個非常
簡單的範例：

📁Listing 3-18: conditional_greet.py

```
command = "greet"

if command == "greet":
    print("Hello!")
elif command == "exit":
    print("Goodbye")
else:
    print("I don't understand.")
```

這個條件陳述式是由三個子句組成。首先評算求值 if 子句，如果其標頭中的運算式評算求值為 True，則執行其附屬的程式碼區塊，印出 "Hello!"。否則，接著評算 elif 標頭中的運算式。如果沒有任何一個運算式評算求值為 True，則執行 else 子句。

您會注意到這裡並不需要把條件運算式（如 command == "greet"）包在括號中，不過如果這樣有助於讓程式碼更清晰，您仍然可以用括號括住運算式。接著您就會看到一個這樣的例子。

如果您正在找類似您喜歡之程式語言中的 switch 陳述句的功能，請參考本章末尾的「結構化模式匹配」小節的內容。

比較運算子

Python 具備了您想要的所有比較運算子。讓我們來看看在比較兩個整數時的應用情境：

🗁 Listing 3-19: comparison_operators.py

```
score = 98
high_score = 100

print(score == high_score)   # equals, evaluates to False
print(score != high_score)   # not equals, evaluates to True
print(score < high_score)    # less than, evaluates to True
print(score <= high_score)   # less than or equals, evaluates to True
print(score > high_score)    # greater than, evaluates to False
print(score >= high_score)   # greater than or equals, evaluates to False
```

正如您所看到的，Python 提供了等於、不等於、小於、小於等於、大於和大於等於的運算子。

這些都沒有什麼意外，但布林值的比較呢？在這方面，Python 走了一條不同的路線。

布林、None 和識別運算子

在 Python 中有兩個布林（bool 型別）變數的值：True 和 False。另外還有一個特定的 None 值（NoneType 型別），在某種程度上當作「空（null）」值。

檢查這些值的方式與其他資料型別大不相同。不使用比較運算子,而是使用特殊的識別運算子 is 來進行處理(我接下來也會使用邏輯運算子 not,稍後會分開討論)。

以下是一個範例介紹:

📂Listing 3-20: boolean_identity_operators.py

```python
spam = True
eggs = False
potatoes = None

if spam is True:          # Evaluates to True
    print("We have spam.")

if spam is not False:     # Evaluates to True
    print("I DON'T LIKE SPAM!")

if spam:                  # Implicitly evaluates to True (preferred) ❶
    print("Spam, spam, spam, spam...")

if eggs is False:         # Evaluates to True
    print("We're all out of eggs.")

if eggs is not True:      # Evaluates to True
    print("No eggs, but we have spam, spam, spam, spam...")

if not eggs:              # Implicitly evaluates to True (preferred) ❷
    print("Would you like spam instead?")


if potatoes is not None:  # Evaluates to False (preferred)
    print("Yum")          # We never reach this...potatoes is None!

if potatoes is None:      # Evaluates to True (preferred)
    print("Yes, we have no potatoes.")


if eggs is spam: # Evaluates to False (CAUTION!!!) ❸
    print("This won't work.")
```

從上面的例子中的食物來看,除了稍微過高的鈉含量之外,這段程式碼展示了多種測試布林值和檢查 None 的方式。

您可以使用 is 運算子來檢測變數是否設定為 True、False 或 None。您還可以使用 is not 來處理相反的邏輯。

最常見的情況是,在檢測是否為 True 時,您可以直接使用變數作為整個條件式 ❶。而在檢測是否為 False 時,則可加上 not 來反轉該條件式的檢測 ❷。

請特別留意上述範例的最後一個條件式，這裡展示了使用 is 運算子❸時的一個重要陷阱。它實際上比較的是變數的識別（identity），而不是值（value）。這可能會產生問題，因為邏輯看起來是正確的，但實際上可能是一個將來會發生問題的錯誤。現在您可能還不太了解這個概念，請放心，我還會在第 5 章深入介紹這個概念。

暫時來說，您可以把這項規則：「**只有**在直接比較是否為 None 時使用 is 運算子」當作已知事項，而在其他情況下使用一般的比較運算子。在實際的應用中，我們通常使用「if spam」或「if not spam」語法，而不是直接與 True 或 False 進行比較。

真值

在 Python 中，大多數運算式和值都可以被評算求值為 True 或 False 的值。一般這是透過把值本身作為運算式來完成的，但您也可以明確將它傳給 bool() 函式來進行顯式轉換。

Listing 3-21: truthiness.py

```python
answer = 42

if answer:
    print("Evaluated to True")  # this runs

print(bool(answer))             # prints True
```

當一個運算式評算求值為 True 時，它被稱為「真值（truthy）」。當一個運算式評算求值為 False 時，它被稱為「假值（falsey）」。None 常數、代表 0 的數值，以及空的集合都被視為「假值」，而大多數其他的值都被視為「真值」。

邏輯運算子

如果您之前使用的程式語言中，邏輯運算子有點難記，那麼您會發現 Python 的邏輯運算子學習起來很輕鬆，它直接就用英文關鍵字來表示：and、or 和 not!。

Listing 3-22: logical_operators.py

```python
spam = True
eggs = False
```

```
if spam and eggs:          # AND operator, evaluates to False
    print("I do not like green eggs and spam.")

if spam or eggs:           # OR operator, evaluates to True
    print("Here's your meal.")

if (not eggs) and spam:    # NOT (and AND) operators, evaluates to True
    print("But I DON'T LIKE SPAM!")
```

使用 and 條件，兩個運算式都必須評算求值為 True。而使用 or 條件，其中一個
（或兩個）運算式必須求值為 True。第三個條件加入了 not，要求 eggs 是 False
且 spam 是 True。

在第三個條件中，我其實可以省略括號，因為 not 的優先順序會在 and 之前被
評算求值。然而，加上括號有助於讓程式的邏輯能更清楚表白。

在實際的應用中，您可以使用 not 關鍵字來反轉任何條件運算式，就像下面這
個範例的應用：

📁Listing 3-23: not_operators.py

```
score = 98
high_score = 100
print(score != high_score)      # not equals operator, evaluates to True
print(not score == high_score)  # not operator, evaluates to True
```

這兩個比較所處理的是同樣的事情，但問題在於「可讀性」。在這個範例中，
使用 not 的運算式較不容易閱讀，因為您的目光可能會忽略 not 這個關鍵字，
所以可能誤解程式碼在做什麼。使用 != 運算子的條件式更具有可讀性。雖然
您可能會找到一些情況下使用 not 來反轉條件邏輯是最佳做法，但請記住
Python 之禪所提到的：**可讀性很重要！**

海象運算子

Python 3.8 版引入了**指定運算式**（**assignment expressions**），允許您在同一時間
把某個值指定給一個變數，並在另一個運算式中使用該變數。這是使用所謂的
「**海象運算子**（**walrus 運算子**）」（:=）來完成的。

📁Listing 3-24: walrus.py

```
if (eggs := 7 + 5) == 12:
    print("We have one dozen eggs")
```

```
print(eggs)  # prints 12
```

使用 walrus 運算子，Python 會先評算求值左側的運算式（7+5），然後將結果指定給變數 eggs。為了可讀性，指定運算式被括在括號中，雖然在技術上是可以省略括號的。

指定運算式隨後會被評算求值為一個單一值，即變數 eggs 的值，該值在比較運算中使用。由於這個值是 12，所以條件式評算求值為 True。

指定運算式有趣的地方在於，eggs 在外部範圍是一個合法有效的變數，所以我可以在條件式之外將它的值印出來。

Python 的這個功能特性在很多場合下有潛在的用途，不僅僅是用在上面範例的條件運算式中。

指定運算式和 walrus 運算子在 PEP 572 中定義，該文件的內容還包含了關於何時以及在哪裡使用此功能特性的深入討論。這個 PEP 提出了兩個特別有用的風格規則：

■ 如果指定陳述式或指定運算式都可以使用，請優先使用陳述式。指定陳述式更能清楚表示程式的意圖。

■ 如果使用指定運算式會導致執行順序的不明確，請重新調整結構並使用指定陳述式。

截至本書截稿時，Python 的指定運算式仍然處於初期階段。它們還存在著許多辯論和爭議。無論如何，請不要濫用 walrus 運算子，也不要試著把過多的邏輯塞進一行程式碼中。在任何情況下，您應該以程式碼的可讀性和清晰性為目標，這比其他任何事情都重要。

省略符號

有個很少使用的一個語法元素是**省略符號**（**Ellipsis**）：

```
...
```

這個符號有時會被某些程式庫和模組使用，但很少有一致性的使用。例如，在 NumPy 第三方程式庫中，它用於多維陣列，並且在使用內建的 typing 模組中處理型別提示時也會使用。當您看到它出現時，請參考所使用模組之相關文件。

字串

在您繼續學習之前，這裡有幾個關於字串（Strings）的重點需要了解。我會介紹三種類型的字串：字串字面值（string literals）、原始字串（raw strings）和格式化字串（formatted strings）。

字串字面值

字串字面值的定義方式有下列幾種方式：

🗁 Listing 3-25: string_literals.py

```
danger = "Cuidado, llamas!"
danger = 'Cuidado, llamas!'
danger = '''Cuidado, llamas!'''
danger = """Cuidado, llamas!"""
```

您可以用雙引號（"）、單引號（'）或三引號（"""）來包住字面值。本書之前的內容中有提過三引號的特殊性，稍後的內容會再回來談到這一點。

PEP 8 提到了單引號和雙引號的使用：

> 在 Python 中，單引號和雙引號的字串是一樣的。要選用哪一種在 PEP 中並不對此做出建議。選用一種並保持一致即可。然而，當字串內含有單引號或雙引號字元時，改用另一種引號來包住字面值，這樣可以避免在字串中使用反斜線當作轉義字元，能提高程式碼的可讀性。

當字串內有引號時，上面的建議是很有用的：

🗁 Listing 3-26: escaping_quotes.py:1a

```
quote = "Shout \"Cuidado, llamas!\""
```

這個版本是在字串字面值本身包含的雙引號進行了轉義。在引號前加上反斜線（\）表示我希望字串包含該**字面值字元**，而不是讓 Python 把雙引號視為字串的括號。字串字面值必須一直都用左右成對的引號括起來。

然而，在這種情況下，也是能避免使用反斜線：

📂Listing 3-27: escaping_quotes.py:1b
```
quote = 'Shout, "Cuidado, llamas!"'
```

這個範例的第二個版本是使用單引號包住字面值，因此雙引號將被自動解譯為字串字面值的一部分。這種寫法更易讀好懂。透過使用單引號包住字串，Python 會假設其中的雙引號是字串中的字元。

只有在字串中同時使用單引號和雙引號時，您才真正需要用反斜線來轉義其中一種引號：

📂Listing 3-28: escaping_quotes.py:2a
```
question = "What do you mean, \"it's fine\"?"
```

在這種情況下，我個人較喜歡使用（並轉義）雙引號，因為雙引號不容易像單引號那樣讓人忽略。

您也可以選擇使用三引號來處理這種狀況：

📂Listing 3-29: escaping_quotes.py:2b
```
question = """What do you mean, "it's fine"?"""
```

請記住，三引號定義了多行字串字面值。換句話說，我可以使用三引號來進行下列多行文字的處理：

📂Listing 3-30: multiline_string.py
```
parrot = """\ ❶
This parrot is no more!
He has ceased to be!
He's expired
    and gone to meet his maker!
He's a stiff!
Bereft of life,
    he rests in peace!"""

print(parrot)
```

在三引號內的所有內容，包括換行和前置空格，都屬於字串的字面值。如果我使用 print("parrot")，在終端模式輸出的結果也會像上面這樣的編排形式。

唯一的例外是當您使用反斜線（\）來轉義特定字元時，就像我在範例第一行開始的位置轉義換行符號一樣❶。習慣上，在開始的三引號後面轉義第一個換行符號，這樣能讓程式碼看起來更加整潔。

Python 內建的 textwrap 模組提供了一些處理多行字串的函式，其中含有一些工具可以讓您去除字串的前置縮排（textwrap.dedent）。

另外也可以透過把字串字面值簡單地放在一起，不使用任何運算子來**連接**（組合）。舉例來說，「spam = "Hello " "world" "!"」是合法有效的，其結果是字串「Hello world!」。如果把指定運算式放在括號中，甚至可以跨多行連接字串。

原始字串

原始字串（Raw Strings）是另一種字串字面值，其中反斜線（\）始終被視為一個字面字元。這種字串是以字母 r 開頭，例如下面的例子：

📂Listing 3-31: raw_string.py

```
print(r"I love backslashes: \ Aren't they cool?")
```

反斜線被視為字面字元，這表示在原始字串內部無法進行任何轉義。該行程式碼的輸出如下所示：

```
I love backslashes: \ Aren't they cool?
```

這對於您使用哪一種引號是有影響的，所以要小心注意。

比較下列這兩行程式碼及其輸出：

📂Listing 3-32: raw_or_not.py

```
print("A\nB")
print(r"A\nB")
```

第一個字串是普通字串，所以「\n」被視為正常的轉義序列：具體來說就是換行符號。這個換行符號會在輸出時出現，像這樣：

```
A
B
```

第二個字串是原始字串，所以反斜線（\）被視為自己本身的字面值字元。輸出將如下所示：

```
A\nB
```

這在正則運算式（regular expression）模式中特別有用，因為您可能會有用很多反斜線，您希望它們當作模式的一部分，而不是在 Python 直譯之前被轉義解釋。**請都使用原始字串來編寫正則運算式模式。**

> **ALERT**
> 如果反斜線（\）是原始字串中的最後一個字元，它仍然會被用於轉義這裡的結束引號，從而產生語法錯誤。這是與 Python 自己的語言解析規則有關，而不是字串的關係。

格式化字串

第三種字串字面值是**格式化字串**或 **f-string**，這是從 Python 3.6 開始新增的功能（在 PEP 498 中定義）。它允許您以一種非常優雅的方式將變數的值插入到字串中。

如果想在字串中引入變數的值，若不用 f-string，則程式可能會寫成下列這樣：

📁Listing 3-33: cheese_shop.py:1a
```
in_stock = 0
print("This cheese shop has " + str(in_stock) + " types of cheese.")
```

使用 str() 函式把傳入的值轉換成字串，然後使用加號 + 運算子將這三個字串連接在一起。

若使用 f-string，這段程式碼變得更優雅。

📁Listing 3-34: cheese_shop.py:1b
```
in_stock = 0
print(f"This cheese shop has {in_stock} types of cheese.")
```

您可以在字串字面值前面加上 f，而在字串內部，則可以用大括號（{ }）來包住變數。f 會告知 Python 在字串中對於被大括號包住的部分，要將其視為一個運算式並進行評算求值。這代表在大括號內並不限於只能使用變數，您可以放入任何合法的 Python 程式碼，包括數學運算式、函式呼叫、條件運算式，或任何您需要的內容。

從 Python 3.8 版開始，您甚至可以在運算式後面加上等號（＝）來顯示運算式的本身和其結果。

📁Listing 3-35: expression_fstring.py
```
print(f"{5+5=}")  # prints "5+5=10"
```

在使用 f-string 時，有一些需要注意的地方：

第一點，如果您想在字串中顯示字面的大括號，就必須使用兩對大括號（{{}}）來代表一對要顯示的大括號：

📁Listing 3-36: literal_curly_braces.py
```
answer = 42
print(f"{{answer}}")              # prints "{42}"
print(f"{{{{answer}}}}")          # prints "{{42}}"
print(f"{{{{{{answer}}}}}}")      # prints "{{{42}}}"
```

如果您的大括號數量是奇數，則其中一對大括號會被忽略。所以，如果您使用了 5 對大括號，結果會和使用四對是一樣的：只會顯示兩對字面的大括號。

第二點要注意的是，在 f-string 的運算式中不能使用反斜線（\）。這使得在運算式內部難以轉義引號。例如，下面的寫法是行不通的：

```
print(f"{ord('\"')}")    # SyntaxError
```

為了解決這個問題，我需要在字串的外面使用三引號，這樣就可以在運算式中使用單引號和雙引號了。

```
print(f"""{ord('"')}""")  # prints "34"
```

反斜線（\）也有其他的用途。說明文件中指出了以下出問題的情況：

```
print(f"{ord('\n')}")    # SyntaxError
```

在這種情況下,沒有直接的方法可以繞過這個限制。取而代之的做法是,您需要先將該運算式評算求值,將結果指定給一個變數,然後在 f-string 中使用該變數。

```
newline_ord = ord('\n')
print(f"{newline_ord}")   # prints "10"
```

第三點要注意的可能也不會讓人太意外,那就是不能在 f-string 的運算式中加入注釋,也就是說不能使用井號(#)符號,除非它是字串中的一部分。

```
print(f"{# a comment}")   # SyntaxError
print(f"{ord('#')}")      # OK, prints "35"
```

最後一點,您不能把 f-string 當作說明字串(docstring)。

除了上述這些小小的限制之外,f-string 是非常簡單好用的。

格式規範

除了各種運算式外,f-string 還支援**格式規範**(**format specifications**),讓您可以控制數值的顯示方式。這是個相當深入的主題,甚至可以單獨成為一個主要章節內容,所以我會建議讀者參考說明文件的指引來深入瞭解。在這裡,我只會簡要介紹一些基本要點。

在運算式後面,您可以選擇使用三種特殊旗標:!r、!a 或 !s(最後一個是預設行為,所以在大多數情況下可以省略)。這些旗標會決定要使用哪個函式來獲取某個值的字串表示形式:repr()、ascii() 或 str()(參閱稍後的「字串轉換」)。

接下來是格式規範本身,都會是以冒號(:)為起始,然後跟著一個或多個旗標。這些旗標必須按特定的順序指定才能正常運作,不過如果不需要,則可以省略任意一個:

對齊(**Align**):對齊旗標可以指定靠左對齊(<)、靠右對齊(>)、置中對齊(^)或(如果是數字)帶符號對齊,其中符號靠左對齊而數字靠右對齊(=)。這可以選擇性地在旗標前面加上一個字元,用於填滿對齊時的空白位置。

符號（**Sign**）：這是控制數字顯示符號的旗標。加號（+）旗標會在正數和負數上都顯示符號，而減號（-）旗標只會在負數上顯示符號。第三個選項是在正數前顯示一個空格，在負數前顯示符號（空格 SPACE）。

替代形式（**Alternative form**）：井號（#）旗標會啟用「替代形式」，不同型別的值具有不同的含義（詳見說明文件）。

前置加 0（**Leading zeros**）：數字 0 旗標會導致顯示前置加 0（除非指定了對齊的填滿字元）。

寬度（**Width**）：輸出字串的寬度（以字元為單位）。這是對齊的關鍵。

分組（**Grouping**）：這個旗標控制是否要使用逗號（,）或底線（_）在數字中來分隔千位數。如果省略，則不使用分隔符號。如果啟用，底線分隔符號還會在八進制、十六進制和二進制數字中每四位數出現一次。

精度（**Precision**）：一個點（.），後面跟著整數表示小數部分的位數。

類型（**Type**）：控制數字顯示方式的旗標，常見選項包括 2 進位（b）、字元（c）、10 進位（d）、16 進位（x）、指數表示法（e）、固定小數點（f）和一般格式（g）。其他選項則請參閱說明文件。

這些內容說明可能有點抽象，以下就用幾個快速的範例來呈現：

📁Listing 3-37: formatting_strings.py

```python
spam = 1234.56789
print(f"{spam:=^+15,.2f}")   # prints "===+1,234.57==="

spam = 42
print(f"{spam:#07x}")        # prints "0x0002a"

spam = "Hi!"
print(f"{spam:-^20}")        # prints "--------Hi!---------"
```

完整的格式規範詳細資訊可以在官方的 Python 說明文件中找到：https://docs.python.org/3/library/string.html#format-string-syntax。

另一個有用的參考資料是 https://pyformat.info，不過就我編寫本書這份內容的時間來看，這個網站只展示了舊的 format() 函式的格式規範。如果您想要在 f-string 中套用這些格式，就得自己動手試試囉！希望這對您有幫助！

之前的字串格式化方法

若您在閱讀舊版的 Python 程式碼，就有可能會遇到兩種之前的字串格式化方式：百分比符號（%）和較新的 format()。這兩種方式都已經被更強大的 f-string 取代，而且 f-string 的執行效能更好。這是因為它們在程式碼執行**前**就被解析並轉換成位元組碼。

如果您發現自己需要把 format() 函式改寫成 f-string，您會發現這個過程其實非常簡單。

以下是一個例子。我們先來定義幾個變數：

📁Listing 3-38: format_to_fstring.py:1

```
a = 42
b = 64
```

在 f-string 功能出來之前，如果想要印出含有這兩個變數值的訊息，我會使用 format() 函式：

📁Listing 3-39: format_to_fstring.py:2a

```
print(❶ "{:#x} and {:#o}".format(❷ a, b))
```

在舊的格式中，字串字面值❶會包含一對大括號，裡面可以選擇性地放入格式規格。隨後會將這個字串字面值（或參照它的名稱）傳給 format() 函式。接著，要評算求值的運算式會按照順序傳給 format() 函式❷。

上述程式的輸出如下：

```
0x2a 0o100
```

將這個轉換成 f-string 是非常簡單的，只需將要評算求值的運算式按照順序放入字串字面值中，然後在字串字面值前面加上 f 就變成為 f-string 了：

📁Listing 3-40: format_to_fstring.py:2b

```
print(f"{a:#x} and {b:#o}")  # prints "0x2a 0o100"
```

其輸出結果應該和前面是一樣的。

另外，在使用 format() 的情況下，您可以用引數串列中的索引來參照運算式：

Listing 3-41: format_to_fstring.py:3a
```
print("{0:d}={0:#x} | {1:d}={1:#x}".format(a, b))
```

其執行的輸出結果會是：

```
42=0x2a | 64=0x40
```

要將這段程式碼轉換成 f-string，只需要在字串字面值中用運算式取代索引，然後在字串前面加上 f 即可：

Listing 3-42: format_to_fstring.py:3b
```
f"{a:d}={a:#x} | {b:d}={b:#x}"
```

從 % 符號轉換可能稍微複雜一些，但多數 Python 3 的程式碼都會用 format()。如果您需要進行轉換，https://pyformat.info 是個很好的參考網站，可以對比 % 符號和 format() 的用法。

樣板字串

樣板字串（**Template Strings**）是另一種值得了解的替代方案，尤其是在某些使用情境下，例如國際化使用者介面。我個人認為樣板字串比較容易重複使用。不過，它們的缺點是在格式化方面相對受限。

如果您了解其運作原理，就能自己決定哪種工具最適合您的特定情況。

以下是一個用於問候使用者的樣板字串範例：

Listing 3-43: template_string.py:1
```
from string import Template
```

若想要使用樣板字串，必須先從 string 模組引入 Template。

然後就可以建立一個新的 Template 並傳入一個字串字面值：

Listing 3-44: template_string.py:2
```
s = Template("$greeting, $user!")
```

我可以隨意命名欄位，每個欄位前面加上一個金錢符號（$）。

最後，我在建立的（s）上呼叫 substitute() 函式，並將運算式傳給每個欄位：

📂Listing 3-45: template_string.py:3
```
print(s.substitute(greeting="Hi", user="Jason"))
```

完成的字串會被返回，以上面的範例來看，會傳給 print() 並顯示如下字樣：

```
Hi, Jason!
```

在使用樣板字串時，有兩個奇怪的語法規則要小心。第一個，如果要在字串裡面顯示金錢符號，需要使用兩個金錢符號（\$\$）來表示。第二個，如果要將運算式替換到一個單字裡面，要將欄位名稱用大括號（{}）包起來。下面的例子示範了這兩個規則：

📂Listing 3-46: template_string.py:4
```
s = Template("A ${thing}ify subscription costs $$$price/mo.")
print(s.substitute(thing="Code", price=19.95))
```

其執行後的輸出結果如下：

```
A Codeify subscription costs $19.95/mo.
```

這些樣板字串還有一些其他功能，但我會把剩下的部分交給官方的 Python 說明文件，請您在有需要時連到官網查閱。

字串轉換

之前我提到取得值的字串表示有三種方法：str()、repr() 和 ascii()。

第一個函式 str() 是最常使用，它會返回的值是以**人類易讀**的表示方式呈現。

相反地，repr() 則回傳值的常規正統字串表示方式：也就是一般情況下 Python 看到的值。在許多基本資料型別的情況下，是會回傳和 str() 一樣的內容，但若是使用大多數的物件，repr() 的輸出會包含額外的資訊，這樣有助於除錯。

ascii() 函式和 repr() 一樣，唯一不同的是它回傳的字串字面值完全相容 ASCII 編碼，會將任何非 ASCII（例如，Unicode）字元進行轉義。

我會在第 7 章再談這個概念，那時會開始定義屬於自己的物件。

關於字串連接的注意事項

到目前為止，我一直使用加號（＋）運算子來把字串連接在一起。在基本情況下，這是可以接受的。

然而，這並不是最有效率的解決方案，尤其是在連接很多個字串時。因此，建議使用 join() 方法，該方法是在一個字串或字串字面值上呼叫。

這裡我們來比較這兩種做法的不同。首先，我們要有兩個字串變數：

📁Listing 3-47: concat_strings.py:1
```
greeting = "Hello"
name = "Jason"
```

隨即是您已經看到過使用加號（＋）運算子來進行連接，就像這樣：

📁Listing 3-48: concat_strings.py:2a
```
message = greeting + ", " + name + "!"  # value is "Hello, Jason!"
print(message)
```

或者是使用 join() 方法來處理：

📁Listing 3-49: concat_strings.py:2b
```
message = "".join((greeting, ", ", name, "!"))  # value is "Hello, Jason!"
print(message)
```

我在要放入每個片段的字串上呼叫 join() 方法。在上面這個例子中，我使用了一個空字串。join() 方法接受一個含有字串的元組（tuple，類似陣列的結構，是用括號包起來），因此在程式碼中有兩組括號。我會在接下來的章節中介紹元組（tuple）。

一般來說，使用加號（＋）或 join() 函式的字串串接結果是相同的，但後者的效率會**一樣快或更快**，尤其是當您在使用 CPython 以外的其他 Python 實作時更是如此。所以，每當您需要連接字串而 f-string 並不適用時，請考慮用 join() 代替 + 或 += 運算子。在實際應用中，f-string 是最快的，但 join() 是次佳選擇。

函式

在 Python 中，函式（function）被視為**一等公民**，這表示函式可以像任何其他物件一樣進行處理。此外，在 Python 中呼叫函式的方式與其他語言相似。

以下是個非常基本的函式範例，其功用是可以在終端模式之中顯示特定類型的 joke 笑話。

首先來看這個函式的標頭：

📂Listing 3-50: joke_function.py:1

```
def tell_joke(joke_type):
```

函式使用 def 關鍵字來進行宣告，接著是函式的名稱。函式的參數則寫在函式名稱後的括號內。整個函式的標頭是以冒號（:）結束。

在函式標頭之下，會縮排一個層級，放入的是函式的**附屬**內容（或本體）。

📂Listing 3-51: joke_function.py:2

```
    if joke_type == "funny":
        print("How can you tell an elephant is in your fridge?")
        print("There are footprints in the butter!")
    elif joke_type == "lethal":
        print("Wenn ist das Nunstück git und Slotermeyer?")
        print("Ja! Beiherhund das Oder die Flipperwaldt gersput!")
    else:
        print("Why did the chicken cross the road?")
        print("To get to the other side!")
```

呼叫函式的方法與其他大多數程式語言都相同：

📂Listing 3-52: joke_function.py:3

```
tell_joke("funny")
```

我會在第 6 章深入探討函式及其相關的各種概念。

類別與物件

Python 完全支援物件導向程式設計。事實上,語言的設計原則之一是「一切都是物件」,至少在背後是這樣的。

類別要談的內容其實還滿多的,但現階段您只需要對語法有個最基本的了解就可以了。

以下這個類別範例內含了一個特定類型的笑話,並且可以在需要時顯示出來:

Listing 3-53: joke_class.py:1

```
class Joke:
```

這裡使用了 class 關鍵字來定義類別,後面接著的是類別的名稱,其結尾是冒號(:)。

接著的是類別的附屬內容,也是縮排一個層級:

Listing 3-54: joke_class.py:2

```
    def __init__(self, joke_type):
        if joke_type == "funny":
            self.question = "How can you tell an elephant is in your fridge?"
            self.answer = "There are footprints in the butter!"
        elif joke_type == "lethal":
            self.question = "Wenn ist das Nunstück git und Slotermeyer?"
            self.answer = "Ja! Beiherhund das Oder die Flipperwaldt gersput!"
        else:
            self.question = "Why did the chicken cross the road?"
            self.answer = "To get to the other side!"
```

初始化程式(initializer,或譯初始化函式、初始化方法、初始化器),類似於其他物件導向程式語言中的建構函式,是個成員函式,或是**方法**(**method**),其名稱為__init__(),並且至少有一個參數 self。

Listing 3-55: joke_class.py:3

```
    def tell(self):
        print(self.question)
        print(self.answer)
```

屬於類別的函式被稱為方法(method),它們是類別的一部分。方法必須至少接受一個參數:self。

您可以像下列這樣使用這個類別：

Listing 3-56: joke_class.py:4

```
lethal_joke = Joke("lethal")
lethal_joke.tell()
```

您可以透過把字串 "lethal" 傳給它的**初始化方法**（之前提到的 __init__()）來建立 Joke 類別的新實例。新的物件會被儲存在名為 lethal_joke 的變數中。

隨後可使用點（.）運算子在物件上呼叫 tell() 函式。請留意，您不需要為 self 傳遞任何引數，在以這種方式呼叫函式時會自動完成。

我會在第 7 章和第 13 章中詳細討論類別和物件。

錯誤處理

Python 透過 try 複合陳述式來提供錯誤和例外處理的功能。

舉例來說，假設我想要從使用者那裡獲得一個數值，但我無法預測使用者會輸入什麼。嘗試把 "spam" 這樣的字串轉換成整數會引發錯誤。我可以使用錯誤處理在無法將使用者的輸入轉換為數值時採取不同的動作。

Listing 3-57: try_except.py

```
num_from_user = input("Enter a number: ")

try:
    num = int(num_from_user)
except ValueError:
    print("You didn't enter a valid number.")
    num = 0

print(f"Your number squared is {num**2}")
```

我從使用者那裡得到一個字串，然後在 try 區塊中嘗試使用 int() 函式將它轉換為整數。如果試圖轉換的字串不是有效的整數值（10 進位數字），這會引發一個 ValueError 例外。

如果引發了該例外，我會在 except 區塊中捕獲到並處理這個錯誤。

無論如何，此範例的最後一行始終會執行。

在 try 陳述式中還有其他功能特性和細節內容，包括 finally 和 else 子句，在第 8 章會詳細介紹這些內容。目前先避開這些概念，而不要因為不了解而錯用。

元組與串列

Python 中兩種最常見的內建資料結構，稱為「**集合（collections）**」，就是元組（tuple）和串列（list）。

串列是 Python 中最類似陣列的集合。在 CPython 中，它們實作成可變長度的陣列，而不是像其名稱暗示實作為鏈結串列。

舉例來說，以下是一個含有各種起司名稱的串列：

📂Listing 3-58: cheese_list.py:1
```
cheeses = ["Red Leicester", "Tilsit", "Caerphilly", "Bel Paese"]
```

請用中括號來包住串列字面值，並用逗號分隔串列中的每個項目。

您可以使用和大多數程式語言相同的中括號表示法來存取或重新分配個別項目的值：

📂Listing 3-59: cheese_list.py:2
```
print(cheeses[1])  # prints "Tilsit"
cheeses[1] = "Cheddar"
print(cheeses[1])  # prints "Cheddar"
```

元組在其實有點像串列，但有幾個關鍵的區別。首先，元組在建立後不能新增、重新指定或刪除項目。試圖使用中括號表示法修改元組的內容會導致 Type Error 錯誤。這是因為元組與串列並不相同，元組是不可變的，這表示它們的內容不能被修改（相關詳細解釋請參考第 5 章）。

以下是一個元組的範例：

📂Listing 3-60: knight_tuple.py:1
```
answers = ("Sir Lancelot", "To seek the holy grail", 0x0000FF)
```

請用小括號「( )」把元組的項目括起來，而不是用中括號「[ ]」。然而，您仍然可以使用中括號表示法來存取元組中的單個項目：

📂Listing 3-61: knight_tuple.py:2

```
print(answers[0])  # prints "Sir Lancelot"
```

如我所說,在建立元組之後就不能變更其中的項目,如果您試著要重新指定第一個項目時:

📂Listing 3-62: knight_tuple.py:3

```
answers[0] = "King Arthur"  # raises TypeError
```

這裡有個很好的指導原則:使用元組來存放不同型別的項目(**異質**集合),而使用串列來存放相同型別的項目(**同質**集合)。

在第 9 章中,我會詳細介紹這些集合,以及其他更多的相關應用。

迴圈

Python 有兩種基本的迴圈:while 和 for。

while 迴圈

while 迴圈的樣貌與其他程式語言看起來也很相似:

📂Listing 3-63: while_loop.py

```
n = 0

while n < 10:
    n += 1
    print(n)
```

這裡用 while 關鍵字當作迴圈的起始,接著是要測試的條件,最後在標頭結尾加上冒號(:)。只要該條件式評估求值為真(True),就會執行迴圈內附屬的程式碼區塊。

當您需要持續執行迴圈直到某個條件被滿足時,就可以使用 while 迴圈來進行處理。這在您不知道迴圈需要執行多少次才能滿足條件時是特別有用。

迴圈控制

您可以手動控制迴圈,使用以下兩個關鍵字就能做到。continue 關鍵字會放棄目前的迭代並跳到迴圈下一個迭代。break 關鍵字則會完全退出迴圈。

在很多情況下,您可能會使用這些關鍵字來配合,特別是在用於遊戲或使用者介面的無窮迴圈中。例如,以下是一個非常簡單的命令提示字元的範例:

📂Listing 3-64: loop_control.py

```python
while True:
    command = input("Enter command: ")
    if command == "exit":
        break
    elif command == "sing":
        print("La la LAAA")
        continue
print("Command unknown.")
```

這個 while True 迴圈本質上是個無窮迴圈,因為 True 一直都會是為 True。這正是我想要的行為,因為我希望保持一直迭代,直到使用者輸入字串 "exit",此時會使用 break 來手動結束迴圈。(順帶一提,如果您一直在想 do-while 迴圈的運用,它在重新建立該行為時更有效率。)

"sing" 字串則有不同的行為,若輸入的命令是 "sing",我希望立即回到迴圈的開頭,提示使用者輸入另一個命令,跳過最後一行的 print 陳述式。continue 關鍵字正是這樣做的,它立即放棄目前的迴圈執行,並跳回迴圈的開頭。這樣使用 continue 就可以達到您所期望的效果。

for 迴圈

在 Python 裡的 for 迴圈和其他程式語言的迴圈有點不太一樣。一般來說,它是用在範圍、串列或其他集合中進行迭代遍訪。

📂Listing 3-65: for_loop.py

```python
for i in range(1, 11):
    print(i)
```

這裡使用 for 關鍵字當作迴圈的起始。在技術上,這種類型的迴圈被稱為 for-in(或 for-each)迴圈,這表示迴圈會根據指定的範圍、串列或其他集合來進行迭代。以這個範例來看，是使用一個特殊的物件叫做 range() 來進行迭代，它會返回指定範圍內的每個值。我指定 range() 從 1 開始，結束於 11 之前。而區域變數 i 在每次迭代時都會代表目前的元素。最後要提的是，in 關鍵字指定要對什麼進行迭代，在這個例子中就是 range()。

只要還有東西可以迭代，迴圈內的程式碼就會執行，以這個例子來看，就是把目前項目的值印出來。迴圈會在迭代完最後一個項目後停止。

執行上述這段程式碼會印出數字 1 到 10。

這只是迴圈的基本用法，想要了解更多則請參考第 9 章。

結構化模式比對

多年來，從 C、C++、Java 或 Javascript 等語言轉到 Python 的開發者總會問 Python 是否有等效的 switch/case 語法（或在 Scala 中的 match/case，Ruby 中的 case/when 等等）。他們總是失望地聽到一個響亮的回答「沒有！」，Python 只有條件陳述式。

終於在 Python 3.10 版，透過 PEP 634 引入了結構化模式比對。這提供了至少在語法上類似於其他程式語言中 switch 的條件邏輯。簡單來說，您可以把一個單一的主題（例如一個變數）與一個或多個模式進行比較。如果主題與模式比對符合，其對應的程式碼區塊就會執行。

字面值模式和萬用字元

在最基本的使用案例中，您可以檢查某個變數是否符合不同的可能值。這些被稱為**字面值模式**（**literal pattern**）。舉例來說，也許我想根據使用者的 lunch_order 午餐訂單顯示不同的訊息：

Listing 3-66: pattern_match.py:1a

```python
lunch_order = input("What would you like for lunch? ")

match lunch_order:
    case 'pizza':
        print("Pizza time!")
    case 'sandwich':
        print("Here's your sandwich")
```

```
    case 'taco':
        print('Taco, taco, TACO, tacotacotaco!')
    case _:
        print("Yummy.")
```

lunch_order 午餐訂單的值會與每個 case 進行比對，直到找到符合的一個。一旦找到符合的，就會執行該 case 的內容，然後 match 陳述式就結束了。如果某個值符合了某個模式，它就不會再和其他的模式進行比較。所以，如果使用者輸入了 **"pizza"**，就會顯示 "Pizza time!" 的訊息。同樣地，如果輸入了 **"taco"**，就會顯示 "Taco, taco, TACO, tacotacotaco!" 的訊息。

在最後一個 case 中的底線「_」就是萬用字元，它會比對匹配任何值。這充當了一個預設的 case，而且必須放在最後，因為它會匹配符合任何東西。

> **NOTE**
>
> 雖然 match 陳述式看起來和 C 或 C++的 switch 陳述式有些類似，但實際上是不同的。Python 的 match 陳述式並沒有跳轉表（jump table），因此不像 switch 那樣具有潛在的效能優勢。但不要太失望，這也表示 match 不僅限於使用整數型別。

Or 模式

case 可以包含多個可能的值。有種做法是使用「**或（Or）**」**模式**，其中多個可能的字面值用直線字元（|）分隔：

📂 Listing 3-67: pattern_match.py:1b

```
lunch_order = input("What would you like for lunch? ")

match lunch_order:
    # --省略--
    case 'taco':
        print('Taco, taco, TACO, tacotacotaco!')
    case 'salad' | 'soup':
        print('Eating healthy, eh?')
    case _:
        print("Yummy.")
```

這個模式會在使用者提示中輸入 **"salad"** 或 **"soup"** 時比對匹配成功。

捕捉模式

結構化模式比對中有個特別好用的功能是能夠捕捉主題的一部分或全部。例如,在我們的例子中,回傳的案例只是說「Yummy.」並不是很有幫助。相反地,我想要有一個預設的訊息來宣告使用者的選擇。為了做到這點,我寫了一個**捕捉模式**(**capture pattern**),像下列這般:

📂Listing 3-68: pattern_match.py:1c

```
lunch_order = input("What would you like for lunch? ")

match lunch_order:
    # --省略--
    case 'salad' | 'soup':
        print('Eating healthy, eh?')
    case order:
        print(f"Enjoy your {order}.")
```

此模式就像是萬用字元,但不同的地方是 lunch_order 的值會被捕捉成 order。現在,無論使用者輸入什麼,只要沒有符合前面的任何模式,這個值都會被捕捉並顯示在這個訊息中。

捕捉模式不一定要捕捉整個值。舉例來說,我可以寫一個模式來比對一個元組或串列(一個序列),然後只捕捉該序列中的一部分:

📂Listing 3-69: pattern_match.py:1d

```
lunch_order = input("What would you like for lunch? ")
if ' ' in lunch_order:
    lunch_order = lunch_order.split(maxsplit=1)

match lunch_order:
    case (flavor, 'ice cream'):
        print(f"Here's your very grown-up {flavor}...lunch.")
    # --省略--
```

在這個版本裡,如果 lunch_order 裡有空格,我會將字串分割成兩個部分,並將它們儲存在一個串列中。隨後,如果這個序列的第二個項目是 "ice cream",我就會將第一部分捕捉為 flavor。因此,程式就可以處理多個字的輸入,就算決定選擇午餐要吃「strawberry ice cream」。(我不會阻止他!)

這個捕捉模式的功能中有一個讓人意想不到的弱點:在模式中的所有**未限定的**名稱(也就是沒有「點(.)」的變數名稱)都會被用來捕捉。這表示如果您想使用某個變數指定的值,就必須要**限定**(**qualified**),也就是在某個類別或模組內用「點(.)」運算子來存取:

☐ Listing 3-70: pattern_match.py:1e

```python
class Special:
    TODAY = 'lasagna'

lunch_order = input("What would you like for lunch? ")

match lunch_order:
    case Special.TODAY:
        print("Today's special is awesome!")
    case 'pizza':
        print("Pizza time!")
    # --省略--
```

守衛陳述式

最後要介紹的技巧是「**守衛陳述式（guard statement）**」，這是一個額外的條件判斷，必須滿足才能讓模式比對成功。

舉例來說，在之前的午餐訂單範例中，使用空格來拆分訂單的邏輯會導致程式在處理其他含有空格的食物時表現得不夠好。而且，如果我輸入了 "rocky road ice cream"，它也不會符合目前的 ice cream 模式。

不過我可以寫一個帶有守衛條件的模式，用來尋找 lunch_order 午餐訂單中是否含有 ice cream 這兩個單字。

☐ Listing 3-71: pattern_match_object.py:1f

```python
class Special:
    TODAY = 'lasagna'

lunch_order = input("What would you like for lunch? ")

match lunch_order:
    # --省略--
    case 'salad' | 'soup':
        print('Eating healthy, eh?')
    case ice_cream if 'ice cream' in ice_cream:
        flavor = ice_cream.replace('ice cream', '').strip()
        print(f"Here's your very grown-up {flavor}...lunch.")
    case order:
        print(f"Enjoy your {order}.")
```

這裡的模式會將值捕捉成 ice_cream，但只有在守衛條件「if 'ice cream' in ice_cream」成立時才會進行捕捉。在這種情況下，我使用「.replace()」來移除捕捉值中的 "ice cream" 字樣，留下只有冰淇淋前面口味的名稱。我也使用「.strip()」來移除新字串中任何開頭或結尾的空格。最後是印出我要的訊息。

更多關於結構化模式比對的內容

在結構化模式比對中，還有很多其他技巧和做法，它們可以處理物件（請參考第 7 章），透過映射模式處理字典（請參考第 9 章），甚至在其他模式中支援巢狀嵌套模式的使用。

就像很多 Python 技巧一樣，結構化模式比對讓人感覺很「神奇」，很容易就想在所有可能的地方都使用它，但請忍住這種衝動！結構化模式比對非常適用於將單一主題與多個可能的模式進行比對，但如果您是在午餐訂單的例子中看到的 "ice cream" 情況，主題的可能值變得更複雜時，結構化模式比對很快會達到其極限。作為一個準則，如果您不確定在特定情況下是否真的需要結構化模式比對，那麼還是使用條件陳述式會比較保險。

若想要深入了解更多，請閱讀 PEP 636，它是這個主題的官方教學指南，其中的內容展示了 Python 語言功能上的所有特性。其官方網址為：https://peps.python.org/pep-0636/。

總結

現在您應該對 Python 的語法有了一些感覺，並且對它的主要結構有了基本的理解。現階段的您應該可以寫出至少能運作的 Python 程式了。事實上，許多剛接觸這套語言的開發者確實只憑著這一些基礎知識就進行開發的工作，默默地以他們之前最熟悉語言的習慣和做法帶入其中。

在只是合法的程式碼與符合 Python 風格的程式碼之間，它們還是有著很深的差別。本書的重點就是教您如何寫出符合 Python 風格的程式碼。

第 4 章
專案結構與引入

我發現在 Python 的教學中，專案結構往往是被忽略的部分。許多開發者因此會在專案結構上出現問題，一路上碰到各種常見錯誤，直到最後終於才讓程式碼能運作起來。

好消息是您不會成為其中一員！

在本章中，我會介紹 import 陳述式、模組和套件，並教您如何把這些東西整合在一起，讓您不必為專案的結構而煩惱。

請留意，在本章中我會跳過一個很重要的專案結構部分：setup.cfg，因為它需要依賴我們尚未談到的概念。如果沒有 setup.cfg 或 setup.py 檔案，您的專案是無法準備好交付給最終使用者。這裡所講述的，是教您只需把所有東西放在正確的地方進行開發。接著，準備專案來進行散佈和發送就會變得相當簡單。setup.cfg、setup.py 以及其他與專案結構相關的散佈發送問題，我會在第 18 章裡進行詳細的說明。

設定儲存庫

在深入探討實際的專案結構之前，我想先談談專案結構是怎麼適應和配合您的**版本控制系統**（**VCS，version control system**），我推薦讀者使用版本控制系統進行開發工作。在本書的其餘部分，我會假設您使用的是 Git，因為這是大家最常用的選擇。

一旦您建立了儲存庫（repository，或譯倉庫）並將它複製到您的電腦上，就可以開始設定您的專案了。最少要建立以下這些檔案：

■ README：這是您的專案和目標的描述說明文件。

■ LICENSE：這是您的專案的授權條款。

■ .gitignore：這是個特殊的檔案，告知 Git 有哪些檔案和資料夾要忽略。

■ 資料夾：資料夾名稱就是您的專案名稱。

您的 Python 程式碼應該放在一個單獨的子目錄中，而不是放在儲存庫的根目錄。這點非常重要，因為您的儲存庫根目錄會放入建置檔、封裝腳本、說明文件、虛擬環境等等其他不屬於原始程式碼的東西，如果您的程式檔直接放在這裡就會變得一團亂。

在本章中，我會以一個 Python 專案「omission」為例。

通常 Python 專案是由模組（module）和套件（package）組成的。接下來，我會解釋這些是什麼，以及如何建立它們。

模組和套件

模組（**module**）其實就是任何一個 Python（.py）檔案。（就是這樣，沒有什麼特別的，對吧？）

套件（**package**），有時也叫作**常規套件**（**regular package**），就是一個含有一個或多個模組的目錄。這個目錄裡必須含有一個名為「__init__.py」的檔案（內容可以是空的）。__init__.py 檔案很重要！如果沒有這個檔案，Python 就不會知道這個目錄是個套件。

> **NOTE**
>
> 其實，模組不只是檔案，它們還是物件。它們可以來自檔案系統之外的地方，例如壓縮檔或網路位置。套件也是模組，只是多了個 __path__ 屬性。您目前做的事情可能不會涉及這些細節，但如果想要深入研究引入系統（import system）的知識，這些差異和細節就會變得很重要。

您可以讓 __init__.py 這個檔案保持空白（通常都空的），或者可以在裡面加入一些程式碼，在套件被載入時執行。例如，您可以利用 __init__.py 來挑選並重新命名某些函式，如此一來，使用這個套件的使用者就不需要知道模組的配置方式。（請參閱本章稍後的「控制套件引入」小節。）

如果您在套件中忘記加入 __init__.py 檔，它會變成**隱式命名空間套件（implicit namespace package）**，也被稱為**命名空間套件（namespace package）**。它的行為跟一般的套件不同，而且**兩者不能互相替換！**命名空間套件可以讓您把一個套件分散成多個部分，叫做 portion（部分）。命名空間套件還有一些進階的用法，不過您一般是用不太到。因為這個概念相當複雜，如果您需要命名空間套件，可以參考這個網站的說明文件：https://packaging.python.org/guides/packaging-namespace-packages/。您也可以閱讀 PEP 420，這是官方對這個概念的正式定義。

> **ALERT**
>
> 有些部落格文章、貼文以及在 Stack Overflow 上的回答聲稱，自從 Python 3 版本以來，您在套件中不再需要加入 __init__.py 檔了。但這完全是錯的！命名空間套件只適用於非常特殊的邊緣情況，它無法取代「傳統」的套件。

在我的專案結構中，omission 是一個含有其他套件的套件。因此，omission 是**最上層的套件**，而所有位於它下面的套件都是它的**子套件**。這個慣例在您開始引入（import）東西時會變得很重要。

PEP 8 與命名規範

您的套件和模組需要有明確的名稱來識別。請參考 PEP 8 關於命名慣例的建議，您會發現以下內容：

模組的名稱應該簡短且全小寫。如果透過使用底線能提升可讀性，則可以在模組名稱中使用底線。Python 套件也應該使用簡短的全小寫名稱，底線在套件名稱中是不鼓勵使用的。

請理解模組的名稱是由檔案名稱決定的，而套件的名稱是由它們的目錄名稱決定的。因此，這些慣例會影響您怎麼命名目錄和程式檔。

再強調一次，檔案名稱應該是英文全小寫的，如果有必要可以使用底線（ _ ）來提高可讀性。同樣地，目錄名稱應該是英文全小寫的，如果可能的話盡量避免使用底線。換句話說…

請這樣命名：omission/data/data_loader.py

不要這樣命名：omission/Data/DataLoader.py

專案目錄結構

有了前面這些說明後，來看看我的專案的儲存庫目錄結構：

📂Listing 4-1: Directory structure of omission-git/

```
omission-git/
├── LICENSE.md
├── omission/
│   ├── __init__.py
│   ├── __main__.py
│   ├── app.py
│   ├── common/
│   │   ├── __init__.py
│   │   ├── classproperty.py
│   │   ├── constants.py
│   │   └── game_enums.py
│   ├── data/
│   │   ├── __init__.py
│   │   ├── data_loader.py
│   │   ├── game_round_settings.py
│   │   ├── scoreboard.py
│   │   └── settings.py
│   ├── interface/
│   ├── game/
│   │   ├── __init__.py
│   │   ├── content_loader.py
│   │   ├── game_item.py
│   │   ├── game_round.py
│   │   └── timer.py
│   ├── resources/
│   └── tests/
```

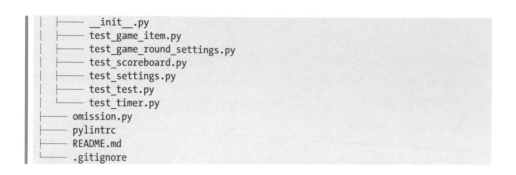

```
│     ├── __init__.py
│     ├── test_game_item.py
│     ├── test_game_round_settings.py
│     ├── test_scoreboard.py
│     ├── test_settings.py
│     ├── test_test.py
│     └── test_timer.py
├── omission.py
├── pylintrc
├── README.md
└── .gitignore
```

您可以看到這裡有一個最上層的套件叫做 omission，底下又有四個子套件：common/、data/、game 和 tests/。每個子套件底下都有一個 __init__.py 檔，這代表它們是套件。而每個以 .py 結尾的檔案都是一個模組。

我還有一個名為 resources/ 的目錄，裡面放著遊戲音效、圖片和其他雜項檔案（這裡為了簡潔而省略了）。不過 resources/ 目錄並不是一個正規套件，因為它裡面沒有 __init__.py 檔。

我在最上層的套件裡還有另一個特殊檔案：__main__.py。當我用下列命令直接執行最上層套件時，就會執行這個檔案，：

```
python3 -m omission
```

稍後我會再回來談 __main__.py（請參閱本章稍後的「入口點」小節），同時也會解釋那個獨自存在最上層套件之外的 omission.py 檔案。

> **NOTE**
>
> 以上的範例是個不錯的專案結構起始點，不過一旦涉及到測試和封裝時，稍微修改一下加入一個 **src/** 目錄會更加方便。我會在第 18 章詳細介紹這部分。

import 的工作原理

如果您之前寫過任何正式的 Python 程式，就應該對使用 import 陳述式引入模組很熟悉了。舉例來說，要引入正則表示式 regex 的模組，您會這樣寫：

```
import re
```

當您引入了模組後，就可以存取其中定義的任何變數、函式或類別。

當您 import 引入模組時，實際上是在執行它，同時也會執行該模組中的其他 import 陳述式。如果這些次要（以及後續）引入的模組中有任何錯誤或效能消耗，這些問題看似源自您原本無辜的 import 陳述式。這也代表 Python 必須能夠找到所有這些模組。

舉例來說，Python 標準程式庫中的 re.py 模組有幾個自己的 import 陳述式，在您引入 re 模組時，它們也會被執行。那些被引入的模組內容並不會自動就能用在您從中引入 re 的檔案，但這些模組檔案必須存在才能讓 import re 成功。假如因為某些奇怪的原因，Python 環境中的 enum.py（另一個標準程式庫的模組）被刪除了，隨後您執行 import re 陳述式就會失敗並顯示錯誤訊息：

```
Traceback (most recent call last):
File "weird.py", line 1, in
import re
File "re.py", line 122, in
import enum
ModuleNotFoundError: No module named 'enum'
```

這錯誤訊息可能會讓人感到有點混亂。我見過有些人想不出為什麼找不到外部模組（在這個例子中就是 re）。還有一些人會問，為什麼內部模組（這裡是 enum）會被引入，因為在自己的程式碼中並沒有直接這樣要求。

問題出在 re 模組被引入後，又需要引入 enum 模組。然而 enum 模組遺失了，導致引入 re 時失敗，產生了 ModuleNotFoundError 的錯誤。

請留意這只是虛構的情境：在正常情況下，import enum 和 import re 是不會失敗的，因為這兩個模組都是 Python 標準程式庫的一部分。不過從這個小例子可以了解到因為模組檔遺失而導致 import 陳述式失敗的常見問題。

import 能做和不能做的事項

import 引入模組的方式有很多種，但大多數幾乎用不到。

在接下來的範例中，我會使用一個名為 smart_door.py 的模組，內容如下：

📂Listing 4-2: smart_door.py

```
#!/usr/bin/env python3

def open():
    print("Ahhhhhhhhhhhhhh.")


def close():
    print("Thank you for making a simple door very happy.")
```

假設我想在另一個 Python 檔案中使用這個模組，而且（在這個例子中）它也放在相同的資料夾內。若想要執行在那個模組中定義的函式，我必須先引入模組 smart_door。最簡單的做法如下：

📂Listing 4-3: use_smart_door.py:1a

```
import smart_door
smart_door.open()
smart_door.close()
```

在這裡，open() 和 close() 的**命名空間**是 smart_door。命名空間是明確定義到某個東西（例如一個函式）的路徑。open() 函式有命名空間 smart_door，這告知 open()屬於這個特定的模組。還記得 Python 之禪（The Zen of Python）裡面提到的嗎？

> 命名空間是個絕妙的主意，我們應好好利用它。
>
> Namespaces are one honking great idea—let's do more of those!

Python 的開發者真的很喜歡命名空間，因為命名空間能讓函式和其他東西的來源變得明確。當您的多個函式有類似名稱或者相同名稱，但是都定義在不同模組裡面時，命名空間就派上用場了。如果沒有這個 smart_door 的命名空間，您就無法知道 open() 函式和打開 smart_door 有關。適當地使用命名空間可以幫助您避免在程式碼中犯下嚴重錯誤。不過，雖然命名空間很重要，但如果使用不當也很容易變得一團亂。

請留意，我在談論命名空間時，不一定是指**隱式命名空間套件**，這部分在這本書內容中沒有涵蓋到。

現在，我們來看一些命名空間好的例子和不好的例子。

從模組引入函式

在之前的 smart_door 函式呼叫中，我在每次呼叫函式時都會加上命名空間。如果函式只被呼叫幾次時，這通常是最好的做法，但如果需要經常使用某個函式，每次都加上命名空間就會變得很繁瑣。

好在 Python 提供了解決方法。為了能在使用 open() 函式時不必一直在前面加上它所屬模組的名稱（smart_door），我只需要知道**限定名稱**（**qualified name**）——也就是函式、類別或變數的名稱，前面加上它所在模組或套件的完整命名空間（如果有的話）。在 smart_door.py 模組中，若我想要的函式的限定名稱就是 open，那我可以像下列這樣進行 import：

📂 Listing 4-4: use_smart_door.py:1b

```
from smart_door import open
open()
```

這帶入了一個新的問題。在這個範例中，既不能使用 close() 函式，也不能用 smart_door.close()，因為我並沒有直接引入該函式。雖然 import 指令還是會執行整個 smart_door 模組，但實際上只有 open() 函式被引入。如果還要使用 smart_door.close()，我需要將程式碼改寫成下列這般：

📂 Listing 4-5: use_smart_door.py:1c

```
from smart_door import open, close
open()
close()
```

這樣就能存取兩個函式，且不需加上命名空間。

遮蔽的問題

您可能已經注意到一個問題：open() 這個名稱其實是 Python 內建的函式！假設我的程式還需要讀取一個名為 data.txt 的檔案，而該檔案存在於我的目前資料夾中。如果我在從 smart_door 函式引入 open() 函式（Listing 4-5）之後試著執行以下程式碼，則程式會表現得很糟糕：

📂 Listing 4-6: use_smart_door.py:2

```
somefile = open("data.txt", "r")
# ...work with the file...
somefile.close()
```

之前我使用 open() 函式（Listing 4-5）時，我是想使用的是 smart_door.open()。現在，在同一個檔案中，我想要呼叫的是 Python 內建的 open() 函式來讀取一個文字檔案。不幸的是，由於之前的 import，使得內建的 open() 函式被 smart_door.open() 給遮蔽了，也就是說後者的存在讓 Python 無法找到前者。執行這段程式碼就會出錯！

```
Traceback (most recent call last):
  File "ch4_import2-bad.py", line 9, in <module>
    somefile = open("data.txt", "r")
TypeError: open() takes no arguments (2 given)
```

遇到這個錯誤是因為我試著使用內建的 open() 函式，而這個函式接受兩個引數，但我無意間呼叫了 smart_door.open()，而這個函式是不接受任何引數的。

若是得到一個實際的錯誤訊息，對於這種錯誤會是比較好的情況。請想像一下，如果 smart_door.open() 碰巧能接受和內建 open() 函式類似的引數，依據我的程式碼來看，我可能會在其他地方遇到錯誤（也許是因為試著使用還未開啟的檔案），或更糟糕的是，會出現一些錯誤但技術上是合法的行為。這種錯誤一般是很難除錯的，所以最好還是避免它。

所以要怎麼修復這個問題呢？如果我是 smart_door.py 的作者，應該會去改變函式名稱。不管怎樣，取名稱時使用了會遮蔽 Python 內建函式的名稱並不是好的做法，除非原本的用意就是為了遮蔽內建函式。若假設我不是那個模組的作者，那我就需要找到另一個解決方案。幸運的是，Python 提供了一個解決方法，就是使用 as 關鍵字，這可以讓我為函式取別名：

Listing 4-7: use_smart_door.py:1d

```
from smart_door import open as door_open
from smart_door import close

door_open()
close()
```

在這個 import 裡，我使用了 as 關鍵字，把 smart_door.open() 重新改名為 door_open()，但這個別名只在這個檔案的範圍內有效。接下來我就可以在需要使用 smart_door.open() 的地方改成用 door_open() 了。

這樣一來，Python 內建的 open() 函式就不會被遮蔽了，所以之前處理檔案開啟的程式碼（Listing 4-6）就能正常運作了。

```
somefile = open("data.txt", "r")
# ...work with the file...
somefile.close()
```

巢狀套件的問題

就如您剛才看到的，套件（packages）中可以包含其他套件。在我的 omission 專案中，如果我想要引入 data_loader.py 這個模組，則可以用下列這樣的寫法（請回頭查看 omission 專案的結構）：

```
import omission.data.data_loader
```

Python 直譯器會尋找 omission 這個套件裡面的 data 套件，再找到 data_loader 模組。隨後就只會引入 data_loader 模組。這是個不錯的結構，一切都沒問題。

不過，當套件的巢狀嵌套結構變得太深時，程式碼就會變得很麻煩。像是 musi capp.player.data.library.song.play() 這樣的函式呼叫，實在是難看又難懂。就如 Python 之禪提到的：

> 扁平優於嵌套。
>
> Flat is better than nested.

當然，套件中有一些巢狀嵌套結構是可以接受的，但當您的專案看起來像一組複雜的俄羅斯套娃玩偶時，那就代表出問題了。請把您的模組組織成套件，並保持結構相對簡單。巢狀嵌套結構的深度兩到三層還可以，更深的話就不太好了，請盡量避免吧！

雖然在理想的世界中是不會有太深巢狀嵌套的惡夢，但現實中的專案就不一定了。有時候，我們無法避免有很多層的巢狀嵌套結構，此時需要另一種方式來讓 import 陳述式保持乾淨。好在 Python 的 import 系統可以處理這個問題：

```
from musicapp.player.data.library.song import play

play()
```

我只需要在真正的 import 陳述式中處理多層巢狀嵌套的命名空間一次。之後就只需使用函式名稱 play() 即可。

或者，如果我想要放入一點命名空間，也可以這樣寫：

```
from musicapp.player.data.library import song

song.do_thing()
```

這段 import 陳述式中除了最後一部分的命名空間 song 之外的所有內容都解析了，所以我還是知道 play() 函式是從哪裡來的。

這種 import 系統的彈性真是太靈活了。

小心使用 import *

過不了多久，您可能就會忍不住想要一次就把模組裡的成百上千個函式都引入，以此來節省時間。這通常是很多開發者走入歧途的時候：

```
from smart_door import *
```

這條 import 陳述式除了那些以一個或多個底線開頭的項目之外，幾乎直接引入了模組中的所有東西。這種一次性引入所有東西的做法真的是非常糟糕的寫法，因為您不知道到底引入了什麼內容，也不知道在這個過程中會有哪些東西被遮蔽了。

當您開始從多個模組中一次性引入所有東西時，問題就變得更糟：

```
from smart_door import *
from gzip import *
open()
```

上述這種寫法，您可能完全沒有意識到 open()、smart_door.open() 和 gzip.open() 這幾個函式都存在且在您的檔案中都爭著使用「相同」的名稱！在這個範例中，gzip.open() 函式會勝出，因為它是最後被引入的 open() 版本。其他兩個函式都被遮蔽，這表示您實際上是無法使用的。

因為沒有人能記住每個被引入的模組中的每個函式、類別和變數，所以您很容易就會變得一團亂。

Python 之禪提出了建議的做法：

明瞭優於隱晦；

Explicti is better than implicit.

(. . .)

面對不確定性，拒絕妄加猜測。

In the face of ambiguity, refuse the temptation to guess.

您不應該去猜測函式或變數是從哪裡來的。最好是在程式檔中有明確告知所有的來源，就像前面的例子一樣。

「import *」的用法在套件的情況下並不完全相同。預設情況下，使用「from some_package import *」與「import some_package」在功能上是一樣的，除非這個套件已經被配置成可以使用「import *」，這部分我稍後會再回來解釋。

在您的專案中引入

現在您已經知道怎麼組織您的專案並從套件和模組中進行引入（import），我們來把所有學過的東西串聯起來。

請回想一下之前提到的 omission 專案目錄結構（Listing 4-1）。以下是該專案目錄的部分內容：

📂Listing 4-8: Directory structure of omission-git/

```
omission-git/
└─────  omission/
├─────  __init__.py
├─────  __main__.py
├─────  app.py
├─────  common/
│  ├─────  __init__.py
│  ├─────  classproperty.py
│  ├─────  constants.py
│  └─────  game_enums.py
├─────  data/
│  ├─────  __init__.py
│  ├─────  data_loader.py
│  ├─────  game_round_settings.py
│  ├─────  scoreboard.py
│  └─────  settings.py
```

在我的專案裡，任何一個模組都可能需要從其他模組進行 import，不管是在同一個套件裡，還是專案結構的其他地方。我會解釋如何處理這兩種情況。

以絕對位置來引入

在專案中有一個名為 GameMode 的類別，它定義在 game_enums.py 模組裡，而這個模組位於 omission/common 套件裡。現在我希望在 omission/data 套件中的 game_round_settings.py 模組內使用這個類別。我該怎麼做呢？

因為我把 omission 定義為頂層套件並且將模組組織成子套件，所以這個情況相當簡單。在 game_round_settings.py 裡，我只需要編寫以下的程式碼即可：

📂Listing 4-9: game_round_settings.py:1a

```
from omission.common.game_enums import GameMode
```

這行程式碼是以**絕對引入**（**absolute import**）。它從頂層套件 omission 開始，往下尋找到 common 套件，然後再找到 game_enums.py 模組。在該模組中，它會尋找並引入名為 GameMode 的內容。

以相對位置來引入

您也可以從同一個套件或子套件中的模組進行引入，這種方式稱為**相對引入**（**relative import**）或**套件內參照**（**intrapackage referrence**）。實際上，套件內參照很容易出錯。如果有開發者想要在 omission/data/game_round_settings.py 中引入 GameMode（由 omission/common/ game_enums.py 提供），就有可能會錯誤地嘗試使用以下方式來處理：

📂Listing 4-10: game_round_settings.py:1b

```
from common.game_enums import GameMode
```

這樣的寫法會失效，讓開發者疑惑為什麼這樣會不起作用。在 data 這個套件中（ game_round_settings.py 所在目錄），並不知道它還有個的兄弟套件，如 common。

模組會知道它屬於哪個套件，而套件也知道其上層套件（如果有的話）。因此，相對參照可以從目前套件開始，並在專案結構中上下層來移動。

在 omission/data/game_round_settings.py 中，我可以使用以下引用語句：

📂Listing 4-11: game_round_settings.py:1c

```
from ..common.game_enums import GameMode
```

這裡的兩個點（..）表示「目前套件的直接上層套件」，在這個範例中就是指 omission。這個參照會向上移動一層，然後進入 common，並找到 game_enums.py 檔。

在 Python 開發者的討論中，對於使用絕對式引入或相對式引入存在一些意見分歧。以個人而言，我更喜歡盡量使用絕對式引入，因為我覺得這樣的程式碼更易讀。您可以自行決定要使用哪種方式。唯一的重點是，結果應該是**明顯的**且不會讓人對來源產生任何疑惑。

從相同的套件中引入

這裡還有個潛在的問題。在 omission/data/settings.py 中，我有這樣一個 import 陳述式，要從 omission/data/game_round_settings.py 模組中引入一個類別：

Listing 4-12: settings.py:1a
```
from omission.data.game_round_settings import GameRoundSettings
```

您也許會認為由於 settings.py 和 game_round_settings.py 都在同一個套件目錄 data 裡面，所以應該能直接這樣寫：

Listing 4-13: settings.py:1b
```
from game_round_settings import GameRoundSettings
```

這樣是行不通的，它找不到 game_round_settings.py 模組，因為我在執行的是最上層的套件（python3 -m omission），而在這個被執行的套件（omission）中，任何絕對式參照都必須從最上層開始寫入。

我使用相對式參照，這看起來比絕對式參照簡單多了：

Listing 4-14: settings.py:1c
```
from .game_round_settings import GameRoundSettings
```

在這種情況中，單個點（.）是表示「這個套件」。

如果您對典型的 UNIX 檔案系統很熟，那這種寫法會讓您感覺熟悉，不過 Python 對這個概念做了一些擴充：

一個點（.）代表現在這個套件。

兩個點（..）帶您回到上一層，即父套件。

三個點（...）帶您回到上兩層，即父套件的父套件。

四個點（....）帶您回到上三層。

依此類推。

請記住，這些「層級（levels）」不只是普通的目錄層級，它們其實也是套件的層級。如果您在一個普通目錄資料夾中有兩個不同的套件，您無法使用相對式引入來從一個套件跳到另一個套件。這時您需要處理 Python 搜尋路徑的方式。稍後在本章中我會再詳細談論這個問題。

入口點

到目前為止，您已經學會了如何建立模組、套件和專案，以及如何充分利用 import 系統。最後一塊要學習的知識點是控制套件在被引入或執行時發生的事情。在引入或執行時首先執行的部分被稱為「**入口點（entry points）**」。

模組入口點

當您引入一個 Python 模組或套件時，它會被賦予一個特殊的變數叫做 __name__。此變數包含了模組或套件的**完整限定名稱（fully qualified name）**，也就是 import 系統所看到的名稱。舉例來說，模組 omission/common/game_enums.py 的完整限定名稱就是 omission.common.game_enums。但有一個例外：當模組或套件直接被執行時，它的 __name__ 會被設為「__main__」。

我們來舉例示範一下，假設有一個叫做 testpkg 的套件，裡面含有一個模組叫做 awesome.py。這個模組定義了一個函式叫做 greet()：

📂 Listing 4-15: awesome.py:1
```
def greet():
    print("Hello, world!")
```

同一個檔案的底部還有一條列印訊息：

📂 Listing 4-16: awesome.py:2a
```
print("Awesome module was run.")
```

和 testpkg 同一個目錄下有另一個模組（example.py），我直接執行「python3 example.py」：

📁 Listing 4-17: example.py

```
from testpkg import awesome

print(__name__)  # prints "__main__"
print(awesome.__name__)  # prints "testpkg.awesome"
```

如果我查看目前模組 example.py 裡的 _name_ 區域變數，也就是目前 __name__ 的值，我會看到它的值是「__main__」，這是因為我直接執行了 example.py。

我所引入的套件 awesome 也有一個 __name__ 變數，其值是 testpkg.awesome，表示這個套件在 import 系統中的位置。

如果您執行這個模組，就會得到以下的輸出訊息：

```
Awesome module was run.
__main__
testpkg.awesome
```

第一行是來自 testpkg/awesome.py 的，這是透過 import 指令執行的。其餘的則來自 example.py 中的兩個 print 指令。

但是，如果我只想在直接執行 awesome.py 時才顯示第一條訊息，而模組在引入時就不顯示呢？為了達成這個目標，我會在條件敘述中檢查 __name__ 變數的值。下列為重寫的 awesome.py 檔案：

📁 Listing 4-18: awesome.py:2b

```
if __name__ == "__main__":
    print("Awesome module was run.")
```

如果直接執行 awesome.py，__name__ 的值會是「__main__」，所以會執行印出訊息的 print 陳述式。否則，如果是引入（或以其他方式間接執行）的，條件判斷就會失敗。

雖然您常常會在 Python 中看到這種寫法，但有些 Python 專家認為這是一種反模式，因為這有可能鼓勵您同時執行和引入模組。雖然我不認為使用「if __name__ == "__main__"」是一種反模式，但您通常並不會需要用它。無論如何，請確保不會從任何其他地方引入您的主要模組。

套件入口點

有留意到我的 omission 專案裡有一個叫做 __main__ 的檔案，在最上層的套件目錄內。在直接執行套件時這個檔案就會自動執行，但在引入套件時則永遠不會執行。

所以，當使用「python3 -m omission」命令執行 omission 套件時，Python 會一如既往先執行__init__.py 模組，隨後才是執行__main__.py 模組。否則，如果只是引入套件，那就只會執行__init__.py 模組。

如果您省略了套件中的 __main__.py 檔，它就無法直接執行。對於一個頂層套件來說，一個好的 __main__.py 應該看起來像下列這般：

📂Listing 4-19: __main__.py

```
def main():
    # Code to start/run your package.

if __name__ == "__main__":
    main()
```

所有啟動套件的邏輯都要放在 main() 函式裡。隨後，這個 if 陳述式會檢查 __main__.py 模組所指派的 __name__。由於這個套件是直接執行的，__name__ 的值就是「__main__」，所以 if 陳述式中的程式碼（也就是呼叫 main() 函式）會被執行。反之，如果只是引入 __main__.py，它的完整名稱會包含它所屬的套件（例如，omission.__main__），條件式就不會成立，程式碼也不會執行。

控制套件引入

__init__.py 這個檔案在套件目錄中非常有用，它讓您可以決定哪些東西可以被引入，以及如何使用它們。最常見的用法是簡化引入和控制引入全部（也就是使用 import *）的行為。

簡化引入

請想像一下，若我有一個特別複雜的套件叫 rockets，裡面有數十個子套件和上百個模組。我可以安全地假設，很多開發者在使用這個套件時並不想要知道大部分的功能。他們只想要一件事：定義一個 rocket 火箭然後 launch 發射！所以，我不希望所有使用我套件的開發者都必須知道這些基本功能在套件的哪個位置，而我卻可以利用 __init__.py 來直接曝露這些功能，讓它們在之後更容易被引入：

📂Listing 4-20: __init__.py:1

```
from .smallrocket.rocket import SmallRocket
from .largerocket.rocket import LargeRocket
from .launchpad.pad import Launchpad
```

這樣能大幅簡化套件的使用方式。我不再需要記住像 SmallRocket 和 Launchpad 這樣的類別是放在 rockets 套件的哪個位置。我可以直接從最上層套件引入它們並使用：

📂Listing 4-21: rocket_usage.py

```
from rockets import SmallRocket, Launchpad

pad = Launchpad(SmallRocket())
pad.launch()
```

簡單又美妙，對吧？但其實如果我需要的話，還是可以用長的格式來引入（例如 from rockets.smallrocket.rocket import SmallRocket）。這個快捷方式是可選擇性的，您可以根據需要來使用。

因為簡單性是 Python 哲學理念的重要成分，也是套件設計的重要組成部分。如果您能預料使用者最常使用的方式，只需要在 __init__.py 中加幾行程式碼，如此就能大幅簡化他們的程式碼。

控制引入全部

預設情況下，使用引入全部（即 import *）在套件中是不起作用的。您可以使用 __init__.py 來啟用和控制「import *」的行為，雖然一般不鼓勵這樣的引入方式。這可以透過將一組字串指定給 __all__ 變數來完成，每個字串代表著您希望從目前的套件中引入的東西（例如套件或模組）。

這樣的做法和之前的小技巧（Listing 4-20）搭配得很好：

📂Listing 4-22: __init__.py:2a

```
__all__ = ["SmallRocket", "LargeRocket", "Launchpad"]
```

當 Python 遇到像「from rockets import *」這樣的陳述式時，會將 __all__ 中的項目串列（視為 rockets.__all__）展開，代替星號（*）的位置。因此決定要放在 __all__ 中的內容是很重要的：串列中的每個項目都應該在替換星號（*）時變得有意義。

換句話說，把 __init__.py 的最後一行改成下列這般，程式碼也不會有錯誤：

📂Listing 4-23: __init__.py:2b
```
__all__ = ["smallrocket"]
```

這樣可以運作是因為您已經知道的，這行 from rockets import smallrocket 是合法的 import 陳述式。

然而，下面這個例子就會出錯：

📂Listing 4-24: __init__.py:2c
```
__all__ = ["smallrocket.rocket"]
```

這會出錯是因為「from rockets import smallrocket.rocket」是無法正確解讀的。所以在定義 __all__ 時要注意這個原則。

如果 __init__.py 中未定義 __all__，那麼「from rockets import *」將會和「import rockets」的行為一樣。

程式入口點

如果您已經把本章中的所有概念應用在專案結構中，那就可以執行「python3 -m yourproject」命令來啟動您的程式。

不過，您（或是未來的最終使用者）可能只想要透過連按二下或直接執行某個單一的 Python 檔案來執行程式。在所有東西都就緒的情況下，這樣的需求實作起來非常簡單。

為了讓我的 omission 專案更容易執行，我在頂層套件外面建立了一個單一的腳本檔案，取名為 omission.py：

📂Listing 4-25: omission.py
```
from omission.__main__ import main
main()
```

我從 omission/__main__.py 中引入了 main() 函式，然後執行這個函式。這其實和直接用「python3 -m omission」命令執行該套件有相同的效果。

其實有更好的做法來建立程式的入口點，就是建立非常重要的 setup.cfg 檔案，但這些我會在第 18 章中介紹。不過，到目前為止，您所擁有的知識和技術已經足夠應付開發工作了。

Python 模組搜尋路徑

模組搜尋路徑（**module search path**），也叫做**引入路徑**（**import path**），決定了 Python 尋找套件和模組的位置和順序。當您啟動 Python 直譯器時，模組搜尋路徑會按照順序組合進行，從正在執行的模組所在的目錄開始搜尋，接著是系統變數 PYTHONPATH，最後是 Python 實例的預設路徑。

您可以使用以下命令來查看最終的模組搜尋路徑：

```
import sys
print(sys.path)
```

在我的虛擬環境（以我為例是 /home/jason/.venvs/venv310）中執行這段程式碼，會得到以下輸出：

```
[❶ '/home/jason/DeadSimplePython/Code/ch4', ❷ '/usr/lib/python310.zip', ❸
'/usr/lib/python3.10', ❹ '/usr/lib/python3.10/lib-dynload', ❺
'/home/jason/.venvs/venv310/lib/python3.10/site-packages']
```

引入系統會按照模組搜尋路徑的順序逐一檢查。一旦找到比對符合的模組或套件，它就會停止搜尋。從這裡可以看出，它會先搜尋含有我執行的模組或腳本的目錄❶，然後是標準程式庫❷❸❹，接著是在虛擬環境中用 pip 安裝的一切套件❺。

如果您需要把路徑加入到模組搜尋路徑內，最好的做法是使用虛擬環境，然後在 lib/python3.x/site-packages 目錄下加入一個以 .pth 結尾的檔案。檔案的名稱並不重要，只要檔案的副檔名是 .pth 即可。

舉例來說，下列為一個 .pth 檔的內容：

📂Listing 4-26: venv/lib/python3.10/site-packages/stuff.pth

```
/home/jason/bunch_of_code
../../../awesomesauce
```

每一行都必須含有一個要被加入的路徑。絕對路徑 /home/jason/bunch_of_code 會被加入模組搜尋路徑。而相對路徑 ../../../awesomesauce 則是相對於 .pth 檔案所在的位置,因此它會指向 venv/awesomesauce。

因為這些路徑是附加在模組搜尋路徑的最後,所以這個技巧無法取代系統或虛擬環境中已經安裝的任何套件或模組。然而,我的 bunch_of_code/ 和 awesome sauce/ 目錄中的任何新模組或套件都可以在虛擬環境中被引入使用。

> ALERT
>
> 其實也可以修改 sys.path 或是系統的 PYTHONPATH 變數,但您肯定不會直接這麼做!這不僅有可能讓您在處理引入時出錯,而且還可能會搞壞專案以外的東西。在這方面,sys.path 是最危險的禍首。如果有人引入了一個您修改了 sys.path 的模組,那麼它們的模組搜尋路徑就有可能會被搞得一團糟!

真實的運作原理

我們來看看當您引入一個模組時,實際上底層發生了什麼事情。大多數情況下,這些細節並不重要,但是偶爾會有一些技術細節浮現出來(例如當您發現引入的是錯誤的模組而不是預期的模組時),這時能了解實際發生的狀況是很有幫助的。

import 陳述式呼叫了內建的 __import__() 函式。

> ALERT
>
> 如果您想以手動方式進行引入,請使用 importlib 模組,而不要直接呼叫 __import__()。

若要引入模組,Python 會使用兩個特殊的物件:**尋檢器**(**finder**)與**載入器**(**loader**)來配合。有時候也會使用**引入器**(**importer**)物件,這個 importer 同時扮演尋檢器與載入器的角色。

尋檢器的工作是負責找到要被引入的模組。尋找模組的地方有很多，甚至不一定是檔案，而且也有一些特殊情況需要處理。Python 有幾種不同的尋檢器來處理這些不同的情況，每一種尋檢器都有機會能找到對應名稱的模組。

首先，Python 使用**元路徑尋檢器**（**meta path finder**），這是存放在 sys.meta_path 這個串列清單中。預設情況下，有三種元路徑尋檢器：

- **內建引入器**尋找並載入內建模組。

- **凍結引入器**尋找並載入 frozen 凍結模組，這指的是已轉換為編譯位元組碼的模組（請參閱第 1 章）。

- **基於路徑的尋檢器**在檔案系統中尋找模組。

這個搜尋順序就是為什麼您無法全域性地遮蔽內建模組，內建的引入器會在路徑導向的尋檢器之前執行。如果您需要其他額外的尋檢器，例如您想要從不支援的新位置引入模組，就可以將它加入成為 **meta hook**，做法是將它加到 sys.meta_path 的串列清單中。

基於路徑的尋檢器有一些額外的複雜性值得解釋說明。基於路徑的尋檢器會依序嘗試每個路徑項目尋檢器。這些**路徑項目尋檢器**（**path entry finder**），也稱為**路徑項目鉤**（**path entry hook**），被儲存在 sys.path_hooks 中。每個路徑項目尋檢器都會搜尋引入路徑中列出的每個位置（稱為**路徑項目**），這些位置可以是由 sys.path 或目前套件的 __path__ 屬性指定的。

如果其中任何一個尋檢器找到了該模組，就會回傳一個**模組規格**（**module spec**）物件，其中包含有關如何載入模組的所有資訊。然而，如果所有的元路徑尋檢器都回傳了 None，那麼就會得到一個 ModuleNotFoundError 錯誤。

一旦找到了要引入的模組，模組規格（module spec）就會交給**載入器**，負責真正載入這個模組。

載入模組這個議題涉及很多技術細節，已超出了本書的範圍，但有一件值得注意的事情是載入器處理**快取位元組碼**（**cached bytecode**）的做法。一般來說，一旦 Python 模組被執行過，就會生成一個「.pyc」檔案。這個檔案內含位元組碼，並且會被快取起來。您可能經常會在您的專案目錄中看到這些 .pyc 檔案。載入器在載入快取位元組碼之前，都會確保它是沒有過期的，這是透過兩種策略來完成的。第一種策略是讓位元組碼同時儲存原始程式碼檔案上次修改的時間戳記。當載入模組時，會將原始程式碼的時間戳記與快取的時間戳記進行比對。如果不相符，就表示位元組碼已經過期，需要重新編譯原始程式碼。第二種策略在 Python 3.7 版帶入，它儲存了一個**雜湊（hash）**值，這是一個從原始程式碼中演算法所生成的簡短且（相對）唯一的值。如果原始程式碼有變動，雜湊值就會與儲存在快取位元組碼中的不同。內含這個雜湊值的 Python 位元組碼檔案稱為**雜湊架構**的 .pyc 檔案。

無論載入器是怎樣載入模組的，它都會把模組物件加入 sys.modules 中。實際上這會在真正載入之前執行，這樣做是為了防止引入過程中出現循環參照，例如模組自己參照引用自己的情況。最後，載入器會將引入的模組物件綁定到引入它的模組內的一個名稱，這樣就可以參照這個引入的模組。（有關名稱綁定的細節會在第 5 章介紹。）

一旦模組被引入，它就會被快取在 sys.path_importer_cache 中，連同用來引入它的載入器物件一起存放。實際上，這是 import 系統在尋找模組時的第一個檢查點，甚至在執行尋檢器之前，所以在同一個專案中多次引入同個模組，系統還是只會執行一次搜尋和引入的過程。

這只是對 import 系統的簡單概述，但大多數情況下，這些知識已經足夠了解了。如果想要深入了解所有細節，可以閱讀官方說明文件，其連結網址是：https://docs.python.org/3/reference/import.html。

總結

在學習 Python 時，很多人常常都忽略了 import 系統，所以新手使用者常常會遇到很多麻煩。但只要搞清楚如何使用和引入模組與套件，您就能大幅降低在開發專案時所遇到的障礙。現在稍微花一些時間學習，未來就能省下無數個小時的困惑與麻煩喔！

PART II
必學的基本結構

第 5 章
變數與型別

Python 最棘手的誤解之一，就是關於變數和資料型別的微妙差異。對這個主題的誤解會導致無數令人沮喪的錯誤，真的很令人遺憾。Python 處理變數的方式是其強大和多功能的核心。如果您真的了解其原理，其他一切都會水到渠成的。

我個人對於這個主題的理解是從 Ned Batchelder 在 PyCon 2015 上的「Facts and Myths About Python Names and Values」這場傳奇演講得到更完整的鞏固。我建議您在閱讀完本章之後，不妨觀看這個演講的影片，其網址是 https://youtu.be/_AEJHKGk9ns。

在 Python 中的變數：名稱與值

許多關於 Python 變數的誤解源自大家試圖用**其他程式語言**的術語來描述它。對 Python 專家來說，最令人困擾的是那句具有誤導性的名言是：「Python has no variables（Python 沒有變數）」，這只是因為 Python 語言使用「**名稱（name）**」和「**值（value）**」這樣的術語來表示，而不是用「**變數（variable）**」這個詞。

雖然 Python 的開發者們仍然經常使用「變數（variable）」這個詞，而且在說明文件中也有提到，因為它是理解整個系統的一部分。不過，為了保持觀念的清晰明確，在接下來的書中我會專門使用官方的 Python 術語來講述。

在 Python 之中，我們是使用「名稱（name）」這個詞來指稱通常會叫做「變數（variable）」的東西。名稱指的是一個值或一個物件，就像您的名字指的是您，但並不包含您一樣。甚至可能有多個名稱指向同一個東西，就像您可能有本名和綽號。而「**值**」是記憶體中特定的資料實例。而「變數」這個詞則是指這兩者的組合：一個指向「值」的「名稱」。從現在開始，我只會在這個特定的定義中使用「變數」這個詞。

指定

讓我們按照上述的定義，來看看當我這樣定義一個變數時，實際上發生了什麼事情：

📂Listing 5-1: simple_assignment.py:1

```
answer = 42
```

名稱 answer **綁定（bound）**到 42 這個值，表示這個名稱現在可以用來指向記憶體中的值。這個把名稱綁定到數值的動作就稱為**指定（assignment）**。

來看看當我把變數 answer 指定給一個新的變數 insight 時，背後所發生的事情：

📂Listing 5-2: simple_assignment.py:2

```
insight = answer
```

變數 insight 不是指向 42 這個值的複本，而是指向同樣的原始值。如圖 5-1。

圖 5-1：在記憶體中相同的數值可以綁定到多個名稱

在記憶體中，名稱 insight 被綁定到 42 這個值，而這個值原本已經被另一個名稱 answer 綁定。兩個名稱都可以繼續當作變數，更重要的是，insight 不是被綁定到 answer 上，而是指向當初我將其指定給 insight 時已經綁定的相同值。一個名稱通常都指向一個值。

回顧第 3 章的內容，我介紹了 is 運算子，它用來比較身份識別的，也就是名稱綁定到的特定記憶體位置。這表示 is 不會檢查名稱是否指向相等的值，而是檢查它們是否指向**同一個**記憶體位置上的值。

當您進行指定值的操作時，Python 在背後會自行決定是要在記憶體中建立一個新的值，還是綁定到已存在的值上。對於這個決定，程式設計師一般來說是沒有什麼控制權的。

若想要查看到這個應用的狀況，可在互動 Shell 模式中執行下列範例（不要以程式檔的方式執行）：

Listing 5-3：（互動 Shell 模式）:1

```
spam = 123456789
maps = spam
eggs = 123456789
```

我把相同的值指定給 spam 和 eggs，我還把 maps 綁定到和 spam 相同的值。（您可能沒注意到，maps 是 spam 字母倒過來拼寫的，難怪 GPS 導航會亂掉。）

當我使用比較運算子（==）來檢查這些名稱的值是否相等時，兩個運算式都返回 True，這是可以預料到的。

Listing 5-4：（互動 Shell 模式）:2

```
print(spam == maps)  # prints True
print(spam == eggs)  # prints True
```

然而，當我用 is 來比較名稱的**識別**（**identity**）時，發生了令人驚訝的事情：

📁Listing 5-5:（互動 Shell 模式）:3

```
print(spam is maps)  # prints True
print(spam is eggs)  # prints False (probably)
```

名稱 spam 和 maps 都綁定到記憶體中同一個值，但 eggs 則可能綁定到記憶體另一個不同位置但相等的值。所以，spam 和 eggs 並沒有共享同一個身分識別（identity）。這個情況如圖 5-2 所示。

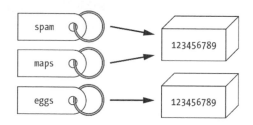

圖 5-2：spam 和 maps 共享同一個身分識別（identity）；eggs 雖然綁定到相等的值，但沒有共享同一個身分識別（identity）

這只是說明一個事實，用任何其他名稱來代稱 spam 它依然是 spam。

Python 不保證完全按照這種方式運作，它也有可能會決定重複使用現有的值。例如：

📁Listing 5-6:（互動 Shell 模式）

```
answer = 42
insight = 42
print(answer is insight)  # prints True
```

當我把 42 這個值指定給 insight 這個名稱時，Python 決定將這個名稱綁定到已有的值。現在，answer 和 insight 這兩個名稱恰好都被綁定到記憶體中同一個值，所以它們共享同一個身份識別。

這就是為什麼 is 識別運算子有時會很詭異。有多數情況下，is 運算子看起來與比較運算子（==）是有相同作用。

> **ALERT**
>
> 識別運算子（is）是用來檢查身份識別的。除非您真的很清楚其工作原理，否則只有在檢查某個東西是否為 None 時才使用它。

最後提示一下，內建函式 id() 可以返回一個整數，用來代表傳入東西的身份識別值。這些整數就是 is 運算子所比較的值。如果您對 Python 如何處理名稱和值有興趣，可以試玩一下 id() 函式。

> NOTE
>
> 在 CPython 之中，id() 函式所返回的值是根據值所在的記憶體位址所計算出來的。

資料型別

您可能已經注意到，Python 不需要程式設計師為變數宣告型別。在我剛接觸 Python 時，我參加了 IRC 上的 #python 頻道，並馬上加入其中。

當時我還是個新手，然後在頻道上問了這個問題「在 Python 裡，要怎麼宣告變數的資料型別呢？」。

然後很快地，我收到了一個回答，這是我第一次真正進入程式設計這個奇特世界的啟蒙：「您就是資料型別。」

當時的老手們接著解釋說，Python 是一種動態型別的程式語言，這表示不需要告知程式語言要把什麼型別的資訊放進變數裡。相反地，Python 會自行決定變數的型別。我甚至不需要使用特殊的「變數宣告（variable declaration）」關鍵字，只要像下列這樣指定就好了：

🗁 Listing 5-7: types.py:1

```
answer = 42
```

就是在那一刻，Python 瞬間成為我終身最愛的程式語言。

不過要記得 Python 仍然是一種強型別的程式語言。我在第 3 章有稍微提過這個強型別、還有動態型別的概念。Ned Batchelder 在他的 PyCon 2015 演講中非常精闢地總結了 Python 的型別系統：

> 名稱有其作用域（scope），它們隨著進入函式而存在，離開而消失，但名稱沒有型別（type）。值有型別...但它們沒有作用域。

雖然我還沒有講解過作用域（scope，或譯作用範圍、範圍），但這應該已經很容易理解了。名稱被綁定到值，而這些值存在於記憶體中，伴隨著的是對這些值的**參照**引用。您可以把一個名稱綁定到任何您想要的值，但對於這些特定的值，其使用方式可能有不同的限制。

type()函式

如果您想要知道某個值的資料型別，可以用內建的 type() 函式來處理。還記得在 Python 裡所有東西都是物件，所以這個函式其實只會返回這個值是屬於哪個類別的實例：

📂Listing 5-8: types.py:2
```
print(type(answer))  # prints <class 'int'>
```

在上述範例中，您會看到指定給 answer 的值是個整數（int）。在少數的情況下，您可能會想對某個值在進行操作之前先檢查它的資料型別。這時候，您可以把 type() 函式和 is 運算子結合使用，像這樣：

📂Listing 5-9: types.py:3a
```
if type(answer) is int:
    print("What's the question?")
```

在多數需要這種自我檢查的情況下，使用 isinstance() 可能比 type() 更好，因為它考慮到了子類別和繼承（詳見第 13 章）。這個函式本身會返回 True 或 False，所以我可以把它當作 if 陳述式中的條件來使用：

📂Listing 5-10: types.py:3b
```
if isinstance(answer, int):
    print("What's the question?")
```

說實話，我們其實真的很少需要用到這些。Python 開發者更傾向於使用更動態的方式來進行處理。

鴨子型別（duck typing）

Python 有使用一種（非官方）**鴨子型別**（**duck typing**）。這其實不是什麼技術術語，它來自一句老話：

如果它看起來像鴨子、走路像鴨子、叫聲也像鴨子，那很有可能就是鴨子。

Python 不太在乎「值」的資料型別是什麼，但是在乎「值」的資料型別有什麼**功用**。舉例來說，如果某個物件支援所有數學運算子和函式，而且在二元運算子上接受浮點數和整數作為運算元，那麼 Python 就會認為這個物件是數值型別（numeric type）。

換句話說，Python 不在乎它實際上是機器鴨子還是穿著鴨子裝的駝鹿。只要具備所需的特點，其他細節通常不重要。

如果您熟悉物件導向程式設計，特別是在繼承變得難以控制時，這種「鴨子型別」的概念可能會讓您感到非常舒適。如果您的類別表現得像它應該的樣貌，通常不用太在乎它繼承自哪裡。

作用域與垃圾回收

作用域（Scope，或譯**作用範圍**、**範圍**）就是定義了變數可以被從哪裡存取的範圍。它可能可以在整個模組中使用，或者只局限於函式的內部區域。

就如之前內容有提過的，名稱有作用域，而值則沒有。名稱可以是**全域的**，這表示它在模組中自己有被定義，或者也可以是**區域的**，這表示它只存在於特定的函式或綜合運算式中。

區域範圍和參照計數垃圾回收器

函式（包括 lambda 函式）和綜合運算式都有自己的作用域，它們是程式語言中唯一具有這種功能的結構。模組和類別在最嚴格的意義上是沒有自己的作用域的，它們只有自己的命名空間。當作用域結束時，其中定義的所有名稱都會自動被刪除。

對於特定的「值」，Python 會保留一個**參照計數**（reference count），這只是該值存在多少個參照的計數。每當一個值被綁定到名稱上時，就會建立一個參照（程式語言也可能以其他方式建立參照）。當不再有參照時，值就會被刪除。這就是**參照計數垃圾回收器**（reference-counting garbage collector），它可以有效地處理大多數垃圾回收情境。

NOTE
從技術上來說，Python 的垃圾回收行為是 CPython 特定的實作細節，這也是 Python 的主要特色之一。其他程式語言的特色可能（或可能不會）以不同方式處理這個問題，但對您來說並不太重要，除非您要處理的是一些超級高階又奇怪的開發工作。

您可以透過一個典型的函式來看這是怎麼運作的，如下列這般：

📁Listing 5-11: local_scope.py:1

```python
def spam():
    message = "Spam"
    word = "spam"
    for _ in range(100):
        separator = ", "
    message += separator + word
    message += separator
    message += "spam!"

    return message
```

我建立了一個 spam() 函式，在裡面定義了名稱 message、word 和 separator。在函式內，我可以存取這些名稱，這就是它們的區域範圍。就算 separator 是在 for 迴圈裡面定義的也沒關係，因為迴圈沒有自己的作用域，我仍然可以在迴圈外面存取它。

但是，在函式外面我就無法存取這些名稱：

📁Listing 5-12: local_scope.py:2

```python
print(message)  # NameError: name 'message' is not defined
```

試著在 spam() 函式外面的情境中存取 message，就會引發 NameError。在這個例子中，message 並不存在於外層的作用域。而且，一旦 spam() 函式執行結束，名稱 message、word 和 separator 就會被刪除。由於 word 和 separator 各自是以一個參照計數指到「值」上（各個值只有一個名稱綁定），所以值也會被刪除。

然而，函式結束時 message 的值並不會被刪除，這是因為函式結尾有一個返回陳述式（見 Listing 5-11），以及我對該值所做的處理方式如下：

📁 Listing 5-13: local_scope.py:3

```
output = spam()
print(output)
```

我把從 spam() 返回的值綁定到外部範圍的 output，這表示該值仍然存在於記憶體中，並且可以在函式外部被存取。把這個值指定給 output 增加了對該值的參照計數，因此即使 spam() 結束時名稱 message 被刪除，該值仍然存在。

直譯器關閉

當要求 Python 直譯器關閉，例如在 Python 程式終止時，它就會進入**直譯器關閉**（**interpreter shutdown**）階段。在這個階段，直譯器會進行釋放所有分配的資源、多次呼叫垃圾回收器，以及觸發物件的解構函式的過程。

您可以使用標準程式庫中的 atexit 模組來將函式加入這個直譯器關閉的過程。在一些高度技術性的專案中可能會需要這樣做，但一般情況下應該不需要這麼處理。透過 atexit.register() 加入的函式會以「後進先出」的方式被呼叫。不過，請留意在直譯器關閉過程中，與模組（包括標準程式庫）的互動會變得困難。就像在一座大樓被拆除時還試圖在上面工作一樣：儲藏室隨時可能消失且不會有警告。

全域作用域

當名稱在模組內定義，但不是在任何函式、類別或生成式之內，它就會被視為是在**全域作用域**（**global scope**）。雖然在定義一些全域作用域的名稱是可以的，但太多的話就可能會導致程式碼混亂而難以除錯和維護。因此在變數這角度來看，您應該節制使用全域範圍的名稱。一般來說會有更乾淨無暇的解決方案，例如使用類別（請參考第 7 章）。

在多數區域作用域的情境中要適當且正確地使用全域作用域的名稱，例如在函式裡，需要事先稍微思考一下怎麼運用。請想像一下，如果我想要有一個函式可以修改儲存最高分的全域變數，我該怎麼做呢？首先，我會先定義這個全域變數：

📁 Listing 5-14: global_scope.py:1

```
high_score = 10
```

首先我在函式中使用錯誤的寫法：

📁Listing 5-15: global_scope.py:2

```
def score():
    new_score = 465                    # SCORING LOGIC HERE
    if new_score > ❶ high_score:      # ERROR: UnboundLocalError
        print("New high score")
        ❷ high_score = new_score


score()
print(high_score)
```

當我執行上述這段程式碼時，Python 會回報還沒指定值之前就使用了區域變數
❶。問題是，我在函式 score() 的作用範疇內指定給 high_score 這個名稱❷，這
個high_score 名稱會在新的區域作用域內使用，且**遮蔽隱藏**了全域的high_score
名稱。事實上，我是**在函式內的任何地方**建立了區域作用域的 high_score 名
稱，這使得函式永遠無法「看到」全域作用域的 high_score 名稱。

要讓這支程式正常運作，需要在區域範圍內宣告我要使用全域名稱，而不是定
義新的區域名稱。我可以使用 global 關鍵字來完成這項工作：

📁Listing 5-16: global_scope.py:3

```
def score():
    global high_score
    new_score = 465  # SCORING LOGIC HERE
    if new_score > high_score:
        print("New high score")
        high_score = new_score


score()
print(high_score)  # prints 465
```

在函式內做任何其他事情之前，我必須指定要使用全域的 high_score 名稱。這
表示無論我在 score() 函式中哪個位置指定 high_score 的值，該函式都會使用全
域名稱，而不是嘗試建立新的區域名稱。現在的程式碼已按照預期運作。

每次您想要在區域作用域內重新綁定一個全域名稱，就必須先使用 global 關鍵
字來處理。如果您只是存取目前與某個全域名稱綁定的值，那就不需要使用
global 關鍵字來設定。養成這個習慣非常重要，因為如果您處理的作用域不正
確，Python 不一定會都會回報錯誤。請思考以下這個範例：

📂Listing 5-17: global_scope_gotcha.py:1a

```
current_score = 0


def score():
    new_score = 465  # SCORING LOGIC HERE
    current_score = new_score


score()
print(current_score)  # prints 0
```

這段程式碼執行時不會回錯誤訊息，但輸出的結果是錯的。新的名稱 current_score 會在 score() 函式的區域作用域內建立，並綁定到值 465。這個動作遮蔽了全域名稱 current_score。當函式結束時，新的 new_score 與區域的 current_score 都會被刪除。而在這一切的動作之中，全域的 current_score 並不會被碰觸到，它仍然綁定著 0，所以就是這個值會被印出來。

再次強調，若想要解決這個問題，只需要使用 global 這個關鍵字來設定：

📂Listing 5-18: global_scope_gotcha.py:1b

```
current_score = 0


def score():
    global current_score
    new_score = 465  # SCORING LOGIC HERE
    current_score = new_score


score()
print(current_score)  # prints 465
```

因為我在這個函式裡明確指定要使用全域的 current_score，所以程式現在表現得如預期，結果印出了數值 465。

全域作用域的危險之處

在處理全域作用域時，還有一個重要的注意事項需要考慮。在全域作用域內修改任何變數，例如在函式之外重新綁定或變更名稱，都有可能會導致令人困惑的行為和出乎意料的錯誤，尤其是當您開始牽涉到多個模組時更容易出問題。一開始在全域作用域內「宣告」名稱是可以的，但最好是在區域範圍的層級中進行所有進一步的重新綁定和變更該全域名稱的操作。

- 123 -

順帶一提，這並**不適用**於類別，因為類別實際上並不會定義自己的作用域。稍後的本章內容會再回來討論這個觀點。

nonlocal 關鍵字

Python 可以讓您在函式裡面再寫一個函式。我會等到第 6 章再介紹這個實用的做法。現在我主要只是介紹這項功能對作用域的影響。請思考下列這個範例：

📂Listing 5-19: nonlocal.py

```python
spam = True

def order():
    eggs = 12

    def cook():
    ❶ nonlocal eggs

        if spam:
            print("Spam!")

        if eggs:
            eggs -= 1
            print("...and eggs.")

    cook()

order()
```

order() 函式裡面還包了一個函式叫做 cook() 函式。各個函式都有它自己的作用域喔。

請記住，若函式只存取全域變數像是 spam 這樣的名稱，您不需要特別做些什麼設定。然而，若試著對全域變數**指定**值，實際上就會定義新的區域名稱，遮蔽了全域的名稱。這相同的行為也適用於內部函式在使用外部函式定義的名稱時，這就叫做**巢狀作用域**（**nested scope**）或**封閉作用域**（**enclosing scope**）。為了避免這個問題，我會指定 eggs 為 nonlocal，意思是它可以在隨附作用域內找到，而不是在區域作用域裡❶。內部的 cook() 函式毫無問題是存取了全域變數 spam。

nonlocal 關鍵字會開始在最內層的巢狀作用域中尋找指定的名稱，如果找不到，它就會往上層找尋更外層的封閉作用域，以此類推直到找到那個名稱，或者確定在非全域的封閉作用域中沒有這個名稱存在為止。

作用域的解析

Python 在尋找名稱時的範圍及順序規則，就稱為**作用域解析順序**（**scope resolution order**）。最容易記住這個作用域解析順序的方法就是用縮寫 LEGB，而我的同事 Ryan 給了我一個好用的記憶法：Lincoln Eats Grant's Breakfast：

    Local 區域

    Enclosing-function locals 封閉函式的區域（也是由 nonlocal 找到的內容）

    Global 全域

    Built-in 內建

Python 會依照這些作用域的順序逐層找尋，直到找到符合或是找尋完畢。而 nonlocal 和 global 這兩個關鍵字可以調整這個作用域解析順序的行為。

類別的奇怪案例

在處理作用域方面，類別有自己的方式。嚴格來說，類別不直接參與作用域解析順序。在類別內部直接宣告的每個名稱都叫**屬性**（**attribute**），您可以透過類別（或物件）名稱後面的「點（.）」運算子進行存取。

為了示範說明，下列定義了一個只有一個屬性的類別：

📂Listing 5-20: class_attributes.py

```
class Nutrimatic:
 ❶ output = "Something almost, but not quite, entirely unlike tea."

    def request(self, beverage):
        return ❷ self.output


machine = Nutrimatic()
mug = machine.request("Tea")
print(mug)  # prints "Something almost, but not quite, entirely unlike tea."

print(❸ machine.output)
print(❹ Nutrimatic.output)
```

這三個 print 陳述式都會輸出一樣的內容。執行這段程式碼會得到如下的結果：

```
Something almost, but not quite, entirely unlike tea.
Something almost, but not quite, entirely unlike tea.
Something almost, but not quite, entirely unlike tea.
```

output 名稱是屬於 Nutrimatic 類別的**類別屬性❶**。即使在這個類別內部，我不能單純直接用 output 來參照。我必須透過 self.output ❷ 來存取，因為 self 指的是呼叫 request() 函式（實例方法）的類別實例。我也可以用 machine.output ❸ 或 Nutrimatic.output ❹ 來存取，只要物件 machine 或類別 Nutrimatic 的範圍內即可。所有這些名稱都指向完全相同的屬性：output。尤其在這個範例中，它們之間沒有真正的區別。

世代式垃圾回收器

Python 在幕後也有一個很強大的**世代式垃圾回收器**（**generational garbage collector**），能處理所有參照計數垃圾回收器無法處理的奇怪情況，例如參照循環（當兩個值相互參照對方）。關於這些情況和垃圾回收器該如何處理的做法，都遠超出了這本書範圍，這裡不多贅述。

更往前看，最重要的觀念是世代式垃圾回收器會有一些效能成本。所以，有時候避免參照循環是值得的。有一種做法是使用 weakref，它可以建立對某個值的參照，而不會增加該值的參照計數。這項功能在 PEP 205 中有定義，官方說明文件在 https://docs.python.org/library/weakref.html。

不變的事實

在 Python 裡面，「值」可以是**不可變的**（**immutable**）或**可變的**（**mutable**）。其差別在於這些值是否可以在**就地修改**（**modified in place**），也就是說它們能不能直接在記憶體中被修改。

不可變的型別無法就地修改。例如，整數（int）、浮點數（float）、字串（str）和元組（tuple）都是不可變的。如果您嘗試修改一個不可變的值，就會得到一個重新建立完全不同的值：

📁Listing 5-21: immutable_types.py

```
eggs = 12
carton = eggs
print(eggs is carton)  # prints True
eggs += 1
print(eggs is carton)  # prints False
print(eggs)            # prints 13
print(carton)          # prints 12
```

一開始 eggs 和 carton 都綁定在同一個值上，所以它們共用一個身分識別。當我修改了 eggs，它就會被重新綁定到一個新的值，所以它不再和 carton 共用身分識別了。您現在看到這兩個名字指向了不同的值。

另一方面，**可變的**型別可以就地修改。串列就是可變型別的例子：

📁 Listing 5-22: mutable_types.py

```
temps = [87, 76, 79]
highs = temps
print(temps is highs)  # prints True
temps += [81] ❶
print(temps is highs)  # prints True
print(highs)           # prints [87, 76, 79, 81]
print(temps)           # prints [87, 76, 79, 81]
```

因為這個串列同時被命名為 temps 和 highs，所以對串列值進行的任何修改❶都可以透過這兩個名字看到。這兩個名字正如用 is 進行比較所示，都綁定到原始的值上。即使串列值被修改了，這種情況仍然存在。

透過指定傳遞

對於剛學習 Python 語言的程式設計師來說，另一個常見的問題是：「Python 是傳值還是傳址（傳參照）？」

答案是：「事實上，都不是。」更準確地說，如同 Ned Batchelder 所描述的，Python 是「**透過指定傳遞（passing by assignment）**」。

```
def greet(person):
    print(f"Hello, {person}.")


my_name = "Jason"
greet(my_name)
```

在這個例子中，記憶體內有一個 "Jason" 字串值的副本，而且它被綁定到 my_name 名稱上。當我把 my_name 傳給 greet() 函式，特別是傳給 person 參數時，這等同於我進行了（person = my_name）。

再次強調，指定值並不會製造一個「值」的副本。所以現在名稱 person 是綁定到值 "Jason" 上。

這個「透過指定傳遞」的概念在處理可變的「值」（例如串列）時變得有點複雜。為了示範這種常常出乎意料的行為，我寫了一個函式，其功能是找出傳入串列中的最低溫度：

📁 Listing 5-23: lowest_temp.py:1a

```python
def find_lowest(temperatures):
    temperatures.sort()
    print(temperatures[0])
```

乍看之下，您可能會以為把一個串列傳給 temperatures 參數會製造一個副本，所以您修改綁定到參數的值應該不會有影響。然而，串列是可變的，這代表「值」本身可以被修改：

📁 Listing 5-24: lowest_temp.py:2

```python
temps = [85, 76, 79, 72, 81]
find_lowest(temps)
print(temps)
```

當我把 temps 傳給函式的 temperatures 參數時，只是為那個串列取了個別名，所以在 temperatures 上所做的任何更動都會反映在所有綁定到同樣串列值的名稱上，換句話說，temps 也會更動。

當我執行這段程式碼並獲得以下輸出時，您就能看到實際運作的情況：

```
72
[72, 76, 79, 81, 85]
```

當 find_lowest() 排序了傳給 temperatures 的那個串列，實際上也是在排序 temps 和 temperatures 綁定的那個可變串列。這就是函式明確有**副作用**的情況，也就是在函式呼叫之前已經存在的值被改變了的情況。

這種因誤解而來的錯誤實在是很多。一般來說，函式不應該有副作用，也就是說，傳給函式的任何值在當作為參數時都不應該被直接改變。為了避免修改原始值，我必須明確地進行複製。以下是我在 find_lowest() 函式中做法：

📁 Listing 5-25: lowest_temp.py:1b

```python
def find_lowest(temperatures):
    sorted_temps = ❶ sorted(temperatures)  # sorted returns a new list
    print(sorted_temps[0])
```

sorted() 函式沒有副作用，它會用傳入串列中的項目來建立一個新的串列❶。隨後它對這個新串列進行排序，並將其返回。我將這個新串列綁定到 sorted_temps 名稱。所以，原始的串列（綁定到 temps 和 temperatures 的串列）不會受到影響。

如果您之前很熟悉 C 和 C++ 語言，或許回想一下傳指標或傳參照時的困擾是有幫助的。雖然從技術角度來看，Python 的指定值方式幾乎不相同，但副作用和意外的變更風險是一樣的。

集合與參照

所有的集合（collection），包括串列，都使用了一個巧妙的細節設計，如果您沒有預料到這樣的細節，就可能會變得很痛苦：**串列的每個單獨項目都是參照**（**reference**）。就像名稱綁定到值一樣，集合中的項目也以相同的方式綁定到值，這種綁定就稱之為**參照**（**reference**）。

以下是個簡單的範例，這是個 OX 井字遊戲的棋盤。不過，這個第一版可能不會如您所期望的那樣運作。

首先是建立遊戲的棋盤：

🗀Listing 5-26: tic_tac_toe.py:1a
```
board = [["-"] ❶ * 3] * 3  # Create a board
```

我在試著建立一個二維的棋盤。您可以用乘法運算子（像上述的做法）❶，把一個集合（像是串列）填滿多個相同重複的項目。我把要重複的值放在中括號內，然後乘以我想要的重複次數。這個棋盤的一列是用「["-"] * 3」來定義的，這樣會產生一個含有三個 "-" 字串的串列。

很可惜，上述的寫法不會如您所期望的運作。問題出在我試著用乘法來定義陣列的第二個維度，也就是三個「[["-"] * 3]」串列的副本。您可以在試圖下棋時發現問題：

🗀Listing 5-27: tic_tac_toe.py:2
```
board[1][0] = "X"   # Make a move ❷

# Print board to screen
```

```
for row in board:
    print(f"{row[0]} {row[1]} {row[2]}")
```

當我在棋盤上標記一個下棋步驟時❷，我希望只有棋盤的一個位置會有變化，
就像下列這樣：

```
- - -
X - -
- - -
```

但上述程式卻給了我驚訝的結果：

```
X - -
X - -
X - -
```

準備好接受驚訝的結果了，不知怎麼搞的，一個變化竟然**傳到了三列**。為什麼
會這樣呢？

一開始，我建立了一個串列，裡面有三個項目其值都是 "-" ❶。因為字串是不
可變的，所以不能被在就地修改，這項操作如預期完成。將串列中的第一個項
目重新綁定為 "X" 不會影響其他兩個項目。

這個串列的外層維度由三個串列項目組成。因為我定義了**一個**串列並使用了**三
次**，現在我有三個對同一個可變值的別名！透過其中一個參照（第二列）就可
改變這個串列，我就是在改變了那個共用的值❷，所有三個參照都會看到這樣
的變化。

有幾種方法可以修正這個問題，但所有方法都是確保每一列會參照到不同的
值，就像這樣：

📂Listing 5-28: tic_tac_toe.py:1b
```
board = [["-"] * 3 for _ in range(3)]
```

我只需要改變一開始定義遊戲棋盤的方式就可以解決了。現在我使用**串列綜合
運算**（**list comprehension**，或譯**串列推導式**）來建立各列的內容。簡單來說，
這個串列綜合運算會進行三次從「["-"] * 3」定義出不同的串列值（串列綜合
運算有些複雜，將在第 10 章詳細解釋）。現在執行這段修改後的程式碼就會得
到預期的行為：

```
- - -
X - -
- - -
```

簡而言之，當您在處理集合時，請記住其中的項目和其他任何名稱是沒有差別的。這裡再舉一個例子來強調這個觀念：

📁Listing 5-29: team_scores.py:1

```
scores_team_1 = [100, 95, 120]
scores_team_2 = [45, 30, 10]
scores_team_3 = [200, 35, 190]

scores = (scores_team_1, scores_team_2, scores_team_3)
```

我建立了三個串列，分別指定名稱給它們。接著把這三個串列都打包進元組 scores 中。您可能還記得前面有提到過元組是不可變的，所以無法直接修改，但這項規則不一定適用於元組內的項目。您不能改變元組本身，但可以（間接地）修改它的項目所參照的值：

📁Listing 5-30: team_scores.py:2

```
scores_team_1[0] = 300
print(scores[0])  # prints [300, 95, 120]
```

當我修改了 scores_team_1 這個串列，這樣的變動會出現在元組的第一個項目，因為這個項目是一個可變值的別名。

我也可以透過二維索引直接修改元組中的可變串列，如下列這般：

📁Listing 5-31: team_scores.py:3

```
scores[0][0] = 400
print(scores[0])  # prints [400, 95, 120]
```

元組並不會提供任何關於事物是否被修改的安全性。元組的不可變性主要是為了效率而存在，而不是為了保護資料內容。可變值**永遠**都是可變的，不管它們存放在哪裡或者如何被參照。

上述兩個例子中的問題或許看起來相對容易發現，若相關的程式碼散落在一個大檔案或多個檔案中時，情況就會變得麻煩了。在一個模組中對名稱進行變動，可能會意外地修改了完全不同模組中的集合項目，而您可能從未預料到。

淺複製

有許多方法可以確保我們把名稱綁定到可變值的**副本**，而不是變成原始值的別名。其中最明確的方法之一就是使用 copy() 函式，這就是**淺複製**（**shallow copy**），相較於**深複製**（**deep copy**）的不同之處，稍後我會介紹說明。

為了示範這項功能，我會建立一個 Taco 類別（有關類別的說明詳見第 7 章），讓您可以用各種 toppings（餡料）來定義這個類別，然後之後再加上 sauce（醬料）。這個第一版中有個錯誤：

📂Listing 5-32: mutable_tacos.py:1a

```python
class Taco:

    def __init__(self, toppings):
        self.ingredients = toppings

    def add_sauce(self, sauce):
        self.ingredients.append(sauce)
```

在 Taco 類別裡，初始化方法__init__() 接受一個 toppings 的串列，並將它儲存成 ingredients 串列。add_sauce() 方法會將指定的 sauce 字串加入到 ingredients 串列內。

（您有發現問題了嗎？）

我像下列這樣使用類別：

📂Listing 5-33: mutable_tacos.py:2a

```python
default_toppings = ["Lettuce", "Tomato", "Beef"]
mild_taco = Taco(default_toppings)
hot_taco = Taco(default_toppings)
hot_taco.add_sauce("Salsa")
```

我定義了一個在所有的 tacos 中要放入的 toppings 串列，隨後又定義了兩種 taco：mild_taco 和 hot_taco。我把 default_toppings 串列傳入每種 taco 的初始化方法，然後在 hot_taco 的 toppings 串列中加入 "Salsa" 字串，但我不會在 mild_taco 中加入 "Salsa"。

為了確保這裡的運作能正常執行，我會列印出這兩種 tacos 的 toppings 串列，以及在一開始時使用的 default_toppings 串列：

🗁 Listing 5-34: mutable_tacos.py:3

```
print(f"Hot: {hot_taco.ingredients}")
print(f"Mild: {mild_taco.ingredients}")
print(f"Default: {default_toppings}")
```

其輸出結果為：

```
Hot: ['Lettuce', 'Tomato', 'Beef', 'Salsa']
Mild: ['Lettuce', 'Tomato', 'Beef', 'Salsa']
Default: ['Lettuce', 'Tomato', 'Beef', 'Salsa']
```

奇怪，我的 tacos 有大問題哦！

這裡的問題是，當我透過把 default_toppings 傳給 Taco 的初始化方法來建立 hot_taco 和 mild_taco 物件時，我把 hot_taco.ingredients 和 mild_taco.ingredients 都綁定到相同的串列值，也就是 default_toppings。這些現在都是指向記憶體中相同值的別名。隨後，當我呼叫 hot_taco.add_sauce() 函式時，我會修改該串列值。所以加入的 "Salsa" 字串不僅在 hot_taco.ingredients 中可看見，也一樣（意外地）出現在 mild_taco.ingredients 和 default_toppings 串列中。這絕對不是我們期望的行為，這裡應該只影響一種 taco 的串列，但修改的結果有影響到其他的串列。

解決這個問題的方法之一是確保在指定可變值時，給予它的是一個複製品（副本）。對於 Taco 類別，我會重新寫初始化方法，確保將指定的串列複製一份給 self.ingredients，而不是建立別名：

🗁 Listing 5-35: mutable_tacos.py:1b

```
import copy

class Taco:

    def __init__(self, toppings):
        self.ingredients = ❶ copy.copy(toppings)

    def add_sauce(self, sauce):
        self.ingredients.append(sauce)
```

我會用 copy.copy() 函式來進行複製❶，此函式需要 import copy 之後才能取用。

在 Taco.__init__() 內，這裡會複製傳入的 toppings 串列，然後將副本指定給 self.ingredients。對 self.ingredients 所做的任何更動都不會影響其他的原始的串列。

在 hot_taco 加入 "Salsa" 不會影響 mild_taco.ingredients，也不會改變 default_toppings：

```
Hot: ['Lettuce', 'Tomato', 'Beef', 'Salsa']
Mild: ['Lettuce', 'Tomato', 'Beef']
Default: ['Lettuce', 'Tomato', 'Beef']
```

深複製

對於不可變值的串列來說，淺複製是不錯的做法，但正如之前提到的，當可變值含有其他可變值時，對這些值的更動可能會以奇怪的方式出現。

舉例來說，假設我在修改兩種 taco 之前，嘗試複製 Taco 物件會發生什麼狀況。我的第一次嘗試引發了一些不希望發生的行為。以之前相同的 Taco 類別為基礎（見 Listing 5-35），我會使用一個 taco 的副本來定義另一個 taco：

📂Listing 5-36: mutable_tacos.py:2b
```
default_toppings = ["Lettuce", "Tomato", "Beef"]
mild_taco = Taco(default_toppings)
hot_taco = ❶ copy.copy(mild_taco)
hot_taco.add_sauce("Salsa")
```

我想要建立一個新的 taco（hot_taco），其初始與 mild_taco 完全相同，只是多加了 "Salsa"。我正試圖透過把 mild_taco 的副本綁定到 hot_taco 來達成目標❶。

執行這段修改過的程式碼（包含 Listing 5-34），會得到以下的結果：

```
Hot: ["Lettuce", "Tomato", "Beef", "Salsa"]
Mild: ["Lettuce", "Tomato", "Beef", "Salsa"]
Default: ["Lettuce", "Tomato", "Beef"]
```

或許我不會預期 hot_taco 的更動會影響到 mild_taco，但這裡明顯發生了意外的變動。

問題在於，當我複製 Taco 物件的值本身時，並沒有複製物件內的 self.ingredients 串列。這兩個 Taco 物件都是指向相同串列值的參照。

若想要解決這個問題，可以使用**深複製（deep copy）**來處理，確保物件內的任何可變值也被複製。以這個範例來看，對 Taco 物件進行深複製會建立 Taco

值的副本，以及 Taco 內含參照之可變值的副本，也就是 self.ingredients 串列。
Listing 5-37 展示了同樣的程式，但使用深複製來進行：

Listing 5-37: mutable_tacos.py:2c

```
default_toppings = ["Lettuce", "Tomato", "Beef"]
mild_taco = Taco(default_toppings)
hot_taco = ❶ copy.deepcopy(mild_taco)
hot_taco.add_sauce("Salsa")
```

上面唯一的改變就是使用 copy.deepcopy() ❶，而不是 copy.copy()。現在當我更
動 hot_taco 內的串列時，不會影響到 mild_taco：

```
Hot: ["Lettuce", "Tomato", "Cheese", "Beef", "Salsa"]
Mild: ["Lettuce", "Tomato", "Cheese", "Beef"]
Default: ["Lettuce", "Tomato", "Cheese", "Beef"]
```

我不知道您現在怎麼想的，但我有點餓，突然想吃 taco 了。

複製是解決傳遞可變物件問題最通用的做法。然而，取決於您的需求，也許有
更適合特定集合的做法。例如，大多數的集合，像是串列，都有一些函式可以
返回帶有特定修改的集合副本。當您在處理這些可變性問題時，可以先使用
copy 和 deepcopy 功能。隨後就可以用更適合特定領域的解決方案來取代它。

強制轉型與轉換

變數名稱沒有型別。所以，在一般的意義上，Python 是不需要型別轉換。

讓 Python 自行判斷並轉換，例如將整數（int）和浮點數（float）相加，就叫做
強制轉換（coercion）。以下是幾個範例：

Listing 5-38: coercion.py

```
print(42.5)   # coerces to a string
x = 5 + 1.5   # coerces to a float (6.5)
y = 5 + True  # coerces to an int (6)...and is also considered a bad idea
```

不過，有時候可能會遇到一些情況，需要用某個值來建立另一種型別的值，像
是把整數變成字串。**轉換**（**conversion**）是把某個型別的值明確地轉換成另一
種型別的過程。

在 Python 中，每種型別都是類別的實例。所以，您要建立的這個型別的類別只需要有一個初始化方法，讓它處理您要從中轉換的值之資料型別即可（通常這是透過鴨子型別來進行）。

比較常見的情況之一是把含有數字的字串轉換成數值型別，例如浮點數型別：

📂Listing 5-39: conversion.py:1
```
life_universe_everything = "42"

answer = float(life_universe_everything)
```

這裡一開始有一項資訊是以字串值的型式存在，被綁定了 life_universe_every thing 名稱。假設我想對這項資料進行一些複雜的數學分析，為了做到這點，我必須先將字串資料轉換成浮點數。

我們想要的型別應該是 float 類別的一個實例。這個特定的類別有個初始化方法（__init__()），接受一個字串當作引數，這是我從官方文件中知道的知識。

我會初始化一個 float() 物件，把 life_universe_everything 傳給初始化方法，然後將結果物件綁定到名稱 answer。

我會印出 answer 的型別和值：

📂Listing 5-40: conversion.py:2
```
print(type(answer))
print(answer)
```

其輸出結果為：

```
<class 'float'>
42.0
```

因為沒有出現錯誤，您看到結果是一個值為 42.0 的浮點數，綁定在 answer 名稱上。

每個類別都有自己的初始化方法。就像 float() 這個類別，如果傳進去的字串無法被解讀成浮點數，就會拋出 ValueError 錯誤。在初始化物件時，記得查閱官方說明文件以確保正確的使用方式。

關於系統匈牙利命名法的注意事項

如果您之前是使用像 C++ 或 Java 這樣的靜態型別語言，很可能習慣了處理資料型別的做法。所以，當您開始學習像 Python 這樣的動態型別語言時，也許會想要使用某些方法來「記住」每個名稱綁定的值的型別。**請不要這麼做！**如果您學會充分掌握動態型別、弱綁定和鴨子型別，您就能在 Python 中取得很大的成就。

我要坦白說：在第一年使用 Python 時，曾經使用過**系統匈牙利命名法**，這是一種把代表資料型別的前置加到每個變數名稱的慣例，目的是試圖「克服」這套語言的動態型別系統。我的程式碼裡到處都是像 intScore、floatAverage 和 boolGameOver 這樣的名稱。我從使用 Visual Basic .NET 的時候養成了這個習慣，以為自己很聰明。但事實上，我錯過了很多重構的機會。

系統匈牙利命名法很快就會讓程式碼變得晦澀難懂。舉例來說：

📁Listing 5-41: evils_of_systems_hungarian.py

```python
def calculate_age(intBirthYear, intCurrentYear):
    intAge = intCurrentYear - intBirthYear
    return intAge


def calculate_third_age_year(intCurrentAge, intCurrentYear):
    floatThirdAge = intCurrentAge / 3
    floatCurrentYear = float(intCurrentYear)
    floatThirdAgeYear = floatCurrentYear - floatThirdAge
    intThirdAgeYear = int(floatThirdAgeYear)
    return intThirdAgeYear



strBirthYear = "1985"    # get from user, assume data validation
intBirthYear = int(strBirthYear)

strCurrentYear = "2010"  # get from system
intCurrentYear = int(strCurrentYear)

intCurrentAge = calculate_age(intBirthYear, intCurrentYear)
intThirdAgeYear = calculate_third_age_year(intCurrentAge, intCurrentYear)
print(intThirdAgeYear)
```

不用多說，上述這段程式碼讀起來相當痛苦。另一方面，如果您能夠充分利用 Python 的型別系統（並且降低儲存每個中間步驟的衝動），這樣的程式碼會變得簡潔許多：

🗀Listing 5-42: duck_typing_feels_better.py

```python
def calculate_age(birth_year, current_year):
    return (current_year - birth_year)


def calculate_third_age_year(current_age, current_year):
    return int(current_year - (current_age / 3))


birth_year = "1985"    # get from user, assume data validation
birth_year = int(birth_year)

current_year = "2010"  # get from system
current_year = int(current_year)

current_age = calculate_age(birth_year, current_year)
third_age_year = calculate_third_age_year(current_age, current_year)
print(third_age_year)
```

一旦停止把 Python 當作靜態型別語言來處理，我的程式碼就變得乾淨整潔多了。Python 的型別系統是讓程式碼變得易讀且乾淨的重要因素之一。

術語回顧

在這個部分，我介紹了許多重要的新詞彙術語。因為在接下來的本書內容中會經常使用這些詞彙術語，所以在這裡先進行快速的回顧是明智的做法。

alias 取別名（動詞）：，將一個可變的值綁定到多個名稱。對綁定到其中一個名稱的值進行的變更，也會在綁定到該可變值的所有名稱上都看見這個變更。

assignment 指定（名詞）：將一個值綁定到一個名稱的動作。指定永遠不會複製資料。

bind 綁定（動詞）：在名稱與值之間建立一個關聯。

coercion 強制轉換（名詞）：把一個值從一種型別隱式地轉換成另一種型別的行為。

conversion 轉換（名詞）：把一個值從一種型別明確地轉換成另一種型別的行為。

copy 複製（動詞）：以記憶體中相同資料來建立一個新的值。

data 資料（名詞）：儲存在值中的資訊。您可能在其他值中有相同資料的副本。

deep copy 深複製（動詞）：同時把物件複製到新值，並將該物件內參照到的所有資料都複製到新值中。

identity 識別（名詞）：名稱所綁定的特定記憶體位置。當兩個名稱共用一個身份識別時，是指它們綁定到記憶體中的相同值。

immutable 不可變的（形容詞）：指的是無法在就地修改的值。

mutable 可變的（形容詞）：指的是可以就地修改的值。

name 名稱（名詞）：是對記憶體中的值的參照引用，在 Python 中通常把它看成「變數」。名稱必須始終綁定到一個值。名稱有作用域，但沒有型別。

rebind 重新綁定（動詞）：將一個現有的名稱綁定到不同的值。

reference 參照（名詞）：名稱和值之間的關聯。

scope 作用域、範圍（名詞）：是一種屬性，用來定義名稱能在程式碼的哪一部分被存取，例如從函式內部或模組內部。

shallow copy 淺複製（動詞）：把物件複製成新值，但不會將該物件內參照的值複製成新值。

type 型別（名詞）：是一種屬性，用來定義原始值的直譯方式，例如當作整數或布林值。

value 值（名詞）：在記憶體中的一個獨特的副本資料。值必須要有一個名稱參照，否則值會被刪除。值有型別，但沒有作用域。

variable 變數（名詞）：是名稱以及和此名稱所參照到之值的組合。

weakref 弱參照（名詞）：一種不會增加值之參照計數的參照。

為了幫助我們更清楚理解這些概念，通常使用「**名稱（name）**」而不是「**變數（variable）**」這個詞。不會去**改變**內容，而是（**重新**）**綁定一個名稱**或**變更一個值**。指定值是不會複製資料的，實際上只是將一個名稱綁定到一個值。將東西傳到函式來處理只是指定值的一種。

順帶一提，如果對於這些概念在您的程式碼中的運作有困難，可以試著在 http://pythontutor.com/ 使用可視化工具來查看和幫助理解。

總結

我們可能很容易覺得「變數」這種概念是理所當然，但只有真正理解 Python 獨特的做法，您才能更好地善用動態型別所提供的強大功能。我必須承認，Python 有點把我寵壞了，當我在靜態型別的程式語言中進行開發工作時，我常常會想要用「鴨子型別」的表示方式。

不過，如果您之前接觸過其他程式語言，要適應 Python 動態型別的寫法可能需要一些時間。就像學習新的人類語言一樣：只有經過時間和實踐，您才會開始用這個新語言來思考。

如果這些概念讓您覺得有點頭昏，讓我再重申一下最重要的原則。「名稱」有作用域，但沒有型別。「值」有型別，但沒有作用域。一個「名稱」可以綁定到任何「值」上，而一個「值」可以讓多個「名稱」綁定。這些重點真的就是這麼簡單！如果您能記住這麼多，就表示您已經學到很多東西了。

第 6 章
函式與 lambda

函式（function）是程式設計中最基本的概念之一，但 Python 的函式蘊含了許多意想不到的多功能特性。您可能還記得在第 3 章中提到過，函式是第一級物件，所以它們和其他物件一樣同等對待。這是事實，再加上動態型別的強大功能，讓函式的運用有著無限的可能性。

Python 完全支援**函數式程式設計（functional programming）**，這是一種獨特的範式，我們可以在網路上不斷聽到「lambda」或是匿名函式這樣的術語名詞。如果您熟悉像 Haskell 或 Scala 這樣的程式語言，本章的很多概念可能對您來說是相當熟悉的。然而，如果您更習慣物件導向程式設計，像是 Java 或 C++，那麼這可能是您第一次接觸到這些概念。

在學習 Python 時，早點深入理解函數式程式設計是有道理的。您完全可以寫出符合慣用 Python 風格寫法的程式碼，而不需要建立類別（參考第 7 章）。相較之下，函式和函數式程式設計的概念支撐了 Python 中許多最強大的功能。

理論回顧：函數式程式設計

在深入研究 Python 函式之前，您需要先了解函數式程式設計範式。

如果您是從像 Haskell、Scala、Clojure 或 Elm 這樣的純函數式程式語言轉來的，這裡的內容可能不會給您太多有用的新資訊。您可以直接跳到「Python 函式基礎知識」這一小節。

如果您不是從純函數式語言轉來的，就算您之前用過一些函數式程式設計的原則，我建議您還是跟著這裡的內容繼續學習。大多數開發者都不知道這種範式所涵蓋的內容有多廣。

「函數式」是什麼？

要了解函數式程式設計是什麼，就必須先理解它不是什麼。您很可能之前都是用**程序式程式設計**或**物件導向程式設計**。這兩種範式都是命令式的語法，您會透過特定、具體的步驟來描述如何達成目標。

程序式程式設計是圍繞著控制區塊來組織建構，並且非常著重在**控制流程**。物件導向程式設計則是圍繞著類別和物件來組織建構，並且著重在狀態，特別是這些物件的屬性（成員變數）。（詳見第 7 章）

函數式程式設計是以**函數**為中心的。這個範式被認為是**宣告式**的語法，也就是說，問題被分解成抽象的步驟。程式邏輯與數學上是一致的，而且在不同的程式語言之間基本上是沒有不同的。

在函數式程式設計中，您對每一個步驟都撰寫一個函數。每個函數接受一個輸入並產生一個輸出，這是自成一體的，只做一件事情，它不關心程式的其他部分。函數也沒有狀態，這表示它們在彼此呼叫之間不會儲存資訊。一旦函數結束，所有區域名稱都會結束作用範圍。每次在相同的輸入上呼叫函數，它都會產生相同的輸出結果。

最重要的是，函數不應該有副作用，意思是它們不應該改變任何東西。如果您將一個串列傳給一個純函數，這個函數不應該改變那個串列。相反地，它應該輸出一個全新的串列（或預期的其他值）。

函數式程式設計最大的優點在於可以改變任何一個函數的實作，而不影響其他事物。只要輸入和輸出是一致的，任務是怎麼完成都無所謂。這種程式碼和更緊密耦合的程式碼相比，它更容易進行除錯和重構，在緊密耦合的程式碼中，每個函式都依賴於其他函式的實作。

純或不純？

很容易以為只要涉及到函式和匿名函式（lambda），就算是在「做函數式程式設計」，這裡再次強調，這個範式是圍繞**純函式**來組織建構的，這些函式沒有副作用或狀態，每個函式只執行單一任務。

Python 的函數式程式設計行為通常被認為是「不純」的，主要是因為存在可變的資料型別。若想要確保函式沒有副作用，需要額外的努力，正如您在第 5 章所學的內容。

在適當的情況下，您可以在 Python 中撰寫純粹的函數式程式碼。然而，大多數 Python 程式設計師選擇只借鑒函數式程式設計的特定觀念和概念，並將它們與其他範式結合在一起運用。

在實際應用中，**除非您有明確且合理的原因**，**不然遵循**函數式程式設計的規則通常會有最好的效果。這些規則，從嚴格到寬鬆，排列如下所示：

1. 每個函式應該只做一件特定的事情。

2. 函式的實作不應該影響程式的其他部分的行為。

3. 避免副作用！唯一的例外是當一個函式屬於一個物件時。在這種情況下，該函式只應該能夠修改該物件的成員（詳見第 7 章）。

4. 一般來說，函式不應該擁有（或受到）狀態的影響。提供相同的輸入應該總是產生相同的輸出。

第 4 條規則最有可能有例外，特別是牽涉到物件和類別的情況。

總而言之，您會發現把整個大型的 Python 專案寫成純函數式是有點不切實際的做法。所以，最好的方式是將這個範式的原則和概念融入到您的程式風格中。

函數式程式設計的迷思

對於函數式程式設計有一個常見的誤解是它避免使用迴圈。事實上，因為迭代在這個範式中是基本的功能（您馬上就會看到），所以迴圈是必需的。觀念是避免處理控制流程，所以遞迴（函式呼叫自己）通常比手動迴圈更受歡迎。不過，您並不是都能避免使用迴圈。如果在程式中出現一些迴圈也不用擔心。您的主要重點應該是寫出純函數。

了解一點，函數式程式設計並不是萬能的解決方案，它有很多優勢，特別適用於某些情況，但也不是沒有缺點。有些重要的演算法和集合，例如並查集和雜湊表，在純函數式程式設計中可能無法有效地實作，甚至無法實作。在某些情況下，這種範式的效能比替代方案還差，而且記憶體使用量更高。在純函數式程式碼中實作並行處理是十分困難的。

這些議題很快就會變得相當具有技術性。對於大多數開發者來說，只要了解純函數式程式設計存在這些問題就足夠了。如果您發現自己需要更多的資訊，關於這些問題在網路上有許多白皮書和討論可供查閱。

函數式程式設計是您知識庫中很棒的一部分，但要準備好將它與其他程式設計範式和方法結合運用。在程式設計中並沒有萬靈丹的解決方案。

Python 函式基礎知識

在第 3 章我稍微提到了函式的觀念。在這個基礎上，本章內容將逐步建立一個更複雜的範例。

首先，我會建構一個函式，其功能是能夠擲指定面數的單一骰子：

📁Listing 6-1: dice_roll.py:1a

```
import random


def roll_dice(sides):
    return random.randint(1, sides)
```

這裡定義了一個名為 roll_dice() 的函式，接受一個叫 sides 的參數。這個函式被視為純函式，因為它沒有副作用，接受一個值作為輸入，並返回一個新的值作為輸出。我使用 return 關鍵字從函式返回一個值。

random 模組有很多函式可以產生隨機值。這裡使用 random.randint() 函式在 Python 中生成一個假隨機數。它生成一個在 1 到 20 之間的隨機數（在這個例子中是 sides 的值），用的是 random.randint(1, 20)。

以下是我運用函式的方式：

Listing 6-2: dice_roll.py:2a
```
print("Roll for initiative...")
player1 = ❶ roll_dice(20)
player2 = roll_dice(20)
if player1 >= player2:
    print(f"Player 1 goes first (rolled {player1}).")
else:
    print(f"Player 2 goes first (rolled {player2}).")
```

隨後我呼叫這個函式，並傳遞值 20 作為引數❶，所以這個函式呼叫實際上就像擲一個 20 面的骰子。第一次呼叫函式的返回值綁定到 player1，第二次呼叫的返回值綁定到 player2。

> **NOTE**
>
> 「參數（parameter）」和「引數（argument）」這兩個詞常常會混淆。參數就是在函式定義中的「插槽（slot）」，可以接受一些資料，而引數則是在函式呼叫時傳遞給參數的資料。這兩個詞的定義不僅適用於 Python 程式設計，也適用於一般的電腦程式設計。

因為我把 roll_dice() 定義成一個函式，所以想要使用幾次都可以。如果我想改變它的行為，只需要修改這個定義函式的所在，然後所有使用這個函式的地方都會受到影響。

假設我想一次擲多個骰子，然後將結果以元組（tuple）的形式返回。我可以重新撰寫 roll_dice() 函式來達到這個目的：

Listing 6-3: dice_roll.py:1b
```
import random


def roll_dice(sides, dice):
    return tuple(random.randint(1, sides) for _ in range(dice))
```

為了讓函式可以擲多個骰子，我們加入了第二個參數，叫做 dice，代表要擲的骰子數量。第一個參數 sides 仍然代表骰子的面數。

在函式內頂端看起來有點嚇人的程式碼，是一個**產生器運算式（generator expression）**，我會在第 10 章中介紹。暫時不用太擔心，您可以先認定這行程式就是會為每個擲的骰子產生一個隨機數，然後將結果打包成一個元組。

因為現在的函式在呼叫時有第二個參數，所以我會傳入兩個引數：

📁 Listing 6-4: dice_roll.py:2b

```
print("Roll for initiative...")
player1, player2 = roll_dice(20, 2)
if player1 >= player2:
    print(f"Player 1 goes first (rolled {player1}).")
else:
    print(f"Player 2 goes first (rolled {player2}).")
```

回傳的元組可以被**拆解**（**unpacked**），意思是元組裡面的每個項目都會被綁定到一個名稱，我可以使用這些名稱來存取值。左邊列出的名稱數量（用逗號分隔）和元組裡面「值」的數量必須要相符，不然 Python 就會拋出錯誤。（詳見第 9 章有關拆解和元組的內容。）

遞迴

遞迴（**recursion**）就是一個函式呼叫了自己。在您需要重複整個函式的邏輯，但迴圈不適用或感覺太雜亂時很有幫助，如下所示的範例。

例如，回到之前的擲骰子的函式，我可以使用遞迴來達到完全相同的結果，而不是之前使用的那個生成器運算式（不過實務中，一般都認定生成器運算式在 Python 中更加符合慣例）。

📁 Listing 6-5: dice_roll_recursive.py:1a

```
import random


def roll_dice(sides, dice):
    if dice < 1:
        return ()
    roll = random.randint(1, sides)
    return (roll, ) + roll_dice(sides, dice-1)
```

我把這個函式呼叫得到的骰子點數存放在 roll 裡。接下來，在遞迴呼叫中，我保持 sides 參數不變，同時將要擲的骰子數減一，以便計算剛才擲出骰子的數量。最後，我把從遞迴函式呼叫返回的元組和這次函式呼叫所擲出的結果合併在一起，然後回傳這個更長的元組。

使用方式基本上與之前一樣：

📂Listing 6-6: dice_roll_recursive.py:2a

```
dice_cup = roll_dice(6, 5)
print(dice_cup)
```

如果您將每個回傳的數值按照從最深一層的遞迴呼叫到最外一層的順序列印出來，就會看到以下的樣貌：

📂Listing 6-7: 從 roll_dice(6, 5) 遞迴呼叫的返回處理

```
()
(2,)
(3, 2)
(6, 3, 2)
(4, 6, 3, 2)
(4, 4, 6, 3, 2)
```

當剩下的 dice 骰子數量為 0 或負數時，就會返回一個空的元組，而不是再次遞迴呼叫。如果不這樣做，遞迴就會無限執行。幸運的是，Python 在某個點上會中止遞迴，而不是讓它消耗掉電腦的所有記憶體空間（某些程式語言可能會這樣做）。遞迴深度是指尚未返回的遞迴函式呼叫的數量，Python 將其限制在約一千次。

> **NOTE**
>
> 通常在 CPython 中，實際的最大遞迴深度是 997，即使根據原始程式碼應該是 1000，這真的有點奇怪。

如果遞迴深度超過了限制，整個程式就會停止並產生錯誤訊息：

```
RecursionError: maximum recursion depth exceeded while calling a Python object
```

這就是為什麼在使用遞迴時，建立一些停止的機制是如此重要。在 roll_dice 函式中，這個停止的機制就在函式的最上面：

```
if dice < 1:
    return ()
```

因為每次函式呼叫自己時 dice 都會遞減，早晚會變為 0。一旦變為 0，它就會回傳一個空的元組，而不會再產生更多的遞迴呼叫。隨後，剩下的遞迴呼叫就可以完成執行並返回。

也許有些情況下，1000 層的遞迴深度還是不夠用。如果您需要更多，可覆寫最大值：

```
import sys
sys.setrecursionlimit(2000)
```

sys.setrecursionlimit() 函式允許我們設定新的遞迴深度限制。在這個例子中，我將新的限制設為 2000。這種做法的好處是，一旦不再需要這個限制時，就可以將它設回預設值，如此可以防止其他遞迴呼叫的失控。

> **ALERT**
>
> 如果您把遞迴限制設得太高，就有可能出現更嚴重的問題。問題包括堆疊溢位或區段錯誤，這些問題特別難以除錯。遞迴也可能影響程式的效能。在使用遞迴時要特別小心！到底多少層才算是「太多」取決於您的系統。

預設引數值

您可能想要擲單個骰子很多次，而不是其他選項。以目前來說，我需要手動指定擲一顆 20 面的骰子：

```
result, = roll_dice(20, 1)
```

我得手動把 1 當成第二個引數傳給 roll_dice，這樣才能指定擲一顆骰子。

順便提一下，result 後面的逗號，是我用來拆解單項元組中的單一值，這表示原本在元組裡唯一的那個「值」現在被綁定到 result（詳細內容請參考第 9 章的「拆解」內容）。

因為擲一個骰子可能是我最常要這個函式進行的處理，所以我想要讓使用時更方便些，此時可以使用**預設引數值**（**default argument values**）來達成目的：

📂Listing 6-8: dice_roll.py:1c

```
import random

def roll_dice(sides, dice=1):
    return tuple(random.randint(1, sides) for _ in range(dice))
```

現在，dice 參數有了預設引數值，就是 1。如此一來，每次當我沒有特別指定第二個引數時，骰子就會使用其預設引數值來進行處理。這讓我可以用簡化的方式來呼叫函式，擲一個 6 面的骰子的寫法如下：

```
result, = roll_dice(6)
```

如果我想要擲多個骰子，還是可以傳入第二個引數：

```
player1, player2 = roll_dice(20, 2)
```

當您為引數指定一個預設值，就等於是在定義一個**可選擇性的參數**（**optional parameter**）。相反地，沒有指定預設值的引數就是**必選的參數**（**required parameter**）。您可以有多個可選擇性和必選的參數，但必須將所有必選參數列在可選擇性參數的前面，不然程式是無法執行的。

在使用可選擇性參數時，有一個重要的陷阱可能會潛藏在黑暗中：預設引數值只在定義函式時被評算求值一次。其中有個容易出錯的地方就是當您使用可變的資料型別，像是串列時。請看看下面這段產生費氏數列的程式碼，程式的運作並不會如預期：

Listing 6-9: fibonacci.py:1a

```
def fibonacci_next(series ❶ =[1, 1]):
  ❷ series.append(series[-1] + series[-2])
    return series
```

這裡會有問題，因為預設引數值「[1, 1]」❶是在 Python 第一次處理函式定義時被評算，建立了一個在記憶體中有值為「[1, 1]」的可變串列。這個串列會第一次呼叫函式時❷就會被改變，然後返回。

使用這個函式會出現一些問題：

Listing 6-10: fibonacci.py:2

```
fib1 = fibonacci_next()
print(fib1)  # prints [1, 1, 2]
fib1 = fibonacci_next(fib1)
print(fib1)  # prints [1, 1, 2, 3]

fib2 = fibonacci_next()
print(fib2)  # should be [1, 1, 2] riiiiight?
```

雖然程式碼看起來沒問題，但實際上執行時會出問題。fib1 現在被綁定到和 series 相同的可變值，因此對 fib1 的任何變更都會反映在**每次函式呼叫**的預設引數值中。第二次函式呼叫進一步修改了這個串列。

當我第三次呼叫 fibonacci_next() 的時候，我期望重新有個乾淨的開始，回到最初 [1, 1, 2]，這是對原本預設引數值進行一次變更的結果。但事實上，我拿到的是我一直變更過的那個可變值，fib2 現在成了第三個指向這個串列的別名。哎呀，真糟糕！

當我檢查輸出結果時，這個情況變得很明顯。我期望的結果如下：

```
[1, 1, 2]
[1, 1, 2, 3]
[1, 1, 2]
```

但我實際得到的是：

```
[1, 1, 2]
[1, 1, 2, 3]
[1, 1, 2, 3, 5]
```

總而言之，**千萬不要使用可變的值作為預設引數值**。取而代之的是可以使用 None 作為預設值，就像下面這樣：

Listing 6-11: fibonacci.py:1b

```python
def fibonacci_next(series=None):
    if series is None:
        series = [1, 1]
    series.append(series[-1] + series[-2])
    return series
```

正確的做法是使用 None 作為預設引數值，隨後如果預設值被使用，就建立新的可變值。

執行之前的相同使用程式碼（Listing 6-9），現在會產生如預期的輸出結果：

```
[1, 1, 2]
[1, 1, 2, 3]
[1, 1, 2]
```

關鍵字引數

可讀性很重要。不幸的是，帶有多個參數的函式呼叫並不是很容易閱讀的程式碼片段。**關鍵字引數**（**keyword arguments**）可以透過在函式呼叫中將標籤附加到引數來解決這個問題。

就像之前所有的範例一樣，根據您傳遞它們的順序將引數對應到它們的參數，這種叫做**位置引數**（**positional arguments**）。

如果您對前面的 roll_dice() 函式一無所知，看到下面這行程式碼，您會覺得它是在做什麼呢？

📂Listing 6-12: dice_roll.py:3a
```
dice_cup = roll_dice(6, 5)
```

您可能會猜這是在擲多顆骰子，或者是在指定這些骰子有幾個面，但裡面的引數到底哪個是哪個呢？是擲 6 顆 5 面的骰子還是 5 顆 6 面的骰子呢？您可以想像如果這裡有更多引數的話會更加混亂。這就是位置引數的缺點。

正如 Python 之禪所說的：

> 面對不確定性，拒絕妄加猜測。
> In the face of ambiguity, refuse the temptation to guess.

上面的程式讓讀者去猜測是不太好的。我可以透過使用**關鍵字引數**來消除這種不明確性。實際上，我不需要修改函式定義就能夠使用關鍵字引數，只需要改變函式的呼叫方式就可以了：

📂Listing 6-13: dice_roll.py:3b
```
dice_cup = roll_dice(sides=6, dice=5)
```

這些名稱都來自於之前的 roll_dice 函式定義，我在那裡指定了它有兩個參數：sides 和 dice。在我的函式呼叫中，可以直接用這些名稱來指定參數的值。現在，對於各個引數的作用已經沒有疑問了。只需要指定參數的名稱，並與函式定義中的相符，然後直接將所需的值指定給它，這樣就搞定了。

使用關鍵字引數時，您甚至不需要按順序列出，只要確保所有必要的參數都有
接受到「值」即可。

📁Listing 6-14: dice_roll.py:3c
```
dice_cups = roll_dice(dice=5, sides=6)
```

如果在函式上有多個選擇性參數時，這種方法可能更有幫助。假設我重新寫了
roll_dice()，讓骰子預設是 6 面的：

📁Listing 6-15: dice_roll.py:1d
```
import random


def roll_dice(sides=6, dice=1):
    return tuple(random.randint(1, sides) for _ in range(dice))
```

關鍵字引數允許您進一步簡化函式的呼叫：

📁Listing 6-16: dice_roll.py:3d
```
dice_cups = roll_dice(dice=5)
```

您只需要把「值」傳給其中一個選擇性引數，也就是 dice。至於另一個引數
sides，就會使用預設的值。現在不必再在函式的參數串列中考慮 sides 或 dice
哪個該放在前面，您可以只使用需要的引數，其他的不需要管。

您甚至可以混合使用位置引數和關鍵字引數：

📁Listing 6-17: dice_roll.py:3e
```
dice_cups = roll_dice(6, dice=5)
```

這裡把 6 當作位置引數傳遞給函式定義中的第一個參數 sides。隨後將 5 當作關
鍵字引數傳遞給參數 dice。

這種做法相當實用，特別是當您不想麻煩地去命名位置引數，但仍想使用其中
一個可能的選擇性參數。唯一的規則是在函式呼叫中，您的關鍵字引數必須放
在位置引數之後（另外請參考本章後面的「僅限關鍵字參數」部分）。

多載函式

如果您之前用過像是 Java 或 C++ 這樣的強型別語言，您可能習慣寫**多載函式**（**overloaded function**，或譯**重載函式**），這表示您可以寫多個同名但參數不同的函式。一般來說，在支援多載的程式語言中，這些函式提供一個一致的介面（函式名稱），同時支援不同型別的引數。

通常在 Python 裡不太需要用到多載的函式。利用動態型別、鴨子型別和選擇性參數，就能寫出一個函式來處理丟給 Python 的不同輸入情境。

如果您真的、真的需要多載函式（您可能並不需要），實際上可以使用**單一調度函式**（**single-dispatch functions**）來建立，我會在第 15 章中談到這個議題。

可變引數

在前面所討論的技巧中，即使在使用選擇性參數的情況下，您仍然需要預測可能傳遞給函式的參數數量。這在大多數情況下都沒問題，但有時候您可能根本不知道會有多少個參數。

為了解決這個問題，您第一個想法可能是將所有引數都放進一個單一的元組或是串列裡面。這在某些情況下確實可以運作，但有時候在呼叫函式時也可能變得很不方便。

有個更好的解決方案是使用**任意參數串列**（**arbitrary arguments lists**），也叫做**可變引數**（**variadic arguments**），這可以自動將多個參數打包成一個**可變參數**（**variadic parameter**）或**可變位置參數**（**variadic positional parameter**）。在擲骰子的函式中，我想要允許擲多顆骰子，而每一顆骰子可能有不同的面數。

Listing 6-18: dice_roll_variadic.py:1a

```python
import random


def roll_dice(*dice):
    return tuple(random.randint(1, d) for d in dice)
```

我在參數 dice 前面加上一個星號（*），這樣就將所有傳給 roll_dice 的引數打包成一個元組，然後綁定給名稱 dice。

在函式內部，我可以照平常的方式使用這個元組。在這個範例中，我使用了一個產生器運算式（請參考第 10 章）來擲每顆在 dice 中指定的骰子。

可變參數的位置很重要：它必須放在函式定義中所有位置參數的**後面**。我列出的所有參數，在它後面的都只能當作關鍵字引數使用，因為可變參數會消耗掉所有剩下的位置參數。

以下是運用的方式：

Listing 6-19: dice_roll_variadic.py:2

```
dice_cup = roll_dice(6, 6, 6, 6, 6)
print(dice_cup)

bunch_o_dice = roll_dice(20, 6, 8, 4)
print(bunch_o_dice)
```

在這兩個函式呼叫中，我列出了想擲的骰子，每顆骰子的數字代表骰子的面數。在第一個呼叫中，我擲了 5 顆 6 面的骰子。在第二個呼叫中，我擲了 4 顆骰子：一顆 20 面、一顆 6 面、一顆 8 面以及一顆 4 面。

如果我想要使用遞迴的做法，我可以透過自動將那個元組拆解到函式呼叫中來填入參數串列：

Listing 6-20: dice_roll_variadic.py:1b

```
def roll_dice(*dice):
    if dice:
        roll = random.randint(1, dice[0])
        return (roll,) + roll_dice(❶ *dice ❷ [1:])
    return ()
```

這段程式碼大部分看起來與之前的遞迴版本相似。最重要的變化是在傳給遞迴函式呼叫的內容。名稱前面的星號（*）會將元組 dice 拆解到參數串列中❶。因為我已經處理了串列中的第一個項目，所以我使用切片表示法 [1:] 來移除第一個項目❷（請參考第 9 章），確保它不會再被處理一次。

> NOTE
>
> 如果您想要使用遞迴，準備好參與一場爭論吧，因為很多 Python 開發者認為遞迴是一種反模式，特別是在可以使用迴圈的情況下。

關鍵字可變引數

要捕捉不定數量的關鍵字引數，就在參數名稱前面加上**兩個**星號（**），讓參數成為**關鍵字可變參數**（keyword variadic parameter）。傳遞給函式的關鍵字引數會被打包成單一的字典物件，以保留關鍵字和值之間的關聯。它們同樣在使用時也要在前面加上兩個星號來拆解。

這種情況在實際中並不常見。畢竟，如果您不知道這些引數的名稱，要使用就會很難。

有種情況是在把引數盲目傳遞給另一個函式呼叫時，使用關鍵字可變引數就很有用：

Listing 6-21: variadic_relay.py:1

```
def call_something_else(func, *args, **kwargs):
    return func(*args, **kwargs)
```

這個 call_something_else() 函式有一個位置引數叫做 func，我會傳遞一個**可呼叫的物件**，例如另一個函式。第二個參數是 args，用來捕捉所有剩餘的位置引數。最後是用來捕捉任何關鍵字引數的關鍵字可變參數 kwargs，有時也會用 kw 這個名稱代替。請記住，這些參數中就算是空的，這段程式碼仍能運作。

您可以透過把物件傳遞給 callable() 函式來檢查它是否可呼叫。

args 和 kwargs 是慣用於位置可變參數和關鍵字可變參數的名稱。然而，若能想出更適合您的特定情況之名稱，當然也是可以使用的！

當函式呼叫 func 這個可呼叫的物件時，會先拆解所有被捕捉到的位置引數，然後拆解所有的關鍵字引數。函式的程式碼不需要知道可呼叫物件的參數串列；相反地，在第一個位置引數之後傳遞給 call_something_else() 的所有引數都會被盲目地傳遞。

您可以在下面看到這個運作方式：

Listing 6-22: variadic_relay.py:2

```
def say_hi(name):
    print(f"Hello, {name}!")


call_something_else(say_hi, name="Bob")
```

當我執行這段程式碼時，call_something_else() 函式會呼叫 say_hi()，並將引數「name="Bob"」傳給它。這會產生以下輸出：

```
Hello, Bob!
```

這種魔法技巧很快就會再次派上用場，當我們撰寫**裝飾器**（**decorator**）時會用到（請參閱本章後面「裝飾器」部分的內容）。

僅限關鍵字參數

您可以使用可變參數來將某些關鍵字參數轉變為**僅限關鍵字參數**（**keyword-only parameter**），這是在 PEP 3102 規格中帶入的功能。這些參數不能以位置引數的形式來傳遞「值」，只能以關鍵字引數的方式傳遞。這對於確保特別長或有風險的參數串列能以正確的方式使用是很有用的，不然幾乎無法讀取處理的位置引數串鏈。

為了示範這項功能，這裡會重新寫 roll_dice() 函式，在程式中讓它有兩個僅限關鍵字參數：

📂Listing 6-23: dice_roll_keyword_only.py:1

```
import random


def roll_dice(*, sides=6, dice=1):
    return tuple(random.randint(1, sides) for _ in range(dice))
```

我使用了無名的可變參數 *，這確保了在這之後的每個參數只能透過名稱來存取。如果呼叫方傳入太多位置引數（或是在這個範例中的**任何**位置引數），都會引發一個 TypeError 錯誤。

這會影響到使用方式，現在只能使用關鍵字引數了：

📂Listing 6-24: dice_roll_keyword_only.py:2

```
dice_cup = roll_dice(sides=6, dice=5)
print(dice_cup)
```

嘗試使用位置引數會引發的錯誤：

▱Listing 6-25: dice_roll_keyword_only.py:3

```
dice_cup = roll_dice(6, 5)  # raises TypeError
print(dice_cup)
```

僅限位置參數

從 Python 3.8 版開始（透過 PEP 570 規格），程式中也是可以定義**僅限位置參數**（**positional-only parameters**）。這在參數名稱不太有用或可能在未來會更改的情況下會很有用，這表示任何使用它作為關鍵字參數的程式碼在未來可能會出現中斷。

您可能還記得位置參數必須始終放在參數串列的最前面。在串列中放置一個斜線（/）會將所有前面的參數指定為僅限位置參數：

▱Listing 6-26: dice_roll_positional_only.py:1

```
import random



def roll_dice(dice=1, /, sides=6):
    return tuple(random.randint(1, sides) for _ in range(dice))
```

在此範例中，參數 dice 仍然設有預設值 1，但現在是僅限位置參數。而另一方面，sides 可以作為位置參數或關鍵字參數使用。以下是此行為的實際呼叫：

▱Listing 6-27: dice_roll_positional_only.py:2

```
roll_dice(4, 20)            # OK; dice=4, sides=20
roll_dice(4)               # OK; dice=4, sides=6
roll_dice(sides=20)        # OK; dice=1, sides=20
roll_dice(4, sides=20)     # OK; dice=4, sides=20

roll_dice(dice=4)          # TypeError
roll_dice(dice=4, sides=20) # TypeError
```

前四個例子都能正常運作，因為僅限位置引數 dice 不是被當作第一個參數，就是完全省略。嘗試使用關鍵字來存取 dice 則會導致 TypeError。

引數型別：現在都放在一起！

為了確保大家對於位置參數和關鍵字參數有清楚的理解，我想花一點時間用這個例子（雖然有些刻意的）來複習一下：

```
def func(pos_only=None, /, pos_kw=None, *, kw_only=None):
```

參數 pos_only 是僅限位置，因為它出現在斜線（/）標記之前。如果我有任何僅限位置的參數，它們必須出現在參數串列的最前面。因為這個參數有預設值，所以它是可選擇性的。不過，如果我想要傳遞一個引數給它，就必須是傳遞給這個函式的第一個位置引數，否則會引發 TypeError。

接下來是 pos_kw 參數，它可以是位置參數或關鍵字參數。它出現在任何僅限位置參數之後，以及斜線（/）標記之後（如果有的話）。

最後，在星號（*）標記之後，還有一個 kw_only 參數，這是個只能以僅限關鍵字參數。在這個範例中，如果函式收到超過兩個的位置引數，就會引發 TypeError 錯誤。

巢狀函式

有時候您可能想在函式內重複使用某個邏輯處理，但又不想因此再寫一個新函式，這時您可以在函式中巢狀嵌套另一個函式。

我可以利用這項特性來改進遞迴版本的 roll_dice() 函式，把擲一顆骰子的邏輯變成一個更可重複使用的函式：

📁Listing 6-28: dice_roll_recursive.py:1b

```
import random


def roll_dice(sides=6, dice=1):
    def roll():
        return random.randint(1, sides)

    if dice < 1:
        return ()
    return (roll(), ) + roll_dice(sides, dice-1)
```

在這個範例中，我把擲一顆骰子的處理邏輯移到了巢狀函式 roll() 裡面，我可以在 roll_dice() 函式內的任何地方呼叫使用它。

將這個處理邏輯抽象出來的直接好處是，它可以更輕鬆地進行維護，且不會干擾到其他的程式碼。

以下是運用的情況：

☐Listing 6-29: dice_roll_recursive.py:2b

```
dice_cup = roll_dice(sides=6, dice=5)
print(dice_cup)
```

這個例子產生如之前一般的隨機輸出。

在實際上線作業中，對於這麼簡單的事情，我很少會使用巢狀函式。一般來說，我會使用巢狀函式來處理更複雜的邏輯，而且這個邏輯需要在外部函式中經常重複使用，尤其是在外部函式的多個地方使用。

您應該還記得第 5 章介紹過，巢狀函式可以存取外部作用範圍的名稱。但如果我想要在巢狀函式內部重新綁定或修改那些變數名稱，就需要使用 nonlocal 這個關鍵字。

閉包

您可以建立一個函式，裡面建構並返回一種稱為「**閉包（Closure）**」的函式，這個閉包含有一個或多個 nonlocal 名稱。這種模式有點像「函式工廠（function factory）」。

延續前面的骰子範例，我會寫一個函式來返回一個閉包，用來投擲特定集合的骰子：

☐Listing 6-30: dice_cup_closure.py:1

```
import random


def make_dice_cup(sides=6, dice=1):
    def roll():
        return tuple(random.randint(1, sides) for _ in range(dice))

❶  return roll
```

我建立了一個叫做 make_dice_cup() 的函式，它接受 sides 和 dice 這兩個引數。在 make_dice_cup() 內部，我定義了一個巢狀函式 roll()，它會使用 sides 和 dice。當這個巢狀函式會在外層函式返回（沒有加括號！）❶，它就變成了一個閉包，因為它包住了 sides 和 dice。

Listing 6-31: dice_cup_closure.py:2

```
roll_for_damage = make_dice_cup(sides=8, dice=5)
damage = roll_for_damage()
print(damage)
```

將 make_dice_cup() 返回的閉包綁定到名稱 roll_for_damage，這樣就可以直接當作函式呼叫，不需要傳入任何引數。這個閉包會繼續使用之前我指定的 sides 與 dice 的數值來擲骰子並返回結果，它現在已經成為一個獨立的函式。

使用閉包時要很謹慎，因為您很容易就會違反函數式程式設計的原則。如果閉包有能力改變它所封閉的值，它能變成某種真的物件，而且還很難除錯！

以閉包來遞迴

前面的閉包範例並沒有使用擲骰子程式碼的遞迴形式，原因是雖然可以正確地實作這種閉包，但誤用的可能性更大。

以下是最明顯但錯誤的做法來讓閉包具有遞迴功能：

Listing 6-32: dice_cup_closure_recursive.py:1a

```
import random


def make_dice_cup(sides=6, dice=1):
    def roll():
        nonlocal dice
        if dice < 1:
            return ()
        die = random.randint(1, sides)
        dice -= 1
        return (die, ) + roll()

    return roll
```

根據您目前對名稱和作用範圍的了解，您能預料到上面的程式碼有什麼樣的問題嗎？

指出這個閉包有問題的線索是關鍵字 nonlocal，這表示我正在變更或重新綁定一個非區域的名稱：dice。

嘗試使用這個閉包會出問題：

📂Listing 6-33: dice_cup_closure_recursive.py:2

```
roll_for_damage = make_dice_cup(sides=8, dice=5)
damage = roll_for_damage()
print(damage)

damage = roll_for_damage()
print(damage)
```

上述這段程式會產生以下的輸出結果（舉例）：

```
(1, 3, 4, 3, 7)
()
```

第一次使用閉包 roll_for_damage() 時，一切都沒問題。然而，當函式退出時，dice 並未被重設，所以隨後對閉包的所有呼叫會發現 dice == 0。因此，它們只會返回「()」。

若想要撰寫一個遞迴的閉包，您需要在閉包上使用一個可選擇性參數：

📂Listing 6-34: dice_cup_closure_recursive.py:1b

```
import random


def make_dice_cup(sides=6, dice=1):
    def roll(dice=dice):
        if dice < 1:
            return ()
        die = random.randint(1, sides)
        return (die, ) + roll(dice - 1)

    return roll
```

在這個版本中，我使用了 nonlocal 名稱 dice 作為新的區域參數 dice 的預設值（記得，這僅適用於不可變的型別）。這個版本的行為完全如預期，因為它仍然緊密閉合 sides 和 nonlocal 的 dice，但不會重新綁定。

有狀態的閉包

雖然最好把閉包寫成純函式，但偶爾建立**有狀態的閉包**（**stateful closure**）也是很有用的，這種閉包在呼叫之間保留一些狀態供其使用。一般來說，應該還是避免使用有狀態的閉包，除非真的找不到其他解決方案。

只是為了示範其功能，這裡建立一個有狀態的閉包，限制玩家可以重新擲骰子的次數。

📂Listing 6-35: dice_roll_turns.py:1

```python
import random


def start_turn(limit, dice=5, sides=6):
    def roll():
        nonlocal limit
        if limit < 1:
            return None
        limit -= 1
        return tuple(random.randint(1, sides) for _ in range(dice))

    return roll
```

我寫了個閉包 roll()，讓呼叫者在超過指定次數限制（limit）之前都可以再擲骰子，之後該函式就會開始返回 None。這樣的設計在達到限制次數之後，就必須建立一個新的閉包。追蹤玩家可以擲骰子次數的邏輯已經被抽象化到這個閉包中。

這個閉包在怎麼變更和使用它的狀態方面非常有限且可預測。重要的是要限制閉包的這種做法，因為除錯有狀態的閉包可能會很困難。從閉包外部無法看到 limit 的目前值，因為這是完全不可能的。

您可以在使用中看到這種可預測的行為：

📂Listing 6-36: dice_roll_turns.py:2

```python
turn1 = start_turn(limit=3)
while toss := turn1():
    print(toss)


turn2 = start_turn(limit=3)
while toss := turn2():
    print(toss)
```

執行這段程式會產生以下隨機的輸出結果，在每回合中都會擲 3 次骰子，每次擲骰子的結果都以一個元組來表示：

```
(4, 1, 2, 1, 1)
(4, 2, 3, 1, 5)
(1, 6, 3, 4, 2)
(1, 6, 4, 5, 5)
(2, 1, 4, 5, 3)
(2, 4, 1, 6, 1)
```

在某些情況下，當編寫一個完整的類別（參閱第 7 章）帶來太多樣板程式碼時，有狀態的閉包就變得很有用。由於這裡只有一個狀態，也就是 limit 限制次數，而且使用方式是可預測的，所以這種做法就可接受，但如果是更複雜的情況，除錯就變得不實際。

就如之前指出的，每當在閉包中看到 nonlocal，您應該就要特別小心，因為它表示有狀態存在。在某些情況下可能是可以接受的，但通常都會有更好的做法。有狀態的閉包並不符合純函數式程式設計！

Lambdas 的運用

Lambda 是一種匿名（無名稱）函式，由一個單一的運算式組成。其結構如下所示：

```
lambda x, y: x + y
```

冒號左邊是參數串列，如果您不想接受任何引數，這部分可以省略。冒號右邊是返回的運算式，在呼叫 lambda 時會被評算求值，然後結果會隱式地返回。若想要使用 lambda，您必須把它綁定到一個名稱，可以透過指定值或將它當作另一個函式的引數來傳遞。

舉例來說，下列這個 lambda 會對兩個數值相加：

🗁 Listing 6-37: addition_lambda.py

```
add = lambda x, y: x + y
answer = add(20, 22)
print(answer)  # outputs "42"
```

我將這個 lambda 綁定到名稱 add，然後像函式一樣呼叫它。這個特別的 lambda 會接受兩個引數，然後返回兩個數值的加總值。

為什麼 lambda 很有用？

很多程式設計師可能無法想像何時會需要用到匿名函式，這似乎讓重複使用變得很不實際。反正都要把一個 lambda 綁定到名稱，那麼您是不是應該直接寫一個函式呢？

為了理解 lambda 為什麼很有用，讓我們先看一個**不使用** lambda 的範例。這段程式碼代表了一個基本文字冒險遊戲中的玩家角色：

📂Listing 6-38: text_adventure_v1.py:1

```
import random

health = 10
xp = 10
```

我會在程式最上方的一些全域名稱中追蹤角色的資料，例如 health 和 xp，並且會在整個程式中使用它們：

📂Listing 6-39: text_adventure_v1.py:2

```
def attempt(action, min_roll, ❶ outcome):
    global health, xp
    roll = random.randint(1, 20)
    if roll >= min_roll:
        print(f"{action} SUCCEEDED.")
        result = True
    else:
        print(f"{action} FAILED.")
        result = False

    scores = ❷ outcome(result)
    health = health + scores[0]
    print(f"Health is now {health}")
    xp = xp + scores[1]
    print(f"Experience is now {xp}")

    return result
```

這個 attempt() 函式負責擲骰子，根據結果決定玩家的行動是成功還是失敗，然後修改對應的全域變數 health 和 xp 的值。它會根據從傳遞給 outcome 的函式呼叫所返回的值來決定這些值應該怎麼變動。

值得注意的是參數 outcome ❶，根據在 attempt() ❷中的運用，它應該是一個接受布林值函式，會返回一個含有兩個整數的元組，這兩個整數分別代表對 health 和 xp 想要的變化值。

繼續延展這個例子，我會使用到目前所建立的內容：

📂Listing 6-40: text_adventure_v1.py:3a

```
def eat_bread(success):
    if success:
        return (1, 0)
```

```
        return (-1, 0)

def fight_ice_weasel(success):
    if success:
        return (0, 10)
    return (-10, 10)


❶ attempt("Eating bread", 5, eat_bread)
attempt("Fighting ice weasel", 15, fight_ice_weasel)
```

每個可能的動作結果都沒有真正的模式，所以我必須為每個動作寫個函式：在這個例子中就是 eat_bread() 和 fight_ice_weasel()。由於決定結果的程式碼可能涉及大量的數學運算和隨機性，所以這個範例有點過於簡化，但無論如何，由於每個動作都需要獨立的結果函式，這段程式碼將會快速增長，造成難以維護的困境。

（請留意，上面的 if 陳述式並不是最符合 Python 風格的寫法；我故意選擇這種結構來展示處理邏輯。）

當我嘗試一個動作時❶，我會傳遞代表該動作的字串、成功所需的最小骰子點數以及決定結果的函式。當傳遞函式時，記得不要加上尾端的括號。在這裡我想傳遞函式本身，而不是它返回的值。

這裡就是使用 lambda 的時機。我可以只用下面這段程式碼來替換 eat_bread() 和 fight_ice_weasel() 這兩個函式，還有兩個 attempt() 的呼叫：

⬡Listing 6-41: text_adventure_v1.py:3b

```
attempt("Eating bread", 5,
        lambda success: (1, 0) if success else (-1, 0))

attempt("Fighting ice weasel", 15,
        lambda success: (0, 10) if success else (-10, 10))
```

各個函式的第三個參數都是一個 lambda，運算式接受一個名稱為 success 的參數，並根據 success 的值返回結果。讓我們單獨看一下第一個 lambda：

```
lambda success: (1, 0) if success else (-1, 0))
```

當這個 lambda 被呼叫時，如果 success 的值是 True，就會返回「(1, 0)」。反之，則返回「(-1, 0)」。

這個 lambda 被傳遞給（並綁定到）attempt() 函式的 outcome 參數，隨後它會以一個布林引數進行呼叫。

以這樣的方式使用 lambda，我就能夠在程式碼中建立許多不同的可能結果，而且只需要一行程式碼。

記住 **lambda 只能由一個單一的返回運算式組成**！這使得 lambda 適合用來處理簡短、清晰的邏輯片段，特別是當這段處理邏輯在另一個函式呼叫中的使用讓程式碼更易讀。如果您需要更複雜的處理，那就需要寫一個正式的函式。

把 lambdas 當作排序鍵

在很多情況下，lambda 非常方便，特別是在指定「**鍵函式（key function）**」的時候。鍵函式是一個可呼叫的函式，用來返回集合或物件中應該用來排序的部分。一般情況下，鍵函式會被傳遞給另一個負責對資料進行排序的函式。

舉例來說，這裡有一個包含名字和姓氏的元組串列，我想要按照姓氏來對這個串列進行排序：

📂Listing 6-42: sort_names.py

```
people = [
    ("Jason", "McDonald"),
    ("Denis", "Pobedrya"),
    ("Daniel", "Foerster"),
    ("Jaime", "López"),
    ("James", "Beecham")
]

by_last_name = sorted(people, ❶ key=lambda x: x[1])
print(by_last_name)
```

sorted() 函式使用 key 引數❶，這個引數一定要是個函式或其他可呼叫的東西，它會把每個項目傳給這個函式，然後根據函式返回的值來決定排序的順序。因為我想要根據姓氏來排序這些元組，而姓氏是每個元組的第二個項目，所以我使用了 lambda 來返回這個項目，也就是 x[1]。

最終結果是 by_last_name 含有按姓氏排序的串列。

裝飾器

裝飾器（**decorator**）可以讓您透過在函式外面加上額外的邏輯層來修改函式的行為，這樣就能改變函式的行為而不必重新改寫函式本身。

為了示範這項功能，我們再來看一個關於文字冒險遊戲主角的範例。我想要定義多個遊戲事件，以不同方式影響玩家角色的統計資料，並且希望這些變化在發生時能被顯示出來。我會從一個不使用裝飾器的實作開始。這段程式碼只使用了這本書中已經介紹過的知識概念，我主要會注意一些無效率的狀況。

我會從定義全域變數開始：

🗁Listing 6-43: text_adventure_v2.py:1a

```
import random

character = "Sir Bob"
health = 15
xp = 0
```

接下來，則是為玩家可採取的每個動作來定義函式：

🗁Listing 6-44: text_adventure_v2.py:2a

```
def eat_food(food):
    global health
❶ if health <= 0:
        print(f"{character} is too weak.")
        return

    print(f"{character} ate {food}.")
    health += 1
❷ print(f" Health: {health} | XP: {xp}")


def fight_monster(monster, strength):
    global health, xp
❸ if health <= 0:
        print(f"{character} is too weak.")
        return

    if random.randint(1, 20) >= strength:
        print(f"{character} defeated {monster}.")
        xp += 10
    else:
        print(f"{character} flees from {monster}.")
        health -= 10
        xp += 5
❹ print(f" Health: {health} | XP: {xp}")
```

每個函式代表玩家可以執行的一個動作，而這些函式之間有一些共同的程式碼。首先，每個函式都會檢查角色的健康狀況，以確定角色是否能夠執行該動作❶❸。如果角色的健康狀況充足，玩家就會執行該動作，並改變角色的統計資料。當動作完成時（或者如果角色的健康狀況太低而無法執行動作），目前的資料統計就會被顯示出來❷❹。

隨後就是使用這些函式的實例：

Listing 6-45: text_adventure_v2.py:3

```
eat_food("bread")
fight_monster("Imp", 15)
fight_monster("Direwolf", 15)
fight_monster("Minotaur", 19)
```

這是可以運作的，但就像我之前所說的，Listing 6-44 中重複的程式碼不太符合 Python 的風格。您的第一個直覺可能是把共同的程式碼（檢查健康狀況和顯示統計資料的程式碼）移到它們自己的函式中。然而，這仍然需要在**每個角色動作的函式**中記得呼叫各個函式，而且這麼做很容易被忽略。此外，每個函式仍然需要在頂端使用那個條件陳述式，以確保在健康狀況過低時不執行程式碼。

我想在每個函式之前和之後都執行相同的程式碼，這種情況可以完美地使用裝飾器來解決。

在這裡，我會在文字冒險遊戲程式碼的頂端建立一個裝飾器：

Listing 6-46: text_adventure_v2.py:1b

```
import functools        ❶
import random

character = "Sir Bob"
health = 15
xp = 0


def character_action(func):
  ❷ @functools.wraps(func)
  ❸ def wrapper(*args, **kwargs):
        if health <= 0:
            print(f"{character} is too weak.")
            return

        result = func(*args, **kwargs)
        print(f" Health: {health} | XP: {xp}")
        return result

  ❹ return wrapper
```

裝飾器通常是以閉包的形式實作的，它會包住要被修改的函式（或任何其他可呼叫的物件）。這個裝飾器本身叫做 character_action()，它接受一個 func 參數，這個參數就是要被修改的可呼叫物件。

在裝飾器的定義內，有一個叫做 **wrapper** 的可呼叫物件，這裡面才是裝飾器的處理邏輯所在❸。如我所說，一般大都是用閉包的方式來實作這個邏輯。然而，這個 wrapper 可以用任何可呼叫的方式來實作，包括使用類別。（嚴格來說，甚至可以用非可呼叫的方式來實作 wrapper，但很少見甚至幾乎沒有實際用途。）

因為我不知道會把裝飾器套用到哪些函式上，所以把 wrapper 設計成能接受可變引數。

@functools.wraps(func) 這行❷是為了防止被包裝的可呼叫物件的身份識別被隱藏不見。如果沒有這行，包裝可呼叫物件就會影響外部存取一些重要的函式屬性，例如 __doc__（文件字串）和 __name__（函式名稱）。這行本身就是一個裝飾器，確保被包裝的函式保留了所有重要的屬性，這樣它們在函式外部也能像平常一樣存取（要使用這個特殊的裝飾器，必須先引入 functools 模組❶）。

在這個 wrapper 內，我放進所有在每個函式前後想執行的處理邏輯。在檢查健康狀態之後會呼叫與 func 綁定的函式，並將所有的可變引數拆解傳遞給這個呼叫。我也將返回值綁定到 result，這樣就能確保在印出統計資料之後能從裝飾器中返回該值。

就像任何閉包一樣，外部函式返回內部函式是極其重要的❹。

現在就能使用我編寫的這個裝飾器，並重構其他函式了：

📂Listing 6-47: text_adventure_v2.py:2b

```
@character_action
def eat_food(food):
    global health
    print(f"{character} ate {food}.")
    health += 1


@character_action
def fight_monster(monster, strength):
    global health, xp
    if random.randint(1, 20) >= strength:
        print(f"{character} defeated {monster}.")
```

```
        xp += 10
    else:
        print(f"{character} flees from {monster}.")
        health -= 10
        xp += 5
```

若想要把裝飾器套用到一個函式,就要將想套用的各個裝飾器直接放在函式定義的上方,每個裝飾器各占一行。我會在每個裝飾器名稱前加上 @ 符號。在這個範例中,每個函式只套用了一個裝飾器,但函式是可以套用任意多個裝飾器的。它們會按照順序套用,裝飾器會包裹直接在它下面的內容。

既然我把檢查健康值和顯示狀態的重複邏輯從個別函式移到了裝飾器中,我的程式碼就變得更乾淨、更容易維護。如果您執行這段程式,它的運作方式和以前是一樣。

型別提示與函式註釋

從 Python 3.5 版開始就可以使用**型別提示**(**type hints**),這些**提示**就是指明傳入或返回的資料型別是什麼。雖然在 Python 的動態型別系統下並不是必要的,但還是有幾個好處。

第一個好處是,型別提示有助於說明文件的編寫。函式定義現在能顯示它要的資料型別,當您在輸入引數時,整合開發環境的自動顯示提示就很有幫助。

第二個好處是,型別提示可以幫助您更早地發現潛在的錯誤。靜態型別檢查工具像是 Mypy 是主要的協助工具(請參考第 2 章)。有些整合開發環境,像是 PyCharm,在您進行一些奇怪的操作,例如將字串傳給被型別提示為整數的地方時,就會提醒您注意。

如果您對 Java 和 C++ 這種靜態型別語言很熟悉的話,這可能會讓您有些興奮。

然而,請理解使用型別提示並不是要把 Python 的動態型別看待成靜態型別!

如果您傳入錯的型別,Python 不會回報錯誤訊息。

Python 也不會嘗試把資料轉換成特定型別。

Python 其實會完全忽略這些型別提示!

Lambdas 不支援型別提示。

型別提示是透過**註釋**（**annotations**）來指定的，這些註釋是 Python 語言允許的額外資訊，但實際上並不會被直譯器處理。註釋的類型有兩種。

變數註釋（**variable annotations**）是在變數名稱後面指定想要的型別，寫法：

```
answer: int = 42
```

函式註釋（**function annotations**）則是在參數和函式返回上指定型別提示。在這裡我用前面提過的 roll_dice() 函式為例，套用了函式註釋：

📁Listing 6-48: dice_roll.py:1e

```
import random
import typing

def roll_dice(sides: int = 6, dice: int = 1) -> typing.Tuple[int, ...]:
    # --省略--
```

這種表示法讓我能夠標示想要的參數和返回型別。在這個範例中，兩個參數都應該是整數，所以我在各個名稱後面加上冒號，然後是 int，表示預期的資料型別。如果有預設值符合預期的型別，則在型別提示後面加上。

如果某個參數有預設值是 None，而不是預期型別的預設值，請使用型別提示 typing.Optional[int]，其中預期的型別（在此例子中是 int）放置在中括號內。

我用箭頭（->）和預期的型別來表示返回型別。像元組和串列這樣的集合在型別提示中有點棘手。從 typing 模組中，我可以使用「Tuple[ ]」的標示，這是一種**泛型型別**（**generic type**）。這個特定的元組中的每個值應該是 int，但由於我不確定會返回多少個值，所以我使用「...」來表示「可能還有其他值」。現在這個函式會期望返回一個或多個整數，但不沒有其他型別。

順帶一提，如果您不知道元組中會返回什麼型別或有多少個，那就可以使用「typing.Tuple[typing.Any, ...]」的標示。

前面程式範例中的返回型別提示相當冗長。我可以透過定義一個**型別別名**來縮短，像下列這般：

📁Listing 6-49: dice_roll.py:1f

```
import random
import typing

TupleInts = typing.Tuple[int, ...]


def roll_dice(sides: int = 6, dice: int = 1) -> TupleInts:
    # --省略--
```

我定義了一個名為 TupleInts 的型別別名，代表「Tuple[int, ...]」，然後就可以在程式碼中任何位置使用它。

再次強調，Python 本身不會根據這些型別提示採取行動，只會將這個標示法視為有效，並將它儲存在函式的 __annotations__ 屬性中，什麼都不會做。

現在我可以透過 Mypy 執行這段程式碼：

```
mypy dice_roll.py
```

如果型別提示與實際使用不符，Mypy 會詳細列出這些問題，方便進行修正。

鴨子型別與型別提示

您可能會覺得型別提示不太合適用在鴨子型別，但多虧了 typing 模組，這兩者還是可以很好地一起運作。

舉例來說，如果您想要一個函式可以接受任何可迭代的單一參數（請參考第 9 章），像是元組或串列，可以使用「typing.Iterable[]」來標示，括號裡面放入包含的型別。以下面這個範例來看，是假設可迭代物件可能含有任何型別。

```
def search(within: typing.Iterable[typing.Any]):
```

within 參數用「typing.Iterable[ ]」型別提示標示為可迭代物件。中括號裡的「typing.Any」表示可迭代物件可以包含任何資料型別的項目。

typing 模組內含了許多不同的型別，內容說明多到可以寫成獨立的章節。若您想要更深入了解型別提示，最好方式就是閱讀官方說明文件：https://docs.

python.org/library/typing.html。我也建議看看 PEP 484，這是定義型別提示的說明文件，還有 PEP 3107，這是定義函式註釋的說明文件。

您應該使用型別提示嗎？

型別提示完全是選擇性的，有贊成的理由也有反對的觀點。有些人認為它會讓程式碼變得雜亂，妨礙了 Python 透過動態型別所達到的自然可讀性。另外有些人則視它為很好用的工具，可以幫助減少由於缺乏靜態型別所導致的錯誤。

實際上，您並不需要做出完全「要用或不用」的決定。因為型別提示是可選擇性的，您可以在能提升程式碼可讀性和穩定性的情況下使用它，並在不需要的情況下跳過。甚至在一個函式內，還可以為某個參數定義一個型別提示，而對另一個參數省略型別提示。

最後決定要不要使用型別提示完全取決於您和您的團隊。只有您們知道在什麼情況下使用型別提示會有幫助即可。總而言之，就是要瞭解您專案的情況。由於本書主要著重於 Python 的慣用寫法，且型別提示完全是可選擇性的功能，所以在未來的範例中我不會使用它。

總結

我希望您在閱讀完本章之後，能對 Python 語言中的函數式程式設計有一個新的體會。即使不是完全採用這種範式，它的概念和指導原則仍能影響到寫出符合 Python 風格的程式碼。

在下一章的物件導向程式設中，我仍會運用函數式的概念。我發現若能正確結合時，這些範式之間的互動方式會帶來意想不到的正面效果。

第 7 章
物件與類別

物件是許多程式設計師的基本工具。Python 能充分利用物件，甚至可以說是啟發了「萬物皆為物件」這句口號。然而，如果您在其他程式語言中已經接觸過類別和物件，Python 的做法可能會讓您感到驚訝。

物件導向程式設計（**Object-oriented programming**，縮寫為 **OOP**）是一種把資料及其對應的處理邏輯組織成「物件」的程式設計範式。如果您熟悉像是 Java、C++、Ruby 和 C# 這類程式語言，您應該對這些概念相當熟悉。

然而，在 Python 中進行物件導向程式設計並不會排斥函數式程式設計的概念，事實上，這兩種範式可以很好地結合在一起。

在本章中，我會介紹 Python 物件導向程式設計的基本概念：建立具有屬性、模組和特性的類別。我會示範怎麼透過特殊方法添加不同的行為，最後我會總結一下在哪些情況下類別是最有用的。

理論回顧：物件導向程式設計

Python 使用以「類別」為基礎的物件導向程式設計，這就是我要在這裡討論的主角。如果您之前有使用過像是 Java 或 C++ 這樣基於類別的物件導向程式語言，這一部分可能對您來說沒有太多新鮮的內容。您可以直接跳到本章後面「宣告類別」的部分。

不過，就算您之前稍微接觸過物件和類別，我還是強烈建議您繼續跟著這裡的內容回顧和複習一下。「以物件來編寫程式」和「物件導向程式設計」兩者之間還是有很深的差異。

在物件導向程式設計中，程式碼被組織成「類別（class）」，然後您可以從類別創造出「物件（object）」。類別就像是創造一個或多個物件的藍圖，而在 Python 中這些物件被叫做「實例（instance）」。請想像一下，假設您有一張建築物的藍圖，雖然只有一張藍圖，但這張藍圖可以拿來建造很多獨立的房子。這些房子在結構上都一模一樣，但內容可以不同。

物件由**成員變數**（member variable）和**成員函式**（member function）所組成，在 Python 裡分別被叫做**屬性**（attribute）和**方法**（method）。更廣義地說，「實例」擁有以屬性形式存在的「資料」，並且有可以處理這些資料的「方法」。

類別的目的就是「**封裝**（encapsulation）」，這有兩個意思：

1. 把資料和處理這些資料的函式綁在一起，變成一個有機的單元。

2. 把類別行為的實作方式隔離出來，不影響程式的其餘部分（有時候也叫做黑盒子）。

舉例來說，簡單的社交媒體留言功能可以實作成一個類別。這個類別有特定的屬性（資料）：留言的文字內容和按讚數量。它也有特定的方法可以對這些屬性進行操作：編輯和按讚。使用這個類別的程式碼不需要在意行為是怎麼實作的，而類別的方法允許我們帶入想要的行為。

純粹用來存取屬性的方法叫做 getter，而修改屬性的方法叫做 setter。特別是在 Python 中，這些方法的存在應該要結合執行某些形式的資料修改或資料驗證，這樣才能讓方法在存取或修改屬性時更有意義。如果一個方法不做這些事情，只是從屬性中返回或指定值，那就叫做「赤裸的」getter 或 setter，這在 Python 中被認定為是一種反模式。

有了這個 Comment 類別，其中一則留言「My pet llama is a brilliant coder!!!（我家的羊駝超會寫程式啊！！！）」就是這個類別的一個實例。同一個類別可以有好幾個實例，每個實例都會有不同的資料，改變其中一個實例的內容是不會影響到其他相同類別的實例。

物件導向程式設計中有兩個重要的關係。第一個是**組合**（composition），表示一個物件裡頭包含了其他的物件。舉例來說，您可能會建構了一個「Like」類別，用來儲存按讚者的名稱。特定的 Comment 實例大概都會有一個 Like 實例的清單。這也稱為「有一個（has-a）」的關係：Comment 會有一個 Like。

第二種關係是**繼承**（inheritance），意思是類別可以繼承並以另一個已存在的類別為基礎去進行擴充。舉例來說，我可以建構一個 AuthorComment 類別，這個類別和 Comment 有一樣的屬性和方法，但還額外有一些屬性或方法。這種關係也被稱為「是一個（is-a）」關係：AuthorComment 是一個 Comment。繼承是一個很大的議題，我會在第 13 章深入探討這個主題。

宣告類別

建立一個新類別很簡單，以下語法是建立一個名為 SecretAgent 的類別：

📂Listing 7-1: Initializing a class

```
class SecretAgent:
```

在這之下，就是類別宣告的隨從內容，是我想要在物件裡加入的所有方法。在 Python 中物件就是類別的**實例**。我馬上就會詳細講解這個概念。

在 Python 中所有東西都是物件，因為所有東西都繼承自 object 類別。在 Python 3 版本中，這個從 object 繼承的動作是隱含的，就像在 Listing 7-1 中的範例所看到的那樣。若是在 Python 2 版本中，您就必須明確地從 object 繼承，或者從另一個已經從 object 繼承的類別來繼承（我會在第 13 章詳細講解繼承的概念，這裡您先簡單看過即可）。

這裡再次展示 SecretAgent 類別的宣告，這次是明確地從 object 類別繼承，就像在 Python 2 版本所要求的一樣：

📁Listing 7-2: 以顯式繼承來初始化一個類別

```
class SecretAgent(object):
```

Listing 7-1 和 Listing 7-2 的功用是一模一樣的。Python 的開發者真的不喜歡**樣板式的程式碼**，也就是重複使用、在那種很多地方都差不多、改動少或者幾乎沒有改動的程式碼。這就是為什麼 Python 3 加入了在 Listing 7-1 所看到的簡短技巧。除非您需要支援 Python 2 版本，否則以這種簡短技巧的寫法會更受歡迎。您會經常遇到這兩種做法，所以知道在 Python 3 裡它們其實功用相同是很重要的。

初始化方法

通常一個類別會有一個**初始化方法**（**Initializer**），用來設定**實例屬性**的初始值，這些實例屬性就是每個實例都有的成員變數。如果實例不會有實例屬性，那就不需要定義 __init__() 方法。

我希望每個 SecretAgent 的實例都有一個代號 codename 和秘密清單 secrets。以下是 SecretAgent 類別的初始化方法，裡面有兩個實例屬性：

📁Listing 7-3: secret_agent.py:1a

```
class SecretAgent:

    def __init__(self, codename):
        self.codename = codename
        self._secrets = []
```

初始化方法必須要用 __init__ 這個名字，這樣才會被識別為初始化方法，而且至少要接收一個引數，通常叫做 self。這個 self 引數參照的是這個方法正要處理的實例。

在這個範例中還接受了第二個引數 codename，我會用它作為其中一個實例屬性的初始值。這個 self.codename 屬性將會是 SecretAgent 的代號。

實例屬性是屬於類別實例本身的一部分，所以必須透過在 self 上使用點（.）運算子來存取。所有的實例屬性應該在初始化方法裡宣告，而不是在其他實例方法中臨時建立。因此這裡也在這裡定義了 self._secrets 是個空串列。這將是特定 SecretAgent（實例）所保有的秘密清單。

最後，初始化方法絕對不能用 return 關鍵字來返回值，如果這樣做的話，呼叫初始化方法就會拋出 TypeError。不過，如果有需要的話，您還是可以只用 return 來明確地退出這個方法。

每次我建立一個新的類別實例，初始化方法都會自動被呼叫。這裡建立了三個 SecretAgent 的實例，並且為初始化方法的參數 codename 提供了引數值：

📂Listing 7-4: secret_agent_usage.py:1

```python
from secret_agent import SecretAgent
mouse = SecretAgent("Mouse")
armadillo = SecretAgent("Armadillo")
fox = SecretAgent("Fox")
```

在這個模組中，我引入了 SecretAgent 類別並建立了三個新的實例。您會注意到這裡並不需要給第一個參數 self 傳入任何東西，這在幕後已經處理好了。相反地，我的第一個引數 Mouse 被傳到初始化方法的第二個參數 codename 裡。每個實例也都有自己空的_secrets 串列。

建構方法

如果您之前有接觸過 C++、Java 或類似的程式語言，就有可能會期望寫出一個**建構方法**（constructor，一個用來建立類別實例的函式），或者您可能誤以為初始化方法和建構方法的功能是一樣的。事實上，Python 3 把典型建構方法的任務分成了初始化方法 __init__() 和建構方法 __new__() 兩部分。

在 Python 中，建構方法 __new__() 負責實際在記憶體中建立實例。當您建立一個新實例時，自動第一個呼叫建構方法，接著是呼叫初始化方法。建構方法是在物件被建立之前唯一會自動被呼叫的方法！

一般情況下是不需要自己定義建構方法，它會被自動提供。您只有在需要對處理過程有額外控制時才需要建立建構方法。不過為了讓您熟悉程式語法，我會寫非常基本（實際上沒什麼意義的）的建構方法，可以放在類別的定義中：

```python
    def __new__(cls, *args, **kwargs):
        return super().__new__(cls, *args, **kwargs)
```

建構方法的名稱都是叫 __new__，而且它的第一個參數會自動被隱含地接受，叫做 cls（不同於初始化方法，初始化方法在 self 上接受類別實例）。因為初始化方法接受參數，我也需要讓建構方法能夠接受這些參數，所以我使用可變引數的方式來捕捉這些引數，然後將它們傳遞給初始化方法的參數。

這個建構方法必須要返回被建立出來的類別實例。嚴格來說，這裡可以返回任何東西，但我們期望的行為是返回一個從 SecretAgent 類別實例化出來的實例。為了達到這個目的，這裡呼叫了父類別的 __new__ 函式，您可能還記得（Listing 7-2）這個父類別是「物件」（我會在第 13 章解說 super() 的運用。現在先不去管它）。

實際上，如果建構方法只需要這些操作，其實是可以不寫的！如果您不為建構方法寫任何程式碼，Python 會自動處理建構方法的行為。只有在您需要控制實例化類別實例的行為時才需要編寫建構方法。無論如何，這種情況很少見，很有可能在您的整個 Python 程式設計生涯中都不用去編寫建構方法。

終結方法

終結方法（**finalizer**）在類別實例最終到達生命週期結尾的時候被呼叫，並且會被垃圾回收器進行清理。它的存在純粹是為了處理特定的類別可能需要的複雜清理工作。就像是建構方法一樣，您很少或可能永遠都不需要自己編寫這個函式。如果真的確實需要編寫，最要明白和了解的是：終結方法只會在類別實例（值）自己被垃圾回收器清理時才會被呼叫！

如果類別實例還有參照存在，終結方法就不會被呼叫，而且還會依據您所使用的 Python 實作而定，垃圾回收器有可能不會照您預期都去清理掉類別實例。

因此，只有在與垃圾回收類別實例直接相關的程式碼上才去使用終結方法。它絕不能含有需要在其他情況下執行的程式碼。

以下是一個沒什麼作用的終結方法，它會在垃圾回收器清理 SecretAgent 類別實例時印出訊息：

Listing 7-5: secret_agent.py:2

```python
    def __del__(self):
        print(f"Agent {self.codename} has been disavowed!")
```

終結方法的名稱大都是用 __del__，只會接受一個參數，就是 self。它不可以返回任何東西。

為了示範這個終結方法，我會建立一個實例，然後手動刪除它。藉由 del 關鍵字可以刪除一個名稱，從而解除它與值之間的綁定。SecretAgent 類別有了這個終結方法，我就可以建立並且手動刪除指到類別實例的名稱：

📂Listing 7-6: secret_agent_disavow.py

```
from secret_agent import SecretAgent
weasel = SecretAgent("Weasel")
del weasel
```

我從 SecretAgent 類別建立了一個新實例，並將它綁定到名稱 weasel。接著，馬上使用 del 運算子刪除這個名稱。現在名稱 weasel 又變成未定義狀態。巧合的是，因為沒有任何參照指向之前綁定到的那個 SecretAgent 實例，所以那個實例被垃圾回收器呼叫終結方法清理掉了。

> NOTE
>
> 這種垃圾回收器的行為是 CPython 的功能。其他的 Python 實作可能會有不同的行為。

因此，執行這段程式碼會顯示如下的輸出結果：

```
Agent Weasel has been disavowed!
```

請注意，del 只會刪除名稱，不會刪除值！如果您有多個名稱綁定到相同的值，而您只刪除其中一個名稱，其他名稱和它們綁定的值都不會受影響。換句話說，del 不會強迫垃圾回收器刪除物件。

屬性

所有歸屬於類別或實例的變數都叫**屬性**（**attribute**）。屬於實例本身的屬性叫做**實例屬性**（**instance attribute**），有時也叫做**成員變數**（**member variable**）。屬於類別本身的屬性叫做**類別屬性**（**class attribute**），有時也叫做**類別變數**（**class variable**）。

很多中階的 Python 程式設計師都不太了解這兩者之間有顯著的差異。我必須承認，在我剛開始幾年間寫 Python 程式的時間裡，我對它們的使用觀念完全是錯誤的！

實例屬性

實例屬性（**instance attribute**）存在實例本身，它的值對這個實例來說是獨一無二的，其他實例不能使用。所有實例屬性應該在類別的初始化方法中宣告。

重新看一下 Listing 7-3 的初始化方法，您會看到這裡有兩個實例屬性：

```
class SecretAgent:
    def __init__(self, codename):
        self.codename = codename
        self._secrets = []
```

類別屬性

類別屬性（**class attribute**）存在整個類別中，而不是在個別的實例內。在實際應用中，這表示就算沒有任何實例存在，所有相關的類別實例實際上會「分享」類別屬性。

類別屬性是在類別的頂端宣告的，不屬於任何方法。在下面的範例中，我直接在類別的程式區塊中加入一個類別屬性：

📁Listing 7-7: secret_agent.py:1b
```
class SecretAgent:

    _codeword = ""

    def __init__(self, codename):
        self.codename = codename
        self._secrets = []
```

屬性_codeword 屬於 SecretAgent 類別。一般來說，所有的類別屬性都會在任何方法之前宣告，這樣比較容易找到它們，不過這只是慣例而已。重要的是它們是在方法之外被定義。

可以像下列這般來存取類別屬性：

📂Listing 7-8: secret_agent_usage.py:2a

```
SecretAgent._codeword = "Parmesan"  ❶
print(armadillo._codeword)  # prints "Parmesan"
print(mouse._codeword)      # prints "Parmesan"

mouse._codeword = "Cheese"  ❷
print(mouse._codeword)      # prints "Cheese"
print(armadillo._codeword)  # prints "Parmesan"
```

這裡可以透過類別直接存取類別屬性 _codeword，或是透過從這個類別實例化出來的任何實例來存取。如果類別屬性在類別本身重新綁定或修改❶，這些變更會在所有情況下顯示出來。不過，如果在實例上對這個名稱指定值，它會建立一個同名的實例屬性❷，只會遮蔽掉該實例上的類別屬性，但不會影響其他實例。

類別屬性對於類別的方法所使用的常數值特別有用。在很多情況下，我覺得它們比全域變數更實用且易於維護，尤其在 GUI 程式設計方面。舉例來說，當我需要維護一個公用的 widget 實例時，例如 window，我就常會使用類別屬性。

作用域的命名慣例

如果您是以前是使用具有類別作用域的程式語言，您可能會好奇為什麼我還沒提到類別作用域。隱藏資料不是封裝觀念中很重要的部分嗎？事實上，Python 沒有正式的資料隱藏概念。相對的 PEP 8 中有描述了一個命名慣例，用來表示一個屬性是否可以從外部修改（公開）或不應該從外部修改（非公開）。

雖然在這裡介紹的都是關於屬性的事情，但這些命名慣例同樣也適用於方法。

非公開

在名稱前面加上底線就等於是宣告了屬性 _secrets 是**非公開的**（**nonpublic**），這表示在類別外部不應該被修改（或最好不要被存取）。這種命名方式更像是一種社會契約，透過風格慣例來達成，實際上我並沒有真的隱藏任何東西。

對許多從有明確作用域的程式語言（像是 Java）的開發者來說，這種命名方式看起來好像有點危險，但實際上效果還不錯。就像我的朋友 grym 經常說的那樣：「如果您知道為什麼不應該把叉子插進烤麵包機，那麼您就有資格把叉子插進烤麵包機。」換句話說，如果客戶端要無視加上底線的警告，那就表示他們可能確實知道他們在做什麼（萬一他們不知道，那他們將對後果負完全責任）。那個小小的底線掛在「.」運算子後面，有點像在告訴您：「真的不應該亂來！」。

公開

屬性 codename，其名稱並不以底線開頭，就代表它是**公開的**。這個屬性可以被外部存取或修改，因為這不會真的影響類別的行為。公開的屬性比起寫一對普通的 getter/setter 方法更好，其操作行為是相同的，但結果更整潔，少了許多樣板程式碼。

如果屬性需要自訂的 getter 或 setter，有種做法是將屬性定義為非公開，然後建立一個公開的**特性（property）**，我稍後會再提到這點。

名稱改編

Python 確實提供了**名稱改編（name mangling**，或譯**名稱修飾）**的功能，可以將屬性或方法的名稱改編改寫，以防止它被衍生的（繼承的）類別所遮蔽。

這項功能提供了一種較弱的資料隱藏形式。此外也可以用來提供額外的警告：「不要動，**真的**，如果您亂動這個屬性，會發生可怕的事情！」

若想要把屬性（或方法）標記為名稱改編，請在名稱的前面加上兩個底線（__），如下列這般：

Listing 7-9: message.py:1

```python
class Message:

    def __init__(self):
        self.__format = "UTF-8"
```

這個 __format 屬性會被標記為名稱改編，所以使用一般方式在外部進行存取是行不通的：

Listing 7-10: message.py:2

```python
msg = Message()
print(msg.__format)  # AttributeError
```

上述程式會拋出一個 AttributeError，因為 msg 實例並沒有一個叫做 __format 的屬性，該屬性名稱已經被修飾改寫了。請了解，名稱改編並**不是**真正的資料隱藏！我們仍然可以存取被名稱改編改寫的屬性：

📁Listing 7-11: message.py:3

```
print(msg._Message__format)
```

名稱改編的模式是可預測的：一個底線接著是類別的名稱，然後是兩個前置底線再加上屬性的名稱。

何時使用公開、非公開或是名稱改編？

在決定要將屬性設為公開還是非公開時，我會問自己一個問題：外部更改這個屬性是否有可能導致類別出現意外或負面的行為？如果答案是肯定的，那就在屬性前加上底線，將它設為非公開。如果答案是否定的，我就保持屬性為公開。使用這個類別的程式設計師必須尊重這些規則，否則就要承擔後果。

至於名稱改編，實際上我很少使用這個模式。我只保留在以下情況時使用：a）需要在繼承上避免命名衝突，或者 b）外部存取該屬性將對類別的行為產生極糟糕的影響，因此，額外的警告是合理的。

請一定要記住，Python 並沒有真正的私有類別作用範圍。真正機密的資料應該要適當地加密，而不只是在 API 中隱藏起來。與像 Java 這樣的程式語言不同，Python 中也沒有私有類別作用範圍的最佳化效益，因為所有屬性的尋找都發生在執行時期。

> NOTE
>
> 有一些高手級的手法可以做到真正的資料隱藏，但這種做法對於一般的使用者來說可能太複雜或不實際。

方法

類別若少了它的方法就什麼都不是了，方法讓封裝成為可能。方法的類型有三種：實例方法、類別方法和靜態方法。

實例方法

實例方法（**instance method**）就是一般的方法，存在於實例本身中。第一個參數通常叫做 self，用來存取實例的屬性。

以下是我在 SecretAgent 類別中新增的實例方法：

📂Listing 7-12: secret_agent.py:3

```
    def remember(self, secret):
        self._secrets.append(secret)
```

除了必要的第一個參數外，這個實例方法還接受第二個參數 secret，會被附加到實例屬性 _secrets 所綁定的串列中。

我使用點（.）運算子在實例上呼叫這個方法：

📂Listing 7-13: secret_agent_usage.py:2b

```
mouse.remember(("42.864025, -72.568511"))
```

點（.）運算子會自動把 mouse 傳遞給 self 參數，因此第一個引數，也就是這個座標元組（注意多了一組括號），會傳遞給 remember() 方法的第二個參數 secret。

類別方法

和類別屬性一樣，**類別方法**（**class method**）屬於類別本身，而不是屬於從類別實例化出來的實例。這些方法在處理類別屬性時很有用。

回到 Listing 7-7 的程式碼，我把 _codeword 定義成一個類別屬性，這樣所有的 SecretAgent 實例都可以知道這個 codeword，這是所有 SecretAgent 應該共用的東西。我需要一種做法可以同時通知所有 SecretAgent 新的 codeword，所以新增了一個類別方法 inform()，這個方法會修改 _codeword 類別屬性：

📂Listing 7-14: secret_agent.py:4

```
    @classmethod
    def inform(cls, codeword):
        cls._codeword = codeword
```

我在類別方法前面加上內建的 @classmethod 裝飾器。類別方法會接收類別本身作為第一個引數，所以第一個參數命名為 cls。像 _codeword 這樣的類別屬性是透過傳給 cls 的類別來存取的。

這種做法的好處之一是不必擔心是在類別上還是在實例上呼叫 inform()。因為這個方法是一個類別方法，它都是在類別上（cls）存取類別屬性，而不是在實例上（self）存取，這樣就能避免意外地在單一實例上遮蔽 _codeword（請參考 Listing 7-8）。

我沒打算為這個屬性加入 getter 方法。畢竟，SecretAgent（特務）就得要保守秘密！

要使用這個方法，我會這樣呼叫：

📂Listing 7-15: secret_agent_usage.py:3

```
SecretAgent.inform("The goose honks at midnight.")
print(mouse._codeword)  # prints "The goose honks at midnight."

fox.inform("The duck quacks at midnight.")
print(mouse._codeword)  # prints "The duck quacks at midnight."
```

我可以直接在 SecretAgent 類別上呼叫 inform() 類別方法，或是在任何 SecretAgent 實例（例如 fox）上呼叫。inform() 對類別屬性 _codeword 做的更動會影響到類別本身和所有實例。

使用點（.）運算子呼叫類別方法時，類別會隱式地傳遞給 cls 參數。這個參數名稱只是慣例而已，@classmethod 裝飾器會確保第一個引數永遠是類別，不會是實例。

類別方法有個很好的用途是提供了初始化實例的替代方案。舉例來說，內建的 integer 類別提供了 int.from_bytes()，這可以使用 bytes 值來初始化一個新的 int 類別實例。

靜態方法

靜態方法（static method）其實就是在類別內部定義的一個一般函式，此函式既不會存取實例屬性，也不會存取類別屬性。靜態方法與函式的唯一的區別在於，靜態方法是為了命名空間的原因而歸屬於該類別。

編寫靜態方法的主要原因是當類別需要提供一些功能，而這些功能不需要存取任何類別或實例的屬性或方法。舉例來說，您可以編寫一個靜態方法來處理某些特別複雜的演算法，而這個演算法對於您的類別實作很關鍵。透過在類別中帶入靜態方法，指出該演算法是類別自有實作邏輯的一部分，就算它不存取任何屬性或方法。

我會在 SecretAgent 類別中新增一個靜態方法，這個方法處理一個所有特工都會做的事情（不論他們的資料是什麼），那就是回答問題：

📁 Listing 7-16: secret_agent.py:5

```
@staticmethod
def inquire(question):
    print("I know nothing.")
```

我會在靜態方法前加上 @staticmethod 這個裝飾器。您會發現我並不需要擔心這個特別的第一個參數，因為這個方法不需要存取任何屬性。當這個方法在類別或實例上被呼叫時，它只會輸出訊息說："I know nothing."。

特性

特性（property）是一種很特殊的實例方法，讓您能夠寫出像是可以直接存取實例屬性一樣的 getter 和 setter。特性（property）可以讓您建立一致的介面，可以在其中透過屬性直接使用物件。

使用 property 比起讓使用者記得是要呼叫方法或是使用屬性更好。使用特性也比在類別中塞滿一堆的 getter 和 setter 方法更符合 Python 風格，因為這些方法並沒有強化對屬性的存取或修改。

> NOTE
> 上面的說法引起了我和同事之間的激烈辯論，有些人真的不喜歡特性（property）。我已經試著在這個小節的最後部分解釋其反對意見，但我堅信上述的觀點是站得住腳的。

設定場景

為了示範 property 的運用，我會擴充 SecretAgent 類別。以下是目前示範的類別。首先是要進行設定，我會將它移到一個新檔案中：

📂Listing 7-17: secret_agent_property.py:1

```python
class SecretAgent:

    _codeword = None

    def __init__(self, codename):
        self.codename = codename
        self._secrets = []

    def __del__(self):
        print(f"Agent {self.codename} has been disavowed!")

    def remember(self, secret):
        self._secrets.append(secret)

    @classmethod
    def inform(cls, codeword):
        cls._codeword = codeword

    @staticmethod
    def inquire(question):
        print("I know nothing.")
```

接下來是新增一個類別方法,用我自己設計的加密系統來加密傳遞給它的任何訊息。這個方法本身與屬性無關,但我帶入它是為了使範例更完整:

📂Listing 7-18: 使用 property 但沒有用 getter

```python
    @classmethod
    def _encrypt(cls, message, *, decrypt=False):
        code = sum(ord(c) for c in cls._codeword)
        if decrypt:
            code = -code
        return ''.join(chr(ord(m) + code) for m in message)
```

這個 _encrypt() 類別方法使用_codeword 類別屬性來對字串訊息進行基本的替換密碼編碼。這裡使用 sum() 來計算_codeword 中每個字元的 Unicode 編碼值(以整數表示)的總和。我把字元(字串)傳遞給 ord() 函式,它會返回 Unicode 編碼值作為整數。這些編碼值的總和會綁定給 code 變數。(這裡看起來有點奇怪的迴圈實際上是個產生器運算式,我會在第 10 章才詳細介紹。在這裡,您可以直接假設它的功用就是對綁定到 cls._codeword 字串中的每個字元都呼叫了 ord() 函式。)

我使用 code 來位移訊息中每個字元的 Unicode 編碼值。chr() 函式會返回與給定編碼值相對應的字元。我對每個訊息中的字元傳遞目前編碼值和 code 的加總,然後將它傳遞給 chr() 函式。(再次強調,這裡使用了一個產生器運算式。)

> **ALERT**
>
> 在範例或玩具程式的場景中自己編寫加密函式是可以的，在這樣的應用情境下安全性不太重要。但如果您有真正需要保密的資料，**千萬不要**自己寫加密函式！加密演算法背後需要大量的學術研究、實驗和測試。最好使用經過確立且業界認可的加密演算法和工具。

定義特性

特性（**property**）的行為很像屬性（attribute），但它是由三個實例方法組成：**getter**（**取值器**）、**setter**（**設值器**）和 **deleter**（**刪除器**）。請記住，對於類別的使用者來說，特性表面上看起來就像是一個普通的屬性。存取特性時會呼叫 getter，將值指給它時會呼叫 setter，使用 del 關鍵字刪除特性時會呼叫 deleter。

就像普通的 getter 或 setter 方法一樣，property 可能會存取或修改非公開的屬性、多個屬性，甚至可能完全不涉及任何屬性。一切都取決於您想要怎麼做。

這裡會為 SecretAgent 類別定義一個名為 secret 的 property，這個特性將同時當作 _secrets 實例屬性 getter、setter 和 deleter。這種做法讓我可以加入處理邏輯，例如在 getter 中將指定的資料加密後儲存到 _secrets 屬性中。

在定義 property 本身之前，需要定義三個組成特性的函式。從技術上來看，我是可以隨便取名，但慣例是用 getx、setx 或 delx 這種格式，其中「x」是屬性的名稱。我也將這些方法設為非公開，因為我希望客戶端直接使用特性。

首先是定義 getter：

📂Listing 7-19: secret_agent_property.py:3
```
    def _getsecret(self):
        return self._secrets[-1] if self._secrets else None
```

這個 getter，也就是 _getsecret()，不需要任何參數，且會返回特性的值。在這個範例中，我希望這個 getter 返回綁定到實例屬性 self._secrets 的串列中的最後一個項目，如果串列是空的，就回傳 None。

接下來是 setter：

Listing 7-20: secret_agent_property.py:4

```
def _setsecret(self, value):
    self._secrets.append(self._encrypt(value))
```

這個 setter，也就是 _setsecret()，接受一個參數，這個參數會接收在呼叫中指定給這個特性的值（請參考 Listing 7-23）。在這個範例中，我假設是某種字串，會將它傳遞給之前定義的靜態方法 _encode()，然後把它儲存在串列 self._secrets 中。

第三個是 deleter：

Listing 7-21: secret_agent_property.py:5

```
def _delsecret(self):
    self._secrets = []
```

這個 deleter，也就是 _delsecret()，不需要接受任何參數也不會返回值。不論是在背景中由垃圾回收器執行，或是明確地使用 del secret 來刪除，這個方法會在特性被刪除時呼叫執行。在這個範例中，當特性被刪除時，我希望整個 secrets 串列被清空。

如果 deleter 被呼叫時沒有特別的需求去執行，其實不需要定義 deleter。請思考當您在裝飾器上呼叫 del 處理（例如要刪除由特性控制的相關屬性），您希望進行什麼樣的處理，如果想不到要做什麼特別的動作，那就不用編寫 deleter 了。

最後是定義特性本身：

Listing 7-22: secret_agent_property.py:6a

```
secret = property(fget=_getsecret, fset=_setsecret, fdel=_delsecret)
```

這是定義在類別本身的內容，放在 __init__() 方法之外，而且要放在構成它的那三個函式後面。我分別把這三個方法傳遞給 fget、fset 和 fdel 這些關鍵字引數（您也可以按照相同的順序以位置引數的方式傳遞它們）。我把這個 property 綁定到 secret，這樣就變成特性的名稱了。

現在就可以像操作實例屬性一樣使用它了：

Listing 7-23: secret_agent_property.py:7a

```
mouse = SecretAgent("Mouse")
mouse.inform("Parmesano")
```

```
print(mouse.secret)     # prints "None"
mouse.secret = "12345 Main Street"
print(mouse.secret)     # prints "κϙϙϛϛϕjΪЦДϕСКИЋЋК"
mouse.secret = "555-1234"
print(mouse.secret)     # prints "ϛϛϛΥκϙϙϛ"

print(mouse._secrets)   # prints two values
del mouse.secret
print(mouse._secrets)   # prints empty list
```

每次我試著擷取這個特性的值,都會呼叫到 getter。而當我指定一個值給這個特性時,則會呼叫到 setter。不需要記住或明確呼叫特定的 getter 或 setter 方法,我可以像處理屬性一樣操作這個 property。

您可能還記得,secrets 的 deleter 會清空 _secrets 串列的內容。在刪除 property 之前,這個串列含有兩個項目。刪除之後,串列就變成空的了。

並不一定要定義 property 的所有三個組成函式。舉例來說,我不希望 secret 這個特性有 getter,所以我可以從類別程式碼中移除 _getsecret()。畢竟,Secret Agent(秘密特工們)不該分享他們的 secret(秘密)。

📂Listing 7-24: 沒有 getter 的 secret property

```
    def _setsecret(self, value):
        self._secrets.append(self._encrypt(value))

    def _delsecret(self):
        self._secrets = []

    secret = property(❶ fset=_setsecret, fdel=_delsecret)
```

因為我並沒有將參數傳遞給 fget,所以預設值會是 None❶。這個 property 有 setter 和 deleter,但沒有 getter。

所以,我可以對 secret 指定值,但無法存取其值:

📂Listing 7-25: 使用 property 但沒有用 getter

```
mouse = SecretAgent("Mouse")
mouse.inform("Parmesano")

mouse.secret = "12345 Main Street"
mouse.secret = "555-1234"

print(mouse.secret)   # AttributeError
```

像之前一樣，指定值到 mouse.secret 是可以的，因為這會呼叫 setter 來處理。

不過，嘗試存取這個值時則會拋出一個 AttributeError。我也可以寫一個 getter 永遠返回 None，但客戶端就需要記得它會返回這個毫無意義的值。請回想 Python 之禪中的指示：

> Erros should never pass silently.
> 錯誤絕不能悄悄忽略，
> Unless explicitly silenced.
> 除非它明確需要如此。

如果某個特定的用法不需要出現，尤其是在設計類別或介面時，這種用法應該**明確地失效**。

使用裝飾器的特性

建立一個 property 並不難，但書中迄今所展示的實作方式並不太符合 Python 風格，因為我必須依賴方法名稱來提醒這些方法是屬於特性的一部分。幸好，還有另一種做法。

Python 提供了一個更簡潔的做法來定義 property：使用裝飾器（decorator）。這個技巧有兩種做法。

做法 1：property() 和裝飾器

第一種做法仍然使用 property() 函式，但使用裝飾器來標示相關的方法。這種做法的主要優點在於提升可讀性，通常在省略 getter 時使用。我可以使用特性的名稱作為方法名稱，然後依賴裝飾器來聲明其作用。

以下是使用這種做法重新編寫 secret 特性的程式碼：

📁Listing 7-26: secret_agent_property.py:3b

```
secret = property()
```

在此做法中，是在撰寫方法之前先定義 secret 為特性。我沒有傳遞任何引數給 property()，因此特性中所有三個函式都預設為 None。接下來，我新增了 getter 方法：

📂Listing 7-27: secret_agent_property.py:4b

```
@secret.getter
def secret(self):
    return self._secrets[-1] if self._secrets else None
```

getter 方法現在必須與特性名稱 secret 相同。如果不是這樣，在第一次呼叫 getter 時就會失效並拋出 AttributeError，而不是在建立類別時拋出錯誤。這個方法前面有 @secret.getter 裝飾器，代表示它是該特性的 getter，就好像我將它傳給 property(fget=) 一樣。

以下是 setter 方法：

📂Listing 7-28: secret_agent_property.py:5b

```
@secret.setter
def secret(self, value):
    self._secrets.append(self._encrypt(value))
```

同樣地，setter 方法的名稱必須與它相關特性的名稱相同，並且前面要加上 @secret.setter 裝飾器。

以下是 deleter 方法：

📂Listing 7-29: secret_agent_property.py:6b

```
@secret.deleter
def secret(self):
    self._secrets = []
```

就和 getter 與 setter 一樣，deleter 方法前面要加上 @secret.deleter 裝飾器。

這個版本能順利運作執行，但還有一個更好的技巧。

做法 2：裝飾器沒有使用 property()

第二種做法是使用裝飾器來宣告 property，這種寫法更短也最常使用。這種做法在定義有 getter 的特性時比較常用。

如果已經定義了 getter，就不需要明確地建立和指定 property()。反而可以直接把 @property 裝飾器套用在 getter 上：

```
@property
def secret(self):
```

```
        return self._secrets[-1] if self._secrets else None

    @secret.setter
    def secret(self, value):
        self._secrets.append(self._encrypt(value))

    @secret.deleter
    def secret(self):
        self._secrets = []
```

我在這個 getter 函式前面加上了 @property 裝飾器，而不是 @secret.getter 裝飾器，這樣會建立一個同名的 property。因為這樣就等於定義了名為 secret 的特性，所以在程式碼中就不需要再寫「secret = property()」了。

請留意，這個快捷做法只適用於 getter 方法。setter 和 deleter 則必須以前面講解的做法來定義。

同樣地，如果某個方法不需要處理特定的行為，則可以省略不定義。舉例來說，如果我不希望 secret 被讀取，則可省略 getter 方法，其完整的特性程式碼如下所示：

```
❶ secret = property()

    @secret.setter
    def secret(self, value):
        self._secrets.append(self._encrypt(value))

    @secret.deleter
        def secret(self):
        self._secrets = []
```

因為這裡沒有 getter，所以必須在一開始明確宣告 property ❶。在這個版本中，指定和刪除 secret 的操作和之前一樣，但是存取值時會引發 AttributeError。

不使用 property 的時機

使用 property 和傳統的 getter 與 setter 時機，其實有一些爭論。特性的主要缺點之一是隱藏了一些在指定時所進行的計算或處理，而客戶端可能沒有預期到這種情況。特別是如果這種處理過程很冗長或複雜時可能會出問題，以至於客戶端可能需要同步使用非同步（async）或執行緒（threads）來執行（請參閱第 16、17 章）。您不能像同步執行方法那樣輕鬆地同步執行指定的操作。

您還需要考慮指定的預期行為。當您直接對屬性指定值時，通常會期望從該屬性中擷取到相同的值。但實際上，由於您所設計之 property 可能有不同的處理狀況，所以「值」有可能會在指定或存取時被轉換。在設計類別時，您需要考慮到客戶端的預期。

有些人認為，property 應該只用來逐步棄用之前公開的屬性，或是完全移除的屬性。另外還一些人如我一樣都認為 property 很有用，可以替代相對簡單的 getter 和 setter 方法，特別是在 getter 和 setter 有較多的指定和存取邏輯時。

無論如何，property 是 Python 很容易被誤用或錯用的好功能之一。在您的特定需求中，要仔細考量特性、公開屬性或方法的影響。趁這個機會，可以在網路上（例如 Libera.Chat 的 IRC #python 頻道）請教其他經驗豐富的 Python 開發者，聽取高手們的建議。（如果您想要在網路論壇中爭論關於特性是否最符合 Python 風格的一般立場，最好先準備頭盔再開戰。）

特殊方法

特殊方法（**Special method**）是我在 Python 物件導向程式設計中最喜歡的功能，讓我有點興奮（也可能是我喝太多咖啡了）。特殊方法有時候也稱為**魔術方法**（**magic method**），可以讓您為類別新增支援 Python 運算子或內建指令的功能！

特殊方法俗稱為**雙底線方法**（**double underscore method**），縮寫成「**dunder method**」，因為它們是以兩個底線字元（__）開頭和結尾。您已經看過三個特殊方法：__init__()、__new__() 和 __del__()。Python 語言定義了約一百個特殊方法，其中大部分在 https://docs.python.org/3/reference/datamodel.html 的官方網站中有說明文件介紹。我會在這裡介紹一些最常見的特殊方法。在書中後面的章節內，我會根據相關情況介紹其他特殊方法。本書的附錄 A 中也有列出 Python 的所有特殊方法。

場景設定

在這小節的範例中，會使用一個新的類別叫做 GlobalCoordinates，用來儲存一組全球座標，包括緯度和經度。這個類別的定義如下：

📂Listing 7-30: global_coordinates.py:1

```python
import math
class GlobalCoordinates:

    def __init__(self, *, latitude, longitude):

        self._lat_deg = latitude[0]
        self._lat_min = latitude[1]
        self._lat_sec = latitude[2]
        self._lat_dir = latitude[3]
        self._lon_deg = longitude[0]
        self._lon_min = longitude[1]
        self._lon_sec = longitude[2]
        self._lon_dir = longitude[3]

    @staticmethod
    def degrees_from_decimal(dec, *, lat):
        if lat:
            direction = "S" if dec < 0 else "N"
        else:
            direction = "W" if dec < 0 else "E"
        dec = abs(dec)
        degrees = int(dec)
        dec -= degrees
        minutes = int(dec * 60)
        dec -= minutes / 60
        seconds = round(dec * 3600, 1)
        return (degrees, minutes, seconds, direction)

    @staticmethod
    def decimal_from_degrees(degrees, minutes, seconds, direction):
        dec = degrees + minutes/60 + seconds/3600
        if direction == "S" or direction == "W":
            dec = -dec
        return round(dec, 6)

    @property
    def latitude(self):
        return self.decimal_from_degrees(
            self._lat_deg, self._lat_min, self._lat_sec, self._lat_dir
        )

    @property
    def longitude(self):
        return self.decimal_from_degrees(
            self._lon_deg, self._lon_min, self._lon_sec, self._lon_dir
        )
```

根據您目前學過的知識,您應該能夠理解這裡正要處理什麼事情。這個 Global Coordinates 類別會把緯度和經度轉換並儲存成包含度、分、秒的元組,還有代表方向的字串字面值。

我選擇建立這個特別的類別，因為它的資料非常適合用在即將介紹的特殊方法，它算是其中一個重要的子集合。

轉換方法

表示相同的資料可以有很多種方式，而且大多數使用者會期望能夠把含有資料的物件轉換成任何在 Python 中有意義的基本型別。舉例來說，全球座標用字串或雜湊來表示。請仔細思考您的類別要支援哪些資料型別的轉換。在這裡的範例中，我會介紹一些用於資料轉換的特殊方法。

標準字串表示：__repr__()

編寫類別的時候，一般會建議至少定義一個 __repr__() 的實例方法，它會返回物件的**標準字串表示**（**canonical string representation**）。這個字串表示最好能包含所有必要的資料，讓我們可以用相同的內容建立另一個類別實例。

如果我沒有為 GlobalCoordinates 定義 __repr__() 這個實例方法，Python 就會使用預設的版本，但這個預設方法真的沒什麼作用。以下是建立一個 GlobalCoordinates 的實例，然後透過 repr() 來印出這個預設的表示：

📂 Listing 7-31: global_coordinates_usage.py:1

```
from global_coordinates import GlobalCoordinates
nsp = GlobalCoordinates(latitude=(37, 46, 32.6, "N"),
                        longitude=(122, 24, 39.4, "W"))
print(repr(nsp))
```

執行之後會印出以下的標準字串表示形式：

```
<__main__.GlobalCoordinates object at 0x7f61b0c4c7b8>
```

不太好閱讀對吧？我會為類別建立自己的 __repr__() 實例方法：

📂 Listing 7-32: global_coordinates.py:2

```
    def __repr__(self):
        return (
            f"<GlobalCoordinates "
            f"lat={self._lat_deg}°{self._lat_min}'"
            f"{self._lat_sec}\"{self._lat_dir} "
            f"lon={self._lon_deg}°{self._lon_min}'"
            f"{self._lon_sec}\"{self._lon_dir}>"
        )
```

我返回了一個含有重新建立該實例所需之所有資訊的字串：類別名稱、緯度和經度。

現在重新執行在 Listing 7-31 中的程式碼，會產生更有用的資訊：

```
<GlobalCoordinates lat=37°46'32.6"N lon=122°24'39.4"W>
```

人類可讀的字串表示：__str__()

__str__() 特殊方法的目的與 __repr__() 很類似，但它是為了讓人好閱讀而設計的，相較於更偏向技術的標準表示法，__repr__() 更適合用於除錯。

如果您沒有定義 __str__()，則會使用 __repr__() 函式來處理，但在上述的範例中這是不理想的。使用者應該要看到漂亮的座標表示！以下是我為 GlobalCoordinates 定義的 __str__() 實例方法：

Listing 7-33: global_coordinates.py:3
```
    def __str__(self):
        return (
            f"{self._lat_deg}°{self._lat_min}'"
            f"{self._lat_sec}\"{self._lat_dir} "
            f"{self._lon_deg}°{self._lon_min}'"
            f"{self._lon_sec}\"{self._lon_dir}"
        )
```

不像是 __repr__() 那樣，這裡省略了所有那些枯燥的技術資訊，只專注在組合並返回使用者想看到的字串表示。

當類別的實例被傳遞給 str() 時，這個方法就會被呼叫，但直接將實例傳遞給 print() 或是在格式化字串中當作運算式也會觸發 __str__()。例如：

Listing 7-34: global_coordinates_usage.py:2
```
print(f"No Starch Press's offices are at {nsp}")
```

其執行的輸出結果為：

```
No Starch Press's offices are at 37°46'32.6"N 122°24'39.4"W
```

看起來很不錯也很好閱讀！

唯一的身份識別（雜湊）：__hash__()

__hash__() 方法通常會返回一個**雜湊值**（**hash value**），這個整數對類別實例的資料是唯一的識別。使得您可以在某些集合中使用這些類別的實例，例如字典中的「鍵」或集合中的「值」（請參考第 9 章）。一般來說，編寫這個方法是很有幫助的，因為預設行為會讓每個類別實例都有不同的雜湊值，即使兩個實例含有完全相同的資料。

__hash__() 方法應該只依賴於在實例的生命週期內不會改變的值！有幾個集合是依靠這些雜湊值**永遠不會改變**，但可變物件的值則可能會改變。

以下是我為 GlobalCoordinates 編寫的 __hash__() 函式：

📁Listing 7-35: global_coordinates.py:4

```
def __hash__(self):
    return hash((
        self._lat_deg, self._lat_min, self._lat_sec, self._lat_dir,
        self._lon_deg, self._lon_min, self._lon_sec, self._lon_dir
    ))
```

我選了最常見的做法，就是建立一個包含所有重要實例屬性的元組（tuple），然後對這個元組呼叫 hash() 函式來處理，這個函式會返回傳入值的雜湊值。隨後我就返回那個雜湊值。

> **ALERT**
> 根據說明文件指示，如果您定義了__hash__()，也應該定義__eq__()（請參考本章後面「比較方法」小節的說明）。

其他轉換特殊方法

Python 有一些特殊方法可以將實例中的資料轉換成其他形式。您可以自行決定在類別中要定義哪些方法：

- __bool__() 應該返回 True 或 False。如果沒有定義，自動轉換成布林值時會檢查 __len__() 是否返回非零值（請參考第 9 章）；否則，預設會使用 True。

- __bytes__() 應該返回一個位元組（bytes）物件（請參考第 12 章）。

- ___ceil__() 應該返回一個整數（int）值，通常是將浮點數值四捨五入到最近的整數。

- ___complex__() 應該返回一個複數（complex）值。

- ___float__() 應該返回一個浮點數（float）值。

- ___floor__() 應該返回一個整數（int）值，通常是將浮點數值無條件捨去到最近的整數。

- ___format__() 應該接受一個代表格式規格的字串（請參考第 3 章），並返回一個套用該規格之實例的字串表示。套用規格的方式取決於使用者。

- ___index__() 應該返回跟 __int__() 一樣的值，如果您編寫了這個方法，就必須同時定義 __int__()。有此方法的存在表示這個類別應該被視為整數的一種型別。您不需要丟棄任何資料就可以取得整數值（無失真轉換）。

- ___int__() 應該返回一個整數值。您可以簡單地讓這個函式呼叫 __ceil__()、__floor__()、__round__() 或 __trunc__()。

- ___round__() 應該返回一個整數值，通常是將浮點數值四捨五入成最接近的整數。

- ___trunc__() 應該返回一個整數值，通常是無條件捨去浮點數值的小數部分，只保留整數部分。

您只需要定義對類別有意義的特殊方法。在本章前面的範例中，這些額外的轉換方法對於一組全球座標的表示來說並不太適用。

比較方法

Python 有六個比較的特殊方法，對應到 Python 的六個比較運算子：==、!=、<、>、<= 和 >=。這些特殊方法通常都會返回一個布林值。

如果呼叫了這其中的一個特殊方法，但該方法未被定義，類別實例將會返回特殊值 NotImplemented，通知 Python 並沒有進行比較。這讓程式語言可以決定最適合的回應。在與內建型別進行比較的情況下，NotImplemented 會被強制轉換為布林值 False，以避免破壞依賴這些函式的演算法。在大多數的其他情況下，是會引發 TypeError 錯誤。

等於：__eq__()

__eq__() 這個特殊方法會由等號（==）運算子呼叫。這裡的範例會為 GlobalCo ordinates 類別定義這個方法：

📁Listing 7-36: global_coordinates.py:5

```
    def __eq__(self, other):
        if not ❶ isinstance(other, GlobalCoordinates):
            return ❷ NotImplemented

        return (
            self._lat_deg == other._lat_deg
            and self._lat_min == other._lat_min
            and self._lat_sec == other._lat_sec
            and self._lat_dir == other._lat_dir
            and self._lon_deg == other._lon_deg
            and self._lon_min == other._lon_min
            and self._lon_sec == other._lon_sec
            and self._lon_dir == other._lon_dir
        )
```

所有比較特殊方法都接受兩個參數：self 和 other。分別代表運算子左右的運算元，所以「a == b」的比較就會呼叫「a.__eq__(b)」。

在這個範例中，只有將兩個 GlobalCoordinates 類別的實例進行比較才有意義。把 GlobalCoordinates 實例直接與整數或浮點數進行比較是不合理的。因此型別很重要，算是較少見的應用場景。這裡使用 isinstance() 來確保 other 是 Global Coordinates 類別的實例（或其子類別）❶。如果是的話，我會將構成 GlobalCo operatives 實例之緯度和經度的實例屬性與另一個實例的相同屬性進行比較，如果兩者全部相符匹配，就返回 True。

不過，如果另一個是不同型別的話，就不會進行比較，所以我返回一個特殊值 NotImplemented ❶。

不等於：__ne__()

__ne__() 這個特殊方法對應到不等於（!=）運算子。如果沒有定義，呼叫 __ne__() 會**委派**給 __eq__()，然後返回與 __eq__() 相映射的值。如果這是您預期想要的處理，就不需要定義 __ne__()。

不過，如果您的不等於比較有更複雜的處理邏輯，在類別定義它是有道理的。

小於和大於：__lt__() and __gt__()

__lt__() 和 __gt__() 特殊方法分別對應到小於（＜）和大於（＞）運算子。這兩個特殊方法是**映射的（reflection）**，也就是說，比較中的運算子可以替換成另一個。運算式「a ＜ b」會呼叫「a.__lt__(b)」，但如果結果是 NotImplemented，Python 會自動翻轉邏輯並呼叫「b.__gt__(a)」。因此，如果您只比較同一類別的實例，通常可以只定義兩者特殊方法之一：通常是選__lt__()。__le__()和__ge__()也是如此，分別對應小於或等於（<=）和大於或等於（>=）。

請小心這個映射、反映的概念！如果您想支援比較不同型別的物件，就應該把這兩者特殊方法都一起定義好。

在本章特定範例中，對於兩個 GlobalCoordinates 全球座標來說，沒有明確的小於或大於邏輯，所以我不會定義這四個特殊方法。由於在類別中沒有定義它們，所以對這些方法的呼叫都會返回 NotImplemented。

二元運算子的支援

特殊方法也能讓您在類別中加入對**二元運算子（binary operator）**的支援，有兩個運算元進行運算。如果其中任何一個方法未定義，它們會預設返回 NotImplemented，若是在表達式的情境脈絡中，這通常會引發錯誤。

以 GlobalCoordinates 為例，我只會透過 __sub__() 方法來實作減法運算子。

Listing 7-37: global_coordinates.py:6

```
def __sub__(self, other):
    if not isinstance(other, GlobalCoordinates):
        return NotImplemented

    lat_diff = self.latitude - other.latitude
    lon_diff = self.longitude - other.longitude
    return (lat_diff, lon_diff)
```

就像比較的特殊方法一樣，二元運算子的特殊方法也需要兩個參數：self 和 other。在本章的這個案例中，運算元應該是 GlobalCoordinates 類別的實例。如果 other 是不同的型別，就會返回 NotImplemented。若是相同的型別，則會執行數學運算，然後返回一個表示緯度和經度之間差異的十進制度數的元組。

因為這裡只支援兩個 GlobalCoordinates 實例的減法，所以算是已經完成了。不過，如果想要支援其他型別的減法，也必須實作__rsub__()，這是__sub__()的映射。表達式「a － b」會呼叫「a.__sub__(b)」，但如果這返回了 NotImple mented，那麼 Python 就會在幕後嘗試呼叫「b.__rsub__(a)」。因為「a － b」與「b － a」不同，我必須分別定義這兩種方法，讓「b.__rsub__(a)」應該返回「a － b」的值。

第三個方法是 __isub__()，對應到減法增量指定運算子（-=）。如果這個方法未定義，該運算子會回退到 __sub__() 和 __rsub__() 函式（「a -= b」變成「a = a － b」），所以只有在需要一些特殊行為時才需要定義 __isub__()。

所有的 13 個二元運算子，以及 divmod() 函式，都依賴於相同三種特殊方法，不過 divmod() 沒有增量指定的版本。表 7-1 概述了它們內容，供您參考。

表 7-1：運算子特殊方法（Operator Special Method）

運算子	方法	映射方法	增量方法
加法（+）	__add__()	__radd__()	__iadd__()
減法（-）	__sub__()	__rsub__()	__isub__()
乘法（*）	__mul__()	__rmul__()	__imul__()
矩陣乘法（@）	__matmul__()	__rmatmul__()	__imatmul__()
除法（/）	__truediv__()	__rtruediv__()	__itruediv__()
取整數除法（//）	__floordiv__()	__rfloordiv__()	__ifloordiv__()
模除法（%）	__mod__()	__rmod__()	__imod__()
divmod()	__divmod__()	__rdivmod__()	N/A
冪/指數（**）	__pow__()	__rpow__()	__ipow()__
左移（<<）	__lshift__()	__rlshift__()	__ilshift__()
右移（>>）	__rshift__()	__rrshift__()	__irshift__()
邏輯和（and）	__and__()	__rand__()	__iand__()
邏輯或（or）	__or__()	__ror__()	__ior__()
邏輯異或（xor）	__xor__()	__rxor__()	__ixor__()

單元運算子的支援

您也可以加入對單元運算子（unary operator）的支援，這些運算子只有一個運算元。單元運算子的特殊方法只需一個參數：self。和之前一樣，如果未定義這些方法，預設都會返回 NotImplemented。

就本章的這個 GlobalCoordinates 類別來說,我想要覆寫反轉運算子(~),以返回一個在地球上相對位置的 GlobalCoordinates 實例(相反的緯度和經度)。

📂Listing 7-38: global_coordinates.py:7

```
def __invert__(self):
    return GlobalCoordinates(
        latitude=self.degrees_from_decimal(-self.latitude, lat=True),
        longitude=self.degrees_from_decimal(-self.longitude, lat=False)
    )
```

這裡沒有太多新的東西,只會從目前的緯度和經度取負值,然後建立並返回一個新的 GlobalCoordinates 實例。以下是一些一元運算子及其對應的特殊方法:

　　__abs__() 處理絕對值 abs()運算函式。

　　__invert__() 處理反轉/二進位翻轉 ~ 運算子。

　　__neg__() 處理負號運算子 -。

　　__pos__() 處理正號運算子 +。

製作可呼叫物件

在這小節中要介紹最後一個特殊方法會讓實例變成**可呼叫的物件**(**callable**),意思是讓實例像函式一樣可以被呼叫。這個特殊方法叫做 __call__(),可以接受任意數量的引數,並回傳任何東西。

為了總結範例,我會寫一個 __call__() 方法,當它傳入另一個 GlobalCoordinate 實例時,會回傳兩者之間的距離,以度、分、秒表示。然而,這只是一個示範用的範例,在實際情況下是不太會讓 GlobalCoordinates 變成可呼叫物件。以下只是為了示範此方法來完成我的範例而已:

📂Listing 7-39: global_coordinates.py:8

```
def __call__(self, ❶ other):
    EARTH_RADIUS_KM = 6371

    distance_lat = math.radians(other.latitude - self.latitude)
    distance_lon = math.radians(other.longitude - self.longitude)
    lat = math.radians(self.latitude)
    lon = math.radians(self.longitude)
    a = (
        math.sin(distance_lat / 2)
        * math.sin(distance_lat / 2)
```

```
            + math.sin(distance_lon)
            * math.sin(distance_lon / 2)
            * math.cos(lat)
            * math.cos(lon)
        )
        c = 2 * math.atan2(math.sqrt(a), math.sqrt(1-a))

    ❷  return c * EARTH_RADIUS_KM
```

請記住，__call__() 可以根據您想要的任何參數來設計撰寫。在這個範例中，
other 接受另一個 GlobalCoordinate 類別的實例❶。接著是計算這兩個座標點之
間的距離，以公里為單位，隨後將計算結果以浮點數的形式返回❷。

現在，我可以像使用函式一樣的使用任何 GlobalCoordinate 類別的實例了：

📂Listing 7-40: global_coordinates_usage.py:3

```
nostarch = GlobalCoordinates(latitude=(37, 46, 32.6, "N"),
                             longitude=(122, 24, 39.4, "W"))

psf = GlobalCoordinates(latitude=(45, 27, 7.7, "N"),
                        longitude=(122, 47, 30.2 "W"))

distance = nostarch(psf)
print(distance)  # 852.6857266443297
```

我先定義了兩個 GlobalCoordinate 的實例，然後透過把其中一個實例傳給另一
個實例來計算它們之間的距離，並將結果儲存起來。事實上，從 No Starch
Press 辦公室到 Python Software Foundation 的辦公室之間的距離大約是 852 公里
（529 英里）。

更多特殊方法：向前看

還有不少的特殊方法，不過我會在相關功能的章節中才介紹。請留意與**可迭代
物件**相關的特殊方法（第 9 章）、**情境管理器**的特殊方法（第 11 章）以及**非同
步**的特殊方法（第 16 章）。您也可以參考附錄 A 以查看完整的特殊方法列表。

類別裝飾器

類別也支援**裝飾器**（**decorator**），其功用也和函式的裝飾器很相像。類別裝飾
器包裹著類別的實例化，讓您可以在各種情況下進行介入：增加屬性、初始化
另一個含有裝飾類別實例的類別，或是立即對新物件執行某些動作。

為了示範這項功能，我需要準備一個更有說服力的範例。我會建立一個名為 CoffeeRecipe 的類別，其中含有咖啡店特定的菜單項目食譜。我也會另外建立一個叫做 CoffeeOrder 的類別，代表單一顧客的咖啡訂單。

📂Listing 7-41: coffee_order_decorator.py:1

```python
class CoffeeOrder:

    def __init__(self, recipe, to_go=False):
        self.recipe = recipe
        self.to_go = to_go

    def brew(self):
        vessel = "in a paper cup" if self.to_go else "in a mug"
        print("Brewing", *self.recipe.parts, vessel)


class CoffeeRecipe:

    def __init__(self, parts):
        self.parts = parts


special = CoffeeRecipe(["double-shot", "grande", "no-whip", "mocha"])
order = CoffeeOrder(special, to_go=False)
order.brew()  # prints "Brewing double-shot grande no-whip mocha in a mug"
```

到現階段，您可能已經能夠理解這段程式要處理什麼事情。

接下來，我要開一個只提供外帶（to go）服務的咖啡小攤，所以我不想要手動地對每個訂單都設定為外帶。

不必寫一個全新的 CoffeeOrder 類別，這裡可以定義一個類別裝飾器，讓我可以事先指定所有的訂單是外帶還是內用。

📂Listing 7-42: coffee_order_decorator.py:2

```python
import functools
def auto_order(to_go):  ❶
    def decorator(cls):
        @functools.wraps(cls)
        def wrapper(*args, **kwargs):
            ❷ recipe = cls(*args, **kwargs)
            ❸ return (CoffeeOrder(recipe, to_go), recipe)
        return wrapper
    ❹ return decorator
```

這個裝飾器接受額外的引數 to_go，所以我必須將裝飾器本身包裹在另一個函式內，形成一個雙重閉包❶。裝飾器是從最外層的函式中返回的❹，但裝飾器的實際名稱都是來自最外層的函式名稱。這個模式適用於所有的裝飾器，不僅僅是類別裝飾器。

如果您還記得第 6 章的內容，這個裝飾器本身看起來會相當熟悉。在初始化被包裹的類別實例之後❷，我立刻使用該實例來初始化一個 CoffeeOrder 實例，然後將它和 CoffeeShackRecipe 實例一起以元組的形式返回❸。

現在可以建立一個新的 CoffeeShackRecipe，它繼承自 CoffeeRecipe，並且沒有新增任何新的東西，隨後可以套用這個裝飾器，讓它都把訂單變成是外帶的。

📂Listing 7-43: coffee_order_decorator.py:3

```
@auto_order(to_go=True)
class CoffeeShackRecipe(CoffeeRecipe):
    pass


order, recipe = CoffeeShackRecipe(["tall", "decaf", "cappuccino"])
order.brew()  # prints "Brewing tall decaf cappuccino in a paper cup"
```

我建立這個新類別的唯一原因就是為了能夠使用 @auto_order 裝飾器來進行擴充，同時又不失去在需要時建立 CoffeeRecipe 實例的能力。

在使用上，您可以看到我現在能像使用 CoffeeRecipe 一樣指定 CoffeeShack Recipe，但 CoffeeShackRecipe 實例將同時返回一個 CoffeeOrder 實例和一個 CoffeeShackRecipe 實例。我對 CoffeeOrder 呼叫 brew()。這樣的運用是個很巧妙的小技巧，對吧？

與物件的結構化模式比對匹配

結構化模式比對匹配（Structural pattern matching）是 Python 3.10 版本中新增的功能，可以透過物件的屬性來進行模式的比對匹配。

舉例來說，假設有一個代表 Pizza（比薩）的類別，隨後我想要根據給定之 Pizza 物件的屬性進行結構化的模式比對匹配：

📂Listing 7-44: pattern_match_object.py:1a

```
class Pizza:

    def __init__(self, topping, second_topping=None):
        self.first = topping
```

```
        self.second = second_topping

order = Pizza("pepperoni", "mushrooms")

match order:
    case Pizza(first='pepperoni', second='mushroom'):
        print("ANSI standard pizza")
    case Pizza(first='pineapple'):
        print("Is this even pizza?")
```

在每個模式中，我指定了預期之主題訂單的物件，這裡的範例是 Pizza，隨後列出了該物件的屬性和其預期的值。例如，如果 order.first 是 "pepperoni"，而 order.second 是 "mushroom"，那就會輸出 "ANSI standard pizza"。

在第二個 case 比對中，您會看到這裡甚至不需要為每個屬性指定預期的值。如果 order.first 是 "pineapple"，不管第二個值是什麼，都會顯示訊息 "Is this even pizza?"（嗯，我就喜歡在比薩上加鳳梨！不好意思啦！）

捕捉模式在這裡也可以派上用場。如果第二種配料是 "cheese"，但第一種是其他東西，我想要將第一種配料捕捉為 first，所以在 case 中使用這個值：

📂 Listing 7-45: pattern_match_object.py:1b

```
# --省略--

match order:
  # --省略--
    case Pizza(first='pineapple'):
        print("Is this even pizza?")
    case Pizza(first=first, second='cheese'):
        print(f"Very cheesy pizza with {first}.")
```

在這裡，如果 order.second 的值是 "cheese"，則 order.first 的值將被捕捉為 first，我會在訊息中使用到這個值。

我還會使用捕捉模式在這裡建立一個備援的 case：

📂 Listing 7-46: pattern_match_object.py:1c

```
# --省略--

match order:
  # --省略--
    case Pizza(first=first, second='cheese'):
        print(f"Very cheesy pizza with {first}.")
    case Pizza(first=first, second=second):
        print(f"Pizza with {first} and {second}.")
```

在這裡，如果前面的模式比對匹配都不相符，那就會捕捉 order.first 和 order.second，然後用它們來組合成一條關於披薩的文字訊息。

只要您不介意一直打出屬性的名字，這方法是運作得還不錯。然而，有時候這樣會一直重複的感覺有些多餘。舉例來說，如果您有一個代表三維空間位置點的 Point 類別，每次都打出 x、y 和 z 可能會感到有點煩人：

Listing 7-47: point.py:1a

```python
class Point:
    def __init__(self, x, y, z):
        self.x_pos = x
        self.y_pos = y
        self.z_pos = z


point = Point(0, 100, 0)

match point:
    case Point(x_pos=0, y_pos=0, z_pos=0):
        print("You are here.")
    case Point(x_pos=0, y_pos=_, z_pos=0):
        print("Look up!")
```

這個模式感覺有點冗長，特別是在大多數人希望在 3D 空間中指定一個位置點為 x、y、z 時。

不必每次都寫出屬性，我可以定義特殊的 __match_args__ 類別屬性，用它指定模式值要怎麼按位置映射到物件的屬性：

Listing 7-48: point.py:1b

```python
class Point:
    __match_args__ = ('x_pos', 'y_pos', 'z_pos')

    def __init__(self, x, y, z):
        self.x_pos = x
        self.y_pos = y
        self.z_pos = z


point = Point(0, 123, 0)

match point:
    case Point(0, 0, 0):
        print("You are here.")
    case Point(0, _, 0):
        print("Look up!")
```

我將 __match_args__ 定義為一個字串元組，表示我想在物件的模式比對匹配中將其映射為位置值的屬性。也就是說，模式中的第一個位置值映射為 x_pos，第二個位置映射為 y_pos，以此類推。現在就可以簡化這個模式，並省略屬性的名稱。

> **NOTE**
>
> __match_args__ 這個類別屬性是自動定義在資料類別（dataclasses）中的（這裡沒有討論這個主題）。

當函數式遇見物件導向

如之前提過的，函數式程式設計和物件導向程式設計可以很好地結合在一起。以下是方法（method）在函數式程式設計所適用的規則（稍微改編自第 6 章的函式規則）：

1.　一個方法應該只做一件特定的事情。

2.　方法的實作不應該影響到其他方法，也不應該影響程式的其他行為。

3.　避免副作用！一個方法應該只會直接改變屬於它的類別屬性，而且只有在行為是該方法預期功用的一部分時才這麼做。

4.　一般來說，方法不應該擁有（或受到）除了屬於它的類別屬性之外的狀態。提供相同的輸入應該始終都產生相同的輸出，除非方法的預期行為另有規定。

簡而言之，方法應該只擁有它們所屬類別或實例的屬性作為狀態，而且只有在依賴此狀態是對於方法的功用至關重要時才去使用。

在物件導向程式設計的情境中，是可以放心地運用函數式程式設計模式。把實例當作您所對待的其他變數一樣。屬性應該只由它們所屬的實例或類別方法去修改，透過點（.）運算子來呼叫：

```
thing.action()  # 可以修改 thing 中的屬性
```

當物件傳遞給一個函式時，不應該被修改（不應該產生副作用）：

```
action(thing)  # 不應該修改 thing，返回新值或物件
```

如果您結合了函數式和物件導向程式設計的原則，那您的程式碼應該會更容易維護。

使用類別的時機

不像 Java 和 C# 等以「類別」為中心的程式語言，Python 並不都是需要撰寫類別的。在 Python 中，物件導向程式設計的重點就是要知道什麼時候應該使用類別，什麼時候不需要。

類別不是模組

在沒必要的情況下是不應該使用類別，而只需使用模組就足夠了。Python 模組已經允許您按目的或分類來組織變數和函式，所以不需要以相同的方式來處置類別。

類別的目的是將資料和負責存取和修改該資料的方法捆綁在一起。因此，是否應該建立類別的決定應該是以資料為基礎去判斷。這些屬性當成一個有機整體的物件是否具有意義？讓「**屬性（attribute）**」一詞成為提示：這些資料是否描述了物件要試著表述的內容？

此外，您也應該確保類別中包含的任何方法都直接與屬性相關。換句話說，把方法想像成物件可以**執行**的操作。任何不符合這項要求的方法都不應該出現在類別中。

同樣地，請留意要怎麼組織類別的結構。以 House 類別為例，房子會有一個廚房水槽，但與廚房水槽相關的屬性和方法應該放在它們自己的 KitchenSink 類別中，並且該類別的**實例**應該放在 House 裡。（這是兩個類別之間的合成關係。）

單一職責

物件導向程式設計中有個重要原則是**單一職責原則**（ single responsibility principle）。就像函式一樣，一個類別應該只有一個單一而清晰的職責。一個函式「**做**」某件事，而一個類別「**是**」某件事物。

避免寫出所謂的「**全能類別**（god classes）」，也就是試圖在一個類別中處理完很多不同的事情。這種類別不僅容易產生錯誤且難以維護，還會讓程式碼的結構變得極度混亂。

分享狀態

類別屬性和類別方法允許您編寫**靜態類別**，這是在程式中跨多個模組分享狀態的首選方式之一。靜態類別比全域變數更整潔、更可預測，也比單例設計模式（ singleton design pattern ）更容易編寫、維護和除錯。（如果您還未聽說過單例模式，沒關係，慢慢來。）

單一職責原則在這裡仍然適用。舉例來說，一個包含目前使用者偏好設定的靜態類別可能是需要的，但目前使用者的個人檔案不應該都塞到同一個類別裡。

物件真的適合您嗎？

您可以用類別和物件來設計編寫整支程式，但不代表您真的應該就這麼進行。

您反而應該把類別和物件保留給它們最擅長的事情：**封裝**（encapsulation）。請記住以下的提醒：

模組（Module）是按照用途和分類來組織事物。

函式（Function）利用提供的資料（引數）執行任務並返回值。

集合（Collection）儲存相關的資料集合，並可預測地進行存取（參閱第 9 章）。

類別（Class）定義物件，包含屬性和相關的行為（方法）。

請花一點時間思考並選擇適合的工具來完成任務。當您這樣做時，就會發現類別和物件是可以搭配和補充模組、函式（以及函數式程式設計）和集合的相關運用。

總結

由於大家以前學過的程式語言背景很不相同，所以類別和物件有可能很基本的工具，也有可能幾乎都不怎麼使用。在 Python 中，您無法避免都要使用物件，畢竟所有一切都是物件，但您可以決定類別在程式碼中要扮演什麼樣的角色。

無論如何，不過您是遵循傳統的物件導向程式設計技術還是更喜歡函數式的做法，Python 的類別提供了可靠的做法來組織資料。特性（property）能夠編寫出看起來與存取普通屬性相同的 getter 和 setter。特殊方法（special method）的編寫甚至能建立全新的資料型別，而這些型別可以和 Python 的所有語言功能相容並能夠相互搭配使用。

客觀來說，Python 是一門非常時髦、優雅的程式語言。

第 8 章
錯誤和例外處理

在很多程式語言中，例外（exception，或譯異常）通常被視為
程式設計師的宿敵，以及某種程度失效的標誌。表示在程式的
某處的某件事被不當使用了！然而，Python 開發者可以將例外
看成有助於編寫出更好程式碼的朋友。

Python 提供了很多熟悉的錯誤處理工具，但我們使用方式可能會跟您習慣的方
式不太一樣。這些工具不僅能協助您處理問題，甚至還可以說，它們在 Python
裡處理錯誤是非常出色的。

我會先示範在 Python 裡「例外（exception）」是長什麼樣子，並且介紹如何讀
取相關的錯誤訊息。我會講解如何捕捉例外、處置方式，以及怎麼引發例外。
接著會教您怎麼運用錯誤來控制程式的流程。最後還會帶您認識一些常見的例
外類型。

在 Python 中的例外

在 Python 中，**例外（exception）**有時被稱為「**錯誤（error）**」，如果您不太熟悉和習慣的話，請看以下這個簡單的定義：

> 例外（exception）:（電腦運算）在正常處理的一個中斷事件，一般是由錯誤條件引起，可以由程式的其他部分來處理。（維基百科）」

讓我們從一個看似無害的程式開始：一個猜數字的遊戲程式。這裡只使用了之前章節所介紹的知識和概念，看看您能不能在我指出之前發現這個 bug 錯誤。

首先是建立一個函式，它會挑選一個隨機數字，讓玩家試著猜測數字：

Listing 8-1: number_guess.py:1

```
import random


def generate_puzzle(low=1, high=100):
    print(f"I'm thinking of a number between {low} and {high}...")
    return random.randint(low, high)
```

接下來再建立一個函式，用來從玩家那裡取得猜測的數字，並輸出猜測的數字比電腦挑選的數字是太高、太低或是猜對了的訊息：

Listing 8-2: number_guess.py:2a

```
def make_guess(target):
    guess = int(input("Guess: "))

    if guess == target:
        return True

    if guess < target:
        print("Too low.")
    elif guess > target:
        print("Too high.")
    return False
```

這裡會返回一個布林值來表示猜測是否正確。接下來的這個函式負責執行遊戲並追蹤玩家還剩下多少次猜測的機會：

Listing 8-3: number_guess.py:3

```
def play(tries=8):
    target = generate_puzzle()
```

```
    while tries > 0:
        if make_guess(target):
            print("You win!")
            return
        tries -= 1
        print(f"{tries} tries left.")

    print(f"Game over! The answer was {target}.")
```

當模組被直接執行時，就會呼叫 play() 函式開始進行遊戲：

Listing 8-4: number_guess.py:4

```
if __name__ == '__main__':
play()
```

如果我以正常方式玩這個遊戲來進行測試，一切似乎都按預期運作。以下是第一次玩猜數字遊戲的過程：

```
I'm thinking of a number between 1 and 100...
Guess: 50
Too low.
7 tries left.
Guess: 75
Too low.
6 tries left.
Guess: 90
Too high.
5 tries left.
Guess: 87
You win!
```

身為程式設計師，我們的第一本能會以理性禮貌的方式測試事物。我們的潛意識會知道什麼可能會讓程式碼出問題，並在潛藏的錯誤周圍輕手輕腳小心執行。然而，如果您曾經進行過有意義的測試，就會理解 Stack Overflow 共同創辦人 Jeff Atwood 所說的：「對您的程式碼做可怕的事情」這句話的價值。

或者，就像程式設計師 Bill Sempf 所說的：

> 有位 QA 品保工程師走進一家酒吧。點了一杯啤酒。隨後又點了 0 杯啤酒。接著又點了 999999999 杯啤酒。再點一隻蜥蜴。然後又點了 –1 杯啤酒。最後點了一串亂碼。

因此，對這段程式碼進行正確的測試包括向它提供不預期或不能理解的輸入，就像下列這樣：

🗁 Listing 8-5: 執行 number_guess.py 後的 Traceback

```
I'm thinking of a number between 1 and 100...
Guess: Fifty
Traceback (most recent call last):
  File "./number_guess.py", line 35, in <module>
    play()
  File "./number_guess.py", line 25, in play
    if make_guess(target):
  File "./number_guess.py", line 10, in make_guess
    guess = int(input("Guess: "))
ValueError: invalid literal for int() with base 10: 'Fifty'
```

哎呀，出現 bug 錯誤了！我的程式無法處理以文字形式拼寫的數字。顯然，我需要對此進行修正。

> **NOTE**
>
> 前面那個酒吧笑話還有另一半：「第一位真正的客人走進來問洗手間在哪裡。然後酒吧就突然爆炸，把每個人都炸死了。」換句話說，不要僅僅測試明顯的功能，也要考慮一些意想不到的情況。

閱讀 Traceback 的內容

當錯誤發生時，您會收到一塊輸出訊息，稱之為「**Traceback（追蹤回溯）**」，它會告訴您發生了什麼錯誤以及在哪裡發生。這裡包含錯誤的詳細資訊、發生錯誤的那行程式碼，以及整個**呼叫堆疊**（**call stack**）——包含從主要函式直接到錯誤的函式呼叫。整個呼叫堆疊都會被顯示出來，而找出程式碼錯誤的真正所在位置則要靠您自己。

我建議由下而上閱讀 Traceback 的訊息。讓我們一步一步拆解 Listing 8-5 中所收到之追蹤回溯的訊息，先從最後一行開始：

```
ValueError: invalid literal for int() with base 10: 'Fifty'
```

這項訊息告知發生了什麼錯誤。具體來說是因為把值 'Fifty' 傳遞給 int() 函式，所以引發了一個 ValueError。訊息中 "with base 10" 部分與基底參數的預設值有關。換句話說，Python 不能使用 int() 函式來將字串 'Fifty' 轉換為整數值。

Traceback 的最後一行是最重要的一行訊息。在繼續修復錯誤之前，一定要仔細閱讀並完全了解它！

錯誤上面的兩行訊息則告知錯誤發生的確切位置：在檔案 ./number_guess.py 中第 10 行的 make_guess() 函式內：

```
File "./number_guess.py", line 10, in make_guess
  guess = int(input("Guess: "))
```

Python 甚至會告訴您引起問題的那一行程式碼，且確切的內容，您可以從訊息中看到 int() 函式包住 input() 函式。

在某些時候，您可以就此停下並去修復問題。以上述範例的情況，知道問題就在那裡，即可動手修正。若是在其他情況下，錯誤可能是因為呼叫堆疊中更上面的程式碼錯誤所引起的，例如傳遞錯誤的資料給某個參數。雖然我知道這不是上述範例中的問題，但我會再向上走一步查閱 Traceback 的內容：

```
File "./number_guess.py", line 25, in play
  if make_guess(target):
```

您已經知道錯誤發生在 make_guess() 函式內，而且它是從 ./number_guess.py 檔的第 25 行在 play() 函式中呼叫的。這裡沒有問題，引數 target 跟錯誤無關。同樣地，下列這段程式碼也絕對不可能引起錯誤：

```
File "./number_guess.py", line 35, in <module>
  play()
```

現在來到 Traceback 的頂端。play() 函式是在 ./number_guess.py 的第 35 行被呼叫的，而且這個呼叫並不是發生在任何函式之內，而是來自模組的作用範圍，如 <module> 所示。

第一行都是一樣的，但如果您忘記正確閱讀 Traceback 應讓是由下而上查閱，這一行是個有用的提醒：

```
Traceback (most recent call last):
```

最近執行的程式碼都是最後列出的！所以，正如之前提過的，請由下而上閱讀 Traceback 的內容。

捕捉例外：LBYL vs. EAFP

在許多程式語言中，常見的做法是在嘗試將輸入轉換成整數之前先對其進行檢測，這種處理方式稱之為**三思後行**（**Look Before You Leap**，縮寫為 **LBYL**）的哲學。

Python 則有不同的做法，官方稱之為**請求寬恕比請求許可更容易**（**Easier to Ask Forgiveness than Permission**，簡稱 **EAFP**）。我們不是預防錯誤，而是接受它們，再使用 try 陳述式來處理例外的情況。

我會重新編寫 make_guess() 函式，其中使用了錯誤處理的機制：

📁Listing 8-6: number_guess.py:2b

```python
def make_guess(target):
    guess = None
    while guess is None:
        try:
            guess = int(input("Guess: "))
        except ValueError:
            print("Enter an integer.")

    if guess == target:
        return True

    if guess < target:
        print("Too low.")
    elif guess > target:
        print("Too high.")
    return False
```

一開始我把 guess 的值設定為 None，只要還沒有可用的值指定給 guess，程式就會繼續提示使用者輸入。這裡使用 None 而不是 0，因為 0 在技術上仍然是一個有效的整數值。

在每次迴圈的迭代中，在 try 的情境脈絡內嘗試取得使用者的輸入，並用 int() 將其轉換為整數。如果轉換失敗，就如之前看到的那樣，這個 int() 會引發一個 ValueError 錯誤。

如果引發了 ValueError，就表示使用者輸入了一些非數字的內容，例如 'Fifty' 字串或空字串之類的內容。這裡捕捉到錯誤，並透過印出一條錯誤訊息來處理這種情況。由於 guess 仍然是 None，整個迴圈會再次重複並重新提示輸入。

如果 int() 成功轉換了，這段程式碼的其餘部分就不會再執行任何操作，這裡會繼續執行函式的其餘部分。所謂的「**順利路徑（happy path）**」，也就是沒有錯誤的情況，是效率高的執行過程。

若想要理解為什麼 EAFP 方法是首選的錯誤處理哲學，可以將其與 LBYL 策略進行比較。以下是確認字串只含有數字的 LBYL 做法：

📂 Listing 8-7: number_guess.py:2c

```python
def make_guess(target):
    guess = None
    while guess is None:
        guess = input()
        if guess.isdigit():
            guess = int(guess)
        else:
            print("Enter an integer.")
            guess = None

    if guess == target:
        return True
    if guess < target:
        print("Too low.")
    elif guess > target:
        print("Too high.")
    return False
```

雖然這段程式碼是完全有效的，但效率卻不太高。**每次猜測**無論是否有錯誤都會執行 isdigit()，如果檢測通過才執行 int() 轉換。因此，在順利路徑上，這裡對 guess 中的字串進行了**兩次**處理，而在出錯的情況下只處理了一次。與之相比，之前使用 try 陳述式的 EAFP 策略，程式只處理了一次字串。

有些人可能會抱怨說：「沒錯，但錯誤處理會浪費時間！」，這點是正確的，但只對於例外情況是如此。在 Python 之中，成功的 try 通常幾乎是沒有額外的負擔。處理特殊情況的額外程式碼只在發生錯誤時才執行。如果您的程式碼設計得當，順利路徑應該比例外情況的路徑要常見很多，就像上述的範例一樣。

EAFP 做法也較容易理解。不需要想盡辦法來預測每種可能的錯誤輸入情況，這在更複雜的現實情境中是一項很艱巨的任務，您只需要預測可能的例外情況，捕捉到然後適當地處理即可。話雖如此，有時候要弄清楚哪些錯誤是可以預期是需要花費一些功夫。無論如何，準備好在這個議題中投入一些時間是不可避免的功課。

多重例外

try 陳述式的處理並不僅限於單一種錯誤類型。我們可以在一個複合的陳述式中處理多種情況。

為了示範這種多重的情況，我會建立一個簡單的可呼叫的 AverageCalculator 類別，它會接受一個輸入串列並使用此串列來重新計算儲存執行的平均值：

📁Listing 8-8: average_calculator.py:1

```python
class AverageCalculator:

    def __init__(self):
        self.total = 0
        self.count = 0

    def __call__(self, *values):
        if values:
            for value in values:
                self.total += float(value)
                self.count += 1
        return self.total / self.count
```

在使用這個 AverageCalculator 類別時可能會發生一些錯誤，但我寧願讓使用者介面的程式碼處理這些錯誤，這樣就能在介面中顯示錯誤訊息。

以下是這個計算器的基本命令列的介面程式碼：

📁Listing 8-9: average_calculator.py:2

```python
average = AverageCalculator()
values = input("Enter scores, separated by spaces:\n ").split()
try:
    print(f"Average is {average(*values)}")
except ❶ ZeroDivisionError:
    print("ERROR: No values provided.")
except (❷ ValueError, ❸ UnicodeError):
    print(f"ERROR: All inputs should be numeric.")
```

在呼叫 average() 時可能會發生三種錯誤：

使用者可能沒有傳遞任何數值，這表示 total（__call__() 中除法的除數）可能為 0，從而引發 ZeroDivisionError ❶。

有一個或多個輸入無法透過 float() 進行轉換，進而引發 ValueError ❷。

可能會有 Unicode 的編碼或解碼問題，這會引發 UnicodeError ❸。（實際上，在這個範例中，最後這個錯誤完全與 ValueError 重複，我只是帶入這種錯誤來示範此概念。）

上述範例是透過在 try 子句的內容中呼叫 average() 來處理這三種例外情況，然後在 except 子句中捕捉錯誤。

當捕捉到 ZeroDivisionError ❶時，就會印出使用者未提供任何值的訊息。

我以相同的方式處理 ValueError ❷和（重複的）UnicodeError ❸。如果使用者嘗試輸入非數字的內容，任何一個錯誤都可能發生。透過在 except 後面指定一個元組，就可以捕捉其中任一種錯誤並以相同的方式來處理。在上述範例中是會印出一條訊息，說明某些輸入的內容不是數字。

為了能夠在相對簡單的範例中示範這一點，我在上述程式內寫了一些稍微複雜的程式碼。在實際的應用中，我會將 try 陳述式放在 __call__() 方法內部。雖然這個範例程式碼不太符合 Python 的慣用寫法，但它示範了一個較為複雜的 try 陳述式，儘管這裡沒有真正有用的錯誤處理行為（後面內容馬上會談到）。

小心 Diaper 反面模式

Python 開發者遲早都會發現空的 except 子句是可以運作的：

📂Listing 8-10: diaper_antipattern.py

```
try:
    some_scary_function()
except:
    print("An error occurred. Moving on!")
```

在這個範例中，空的 except 讓您可以捕捉所有的例外情況。這是 Python 中最隱蔽的反面模式（anti-pattern）之一。無論您是否有預期到，它都會捕捉並消除每一種可以想像到的例外情況。

例外的整個重點就是警告和提醒您的程式現在處於**例外狀態**，這表示程式無法再沿著正常、預期的順利路徑繼續進行，而有可能會帶來意外甚至災難性的結果。以這種消除所有錯誤的寫法，您就等於創造了一種情境，在這個情境下，您根本不知道這些例外狀態是什麼，以及是什麼引起了例外。這樣等於丟棄了寶貴的 Traceback 訊息，並迫使程式繼續執行，就好像什麼都沒發生過一樣。

在 Mike Pirnat 的《How to Make Mistakes in Python》書中有提到 **diaper 模式**：

> 所有關於實際錯誤的寶貴情境脈絡都被包在尿布（diaper）裡，永遠看不到天光，也不會出現在問題的追蹤器中。當稍後發生「嚴重錯誤」例外時，堆疊追蹤會指向次要錯誤發生的位置，而不是 try 區塊內部的實際錯誤。

更糟的是，如果程式再也不引發其他例外，而是繼續嘗試在無效的狀態下執行時，通常會出現奇怪的行為。

請始終明確地捕捉特定的例外類型！您無法預見的任何錯誤可能都與程式中需要解決的某些錯誤相關。

如之前提過，Python 之禪的內容中有提醒過：

> Errors should never pass silently.
> 錯誤絕不能悄悄忽略，
> Unless explicitly silenced.
> 除非它明確需要如此。

這個反面模式還有另一個陰險的副作用，下面用一個簡單的程式來示範，此程式的作用是根據人名來顯示問候文句：

📁 Listing 8-11: no_escape.py:1a

```python
def greet():
    name = input("What's your name? ")
    print(f"Hello, {name}.")


while True:
    try:
        greet()
        break
    except:
        print("Error caught")
```

如果我在 Linux 終端機內執行這支程式，隨後決定要退出，我會按 CTRL-C 鍵離開。看看確實執行時會發生什麼事：

```
What's your name? ^CError caught
What's your name? ^CError caught
What's your name? ^CError caught
What's your name?
```

啊！我被困住了！問題在於，在 UNIX 終端機中按下 CTRL-C 鍵會產生 Key
boardInterrupt，這會使用到 except 系統。它被捕捉到和進行「處理」，然後完
全被忽略了。除了完全關閉終端機並手動終止 Python 進程之外，無法退出這支
程式的執行。（幸運的是，在這個例子中，您仍然可以隨便輸入一個名字來退
出程式的執行。）

KeyboardInterrupt 例外情況本身並不是像錯誤那樣會繼承自 Exception 類別。因
此，有些（過於）聰明的開發者可能會嘗試這樣做：

📂Listing 8-12: no_escape.py:1b

```python
def greet():
    name = input("What's your name? ")
    print(f"Hello, {name}.")


while True:
    try:
        greet()
        break
    except Exception:
        print("Error caught")
```

程式不再捕捉 KeyboardInterrupt 了，這是好事，所以現在我可以用 CTRL-C 鍵
進行退出。但不幸的是，這仍然是一種 Diaper 反面模式，原因如我之前提到的
那樣：它會捕捉每一種可能的錯誤！唯一還可以接受的情況是與日誌記錄一起
使用，這個我將在本章後面介紹討論。

引發例外

您也可以**引發**（**raise**）例外，用來指示出程式碼無法自動恢復的問題，例如有
人在呼叫您的函式時傳遞了一個無法使用的引數。有幾十種常見的例外可以供
您根據需要來引發（請參閱本章末尾的「各種例外的展示」）。

為了示範這一點，下面列舉一個函式，它接受一個含有數字的字串（以空格分
隔）並計算其平均值。在這裡，我會捕捉最常見的錯誤情境並顯示更有用和相
關的錯誤訊息：

🗁Listing 8-13: average.py:1

```
def average(number_string):
    total = 0
    skip = 0
    values = 0
    for n in number_string.split():
        values += 1
    ❶ try:
            total += float(n)
    ❷ except ValueError:
            skip += 1
```

我將提供的字串分割成個別以空格分隔的部分，然後逐一處理各個部分。在 try 子句中❶，我試圖把每個部分轉換成浮點數並將它加到總 total 中。如果有任何值無法轉換為數字，就會引發 ValueError ❷，我會標記為跳過了一個項目，以 skip 來累加，然後繼續執行。

繼續編寫函式後面的內容：

🗁Listing 8-14: average.py:2

```
❸ if skip == values:
        raise ValueError("No valid numbers provided.")
    elif skip:
        print(f"<!> Skipped {skip} invalid values.")

    return total / values
```

一旦處理完這個字串後，我會檢查是否已經跳過了所有的值❸。如果是的話，就引發另一個 ValueError，並將錯誤訊息傳遞給例外的建構函式。如果不是的話，表示有些值被跳過，這裡會印出有用的訊息，然後繼續執行。

引發例外就會立刻跳出函式，就像使用 return 陳述句一樣。因此，如果這裡沒有任何值（例如，使用者傳入了空字串），我就不需要擔心最後的 return 陳述句會被執行。

這個函式的使用方式如下：

🗁Listing 8-15: average.py:3a

```
while True:
line = input("Enter numbers (space delimited):\n ")
avg = average(line)
print(avg)
```

我執行這支程式並試著輸入一些內容：

```
Enter numbers (space delimited):
    4 5 6 7
5.5
```

第一次執行的輸入完全正常，返回了指定之四個數字的平均值。

```
Enter numbers (space delimited):
    four five 6 7
<!> Skipped 2 invalid values.
3.25
```

第二次執行的輸入也順利完成，跳過二個無效值，然後返回另外兩個數字的平均值。

```
Enter numbers (space delimited):
    four five six seven
Traceback (most recent call last):
  File "./raiseexception.py", line 25, in <module>
    avg = average(line)
  File "./raiseexception.py", line 16, in average
    raise ValueError("No valid numbers provided.")
ValueError: No valid numbers provided.
```

上面第三次執行的輸入全都是無效的值，所以程式會崩潰，這正是我想要的。閱讀 Traceback 資訊就可以看到之前引發的例外以及引發的位置。

我不會發佈這樣的程式，反過來我能捕捉到引發的例外。我會重新編寫程式最下方的無窮迴圈，改成像下列這般：

📂Listing 8-16: average.py:3b

```
while True:
    try:
        line = input("Enter numbers (space delimited):\n ")
        avg = average(line)
        print(avg)
    except ValueError:
        print("No valid numbers provided.")
```

程式把使用者輸入／輸出的邏輯包在 try 子句中，隨後捕捉了 ValueError，並印出較友善的提示文字訊息。讓我們試著執行這個新版本的程式：

```
Enter numbers (space delimited):
    four five six
No valid numbers provided.
Enter numbers (space delimited):
    4 5 6
5.0
```

完美啦！當輸入有錯時，在 average() 函式內引發的例外會在這裡被捕捉到，並印出適當的訊息。（這裡可以按 CTRL-C 鍵來退出程式的執行。）

使用例外

就像 Python 中的其他物件一樣，例外（exception）是您可以直接使用，並從中提取資訊的物件。

舉例來說，您可以使用例外來處理從字典中存取值的邏輯，而不需要事先知道指定的「鍵（key）」是否有效。（關於使用這種做法的時機還有一些爭論，我會在第 9 章中重新介紹討論這個問題。）

作為使用例外處理字典的範例，這裡有一個允許使用者透過人名查詢電子郵件地址的程式。

程式首先定義了一個含有姓名和電子郵件地址的字典：

🗀Listing 8-17: address_book.py:1
```
friend_emails = {
    "Anne": "anne@example.com",
    "Brent": "brent@example.com",
    "Dan": "dan@example.com",
    "David": "david@example.com",
    "Fox": "fox@example.com",
    "Jane": "jane@example.com",
    "Kevin": "kevin@example.com",
    "Robert": "robert@example.com"
}
```

以下是查詢用的函式：

🗀Listing 8-18: address_book.py:2
```
def lookup_email(name):
    try:
        return friend_emails[name]
    except KeyError ❶ as e:
        print(f"<No entry for friend {e}>")
```

首先嘗試在 try 子句的上下脈絡中使用 name 引數作為字典的「鍵」。如果該鍵不在字典中，就會引發 KeyError，我會捕捉這個例外。這裡使用「as e」❶來捕捉該例外，讓我稍後可以使用這個例外物件。在發生 KeyError 的情況下，「str(e)」會返回剛才嘗試在字典中使用作為鍵的那個值。

最後是使用該函式的程式碼：

📂Listing 8-19: address_book.py:3

```
name = input("Enter name to look up: ")
email = lookup_email(name)
print(f"Email: {email}")
```

如果執行這支程式並傳遞不在字典中的名字，那就會看到錯誤處理的結果：

```
Enter name to look up: Jason
<No entry for friend 'Jason'>
Email: None
```

例外與日誌記錄

KeyError 有個不尋常之處在於，它的訊息純粹是錯誤的「鍵」。大多數例外包含完整的錯誤訊息，其中一個用途是**日誌記錄（logging）**，也許是把錯誤、警告和其他資訊訊息印到終端機或儲存到檔案內，以供最終使用者檢查，並處理錯誤。使用者期望程式能表現良好且不會崩潰當掉，但錯誤並不都是能避免的。軟體通常會把錯誤記錄到檔案或顯示在終端畫面，用來幫助除當掉崩潰和錯誤的程式碼。

為了示範這項功能，我會編寫一個非常基本的計算器程式，目的是示範這個概念，但不深入探討日誌記錄工具和實務做法本身。我會在第 19 章更全面介紹日誌記錄的相關內容。

日誌記錄的設定

我的計算器程式會需要用到一些可能對您來說不太熟悉的 import：

📂Listing 8-20: calculator.py:1

```
import logging
from operator import add, sub, mul, truediv
import sys
```

logging 模組含有 Python 內建的日誌記錄工具，我稍後會用到這些工具。operator 模組則含有對任意值執行數學運算的最佳化函式，我會在計算器函式中使用它們。第三個 sys 提供了與直譯器本身互動的工具，在這個範例中，稍後會使用其中一個函式來告知程式要結束退出。

logging.basicConfig() 函式讓我們設定日誌記錄的級別，還可以指定日誌記錄要寫入哪個檔案，如下所示：

📁Listing 8-21: calculator.py:2

```
logging.basicConfig(filename='log.txt', level=logging.INFO)
```

有五個遞增的日誌記錄嚴重性級別：DEBUG、INFO、WARNING、ERROR 和 CRITICAL。透過傳入 level=logging.INFO 就能告知 logging 模組要記錄所有該級別和比它級別更嚴重的三個級別（WARNING、ERROR 和 CRITICAL）的相關訊息，這表示標記為 DEBUG 的日誌訊息會在這個設定下會被忽略。

設定引數 filename=log.txt 表示日誌應該會被寫入一個名為 log.txt 的檔案中。如果想要將日誌列印到主控台，就把這個引數留空。

> **ALERT**
> 在實際應用中，logging.basicConfig() 一般應該只出現在程式的「if __name__ == "__main__":」部分，因為這會改變 logging 模組的全域行為。（詳細內容請參閱第 19 章）

以下是實際的 calculator() 函式內容：

📁Listing 8-22: calculator.py:3

```
def calculator(a, b, op):
    a = float(a)
    b = float(b)
    if op == '+':
        return ❶ add(a, b)
    elif op == '-':
        return sub(a, b)
    elif op == '*':
        return mul(a, b)
    elif op == '/':
        return truediv(a, b)
    else:
      ❷ raise NotImplementedError(f"No operator {op}")
```

如 add() 數學運算子函式❶，就是來自之前引入的 operator 模組。

calculator() 函式的設計並不包含錯誤檢查，遵循了第 7 章的**單一職責原則**。使用 calculator() 函式的程式碼應該提供正確的引數給函式，預先預測和處理錯誤，或者在遇到明確未處理的錯誤時崩潰（這樣能指示出程式碼有錯誤）。

還有一個例外情況（不是說笑的哦）。如果使用者在 op 參數之中指定了一個在 calculator() 函式中不支援的運算子，那就會拋出一個 NotImplementedError 的錯誤❷。這個例外情況應該會在要求不存在的功能時被拋出。

> **ALERT**
>
> 別搞混了 NotImplementedError 和 NotImplemented。任何特殊的（雙底線）方法如果沒有實作應該會返回 NotImplemented，如此一來，依賴特殊方法的程式碼就能被通知而不會失效。任何自訂的方法或函式（或者功能），如果還沒有被實作（或者永遠不會被實作）就應該要返回 NotImplementedError，如此一來，任何嘗試使用它的操作都會失效並顯示錯誤。

記錄錯誤

以下是我對 calculator() 函式的運用，以及所有錯誤處理和日誌記錄的程式碼。我會將這些內容拆成幾個部分，並對每一個部分分別討論：

Listing 8-23: calculator.py:4

```python
print("""CALCULATOR
Use postfix notation.
Ctrl+C or Ctrl+D to quit.
""")

while True: ❶
 ❷ try:
        equation = input(" ").split()
        result = calculator(*equation)
        print(result)
```

首先，是印出程式名稱和一些使用者指示。隨後，在程式迴圈之中❶，在一個 try 區塊內❷，會試圖收集來自使用者的輸入並傳遞給 calculator() 函式。如果這項操作成功，就會印出結果，然後迴圈重新開始。然而，有許多可能發生的錯誤，所以會在 except 子句中進行處理：

📂Listing 8-24: calculator.py:5

```
except NotImplementedError as e:
    print("<!> Invalid operator.")
    logging.info(e)
```

如果遇到了 NotImplementedError，就會使用「as e」進行捕捉，這表示在傳遞給 calculator() 函式的「op=」引數中指定了無效的運算子。在為使用者印出一些資訊之後，就把這個錯誤（以 INFO 級別）記錄下來，將錯誤「e」傳遞給 logging.info() 函式。這樣就會記錄錯誤訊息（您在後面會看到這些內容），但會丟棄 Traceback 資訊，因為我不需要向程式使用者顯示這些內容，就算問題是出在他們的輸入上。

📂Listing 8-25: calculator.py:6

```
except ValueError as e:
    print("<!> Expected format: <A> <B> <OP>")
    logging.info(e)
```

如果 float() 無法將參數 a 或 b 轉換成浮點數，就會引發 ValueError。這可能表示使用者輸入了非數字字元當作為其中一個運算元，或者運算子的指定順序錯誤。請記住，我要求使用者使用**後置表示法**（**postfix notation**），這代表運算子應該放在兩個運算元之後。無論是哪種情況，我都會提醒使用者他們需要使用的格式，並再次把錯誤記錄為 INFO 級別：

📂Listing 8-26: calculator.py:7

```
except TypeError as e:
    print("<!> Wrong number of arguments. Use: <A> <B> <OP>")
    logging.info(e)
```

如果使用者對 calculator() 函式傳入太多或太少的引數，就會出現 TypeError 錯誤。再次把這個錯誤記錄為 INFO 級別，並為使用者印出一個提醒訊息，告知正確的輸入格式，然後繼續：

📂Listing 8-27: calculator.py:8

```
except ZeroDivisionError as e:
    print("<!> Cannot divide by zero.")
    logging.info(e)
```

如果使用者嘗試除以 0，就會引發 ZeroDivisionError 錯誤。處理這個錯誤的方式也是一樣的，先記錄為 INFO 級別，再告知使用者，接著是：

🗁Listing 8-28: calculator.py:9

```
    except (KeyboardInterrupt, EOFError):
        print("\nGoodbye.")
        sys.exit(0)
```

最後是使用 KeyboardInterrupt 和 EOFError 來捕捉 UNIX 終端的按鍵操作，分別是 CTRL-C（中止）和 CTRL-D（檔案結尾）。無論哪種情況，都會印出友善的結束訊息，然後使用 sys.exit(0) 正確地退出程式。從技術上來說，我也可以不捕捉這兩種錯誤，但那樣會在退出程式時顯示一個很醜的錯誤訊息。這可能會讓一些使用者誤以為程式中有 bug。

現在執行這支程式並試著進行一些輸入：

```
CALCULATOR
Use postfix notation.
Ctrl+C or Ctrl+D to quit.
 11 31 +
42.0
 11 + 31
<!> Expected format: <A> <B> <OP>
 11 + 31 + 10
<!> Wrong number of arguments. Use: <A> <B> <OP>
 11 +
<!> Wrong number of arguments. Use: <A> <B> <OP>
 10 0 /
<!> Cannot divide by zero.
 10 40 @
<!> Invalid operator.
 ^C
Goodbye.
```

總而言之，這是個良好的使用者體驗。我預料到的所有錯誤都被捕捉並適當處理，而且可以很好地退出程式。

檢視記錄和清除

建立的 log.txt 檔中會顯示如下的內容：

🗁Listing 8-29: log.txt

```
INFO:root:could not convert string to float: '+'
INFO:root:calculator() takes 3 positional arguments but 5 were given
INFO:root:calculator() missing 1 required positional argument: 'op'
INFO:root:float division by zero
INFO:root:No operator @
```

上述內容是我在使用這個程式時記錄到的 5 個錯誤訊息。

實際上，在上線的軟體中是不會把所有預期的錯誤訊息寫入檔案，因為那會生成一個龐大且難以處理的檔案！我可能會將所有的記錄指令都改成 logging.debug()，以 DEBUG 級別記錄錯誤訊息。若是需要在除錯期間查看錯誤內容，只需要更改日誌記錄設定為 logging.basicConfig(filename='log.txt', level=logging.DEBUG)。我會以 INFO 級別來發佈，跳過 DEBUG 級別的訊息。如此一來，最終使用者就不會看到一個臃腫的日誌記錄檔。

冒泡技巧

我所建立的日誌記錄方案中有一個不太理想的部分：任何非預期的錯誤都不會被記錄到。在理想的情況下，我沒有預料到的任何例外情況應該被記錄為 ERROR 級別，但仍允許程式崩潰，這樣程式碼就不會試圖在未處理的例外異常狀態下繼續執行。

幸運的是，捕捉到的任何錯誤都可以被重新引發，或者用 Python 的術語來說就是**冒泡（bubble up）**技巧。因為錯誤在重新引發之後不再被捕捉，所以程式會崩潰。

我會保留之前的 try 陳述式不變（從 Listing 8-23 到 8-28），但會在最後再加上一個 except：

🗀Listing 8-30: calculator.py:10

```
except Exception as e:
    logging.exception(e)
❶ raise
```

except 子句是按照順序來評算求值的，這就是為什麼這個新的子句必須放在目前 try 陳述式的最後。我不希望這個「捕捉所有（catch-all）」的處理吞噬掉之前想要分開處理的例外。

這可能看起來有點接近「diaper 反面模式」，但在這裡並沒有隱藏錯誤，而且只捕捉**實際的錯誤**，也就是任何繼承自 Exception 的物件。不是錯誤的「例外」，像 StopIteration 和 KeyboardInterrupt，它們不是繼承自 Exception，不會被這個 except 子句捕捉到。

我以 ERROR 級別使用特殊方法 logging.exception(e)，以此來記錄錯誤訊息和**追蹤 Traceback 資訊**。當使用者把錯誤報告和日誌記錄檔案傳給開發者的我時，我就需要這個 Traceback 資訊來找出程式的 bug 並進行修復。

接著，我使用不帶參數的 raise 陳述式，這會引發**最後捕捉到**的例外❶。（在這個情境中，為了程式的簡化和 Traceback 的簡潔，我更傾向使用不帶參數的 raise，而不是 raise e）。**最重要**的是在這裡以冒泡技巧將錯誤再次引發，以免變成 diaper 反面模式的情況。

例外鏈

當您捕捉某個例外然後再引發另一個例外時，有可能會丟失原始錯誤上下脈絡的資訊。為了避免這種情況，Python 提供了**例外鏈**（**exception chaining**）的功能，您可以引發一個新的例外，但同時不丟棄已經提供的所有有用訊息。這項功能是在 Python 3.0 版本中新增的（透過 PEP 3134）。

我把這個概念套用到一個用來查詢著名地標城市和州的程式中。首先定義了這支程式要使用的字典：

🗁 Listing 8-31: landmarks.py:1

```
cities = {
    "SEATTLE": "WASHINGTON, USA",
    "PORTLAND": "OREGON, USA",
    "BOSTON": "MASSACHUSETTS, USA",
}

landmarks = {
    "SPACE NEEDLE": "SEATTLE",
    "LIBERTY SHIP MEMORIAL": "PORTLAND",
    "ALAMO": "SAN ANTONIO",
}
```

以下用來在字典中查詢地標及其對應城市的函式：

🗁 Listing 8-32: landmarks.py:2

```
def lookup_landmark(landmark):
    landmark = landmark.upper()
    try:
        city = landmarks[landmark]
        state = cities[city]
❶ except KeyError as e:
    ❷ raise KeyError("Landmark not found.") from e
    print(f"{landmark} is in {city}, {state}")
```

在這個函式中，我嘗試在 landmarks 字典中找到該地標。如果找不到，就會引發 KeyError 錯誤，我會捕捉這個錯誤❶，然後在錯誤訊息中重新引發❷，提供更有用的資訊。當我引發新的例外時，是使用「from e」來指定這是由我捕捉到的例外（e）引發的。這確保了 Traceback 資訊顯示了錯誤的原因：若不是城市找不到，就是地標找不到。

以下是這個函式的使用範例：

📂Listing 8-33: landmarks.py:3

```
lookup_landmark("space needle")
lookup_landmark("alamo")
lookup_landmark("golden gate bridge")
```

我透過查詢三個地標來測試 lookup_landmark() 函式，其中兩個（"alamo" 和 "golden gate bridge"）將會引發例外，但原因不同。在 alamo 的情況中，雖然地標有在 landmarks 字典中，但對應的城市 "SAN ANTONIO" 卻不在 cities 字典內。而在 golden gate bridge 的情況中，這個地標甚至都不在 landmarks 字典內。（抱歉了，San Francisco！）

> NOTE
>
> 這個實作有些笨拙，但在這個技術範例中是必要的。更好的設計做法是將兩個字典查詢分成兩個 try 陳述式來處理。最佳的設計方式應該是使用更適合這種情況的一些集合來處理，因為字典實際上並不是最好的選擇。

照目前的程式碼來看，不會執行到最後一行，因為在倒數第二行就會拋出一個例外，您可以在輸出中看到這一點：

```
SPACE NEEDLE is in SEATTLE, WASHINGTON, USA
Traceback (most recent call last):
  File "./chaining.py", line 18, in lookup_landmark
    state = cities[city]
KeyError: 'SAN ANTONIO' ❶

The above exception was the direct cause of the following exception: ❷

Traceback (most recent call last):
  File "./chaining.py", line 25, in <module>
    lookup_landmark("alamo")
  File "./chaining.py", line 20, in lookup_landmark
    raise KeyError("Landmark not found.") from e
KeyError: 'Landmark not found.' ❸
```

第一個呼叫 lookup_landmark() 函式成功了，您可以從輸出中看到。請記住，這個 Traceback 要從底部往上讀的，您會看到第二個呼叫失效了，從訊息看到這裡引發了「Landmark not found.」的錯誤❸。

在這個 Traceback 資訊更上方的內容，有一個通知訊息告知這個例外是由不同的例外引起的❷。

確實，在上面的 Traceback 資訊中，您會找到問題所在。Python 在 cities 字典中找不到 "SAN ANTONIO" 這個城市❶。

就算之前沒有花時間新增「raise KeyError from e」，Python 一般也會帶入情境脈絡的內容，儘管兩個 Traceback 資訊之間有一個要分隔開來，因為這項訊息較為晦澀且不太有幫助：

> During handling of the above exception, another exception occurred:

所以，就算您可能不需要明確使用例外鏈，但養成這個好習慣是明智的做法。

您可以使用「raise e from None」來明確停用例外鏈。

Else 和 Finally

到目前為止，所有的錯誤處理的範例都依賴 try 和 except，這讓程式的其餘部分無論出現什麼情況都能保持相同的結果，除非呼叫 return 或利用 raise 陳述式的中斷行為才會退出函式。

try 陳述式還有兩個可選用的子句：else 子句在沒有例外的情況下執行，而 finally 子句則在任何情況下都會執行，但做法有些令人驚訝。

Else：「如果一切都順利」

您可以用 else 子句來表示只有在所有 except 子句都沒有捕捉到任何錯誤時才執行這個程式區塊。

為了示範這項做法，我會修改前面計算一組數字平均值的程式。這次是希望它的輸出結果都會是有效的浮點數值。空字串的平均值應該是常數 math.inf（代表除以 0 的結果），而任何非數值的存在應該產生常數 math.nan。

📁Listing 8-34: average_string.py:1

```python
import math


def average_string(number_string):
    try:
        numbers = [float(n) for n in number_string.split()]
    except ValueError:
        total = math.nan
        values = 1
```

每當呼叫 average_string() 函式時，它會先嘗試建立一個浮點數值的串列。如果字串中的有任何部分是非數字，就會引發 ValueError 錯誤。程式捕捉這個例外，並將 math.nan 的值指定給 total，並確保 values 是一個 1，我會在即將進行的除法中使用它作為除數。

如果第一個 try 子句未引發任何例外，則執行 else 子句：

📁Listing 8-35: average_string.py:2

```python
    else:
        total = sum(numbers)
        values = len(numbers)
```

根據現在成立的假設，也就是 numbers 是一個浮點數值的串列，而此計算了 total 和 values。**只有在 try 子句未引發任何例外時，else 子句才會執行**。

那為什麼不只是在 except ValueError 子句中返回 math.nan 呢？這確實會更有效率一點，但我不這樣做，有兩個原因：

1. 這種做法能更好地適應後續的重構。數學運算的其餘部分都會被執行，並且都會產生一個有效的結果（除了在程式碼的下一部分中單獨處理的除以 0 的情況）。

2. 若有需要在任何地方加入 finally 子句，程式碼仍然會能按照預期執行（請參閱下一小節的內容）。

這是程式的其餘部分。請留意這裡有個單獨的 try 陳述式是用來處理嘗試除以 0 的情況：

📂Listing 8-36: average_string.py:3

```
    try:
        average = total / values
        except ZeroDivisionError:
        average = math.inf
    return average


while True:
    number_string = input("Enter space-delimited list of numbers:\n ")
    print(average_string(number_string))
```

我已經處理了在程式中合理預期的所有例外情況。測試這支程式時,一切都按預期運作,沒有未處理的例外。

```
    4 5 6 7
5.5

inf
    four five six
nan
```

Finally:「一切之後」

無論如何,finally 子句都是會被執行的!這是沒有例外的:即使是 raise 或 return 也無法阻止 finally 子句被執行。這是把 finally 與在 try 陳述式之後的一般程式碼區分開來的地方。

正因為如此,finally 特別適合用於任何清理程式碼,**不管發生什麼情況**都是需要執行的。

下面是一個從檔案中讀取數字的函式,每行一個數字,然後計算平均值。在這個範例中,如果檔案含有非數字資料或找不到檔案,我希望引發例外。

在這個範例中,我會手動開啟和關閉檔案,但在真實上線的程式內,我會改用**情境管理器**(**context manager**)來處理(請參閱第 11 章)。

📂Listing 8-37: average_file.py:1

```
def average_file(path):
    file = open(path, 'r')

    try:
     ❶ numbers = [float(n) for n in file.readlines()]
```

當呼叫 average_file() 函式時，它會嘗試開啟由引數 path 指示的檔案。如果這個檔案不存在，file.open() 會引發 FileNotFoundError 例外，在這種情況下我允許就這樣處理。

檔案一旦開啟後就遍訪所有內容，將其轉換成一個數字的串列❶。（您可以暫時不用理會這段特定的程式碼。詳細情形可參閱第 10 章和第 11 章。）

🗁Listing 8-38: average_file.py:2

```
    except ValueError as e:
        raise ValueError("File contains non-numeric values.") from e
```

如果檔案中有任何值不是數字，那就會捕捉到 ValueError。在這個子句中，我會引發一個例外鏈，提供更具體的資訊來描述檔案的問題。

若在 try 子句中未引發任何錯誤，就會執行 else 子句：

🗁Listing 8-39: average_file.py:3

```
    else:
        try:
            return sum(numbers) / len(numbers)
        except ZeroDivisionError as e:
            raise ValueError("Empty file.") from e
```

這裡子句的程式區塊試圖計算並返回平均值，但它也包含了一個巢狀嵌套的 try 陳述式，用來處理空檔案的情況。

無論是 except 子句還是 else 子句執行之後，**即使有 raise 或 return 也一樣**，finally 子句都是會被執行的！這一點很重要，因為無論結果如何，檔案都需要被關閉：

🗁Listing 8-40: average_file.py:4

```
    finally:
        print("Closing file.")
        file.close()
```

我會使用四個檔案來測試這支程式，其中三個是我自己建立的：一個含有整數的檔案為 numbers_good.txt、一個含有文字的檔案為 numbers_bad.txt、一個空檔案為 numbers_empty.txt，以及一個不存在的檔案 nonexistent.txt。

讓我們逐一檢查這四種情境的輸出結果。四種檔案必須分別執行，因為當引發例外時，程式執行就會停止：

📂Listing 8-41: average_file.py:5a

```
print(average_file('numbers_good.txt'))
```

檔案 numbers_good.txt 內含有 12 個整數，每一行單獨放一個。以這種情境執行時，會獲得如下的輸出結果：

```
Closing file.
42.0
```

這個函式能正確執作，它開啟了檔案並計算其中數字的平均值。請留意，finally 子句執行的時機，這可以從印出的訊息「Closing file.」看出。雖然它在之前 average_file() 函式中的 return 陳述式之後才執行，但它會在函式返回之前顯示。這是好事，因為函式中的 finally 子句負責關閉檔案，這是必須的處理。

接著是以第二種情境來執行：

📂Listing 8-42: average_file_usage.py:5b

```
print(average_file('numbers_bad.txt'))
```

numbers_bad.txt 檔案中含有文字，而不是數值。由於會出現例外，所以這個輸出的內容會長得多：

```
Closing file. ❶
Traceback (most recent call last):
  File "tryfinally.py", line 5, in average_file
    numbers = [float(n) for n in file.readlines()]
  File "tryfinally.py", line 5, in <listcomp>
    numbers = [float(n) for n in file.readlines()]
ValueError: could not convert string to float: 'thirty-three\n'

The above exception was the direct cause of the following exception:

Traceback (most recent call last):
  File "tryfinally.py", line 20, in <module>
    print(average_file('numbers_bad.txt'))  # ValueError
  File "tryfinally.py", line 7, in average_file
    raise ValueError("File contains non-numeric values.") from e
ValueError: File contains non-numeric values.
```

在這個情境下會引發 ValueError。然而，再一次提醒，就算 raise 陳述式在函式的原始程式碼中似乎是先出現的，但 finally 子句❶仍然在引發例外之前執行。

以下是以第三種情境來執行：

🗀Listing 8-43: average_file_usage.py:5c

```
print(average_file('numbers_empty.txt'))
```

numbers_empty.txt 如檔名所示,這是空的檔案,執行後的輸出結果如下:

```
Closing file. ❶
Traceback (most recent call last):
  File "tryfinally.py", line 10, in average_file
    return sum(numbers) / len(numbers)
ZeroDivisionError: division by zero

The above exception was the direct cause of the following exception:

Traceback (most recent call last):
  File "tryfinally.py", line 21, in <module>
    print(average_file('numbers_empty.txt')) # ValueError
  File "tryfinally.py", line 12, in average_file
    raise ValueError("Empty file.") from e
ValueError: Empty file. ❷
```

您可以從中看到關於空檔案的錯誤訊息也能正常運作❷。就和之前一樣,很明顯 finally 子句在引發例外之前執行❶。

現在以最後一個情境來執行:

🗀Listing 8-44: average_file_usage.py:5d

```
print(average_file('nonexistent.txt'))
```

這裡嘗試讀取**不存在**的檔案,以下是執行後的輸出結果:

```
Traceback (most recent call last):
  File "tryfinally.py", line 22, in <module>
    print(average_file('nonexistent.txt')) # FileNotFoundError
  File "tryfinally.py", line 2, in average_file
    file = open(path, 'r')
FileNotFoundError: [Errno 2] No such file or directory: 'nonexistent.txt'
```

這個例外來自於 file.open() 的呼叫,如果您回去參考 average_file() 的原始程式碼,就會注意到它發生在 try 陳述式之前。finally 子句只有在它所連接的 try 子句被執行時才會執行。由於控制流程還未執行達到 try 陳述式,所以 finally 子句也不會被呼叫。同理,因為沒有開啟檔案,所以嘗試關閉是毫無意義的。

建立例外

Python 的例外（exception）種類相當多，它們的用途都有很詳細的說明文件。然而，有時候，您還是可能需要一些更加自訂的功能。

所有錯誤型別的例外類別都繼承自 Exception 類別，而 Exception 類別則繼承自 BaseException 類別。這種雙重繼承結構的存在是為了讓您可以捕捉到所有的錯誤例外，就如我之前做的那樣，不用同時對付那些特殊的、非錯誤的例外，例如 KeyboardInterrupt，它們繼承自 BaseException 而不是 Exception。

當您建立自訂例外類別時，是可以繼承任何您喜歡的例外類別。但要避免繼承自 BaseException，因為這個類別並不適合被自訂類別直接繼承。有時最好是繼承與您所建立的例外類別最相關用途的例外類別（請參閱下一小節的內容）。但如果您不確定，也可以直接繼承自 Exception。

在花費心思撰寫自訂例外之前，請先思考為什麼您**要**這麼做。我的建議是確保您的使用情況至少符合以下三個條件中的兩個才去撰寫：

1.　現有的例外不能有效地描述這個錯誤，就算您提供自訂的訊息也不行。

2.　您將會多次引發或捕捉這個例外。

3.　您需要能夠直接捕捉這個特定例外，而不會捕捉到任何相似的內建例外。

如果使用情況中沒有滿足這三個條件中至少兩個，那麼您**可能**不需要自訂例外，而是要去使用現有的例外來進行處置。

需要自訂例外的情況大都出現在更複雜的專案中，因此很難為此建立一個實際的例子來說明。為了示範，這裡提供了一個沒有什麼實用價值且有點蠢的自訂例外及其用法的程式碼：

📂Listing 8-45: silly_walk_exception.py

```
class ❶ SillyWalkException(❷ RuntimeError):
    def __init__(self, ❸ message="Someone walked silly."):
        super().__init__(message)


def walking():
 ❹ raise SillyWalkException("My walk has gotten rather silly.")
```

```
try:
    walking()
except SillyWalkException as e: ❺
    print(e)
```

我定義了一個新的類別，名稱就是這個例外的名稱❶，隨後繼承了最**適合**的內建例外類別❷。在這個例子中是繼承了 RuntimeError，因為我的例外不符合其他內建例外的描述。

關於是否需要為自訂例外撰寫初始化方法，還有些爭議。我個人偏向要撰寫，因為它提供了指定預設錯誤訊息的機會❸。自行編寫初始化方法還允許您接受並儲存多個參數，用於不同的資訊片段，而不僅僅是所有 Exception 類別必須具備的 message 屬性（但在這個例子中沒有這麼做）。

如果您接受一個字串當作訊息且不想提供預設值，則可以使用下面這個版本來定義自訂例外類別，只需要一個標題和一個文件字串即可：

```
class SillyWalkException(RuntimeError):
    """Exception for walking silly."""
```

不管哪種方式，自訂例外可以像其他例外一樣被引發❹和捕捉❺。

各種例外的展示

Python 官方說明文件提供了所有內建例外（exceptions）及其用途的詳盡清單。讀者可以連到以下網址找到這份官方說明文件的清單：https://docs.python.org/library/exceptions.html。

然而，由於官方文件的資訊內容太多太過龐雜，我將簡單介紹最常見的幾種例外類別。有四個基本類別，所有其他例外都是從四個基本類別繼承而來的。當您有需要捕捉整個例外分類時，通常可以使用以下這些來處理：

BaseException 是所有例外的基礎類別。請記住不要直接繼承，它設計的原意不是這樣的使用的。

Exception 是所有錯誤型例外的基礎類別。

ArithmeticError 是與數學運算相關錯誤的基礎類別。

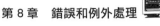

LookupError 是與在集合中尋找值相關之任何錯誤的基礎類別。

接在基礎例外類別後面的是**具體的例外類別**，每個類別都描述一種特定類型的
錯誤。截至目前為止，Python 語言中有 35 個具體的例外類別，但我只會介紹
其中一些最常見的例外（詳細內容請參閱官方說明文件）。後面的章節中還會
介紹一些其他例外。所有這些例外都直接繼承自 Exception，除非另有說明：

AttributeError 在試圖存取或指定不存在的類別屬性時會引發。

ImportError 在引入語句無法找到套件、模組或模組內的名稱時引發。您也
可能遇到 ModuleNotFoundError 這個子類別例外。

IndexError 在對於連續集合（如串列或元組）的索引（足標）超出範圍時
會引發。這繼承自 LookupError。

KeyError 在字典中找不到「鍵」時會引發。這也是繼承自 LookupError。

KeyboardInterrupt 是當使用者按下按鍵組合（例如在類 UNIX 系統中的
CTRL-C）來中斷正在執行的程式時引發的。這是繼承自 BaseException，
而不是 Exception。

MemoryError 是當 Python 用盡記憶體時引發的。還好是有一些做法可以試
著解決這個問題，一般是刪除一些內容。

NameError 是當在區域或全域作用範圍中找不到某個名稱時引發的。這不
適用於類別屬性（請參閱 AttributeError）或引入（請參閱 ImportError）
的相關的情況。

OSError 同時是具體的錯誤和許多與作業系統相關之例外的基礎類別，包
括 FileNotFoundError（當檔案無法開啟時引發的錯誤）。我會在後面的章
節中介紹和討論其中一些內容。

OverflowError 在算術運算產生超大無法表示或儲存的結果時引發。主要發
生在浮點數上。整數永遠不會引發 OverflowError，因為它們在 Python 中

沒有官方的大小限制，若整數出現類似的情況是會引發 BufferError。這個例外繼承自 ArithmeticError。

RecursionError 會在函式呼叫自己太多次時引發（請參閱第 6 章），無論是直接還是間接呼叫。這個例外繼承自 RuntimeError。

RuntimeError 則是一種捕捉所有不適用於其他分類之錯誤的例外。

SyntaxError 是在 Python 程式碼中有語法錯誤時引發。一般在執行程式時會遇到這種錯誤，但在執行任意程式碼時（參閱第 15 章）隨時也都有可能遇到。這個例外也包括子類別 IndentationError 和 TabError。

SystemError 是在直譯器內部出現錯誤時引發的。對於這種錯誤，您不太能做什麼處置，應該向您所使用之 Python 實作的開發人員回報相關訊息。

SystemExit 是在呼叫 sys.exit() 時引發的。請小心捕捉，因為這可能會阻止程式正常退出！這個例外繼承自 BaseException。

TypeError 是在運算子或函式嘗試對錯誤類型的物件執行動作時引發的。如果函式不打算處理引數接收特定型別的值，這是最適合引發的例外。

UnboundLocalError 是 NameError 的子類別，當您嘗試存取尚未指定值的區域名稱時引發的。這也是繼承自 NameError 的。

ValueError 在運算子或函式嘗試對某個引數執行動作時引發的，該引數具有正確的**型別**，但不是正確的**值**。

ZeroDivisionError 無論是真除法（/）、取整數除法（//）、取餘數（%）還是 divmod() 運算子，只要嘗試除以 0 就會引發。繼承自 ArithmeticError。

總結

本章花了很多時間討論例外和錯誤處理的做法與時機。這是個相當廣泛的主題，但語法本身可以總結為 try、except、else、finally 以及 raise 等結構。

PART III
資料與流程

第 9 章
集合與迭代

以迴圈遍訪陣列是程式設計中最基本的演算法之一。一般來說，這會是新開發者在「Hello, world！」程式之後做的第一項工作。從零開始的索引下標原則可能是您在學習程式設計時遇到的第一個範式轉移。但這裡使用的是 Python，這裡的迴圈和容器運作展現了完全不同的水準程度。

在本章中，我會介紹 Python 的迴圈（loop）功能，隨後探討 Python 所提供的各種用於儲存和組織資料的集合（collection）。接著會解釋可迭代（iterable）物件和迭代器（iterator）的概念，並在迴圈的情境脈絡中開始運用。然後會概述幾個迭代工具。最後則會實作自己的可迭代物件類別。

拿起您最喜歡的飲料，讓我們開始這趟學習旅程吧！

迴圈

Python 有兩種迴圈做法：while 和 for。正如您在本章中將會看到的內容，它們並不是可以互換使用的。相反地，兩種迴圈各有其獨特的用途。

while 迴圈

while 迴圈是最傳統的迴圈之一。只要 while 標頭中的表達式評算求值為 True，迴圈附屬的主體就會被執行。例如，下列的迴圈會不斷提示使用者輸入有效的數字，直到使用者這麼做才停止：

📁Listing 9-1: get_number.py:1a

```
number = None
while number is None:
    try:
        number = int(input("Enter a number: "))
    except ValueError:
        print("You must enter a number.")

print(f"You entered {number}")
```

只要 number 的值是 None，這個 while 迴圈附屬的本體就會持續重複執行。我使用 input() 詢問使用者輸入進行輸入，隨後試圖用 int() 轉換將它成整數。如果使用者輸入的不是有效的整數，就會引發 ValueError，而且不會將新的值指定給 number。因此，迴圈會一直重複執行，直到使用者輸入有效的整數為止。

一旦使用者輸入了有效的整數，迴圈就會退出，然後將這個數字列印顯示到螢幕中。

以下是這支程式的一個輸出範例：

```
Enter a number: forty
You must enter a number.
Enter a number:
You must enter a number.
Enter a number: 40
You entered 40
```

如果想要有個退出的機制，而不是輸入數字，我可以使用 break 關鍵字來手動退出迴圈。在這個例子中，我允許使用者輸入 q 來退出而不是輸入數字：

📂Listing 9-2: get_number.py:1b

```python
number = None
while number is None:
    try:
        raw = input("Enter a number ('q' to quit): ")
        if raw == 'q':
            break
        number = int(raw)
    except ValueError:
        print("You must enter a number.")

print(f"You entered {number}")
```

首先是取得原始輸入，並檢查是否為字串值 'q'。如果是，就使用 **break** 手動退出迴圈。如果不是，則像之前一樣嘗試將輸入轉換為整數。

這種做法有一個問題，正如下列輸出中所看到的那樣：

```
Enter a number ('q' to quit): foo
You must enter a number.
Enter a number ('q' to quit): q
You entered None
```

輸出的最後一行不太對勁。我希望的是程式立即退出，不顯示這行。

為了解決這個問題，我使用了 Python 迴圈功能中少有人知的特性：else 子句。當 Python 迴圈正常完成時，else 子句會執行，但如果迴圈被 break、return 或引發例外中止，則不會執行 else 子句。

我把程式的最後一個 print 陳述句移到迴圈的 else 子句內，確保它只在輸入有效數字時才執行：

📂Listing 9-3: get_number.py:1c

```python
number = None
while number is None:
    try:
        raw = input("Enter a number ('q' to quit): ")
        if raw == 'q':
            break
        number = int(raw)
    except ValueError:
        print("You must enter a number.")
else:
    print(f"You entered {number}")
```

執行這支程式時會展現新的行為結果。

```
Enter a number ('q' to quit): q
```

一旦遇到輸入 'q'，迴圈會立刻退出，不會執行最後的 print() 陳述句。

for 迴圈

在本章的大部分內容中，我會集中介紹和討論 for 迴圈的運作方式。目前您只需要了解 for 迴圈的目的是**遍訪**或**迭代**一組值的集合。

和 while 一樣，for 迴圈也有一個 else 子句，只有在迴圈正常結束時才執行，若迴圈中有 break、return 或引發例外的情況就不會執行。

現在用個簡單的範例來介紹：

📁Listing 9-4: print_list.py
```python
numbers = ["One", "Two", "Three"]

for number in numbers:
    print(number)
else:
    print("We're done!")
```

我定義了一個含有字串的串列，隨後將它指定給 numbers。接著遍訪 numbers 中的每個值，並將它們一一列印顯示在終端畫面上。當程式順利完成時，會用另一條訊息來宣佈這個事實。

以下是輸出結果：

```
One
Two
Three
We're done!
```

在本章的其餘部分，我會詳細解釋背後發生的原理，實際上要說明的內容相當龐大。經過這些內容後，您就能學會和掌握迭代的功能，並在程式碼中發揮其潛力。

集合

集合（**collection**）是一個容器物件，其中含有一個或多個以某種方式組織起來的**項目**。各個項目都與一個值綁定，這些值本身並不包含在集合物件中。在 Python 中有五種基本類型的集合，每一種都有多種變體：元組（tuple）、串列（list）、雙向佇列（deque）、集合（set）和字典（dict）。

一旦理解了各種集合的行為模式之後，想要快速有效地使用集合，就只是記住它們的方法，如果記不住，大多數 Python 開發者都會依賴於官方說明文件的查詢。但若是在緊急情況下，則也可以在 Python 的互動式 shell 模式中執行這個命令：「help(collection)」，括號中的 collection 是要換成您想取得更多資訊的集合類型。

元組

正如您在本書第 3 章以及之後的用法中所知道的，元組（tuple）是一個**不可變**（**immutable**）的**序列**（類似陣列的集合），這代表元組一旦建立，它的項目就不能被新增、刪除或重新排序。

傳統上，元組大都用在具有不同類型、按順序排列的資料，例如當您需要將不同但相關的值放在一起時，就可用元組來存放。舉例來說，以下是一個含有客戶名稱、咖啡訂單和大小（以盎司為單位）的元組：

📂Listing 9-5: order_tuple.py:1

```
order = ("Jason", "pumpkin spice latte", 12)
```

您可以將元組定義為一個由逗號分隔之值的序列，並且用括號括起來。

> **NOTE**
> 在很多情況下，元組周圍的括號在技術上是可選擇性使用的。使用的目的在於消除元組與其周圍環境的歧義，例如在將元組傳遞給一個引數時，加上括號是個良好的習慣。

由於元組的內容是**有序的**，可透過使用中括號並指定索引或**下標**（**subscript**）來存取個別的項目：

📂Listing 9-6: order_tuple.py:2

```
print(order[1])  # prints "pumpkin spice latte"
```

如果您的元組中只有一個項目，請在該項目尾端保留逗號，如下所示：

```
orders = ("pumpkin spice latte",)
```

若在某個函式預計返回一個元組，但事先並不知道該元組中將需要返回多少個元素時非常有用。

由於元組是不可變的，並沒有提供任何內建方法來新增、更改或刪除項目。您要在一開始就要一次性定義好一個元組，然後存取其中包含的項目。

附名元組

collections 模組提供了一個名為**附名元組**（**named tuple**）的奇怪變體，它允許您定義一個類似元組的集合，含有具名的欄位。像普通元組一樣，附名元組是不可變的集合，它主要用於為「值」新增「鍵」，同時仍然保留了它可用索引下標存取的行為：

📂Listing 9-7: coffeeorder_namedtuple.py

```
from collections import namedtuple

CoffeeOrder = namedtuple(❶ "CoffeeOrder", ❷ ('item', 'addons', 'to_go'))

order = CoffeeOrder('pumpkin spice latte', ('whipped cream',), True)
print(❸ order.item)  # prints 'pumpkin spice latte'
print(❹ order[2])    # prints 'True'
```

我定義了一個新的 namedtuple，名稱叫做 CoffeeOrder ❶，同時我也將它綁定到名稱 CoffeeOrder 上。我在這個附名元組中命名了三個欄位：item、addons 和 to_go ❷。

接著，我透過把值傳遞給 CoffeeOrder 的初始化程式來建構一個附名元組的新實例，並將實例綁定到 order。我可以透過欄位名稱❸或索引下標❹來存取 order 內的值。

在實務應用中，大多數 Python 開發者更喜歡使用字典或類別而不是附名元組，但這三者都各有各的用處。

串列

串列（**list**）是一種**可變的**序列集合，這表示串列可以新增、移除和重新排序其中的項目。一般來說，串列用於同質性型別、循序排列的資料，例如下列這個虛構的 Uncomment Café 的特別菜單：

Listing 9-8: specials_list.py:1
```
specials = ["pumpkin spice latte", "caramel macchiato", "mocha cappuccino"]
```

您可以把串列定義成一個以逗號分隔的序列，並用中括號括起來。與元組一樣，可以透過在中括號內指定索引下標來存取個別的項目：

Listing 9-9: specials_list.py:2
```
print(specials[1])  # prints "caramel macchiato"
```

您可以將串列當作陣列、堆疊或佇列。以下是一些最常用的串列方法：

Listing 9-10: specials_list.py:3
```
drink = specials.pop()   # return and remove last item
print(drink)             # prints "mocha cappuccino"
print(specials)          # prints ['pumpkin spice latte', 'caramel macchiato']
```

我使用 pop() 方法從串列中取出並移除項目。如果沒有給 pop() 傳遞索引下標，預設移除的是串列中的最後一個項目。

如果傳遞一個索引下標作為引數到 pop() 中，則會移除指定的項目：

Listing 9-11: specials_list.py:4
```
drink = specials.pop(1)  # return and remove item [1]
print(drink)             # prints "caramel macchiato"
print(specials)          # prints ['pumpkin spice latte']
```

我也可以使用 append() 方法將新的項目加到串列的末尾：

Listing 9-12: specials_list.py:5
```
specials.append("cold brew")  # inserts item at end
print(specials)               # prints ['pumpkin spice latte', 'cold brew']
```

新的項目 "cold brew" 傳給 append()，這樣就會將此項目新增到串列的尾端。

如果想要將項目加到串列的某個位置，則可使用 insert() 來處理：

📂 Listing 9-13: specials_list.py:6

```
specials.insert(1, "americano")  # inserts as item [1]
print(specials)                  # prints ['pumpkin spice latte', 'americano',
                                 #         'cold brew']
```

這裡的第一個引數是目標索引下標 1，而新項目 "americano" 是第二個引數。

這些是修改串列最常見的三種方法。Python 還有更多方法可選用，其中不少是好用又有趣的方法。正如我之前提到的，官方說明文件是讀者學習所有可用方法的最佳資源，有需要可連到官網查詢。

> **NOTE**
>
> 如果您有需要使用傳統動態大小的陣列，方面緊湊地儲存完全相同的資料型別，可以查看 array 模組的說明：https://docs.python.org/3/library/array.html。實際上這種需求很少見。

雙向佇列

collections 模組提供了另一種序列，叫做**雙向佇列 deque**（發音為 "deck"），它最善長存取第一個和最後一個項目。在特別著重效能要求的堆疊或佇列應用時，雙向佇列 deque 成為很好優選。

在下面這個範例中，我會用 deque 來追蹤在 Uncomment Café 排隊等候的客人：

📂 Listing 9-14: customers_deque.py:1

```
from collections import deque
customers = deque(['Daniel', 'Denis'])
```

在我從 collections 引入 deque 之後，就建立了一個新的 deque，並將其綁定為 customers。我將一個含有兩位顧客的串列作為該 deque 的初始值，雖然我也可以省略這一步，從一個空的 deque 開始。

Simon 進入咖啡館中排隊，所以我用 append() 將他加到 deque 的末尾：

📂 Listing 9-15: customers_deque.py:2

```
customers.append('Simon')
print(customers)  # prints deque(['Daniel', 'Denis', 'Simon'])
```

隨後，咖啡師開始為排在最前面的人服務了，所以我用 popleft() 將第一位顧客 Daniel 從佇列隊伍的前端（左側）取出並移除：

📁Listing 9-16: customers_deque.py:3

```
customer = customers.popleft()
print(customer)    # prints 'Daniel'
print(customers)   # prints deque(['Denis', 'Simon'])
```

佇列隊伍裡變成兩個人。隨即 James 很沒禮貌地插隊到所有人的前面，所以我使用 appendleft() 將他加到 deque 的最左側：

📁Listing 9-17: customers_deque.py:4

```
customers.appendleft('James')
print(customers)   # prints deque(['James', 'Denis', 'Simon'])
```

這對 Simon 來說並沒有關係，因為佇列隊伍裡的最後一個人可以得到一杯免費的飲料。我使用 popleft() 將 deque 中的最後一個項目返回並移除：

📁Listing 9-18: customers_deque.py:5

```
last_in_line = customers.pop()
print(last_in_line)    # prints 'Simon'
```

經過這些處理後，deque 雙向佇列只剩下 James 和 Denis：

📁Listing 9-19: customers_deque.py:6

```
print(customers)   # prints deque(['James', 'Denis'])
```

集合

集合（**set**）是一種內建、可變、**無序**的集合，其中所有的項目都保證是唯一的。如果您試圖在 set 中新增一個已經存在的項目，新的重複項目會被丟棄。我們主要是使用 set 來進行快速的包含性檢查，以及各種與 set 理論（數學）相關的操作，尤其在大型資料集（data set）中。

set 中儲存的每個值都必須是**可雜湊的**（**hashable**），Python 說明文件將可雜湊定義為具有「在其生命週期內永遠不變的雜湊值」的物件。可雜湊的物件實作了特殊方法 __hash__()。所有內建的不可變型別都是可雜湊的，因為它們在其生命週期內不會改變值。然而，許多可變型別則是不可雜湊的。

我會使用一個 set 來在 Uncomment Café 中舉行一次抽獎活動，每位顧客只能
參加一次：

☐Listing 9-20: raffle_set.py:1
```
raffle = {'James', 'Denis', 'Simon'}
```

首先這個 set 定義為一個用大括號（{}）括起來的、由逗號分隔之值的序列。
在這個例子中，我提供了三個初始值。

當客人進來時，我使用add() 將他們的名字加到set中。如果名字已經在set內，
就如下面的 Denis 情況，如果我嘗試再次加入，它不會成功：

☐Listing 9-21: raffle_set.py:2
```
raffle.add('Daniel')
raffle.add('Denis')
print(raffle)  # prints {'Daniel', 'Denis', 'Simon', 'James'}
```

print 陳述句顯示了 set 中目前的項目。請記住 set 是**無序的**，所以不能保證項目
顯示的順序。

我可以用 discard() 方法從 set 中刪除項目。由於 Simon 之前已贏過一些獎品，
所以我要刪掉他的名字：

☐Listing 9-22: raffle_set.py:3
```
raffle.discard('Simon')
print(raffle)  # prints {'Daniel', 'Denis', 'James'}
```

我也可以使用 remove() 來移除一個值，但如果指定的值不在 set 中，就會引發
一個 KeyError 錯誤；而 discard() 則不會引發錯誤。

最後，我使用 pop() 返回並移除 set 中隨意的項目：

☐Listing 9-23: raffle_set.py:4
```
winner = raffle.pop()
print(winner)  # prints arbitrary item of set, e.g. 'Denis'
```

請留意，**隨意（arbitrary）**並不代表是**隨機（random）**！pop() 方法總是返回
並移除 set 中第一個位置的項目。由於 set 是無序的，Python 並不保證項目的內
部順序，因此不能依賴 set 來獲得可靠的隨機性。

ALERT

若要表示一個空的 set，需要使用 set() 來處理，因為使用一對空的大括號
（{}）會被解釋為一個空的字典。

frozenset

與集合（set）相對應的不可變物件是 **frozenset**，它的運作方式基本上相同。其
主要區別就像串列（list）和元組（tuple）一樣：一旦建立 frozenset 之後不能
再新增或移除項目。

為了示範這一點，我會建立一個 frozenset 來儲存所有之前的中獎者名稱，並將
其用作下一次抽獎的部分名單：

📂Listing 9-24: raffle_frozenset.py:1

```
raffle = {'Kyle', 'Denis', 'Jason'}
prev_winners = frozenset({'Denis', 'Simon'})
```

frozenset 可以透過傳遞一個 set 文字字面值（就像這裡範例所示）、一個現有的
set，或者另一個線性集合給 frozenset() 的初始化程式來進行指定。當我一開始
定義了 prev_winners 之後，就不能再更改 frozenset 的內容了，它是不可變的。
而 raffle 這個普通的 set，則仍然可以被修改。

set 和 frozenset 最令人興奮的功能之一就是它們兩個都支援**集合數學運算**（**set
mathematics**）。您可以使用數學和邏輯運算子來尋找聯集（|）、交集（&）、差
集（-）和對稱差集（^）。這對於測試某個 set 是否為另一個 set 的子集（< 或
<=）或父集（> 或 >=）也非常有用。說明文件還概述了用於這兩種 set 的結合
和比較的其他幾個函式。

在我的範例中，會使用 -= 運算子從 raffle 集合中刪除所有先前的已經中過獎的
名字（prev_winners）：

📂Listing 9-25: raffle_frozenset.py:2

```
raffle -= prev_winners # remove previous winners
print(raffle)  # prints {'Jason', 'Kyle'}
```

隨後我可以從 raffle 中 pop() 一個隨意的項目來當作中獎名單：

📁Listing 9-26: raffle_frozenset.py:3

```
winner = raffle.pop()
print(winner)  # prints arbitrary item of set, e.g. 'Kyle'
```

恭喜 Kyle！他中獎贏得了一趟三天一夜的南極之旅，由 Frozen Set 航空提供。
（記得多穿一點喔！）

字典

字典（**dictionary**，dict 型別）是可變的集合，以「**鍵—值**（**key-value**）」對的
方式儲存資料，而不是按照線性方式來儲存。這種關聯式的儲存方式稱為**對映**
（**mapping**）。「鍵」幾乎可以是任何一種型別，只要該型別是可雜湊的。最簡
單的方法是記住，可雜湊的型別幾乎都是不可變的。

鍵—值對中的「值」可以是任何東西。無論字典中有多少資料，透過「鍵」來
尋找「值」是很快速的。（在其他語言中，這種型別的集合是指 **hashmap**，而
在 CPython 中，字典實作成一個雜湊表。）

我會用一個字典來儲存 Uncomment Café 的菜單：

📁Listing 9-27: menu_dict.py:1

```
menu = {"drip": 1.95, "cappuccino": 2.95}
```

我把字典建立成一個由逗號分隔的「鍵—值對」序列，並用大括號括起來，每
對中的鍵和值之間用冒號（:）分隔。在這個範例中，「鍵」是表示飲料名稱的
字串，「值」則是表示價格的浮點數。

我透過中括號（[ ]）指定的「鍵」來存取其中個別的項目：

📁Listing 9-28: menu_dict.py:2

```
print(menu["drip"])  # prints 1.95
```

如果正要存取的「鍵」不在字典中，就會引發 KeyError。

我可以藉由把「值」指定給中括號內指定的「鍵」來新增或修改字典內的項
目。在下列的範例中，我新增 "americano" 鍵到 menu 中，值為 2.49 元：

📁Listing 9-29: menu_dict.py:3

```
menu["americano"] = 2.49
print(menu)  # prints {'drip': 1.95, 'cappuccino': 2.95, 'americano': 2.49}
```

由於某種原因，americano 美式咖啡在咖啡館中並不太受歡迎，所以我最終使用 del 運算子將其從字典中刪除，方法是刪除對應的「鍵」：

⌾Listing 9-30: menu_dict.py:4

```
del menu["americano"]  # removes "americano" from dictionary
print(menu)  # prints {'drip': 1.95, 'cappuccino': 2.95}
```

同樣地，如果在中括號內指定的「鍵」不在字典內，將會引發 KeyError。

檢查或是排除？

有關於應該直接使用 in 運算子在字典中檢查「鍵」是否存在，或者使用 try 陳述式和處理 KeyError，這方面一直都存有爭論。

以下是採用 EAFP（請求寬恕比請求許可更容易）做法的例子，使用 try 陳述式來處理：

⌾Listing 9-31: checkout_dict_eafp.py

```
menu = {'drip': 1.95, 'cappuccino': 2.95, 'americano': 2.49}


def checkout(order):
    try:
        print(f"Your total is {❶ menu[order]}")
    except KeyError:
        print("That item is not on the menu.")

checkout("drip")  # prints "Your total is 1.95"
checkout("tea")   # prints "That item is not on the menu."
```

在 try 陳述式內，我嘗試存取字典 menu 中與 order 鍵❶關聯的值。如果鍵無效，就會引發 KeyError，會在 except 子句中捕捉，然後採取適當的行動。

這種做法更適合於無效的鍵是個**例外的**情境。一般情況下，except 子句在效能成本較高，但在處理錯誤和其他例外情況時，這種成本是完全合理的。

以下是 LBYL（三思後行）的事先檢查做法，使用 in 運算子來處理：

⌾Listing 9-32: checkout_dict_lbyl.py

```
menu = {'drip': 1.95, 'cappuccino': 2.95, 'americano': 2.49}


def checkout(order):
```

```
❶ if order in menu:
       print(f"Your total is {❷ menu[order]}")
   else:
       print("That item is not on the menu.")

checkout("drip")  # prints "Your total is 1.95"
checkout("tea")   # prints "That item is not on the menu."
```

這種做法是在進行任何事之前先檢查 order 是否是 menu 字典的一個「鍵」❶。如果存在，則可安全地存取與該鍵關聯的「值」❷。如果預期會常常檢查到無效的「鍵」，這種做法可能是更好的，因為兩結果都有可能出現。失敗比例較高屬於**規則**而不是**例外**，所以最好讓這兩種情況的效能大致相同。

這種 LBYL（三思後行）做法一般在無效的鍵是個例外情況時不太受歡迎，因為它必須在字典中對「鍵」搜尋兩次：一次是在檢查是否存在，一次是在存取時。相比之下，EAFP（請求寬恕比請求許可更容易）做法只需存取一次有效的「鍵」，因為這裡處置了可能的 KeyError。

和所有效能問題一樣，您無法確切知道哪種做法更好，除非對程式碼進行效能分析。您可以依賴這裡的假設，除非是特別需要某一種特定做法的邏輯結構。然而，如果效能至關重要，請對程式碼進行效能分析（請參閱第 19 章）。

字典變體應用

Python 有一個 collections 模組，提供了一些內建字典的變體應用。以下是其中三種最常見的變體應用，以及獨特功用：

> defaultdict 允許指定一個可呼叫（callable）的函式來生成預設值。如果嘗試存取一個未定義之「鍵」的「值」，此時會定義一個新的鍵值對，並使用這個預設值。

> OrderedDict 具有額外的功能可用來追蹤和管理鍵值對的順序。自從 Python 3.7 版開始，內建的字典（dict）也正式保留插入順序，但 OrderedDict 專門為重新排序進行了**最佳化**，並具有相關的額外功能可進行相關處理。

> Counter 是專為計算可雜湊物件而設計，這裡的物件是「鍵」，計數則是個整數值。其他程式語言稱這種型別的集合為**多重集合**（**multiset**）。

您最好只在實際需要其行為的情況下才去使用上述這些專用字典，所以我在這裡不會詳細介紹。上述各種字典都針對特定的使用情況進行了最佳化處理，不太可能在其他情境下具有最佳效能。如果需要更多詳細資訊，官方說明文件是您查詢的最佳選擇：https://docs.python.org/3/library/collections.html。

拆解集合

所有的集合都可以**拆解**（**unpack**）成多個變數，這表示每個項目都會被指定自己的名稱。舉例來說，我可以將含有三個顧客名稱的 deque 拆解成三個單獨的變數。下面的範例從建立含有顧客名稱的 deque 開始：

Listing 9-33: unpack_customers.py:1a

```
from collections import deque

customers = deque(['Kyle', 'Simon', 'James'])
```

接下來是要拆解這個 deque。我會在指定值運算子的左側放置一個以逗號分隔的名稱串列，並按順序拆解：

Listing 9-34: unpack_customers.py:2a

```
first, second, third = customers
print(first)    # prints 'Kyle'
print(second)   # prints 'Simon'
print(third)    # prints 'James'
```

有時候會看到這個左側部分會用括號包起來，但在拆解像上述範例中的線性集合時，括號並不是必需的（在下一個小節中，我會示範在拆解字典時如何使用括號）。我把要拆解的集合放在指定值運算子的右側。

拆解有一個主要的限制：您必須知道會拆解出多少個值！為了示範這一點，我先回到範例最前面使用 append() 方法，將一位顧客新增到 deque 內：

Listing 9-35: unpack_customers.py:1b

```
from collections import deque

customers = deque(['Kyle', 'Simon', 'James'])
customers.append('Daniel')
```

如果我在左側指定的名稱太多或太少，就會引發 ValueError。由於 deque 中含有四個值，若是嘗試拆解成三個名稱就會失敗：

Listing 9-36: unpack_customers.py:2b

```
first, second, third = customers   # raises ValueError
print(first)                        # never reached
print(second)                       # never reached
print(third)                        # never reached
```

若想要解決這個問題，可以在左邊指定第四個名稱。但在這個範例中，我想忽略第四個值，此時可透過將它拆解為底線來忽略該項目：

Listing 9-37: unpack_customers.py:2c

```
first, second, third, _ = customers
print(first)    # prints 'Kyle'
print(second)   # prints 'Simon'
print(third)    # prints 'James'
```

底線（_）當用作名稱時，就表示要忽略這個值。我可以根據需要在對應的位置多次使用底線，例如，如果我想要忽略集合中的最後兩個值：

Listing 9-38: unpack_customers.py:2d

```
first, second, _, _ = customers
print(first)    # prints 'Kyle'
print(second)   # prints 'Simon'
```

只有 customers 集合中的前兩個值會被拆解，而後面兩個值會被忽略。

順帶一提，如果您需要拆解只含有一個值的集合，可以在要拆解的名稱後面留下一個逗號：

```
baristas = ('Jason',)
barista, = baristas
print(barista)   # prints 'Jason'
```

星號運算式

如果您不知道集合中有多少個額外的值，那就則可以使用**星號運算式**（**starred expression**）來捉取多個額外拆解開的值：

Listing 9-39: unpack_customers.py:2e

```
first, second, *rest = customers
print(first)    # prints 'Kyle'
print(second)   # prints 'Simon'
print(rest)     # prints ['James', 'Daniel']
```

前兩個值分別被拆解存放在 first 和 second，剩下的（如果有的話）會打包成一個串列並指定給 rest。只要被解開的集合超過兩個值，而只有一個對應左側的非星號名稱，這個做法就可以使用。若集合中只有兩個值，這種做法的 rest 會是一個空串列。

您可以在拆解串列的任何位置使用星號運算式，包括在開頭也能使用。以下的範例，我把第一個和最後個值分別拆解存放，而將中間其餘的所有值打包成一個名為 middle 的串列：

📁Listing 9-40: unpack_customers.py:3

```
first, *middle, last = customers
print(first)   # prints 'Kyle'
print(middle)  # prints ['Simon', 'James']
print(last)    # prints 'Daniel'
```

您還可以用星號運算式來忽略多個值：

📁Listing 9-41: unpack_customers.py:4

```
*_, second_to_last, last = customers
print(second_to_last)  # prints 'James'
print(last)            # prints 'Daniel'
```

透過在底線前面加上一個星號，就可捉取多個值並忽略掉，而不是將它們打包成串列。在這個範例中是拆解集合中的最後兩個值來存放。

在拆解陳述句中只能有一個星號運算式，因為星號運算式是屬於**貪婪的**，允許的值愈多消耗的資源就愈多。Python 會在評算星號運算式之前將值拆解到所有其他名稱中。在同一陳述句中使用多個星號運算式是毫無意義的，因為無法分辨它們的拆解界限。

拆解字典

字典可以像其他內建的集合型別一樣進行拆解。在預設的情況下，只有「鍵」會被拆解，就像之前範例中拆解咖啡 menu 字典時所看到的那樣。

首先，我定義了要示範的字典：

📁Listing 9-42: unpack_menu.py:1

```
menu = {'drip': 1.95, 'cappuccino': 2.95, 'americano': 2.49}
```

隨後拆解這個字典的內容：

Listing 9-43: unpack_menu.py:2aa, b, c = menu

```
print(a)  # prints 'drip'
print(b)  # prints 'cappuccino'
print(c)  # prints 'americano'
```

如果想要取得值的話，就必須使用**字典檢視**（**dictionary view**）進行拆解，它可以讓我存取字典中的「鍵」和／或「值」。在這個範例中，我使用 values() 字典檢視來處理：

Listing 9-44: unpack_menu.py:2b

```
a, b, c = menu.values()
print(a)  # prints 1.95
print(b)  # prints 2.95
print(c)  # prints 2.49
```

我可以透過拆解 items() 字典檢視來同時取得鍵和值，這樣會將每個鍵值對返回成元組：

Listing 9-45: unpack_menu.py:2c

```
a, b, c = menu.items()
print(a)  # prints ('drip', 1.95)
print(b)  # prints ('cappuccino', 2.95)
print(c)  # prints ('americano', 2.49)
```

我也可以使用括號將一對名稱括起來，在同一個陳述句中拆解每個鍵—值對，元組就會被拆解出來：

Listing 9-46: unpack_menu.py:3

```
(a_name, a_price), (b_name, b_price), *_ = menu.items()
print(a_name)   # prints 'drip'
print(a_price)  # prints 1.95
print(b_name)   # prints 'cappuccino'
print(b_price)  # prints 2.95
```

為了能簡潔說明，我選擇只拆解 menu 字典中的前兩個項目，其餘的則忽略。我會從 menu.items() 中拆解第一個元組為 (a_name, a_price)，所以元組的第一個項目儲存在 a_name，第二個項目儲存在 a_price。同樣的做法也發生在字典中的第二個鍵值對。

您可以使用這種帶括號的拆解策略來拆解二維的集合，例如元組的串列或 set 的元組。

集合的結構化模式比對

從 Python 3.10 版開始，可以對元組、串列和字典執行結構模式比對。

在模式中，元組和串列可以互換運用，它們都可以與序列模式進行比對。**序列模式**（**sequence pattern**）使用與拆解相同的語法，包括能夠使用星號運算式。例如，我可以比對序列的第一個和最後一個元素，忽略中間的一切：

Listing 9-47: match_coffee_sequence.py

```python
order = ['venti', 'no whip', 'mocha latte', 'for here']

match order:
    case ('tall', *drink, 'for here'):
        drink = ' '.join(drink)
        print(f"Filling ceramic mug with {drink}.")
    case ['grande', *drink, 'to go']:
        drink = ' '.join(drink)
        print(f"Filling large paper cup with {drink}.")
    case ('venti', *drink, 'for here'):
        drink = ' '.join(drink)
        print(f"Filling extra large tumbler with {drink}.")
```

序列模式不論是用括號還是中括號括起來，都是一樣的。串列 order 會與每個模式進行比對。對於每個模式，會檢查第一個和最後一個項目，而其餘的項目則透過萬用字元的星號 drink 來捕捉。在各種情況下，我會把 drink 內的元素結合在一起，以確定應該用什麼來填入所選擇的容器。

這裡也可對字典的特定值進行模式比對，使用**對映模式**（**mapping pattern**）來處理。以下是幾乎相同的範例，但改為使用字典來處理：

Listing 9-48: match_coffee_dictionary.py:1a

```python
order = {
    'size': 'venti',
    'notes': 'no whip',
    'drink': 'mocha latte',
    'serve': 'for here'
}

match order:
    case {'size': 'tall', 'serve': 'for here', 'drink': drink}:
        print(f"Filling ceramic mug with {drink}.")
    case {'size': 'grande', 'serve': 'to go', 'drink': drink}:
        print(f"Filling large paper cup with {drink}.")
    case {'size': 'venti', 'serve': 'for here', 'drink': drink}:
        print(f"Filling extra large tumbler with {drink}.")
```

對映模式被包在大括號中。只有在模式中指定的「鍵」會被檢查，而其他的「鍵」都會被忽略。在這個版本的程式中，檢查了 'size' 和 'serve' 這兩個鍵，以及與 'drink' 鍵關聯的「值」（已捕捉為 drink）。

執行這個版本的程式碼，與之前的版本相比，您會注意到這裡不再含有 'notes'（例如，'no whip'）。若想要修復這個問題，可以透過使用萬用字元星號來捕捉所有剩餘的「鍵」，就像這樣：

📂Listing 9-49: match_coffee_dictionary.py:1b

```python
order = {
    'size': 'venti',
    'notes': 'no whip',
    'drink': 'mocha latte',
    'serve': 'for here'
}

match order:
    case {'size': 'tall', 'serve': 'for here', **rest}:
        drink = f"{rest['notes']} {rest['drink']}"
        print(f"Filling ceramic mug with {drink}.")
    case {'size': 'grande', 'serve': 'to go', **rest}:
        drink = f"{rest['notes']} {rest['drink']}"
        print(f"Filling large paper cup with {drink}.")
    case {'size': 'venti', 'serve': 'for here', **rest}:
        drink = f"{rest['notes']} {rest['drink']}"
        print(f"Filling extra large tumbler with {drink}.")
```

> NOTE
> 因為任何在對映模式中沒有明確列出的「鍵」都會被忽略掉，所以用來忽略其餘「鍵」而不捕捉的萬用字元是兩個星號和底線（**_），但在對映模式中是不合法的。

雖然我選擇在對映模式中使用萬用字元來示範捕捉的處理，值得注意的是，我仍然可以在任何情況下直接存取主題和 order。在這個特定的範例中，我也可以輕鬆地像下列這般編寫程式碼：

📂Listing 9-50: match_coffee_dictionary.py:1c

```python
match order:
    case {'size': 'tall', 'serve': 'for here'}:
        drink = f"{order['notes']} {order['drink']}"
        print(f"Filling ceramic mug with {drink}.")
    case {'size': 'grande', 'serve': 'to go'}:
        drink = f"{order['notes']} {order['drink']}"
        print(f"Filling large paper cup with {drink}.")
    case {'size': 'venti', 'serve': 'for here'}:
```

```
        drink = f"{order['notes']} {order['drink']}"
        print(f"Filling extra large tumbler with {drink}.")
```

就像之前一樣，每個對映模式中省略的任何「鍵」都會在模式比對時被忽略。

由索引或鍵來存取

很多集合都**可用索引下標**來進行操作，也就是說，可以透過在中括號內指定的索引下標來存取單個項目。您已經在串列中見識過這種操作：

📁Listing 9-51: subscript_specials.py:1a

```
specials = ["pumpkin spice latte", "caramel macchiato", "mocha cappuccino"]
print(specials[1])  # prints "caramel macchiato"
specials[1] = "drip"
print(specials[1])  # prints "drip"
```

可進行索引下標操作的集合類別實作了特殊方法 __getitem__()、__setitem__() 和 __delitem__()，每個方法都接受一個整數引數。您可以透過直接使用這些特殊方法而不是中括號表示法，來看到它們的運作原理，下面的程式碼在功能上與上面的程式碼完全相同：

📁Listing 9-52: subscript_specials.py:1b

```
specials = ["pumpkin spice latte", "caramel macchiato", "mocha cappuccino"]
print(specials.__getitem__(1))  # prints "caramel macchiato"
specials.__setitem__(1, "drip")
print(specials.__getitem__(1))  # prints "drip"
```

dict 類別也實作了這些相同的特殊方法，只不過它們接受一個「鍵」作為唯一的引數。由於字典沒有正式的「索引」，所以不被視為可進行索引下標操作的集合。

切片表示法

切片表示法（**Slice notation**）允許您存取串列或元組中的特定項目或範圍。在五種基本類型的集合中，只有元組和串列可以進行切片操作。set 集合與 dict 字典都不可進行索引下標操作，所以切片表示法也不適用。而雖然 deque 雙向佇列可以進行索引下標操作，但由於其實作方式的原因，無法使用切片表示法對其進行切片。

若想要對串列或元組進行切片，則需要使用中括號包住切片表示法，一般來說，切片表示法由三個部分組成，以冒號分隔：

```
[start:stop:step]
```

在切片中的第一個起算項目的索引是「start」。而「stop」是切片的結束位置（但不包括在內）。而「step」部分則是允許跳過項目的幅度，甚至還可以反轉其順序。

不必都指定所有三個引數，但要注意冒號的使用。如果您想要進行切片，而不是透過索引下標存取單個元素，則必須都要放入分隔 start 和 stop 位置的冒號，即使您不指定其中的一個或兩個位置也是如此：（[start: stop], [start:], [:stop]）。

同樣地，如果您定義了 step 步進幅度，則必須在其前面加上屬於自己的冒號：（[:stop: step], [::step], [start::step]）。

> **ALERT**
> 切片表示法不會回報錯誤！如果對應的串列或元組不適用這種表示法，或者有其他問題，它會返回一個空串列 []。在依賴和使用切片功能之前，您應該都要先測試一下切片表示法。

這有點太過空談理論了，所以這裡用一些實際的例子來說明，以下是一個咖啡訂單的串列：

📁Listing 9-53: slice_orders.py:1

```python
orders = [
    "caramel macchiato",
    "drip",
    "pumpkin spice latte",
    "drip",
    "cappuccino",
    "americano",
    "mocha latte",
]
```

切片的起算和結束

藉由指定切片的起算 start 和結束 stop 位置，就能指定出一個範圍：

📂Listing 9-54: slice_orders.py:2

```
three_four_five = orders[3:6]
print(three_four_five)  # prints ['drip', 'cappuccino', 'americano']
```

這個切片從位置索引下標 3 起算，一直到索引下標 6 之前結束，所以切出索引下標 3、4 和 5 的項目。

有個重要的規則是：起算 start 必須都是指向在結束 stop 之前的項目。預設的情況下，串列都是從前往後遍巡的，所以 start 的位置必須小於 stop 的位置。

切片不一定都要放入三個引數。如果省略起算 start，切片會從第一個元素起算。如果省略結束 stop，切片會切到最後一個元素。

如果我想要取得串列中除了前四個以外的所有項目，我會使用下列方式：

📂Listing 9-55: slice_orders.py:3

```
after_third = orders[4:]
print(after_third)  # print ['cappuccino', 'americano', 'mocha latte']
```

這個是從索引下標 4 起算，隨後因為在冒號後面沒有指定 stop 索引下標，所以這個切片會一直切到串列的最後一個項目。

如果想要取得串列中的前兩項，寫法如下：

📂Listing 9-56: slice_orders.py:4

```
next_two = orders[:2]
print(next_two)  # prints ['caramel macchiato', 'drip']
```

在冒號前面沒有指定 start 索引，所以預設為串列的開頭。stop 索引為 2（但**不包括** 2），所以切片切下索引 2 之前的所有項目，這樣就取得了串列的前兩項。

負值索引下標

我也可以使用負值作為索引下標，這樣就能從串列或元組的尾端倒數計算。例如，索引下標為 -1 指的是串列中的最後一個項目：

📂Listing 9-57: slice_orders.py:5

```
print(orders[-1])  # prints 'mocha latte'
```

負值索引下標也可用在切片的處理，舉例來說，我想要取得串列尾端倒數過來的三個項目，可以寫成：

📁Listing 9-58: slice_orders.py:6
```
last_three = orders[-3:]
print(last_three) # prints ['cappuccino', 'americano', 'mocha latte']
```

這個切片從倒數第三個索引下標（-3）起算，一直切到末尾。當決定要使用負值索引下標時，請記住 -1 代表的是最後一個項目，也就是說它是在「末尾」之前的索引下標值，末尾本身是**沒有**索引下標值的。

如果想要切片 orders 串列的倒數第三個和倒數第二個項目，但不包括最後一個，則可以將 start 和 stop 都定為負值索引下標：

📁Listing 9-59: slice_orders.py:7
```
last_two_but_one = orders[-3:-1]
print(last_two_but_one)  # prints ['cappuccino', 'americano']
```

請記住，start 索引下標的位置必須都是在 stop 索引下標位置之前，而串列預設是從左到右遍巡的。因此，start 索引下標必須是 -3，也就是倒數第三個，而 stop 索引下標必須是 -1（切片時不包括此位置的項目），切片出來的最後一個項目是索引下標 -2（倒數第二個）。

切片的跳隔幅度

預設情況下，串列是從最低的索引下標到最高的索引下標逐個依序遍巡的，從第一個到最後一個。切片表示法的第三部分 step，允許改變其依序的幅度，以便能更好地控制切片中要取得哪些值，以及它們的順序。

舉例來說，我可以設定 step 部分為 2，從 orders 串列的第二個訂單項目起算，建立一個含有跳隔一個咖啡訂單的切片：

📁Listing 9-60: slice_orders.py:8
```
every_other = orders[1::2]
print(every_other) # prints ['drip', 'drip', 'americano']
```

我從索引下標 1 為 start 起算切片，由於沒有指定 stop 索引下標位置，所以切片會一直切到串列的末尾。step 引數設為 2 告知 Python 取跳隔一個的項目。在這個串列 orders 內，這表示切片會切取索引下標為 1、3 和 5 位置的項目。

如果將 step 引數設為負數，則會反轉串列或元組的讀取方向。舉例來說，step
設為 -1，且沒有指定 start 或 stop，會返回整個 orders 串列的倒序版本：

☞Listing 9-61: slice_orders.py:9
```
reverse = orders[::-1]
```

您會注意到這個範例的 -1 前面加了兩個冒號，標明 start 和 stop 都沒有指定任
何值。如果不加兩個冒號，Python 就無法知道 -1 是用於第三個引數。

我甚至可以取得在 Listing 9-60 中切片資料的倒序版本，這種寫法這有點巧
妙。以下是程式碼內容：

☞Listing 9-62: slice_orders.py:10
```
every_other_reverse = orders[-2::-2]
print(every_other_reverse)  # prints ['americano', 'drip', 'drip']
```

step 設為 -2 代表切片以相反的順序取得跳隔一個的值。串列是從右到左遍巡
的，這個設定會改變起算和結束的行為。這裡從倒數第二個項目（-2）起算，
但因為省略了結束下標，預設就變成串列的開頭，而不是末尾。如果連 step 和
stop 下標都省略掉，則會得到跳隔一個項目值的倒序內容，從最後一個項目開
始倒序。

這種反轉的行為會徹底影響到起算 start 和結束 stop 所使用的值，這種誤解很容
易導致錯誤。例如，如果我想要倒序取得第三、第四和第五個項目，我的第一
個嘗試可能如下所示，但這種寫法是**不會**成功的：

☞Listing 9-63: slice_orders.py:11a
```
three_to_five_reverse = orders[3:6:-1]  # WRONG! Returns empty list.
print(three_to_five_reverse)  # prints []
```

負的 step 值表示要倒序遍巡串列。請記住，start 必須都在 stop 之前遍巡。

如果我要從尾端到開始遍巡串列，那就必須反轉 step 和 stop 的值，就像這樣：

☞Listing 9-64: slice_orders.py:11b
```
three_to_five_reverse = orders[5:2:-1]
print(three_to_five_reverse)  # prints ['americano', 'cappuccino', 'drip']
```

由後面往回遍巡串列，這個切片從索引下標位置 5 起算，切到在索引下標位置
2 結束，但不包括索引下標 2。

複製切片

關於切片還有一件事要知道，它都是會返回一個含有所選項目的新串列或新元組。原本的串列或元組仍然保持不變。下列這段程式碼建立了一個完美的淺複製（shallow copy）串列：

📁Listing 9-65: slice_orders.py:12
```
order_copy = orders[:]
```

start 和 stop 都沒有指定，所以切片是切出所有的項目。

slice 物件

您也可以使用 slice() 初始方法直接建立一個 slice 物件，以供後續重複使用。

```
my_slice = slice(3, 5, 2)  # same as [3:5:2]
print(my_slice)
```

start、stop，以及可選擇性的 step 值被傳遞為位置引數。實際上，這種做法比常規的切片表示法更受限制，因為無法省略 stop 值。

無論如何，如上面的例子，在 print() 陳述式中是可以直接使用 my_slice 來代替切片表示法。

在自訂物件上切片

如果您想在自己的物件中實作切片的功能，只需要在讓物件可進行索引操作所需的同樣特殊方法中接受一個 slice 物件當作為引數：__getitem__(self, sliced)，__setitem__(self, sliced) 和 __delitem__(self, sliced)。隨後可以透過 sliced.start、sliced.stop 和 sliced.step 來取得 slice 物件的三個部分。

要舉出一個合適的範例是有點難度，也比較複雜，所以我會在後面的內容再進行解釋。

使用 islice

您仍然可以使用 itertools.islice() 切割某個 deque 或任何不支援索引下標操作的集合，它的行為與切片表示法相同，唯一的不同點是它不支援任何參數使用負數值。

islice() 接受的參數是有順序的，所以請記住它們的排放順序：

```
islice(collection, start, stop, step)
```

舉例來說，islice() 可以從字典中取得切片，而使用普通的切片表示法是無法對字典進行切片的，因為字典無法透過索引下標來存取。在下面這個範例中，我從字典中擷取跳隔一個項目：

📂Listing 9-66: islice_orders.py

```
from itertools import islice

menu = {'drip': 1.95, 'cappuccino': 2.95, 'americano': 2.49}

menu = dict(islice(❶ menu.items(), 0, 3, 2))  # same as [0:3:2]
print(menu)
```

我把字典當作一個元組串列傳遞給 islice ❶，隨後傳入所需的 start、stop 和 step 值，以便取得跳隔一個項目。接著從 islice 建立一個新的字典，並將其綁定到 menu。執行這段程式碼會產生以下輸出：

```
{'drip': 1.95, 'americano': 2.49}
```

in 運算子

您可以使用 in 運算子來快速檢查某個值是否有包含在任何集合之中。

如之前的範例，我會從一個 orders 串列開始：

📂Listing 9-67: in_orders.py:1

```
orders = [
    "caramel macchiato",
    "drip",
    "pumpkin spice latte",
    "drip",
```

```
        "cappuccino",
        "americano",
        "mocha cappuccino",
    ]
```

舉例來說，我可能需要在打開一瓶新的瓶巧克力糖漿之前，先檢查一下 orders
串列中是否有人點了 mocha cappuccino：

🗁 Listing 9-68: in_orders.py:2

```
if "mocha cappuccino" in orders:
    print("open chocolate syrup bottle")
```

把要尋找的值放在 in 運算子的左側，要搜尋的集合放在右側。in 運算子如果在
集合中找到至少一個值的實例，就會返回 True，如果一個都沒有找到，則會返
回 False。

您也可以檢查某個串列是否沒有包含特定的項目。例如，若現在沒有人點滴漏
咖啡，那就要關掉咖啡壺了，我可以檢查 orders 串列中是否有任何 "drip" 訂
單，其程式碼的寫法如下：

🗁 Listing 9-69: in_orders.py:3

```
if "drip" not in orders:
    print("shut off percolator")
```

加入 not 會反轉 in 的條件，所以如果值在集合中找不到，這個運算式的評算求
值結果就為 True。

透過實作特殊方法 __contains__() 來自訂類別，就可新增對 in 運算子的支援。

檢查集合的長度

若想要找出某個集合中含有多少項目，可以使用 len() 函式來處理，此函式能
搞定這項需求。舉例來說，如果我有一個排隊等待中的 customers 顧客串列，
則可以算出排隊中的客人有多少位：

🗁 Listing 9-70: len_customers.py

```
customers = ['Glen', 'Todd', 'Newman']
print(len(customers))  # prints 3
```

len() 函式返回 customers 中項目的數量是以整數形式呈現。由於 customers 中有 3 個項目，因此返回值是 3。若以字典來說，len() 會返回鍵—值對的數量。

當您使用迭代來進行處理時，len() 函式會比預期少用到，因為迭代會改變遍訪集合的方式，一般不需要知道集合的長度。

在測試某個集合是否為空時，甚至不需要使用 len() 函式。如果某個集合含有內容，那它就是真值，代表可以直接評算求值為 True。反之，如果集合是空的，它是假值，代表它要評算求值為 False。我會使用這個方式來查看現在咖啡館內是否有顧客。

Listing 9-71: no_customers.py

```
customers = []
if ❶ customers:  # if not empty...
    print("There are customers.")
else:
    print("Quiet day.")
    print(bool(customers))
```

由於 customers 串列是空的，它是偽值，在運算式❶的使用中，其布林情境脈絡會評算求值為 False。因此，當執行上面的程式碼時，會顯示以下內容：

```
Quiet day.
False
```

果然如此，直接把 customers 串列轉換為布林值，它會顯示 False。一般來說，唯一需要使用 len() 函式的時候是當您需要以集合的長度作為獨立的資料時，例如要計算一週中每天平均的訂單數量：

Listing 9-72: average_orders.py

```
orders_per_day = [56, 41, 49, 22, 71, 43, 18]
average_orders = sum(orders_per_day) // len(orders_per_day)
print(average_orders)
```

average_orders 會顯示在畫面上：

```
42
```

迭代

Python 中的所有集合都設計成可以使用**迭代**（iteration）來處理，透過迭代則可以按照需求直接逐一存取其中的項目。迭代模式甚至不僅僅適用於集合，您可以利用這個概念按照需求來**迭代地**生成或處理資料，而不是一次性全部處理。這個議題會在本書第 10 章深入介紹討論。

在您能夠有效地開始使用迭代之前，必須理解它的實際運作方式。隨後就可以使用這項功能來存取、排序和處理集合中的項目。

可迭代物件和迭代器

Python 中最引人注目的功能之一就是它的迭代做法，透過兩個相當簡單的概念來完成：**可迭代物件**（iterables）和**迭代器**（iterators）。

可迭代物件（iterables）是指任何可以逐一、按照需求存取其項目或值的物件。例如，串列就是一個可迭代物件，您可以逐一遍訪串列中的每個項目。若要讓一個物件成為可迭代，就必須具有一個相關聯的迭代器，這個迭代器是從該物件的實例方法 __iter__() 中返回的。

迭代器（iterators）是實際執行迭代的物件，它提供了對正在遍訪的可迭代物件中的下一個項目的即時存取。若想要成為可迭代物件，其物件需要實作特殊 __next__() 方法，不接受任何參數並返回一個值。這個方法會前進到它遍訪之可迭代物件中的下一個項目，然後返回該值。

迭代器還必須實作 __iter__()，返回迭代器物件本身（通常是 self）。此慣例是必要的，這樣接受可迭代物件的程式也能輕鬆接受迭代器，後面您就會看到。

就是這樣！所有的集合（collection）都是可迭代的，每個集合至少有一個專用伴隨的迭代器類別。

我會在本章後面實作一個自訂迭代器類別。

手動使用迭代器

在介紹自動迭代之前，先了解使用迭代器的背後運作原理是有幫助的。

為了示範這一點，我會遍訪串列中的值，並使用手動存取和控制的迭代器。我
會對這個範例進行兩次操作：一次直接呼叫特殊方法，另一次允許 Python 隱式
呼叫這些方法。

首先是定義一個可迭代的串列：

📂Listing 9-73: specials_iteration.py:1
```
specials = ["pumpkin spice latte", "caramel macchiato", "mocha cappuccino"]
```

若想要遍訪這個集合，先要取得一個迭代器：

📂Listing 9-74: specials_iteration.py:2
```
first_iterator = specials.__iter__()
second_iterator = specials.__iter__()
print(type(first_iterator))
```

像所有可迭代物件一樣，串列實作了特殊方法 __iter__()，該方法為串列返回
一個迭代器物件。我在這裡取得了兩個獨立的迭代器，它們可以獨立操作。

當我檢查 first_iterator 的資料型別時，看到它是 list_iterator 類別的一個實例，
如輸出所示：

```
<class 'list_iterator'>
```

我使用這個迭代器物件來存取 specials 串列中的項目：

📂Listing 9-75: specials_iteration.py:3
```
item = first_iterator.__next__()
print(item)
```

第一次呼叫迭代器的 __next__() 方法前進到串列中的第一個項目並返回其值，
我將這個值綁定到 item 並輸出到畫面上，輸出結果如下：

```
pumpkin spice latte
```

接下來的呼叫會前進到第二個項目並返回該值：

📂Listing 9-76: specials_iteration.py:4
```
item = first_iterator.__next__()
print(item)
```

輸出結果如下：

```
caramel macchiato
```

各個迭代器是分別追蹤它在可迭代物件中的位置。如果我在 second_iterator 上呼叫 __next__() 方法，它會前進到串列的第一個項目並返回其值：

📁Listing 9-77: manual_iteration.py:5
```
item = second_iterator.__next__()
print(item)
```

印出 item 時會顯示串列的第一個項目：

```
pumpkin spice latte
```

不過 first_iterator 仍然記得它自己的位置，再呼叫時可前進到第三個項目：

📁Listing 9-78: specials_iteration.py:6
```
item = first_iterator.__next__()
print(item)
```

印出的是第三個項目的值：

```
mocha cappuccino
```

一旦迭代器已遍訪過可迭代物件中的所有項目，再次呼叫 __next__() 時會引發特殊的 StopIteration 例外：

📁Listing 9-79: specials_iteration.py:7
```
item = first_iterator.__next__() # raises StopIteration
```

幸運的是，在任何情況下，我都不需要手動呼叫 __iter__() 和 __next__()。相反地，我可以使用 Python 內建的函式 iter() 和 next()，分別傳遞可迭代物件或迭代器來進行相關處理。特殊方法會在幕後被呼叫。

以下是相同的範例，但現在使用的是這些內建函式：

📁Listing 9-80: specials_iteration.py:2b-7b
```
first_iterator = iter(specials)
second_iterator = iter(specials)
print(type(first_iterator))  # prints <class 'list_iterator'>
```

```
item = next(first_iterator)
print(item)  # prints "pumpkin spice latte"

item = next(first_iterator)
print(item)  # prints "caramel macchiato"

item = next(second_iterator)
print(item)  # prints "pumpkin spice latte"

item = next(first_iterator)
print(item)  # prints "mocha cappuccino"

item = next(first_iterator)  # raises StopIteration
```

正如您所看到的，這種手動方式有很多重複的部分，表明了可以使用迴圈來處理迭代的操作。事實上，使用 for 迴圈是處理迭代的標準做法，因為它隱式呼叫了 iter() 和 next()，所以不需要手動呼叫。然而，為了先強調基礎的機制和原理，我會在一個 while 迴圈中包裹相同的手動迭代處理邏輯：

📁Listing 9-81: specials_iteration_v2.py

```
specials = ["pumpkin spice latte", "caramel macchiato", "mocha cappuccino"]
iterator = iter(specials) ❶

while True:
    try:
        item = ❷ next(iterator)
❸ except StopIteration:
        break
    else:
        print(item)
```

首先取得 specials 串列❶的迭代器。隨後在 while 無窮迴圈中，嘗試透過把迭代器傳給 next() ❷來存取可迭代物件的下一個值。如果這引發了 StopIteration 例外❸，就知道已經遍訪完 specials 串列的所有項目，接著使用 break 關鍵字跳出迴圈。如果沒有引發例外，則輸出列印從迭代器接收到的 item。

雖然了解如何手動處理迭代器的操作是有幫助的，但您很少需會這麼做！使用 for 迴圈完全能處理 Listing 9-81 範例的功能：

📁Listing 9-82: specials_iteration_v3.py

```
specials = ["pumpkin spice latte", "caramel macchiato", "mocha cappuccino"]

for item in specials:
    print(item)
```

這裡消除了直接取得迭代器的需要。接下來我將介紹和討論這種做法。

使用 for 迴圈來進行迭代

在 Python 中，對於迴圈和迭代有一條非常有幫助的規則要了解，就是**您永遠不需要計數器變數來控制迴圈**。換句話說，以往傳統的迴圈演算法在這裡幾乎都不適用！Python 有更好的做法，主要是因為可迭代物件能直接控制 for 迴圈。

再來看一下 Uncomment Café 的排隊佇列。對於佇列中的每個人，咖啡師會接單、製作，然後送出。這裡的範例就是我處置的做式。（為了方便示範，這段程式碼只宣告印出訂單已經做好了。）

📂Listing 9-83: iterate_orders_list.py

```python
customers = ['Newman', 'Daniel', 'Simon', 'James', 'William',
             'Kyle', 'Jason', 'Devin', 'Todd', 'Glen', 'Denis']

for customer in customers:
    # Take order
    # Make drink
    print(f"Order for {❶ customer}!")
```

這裡遍訪 customers 串列，它是個可迭代物件。在每次迭代中，我將目前項目綁定到 customer，這樣它就會像其他變數一樣在迴圈的程式碼內工作❶。

對於串列中的每個項目，這裡輸出一行字串來宣告該迭代中這位顧客的訂單已做好了。以下是該程式碼的輸出（省略了部分內容）：

```
Order for Newman!
Order for Daniel!
Order for Simon!
# --省略--
```

線性的集合算是相當簡單而直接的（這句話並無惡意）。若是具有多個值的可迭代物件，例如來自 items()字典檢視或二維串列，就必須以不同的方式處理。

為了示範這個觀點，我重新把 customers 表示為一個包含名字和咖啡訂單的元組串列。隨後會遍訪來 customers 來宣告其訂單已做好了：

📂Listing 9-84: iterate_orders_dict.py:1

```python
customers = [
    ('Newman', 'tea'),
```

```
        ('Daniel', 'lemongrass tea'),
        ('Simon', 'chai latte'),
        ('James', 'medium roast drip, milk, 2 sugar substitutes'),
        ('William', 'french press'),
        ('Kyle', 'mocha cappuccino'),
        ('Jason', 'pumpkin spice latte'),
        ('Devin', 'double-shot espresso'),
        ('Todd', 'dark roast drip'),
        ('Glen', 'americano, no sugar, heavy cream'),
        ('Denis', 'cold brew')
]

for ❶ customer, drink in customers:
    print(f"Making {drink}...")
    print(f"Order for {customer}!")
```

在這個 for 迴圈中遍訪了 customers 串列。for 陳述式的左側，我把串列中的每個元組拆解成兩個名字：customer 和 drink ❶。

以下是產生的輸出：

```
Making tea...
Order for Newman!
Making lemongrass tea...
Order for Daniel!
Making chai latte...
Order for Simon!
# --省略--
```

在迴圈中排序集合

迴圈也讓您能夠對這些資料進行更高階的處理。例如，假設每個人都可以透過 App 應用程式來提交他們的點購訂單（畢竟我們是程式設計師）。

我可能想要按字母順序對訂單串列進行排序，這樣就能更容易地搜尋。但是，我仍然希望遵循先來先服務的規則。因此不會修改原本的 customers 串列，因為它的順序仍然很重要：

📁Listing 9-85: iterate_orders_dict.py:2
```
for _, drink in ❶ sorted(customers, ❷ key=lambda x: ❸ x[1]):
    print(f"{drink}")
```

sorted() 函式會返回根據傳給它的集合中項目排序後的串列。預設的情況下，它會按照項目中的第一個值，以升序進行排序。在這個範例中，第一個項目是顧客的名字,但我希望根據點購的飲料名稱進行排序,所以透過把一個可呼叫的**鍵函式**(**key function**)傳遞給「key=命名引數」❷來更改預設行為。這個可呼叫物件,在範例中是個「lambda 函式」,必須接受一個項目作為引數,並返回我希望根據該項目排序的值。在這個範例中,我希望根據每個元組中的第二個項目進行排序,所以透過 x[1] 這樣的方式返回❸。經過所有這些操作,customers 串列還是會保持不變。

您也許有注意到,我在拆解串列中使用了底線(_)來忽略每個元組中的第一個值,也就是客戶名稱,因為在迴圈中並不需要用到它。這大概是在 for 迴圈中從小元組內選擇所需項目的最佳方式。另一方面,如果每個項目都是包含許多子項目的集合,那麼將整個項目綁定到一個名稱中,然後在迴圈的隨附內容中存取所需的項目會是更好的做法。

執行這段程式後會得到如下的輸出內容:

```
americano, no sugar, heavy cream
chai latte
cold brew
# --省略--
```

列舉迴圈

您不需要使用計數器變數來控制迴圈。對許多開發者來說,這可能是個重要的範式轉移,因為大都已習慣於 C 語言風格的迴圈控制。您可能會想知道如果需要本身的索引下標來進行處理時該怎麼處理。

在這種需求下,Python 提供了 enumerate() 函式,使用此函式的優點是它適用於所有的可迭代物件,甚至那些無法進行索引下標操作的物件。

我們可以用 enumerate() 來查看每位排隊客人的順序以及他們的點購內容:

📂Listing 9-86: iterate_orders_dict.py:3
```
for number, ❶ (customer, drink) in enumerate(customers, start=1):
    print(f"#{number}. {customer}: {drink}")
```

這裡的 enumerate() 回傳一個元組,其中含有第一個位置的計數(有時巧合的是索引)為整數,以及第二個位置集合中的項目。預設的情況下,計數會從 0 起算,但我希望第一位排隊的人顯示為「#1」,所以透過把 1 傳給「start=」來覆蓋原本的預設值。

因為我的集合是由元組所組成的,所以必須使用括號進行複合拆解,要從元組項目中取得各個項目❶。一旦有了數字編號、顧客姓名和飲料等資訊,就可以將這些內容組合在一起,形成一行文句並列印出來。

執行這段程式碼的輸出結果如下所示:

```
#1. Newman: tea
#2. Daniel: lemongrass tea
#3. Simon: chai latte
# --省略--
```

迴圈中的變更

您會注意到現在的範例使用的是一個顧客佇列的串列,而之前的範例有使用雙向佇列(deque),在服務完顧客後會從佇列中移除掉,這種做法好像更好,所以先定義 customers 雙向佇列:

📂Listing 9-87: process_orders.py:1

```
from collections import deque

customers = deque([
    ('Newman', 'tea'),
    ('Daniel', 'lemongrass tea'),
    ('Simon', 'chai latte'),
    ('James', 'medium roast drip, milk, 2 sugar substitutes'),
    ('William', 'french press'),
    ('Kyle', 'mocha cappuccino'),
    ('Jason', 'pumpkin spice latte'),
    ('Devin', 'double-shot espresso'),
    ('Todd', 'dark roast drip'),
    ('Glen', 'americano, no sugar, heavy cream'),
    ('Denis', 'cold brew')
])
```

根據到目前為止所學到的知識,您可能會想:「嗯!我只需要使用一個 deque,並在每位顧客後面使用 popleft() 就搞定了。」但是,如果試圖依照這種做法來編寫程式,它是無法執行的:

📂Listing 9-88: process_orders.py:2a

```
for customer, drink in customers:
    print(f"Making {drink}...")
    print(f"Order for {customer}!")
    customers.popleft()  # RuntimeError
```

這裡的問題是，在迭代過程中對集合進行了變更！這麼做可能會讓迭代器感到困惑，並導致各種未定義的行為，因此 Python 會試圖阻止這種情況的發生。嘗試在迭代過程中修改集合，不管是新增、刪除還是重新排序其中的項目，一般都會引發 RuntimeError 錯誤。

解決這個問題有兩種方法。第一種做法是在迭代之前先複製一份集合的副本：

🗁Listing 9-89: process_orders.py:2b

```
for customer, drink in ❶ customers.copy():
    print(f"Making {drink}...")
    print(f"Order for {customer}!")
 ❷ customers.popleft()

print(customers)  # prints deque([])
```

這裡必須使用 copy() 方法來複製，因為 deque 不支援切片表示法，這種表示法是在中括號中使用一個冒號（[:]）。因為迴圈是在集合的副本上進行迭代❶，所以我可以隨心所欲地變更這個原始集合❷，儘管這並不被認為是最理想的解決方案。

因為我想要持續刪除其餘項目，直到集合變成空的，所以使用 while 迴圈來處理，而不是 for 迴圈：

🗁Listing 9-90: process_orders.py:2c

```
while customers:
 ❶ customer, drink = ❷ customers.popleft()
    print(f"Making {drink}...")
    print(f"Order for {customer}!")
```

這個 while 迴圈會一直執行，直到集合 customers 變成空的，也就是變成 False。在每次迭代中使用 popleft() 來取得下一個項目❷，因為這個方法同時會將項目從集合中取出。拆解動作是在迴圈的內部完成的❶。

另一方面，如果我想在迭代集合時擴充或重新排序集合的內容，就需要建立一個新的集合。

為了示範這樣的應用，這裡有個較為複雜的範例。對於每杯點購的飲料，我想稍後再製作一份相同的飲料（其目的我就留給您去想像了）。在我第一次編寫的程式中，會以一種行不通的做法來嘗試，這裡的程式不會起作用。

首先會如往常一樣，先定義串列：

```
orders = ["pumpkin spice latte", "caramel macchiato", "mocha cappuccino"]
```

在這裡我想試著把相同的飲料加到正在迭代的串列末尾：

📂Listing 9-91: double_orders.py:2a
```
for order in orders:
    # ... do whatever ...
    orders.append(order)  # creates infinite loop!

print(orders)
```

這個範例特別麻煩，因為不像之前的例子，當我嘗試在迴圈內部改變 orders 串列時是不會引發 RuntimeError。相反地，由於在 orders 的末尾總會有一個新項目，迴圈就會一直執行，直到程式耗盡記憶體才終止。這真是令人討厭。

為了修正這個問題，我需要建立一份新的串列，以此來進行新增附加的操作：

📂Listing 9-92: double_orders.py:2b
```
new_orders = orders[:]
for order in orders:
    # ... do whatever ...
    new_orders.append(order)
orders = new_orders

print(orders)
```

我會定義一個叫做 new_orders 的串列，用來綁定使用切片表示法所建立完全一樣的 orders 副本。接著會遍訪 orders，但是把項目新增附加到 new_orders 內。最後在完成時，重新把 new_orders 綁定到 orders，丟棄舊的串列內容。

迴圈的巢狀嵌套與替代方案

正如您所預期的，您可以巢狀的結構來運用迴圈。有個可能會使用到巢狀迴圈結構的情況是，當我舉辦咖啡品嚐活動時，我想讓每位客人都品嚐到每種不同的咖啡。以下的程式告訴我應該給哪一位客人哪一種咖啡的樣本。

程式先定義了兩個串列：一個是 samples 樣本，另一個是 guests 客人：

📂Listing 9-93: tasting_lists.py:1
```
samples = ['Costa Rica', 'Kenya', 'Vietnam', 'Brazil']
guests = ['Denis', 'William', 'Todd', 'Daniel', 'Glen']
```

現在我一次遍訪兩個串列：

📁 Listing 9-94: tasting_lists.py:2a

```
for sample in samples:
    for guest in guests:
        print(f"Give sample of {sample} coffee to {guest}.")
```

外層迴圈遍訪 samples 串列。對於 samples 中的每個項目，內部迴圈再遍訪 guests 串列，給每個客人一個樣本。執行這支程式會產生如下的輸出結果（考量到版面的簡潔，省略顯示部分內容）：

```
Give sample of Costa Rica coffee to Denis.
Give sample of Costa Rica coffee to William.
Give sample of Costa Rica coffee to Todd.
Give sample of Costa Rica coffee to Daniel.
Give sample of Costa Rica coffee to Glen.
Give sample of Kenya coffee to Denis.
Give sample of Kenya coffee to William.
# --省略--
```

在 Python 中，很少認為巢狀迴圈是最佳的解決方案，原因有幾個。第一個原因是，巢狀嵌套本身是 Python 開發人員不太喜歡的編寫的結構，正如《Python 之禪》所建議的：

Flat is better than nested.
扁平優於嵌套

巢狀嵌套結構通常較難閱讀，也更容易**出錯**，因為它們需要多層縮排。Python 開發人員通常會避免不必要的巢狀結構。可讀性較高且結構**較平**的解決方案（即較少巢狀嵌套）幾乎會被更優先選擇。

第二個原因是，**無法跳出巢狀嵌套的迴圈**。continue 和 break 這些關鍵字只能控制它們直接所在的迴圈，無法控制外層或內層的迴圈。雖然有一些「聰明」的做法可以解決這個問題，例如把巢狀迴圈放在一個函式內，然後使用 return 陳述式跳出該函式。然而，這些技巧會增加複雜性、嵌套層級或兩者都增加，一般來說是不建議使用的。

相反地，每當您要考慮使用巢狀嵌套的迴圈時，應該先思考是否有其他可行的替代做法。在上述這個範例中是可以透過超好用的 itertools 模組中的 product() 函式來搞定，在單層迴圈中就能做到與之前相同功能的結果（稍後我會正式介紹這項功能）：

📂Listing 9-95: tasting_lists.py:2b

```
from itertools import product  # Put this line at top of module

for ❶ sample, guest in ❷ product(samples, guests):
    print(f"Give sample of {sample} coffee to {guest}.")
```

itertools.product() 函式會把兩個或更多可迭代物件結合成單一的可迭代物件，其中包含了所有可能項目所組合而成的元組❷。我會將這些元組拆解成可以在迴圈內部使用的名稱，以存取其個別的值❶。

輸出結果和之前的完全一樣。

在內建的迭代函式和 itertools 模組的幫助下，Python 提供的函式可處理大多數需要使用巢狀迴圈的常見情況。如果還是沒有現成的做法可以滿足您的需求，那也可以自己編寫可迭代函式（稱為 generator 產生器，請參閱第 10 章），或可迭代類別（請參閱本章後面的內容）。

在大多數的情況下是盡量避免巢狀嵌套，但您會發現這樣更乾淨、更扁平。

迭代工具

Python 提供了許多方便的工具可用來遍訪容器。對於大多數工具，官方說明文件是很好的參考資源。我僅在這裡會簡要介紹一些最常見和實用的工具。

基本內建工具

語言本身內建了許多遍訪工具。每種工具至少需要您傳入一個可迭代物件來進行相關處理。

- all()：如果可迭代物件中的每個項目都評算為 True，則返回 True。

- any()：如果可迭代物件中的有任何一個項目評算為 True，則返回 True。

- enumerate()：（之前有提過）是一個可迭代物件，對於傳遞給它之可迭代物件中的每個項目，它會返回一個元組。元組中的第一個值是該項目的「索引下標」，第二個值是項目的「實際值」。這項工具甚至可以處理不支援索引下標操作的可迭代物件。此工具還可以選擇性接受「start=」引數，可用來定義作為第一個索引下標的整數值。

- ■ max()：返回可迭代物件中的最大項目。它可以選擇性接受「key=」引數，通常是個可呼叫的函式，用來指定集合項目的哪一部分進行排序。

- ■ min()：功能與 max() 類似，不過它返回可迭代物件中的最小項目。

- ■ range()：是個可迭代物件，它會返回一個整數序列，從可選擇性的起始值（預設為 0）到結束值減 1。可選擇性的第三個引數是用來定義步進幅度。range(3) 會產生值 (0, 1, 2)、而 range(2, 5) 會產生值 (2, 3, 4)、range(1, 6, 2) 則會產生值 (1, 3, 5)。

- ■ reversed()：返回一個反向遍訪可迭代物件的迭代器。

- ■ sorted()：返回一個包含可迭代物件中所有項目的已排序串列。它可以選擇性接受一個「key=」引數，用法與 max() 的一樣。

- ■ sum()：返回可迭代物件中所有項目的加總，前提是所有項目都是數值型。它可以選擇性接受一個「start=」引數，這個引數是加總的起始值。

最後三個內建的可迭代物件其用法比較複雜，我會在接下來的小節內容中詳細說明和介紹。

Filter

filter（過濾器）可迭代物件允許搜索可迭代物件中符合特定條件的值。舉例來說，我有一個 orders 串列，我想找出其中有多少個是點了 drip 咖啡的訂單：

📁 Listing 9-96: orders_filter.py

```
orders = ['cold brew', 'lemongrass tea', 'chai latte', 'medium drip',
          'french press', 'mocha cappuccino', 'pumpkin spice latte',
          'double-shot espresso', 'dark roast drip', 'americano']

drip_orders = ❶ list(❷ filter(❸ lambda s: 'drip' in s, ❹ orders))

print(f'There are {❺ len(drip_orders)} orders for drip coffee.')
```

為了建立 filter 的實例，我會呼叫它的初始化函式❷，並傳入兩個引數：用於過濾的可呼叫函式❸和正在被過濾的可迭代物件❹。接著將這個 filter 可迭代物件轉換為一個串列❶，然後把該串列指定給 drip_orders。

請記住，您用來過濾的可呼叫函式可以是一個函式、lambda 函式，或者任何可以當作函式對待的東西。無論可呼叫函式是什麼，它都應該返回一個可以被評算求值為布林值的值，表示傳給它的值是否應該包含在最終結果內。在這個範例中，filter 的可呼叫函式會是個 lambda 函式，如果傳給它的值中有 'drip' 字串，則返回 True ❸。因為這個邏輯很簡單，所以使用 lambda 函式是合理的，但如果想要處理更複雜的邏輯，我會寫一個正式的函式來替代。filter 可迭代物件將包含那些透過 lambda 函式指定的測試項目。

最後印出了 drip_orders 中項目的數量❺，這是 filter 從 orders 中提取出來的項目數量。

這只是個範例，展示了可以利用 Python 製作一個咖啡過濾器！

Map

map（對映）可迭代物件會將可迭代物件中的每個項目當作引數傳遞給可呼叫的函式，隨後把返回的值當作為自己目前的迭代值傳遞回去。

在咖啡店這個範例中，我可以定義一個釀造用的 brew 函式，然後使用 map() 來將該函式套用於待處理的每一份訂單。

這個範例先從定義 orders 串列開始：

📁Listing 9-97: brew_map.py:1

```
orders = ['cold brew', 'lemongrass tea', 'chai latte', 'medium drip',
          'french press', 'mocha cappuccino', 'pumpkin spice latte',
          'double-shot espresso', 'dark roast drip', 'americano']
```

接著定義一個釀造用的 brew 函式：

📁Listing 9-98: brew_map.py:2

```
def brew(order):
    print(f"Making {order}...")
    return order
```

這個函式以一份訂單當作唯一的引數，隨後在「製作」完成之後返回相同的訂單內容。

我想要對 orders 中的每個項目都呼叫 brew() 函式，將每份目前的訂單作為引數傳遞。為此，我會使用 map() 來處理：

📁Listing 9-99: brew_map.py:3

```
for order in map(brew, orders):
    print(f"One {order} is ready!")
```

在 for 迴圈中，我建立了一個 map 可迭代物件的實例，將 brew() 函式和 orders 集合傳給 map 的初始化函式。

對於 orders 中的每個項目，都會呼叫 brew() 函式，並將該項目當作引數傳入。brew() 返回的值隨後會由 map 傳回到迴圈內，並將其綁定到 order，以便在迴圈的內部中使用。這個過程會重複進行，直到對 orders 中的每個項目都完成遍訪後才停止。

您也可以使用 map() 配合多個可迭代物件，其中每個目前的項目都被用作可呼叫函式的一個引數。一旦其中一個可迭代物件用完了所有的值，map 就結束停止。以下是使用它來計算多筆訂單的成本 cost 和小費 tip 相加的範例應用：

📁Listing 9-100: grand_total_map.py

```
from operator import add

cost = [5.95, 4.95, 5.45, 3.45, 2.95]
tip = [0.25, 1.00, 2.00, 0.15, 0.00]

for total in map(add, cost, tip):
    print(f'{total:.02f}')
```

這裡有兩個串列：cost 含有每筆訂單的成本，而 tip 含有每筆訂單的小費。在迴圈內建立了一個 map，它呼叫了 operator.add() 函式，把 cost 中的目前項目當作第一個引數，把 tip 中的目前項目當作第二個引數。這兩個值的加總會被返回並綁定到 total。最後會把 total 印出來，並格式化為顯示小數點後兩位。

執行上述這支程式會得到如下的輸出結果：

```
6.20
5.95
7.45
3.60
2.95
```

Zip

zip（合併）可迭代物件可以把多個可迭代物件合併在一起。在每次遍訪中，它依次取出每個可迭代物件的下一個值，然後將它們全部打包到一個元組中。一旦其中的可迭代物件遍訪完畢，zip 就會停止。

這對於想要從多個串列來建立一個字典是非常有用的，雖然您也可以使用 zip 來填滿任何集合。

在這裡的範例中有兩個串列。regulars 串列代表常客，另一個 usuals 串列代表他們常點的餐點。我想要把這兩個串列轉換成一個字典，以便可以根據客人的名稱來查詢他們「常點的內容」。

📂Listing 9-101: usuals_zip.py
```
regulars = ['William', 'Devin', 'Kyle', 'Simon', 'Newman']
usuals = ['french press', 'double-shot espresso', 'mocha cappuccino',
          'chai latte', 'tea', 'drip']

usual_orders = ❶ dict(❷ zip(❸ regulars, ❹ usuals))
```

我建立了一個 zip 可迭代物件❷，其中的項目內容是由 regulars ❸和 usuals ❹ 可迭代物件中的項目衍生出來的元組，例如：('William', 'french press'), ('Devin', 'double-shot espresso')，以此類推。隨後，我把這個可迭代物件傳遞給 dict() 初始化函式❶，以此來建立了一個字典（綁定到 usual_orders），字典中每個元組的第一個項目當作「鍵」，第二個項目當作「值」。

我會透過查詢並列印出 Devin 常點的內容來示範這是怎麼運作的：

📂Listing 9-102: usuals_zip.py
```
print(usual_orders['Devin'])  # prints 'double-shot espresso'
```

字典裡會有 5 個項目，因為這是取最短的可迭代物件，也就是 'regulars' 的 5 個項目。所以 'usuals' 中多出來的第 6 個項目（即 'drip'）會被 zip 函式忽略去掉。

Itertools

itertools 模組中含有許多對於處理迭代很有用的類別。很少有 Python 開發者會把這些功能全部背下來。通常在有需要的時候，透過網站上的官方說明文件或使用 help() 指令來查閱相關資訊。

以下列出是一些重點。請理解，這裡的內容為了版面簡潔起見，會略過大部分的可選擇性使用的引數：

accumulate：會重複執行帶有兩個引數的函式，並將每次呼叫的結果用作下一次呼叫的第一個引數。可迭代物件中的目前項目是第二個引數。在每次迭代中，目前的結果會被返回。預設情況下會使用 operator.add() 函式。

chain：會將傳給它的每個可迭代物件中的項目按順序放入一個串列內。例如，chain([1,2,3], [4,5,6]) 會產生 1、2、3、4、5 和 6 的串列。

combinations：則會以提供的可迭代物件和指定組合中的項目數量來生成每個可能的子序列。舉例來說，combinations([1,2,3], 2) 會生成 (1, 2)、(1, 3) 和 (2, 3)。

dropwhile：會在可迭代物件中，當某個運算式求值為 True 時跳過（丟棄）項目，如果不是則返回該項目之後的每個項目。因此，dropwhile(lambda n:n!=42, [5,6,42,7,53]) 會生成 42、7 和 53，因為這個 lambda 運算式在遇到值 42 之前都會返回 True。

filterfalse：與 filter 相似，唯一的不同在於它的工作方式完全相反，呼叫函式必須返回 False 才會包含該項目。

islice：在不可進行索引下標操作的可迭代物件上執行切片操作。它的行為與切片相同，但不支援對 start、stop 或 step 使用負值。

permutations：會以提供的可迭代物件和指定排列中的項目數量來生成每個可能的排列組合。例如，permutations([1,2,3], 2) 會生成 (1, 2)、(1, 3)、(2, 1)、(2, 3)、(3, 1) 和 (3, 2)。

product：會對提供的可迭代物件生成笛卡兒積（Cartesian product）。例如，product([1,2], [3,4]) 會生成 (1, 3)、(1, 4)、(2, 3) 和 (2, 4)。

starmap：其行為類似 map，但它以提供之迭代器中的每個項目作為 starred 引數傳入。例如，starmap(func, [(1,2), (3,4)]) 會呼叫 func(1,2)、然後呼叫 func(3,4)。

takewhile：其行為完全與 dropwhile 相反。只要提供的判斷式評算求值為 True，就會從提供的迭代器中取出項目。一旦判斷式評算求值為 False，它就會忽略掉剩下的項目。

除了上述這些工具之外，itertools 還有更多的類別。想要知道更多內容，請上網查閱官方說明文件來獲取更多資訊！

自訂可迭代類別

雖然 Python 提供了許多集合和其他可迭代物件，但在某些情況下，您可能還是需要撰寫**自己的**可迭代類別（iterable class）。幸運的是，其做法並不困難。

一般情況下，您會撰寫兩個類別：一個是**可迭代物件**（**iterable**），另一個是對應的**迭代器**（**iterator**）。這是一個分離關注點的問題：可迭代物件負責儲存或產生值，而迭代器負責追蹤在該可迭代物件中的目前位置。這樣能讓您為相同的可迭代物件建立多個獨立的迭代器實例。

有些情況下把類別同時設計成可迭代物件和迭代器是有好處的。其中一種情況是當可迭代物件的資料是不可重複時，例如從網路串流的資料。另一種情況是無限迭代器，我們會在第 10 章重新討論這個議題。

以現在來說，我會堅持使用典型的雙類別做法。下面的範例是個簡單的可迭代物件類別，是用來追蹤咖啡館的顧客以及他們點購的詳細資訊。（在現實世界中，我應該不會像這樣使用自訂的可迭代物件類別來解決這個問題，但作為一個範例來說明相關應用還是很有效果的。）

我會先定義用於追蹤顧客的可迭代物件類別：

📁Listing 9-103: cafequeue.py:1

```python
class CafeQueue:

    def __init__(self):
        self._queue = []
        self._orders = {}
        self._togo = {}
```

這個類別會有三個實例屬性：_queue 是個含有顧客名稱的串列；_orders 是個儲存顧客訂單的字典；以及_togo 是個儲存顧客是否想要外帶的字典。

為了讓這個類別可迭代，我會定義 __iter__()特殊方法：

📂Listing 9-104: cafequeue.py:2

```
def __iter__(self):
    return CafeQueueIterator(self)
```

__iter__() 方法必須返回對應的迭代器類別的實例（馬上會定義這個類別）。

為了讓這個可迭代物件類別更實用，除了迭代它的資料之外，還想讓它處理一些其他事情。add_customer() 實例方法會用來新增一位新顧客：

📂Listing 9-105: cafequeue.py:3

```
def add_customer(self, customer, *orders, to_go=True):
    self._queue.append(customer)
    self._orders[customer] = tuple(orders)
    self._togo[customer] = to_go
```

我想要使用內建的 len() 函式來檢查排隊佇列的顧客有多少位，所以必須要定義 __len__() 特殊實例方法：

📂Listing 9-106: cafequeue.py:4

```
def __len__(self):
    return len(self._queue)
```

請記住，len() 只有在我真正需要處理排隊佇列的長度時才使用。舉例來說，如果我想在咖啡館裡設定一個螢幕，顯示目前排隊的顧客數量，那麼顯示的程式碼可以利用 len() 函式來取得 CafeQueue 物件的資料。即使如此，在迴圈的標頭作為迭代的一部分，我是不會直接使用 len()。

最後，我也想檢查某位顧客是否在排隊的佇列中，所以定義了 __contains__() 特殊方法：

📂Listing 9-107: cafequeue.py:5

```
def __contains__(self, customer):
    return (customer in self._queue)
```

現在我有了 CafeQueue 類別，可以定義對應的迭代器類別 CafeQueueIterator。一般來說，這兩個類別會放在同一個模組中定義，就像我在這個範例所進行的處理一樣。

我會從迭代器的初始化方法開始：

▱Listing 9-108: cafequeue.py:6

```
class CafeQueueIterator:

    def __init__(self, ❶ cafe_queue):
        self._cafe = cafe_queue
        self._position = 0
```

這個迭代器類別負責追蹤自己在可迭代物件中的位置。初始化方法會接收一個引數，也就是與這個迭代器實例相關聯的可迭代物件實例❶。

這就是為什麼在可迭代物件的 __iter__() 方法中，我可以使用這一行：return CafeQueueIterator(self)（請參閱 Listing 9-108）。我將可迭代物件的實例傳遞給迭代器的初始化方法，在那裡它被儲存在實例屬性 _cafe 中。

迭代器類別必須定義特殊方法 __next__()，此方法會返回可迭代物件中的下一個項目：

▱Listing 9-109: cafequeue.py:7

```
    def __next__(self):
        try:
            customer = self._cafe._queue[self._position]
    ❶ except IndexError:
        ❷ raise StopIteration

        orders = self._cafe._orders[customer]
        togo = self._cafe._togo[customer]
    ❸ self._position += 1

    ❹ return (customer, orders, togo)
```

__next__() 方法負責追蹤迭代器在可迭代物件中的位置。可迭代物件可以是無限的（我會在第 10 章深入探討這個議題），因此沒有內建的方式可用來停止迭代。在 __next__() 中，如果已經迭代完可迭代物件中的所有項目❶，那就會引發 StopIteration 錯誤❷。如果還沒迭代完，在從可迭代物件中取得目前項目之後，必須更新迭代器的位置❸，最後才返回該項目❹。

每個項目含有多個元素，所以我把項目的資料都打包成一個元組：(customer, orders, to_go)。這可以在迭代過程中的 for 迴圈內拆解。如果您再次查看 Cafe Queue 類別（請參閱 Listing 9-103），就會留意到 orders 是個長度不同的元組，其中含有每個顧客的點購內容。

在迭代器類別中也必須定義特殊方法 __iter__()。此方法都是返回迭代器，但由於這個實例已經是個迭代器，__iter__() 只需要返回自己（self）即可。

☐Listing 9-110: cafequeue.py:8

```
def __iter__(self):
    return self
```

現在已經寫好可迭代物件（CafeQueue）和迭代器（CafeQueueIterator）類別，我可以像使用其他集合一樣使用它們。我會建立一個新的 CafeQueue 並填入它需要的資料：

☐Listing 9-111: cafequeue.py:9

```
queue = CafeQueue()
queue.add_customer('Newman', 'tea', 'tea', 'tea', 'tea', to_go=False)
queue.add_customer('James', 'medium roast drip, milk, 2 sugar substitutes')
queue.add_customer('Glen', 'americano, no sugar, heavy cream')
queue.add_customer('Jason', 'pumpkin spice latte', to_go=False)
```

在迭代集合之前，我先試用一下 len() 和 in 功能：

☐Listing 9-112: cafequeue.py:10

```
print(len(queue))        # prints 4
print('Glen' in queue)   # prints True
print('Kyle' in queue)   # prints False
```

我使用 len() 來知道排隊佇列中有多少位顧客，並使用 in 來檢查某位個別的顧客是否在排隊佇列中。到目前為止一切都很順利！

我想用這個新的可迭代物件來自動製作和遞送顧客的點購內容。請記住，可迭代物件中的每個項目都是一個元組 (customers, orders, to_go)，而 orders 本身是個未知長度的元組。雖然在這個範例中很簡單，但您可以想像理論上製作一份訂單可能會相當複雜，所以我會用 Listing 9-98 中的獨立 brew() 函式來處理每份訂單的內容：

☐Listing 9-113: cafequeue.py:11

```
def brew(order):
    print(f"(Making {order}...)")
    return order
```

這裡沒有什麼特別的。

隨後是處理 CafeQueue 實例 queue 的迴圈：

▱Listing 9-114: cafequeue.py:12

```
for customer, orders, to_go in queue:
❶   for order in orders: brew(order)
    if to_go:
        print(f"Order for {customer}!")
    else:
        print(f"(Takes order to {customer})")
```

for 迴圈在 queue 上進行迭代，將每個項目的元組拆解成三個名稱：customer、orders 和 to_go。

我使用了巢狀的迴圈，將 orders 元組中的每個項目傳遞給 brew() 函式❶。這個特定的 for 迴圈相當簡單，所以我可以將它寫成一個扁平的陳述式。

> **ALERT**
>
> 我沒有使用 map(brew, orders)，因為它本身不會真的印出任何東西。實際上，map() 只會建立一個產生器，最終還是需要迭代它，所以在這種情況下，使用 for 迴圈是更好的技巧。

最後使用 to_go 來決定是宣告外帶已經準備好，還是要送到顧客的餐桌上。

總結

迭代簡化了處理迴圈和集合的做法。實際上，只要類別定義了 __iter__() 方法，它就可以成為可迭代物件，該方法會返回一個對應的迭代器物件。迭代器類別會追蹤在遍訪它對應之可迭代物件的位置，而且必須有一個 __next__() 方法來返回可迭代物件中的下一個項目。所有的 Python 集合都是可迭代的，語言內建了許多好用的迭代器類別，很多可以在 itertools 模組中找到。

Python 的 for 迴圈是專門設計來處理可迭代物件和迭代器的，它在背後處理了對 __iter__() 和 __next__() 的呼叫，讓您可以專注在想要對每個項目所進行的相關操作。

趁我們深入探討下一章的內容之前，現在去補一杯咖啡吧。在下一章中，我會討論和介紹**無限迭代器**（**infinite iterators**）、**產生器**（**generator**）和**產生器運算式**（**generator expressions**）的相關概念。

第 10 章
產生器與綜合運算

在前一章的內容中，我們擺脫了傳統以索引下標為基礎的迴圈所造成的種種麻煩。不過，我們還沒完全擺脫巢狀迴圈。

解決方案就是使用**產生器運算式**（generator expressions），它允許您在單一陳述式中重新撰寫整個迴圈的邏輯。您甚至可以使用這種方式來建立串列，使用大家都很愛用的**串列綜合運算**（list comprehension）。在深入討論和介紹之前，我會先介紹**產生器**（generators），它在許多情況下提供了比自訂可迭代物件類別更緊湊有效的替代方案。您還會遇到產生器的近親：**簡易型協程**（simple coroutine），它常被忽視，能為輸入提供迭代的解決方案。

惰性求值與積極的可迭代物件

我在這一章所講解的功能都是以迭代器為基礎的原則，很多都使用了**惰性求值**（lazy evaluation）的概念，這代表迭代器只有在被要求時才提供下一個值的過程。

這種行為，再加上迭代器不關心它們可迭代物件中可能有多少項目，就變成產生器物件的優勢所在。

雖然**迭代器**（**iterators**）是惰性延遲的，但可迭代物件的定義並不是！當您在撰寫處理大量資料的程式碼時，理解這樣的區別就非常重要。錯誤的定義可迭代物件可能會讓程式陷入無窮迴圈。在某些情況下，甚至可能耗盡所有可用的系統記憶體，導致 MemoryError，甚至讓電腦當機。（在撰寫本章的過程中，我的系統就當機了兩次。）

舉例來說，集合字面值就很**積極**（**eager**），因為它們在建立時就會評算求值所有項目。程式設計師 Kyle Keen 使用了以下範例來展示這種現象，我稍微重新組構的這個例子，增加其清晰度：

📂Listing 10-1: sleepy.py:1a

```
import time
sleepy = ['no pause', time.sleep(1), time.sleep(2)]
# ...three second pause...
print(sleepy[0])  # prints 'no pause'
```

Python 在把串列字面值指定給 sleepy 之前，會積極地評算求值串列中的每個運算式，這表示它會呼叫兩次 time.sleep() 函式。

這種行為可能表示在處理大量資料或特別複雜的運算式時，集合可能會成為效能瓶頸。

因此，您必須慎選使用的做法！處理大量資料的最佳方式之一是使用產生器或產生器運算式，以下的內容就會馬上說明和介紹。

無限迭代器

惰性求值使得**無限迭代器**（**infinite iterators**）成為可能，它們可以根據需求提供值，而且不會被用盡。這種行為對我在這一章中介紹的某些功能非常重要。

itertools 模組提供了三種無限迭代器：

- count()：從給定的數值 start 起算，每次加上可選擇性的 step 數值。因此，count(5, 2) 會無限產生數值 5, 7, 9, 11…，以此類推，永不停止。

■ cycle()：會無限循環遍訪給定之可迭代物件中的每個項目。cycle([1,2,3]) 會一直產生 1, 2, 3, 1, 2, 3...，不斷重複下去，永不停止。

■ repeat()：會重複給定的值，可以重複無限次或重複到指定的次數。因此，repeat(42) 會無限產生數值 42，而 repeat(42, 10) 會重複 10 次產生數值 42。

然而，正如我之前提過的，無限迭代器有用但也危險：因為它們沒有剎車！當傳給沒有 break 陳述式的 for 迴圈時，迴圈會變成無窮迴圈。在使用星號運算式來拆解或用於建立集合時，Python 直譯器會鎖住或甚至讓系統崩潰。請小心謹慎使用無限迭代器！

產生器

迭代器類別有個強大的替代方案是**產生器函式**（**generator function**），它看起來就像個普通函式，除了有使用一個特殊的 yield 關鍵字。當直接呼叫產生器函式時，它會返回一個**產生器迭代器**（也稱為**產生器物件**），它封裝了產生器函式套件中的處理邏輯。

在每次迭代中，產生器迭代器會執行到（包括）一個 yield 陳述式，然後等待另一次對特殊方法 __next__() 的呼叫，Python 會隱在幕後建立。您還記得在第 9 章中有講解過，__next__() 是負責提供迭代器中下一個值的特殊方法，它在任何時候當迭代器物件被傳遞給 next() 函式或在 for 迴圈中使用時都會被呼叫。一旦產生器迭代器接收到對 __next__() 的呼叫，它就繼續執行，直到再次遇到 yield。

舉例來說，我可以使用產生器來生成車牌號碼：

📂Listing 10-2: license_generator.py:1

```
from itertools import product
from string import ascii_uppercase as alphabet


def gen_license_plates():
    for letters in ❶ product(alphabet, repeat=3):
        letters = ❷ "".join(letters)
        if letters == 'GOV':
            continue

    ❸ for numbers in range(1000):
            yield f'{letters} {numbers:03}'
```

我像宣告其他函式一樣宣告了 gen_license_plates() 產生器函式。

為了產生所有可能的字母組合，我使用了 itertools.product 可迭代物件。預定義的字串 string.ascii_uppercase，我在這裡取了個別名叫 alphabet，會提供可迭代集合中每個字母的值（一個字串）。

這裡透過初始化 product 迭代器❶來迭代三個字母的所有可能組合，這個迭代器會在 alphabet 字串連接在一起迭代三次。隨後再將這三個字母組合成一個字串❷。

在遍訪數字之前，會先確保 letters 不等於字串 'GOV'。如果相等，產生器將跳過該次字母組合的迭代，因為 'GOV' 開頭的車牌應該是保留給政府車輛的。

最後則是遍訪所有可能的數字，從 000 到 999 ❸。

讓這個函式變成產生器的關鍵是 yield 陳述式。每當在程式執行中到達這一行時，值就會被返回，然後產生器等待另一次對 __next__() 的呼叫。當再次呼叫 __next__() 時，產生器會在上一次停下的地方繼續執行，因此生成並產出下一個值。

我必須呼叫產生器函式來建構想要使用的產生器迭代器，隨後會將這個迭代器綁定到一個名稱上：

📂Listing 10-3: license_generator.py:2
```
license_plates = gen_license_plates()
```

現在名稱 license_plates 已經綁定到由 gen_license_plates() 建構的產生器迭代器。這是個具有 __next__() 方法的物件。

對待 license_plates 可以像對待任何迭代器一樣。舉例來說，我要遍訪所有可能的車牌，雖然這需要花點時間來執行：

📂Listing 10-4: license_generator.py:3a
```
for plate in license_plates:
    print(plate)
```

其輸出結果了如下（已省略部分內容）：

```
AAA 000
AAA 001
AAA 002
# --省略--
ZZZ 997
ZZZ 998
ZZZ 999
```

在大多數實際的情境下，我們不會一次想要所有可能的數字組合。以下的範例
是更實際的用法：

📂Listing 10-5: license_generator.py:3b

```
registrations = {}


def new_registration(owner):
    if owner not in registrations:
        plate = ❶ next(license_plates)
        registrations[owner] = plate
        return plate
    return None
```

這裡定義了一個函式叫做 new_registration()，裡面放了處理新車牌註冊的所有
邏輯。如果車主名字還不在系統中，它會從迭代器 license_plates 獲取下一個車
牌❶，然後將它儲存在 registrations 字典內，以車主的名字當作「鍵」，然後直
接返回車牌號碼。如果名字已經在系統中，它會返回 None。

為了讓這個範例變得更有趣，我手動快進了幾千個車牌：

📂Listing 10-6: license_generator.py:4

```
# Fast-forward through several results for testing purposes.
for _ in range(4441888):
    next(license_plates)
```

現在我放入 new_registration() 函式來使用：

📂Listing 10-7: license_plates.py:5

```
name = "Jason C. McDonald"
my_plate = new_registration(name)
print(my_plate)
print(registrations[name])
```

我使用 new_registration() 函式在這個虛構的 DMV 進行註冊，然後將返回的車
牌號碼儲存在 my_plate 中，並將其列印出來。我也直接檢查 registrations 字
典，查看註冊給我的車牌號碼是哪個。

這支程式執行的輸出結果如下：

```
GOW 888
GOW 888
```

產生器與迭代器類別

請記住，迭代器類別中的 __next__() 方法會引發 StopIteration 錯誤來告知已經
沒有更多項目可以迭代了。產生器則不需要明確引發該例外，而且 Python 3.5
版以後甚至不允許這麼做。當產生器函式終止時，無論是執行到達其結尾還是
明確使用了 return 陳述式，StopIteration 都會在幕後自動引發。

當成迭代器類別

為了示範這項功能，我會編寫一個迭代器類別，隨機生成高速公路上的交通流
量。一旦運作正常，我會把它重新寫成產生器函式。

首先定義一些可能要用的串列：

📂 Listing 10-8: traffic_generator_class.py:1

```python
from random import choice

colors = ['red', 'green', 'blue', 'silver', 'white', 'black']
vehicles = ['car', 'truck', 'semi', 'motorcycle', None]
```

接下來為迭代器建立 Traffice 類別：

📂 Listing 10-9: traffic_generator_class.py:3

```python
class Traffic:
    def __iter__(self):
        return self
```

這裡不需要初始化程式，因為沒有實例屬性。我透過定義 __iter__() 特殊方法
（該方法返回 self）讓這個類別變成可迭代的。

同樣還需要定義 __next__()，好讓這個類別成為迭代器：

📂 Listing 10-10: traffic_generator_class.py:4

```python
    def __next__(self):
        vehicle = choice(vehicles)

        if vehicle is None:
```

```
        raise StopIteration

    color = choice(colors)

    return f"{color} {vehicle}"
```

在 __next__() 特殊方法中，我使用 random.choice() 從全域的 vehicle 串列中隨機挑選一輛車子。如果從該串列中選到 None 這個項目，就引發 StopIteration 例外，以表示交通流量中的結束（間斷）。如果不是 None，就從全域的 color 串列中隨機挑選一種顏色，然後返回一個含有車子和顏色的格式化字串。

下列是使用 Traffic 迭代器的程式碼：

📂Listing 10-11: traffic_generator_class.py:5
```
# merge into traffic
count = 0
for count, vehicle in enumerate(Traffic(), start=1):
    print(f"Wait for {vehicle}...")

print(f"Merged after {count} vehicles!")
```

我會遍訪每一輛 vehicle，列印出它的描述文字，同時記錄交通流量通過了多少輛車子。一旦 Traffic() 引發了 StopIteration 例外，迴圈就會結束，然後執行最後的 print() 陳述式。這段程式碼的範例輸出結果如下所示：

```
Wait for green car...
Wait for red truck...
Wait for silver car...
Merged after 3 vehicles!
```

程式執行得還可以，但這個迭代器類別有很多額外的樣板程式碼。其實我是可以把迭代器寫成一個產生器函式，接下來我會示範怎麼做。

當成產生器函式

和之前一樣，這裡會重複使用前面範例中的串列，定義的幾個串列中含有代表交通流量需要的各種可能性的：

📂Listing 10-12: traffic_generator.py:1
```
from random import choice

colors = ['red', 'green', 'blue', 'silver', 'white', 'black']
vehicles = ['car', 'truck', 'semi', 'motorcycle', None]
```

接著是定義 traffic() 產生器函式：

Listing 10-13: traffic_generator.py:2

```
def traffic():
    while True:
        vehicle = choice(vehicles)

        if vehicle is None:
            return

        color = choice(colors)
        yield f"{color} {vehicle}"
```

這裡定義宣告產生器函式做法與其他函式是一樣的，雖然我必須讓函式要持續執行，就像我要用 print() 印出每個項目一樣，這裡是透過無窮迴圈來完成這項工作。不管是隱式地執行到達函式結尾（在這個範例中是不可能），或是透過 return 陳述式來讓函式返回，迭代器都會在背後引發 StopIteration。

因為不知道會有多少交通流量隨機產生，所以我希望這個產生器函式可以一直無限執行，直到它從 vehicle 中挑選到 None 值為止。隨後，我想要使用 return 來表示迭代結束而不是引發 StopIteration。從 Python 3.5 版開始，若在產生器函式內引發 StopIteration 會造成 RuntimeError 錯誤。

使用方式和之前的一樣，但這裡是迭代整個產生器而不是迭代器類別：

Listing 10-14: traffic_generator.py:3

```
# merge into traffic
count = 0
for count, vehicle in enumerate(traffic(), start=1):
    print(f"Wait for {vehicle}...")

print(f"Merged after {count} vehicles!")
```

執行後如之前程式一樣有效率地完成，其輸出結果如下（這是隨機的）：

```
Wait for white truck...
Wait for silver semi...
Merged after 2 vehicles!
```

關閉產生器

產生器就像迭代器一樣，可以是無限的。但是，當您用完一個迭代器時，應該將它關閉，因為讓它在記憶體中閒置對程式來說是浪費資源的。

為了示範和說明，這裡繼續使用之前的交通流量產生器，並改寫成無限的。範例一開始還是使用之前寫過的串列：

□ Listing 10-15: traffic_infinite_generator.py:1

```
from random import choice

colors = ['red', 'green', 'blue', 'silver', 'white', 'black']
vehicles = ['car', 'truck', 'semi', 'motorcycle', None]
```

以下是重寫的 traffic 產生器函式，與 Listing 10-13 的內容相似，只是我省略了 return 邏輯：

□ Listing 10-16: traffic_infinite_generator.py:2a

```
def traffic():
    while True:
        vehicle = choice(vehicles)
        color = choice(colors)
        yield f"{color} {vehicle}"
```

由於這個函式會一直迴圈永遠不會結束，也沒有 return 陳述式，所以這個產生器是一個無限迭代器。

我可以按照想要的方式來使用這個產生器。舉例來說，我可以編寫一個使用這個產生器的 car_wash 洗車函式，並限制可以洗多少輛車：

□ Listing 10-17: traffic_infinite_generator.py:3

```
def car_wash(traffic, limit):
    count = 0
    for vehicle in traffic:
        print(f"Washing {vehicle}.")
        count += 1
        if count >= limit:
            traffic.close()
```

這裡把一個 traffic 迭代器傳遞給 car_wash() 函式，並傳入一個整數值綁定到 limit，用來表示可以洗多少輛車。這個函式會遍訪 traffic 迭代器、印出洗了的車輛、同時進行計數。

一旦計數 count 達到（或超過）限制 limit 值，就不再保留 traffic 迭代器了，特別是因為它可能是在引數串列中建立的，所以要關閉它。這將導致產生器內引發 GeneratorExit，進而導致 StopIteration 而結束迴圈，也就是結束這個函式。

既然已經寫好了產生器和使用它的函式，現在就來展示如何把這兩者結合在一起的程式碼：

📂Listing 10-18: traffic_infinite_generator.py:4a
```
car_wash(traffic(), 10)
```

我們從 traffic() 產生器函式建立了新的迭代器，並將它直接傳給 car_wash() 函式。當函式完成之後，它也會關閉這個迭代器。現在，這個迭代器可以被垃圾回收器清理掉。

雖然還是可以從 traffic() 產生器函式再建立新的迭代器，但舊的迭代器是已經用盡了。

我可以建立產生器迭代器，然後在 car_wash() 中使用，最後將它關閉：

📂Listing 10-19: traffic_infinite_generator.py:4b
```
queue = traffic()
car_wash(queue, 10)
```

因為 car_wash() 函式關閉了迭代器 queue，所以就不能再將它傳給 next() 來取得結果，就像加入下列這行錯誤的程式碼會出現錯誤：

```
next(queue)  # raises StopIteration, since car_wash called close()
```

撇開這個錯誤，若執行前面程式碼會產生類似下列的輸出（省略部分內容）：

```
Washing red motorcycle.
Washing red semi.
# --省略--
Washing green semi.
Washing red truck.
```

關閉的動作

與靜靜地退出相比，我可以在產生器被明確關閉時讓它執行某些動作。我透過捕捉 GeneratorExit 例外來完成這項處理：

📂Listing 10-20: traffic_infinite_generator.py:2b
```
def traffic():
    while True:
```

```
        vehicle = choice(vehicles)
        color = choice(colors)
        try:
            yield f"{color} {vehicle}"
        except GeneratorExit:
            print("No more vehicles.")
            raise
```

我把 yield 陳述式包在一個 try 區塊中。當呼叫 traffic.close() 時，GeneratorExit
會在產生器等待的 yield 陳述式位置引發。我可以捕捉這個例外，然後進行想
要的任何操作，例如列印一條訊息。最重要的是必須重新引發 GeneratorExit 例
外，否則產生器真的永遠不會關閉！

沒有對產生器的使用方式（Listing 10-17 和 10-19）進行任何更改的情況下，執
行這段程式碼會展示新的操作行為有發揮作用了：

```
Washing green semi.
Washing black truck.
# --省略--
Washing blue motorcycle.
Washing silver semi.
No more vehicles.
```

丟出例外

產生器很少使用的一個特性是 throw() 方法，可以用來把產生器置於某種例外
狀態，特別是在需要一些超越普通 close() 的特殊行為時。

舉例來說，如果您使用一個產生器從網路連線的溫度裝置中獲取數值，如果連
線斷開，查詢將返回一個預設值（比如，0）。您不希望記錄這個預設值，因為
它是錯誤的！而您希望產生器在該迭代中返回常數 NaN。

您可以編寫一個不同的函式，檢測網路連線是否斷開，避免嘗試去查詢已斷開
的裝置。接著可以使用 throw() 方法讓產生器在等待的 yield 陳述式位置引發例
外。產生器可以捕捉該例外並返回 NaN。

這與 close() 方法引發 GeneratorExit 的做法很類似。事實上，close() 在功能上與
throw(GeneratorExit) 完全相同。

雖然這聽起來很實用，但實際上 throw() 的真正應用場景並不多。溫度裝置的例子是少數有效的情境之一，但即使是這種情況，一般也是可以更好地透過產生器呼叫檢查網路連線的函式來解決。

為了展示這種處理方式，我不得不設計編寫一個有點假的範例來配合，使用之前的 traffic() 產生器，這裡捕捉 ValueError 來允許跳過一輛車，這就是之後在使用時以 throw() 方法在 yield 陳述式位置引發的例外。

Listing 10-21: traffic_generator_throw.py:1

```
from random import choice
colors = ['red', 'green', 'blue', 'silver', 'white', 'black']
vehicles = ['car', 'truck', 'semi', 'motorcycle', None]


def traffic():
    while True:
        vehicle = choice(vehicles)
        color = choice(colors)
        try:
            yield f"{color} {vehicle}"
    ❶ except ValueError:
        ❷ print(f"Skipping {color} {vehicle}...")
        ❸ continue
        except GeneratorExit:
            print("No more vehicles.")
            raise
```

當在 yield 陳述式位置引發 ValueError 例外時，它會被捕捉到❶，產生器會宣告印出目前車輛正在被跳過❷，然後繼續到它無窮迴圈的下一次迭代❸。

實際上只有在我把 wash_vehicle 洗車的邏輯提取到自己的函式中時，這才可能有發揮作用。該函式可以引發例外：

Listing 10-22: traffic_generator_throw.py:2

```
def wash_vehicle(vehicle):
    if 'semi' in vehicle:
        raise ValueError("Cannot wash vehicle.")
    print(f"Washing {vehicle}.")
```

wash_vehicle() 函式會檢查是否要洗一輛 semi。如果是，就會引發 ValueError。

我會撰寫 car_wash() 函式，它負責把每輛車從 traffic() 傳遞給 wash_vehicle()：

Listing 10-23: traffic_generator_throw.py:3

```
def car_wash(traffic, limit):
    count = 0
```

```
    for vehicle in traffic:
        try:
            wash_vehicle(vehicle)
        except Exception as e:
          ❶ traffic.throw(e)
        else:
            count += 1
        if count >= limit:
            traffic.close()
```

在 car_wash() 函式的情境脈絡中捕捉了從對 wash_vehicle() 呼叫引發的所有例外情況。這種全捕捉的做法完全可接受，因為在產生器內部用 traffic.throw() ❶ 再次引發了捕捉到的例外情況。如此一來，要引發哪些例外情況以及如何處理它們的邏輯完全可以由 wash_vehicle() 函式和 traffic 產生器來處理。如果傳遞給 traffic.throw() 的任何例外情況在產生器中沒有被明確處理，那麼該例外情況就會被引發並留在 yield 陳述式位置未被捕捉，因此不會隱式忽略錯誤。

如果在呼叫 car_wash() 沒有引發例外，則會增加已洗車輛的計數。但如果捕捉到例外，則不希望計數增加，因為我不想在已洗車輛的計數中包含會被跳過的 semi 卡車。

最後，我建立了一個 traffic() 產生器並將其傳遞給 car_wash() 函式：

🗀Listing 10-24: traffic_generator_throw.py:4

```
queue = traffic()
car_wash(queue, 10)
```

執行這支程式會產生類似下面這般的輸出結果：

```
Washing white car.
Washing red motorcycle.
Skipping green semi...
Washing red truck.
Washing green car.
Washing blue truck.
Washing blue truck.
Skipping white semi...
Washing green truck.
Washing green motorcycle.
Washing black motorcycle.
Washing red truck.
No more vehicles.
```

您可以看到輸出中洗了 10 輛車，而所有的 semi 卡車都被跳過了。它完全按照我的設計方式運作。

正如之前有提過，這只是個刻意編造的範例。當我可以在 car_wash() 函式中處理 ValueError 例外時，好像沒有太多理由要讓**產生器**去處理它。雖然我不能保證永遠不需要使用 throw()，但如果您認為有需要，有可能是您忽略了更簡單處理問題的做法。

> NOTE
> 並沒有 __throw__() 特殊方法。若想要在自訂類別中實作這種行為，您需要把 throw() 定義成一個普通的成員函式。

使用 yield from

在使用產生器時，您不僅僅可以從目前的產生器迭代器中產生資料，您還可以使用 yield from 暫時將控制權交給其他可迭代物件、產生器或協程來配合。

在 traffic 產生器範例中，我想要增加一點小機率來生成摩托車隊。這裡先編寫了專門用於摩托車隊的產生器，如之前的範例一樣，會重複使用相同的串列：

📁Listing 10-25: traffic_bikers_generator.py:1

```
from random import choice, randint

colors = ['red', 'green', 'blue', 'silver', 'white', 'black']
vehicles = ['car', 'truck', 'semi', 'motorcycle', None]
```

以下是新的 biker_gang() 產生器迭代器：

📁Listing 10-26: traffic_bikers_generator.py:2

```
def biker_gang():
    for _ in range(randint(2, 10)):
        color = ❶ choice(colors)
    ❷ yield f"{color} motorcycle"
```

biker_gang() 產生器會使用 random.randint() 函式來挑選一個介於 2 到 10 之間的隨機數，並生成對應大小的摩托車隊。對於車隊中的每輛摩托車，會挑選一種隨機顏色❶，然後產出所選之顏色的摩托車❷。

為了要使用這個產生器，我在之前範例原本的無限 traffic() 產生器（Listing 10-16）中加入三行程式碼：

📂Listing 10-27: traffic_bikers_generator.py:3

```python
def traffic():
    while True:
        if randint(1, 50) == 50:
            ❶ yield from biker_gang()
            ❷ continue

        vehicle = choice(vehicles)
        color = choice(colors)
        yield f"{color} {vehicle}"
```

我使用 random.randint() 來確定是否要以 1/50 的機率生成一個摩托車隊。若是會生成摩托車隊，則使用 yield from 來將執行流程交給 biker_gang() 產生器❶。traffic() 產生器會保持在這個位置暫停，直到 biker_gang() 產生器完成為止，然後控制權回到 traffic() 產生器繼續執行。

一旦 biker_gang() 完成工作，接著是使用 continue 跳到無窮迴圈的下一個迭代，以產生另一輛車子❷。

traffic() 產生器的使用方式基本上和之前範例中的用法差不多：

📂Listing 10-28: traffic_bikers_generator.py:4

```python
count - 0
for count, vehicle in enumerate(traffic()):
    print(f"{vehicle}")
    if count == 100:
        break
```

執行這段程式碼（有機會）展示新摩托車隊生成邏輯正在運作。以下是一個範例輸出（有省略部分內容）：

```
black motorcycle
green truck
# --省略--
red car
black motorcycle
black motorcycle
blue motorcycle
white motorcycle
green motorcycle
blue motorcycle
white motorcycle
silver semi
# --省略--
blue truck
silver truck
```

您不僅可以把控制權傳遞給其他產生器，還可以使用 yield from 來遍訪任何可迭代物件，無論是集合、迭代器類別還是生成器物件都可能。一旦可迭代物件用盡，控制權會回到呼叫的產生器。

產生器運算式

產生器運算式（**generator expression**）是一種將整個產生器的邏輯包成單一運算式的迭代器。產生器運算式是惰性的（lazy），所以可以使用它們來處理大量的資料，而且不會導致程式鎖住不能回應。

為了示範怎麼建構和使用產生器運算式，我會重建之前的車牌號碼產生器。這裡會寫出一個含有單個 for 迴圈的產生器函式。稍後才會將它轉換為產生器運算式。

這個迴圈會生成由字母 ABC 和後面三個數字組成之所有可能的車牌號碼：

📁 Listing 10-29: license_plates.py:1a

```python
def license_plates():
    for num in range(1000):
        yield f'ABC {num:03}'
```

可迭代的 range(1000) 產生了從 0 到 999 的所有整數。迴圈遍訪了這些值，將每次迭代的目前值指定給變數 num。在迴圈內部則使用了 f-strings 來建構車牌號碼，使用字串格式化在需要時為 num 前面填入 0，以確保始終有三個數字。

我想要將這些值列印出來進行測試。由於這也是個迭代器物件，最好是從它的使用位置印出它所產生的值，而不是在迭代器本身內部印出。我從產生器中這樣列印出來：

📁 Listing 10-30: license_plates.py:2a

```python
for plate in license_plates():
    print(plate)
```

執行這段程式後會得到下列輸出結果（省略了部分內容）：

```
ABC 000
ABC 001
ABC 002
# --省略--
```

```
ABC 997
ABC 998
ABC 999
```

由於這個產生器函式很簡單，內容只有一個迴圈，很適合改成產生器運算式。我重新編寫成下列內容：

📂 Listing 10-31: license_plates.py:1b
```
license_plates = (
    f'ABC {number:03}'
    for number in range(1000)
)
```

產生器運算式被包在外部的括號內，並綁定到名稱 license_plates。產生器運算式本身基本上是迴圈語法的倒置。

在產生器運算式內部，首先宣告了之前迴圈的程式邏輯（Listing 10-30），在那裡定義了一個在每次迭代會被評算求值的運算式。我建立了一個字串，由字母 ABC 和目前迭代的數字所組成，並在左側用 0 填滿到三位數。功用和 lambda 中的 return 很類似，在產生器運算式中的 yield 是隱含的。

接下來宣告了迴圈本身。與之前一樣，它遍訪一個 range() 可迭代物件，在每次迭代中使用名稱 number 來表示值。

在這裡修訂的使用方式是印出了所有可能的車牌號碼：

📂 Listing 10-32: license_plates.py:2b
```
for plate in license_plates:
    print(plate)
```

產生器物件是有隋性的

請記住，無論它們是由產生器函式還是產生器運算式產生的，所有的產生器物件都是有隋性的。這表示產生器物件根據「需要」生成「值」，而不是在一下子就生成所有值。

回想一下在 Listing 10-1 中修改過的 Kyle Keen 積極求值示範程式。我在產生器運算式中複製了相同的基本邏輯，您可以看到這種惰性求值的運作方式：

🗁Listing 10-33: sleepy.py:1b
```
import time
sleepy = (time.sleep(t) for t in range(0, 3))
```

不像串列（其**定義**導致程式在繼續之前休眠了 3 秒，因為每個項目在定義時都被評估求值），這段程式碼會立即執行，因為它是隋性求值，在有需要時值才生成。定義產生器運算式本身不會執行 time.sleep()。

就算我手動遍訪 sleepy 中的第一個值，也不會有延遲：

🗁Listing 10-34: sleepy.py:2
```
print("Calling...")
next(sleepy)
print("Done!")
```

因為在產生器運算式的第一次迭代中呼叫了 time.sleep(0)，所以 next(sleepy) 立即返回。對 next(sleepy) 的後續呼叫會導致程式休眠，但這只會在我要求時才發生。

關於產生器運算式的惰性求值有一個重要的例外：最左邊的 for 陳述式中的運算式會立即被評估求值。舉例來說，請思考如果您寫了以下的內容時會發生什麼情況：

🗁Listing 10-35: sleepy.py:1c
```
import time
sleepy = (time.sleep(t) for t in [1, 2, 3, 4, 5])
```

這個版本的產生器運算式完全沒有所期望的惰性求值行為，因為在第一次遇到產生器運算式時，for 迴圈中的串列 [1, 2, 3, 4, 5] 會立即被評估求值。這是故意為之的，所以任何迴圈運算式中的錯誤都會在產生器運算式的宣告位置引發錯誤，而不是在產生器運算式的第一次使用位置引發。但是，因為這個串列立即被評估求值，所以實際上看不到有什麼惰性延遲。

使用多重迴圈的產生器運算式

產生器運算式可以同時支援多個迴圈，重複巢狀嵌套迴圈的邏輯。您需要按照從最外層到最內層的順序列出這些迴圈的內容。

這裡重寫前面使用過的車牌號碼產生器運算式，以生成所有可能的字母和數字組合，從 AAA 000 開始到 ZZZ 999 為止。這樣總共有 17,576,000 種可能的結果，之所以能快速處理，是因為產生器運算式是惰性的，值只有在被要求時才建立。

📂Listing 10-36: license_plates.py:1c

```python
from itertools import product
from string import ascii_uppercase as alphabet

license_plates = (
    f'{❶ "".join(letters)} {number:03}'
    for letters in ❷ product(alphabet, repeat=3)
 ❸ for number in range(1000)
)
```

這個產生器運算式被包在括號內，並且綁定到 license_plates，這裡的程式橫跨了三行以提高其可讀性。我本來可以將它寫成一行，不過在產生器運算式開始涉及多個迴圈時，最好把它拆分成多行來呈現能增加可讀性。

在這個產生器運算式中，我使用了兩個迴圈。對於第一個（最外層）迴圈，我使用 itertools.product ❷來遍訪所有可能的三個字母組合，就像在 Listing 10-2 中所做的那樣。product 迭代器在每次迭代時會產生一個值的元組，我必須使用 "".join() ❶將它們連接在一起，以建立格式化的字串。

第二個（內層）迴圈，則像之前一樣遍訪了從 000 到 999 的所有可能數字❸。

在每次迭代中，我使用 f-strings 來生成車牌號碼。

結果是一個綁定到 license_plates 的迭代器，可以惰性生成所有可能的車牌號碼。只有在被要求時，下一個車牌號碼才會建立。

這裡可以像使用產生器物件一樣使用 license_plates 產生器運算式。它的使用方式與 Listing 10-5 到 10-7 中看到程式沒有什麼不同：

📂Listing 10-37: license_plates.py:2c

```python
registrations = {}


def new_registration(owner):
    if owner not in registrations:
        plate = next(license_plates)
        registrations[owner] = plate
        return True
```

```
    return False


# Fast-forward through several results for testing purposes.
for _ in range(4441888):
    next(license_plates)

name = "Jason C. McDonald"
my_plate = new_registration(name)
print(registrations[name])
```

這支程式執行後的輸出結果如下所示：

```
GOV 888
```

在產生器運算式中的條件式

您可能有注意到，上面的結果生成了以字母 GOV 開頭的車牌號碼。我需要以 Listing 10-2 的條件檢查整合進來，以確認這個 GOV 字母組合是保留下來不使用的，接下來我會進行相關的處理。

我在 Listing 10-36 的產生器運算式中加入一個條件檢查來納入這個限制：

📂Listing 10-38: license_plates.py:1d
```
from itertools import product
from string import ascii_uppercase as alphabet

license_plates = (
    f'{"".join(letters)} {numbers:03}'
    for letters in product(alphabet, repeat=3)
    if letters != ('G', 'O', 'V')
    for numbers in range(1000)
)
```

我已經加入了條件：如果元組 letters 的值**不是**「('G', 'O', 'V')」，則會使用這個值。如果是，則迭代會被跳過（是個隱式的 continue）。

這裡的順序很重要！迴圈和條件陳述式是由上而下逐一評算求值的，就好像它們是巢狀嵌套的一樣。如果把檢查 ('G', 'O', 'V') 放在更下面，continue 就會隱式地在一千個單獨的迭代上被呼叫，好在這個檢查是放在第二個迴圈**之前**，因為數字根本就不需要在 ('G', 'O', 'V') 上被迭代，產生器運算式是在第一層迴圈中執行 continue。

一開始的這個語法可能會讓人有些困惑，我喜歡把它想像成一個巢狀嵌套的迴圈，放在最前面的 yield 這行是在迴圈最內層執行的。等價的產生器函式要用一個巢狀迴圈來編寫，如下所示：

```python
def license_plate_generator():
    for letters in product(alphabet, repeat=3):
        if letters != ('G', 'O', 'V'):
            for numbers in range(1000):
                yield f'{"".join(letters)} {numbers:03}'
```

把產生器函式最後一行移到最前面，然後刪掉 yield 關鍵字，因為在產生器運算式中是隱含的。另外您還可以刪掉每行末尾的冒號。以這種做法來編寫產生器運算式有助於確保處理邏輯是正確的。

再次執行程式碼會產生如下的結果：

```
GOW 888
```

如果您所見，條件檢查成功運作了，不會再出現 GOV 888 這樣的車牌，而是產生了 GOW 888。

在產生器運算式的情境脈絡中，還可以使用 if-else，但有一個小技巧要留意：它的放置方式不同於只有「if」，這個微妙之處甚至讓許多有經驗的 Python 開發人員都不習慣。

讓我以範例來解釋和說明。這裡有一個帶有 if 的產生器運算式，它會產生所有小於 100 且可被 3 整除的整數：

📁Listing 10-39: divis_by_three.py:1a
```python
divis_by_three = (n for n in range(100) if n % 3 == 0)
```

這支程式運作得很好，但現在我想要對每個不能被 3 整除的數字輸出一個字串 "redacted"。您可能會嘗試以下的做法來進行（我在撰寫本章時也做過嘗試，但不會成功）：

📁Listing 10-40: divis_by_three.py:1b
```python
divis_by_three = (n for n in range(100) if n % 3 == 0 else "redacted")
```

執行這支程式會顯示如下的訊息：

```
SyntaxError: invalid syntax
```

哇！如果您把產生器運算式轉換成產生器函式，使用本章之前描述過的做法，就會明白這個錯誤的原因：

```
def divis_by_three():
    for n in range(100):
        if n % 3 == 0:
        else:  # SyntaxError!
            "redacted"
            yield n
```

上述的語法完全不通。產生器運算式本身不支援 else 子句，事實上，每個複合陳述式在產生器運算式中只能有一個子句。但產生器運算式能支援**三元運算式**（**ternary expression**），這是個緊湊的條件運算式：

```
def divis_by_three():
    for n in range(100):
        yield n if n % 3 == 0 else "redacted"
```

三元運算式的形式是「a if expression else b」。如果 expression 條件運算式為 True，則三元運算式的值為 a，否則為 b。這種運算式可以放在程式的各種地方，從指定值到返回陳述式都能用。但在大多數情況下是建議不要使用，因為它們不好閱讀也較難看懂。三元運算式主要只在 lambda 函式和產生器運算式中使用，在這些地方不太能使用完整的條件陳述式。

我把上面正確的產生器函式的邏輯轉換為產生器運算式：

📂Listing 10-41: divis_by_three.py:1c
```
divis_by_three = (n if n % 3 == 0 else "redacted" for n in range(100))
```

這個版本的評算求值的結果是正確的。太好了！然而，如果我回到使用 if 並刪除 else 語句，問題就又回來了：

📂Listing 10-42: divis_by_three.py:1d
```
divis_by_three = (n if n % 3 == 0 for n in range(100))
```

執行後會顯示錯誤訊息：

```
SyntaxError: invalid syntax
```

我再把上面的程式轉換成產生器函式的邏輯，就會發現問題的所在：

```python
def divis_by_three():
    for n in range(100):
        yield n if n % 3 == 0  # syntax error
```

沒有 else 就不是三元運算式了，所以要改回正常的 if 陳述式寫法：

```python
def divis_by_three():
    for n in range(100):
        if n % 3 == 0:
            yield n
```

上面改好的程式再轉換成產生器運算式後就能正確執行了：

🗁Listing 10-43: divis_by_three.py:1e（與 1a 相同）
```python
divis_by_three = (n for n in range(100) if n % 3 == 0)
```

這裡的內容好像有點讓人討厭，也很難記住。我建議您先把處理邏輯寫成一個產生器函式，然後再將它轉換成產生器運算式。

巢狀產生器運算式

在我目前使用的車牌產生器運算式版本中，有個效率問題，那就是在每次迭代時都要把字串結合在一起。在 Listing 10-38 的產生器運算式中只將每個字母組合結合一次，而不是在每個字母**和**數字的組合都結合一次。此外，在條件陳述式中，如果我有個乾淨的字串可以使用，而不是由 product() 函式產生的元組，程式碼會更加清晰和易於維護。"

不像產生器函式，產生器運算式只能限制在巢狀的單一子句複合陳述式中，因此只有單一個頂層迴圈。我可以透過把一個產生器運算式**巢狀嵌套**在另一個中來克服這個限制，但這實際上與撰寫兩個獨立的產生器運算式，並由其中一個使用另一個是一樣的。

以下是我在車牌產生器程式中使用這個技巧的做法：

🗁Listing 10-44: license_plates.py:1e
```python
from itertools import product
from string import ascii_uppercase as alphabet
```

```
license_plates = (
    f'❶ {letters} {numbers:03}'
    for letters in (
        "".join(chars)
        for chars in product(alphabet, repeat=3)
    )
    if letters != 'GOV'
    for numbers in range(1000)
)
```

內部的巢狀產生器運算式負責遍訪 product() 的結果，把三個字母結合成單一字串。在外部的產生器運算式中，則遍訪內部運算式來取得含有下一個字母組合的字串。接著在遍訪數字之前，確保 letters 不是 'GOV' 字串。如果是，產生器運算式會跳過該字母組合的迭代。

這個做法提升了程式碼的可讀性。不再需要在 f-string 內部呼叫 join() 函式來增加冗餘的程式碼，我可以直接使用 {letters} 來處理❶。

雖然這是到目前為止最乾淨的車牌生成做法，但我不會在真實的上線環境中使用這段程式碼，因為這算是產生器運算式實際可讀性的極限了。當工作變得如此複雜時，就應該轉向使用普通的產生器函式來處理。Listing 10-2 的產生器函式和 Listing 10-44 的等效產生器運算式相比，產生器函式更易讀且更易維護。

串列綜合運算

如果您把產生器運算式用中括號（[ ]）包起來，而不是括號，那就等於是建立一個**串列綜合運算**（list comprehension，或譯為**串列推導式**），它使用包起來的產生器運算式來填滿串列。這是產生器運算式最常見、也可能是最受歡迎的用法。

然而，因為是在宣告一個**可迭代物件**，所以失去了產生器運算式中固有的隋性求值。串列綜合運算是積極求值的，因為串列定義就是積極求值的。因此，我很可能永遠不會把車牌號碼產生器運算式改寫成串列綜合運算，因為這將需要花上幾秒鐘的時間才能完成，使用者的體驗不會太愉快。請確保只有在真正需要串列物件時使用串列綜合運算；也就是說，當您需要把值儲存在集合中供以後處理或使用時才使用串列綜合運算，不然還是用產生器運算式來處理。

串列綜合運算在可讀性方面優於 filter()，因為它們更容易編寫和除錯，且讀起來更簡潔。我可以將第 9 章（Listing 9-96）的咖啡 filter() 範例重寫成串列綜合運算：

📂 Listing 10-45: orders_comprehension.py

```
orders = ['cold brew', 'lemongrass tea', 'chai latte', 'medium drip',
          'french press', 'mocha cappuccino', 'pumpkin spice latte',
          'double-shot espresso', 'dark roast drip', 'americano']

drip_orders = [❶ order ❷ for order in orders ❸ if 'drip' in order]

print(f'There are {len(drip_orders)} orders for drip coffee.')
```

請記住，串列綜合運算只是一種產生器運算式。在這裡的程式會遍訪可迭代物件 orders ❷中的每份點購訂單。如果可以在目前點購訂單中找到字串 'drip'，那就把該項目加到 drip_orders 內❸。除了將其加到串列內，並不需要對 order 執行任何操作，所以直接使用 order 來引領產生器運算式❶。

在功能上，這段程式碼與之前的是一樣的，但使用串列綜合運算的這個版本更為簡潔！filter() 雖有其功用，但大多數情況下，您會發現產生器運算式或串列綜合運算更符合您的需求。

集合綜合運算

就像您可以透過把產生器運算式用中括號括起來去建立串列綜合運算一樣，您也可以透過用大括號（{}）把產生器運算式括起來去建立**集合綜合運算**（set comprehension）。這會使用包起來的產生器運算式來填滿**集合**（set）。

這裡沒有什麼太特別的地方，所以保持範例最基本的樣態。這個集合綜合運算會找出以 100 除以小於 100 之奇數所得到的所有可能餘數。集合會排除任何重複的元素，讓結果更容易理解：

📂 Listing 10-46: odd_remainders.py

```
odd_remainders = {100 % divisor for divisor in range(1, 100, 2)}
print(odd_remainders)
```

對於 1 到 99 之間的每個其他整數 divisor，這裡使用取餘數運算子找出 100 除以 divisor 所得的餘數，然後將結果加到集合中。

執行這段程式碼會得到如下的結果：

```
{0, 1, 2, 3, 5, 6, 7, 8, 9, 10, 11, 13, 14, 15, 16, 17, 18, 19, 21,
22, 23, 25, 26, 27, 29, 30, 31, 33, 35, 37, 39, 41, 43, 45, 47, 49}
```

集合綜合運算的工作方式與串列綜合運算基本相同，唯一的不同之處在於它建立的是集合（set）而不是串列（list）。集合（set）是無序且不含重複項目。

字典綜合運算

字典綜合運算（dictionary comprehension）的結構幾乎與集合綜合運算相同，但需要使用冒號來配合。集合綜合運算和字典綜合運算都是使用大括號（{}）來括住，就像它們各自的集合字面值。字典綜合運算另外使用冒號（:）來分隔「鍵―值對（key-value pairs）」，這是它與集合綜合運算的不同之處。

舉例來說，如果我想要設計一個字典綜合運算，以 1 到 100 之間的整數作為「鍵」，以該數字的平方作為「值」，我會這樣寫：

📁Listing 10-47: squares_dictionary_comprehension.py
```
squares = {n : n ** 2 for n in range(1,101)}
print(squares[2])
print(squares[7])
print(squares[11])
```

在冒號左側的「鍵運算式」會在冒號右側的「值運算式」之前進行評算求值。我使用相同的迴圈來建立鍵和值。

請注意，就像串列和集合綜合運算一樣，字典綜合運算也是積極求值的。程式會一直對字典綜合運算評算求值，直到使用的 range() 可迭代物件耗盡為止。

上述程式執行後的輸出結果為：

```
4
49
121
```

這就是此程式的功用！再說一次，除了冒號以外，其結構都與任何其他產生器運算式一樣。

產生器運算式的危險性

產生器運算式與各種綜合運算的做法很可能會讓人上癮，部分原因是因為當您精心設計製作時，會覺得自己非常聰明。那種以一行程式碼就實作出強大功能的感覺真的會讓程式設計師非常興奮。我們大都喜歡用簡潔巧妙的程式碼來解決問題。

然而，我必須警告大家不要過度沉迷於產生器運算式。正如《Python 之禪》所提醒的：

> Beautiful is better than ugly.
> 優美優於醜陋，
> …
> Simple is better than complex.
> 簡單優於複雜，
> Complex is better than complicated.
> 複雜優於繁雜，
> …
> Sqarse is better than dense.
> 稀疏優於稠密，
> Readability counts.
> 可讀性很重要！

產生器運算式看起是很簡潔漂亮，但如果不能明智地使用，就很可能變得稠密和難以閱讀。特別是串列綜合運算很容易被濫用。我在這裡舉出一些例子，說明在哪些情況下，串列綜合運算和產生器運算式並不適用。

很快就變得難以閱讀

以下的範例出現在 Open edX 的一項調查中。在原始版本中，每個串列綜合運算都放在單一行中。為了讓它能夠清晰地呈現，我自行把這三個串列綜合運算跨多行展示。但很不幸的是，這並未真正改善難以閱讀的情況：

```
primary = [
    c
    for m in status['members']
    if m['stateStr'] == 'PRIMARY'
```

```
        for c in rs_config['members']
        if m['name'] == c['host']
        ]

secondary = [
    c
    for m in status['members']
    if m['stateStr'] == 'SECONDARY'
    for c in rs_config['members']
    if m['name'] == c['host']
    ]

hidden = [
    m
    for m in rs_config['members']
    if m['hidden']
    ]
```

您能搞清楚上面程式是在做什麼嗎？如果您花一些時間閱讀，也許能夠理解，但您為什麼要這麼做呢？這段程式碼真的很混亂，確實被評為調查中最難閱讀的範例。

串列綜合運算和產生器運算式都很強大，但容易變得難以閱讀，就像這個例子一樣。因為產生器運算式本質上「顛倒」了陳述式的順序，所以迴圈放在與之相關的語法之後，這樣的編排格式更難理解其處理邏輯。上面的例子如果以傳統迴圈的上下脈絡來撰寫起來會更好閱讀和理解。

我的同事 grym 來自 Libera.Chat IRC，他分享了一個更糟糕的範例，展示了串列綜合運算有多容易被濫用：

```
cropids = [self.roidb[inds[i]]['chip_order'][
    self.crop_idx[inds[i]] % len(self.roidb[inds[i]]['chip_order'])]
    for i in range(cur_from, cur_to)
]
```

別問我這段程式碼的功用是什麼。我到現在都還沒搞懂，這段程式一看就很燒腦難懂。

不能取代迴圈

由於產生器運算式和綜合運算都非常簡潔，可能會誘發您想要發揮聰明，以單行程式碼來取代普通的 for 迴圈。請拒絕這種誘惑！產生器運算式適用於建構隋性迭代器，而串列綜合運算只在真的需要建構串列時才使用。

其原因就透過一個範例來說明和理解。請想像一下，您正在閱讀別人的程式碼，然後您遇到了下列內容：

```
some_list = getTheDataFromWhereever()
[API.download().process(foo) for foo in some_list]
```

首先要注意的是，雖然串列綜合運算的目的是建立一個串列值，但這個值並未被儲存在任何地方。每當像有這樣隱式丟棄某些值時，應該就要提醒自己：這種模式被濫用了。

其次，您不能一眼看出 some_list 中的資料是否被直接修改了。這樣使用串列綜合運算來替代迴圈並不適當。這只會讓程式碼的行為變得難以理解，連帶除錯也變得困難。

這是個本應該堅持使用傳統迴圈來處理的案例，其迴圈的寫法如下：

```
some_list = getTheDataFromWhereever()
for foo in some_list:
    API.download().process(foo)
```

以上面的情況來看，能一目了然地看出 some_list 中的資料會被修改，雖然這樣的做法仍然是不好的，因為函式具有副作用。最重要的是，這樣的寫法更容易進行除錯，能一眼看出問題所在。

很難除錯

產生器運算式或綜合運算式的特性就是將所有東西都打包成一個龐大的陳述式。這樣做的好處是可以消除許多中間步驟，但壞處也在於...消除了很多中間步驟。

假設您現在某個典型的迴圈中進行除錯。您可以使用除錯工具逐次執行，觀察每個變數的狀態。您也可以使用錯誤處理來搞定不尋常的邊緣案例。

在產生器運算式中，上述這些工具和做法都不能幫您，因為它不是正常運作，就是無法運作。您可以嘗試分析錯誤和輸出來找出到底做錯了什麼，但我向您保證，這是個很讓人傷腦筋的過程。

您可以避免這種混亂，做法就是在編寫程式的第一個版本時避免使用產生器運算式或串列綜合運算。使用傳統的迴圈、迭代工具或正常的產生器（稍後會提到）來撰寫需要處理的邏輯。**只有在**確定真的能正常運作的情況下，**才能**把邏輯合併成產生器運算式，而且**只有在**不放棄所有錯誤處理（try 陳述式）的情況下才能這樣做。

這聽起來可能需要多做很多額外的工作，但在競技程式設計中，我經常按照這個精確的模式來處理，尤其是在我有時間壓力時。在與經驗較少的競爭對手對抗時，對產生器運算式的理解通常是我的主要優勢，但我**都會**先編寫標準的迴圈或產生器，我無法承受因為產生器運算式糟糕的邏輯而要浪費很多時間去進行除錯。

使用產生器運算式的時機

很難定出一個固定的規則來決定使用產生器運算式的時機。如往常一樣，最重要的因素是程式碼的可讀性。我之前大多數的範例都把產生器運算式分成多行來呈現，但它們主要的目標是寫成一行。如果寫成一行導致程式碼難以解析，那就要在使用產生器運算式之前要三思而行。

從某種程度上來說，產生器運算式之於迭代器，就像 lambda 匿名函式之於函式一樣，因為它特別適用在使用它的位置定義一次性的迭代器。甚至當它是唯一的引數時，您可以省略產生器運算式周圍的額外括號。就像 lambda 匿名函式一樣，產生器運算式最適合用在簡單、一次性的邏輯，可以在使用它的位置直接宣告。

當這個一次性迭代器的目的是填滿某個串列時，使用串列綜合運算是合理的。對於各種集合的集合綜合運算和字典綜合運算也是一樣的。

每當您在處理較複雜的邏輯時，都應該優先選擇使用產生器而不是產生器運算式。因為產生器運算式遵循與普通函式相同的語法結構，所以不會像產生器運算式那麼容易變得難以閱讀和理解。

簡易型協程

協程（**coroutine**）是一種特殊的產生器，它不是產生資料，而是根據需求**消耗**資料，並且會耐心等待直到接收到資料。舉例來說，您可以寫一個協程來計算平均溫度。可以定期把新的溫度資料發送給協程，它會立即使用每個新值重新計算平均值。

協程有兩種類型。我現在要介紹講解的是**簡易型協程**（**simple coroutine**）。稍後介紹討論**並行性**（**concurrency**）時，我會介紹**原生協程**（**native coroutine**，也稱為**非同步協程**，**asynchronous coroutine**），它使用並進一步建構了這些相關的概念。

在本章的其餘部分提到**協程**時，請假設我要介紹的就是簡易型協程。

因為協程就是產生器，您可以用 close() 和 throw() 來進行操作。您也可以使用 yield from 把控制權交給另一個協程。只有 next() 在這裡不適用，因為這是在發送值，而不是擷取。相反地，您在這裡要使用 send() 來處理。

舉例來說，我想要以迭代的方式計算特定顏色車輛的數量（從前面的 traffic() 產生器中取得）。以下是執行這項任務的協程範例：

📂Listing 10-48: traffic_colors_coroutine.py:1a

```
from random import choice


def color_counter(color):
    matches = 0
    while True:
      ❶ vehicle = yield
        if color in vehicle:
            matches += 1
        print(f"{matches} so far.")
```

color_counter() 協程函式接受一個單一引數：要計數之車輛顏色的字串。這個引數將在建立產生器迭代器時傳遞進去。

我希望這個協程一直能接收資料直到明確關閉，所以我使用了一個無窮迴圈來處理。產生器和協程的主要差異在於 yield 陳述式出現的位置。在這裡，yield 運算式被**指定給**某個東西，具體來說是名稱 vehicle ❶。傳送到協程的資料被指定給 vehicle，然後就能進行處理，檢查顏色是否相符，並增加相符車輛的計數。最後則是列印出目前的計數值。

如我所述，我會再次使用之前的無限 traffic 產生器來建立資料：

Listing 10-49: traffic_colors_coroutine.py:2

```python
colors = ['red', 'green', 'blue', 'silver', 'white', 'black']
vehicles = ['car', 'truck', 'semi', 'motorcycle']


def traffic():
    while True:
        vehicle = choice(vehicles)
        color = choice(colors)
        yield f"{color} {vehicle}"
```

color_counter() 的使用方式與產生器並沒有什麼太大的不同，但有幾個關鍵的差異：

Listing 10-50: traffic_colors_coroutine.py:3

```python
counter = color_counter('red')
```

在我能使用這個協程之前，必須從協程函式建立一個協程物件（實際上就是個產生器迭代器）。我將這個物件綁定到 counter。

我是使用它的 send() 方法把資料傳送給協程。但在協程接收資料之前，必須使用 send() 傳遞 None 來讓它**預先處理**，準備就緒：

Listing 10-51: traffic_colors_coroutine.py:4a

```python
counter.send(None)  # prime the coroutine
```

上述的預先處理會讓協程執行到它的第一個 yield 陳述式。如果不預先處理，第一個發送的值會丟失，因為是 yield 陳述式接收了發送的值。

或者，我也可以像下列這樣進行預先處理：

Listing 10-52: traffic_colors_coroutine.py:4b

```python
next(counter)  # prime the coroutine
```

上面兩種做法都可以使用，我比較喜歡 Listing 10-51 的做法，因為它能清楚地表明我正在預先處理一個協程，而不只是處理一個普通的產生器。

預先處理之後就可以使用這個協程了：

☐Listing 10-53: traffic_colors_coroutine.py:5a

```
for count, vehicle in enumerate(traffic(), start=1):
    if count < 100:
        counter.send(vehicle)
    else:
        counter.close()
        break
```

程式遍訪了 traffic() 產生器，把每個資料值使用 send() 方法發送到協程 counter 之中。這個協程處理資料，然後印出紅色車輛的目前計數。

在這個迴圈內，當我迭代了一百輛車之後，會手動關閉協程並跳出迴圈。

執行這段程式碼會產生如下的內容（有省略部分內容）：

```
0 so far.
0 so far.
1 so far.
# --省略--
19 so far.
19 so far.
19 so far.
```

> NOTE
>
> Python 中沒有 __send__() 這個特殊方法。如果要在自訂類別中實作類似協程
> 的行為，可以將 send() 定義成為普通的成員函數。

從協程返回值

在現實的專案中，很少會只有把結果列印出來然後就結束的情況。對於大多數協程來說，您可能會需要某種方法來獲取正在產生的資料。

要實作這一點，就以書中的範例 colors_coroutine 來說，我會更改協程中的一行程式碼，並刪除不再需要的 print() 陳述式，完成如下這般：

☐Listing 10-54: traffic_colors_coroutine.py:1b

```
def color_counter(color):
    matches = 0
    while True:
        vehicle = yield matches
        if color in vehicle:
            matches += 1
```

我把名稱 matches 放在 yield 關鍵字之後，以指示要回傳與該變數綁定的值。由於協程實例實際上是一種特殊的產生器迭代器，它可以使用 yield 陳述式同時接受和返回值。在上面這個範例之中，每次迭代時都會接受一個新值並指定值給 vehicle，然後回傳 matches 的目前值。

使用方式非常相似，只需要簡單的修改：

Listing 10-55: traffic_colors_coroutine.py:5b

```
matches = 0
for count, vehicle in enumerate(traffic(), start=1):
    if count < 100:
        matches = counter.send(vehicle)
    else:
        counter.close()
        break

print(f"There were {matches} matches.")
```

每次迭代都會透過 counter.send() 傳送一個值，同時也會返回一個值並指定值給 matches。我在迴圈完成後印出這個值，而不是看到不斷增加的計數。

新的輸出結果現在是只有一行，像下列這樣：

```
There were 18 matches.
```

行為的順序

在協程中事情發生的順序可能有點難以預測。為了理解這一點，以下利用有一個經過簡化的協程來當作範例，它只輸出其輸入的值：

Listing 10-56: coroutine_sequence.py

```
def coroutine():
    ret = None
    while True:
        print("...")
    ❶ recv = ❷ yield ret
    ❸ print(f"recv: {recv}")
    ❹ ret = recv


co = coroutine()
current = ❺ co.send(None)
print(f"current (ret): {current}") ❻
for i in range(10):
    ❼ current = ❽ co.send(i)
```

```
    ❾ print(f"current (ret): {current}")
co.close()
```

當將產生器同時作為產生器和協程使用時，以下是行為的順序：

1.　協程已經透過 co.send(None) 預先準備❺，前進到第一個 yield 陳述式❷，同時產生初始的 ret 值（None）。這個值在協程之外被列印出來❻。

2.　第一個輸入值（0）會從 co.send() ❽接收並存入 recv 中❶。

3.　recv 的值（0）被列印出來❸，然後存入 ret 中❹。

4.　協程前進到下一個 yield ❷。

5.　ret 的目前值（0）被 yield 產生❷，存入 current 內❼，並在 for 迴圈內列印出來❾。for 迴圈繼續前進。

6.　下一個輸入（1）從 co.send() ❽被接收並存入 recv 內❶。

7.　新的 recv 值（1）被列印出來❷，然後存入 ret 中。

8.　協程前進到下一個 yield。

9.　ret 的目前值（1）被 yield 產生❷，存入 current 內❼，並在 for 迴圈中列印出來❾。for 迴圈繼續前進。

10.　以此類推。

簡單來說，協程在從 send() 接收新值之前，總是會先 yield 產生一個值。這是因為在指定值運算式中，右側會在左側之前被評算求值。雖然在這種情況下可能感覺有點意外，但這種行為與 Python 的其他部分一致，等您習慣了之後就會覺得正常了。

什麼是非同步？

有些 Python 開發者堅持認為，簡易型協程在現代 Python 程式碼中已經沒有空間了，它們完全被**原生協程**（**native coroutines**）取代，也就是所謂的**非同步協程**（**async coroutines**）。這也許是事實，但在使用上還是有不小的差異存在。原生協程有很多優點，但呼叫的方式不同（我會在本書第 16 章中討論和介紹 asyncio 和原生協程）。

總結

在本章的內容中，我介紹了各種產生器物件，包括產生器運算式、綜合運算、簡易型協程，並介紹了無限迭代器。

產生器與協程讓您在迭代程式碼中能使用隋性求值，這表示只有在需要值的時候才會評算求值。當這些功能被正確使用時，程式碼可以處理大量資料而不會讓系統變慢或崩潰當掉。

我會在第 16 章中進一步探討這些功能，並介紹說明非同步處理的概念。

第 11 章

文字輸入輸出和
情境管理器

我發現在能夠處理檔案之前，開發出來的程式專案總是感覺不太真實。文字檔案是最常見的資料儲存方式，是保留程式執行之間狀態的關鍵。

雖然在 Python 中開啟文字檔案非常簡單，但有許多微小的細節經常被忽視，直到產生了問題才被關注。許多開發者可能會用一些看似可行，但與 Python 習慣用法的優雅和簡單性相去甚遠的技巧來應對。

在本章中，我會解釋處理文字檔所涉及的兩個主要元件：**串流**（**streams**）和**類路徑物件**（**path-like objects**）。我會探討開啟、讀取和寫入檔案的多種做法，說明怎麼配合檔案系統來運作，最後快速簡介一些常見的檔案格式。

標準的輸入與輸出

到目前為止，我們基本上都視 print() 和 input() 等函式為理所當然的功能。它們幾乎總是開發者在學習一門語言時最先學到的函式，但它們也是真正理解文字輸入和輸出的重要起點。讓我們更深入地瞭解一下吧。

再探 print() 功能

正如您在本書中不斷看到的一樣，print() 函式接受一個字串引數並將它顯示在螢幕上。功用就是那麼簡單，但 print() 所俱備的功能並不僅止於此。您還可以使用 print() 以多種方式快速靈活地輸出多個值，而且正如您在稍後的章節中將看到的，您甚至可以用它來寫入檔案。

標準串流

想要充分了解 print() 的潛力，就必須理解「串流（streams）」。當您使用 print() 時，實際上是將字串發送到**標準輸出串流**（**standard output stream**），這是由作業系統提供的一個特殊通訊通道。標準輸出串流的運作方式很像佇列：您將資料，通常是字串，推送到串流中，其他程式或處理程序可以按照順序接收這些字串，特別是終端機。您的系統會將所有提供給 print() 的字串預設發送到標準輸出串流中。

您的系統還有一個**標準錯誤串流**（**standard error stream**），是用來顯示錯誤訊息。正常的輸出會被發送到標準輸出串流，而與錯誤相關的輸出則會被發送到標準錯誤串流。

本書到目前為止的內容中，在想要列印錯誤訊息時，都還是使用普通的 print() 呼叫，就像對待正常訊息一樣：

📂Listing 11-1: print_error.py:1a

```
print("Normal message")
print("Scary error occurred")
```

這樣做沒問題，只要使用者是希望錯誤訊息是輸出顯示在終端機上就沒問題。但是，如果使用者想要使用終端機將所有程式輸出導入到檔案內，讓正常的輸出導入一個檔案，而錯誤輸出則導入另一個檔案，那該怎麼處理呢？以下是在 bash 中的一個範例：

```
$ python3 print_error.py > output.txt 2> error.txt
$ cat output.txt
A normal message.
A scary error occurred.
$ cat error.txt
$
```

使用者希望 output.txt 檔是放入「A normal message.」，而 error.txt 檔則是放入「A scary error occurred.」。然而，由於 print() 預設都把訊息發送到標準輸出串流，所以這兩條訊息都被導入到 output.txt 檔中。與此同時，error.txt 檔則是完全空的。

若想要把錯誤訊息發送到標準錯誤串流，則必須使用 print() 的「file=」關鍵字引數來指定：

Listing 11-2: print_error.py:1b

```
import sys
print("Normal message")
print("Scary error occurred", file=sys.stderr)
```

首先是引入了 sys 模組，這讓我可以存取 sys.stderr，這是處理標準錯誤串流的功能。我透過在第二個 print() 呼叫中指定引數「file=sys.stderr」來將錯誤訊息發送到標準錯誤串流。而正常訊息仍然會送到標準輸出串流，因為預設引數是 file=sys.stdout。

重新檢視之前的命令行對話，使用方式是相同的，但您會看到輸出現在被送到了它們應該送去的地方：

```
$ python3 print_error.py > output.txt 2> error.txt
$ cat output.txt
A normal message.
$ cat error.txt
A scary error occurred.
```

一般訊息已被導入到 output.txt 檔，而錯誤訊息則被導入到 error.txt 檔。這正是使用命令行程式想要的預期行為。

正如參數名稱「file=」所示，print() 函式並不限於標準輸出串流。實際上，正如您等一下馬上會看到的應用，它非常適合把文字寫入檔案。

清空

有個重點您要知道，標準輸出串流是以**緩衝區**（**buffer**）的方式實作的：資料可以被推送到一個緩衝區，它的運作方式很像佇列。資料會在那裡等待，直到被終端機或任何用來顯示它的處理程序或程式取出為止。對於標準輸出和標準錯誤來說，文字被推送到流的緩衝區，然後當緩衝區的內容都被列印到終端機時，緩衝區就會**被清空**（**flushed**）。清空的時機並不都是如您預期的時間點發生，原因有很多（已超出了本書講解的範圍）。有時候您也許使用 print() 發送一條訊息，然後想知道為什麼它還沒有顯示在終端機上。

一般來說，最好讓系統自己決定何時清空標準輸出串流，而不是強制去清空。不過，在某些情況下您可能還是會想要強制清空。舉例來說，您可能希望在終端機已經顯示的一行文字後面加上一些內容。

以下是個簡單的進度指示器，這支程式就是這樣做的。我會使用 time.sleep() 來表示正在進行某個耗時的處理過程，例如正在下載。我希望確保使用者知道程式沒有當掉，所以我會顯示一個「Downloading...」的訊息，每隔十分之一秒加一個句點："

Listing 11-3: progress_indicator.py

```python
import time

print("Downloading", end='')
for n in range(20):
    print('.', end='', flush=True)
    time.sleep(0.1)
print("\nDownload completed!")
```

在 print() 上使用「end=」關鍵字引數可以防止換行被列印出來。稍後我會再回來講解這個用法。就以上述這個範例來說，重要的是「flush=」這個關鍵字引數。如果忽略了它，使用者在迴圈完成之前不會看到任何東西，因為緩衝區會等待換行字元才會寫到終端機上。但是，透過強制更新緩衝區，終端機上的行在每次迴圈迭代時都會更新。

如果您希望所有的 print() 呼叫預設每次都要更新，可以在執行程式時向 Python 直譯器傳入「-u」旗標來執行 Python 的**無緩衝模式**（**unbuffered mode**），其命令語法為：python3 -u -m mypackage。

列印多個值

print() 函式可以接受任意數量的有序引數，每個引數都會使用它的 __str__() 特殊方法轉換為字串。這是一種比使用 f-strings 更快速簡單的格式化方法。

舉例來說，我可能想要將地址拆分成多個部分儲存，然後在列印時能印出完整的地址。我會初始化各個值：

📁Listing 11-4: address_print.py:1
```
number = 245
street = "8th Street"
city = "San Francisco"
state = "CA"
zip_code = 94103
```

我可以用格式化字串把地址的資料合起來顯示：

📁Listing 11-5: address_print.py:2a
```
print(f"{number} {street} {city} {state} {zip_code}")
```

雖然上述方式可以執行，但我也可以在不使用 f-string 的情況下做到同樣類似的結果，讓 print() 陳述式更簡單：

📁Listing 11-6: address_print.py:2b
```
print(number, street, city, state, zip_code)
```

print() 陳述式將每個引數轉換為字串，然後將這些片段連接在一起，每個片段之間預設是使用空格分隔。無論使用上述哪一種做法，其輸出都是一樣的：

```
245 8th Street San Francisco CA 94103
```

沒有 f-string 的 print() 陳述式的好處在於可讀性和效率。因為最終輸出只是將所有片段連接在一起，中間用空格分隔，而且不需要把整個字串儲存在記憶體中的單一值內，所以使用 f-string 就感覺有點過於冗長。

以下是 print() 函式內建串接功能的另一種示範。我可以從字典中快速生成一個屬性值表格。首先是該字典的內容：

📁Listing 11-7: market_table_print.py:1
```
nearby_properties = {
    "N. Anywhere Ave.":
```

```
{
    123: 156_852,
    124: 157_923,
    126: 163_812,
    127: 144_121,
    128: 166_356,
},
"N. Everywhere St.":
{
    4567: 175_753,
    4568: 166_212,
    4569: 185_123,
}
}
```

我想要列印出一個表格，其中包含 street 街道、number 號碼和格式化的屬性值，並使用定位符號（\t）來分隔每一欄的內容。首先是會用 f-string 來進行理，這個範例只是為了讓您看看為什麼我不喜歡用下面的做法：

📁Listing 11-8: market_table_print.py:2a

```
for street, properties in nearby_properties.items():
    for address, value in properties.items():
        print(f"{street}\t{address}\t${value:,}")
```

雖然這樣能產生我想要的輸出結果（稍後會展示），但 f-string 加了一層不必要的複雜性。由於我是用定位符號來分隔每一欄的內容，所以我決定再次更好地使用 print() 來處理：

📁Listing 11-9: market_table_print.py:2b

```
for street, properties in nearby_properties.items():
    for address, value in properties.items():
        print(street, address, f"${value:,}", sep='\t')
```

「sep=」引數是用來定義分隔每個值之間要用什麼字串。預設的 sep 字串是空格，如 Listing 11-6 範例。在這個範例中，我用定位符號（\t）來當作分隔。

我更喜歡這個解決方案，因為更容易閱讀。我仍然有用 f-string 來格式化其中的 value 值，以顯示所需的金錢千位逗號分隔，以免輸出像「$144121」這種不太好看結果。street 和 address 綁定的值則不需要任何特殊處理。

上面的程式碼執行後得到以下是的輸出結果：

```
# --省略--
N. Anywhere Ave.    127    $144,121
N. Anywhere Ave.    128    $166,356
```

```
N. Everywhere St.    4567  $175,753
# --省略--
```

這種做法的另一個好處是，如果我決定改用空格和垂直字元來當分隔，只需要修改「sep=」引數即可：

📂Listing 11-10: market_table_print.py:2c
```
for street, properties in nearby_properties.items():
    for address, value in properties.items():
        print(street, address, f"${value:,}", sep=' | ')
```

如果我使用的最前面全是 f-strings 的版本，則必須更改每個分隔的字元。

以下是新的輸出結果：

```
# --省略--
N. Anywhere Ave. | 127 | $144,121
N. Anywhere Ave. | 128 | $166,356
N. Everywhere St. | 4567 | $175,753
# --省略--
```

print() 函式還有一個「end=」引數，可用來決定要附加到輸出尾端的內容。預設是個換行符號（\n），但您可以像對待「sep=」的相同方式來進行更改。

有個常見的用法是設定「end=\r」，這樣會讓下一行的輸出覆蓋上一行內容。這種方式在狀態更新中特別有用，例如顯示進度訊息。

再探 input() 函式

input() 函式允許您從終端機接收使用者的輸入，也就是從**標準輸入串流**中獲取資料。它不像 print() 有那麼多功能，但對於將來的應用來說，了解一下 input() 的基本使用方法還是很有用的。

input() 函式僅接受一個引數，稱為 prompt，是個可選擇性的字串，它會被列印到標準輸出串流，但不會加上換行字元。傳給「prompt=」的值通常是一條訊息，用來告知使用者應該要輸入什麼內容。這個引數的值可以是任何透過它的 __str__() 方法轉換成字串的值，就像傳給 print() 的有序引數一樣。

以下的範例是個用來處理 MLS 編號的基本提示，可能是作為房地產搜尋程式的一部分而設計的：

📂 Listing 11-11: search_input.py

```
mls = input("Search: MLS#")
print(f"Searching for property with MLS#{mls}...")
```

執行這段程式會提示使用者輸入 MLS 編號，然後顯示正在尋找該編號的房地產資訊：

```
Search: MLS#2092412
Searching for property with MLS#2092412...
```

input() 函式的功能就是這些了。

> **NOTE**
>
> 在閱讀或學習使用 Python 2 版本所編寫的程式碼或教材時，您可能會遇到使用 raw_input() 函式的情況。這在 Python 2 中是必需的，因為當時的 input() 函式並不實用且非常不安全，它會在背景隱式把使用者的輸入視為運算式進行評算求值，因此 Python 開發者當時都極力避免使用。在 Python 3 版中，舊版危險的 input() 函式已被移除，而 raw_input() 則被改名為 input()，所以不再需要再擔心這個問題。

串流

若想要處理任何資料檔案，需要先取得一個**串流**（**stream**），也稱為**檔案物件**（**file object**）或**類檔案物件**（**file-like object**），此物件提供了專屬的方法來對檔案進行讀取和寫入記憶體。串流有兩種：**二進位串流**（**binary streams**），是所有串流的基礎，處理二進位（1 與 0）的資料。**文字串流**（**text streams**）則處理從二進位編碼和解碼的文字。

串流不僅僅可以處理傳統的檔案，例如一般的「.txt」檔、Word 文件，或其他檔案。其實您已經有用過標準輸出（sys.stdout）、標準錯誤（sys.stderr）和標準輸入（sys.stdin）的物件了，它們本身就是串流。關於標準串流的所有相關知識，在其他任何串流上都適用。

本章焦點放在文字串流。關於二進位資料和二進位串流，我會在本書第 12 章深入討論。

您可以使用內建的 open() 函式來建立一個可以處理檔案的串流。使用這個函式**有很多**細節，我會從最基本的用法開始解釋。

本節中的程式碼假設每個檔案放置的路徑都與開啟它的 Python 模組相同。如果檔案是放在機器上的其他路徑位置，這就需要指定路徑，在本章稍後內容中的另一個主題才會探討。

假設要讀取一個名為「213AnywhereAve.txt」的檔案（其內容與接下來的輸出相同），我會建立一個與之一起工作的串流。Python 會在後台幫您處理和建立該檔案的串流，所以我只需要使用 open() 函式就能搞定：

☐Listing 11-12: read_house_open.py:1a

```
house = open("213AnywhereAve.txt")
print(house.read())
house.close()
```

open() 函式會返回一個串流物件，確切來說是一個 TextIOWrapper 物件，它可以處理「213AnywhereAve.txt」檔案的內容。我把串流物件綁定到名為 house 的變數上。

接著在 house 上呼叫 read() 方法讀取檔案的整份內容，並把返回的字串直接傳到 print() 中。

當我操作完檔案之後，**必須**將它關閉，在最後一行要執行關閉的動作。重要的是不要把檔案的關閉交給垃圾收集器來處理，因為這不能保證可以正常運作，也不能確保所有的 Python 實作都具有可攜性。而且，當在寫入檔案時，Python 不會保證在呼叫 close() 之前完成對檔案的所有更改。這表示，如果在程式結束之前忘記關閉檔案，您的修改有可能會部分或完全丟失。

假設 213AnywhereAve.txt 檔存放在與這個 Python 模組相同的目錄中，這段程式碼將會把檔案的全部內容輸出到螢幕上：

```
Beautiful 3 bed, 2.5 bath on 2 acres.
Finished basement, covered porch.
Kitchen features granite countertops and new appliances.
Large fenced yard with mature trees and garden space.
$856,752
```

您只能從這個特定的串流中讀取。若想要寫入檔案，則需要以不同的方式來開啟，稍後我會回過頭講這部分的應用。

情境管理器基礎概念

情境管理器（**context manager**）是一種物件，在程式執行離開某段程式碼或**情境脈絡**（**context**）區段時，會自動處理自身的清理任務。這個情境脈絡是由 Python 的 with 陳述式所提供的。（這是 Python 的複合陳述式之一，與我們熟悉的 if、try 和 def 等陳述式很類似。）為了真正理解其運作原理，我會分解其底層邏輯，並逐步說明講解情境管理器的應用。

在 Listing 11-12 的範例中還有一個問題需要解決。目前為止，這個範例相對安全，因為只有在無法打開檔案時，house.read() 才會失效。但實際上，我開啟檔案後可能會處理更多的事情，不僅僅是印出檔案內容而已。我可能以各種方式來處理資料，將它儲存在集合中，或者搜尋特定的內容等。這樣很容易出現錯誤和例外的情況。使用這種做法，如果成功開啟檔案，但在讀取或處理檔案時遇到任何類型的例外情況，例如試圖把它讀取到字典時出現 KeyError，close() 方法就不會被呼叫到。

為了解決這個問題，我可以把 close() 的呼叫包在 try 陳述式的 finally 子句中：

📂Listing 11-13: read_house_open.py:1b

```python
house = open("213AnywhereAve.txt")
try:
    print(house.read())
finally:
    house.close()
```

如果 213AnywhereAve.txt 檔不存在，就會引發 FileNotFoundError 例外。如果成功開啟檔案，就可以嘗試從 house 串流中讀取資料。我並未捕捉到任何例外，所以例外會從這個 try 陳述式中自動冒出來。由於 close() 呼叫位於 finally 子句中，無論是否有錯誤都會被呼叫。

然而，在實際操作中，老是要記主呼叫 close() 是相當不切實際的做法，更不用說這是件相當煩人的工作。如果忘記了，或者如果程式在來得及呼叫 close() 之前就結束終止，那麼各種煩人的錯誤就很可能會發生。

還好所有串流物件都是情境管理器，因此可以使用 with 陳述式來自行清理，把整個 try-finally 的邏輯（請查閱 Listing 11-13）封裝成一個簡單的陳述式：

📂Listing 11-14: read_house_open.py:1c

```
with open("213AnywhereAve.txt") as house:
    print(house.read())
```

這段程式會開啟 213AnywhereAve.txt 檔，將串流綁定到 house，然後執行從該檔案讀取和列印的程式碼行。不再需要手動呼叫 house.close() 了，因為 with 陳述式會在背景中自動進行這項處理。

我稍後會更深入地探討 with 的運作原理，但由於它是處理（大多數）串流物件的標準做法，從現在開始的內容中，我都會使用這種做法來工作。

> **ALERT**
>
> 千萬不要在標準串流（sys.stdout、sys.stderr 和 sys.stdin）上使用 with 陳述式。使用 with 來操作標準串流會呼叫它們的 close()，一旦這麼做了，您就必須重新啟動 Python 實例才能再次使用它們！雖然有一些（複雜的）做法可以重新開啟標準串流，但說實話，最好的做法就是一開始就不要關閉。

檔案模式

open() 函式可選擇性接受第二個引數：mode=，這裡傳入的應該是個字串，用來指定檔案應該以什麼方式開啟，進而定義對串流物件可以執行哪些操作，例如要進行讀取、寫入等等處理。如果您不傳入「mode=」引數，Python 會使用「mode='r'」當預設值，這以唯讀模式開啟檔案以供讀取。

對於以文字為基礎的檔案，有 8 種不同的檔案模式可用（請參閱表 11-1），每種的行為略有不同。基本模式如下：

- r：開啟檔案以供**讀取**。

- w：開啟檔案以供**寫入**；它會首先截斷（刪除）檔案內容。

- a：開啟檔案以供**附加**寫入（也就是寫入到現有檔案的末尾）。

- x：**建立**一個新的檔案並開啟以供寫入；該檔案不能已經存在。

如果加上附加（+）旗標，則會加入模式中少的讀取或寫入操作。最重要的用法是「r+」模式，它允許您既可以從檔案讀取，又可以寫入，而且**不會**先清空內容。

各個模式的行為有時候可能會有點出乎意料之外。表 11-1 部分參考了 Stack Overflow 上 industryworker3595112 的回答（請參閱 https://stackoverflow.com/a/30931305/472647/），詳細解釋了這些模式的功能。

表 11-1：檔案模式

功能	模式							
	r	r+	w	w+	a	a+	x	x+
允許讀取	✓	✓		✓		✓		✓
允許寫入		✓	✓	✓	✓	✓	✓	✓
能建立新檔案			✓	✓	✓	✓	✓	✓
能開啟現存檔案	✓	✓	✓	✓	✓			
會先刪除檔案內容			✓	✓				
允許尋找	✓	✓	✓	✓		✓*	✓	✓
在開頭初始化位置	✓	✓	✓	✓			✓	✓
在結尾初始化位置					✓	✓		

*只允許在讀取時尋找

在串流（stream）中，**位置**決定您從檔案中讀取以及寫入的地方。如果模式支援，seek() 方法允許您改變這個位置。預設情況下，位置會在檔案的開頭或結尾。我會在稍後的章節中深入講解和說明。

您也可以使用「mode=」引數來在**文字模式**（t）和**二進位模式**（b）之間切換，預設是文字模式。本書第 12 章會專門使用二進位模式。現在您至少要知道正在以哪種模式開啟檔案。舉例來說，使用「mode='r+t'」會以讀寫文字模式開啟檔案，與「mode='r+'」相同。相比之下，「mode='r+b'」則會以讀寫二進位模式開啟檔案。在這整個章內容中，我都只使用預設的文字模式來處理。

當您以讀取模式（r 或 r+）開啟某個檔案時，這個檔案必須已經存在。如果不存在，open() 函式會引發 FileNotFoundError。

而建立模式（x 或 x+）正好相反，檔案不能夠已經存在。如果檔案已經存在，open() 函式會引發 FileExistsError。

寫入模式（w 或 w+）和附加模式（a 或 a+）都不會有這些問題。如果檔案存在，它就會被開啟；如果不存在，則會被建立。

如果您試圖對唯讀（r）模式開啟的串流進行寫入，或者對僅以寫入（w、a 或 x）模式開啟的串流進行讀取，那麼在讀取或寫入操作時會引發 io.Unsupported Operation 錯誤。

如果想事先檢查某個串流有支援哪些操作，可以在該串流上使用 readable()、writable() 或 seekable() 方法。例如：

⊟Listing 11-15: check_stream_capabilities.py

```python
with open("213AnywhereAve.txt", 'r') as file:
    print(file.readable())   # prints 'True'
    print(file.writable())   # prints 'False'
    print(file.seekable())   # prints 'True'
```

讀取檔案

想要從檔案中讀取內容，首先要取得一個串流，以其中一種可讀的模式（'r'、'r+'、'w+'、'a+' 或 'x+'）來開啟檔案。接下來，可以用下列四種方式進行讀取：read()、readline()、readlines() 或迭代。

在本節的所有範例中，我會從下列這個文字檔中進行讀取：

⊟Listing 11-16: 78SomewhereRd.txt

```
78 Somewhere Road, Anytown PA
Tiny 2-bed, 1-bath bungalow. Needs repairs.
Built in 1981; original kitchen and appliances.
Small backyard with old storage shed.
Built on ancient burial ground.
$431,998
```

read() 方法

我可以用 read() 方法像這樣讀取完整的 78SomewhereRd.txt 檔內容：

⊟Listing 11-17: read_house.py:1a

```python
with open('78SomewhereRd.txt', 'r') as house:
    contents = house.read()
    print(type(contents))   # prints <class 'str'>
    print(contents)
```

在取得了以讀取模式打開的 house 串流後，我使用 read() 方法把整個檔案讀取為一個字串，然後將其綁定到 contents 變數上。在 78SomewhereRd.txt 檔案中，每行的結尾都有換行符號（\n），這些換行符號會在字串中保留下來。如果我透過 repr() 印出 contents 的原始字串，就可以看到字面上的換行符號：

```
print(repr(contents))
```

這行程式碼會輸出如下的結果（版面有限，省略了部分內容）：

```
'78 Somewhere Road, Anytown PA\nTiny 2 bed, 1 bath # --省略--'
```

（請記住，那些字面上的「\n」字元只有在印出原始字串時才會出現。正常印出 contents 會識別換行字元並對應產生新行。）

預設情況下，read() 會讀取字元直到遇到檔案的結尾。您可以透過「size=」引數來改變這個行為，讓它只讀取到最大的字元數。舉例來說，若只要從檔案中讀取最多 20 個字元（如果提前遇到檔案結尾則讀取較少字元），則會這樣做：

📂Listing 11-18: read_house.py:1b
```
with open('78SomewhereRd.txt', 'r') as house:
    print(house.read(20))
```

這段程式執行後得到如下結果：

```
78 Somewhere Road, A
```

readline()方法

readline() 方法的行為與 read() 完全相同，唯一不同之處是它只到讀取直到換行符號（\n）或是檔案的結尾就停止。我想要使用此方法來讀取檔案的前兩行。和之前一樣，我會使用 repr() 來顯示原始字串，這是為了示範的目的，我希望真的看到換行符號：

📂Listing 11-19: readline_house.py
```
with open('78SomewhereRd.txt', 'r') as house:
    line1 = house.readline()
    line2 = house.readline()
    print(repr(line1))
    print(repr(line2))
```

house 串流記錄了在檔案中的位置，所以在每次呼叫 readline() 之後，串流的位置會設定到下一行的開頭。

執行這段程式碼會輸出前兩行的內容，我把這兩行以原始字串來印出，這樣就能看到字面上的換行字元：

```
'78 Somewhere Road, Anytown PA\n'
'Tiny 2 bed, 1 bath bungalow.\n'
```

readline() 方法也有一個「size=」的位置引數，它的作用很像 read(size=)，不過如果指定的 size 大於行的長度，它會在遇到第一個換行符號時就停止。

readlines()方法

我可以用 readlines() 方法一次把檔案中的所有行都讀取為一個字串串列：

📁Listing 11-20: readlines_house.py
```
with open('78SomewhereRd.txt', 'r') as house:
    lines = house.readlines()
    for line in lines:
        print(line.strip())
```

每一行都儲存在一個字串內，而所有的字串都儲存在 lines 串列中。一旦讀取了所有的行，我會用迴圈印出每一行，並使用字串物件的 strip() 方法移除每個字串的末尾換行符號。這種做法會去掉所有開頭和結尾的空白字元，包括換行符號。

執行這段程式碼會輸出如下結果：

```
78 Somewhere Road, Anytown PA
Tiny 2-bed, 1-bath bungalow. Needs repairs.
Built in 1981; original kitchen and appliances.
Small backyard with old storage shed.
Built on ancient burial ground.
$431,998
```

readlines() 方法有一個「hint=」引數，很像 read() 的「size=」引數。最關鍵的區別是，readlines() 總是讀取整行。如果「hint=」中指定的字元數不足以達到下一個換行符號，readlines() 仍會讀取直到（包括）下一個換行符號才停止。

以迭代來讀取

串流物件本身就是個迭代器，它們實作了 __iter__() 和 __next__() 這兩個特殊方法。這表示可以直接對串流物件進行迭代！

📁 Listing 11-21: iterate_house.py

```
with open('78SomewhereRd.txt', 'r') as house:
    for line in house:
        print(line.strip())
```

執行後的輸出結果與前一個範例相同，但這種迭代的方式不需要再建立一個列印後就會被丟棄的串列，因此效能較好。

如果您只打算讀取一次檔案，直接對串流進行迭代通常會是更簡潔且（可能）效能更好的解決方案。

另一方面，如果在您的程式執行過程中需要多次存取檔案的內容，幾乎都是會想把資料讀入記憶體內，也就是從串流中讀取並儲存在典型的 Python 集合或其他值中。從記憶體中的值來進行讀取永遠比從檔案中讀取要快！

串流位置

在每次讀取和寫入操作之後，在串流中的位置都會改變。您可以使用 tell() 和 seek() 方法來處理串流的位置。

tell() 方法會回傳目前在串流中的位置，以一個正整數表示，代表自檔案開頭算起已經讀取了多少個字元。

seek() 方法允許您在串流中前後移動位置，逐個字元進行調整。在處理文字串流時會接受一個引數：一個正整數，表示要移動到的新位置，以從開頭算起的字數來表示。這個方法可以在任何串流上使用，只要它不是以附加模式（'a' 或 'a+'）開啟的。

最常見的用法是使用 seek(0) 跳到檔案的開頭。為了示範這個用法，我會印出 78SomewhereRd.txt 檔案的第一行三次：

📁 Listing 11-22: iterate_house.py

```
with open('78SomewhereRd.txt', 'r') as house:
```

```
    for _ in range(3):
        print(house.readline().strip())
        house.seek(0)
```

開啟檔案之後，以迴圈執行三次。在每次的迴圈迭代中會印出目前的行，並使用 strip() 去除換行符號。接著把串流重新定位到檔案的開頭，以便進行下一次的迴圈迭代。

執行的輸出結果如下所示：

```
78 Somewhere Road, Anytown PA
78 Somewhere Road, Anytown PA
78 Somewhere Road, Anytown PA
```

此外還可以使用 seek(0, 2) 跳到串流的末尾，這表示從檔案末尾移動了 0 個位置（whence 為 2）。當這麼做時，必須把 0 作為第一個引數，2 作為第二個引數，其他值都不適用。

seek() 方法也可以用來跳到串流的其他位置，不只是開頭或結尾。下面是個簡單的示範，每次讀取開頭行時跳過一個字元：

📂 Listing 11-23: iterate_house_mangle.py

```
with open('78SomewhereRd.txt', 'r') as house:
    for n in range(10):
        house.seek(n)
        print(house.readline().strip())
```

不再是把 0 傳給 seek()，而是傳遞迴圈中的迭代計數 n，然後再讀取該行。在每次迴圈迭代中，第一行再次被印出，每次都從開頭算起少了一個字元：

```
78 Somewhere Road, Anytown PA
8 Somewhere Road, Anytown PA
Somewhere Road, Anytown PA
Somewhere Road, Anytown PA
omewhere Road, Anytown PA
mewhere Road, Anytown PA
ewhere Road, Anytown PA
where Road, Anytown PA
here Road, Anytown PA
ere Road, Anytown PA
```

這是個有趣的範例，但並不太實用。別擔心，接下來我會在一些即將出現的範例中更真實地運用 seek() 方法。

寫入檔案

關於串流物件寫入，第一要記住的重點是，這個動作都是在**覆蓋**，而不是**插入**！若您在檔案的末尾附加方式寫入內容時，這就不太重要，但在所有其他情況下，這種覆蓋過去的做法有可能會引起混亂和不預期的結果。

在修改檔案時，請將內容讀入記憶體中，在那裡進行修改，然後再次寫入，這樣可以降低因為程式錯誤而造成資料遺失的機會。您可以將新資料直接覆蓋原檔案，或者寫到一個臨時檔案，然後將其移到正確的路徑。我會在本章的後面講解 pathlib 模組時介紹臨時檔案的技巧。目前只在原路徑覆蓋檔案。不管哪種技巧，都能防止令人意外和破壞性的錯誤。

有三種方法可以寫入串流：write() 方法、writelines() 方法和 print() 函式。在使用這些方法之前，必須確保串流是處於可寫入的檔案模式（除了 'r' 以外的任何模式），並且知道目前的串流位置！所有的檔案模式都有一個初始的串流位置，那就位於檔案的開頭。唯一的例外是附加模式（'a' 和 'a+'），它的初始位置在檔案的結尾。當您從串流中讀取和寫入時，這個位置會改變。

write() 方法

write() 方法會把給定的字串寫入檔案，從目前的串流位置開始寫入，並返回一個整數，表示寫入了多少個字元到檔案中。不過，請記住，它會覆蓋掉從串流位置到新資料結束之間的所有資料。為了防止意外的資料遺失，應該將檔案讀入記憶體內，對記憶體中的資料進行修改，然後再將其寫回同一個檔案。

78SomewhereRd.txt 中的那個特性描述不太吸引人。我要寫一個程式來改進描述內容，然後將更新後的不動產串列寫入檔案：

📂 Listing 11-24: improve_real_estate_listing.py:1a

```python
with open('78SomewhereRd.txt', 'r+') as real_estate_listing:
    contents = real_estate_listing.read()
```

首先，程式是以讀寫模式開啟檔案。沒有透過串流直接修改檔案內容，而是將檔案的資料讀入記憶體中，以字串形式綁定到 contents 變數。我會在這個字串上進行描述的修改，而不是直接操作串流本身：

📁 Listing 11-25: improve_real_estate_listing.py:2a

```
contents = contents.replace('Tiny', 'Cozy')
contents = contents.replace('Needs repairs', 'Full of potential')
contents = contents.replace('Small', 'Compact')
contents = contents.replace('old storage shed', 'detached workshop')
contents = contents.replace('Built on ancient burial ground.',
                            'Unique atmosphere.')
```

我使用 replace() 字串方法，把原本不吸引人的字詞和片語替換成更有吸引力的用詞。

一旦對新版本的字串修改滿意之後，就可以將它寫回檔案中：

📁 Listing 11-26: improve_real_estate_listing.py:3a

```
real_estate_listing.seek(0)
real_estate_listing.write(contents)
```

我將位置定位在檔案的開頭，因為我想要覆蓋掉原本所有的內容，所以使用 real_estate_listing.seek(0)。隨後寫入新的檔案內容，所有的舊內容都會被新的內容覆蓋掉。

最後剩下的問題是，新內容比舊內容還要短，所以有一些舊資料會留在檔案的末尾。在 write() 之後，串流的位置會位於剛剛寫入的新資料的尾端，所以我可以透過以下方式清理掉舊資料殘留的部分：

📁 Listing 11-27: improve_real_estate_listing.py:4

```
real_estate_listing.truncate()
```

預設情況下，truncate() 方法會從串流目前的位置開始刪除所有內容，一直到檔案的末尾。它的做法是透過將檔案截斷（或縮短）到指定的位元數量，所以能當作引數傳入指定的位元數。如果沒有傳入指定的位元大小，truncate() 會使用 tell() 方法提供的值，該值對應到目前串流的位置。

一旦流程離開 with 陳述式，串流就會被更新並關閉，確保檔案的更改有寫入。

這支程式不會在命令列上輸出任何內容。如果我再開啟 78SomewhereRd.txt 檔案，就能看到新修改的描述：

```
78 Somewhere Road, Anytown PA
Cozy 2-bed, 1-bath bungalow. Full of potential.
Built in 1981; original kitchen and appliances.
```

```
Compact backyard with detached workshop.
Unique atmosphere.
$431,998
```

writelines()方法

就像 readlines() 能把檔案的內容儲存為一個字串串列一樣，writelines() 則會將一個字串串列寫入檔案中，這就是它的功能。writelines() 方法不會在為串列的每個字串的末尾插入換行符號。write() 和 writelines() 之間唯一的區別是後者接受字串串列，而不只是單個字串，並且不會返回任何東西。

我可以用 writelines() 來修改檔案。以下這個範例，有先把 78SomewhereRd.txt 檔恢復回到 Listing 11-16 中的內容。

Listing 11-28: improve_real_estate_listing.py:1b

```python
with open('78SomewhereRd.txt', 'r+') as real_estate_listing:
    contents = real_estate_listing.readlines()
```

我和之前一樣開啟了 78SomewhereRd.txt 檔，但這次使用了 real_estate_listing. readlines() 來讀取內容，這個方法會返回一個字串串列，我將串列綁定到名稱 contents。

接下來，透過修改這個字串串列來修改描述的用語。再一次強調，我完全沒有直接操作串流，而是處理含有從串流中讀取資料的字串串列。

Listing 11-29: improve_real_estate_listing.py:2b

```python
    new_contents = []
    for line in contents:
        line = line.replace('Tiny', 'Cozy')
        line = line.replace('Needs repairs', 'Full of potential')
        line = line.replace('Small', 'Compact')
        line = line.replace('old storage shed', 'detached workshop')
        line = line.replace('Built on ancient burial ground',
                            'Unique atmosphere')
        new_contents.append(line)
```

程式遍訪 contents 中的每一行內容，進行必要的取代替換，然後把修改後的行儲存在一個新的串列 new_contents 中。我會坦率地承認，這種實作方式比使用 write() 版本的效率要低得多，但當您需要處理的是很多逐個的「行」內容時，這種技術就變得很有用。

最後是使用 writelines() 方法把新的檔案內容寫入：

📁Listing 11-30: improve_real_estate_listing.py:3b-4
```
    real_estate_listing.seek(0)
    real_estate_listing.writelines(new_contents)
    real_estate_listing.truncate()
```

我把字串串列傳遞給 writelines()。因為在使用 readlines() 讀取時每行末尾保留了換行符號，所以這些換行符號也被寫出。但如果事先刪除了換行符號，那麼在呼叫 writelines() 之前，就需要手動添加回來。

這個範例的輸出與前一節中的範例相同。

使用 print() 寫入檔案

您應該知道 print() 預設使用 sys.stdout 串流來輸出資料，但您可以透過將串流傳遞給「file=」引數來覆蓋這個行為。其中有個特別的用法是依照條件輸出到終端或檔案中。print() 的簡單格式化功能在某些情況下使它成為 write() 的一個優秀替代方案。

print() 的使用規則與 write() 和 writelines() 相同：您必須有一個可寫入的串流，並且要注意串流的目前位置。

為了示範與說明，我會重新編寫由 Listing 11-14 生成的房地產串列表格，將其輸出到一個檔案中，而不是丟到標準輸出內。我會再用 Listing 11-7 的 nearby_properties 字典來示範：

📁Listing 11-31: print_file_real_estate_listing.py:1
```
nearby_properties = {
    "N. Anywhere Ave.":
    {
        123: 156_852,
        124: 157_923,
        126: 163_812,
        127: 144_121,
        128: 166_356
    },
    "N. Everywhere St.":
    {
        4567: 175_753,
        4568: 166_212,
        4569: 185_123
    }
}
```

以下是重新編寫生成房地產串列表格的程式碼：

Listing 11-32: print_file_real_estate_listings.py:2

```
with open('listings.txt', 'w') as real_estate_listings:
    for street, properties in nearby_properties.items():
        for address, value in properties.items():
            print(street, address, f"${value:,}",
                  sep=' | ',
                  file=real_estate_listings)
```

這裡以寫入模式開啟 listings.txt 這個檔案，因為我想要在這段程式碼執行時不是建立新檔案，就是完全取代替換掉現有的檔案。迴圈遍訪 nearby_properties 和 print() 的呼叫基本上跟之前一樣。不同之處在於把 real_estate_listings 串流傳遞給 print() 的「file=」引數。

輸出跟之前一樣，但現在是寫入到 listings.txt 檔案內而不是輸出到終端機：

```
# --省略--
N. Anywhere Ave. | 127 | $144,121
N. Anywhere Ave. | 128 | $166,356
N. Everywhere St. | 4567 | $175,753
# --省略--
```

換行分隔符號

如果您有寫過跨平台程式碼的經驗，可能還記得在 Windows 作業系統中，換行可以用 return 和換行（\r\n）來表示，而在 UNIX 系統中只使用換行（\n）。這種差異在許多程式語言中處理檔案時可能會讓人很頭痛。

另一方面，Python 的串流在面對這個差異時都會在幕後自動處理了。當您在文字模式下使用 print()、write() 或 writelines() 寫入串流時，只需使用**通用換行符號**，也就是換行字元（\n）作為您的換行分隔符號即可。Python 會自動取代替換成適合您作業系統的換行符號。

同樣地，當使用 read()、readline() 或 readlines() 從檔案讀取內容時，只需要把換行字元（\n）當作為換行分隔符號。

情境管理器的細節

到目前為止，在本章的範例中，每當要開啟檔案時，我都使用了 with 陳述式來處理，這是一種習慣用法，可以確保一旦不再需要串流（stream）後，它們能被正確地關閉。

和許多 Python 的複合陳述式一樣，with 陳述式利用特定的特殊方法來處理物件。這表示 with 不只限於處理串流（stream）：它可以被用來處理幾乎任何需要 try-finally 邏輯的情況。為了示範這項功能，我會解說 with 陳述式是怎麼與串流（stream）互動的，然後把這項知識應用到自訂類別。

情境管理器的原理

物件若想要成為情境管理器（context manager），就必須實作兩個特殊方法：__enter__() 和 __exit__()。

串流實作了這兩個方法。__exit__() 方法是用來關閉串流，省去了需要記得手動關閉串流的麻煩。

__enter__() 方法負責在情境管理器使用之前進行所有的設定。雖然有些情境管理器類別在後面的自訂情境管理器範例中會有很多用到 __enter__() 方法的機會，但以串流的情況來看，這個方法並不執行任何相關的操作，。

根據 PEP 343，這裡所規定的情境管理器，其 with 複合陳述式大致等同於以下的操作：

```
VAR = EXPR
VAR.__enter__()
try:
    BLOCK
finally:
    VAR.__exit__()
```

傳遞給 with 陳述式的運算式是用來初始化物件的。隨後 __enter__() 方法會在該物件上被呼叫，以執行在使用物件之前應該完成的所有任務（但在串流的情況下，這個方法不執行任何操作）。接下來，with 陳述式的本體部分會在 try 子句的脈絡情境中執行。無論成功還是失敗，通常都會呼叫 __exit__() 方法，以執行對物件進行必要的清理工作。

請回想一下 Listing 11-17 的範例，如果 Python 沒有 with 陳述式，我就需要使用以下的程式碼來確保檔案有被關閉，無論是否出現錯誤：

📁Listing 11-33: read_real_estate_listing_file.py:1a

```
real_estate_listing = open("213AnywhereAve.txt")
try:
    print(real_estate_listing.read())
finally:
    real_estate_listing.close()
```

因為像 real_estate_listing 這樣的串流是個情境管理器，我可以把相同的處理邏輯表示如下：

📁Listing 11-34: read_real_estate_listing_file.py:1b

```
real_estate_listing = open("213AnywhereAve.txt")
real_estate_listing.__enter__()
try:
    print(real_estate_listing.read())
finally:
    real_estate_listing.__exit__()
```

再次強調，__enter__() 並不執行任何操作，但根據慣例在情境管理器中會被呼叫。而 __exit__() 方法則在完成時關閉串流。雖然這個版本感覺上更冗長，但由於它使用了情境管理器的特殊方法，整個邏輯可以完全在單個 with 陳述式中處理：

📁Listing 11-35: read_real_estate_listing_file.py:1c

```
with open("213AnywhereAve.txt") as real_estate_listing:
    print(real_estate_listing.read())
```

這樣的程式碼更好記和輸入也簡單多了。這一切都要歸功於情境管理器。

使用多重情境管理器

您可以在 with 陳述式中使用多個情境管理器，這樣可以開啟各種可能性。舉例來說，假如我想要同時從兩個檔案中讀取資料，或許是要將它們合併成一個檔案，或是對它們的內容進行比較找出兩者之間的差異。（為了方便示範起見，在下面的這個範例中，實際上不會對這兩個檔案進行任何操作，只是將它們開啟而已。）

想要在同一個 with 陳述式中開啟多個串流，在陳述式語句的開頭要用逗號將 open() 運算式分開，就像下列這般：

📁Listing 11-36: multiple_streams.py

```
with open('213AnywhereAve.txt', 'r') as left, open('18SomewhereLn.txt', 'r') as
right:
    # work with the streams left and right however you want
```

我可以在一般情況下使用 left 和 right 串流。當 with 陳述式結束，兩個串流都會自動關閉。

實作情境管理協定

情境管理協定（**context management protocol**）是對於 __enter__() 和 __exit__() 這兩個特殊方法的官方、高階術語。任何實作這兩個特殊方法的物件都可以透過 with 陳述式進行管理。這不只適用於處理串流，您還可以使用它們來自動執行任何在使用物件之前或之後需要完成的工作。

請記住，這些方法只需要實作即可。如果您不需要其中一個或兩個去實際執行任何操作，就不需要在不執行的方法中寫入功能。

為了解說和示範，我們以房屋展示的範例來說明。在您可以向潛在買家展示房屋之前，必須開鎖打開前門。離開時，要再次鎖上門。這種動作模式正是情境管理器的用途所在。

首先我定義了完整的 House 類別：

📁Listing 11-37: house_showing.py:1

```
class House:
    def __init__(self, address, house_key, **rooms):
        self.address = address
        self.__house_key = house_key
        self.__locked = True
        self.__rooms = dict()
        for room, desc in rooms.items():
            self.__rooms[room.replace("_", " ").lower()] = desc

    def unlock_house(self, house_key):
        if self.__house_key == house_key:
            self.__locked = False
            print("House unlocked.")
        else:
            raise RuntimeError("Wrong key! Could not unlock house.")
```

```
    def explore(self, room):
        if self.__locked:
            raise RuntimeError("Cannot explore a locked house.")

        try:
            return f"The {room.lower()} is {self._rooms[room.lower()]}."
        except KeyError as e:
            raise KeyError(f"No room {room}") from e

    def lock_house(self):
        self.__locked = True
        print("House locked!")
```

這個類別完全就是以前面章節學習的概念為基礎,所以我不會在這裡詳細說明實作細節。關於此類別的功用,簡單地說,House 物件會被初始化,其中包括一個 address 地址、一個當作房屋鑰匙的 house_key 值,以及一個描述每個房間的關鍵字引數。您應該有注意到,初始化方法在把房間名稱儲存在 self._rooms 字典之前,會將關鍵字引數名稱中的底線轉換為空格。它會同時將房間名稱和描述都轉換為英文小寫。這樣做可以讓使用這個類別看起來感覺更明顯,也減少錯誤的可能性。

這個範例中重要的部分是 HouseShowing 類別,我最後會在 Listing 11-39 和 11-41 中定義 __enter__() 和 __exit__() 特殊方法,將其寫成一個情境管理器。首先,我會定義這個類別以及它的初始化方法:

📁Listing 11-38: house_showing.py:2

```
class HouseShowing:
    def __init__(self, house, house_key):
        self.house = house
        self.house_key = house_key
```

在初始化方法中,接受了兩個引數:一個是房屋 House 的實例,另一個是用來解鎖房屋的 house_key 鑰匙值。在接下來的兩個部分中,我會新增 __enter__() 和 __exit__() 這兩個特殊實例方法,把 HouseShowing 類別轉變成情境管理器。

__enter__() 方法

在我展示 House 中的任何房間之前,都是要先解鎖房屋。如果鑰匙不對,那就無法進入,所以繼續展示的話就沒有意義了。因為這個行為應該始終在使用 House 實例的任何其他操作之前發生,所以這應該要由 __enter__() 特殊實例方法處理的:

📂Listing 11-39: house_showing.py:3

```
def __enter__(self):
    self.house.unlock_house(self.house_key)
    return self
```

我嘗試使用初始化 HouseShowing 時提供的鑰匙來解鎖房屋。請注意，這裡並沒有執行任何錯誤處理。都是會讓使用類別而產生的錯誤透過這個方法向上傳遞，如此一來，使用您的類別的開發者才能修正他們的程式碼。

重要的是，我**必須**在 __enter__() 中返回這個實例，這樣 with 陳述式才能正確運作執行！

使用者應該可以直接操作這個物件，而不必深入探查屬性。HouseShowing 看房的主要目的是觀看不同的房間，所以我寫了一個方法來實作這項功能：

📂Listing 11-40: house_showing.py:4

```
def show(self, room):
    print(self.house.explore(room))
```

再次強調，您應該有注意到這裡並沒有處理 house.explore() 可能引發的任何例外，因為這些例外都與類別的使用方式有關。如果錯誤來自類別的使用方式，那麼例外也應該在使用的地方進行處理。

__exit__()方法

當要離開房屋時，無論是因為導覽結束或找不到想要的日光房，大都會希望把房子鎖起來。這個操作行為由特殊實例方法 __exit__() 來處理：

📂Listing 11-41: house_showing.py:5

```
def __exit__(self, exc_type, exc_val, exc_tb):
❶ if exc_type:
        print("Sorry about that.")
❷ self.house.lock_house()
```

這個方法除了 self 之外，還必須接受三個引數。如果在 with 陳述式的內容中引發了例外，這三個引數將分別描述例外的類型（exc_type）、訊息（exc_val）和 traceback（exc_tb）。如果沒有例外，這三個引數都會是 None。我在這裡使用的參數名稱是傳統的命名，讀者可以自己選擇名稱，不過除非您有充分的理由需要更改，否則我還是建議使用這些名稱。

雖然 __exit__() 必須接受這些引數，但您不一定需要對它們做任何處理。它們在某些例外發生時，如果您需要採取不同的關閉或清理操作時會很有用。在這個範例中，如果有任何例外❶，則在鎖上房子的同時向客戶道歉❷。在具體程式碼內，我並沒有使用訊息（exc_val）和 traceback（exc_tb）這兩個引數。如果沒有例外發生，那就只是鎖上房子。

重要的是，__exit__() **並不扮演引發或處理錯誤的角色**！它只是充當監聽器，監聽在 with 陳述式中發生的任何例外。在 __exit__() 內部，我使用條件陳述式來處理作為引數傳遞的例外。我不能用 try 陳述式，因為任何例外都不會直接透過 __exit__() 傳遞，正如您在 Listing 11-34 中所留意到的內容。我絕對不能重新引發這些例外，因為在 with 陳述式的內容中引發的任何例外都將由對應的陳述式引發，並應由呼叫方來處理。再次強調：__exit__() 並不參與處理這些例外。__exit__() 方法唯一應該處理的是由它自己的內容直接引發的例外。

使用自訂類別

現在類別已經變成情境管理器，我要編寫使用此類別的相關程式碼。首先是建立 House 物件：

📂Listing 11-42: house_showing.py:6

```
house = House("123 Anywhere Street", house_key=1803,
              living_room="spacious",
              office="bright",
              bedroom="cozy",
              bathroom="small",
              kitchen="modern")
```

在建立 House 實例時，設定了一個 house_key 值為 1803，這是之後在定義 House Showing 時必須提供的值。

我在 with 陳述式的情境脈絡中建立了一個新的 HouseShowing，把建立的 House 實例（house）傳給它。為了在這裡示範，我故意使用了錯誤的 house_key 值（9999），所以應該會得到一個例外：

📂Listing 11-43: house_showing.py:7a

```
with HouseShowing(house, house_key=9999) as showing:
    showing.show("Living Room")
    showing.show("bedroom")
    showing.show("porch")
```

在標頭部分，這裡建立了一個新的 HouseShowing 實例。with 陳述式會呼叫它的 __enter__() 方法。__enter__() 返回的值會被綁定到 showing 變數。如果在 Listing 11-39 忘記從 __enter__() 返回任何東西，showing 就會被綁定為 None，這段程式碼就不會運作執行了。

由於 house_key 是錯誤的，所以無法對房子開鎖，所以現在執行程式後的輸出結果如下所示：

```
Traceback (most recent call last):
  File "context_class.py", line 57, in <module>
    with HouseShowing(house, 9999) as showing:
  File "context_class.py", line 38, in __enter__
    self.house.unlock_house(self.house_key)
  File "context_class.py", line 15, in unlock_house
    raise RuntimeError("Wrong key! Could not unlock house.")
RuntimeError: Wrong key! Could not unlock house.
```

因為 house_key 值錯誤，showing.__enter__() 遇到了一個例外，而程式允許它保持未處理。這很重要，因為在 Listing 11-43 的程式碼是錯誤的，我需要傳遞正確的 house_key 值。with 陳述式甚至沒有嘗試執行其內容，它遇到例外時就放棄了。

我會修正傳遞給 house_key 的值：

📂Listing 11-44: house_showing.py:7b
```
with HouseShowing(house, house_key=1803) as showing:
    showing.show("Living Room")
    showing.show("bedroom")
    showing.show("porch")
```

現在的程式能解鎖房子。在 with 陳述式的內容中，我對 show() 方法進行了三次呼叫。前兩次將會成功，因為綁定到 house 的 House 實例中這些房間已經定義（請參閱 Listing 11-42），但第三次將因為例外而失效。看看輸出結果：

```
House unlocked.
The living room is spacious.
The bedroom is cozy.
Sorry about that.
House locked!
Traceback (most recent call last):
  File "context_class.py", line 22, in explore
    return f"The {room.lower()} is {self._rooms[room.lower()]}."
KeyError: 'porch'
```

```
The above exception was the direct cause of the following exception:

Traceback (most recent call last):
  File "context_class.py", line 60, in <module>
    showing.show("porch")
  File "context_class.py", line 42, in show
    print(self.house.explore(room))
  File "context_class.py", line 24, in explore
    raise KeyError(f"No room {room}") from e
KeyError: 'No room porch'
```

這個 with 陳述式呼叫 HouseShowing 的 showing.__enter__()，接著這個方法呼叫 house.unlock_house()，正如訊息所示「House unlocked.」房子解鎖了。隨後，在 with 陳述式的內容中，每次對 showing.show() 的呼叫都會列印出所要求的房間描述。

在 Listing 11-44 中對 showing.show() 的第三次呼叫，試圖查看 porch 門廊，由於房子沒有 porch 門廊，因此會引發例外，會呼叫 showing.__exit__()，並將例外傳給它。然後會印出道歉訊息，再呼叫 house.lock_house()。

在所有這些操作之後，例外的 Traceback 訊息會被列印出來。

若想要修正這段程式碼的問題，需要取消對 porch 門廊的查看請求，並替換為真的有存在的房間。也許可以改成查看 kitchen 廚房。

📁Listing 11-45: house_showing.py:7c

```
with HouseShowing(house, 1803) as showing:
    showing.show("Living Room")
    showing.show("bedroom")
    showing.show("kitchen")
```

執行這段程式後會產生如下輸出結果：

```
House unlocked.
The living room is spacious.
The bedroom is cozy.
The kitchen is modern.
House locked!
```

這裡沒有錯誤了。房子已經解鎖，要求展示的房間已經顯示，最後房子會再次鎖上。由於附屬的呼叫中沒有引發任何例外，house.__exit__() 不會再次列印之前的道歉訊息。

路徑

到目前為止，範例中要開啟的檔案一直都與程式模組放在相同目錄中。在真實的程式內，檔案可能放在電腦系統的任何位置。這個議題並不簡單，也許就是為什麼大多數教材對這個議題都只是簡單帶過。但我會在這一小節中深入討論檔案路徑。

首先，檔案路徑在所有作業系統上的表示方式都不相同。UNIX 風格的系統，如 macOS 和 Linux，慣例使用的是 POSIX 檔案路徑，而 Windows 則使用完全不同的方案。其次，您不能確保程式碼正在執行的目錄所在，所以相對路徑只能讓程式因應一段時間而已。第三，您不能假設重要目錄的名稱或位置，例如使用者的主（home）目錄。總而言之，檔案路徑是不容易以一般化來因應。

為了解決所有這些問題，Python 提供了兩個模組：os 和 pathlib。在 Python 3.6 版之前，使用 os 套件及其子模組（os.path）是處理檔案路徑的標準做法。即使現在，這仍然是常見的做法。os 套件具有可攜式，允許您在不同作業系統上進行操作，但整個套件都充滿了複雜、冗長性和一些相當混亂的舊程式碼。它也被視為一種「雜亂的抽屜（junk drawer）」，因為它包含了所有與作業系統一起使用的函式和類別。因此，從 os 模組中選擇要使用的內容，甚至要知道如何使用它，都可能會有些困難。

pathlib 模組是在 Python 3.4 版開始引入，並在 Python 3.6 版後完全支援了 open()。它提供了一種更清晰、更有組織、更可預測的處理路徑的方式。更重要的是，它取代了大部分的 os.path 功能，並且整合了 os 和另一套 glob 模組所提供的大部分檔案系統功能，glob 允許您根據特定模式找到多個路徑，遵循的是 UNIX 的規則。

出於維護性、可讀性和效能的考量，我建議優先使用 pathlib，所以這是本小節著重介紹的內容。如果您發現自己需要處理舊程式碼，或者需要使用 os.path 中的一些進階的功能，請參考 os.path 模組的官方說明文件：https://docs.python.org/3/library/os.path.html。

路徑物件

pathlib 模組提供了幾個相關的類別，可用來代表檔案系統的路徑（path）。從 Python 3.6 版開始，這些都被稱為**類路徑**（**path-like**）類別，它們都繼承自 os.Pathlike 抽象類別，並且是不可變的檔案系統路徑表示。重要的是，類路徑物件不是以字串為基礎的，它們是獨特的物件並具有自己的行為，能處理以路徑為基礎的各個部分以及這些部分如何組合在一起，因此它們抽象出了許多處理邏輯。

pathlib 的路徑物件中有一個很好的地方，就是它們可以在背後安靜地處理不同檔案系統的規則，根據不同的系統適當地處理路徑中：目前目錄（.）、上一層目錄（..）、斜線（/或\）等等標示。

有兩種類路徑物件：**純路徑**（**pure path**）和**具體路徑**（**concrete path**）。

純路徑

純路徑（**pure path**）代表一個路徑，並允許您在不存取底層檔案系統的情況下進行操作。從 PurePath 類別實例化一個物件，並依照不同的作業系統，在背後自動建立 PurePosixPath 或 PureWindowsPath 物件。通常是可以信任 Python 會自己來處理這件工作，不過如果您的程式碼有需要，也可以實例化特定類型的路徑。

📂Listing 11-46: relative_path.py:1a

```
from pathlib import PurePath
path = PurePath('../some_file.txt')

with open(path, 'r') as file:
    print(file.read())  # this is okay (assuming file exists)

# create empty file if none exists
path.touch()            # fails on Pure paths!
```

我可以把 PurePath 物件傳遞給 open() 函式，以開啟 ../some_file.txt 檔。但我無法透過路徑物件本身與檔案系統進行互動，就像這裡試圖使用 path.touch() 來進行互動，但這會失效。

如果只打算在呼叫 open() 時使用這個路徑，或者不打算透過路徑物件的方法直接與系統互動，那就應該使用純路徑，這能有助於防止意外修改檔案系統。

具體路徑

具體路徑（**concrete path**）提供了與檔案系統互動的方法。從 Path 類別實例化一個物件時會建立 PosixPath 或 WindowsPath 物件：

📂Listing 11-47: relative_path.py:1b

```
from pathlib import Path
path = Path('../some_file.txt')

with open(path, 'r') as file:
    print(file.read())  # this is okay (assuming file exists)

# create empty file if none exists
path.touch()               # okay on Path!
```

這段程式碼和 Listing 11-46 中的程式碼幾乎完全相同,只是這裡定義的是一個 Path 物件而不是 PurePath。因此,我仍然可以開啟這個路徑,但也可以使用路徑物件上的方法直接與檔案系統互動。例如,如果該檔案不存在,我可以使用 path.touch() 在 ../some_file.txt 中建立一個空檔案。

如果您明確地將實作與特定作業系統相關聯,請直接就使用對應的 Windows 或 Posix 類別;不然請使用 PurePath 或 Path 類別。

路徑的組成部分

類路徑物件由路徑類別在幕後根據作業系統結合在一起的部分所組成。有兩種寫路徑的方式:**絕對路徑**和**相對路徑**。這兩種方式都可以在所有 PurePath 和 Path 物件中使用。

絕對路徑是從檔案系統的根目錄開始的路徑。檔案的絕對路徑都是以**錨點**起始並以**名稱**結束,也就是完整的檔案名稱。名稱包含在第一個非前導點之前的**樹幹**(即檔案名稱),通常是在點之後有一個或多個**後置**。舉例來說,請思考以下虛構的路徑:

```
/path/to/file.txt
```

這裡的錨點是前面的斜線（/）。名稱是 file.txt,樹幹是 file,後置是 .txt。接下來我會簡單解釋一些更複雜的例子。

這些部分可以從類路徑的物件中擷取。您可以使用 PurePath.parts() 方法，它會返回路徑各個部分組成的元組。或者，您可以當作特性存取想要的特定元件。

這裡有個函式可印出傳給它之路徑的每個組成部分。我會講解這個函式，隨後在接下來的幾個小節中分別使用此函式來分析 Windows 路徑和 POSIX 路徑。

📁Listing 11-48: path_parts.py:1

```python
import pathlib


def path_parts(path):
    print(f"{path}\n")

    print(f"Drive: {path.drive}")
    print(f"Root: {path.root}")
    print(f"Anchor: {path.anchor}\n")

    print(f"Parent: {path.parent}\n")
    for i, parent in enumerate(path.parents):
        print(f"Parents [{i}]: {parent}")

    print(f"Name: {path.name}")
    print(f"Suffix: {path.suffix}")
    for i, suffix in enumerate(path.suffixes):
        print(f"Suffixes [{i}]: {suffix}")
    print(f"Stem: {path.stem}\n")

    print("-------------------\n")
```

路徑的 parents 屬性是個可迭代的集合。第一個項目，parents[0] 是直接的父目錄，就是 path.parent 一樣。接下來的項目，parents[1] 是 parents[0] 的父目錄，以此類推。

路徑的 suffixes 屬性是後置的串列，因為有些檔案可能有多個後置，尤其是在 POSIX 系統上。這些後置會由左到右列出，所以 path.suffixes[-1] 總是最後一個後置。

現在我有了這個函式，就能透過它執行幾個路徑，看看它們的組成部分，我會在 Listing 11-49 和 11-50 中這樣處理。

Windows 路徑的組成部分

我會從分解 Windows 的絕對路徑開始。（在這裡，您使用純路徑或具體路徑都沒關係，這兩者的路徑結構都是相同的。）

圖 11-1 分解了 Windows 上某個範例路徑的各個組成部分。

圖 11-1：Windows 絕對路徑的各個組成部分

在 Windows 的路徑表示中，錨點由**磁碟機**（在圖 11-1 中是 C:）和**根目錄**（在圖中是\）組成。**父目錄**則是指包含目錄的路徑，在這個例子中是 C:\Windows\System\。這裡可進一步分解為三個子父目錄：C:\（同時也是錨點）、Windows\和 System\。

名稱由**樹幹**組成，通常是在第一個非前導點之前的檔案名稱（python37）；以及**一個後置**或**多個後置**，是在點之後的檔案副檔名（.dll）。

我將再次使用 Listing 11-48 中的函式來分解這個路徑：

📂Listing 11-49: path_parts.py:2a

```
path_parts(pathlib.PureWindowsPath('C:/Windows/System/python37.dll'))
```

您會注意到這裡是使用斜線作為目錄分隔符號，這在 Windows 路徑中通常不使用。pathlib 模組允許我在任何系統上使用斜線（/）或轉義的反斜線（\\）作為路徑分隔符號，並在幕後處理切換。（請記住，在 Python 中，單個反斜線是轉義字元。）斜線更不容易出現拼寫錯誤，使用斜線可以消除意外遺漏成對反斜線的風險。因此，我建議在可以的情況下使用斜線來表示。

執行這段程式碼會輸出如下的結果：

```
C:\Windows\System\python37.dll

Drive: C:
Root: \
Anchor: C:\

Parent: C:\Windows\System
```

```
Parents [0]: C:\Windows\System
Parents [1]: C:\Windows
Parents [2]: C:\

Name: python37.dll
Suffix: .dll
Suffixes [0]: .dll
Stem: python37
```

這與我在圖 11-1 中列出的組成部分一致。有每個父目錄的絕對路徑，按升序排列，從檔案的直接父目錄 C:\Windows\System 開始。

名稱是 python37.dll，分為樹幹（python37）和一個後置（.dll）。

POSIX 路徑的組成部分

UNIX 系統上的檔案系統路徑（如 Linux 或 macOS）是有些不同。它們是遵循 POSIX 標準制定的路徑慣例來標示。

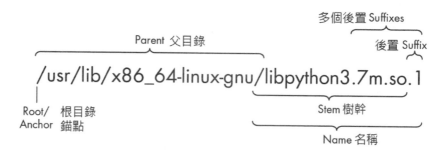

圖 11-2：POSIX 絕對路徑的各個組成部分

在 POSIX 絕對路徑中，**根目錄**只包含**錨點**（/）。在 POSIX 路徑中，**磁碟機**部分一直是空的，但特性本身存在是為了相容性。最後的**名稱**部分包含**樹幹**（通常是檔案名稱）和第一個非前導點之前的一個或多個**後置**（通常構成了檔案的副檔名）。

把這個路徑傳給 Listing 11-48 的 path_parts() 函式來顯示所有路徑：

📂Listing 11-50: path_parts.py:2b

```
path_parts(pathlib.PurePosixPath('/usr/lib/x86_64-linux-gnu/libpython3.7m.so.1'))
```

執行後會得到如下結果：

```
/usr/lib/x86_64-linux-gnu/libpython3.7m.so.1

Drive:
Root: /
Anchor: /

Parent: /usr/lib/x86_64-linux-gnu

Parents [0]: /usr/lib/x86_64-linux-gnu
Parents [1]: /usr/lib
Parents [2]: /usr
Parents [3]: /

Name: libpython3.7m.so.1
Suffix: .1
Suffixes [0]: .7m
Suffixes [1]: .so
Suffixes [2]: .1
Stem: libpython3.7m.so
```

這個範例展示了可能會在檔案的副檔名方面所遇到的獨特問題。雖然有一些合法的檔案副檔名是由多個後置所組成，例如 .tar.gz（用於 GZ 壓縮的 tarball），但並不是每個後置都屬於檔案副檔名。這裡是個完美的例子：預期的檔名應該是 libpython3.7m，但由於它的前導點，pathlib 錯誤地把「.7m」解釋為其中一個後置。同時，由於預期的檔案副檔名（.so.1）實際上是由兩個後置所組成，所以樹幹部分被錯誤地檢測為 libpython3.7m.so，後置只是「.1」。當尋找路徑上的檔案副檔名時，需要牢記這一點。這個問題並沒有簡單或明確的解決方案。您需要根據逐個案例來進行處理以適應程式碼。簡而言之，不要太過依賴 pathlib 辨別樹幹和後置的能力，它可能會在令人困擾的情況下讓您失望。

建立路徑

您可以依照需要使用 PureWindowsPath 或 PosixPath 類別初始化方法，透過把路徑當作字串傳遞來定義一個路徑。從那裡您可以使用該路徑來進行 open() 或任何其他相關的檔案操作。例如，在 UNIX 系統中可以這樣存取我的 bash 歷史相關記錄：

Listing 11-51: read_from_path.py:1a

```
from pathlib import PosixPath

path = PosixPath('/home/jason/.bash_history')
```

因為這裡指定了一個 POSIX 格式的路徑，而且打算使用 path 物件上的方法來存取底層的檔案系統，所以我使用了 PosixPath 類別來進行處理。如果我希望這支程式也能在 Windows 上執行，我就會使用 Path，但由於「.bash_history」不是一個在 Windows 上會出現的檔案，所以在這裡就選用 PosixPath。

在初始化類路徑物件並將其綁定到 path 之後，就可以開啟它。有兩種方法可以做到這一點：第一種是把它傳遞給 open()，第二種是使用 Path 物件上的 open() 方法（PurePath 上不可使用）。我會使用後者來進行處理：

📂Listing 11-52: read_from_path.py:2

```
with path.open('r') as file:
    for line in file:
        continue
    print(line.strip())
```

在這個範例中，我只想要檔案的最後一行，所以必須遍訪整個檔案。當迴圈完成時，名稱 line 會被綁定到最後一行讀取的字串。對於讀取文字檔的結尾，並沒有更簡單的做法。

最後會印出這行內容，使用 strip() 方法把行尾的斷行去掉。

在我系統的 shell 模式中執行這段程式就能看到如下的內容：

```
w3m nostarch.com
```

這支程式在我的電腦上運作執行得很好，但可能在您的電腦上無法運作，除非您的使用者名稱**也是** jason。如果您的系統結構不同於我的 home 目錄，它也無法運作。我需要一種更具可攜性的做法，這就是使用 pathlib 真正得利之處。

📂Listing 11-53: read_from_path.py:1b

```
from pathlib import PosixPath

path = PosixPath.joinpath(PosixPath.home(), '.bash_history')
```

joinpath() 方法可以把兩個或更多路徑結合在一起，並且能在所有六個 pathlib 類別上使用。PosixPath.home() 會返回目前使用者之 home 目錄的絕對路徑。（在 WindowsPath 上也有相同的方法，它指的是使用者 user 目錄。）

我把「.bash_history」加入這個 home 目錄路徑。

我可以用 Listing 11-51 相同的做法來運用這個新路徑。執行修改之後的程式碼
會產生相同的輸出：

```
w3m nostarch.com
```

然而，還有一種更簡短的做法：pathlib 類別實作了斜線運算子（/），使它更容
易把類路徑物件相互連接，甚至可以連接到字串：

Listing 11-54: read_from_path.py:1c
```
from pathlib import PosixPath

path = PosixPath.home() / '.bash_history'
```

我讓您自己去感覺這樣的做法是否比 PosixPath.joinpath() 更清晰，我個人是偏
好這種做法。它們在功能上是相同的，所以在您的特定情況下，只要使用能讓
您的程式更容易閱讀的做法就可以了。

在這段程式碼中，我還有一個快捷做法可以使用。在類 UNIX 系統中，波浪字
元（~）代表使用者的 home 目錄，所以我能使用這個慣例來編寫整個路徑，然
後讓 pathlib 擴充為完整的絕對路徑：

Listing 11-55: read_from_path.py:1d
```
from pathlib import PosixPath

path = PosixPath('~/.bash_history').expanduser()
```

這絕對是最容易閱讀的寫法，而且動作行為與以前的程式相同。

相對路徑

相對路徑是指從目前位置開始，而不是從檔案系統的根目錄開始。類路徑物件
可以輕鬆處理相對路徑。相對路徑是以**目前工作目錄**為基礎，這是使用者（或
系統）目前執行命令的所在目錄。

這樣很有用，舉例來說，如果有一個名為 magic_program 的 Python 程式，我可以從命令列呼叫並將路徑傳給它。該路徑將作為一個字串接收到程式內，並將被直譯為一個 Path 物件。如果目前工作目錄很長或難以輸入，那麼要輸入含有該目錄中（或以下）之檔案的絕對路徑會很不方便，像下列這樣：

```
$ magic_program /home/jason/My_Nextcloud/DeadSimplePython/Status.txt
```

這種寫法實在太麻煩了！如果我已經在「DeadSimplePython/」目錄下工作，我應該能夠傳入一個相對路徑：

```
$ magic_program DeadSimplePython/Status.txt
```

哇！這樣用起來輕鬆多了。由於相對路徑的存在，我們可以編寫這樣的程式。

若想要取得目前的工作目錄，可以使用 Path.cwd() 指令，像這樣：

```
from pathlib import Path
print(Path.cwd())
```

這段程式碼會印出目前工作目錄的絕對路徑，而且會以您的系統適用的路徑格式來顯示。

任何不以錨點（通常是 /）開頭的路徑都被視為相對路徑。此外，一個點（.）代表目前目錄，兩個點（..）代表上一層目錄，或者父目錄。如此一來，您就可以像建立絕對路徑一樣建立相對路徑。舉例來說，如果我想在目前工作目錄的父目錄中尋找一個 settings.ini 檔案，我可以這樣寫：

```
from pathlib import Path
path = Path('../settings.ini')
```

這個路徑可以使用 Path.resolve() 方法轉換為絕對路徑。它會解析路徑中的點運算子（. 和 ..）以及任何符號連結。其他多餘的路徑元素，如多餘的斜線或不必要的點運算子（像 .//dir1/../dir1///dir2），都會被清理掉。

雖然我可以在後續的程式碼中解析路徑，但我更喜歡直接修改這一行，立即解析路徑。

```
from pathlib import Path
path = Path('../settings.ini').resolve()
```

path 現在綁定的是 settings.ini 的絕對路徑。

套件的相對路徑

遲早您會想要把非程式碼資源（像圖片或聲音）打包到您的 Python 專案中，隨後從您的程式碼中存取使用。您無法確定將來的使用者在他們的檔案系統中所放置 Python 專案目錄的確切位置，就算您知道目錄**應該**在哪裡，使用者或系統也有可能已經移動了。您需要一種方式來建立非程式碼資源的絕對路徑，這些資源是隨著您的程式套件一起提供的。也許您會想：「啊哈！這是個使用相對路徑的完美情況！」，但您這麼想是錯的。

有個很容易掉入的陷阱是假設目前工作目錄是目前或主要的 Python 模組所在位置，**這不一定是真的**！當您按照第 4 章中描述的方式正確設定您的專案時，就可以在系統的任何地方執行 Python 模組。您的目前位置就是目前的工作目錄，所有的路徑都會相對於該位置。您需要一種**不依賴於目前工作目錄**的方式來尋找資源，換句話說，相對路徑並不適用。

我會使用第 4 章的 omission 專案來當作為範例。以下是該專案的結構：

Listing 11-56: omission 專案的檔案結構

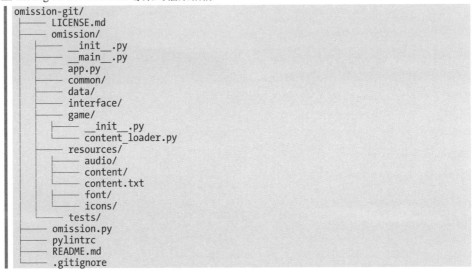

```
omission-git/
├─── LICENSE.md
├─── omission/
│    ├─── __init__.py
│    ├─── __main__.py
│    ├─── app.py
│    ├─── common/
│    ├─── data/
│    ├─── interface/
│    ├─── game/
│    │    ├─── __init__.py
│    │    └─── content_loader.py
│    ├─── resources/
│    │    ├─── audio/
│    │    ├─── content/
│    │    └─── content.txt
│    │    ├─── font/
│    │    └─── icons/
│    └─── tests/
├─── omission.py
├─── pylintrc
├─── README.md
└─── .gitignore
```

在我的模組 omission/game/contentloader.py 中，我想要載入含有遊戲內容的文字檔，這個檔案儲存在 omission/resources/content/content.txt。

在最初的嘗試中，我錯誤地假設了目前工作目錄將是 content_loader.py 的位置。因此試圖使用一個相對路徑來開啟 content.txt 檔案，類似下列這般：

📂Listing 11-57: content_loader.py:1a

```
from pathlib import Path

path = Path('../resources/content/content.txt')

with path.open() as file:
    data = file.read()
```

因為我是從倉庫根目錄中執行 omission.py 來啟動我的 omission 程式，omission-git 剛好是我的工作目錄，所以這段程式碼似乎能正常執行。

暫時將以下這行程式碼放入我的 content_loader.py 模組中就能確認，因為它會印出該目錄的絕對路徑：

```
print(Path.cwd())  # prints '/home/jason/Code/omission-git'
```

我心裡想：「這很簡單，只需將所有路徑都相對於 omission-git 目錄。」（這就是會出錯的地方！）我修改了程式碼，使用相對於 omission-git/ 目錄的路徑，像下列這般：

📂Listing 11-58: content_loader.py:1b

```
from pathlib import Path

path = Path('omission/resources/content/content.txt')

with path.open() as file:
    data = file.read()
```

現在程式看起來好像能運作正常了。我可以將路徑傳遞給 open() 並讀取內容，沒有任何問題。所有我的測試都通過了，我開心地繼續進行。直到我開始封裝時才發現還有一些問題。如果我從儲存模組的目錄之外的任何目錄中去執行 omission.py 模組，程式都會因為 FileNotFoundError 找不到檔案而崩潰。

再次檢查目前工作目錄之後，如前所述，我意識到之前提到的情況：目前的工作目錄是根據模組**被呼叫**的位置，而不是模組實際存在的位置，所有路徑都是相對於目前的工作目錄。

這個問題的解決方案是以模組的特殊 __file__ 屬性為基礎來建立相對路徑，該
屬性包含了目前系統中模組的絕對路徑。我會以下列這樣的方式來使用這個特
殊屬性：

📁Listing 11-59: content_loader.py:1c

```
from pathlib import Path

path = Path(__file__).resolve()
path = path.parents[1] / Path('resources/content/content.txt')

with path.open() as file:
    data = file.read()
```

我把這個 __file__ 屬性轉換成了一個 Path 物件。因為這個屬性會返回相對路
徑，所以我使用 resolve() 來將它轉換成絕對路徑，這樣就不必擔心目前工作目
錄了。現在，path 是目前模組的絕對路徑。我需要在接下來的程式中使用絕對
路徑才能正確執行。

接下來，我有了 content_loader.py 模組的絕對路徑，可以**相對於這個模組**建立
一個指向我想要之檔案的路徑。了解了專案目錄結構之後，我需要從頂層的套
件 omission 開始，而不是這個模組所在的 game 子套件。我可以透過 path.
parents[1] 來取得路徑的這個部分，這是父路徑，移除了一個層級。

最後，我將套件 omission 的絕對路徑與我想要之檔案的相對路徑結合起來，結
果就是一個絕對路徑，指向我的 content.txt 檔案，無論 omission 套件位於檔案
系統的哪個位置，或者從哪裡去執行它，都可以正常運作。

這個方法在大多數真實情況下都有效，但要注意，__file__ 是個**可選擇性**的屬
性。對於內建模組、靜態連接到直譯器的 C 模組以及在 REPL 中執行的任何內
容都沒有定義。為了解決這些問題，您可以使用更強大的 pkg_resources 模組，
就能達到與 __file__ 類似的目的。您可以從 https://setuptools.readthedocs.io/en/
latest/pkg_resources.html 網站了解更多相關資訊。

不幸的是，__file__ 和 pkg_resources 這樣的程式庫對某些封裝工具並不相容。
但這實際上更多是工具本身的問題，而目前還沒有更優雅的解決方案！在選擇
封裝工具時，請留意這個限制。

Path 的相關操作

pathlib 的具體路徑物件提供了在跨平台上執行許多常見的檔案操作方法，其中兩個最方便的方法是 Path.read_text() 和 Path.write_text()，這兩個方法能快速讀取和寫入整個文字檔，而且不需要定義獨立的串流物件或使用 with 陳述式來配合。在這種做法中，串流物件是在 Path 物件內部被建立和管理。Path.read_text() 把檔案的整份內容讀入並以字串形式返回；Path.write_text() 把字串寫入檔案，如果檔案已經存在，則會覆蓋掉。

表 11-2 中概述了幾種 Path 的相關檔案操作方法。每一種都可以直接在 Path、WindowsPath 或 PosixPath 物件上執行，以下都是指到 path 的方法。

表 11-2：在 Path 的檔案系統相關操作

檔案操作方法	功能描述
path.mkdir()	在指定的 path 上建立一個目錄。如果可選擇性的「parents=」引數設為 True，則會建立所有遺漏的父目錄。
path.rename(*name*)	將 path 上的項目（檔案或目錄）重新命名為指定的 *name*。在 Unix 系統中，如果該路徑上已經存有同名的檔案，且使用者擁有正確的權限，則會被覆蓋掉。
path.replace(*name*)	將 path 上的項目（檔案或目錄）重新命名為指定的 *name*，並且會取代同名的現有檔案。不像 rename 方法，這個方法都是會取代同名的現有檔案，前提是具備正確的檔案權限。
path.rmdir()	會移除 path 上的目錄。目錄必須是空的，否則會引發 OSError 錯誤。
path.unlink()	刪除 path 上的檔案或符號連結（檔案系統的捷徑），無法用來刪除目錄。在 Python 3.8 及更高版本中，如果可選擇性使用的「missing_ok=」引數設為 True，在試圖刪除不存在的檔案時就不會引發 FileNotFoundError 錯誤。
path.glob()	返回一個類路徑物件的產生器，用來列出 path 下符合指定模式的所有項目，是根據 Unix 風格的 glob 搜尋語法。
path.iterdir()	返回一個類路徑物件的產生器，用於列出 path 下的所有項目。
path.touch()	在 path 上建立一個空的檔案。一般來說，如果該檔案已經存在，不會發生任何事情。如果可選擇性使用的「exist_ok=」引數設為 False 且檔案存在，則會引發 FileExistsError 錯誤。
path.symlink_to(*target*)	在 path 上建立一個指到 *target* 的符號連結。
path.link_to(*target*)	在 path 上建立一個到 *target* 的硬連結（僅適用於 Python 3.8 及更高的版本）。

此外，您也可以取得關於 Path 物件指向之檔案或目錄的資訊，如表 11-3 所示。

表 11-3：在 Path 上檔案資訊的相關方法

檔案資訊方法	功能描述
path.exists()	如果路徑指向一個現有的檔案或符號連結，則返回 True。
path.is_file()	如果路徑指向一個檔案或檔案的符號連結，則返回 True。
path.is_dir()	如果路徑指向一個現有的目錄或目錄的符號連結，則返回 True。
path.is_symlink()	如果路徑指向一個符號連結，則返回 True。
path.is_absolute()	如果路徑是絕對路徑，則返回 True。

這裡只講解了 pathlib 的部分功能而已。我強烈建議您瀏覽官方模組的說明文件，其中含有完整的方法列表和使用方法：https://docs.python.org/3/library/pathlib.html。

非原地檔案寫入

之前在本章中有提過，如果在寫入過程中遇到電腦或程式當掉，path.replace() 能避免檔案損壞的功能就非常有用。與直接在原地修改檔案不同，您可以先寫入一個新檔案，然後用新版本取代舊檔案。

為了示範這項功能，我會重新編寫之前的用過的範例（Listing 11-37 至 11-39 的範例程式），使用 pathlib 並採用這個技巧：

📂Listing 11-60: rewrite_using_tmp.py:1

```
from pathlib import Path

path = Path('78SomewhereRd.txt')

with path.open('r') as real_estate_listing:
    contents = real_estate_listing.read()
    contents = contents.replace('Tiny', 'Cozy')
    contents = contents.replace('Needs repairs', 'Full of potential')
    contents = contents.replace('Small', 'Compact')
    contents = contents.replace('old storage shed', 'detached workshop')
    contents = contents.replace('Built on ancient burial ground.',
                                'Unique atmosphere.')
```

這裡和之前一樣，是從 78SomewhereRd.txt 檔中讀取資料，不過這次只用讀取模式開啟檔案，而不是用讀寫模式。當程式完成後，可以安全地關閉檔案。我修改後的資料已經存放在字串 contents 內。

現在是要建立一個全新的臨時檔案路徑，然後把我修改後的資料寫入這個新的檔案中：

📂Listing 11-61: rewrite_using_tmp.py:2

```
tmp_path = path.with_name(path.name + '.tmp')

with tmp_path.open('w') as file:
    file.write(contents)
```

我使用 path.with_name() 來建立一個新的路徑，並將提供的名稱作為引數。在這個範例中，新的名稱和舊名稱是一樣，只是在末尾加上了「.tmp」。我以寫入模式開啟這個新路徑，然後將字串 contents 寫入其中。

此時，我的原始檔案 78SomewhereRd.txt 和新的 78SomewhereRd.txt.tmp 檔案並存。最後，我會將臨時檔案移到原始檔案的位置，並覆蓋取代它。

📂Listing 11-62: rewrite_using_tmp.py:3

```
tmp_path.replace(path)  # move the new file into place of the old one
```

replace() 方法會讓作業系統來執行取代的動作，而不是由程式自己來處理。這幾乎是瞬間完成的操作，不像寫入檔案可能還需要花一些時間，取決於檔案的大小。現在只剩下修改後的 78SomewhereRd.txt 檔，臨時檔案已經不見了。

這個技巧的好處在於，如果在寫入檔案時遇到電腦當機，最糟糕的情況只是我會有一個損壞的 78SomewhereRd.txt.tmp 檔案。原始的 78SomewhereRd.txt 檔並不會受到改變或損害。

os 模組

Python 的 os 模組允許您以一種與平台無關的做法來與作業系統互動。大多數在 Python 3.6 版之前所編寫的程式碼和現在的某些程式碼中，仍然使用 os.path 和 os 模組來處理路徑。正如我所提過的，pathlib 在大多數情況下會是處理檔案系統的更好工具，但 os 仍然有其用途。對於一些長期使用 Python 的開發者來說，使用 os 也許只是因為之前已經習慣了。

從 Python 3.8 版開始，os.path 有 12 個函式，在 pathlib 中並沒有對應的函式。舉例來說，os.path.getsize(pathlike) 這個函式會返回 pathlike 中項目的大小（以

位元組為單位）。與此同時，os 本身則有數十個函式，以比 pathlib 更低階、技術性更強的方式來和檔案系統互動。

幸運的是，自從 Python 3.6 版開始，pathlib 和 os 可以很好地一起搭配使用。我建議您盡可能多地使用 pathlib，它能完全滿足大多數的使用情況，並且在需要某些獨特功能時再引入 os 或 os.path 模組來配合。如果您想更多了解關於這些模組的資訊，官網的文件很有幫助：https://docs.python.org/3/library/os.html。

os 模組的功用不僅限於處理檔案系統，在後面的章節中還會再次提到它。

檔案格式

到目前為止，我處理的都是純文字檔案。這對於儲存純文字很有用，但通常不足以處理更有結構性的資料。現在，我會探討如何處理其他的檔案格式。

在大多數的情況下，使用現有的標準檔案格式就會得到很可靠的結果。但只要您願意花時間來設計、測試和維護，大都能自行設計自己的檔案格式並編寫自訂的解析邏輯。

Python 在標準程式庫中提供了處理最常見格式的相關工具，而許多其他格式則透過第三方程式庫來支援。在這裡我會介紹目前很流行的 JSON 格式相關應用，然後概述一些其他常見格式的用法。

將 Python 資料轉換為可儲存之格式的過程稱為**序列化**（**serialization**），而反向的操作則是**反序列化**（**deserialization**）。

JSON

JSON（**JavaScript Object Notation**），或稱 JavaScript 物件表示法，是 Python 開發者中最受歡迎的文字型檔案格式之一。JSON 資料能以各種方式結構化，最常見的方式是將 Python 字典的內容儲存在檔案中。

內建的 json 模組能讓您輕鬆地在 JSON 資料和許多內建的 Python 資料型別和集合之間進行資料轉換。在 JSON 應用中，序列化和反序列化不是完全互逆的過程，如表 11-4 所示。

表 11-4：JSON 序列化與反序列化型別

Python（序列化）	JSON（序列化）	Python（反序列化）
dict	物件（所有鍵都是字串！）	dict
list tuple	陣列	list
bool	布林	bool
str	字串	str
int int-derived enums	數值（整數）	int
float float-derived enums	數值（實數）	float
None	null	None

所有直接從這些 Python 型別衍生的東西也可以進行 JSON 序列化，但所有其他物件**無法**獨自序列化為 JSON，必須轉換為可以序列化的型別。

若想要讓自訂的類別可以處理 JSON 序列化，需要定義一個新的物件，繼承自 json.JSONEncoder 並覆寫其 default() 方法。詳細的資訊請參考官網的說明文件：https://docs.python.org/3/library/json.html#json.JSONEncoder。

寫入 JSON

與許多其他檔案格式相比，寫入 JSON 其實簡單多了。您可以用 json.dump() 函式將資料轉換成 JSON 格式再寫入檔案中。或者，如果您想要稍後再寫入到串流（stream）中，則可以使用 json.dumps() 建立並寫入 JSON 到字串內。在下列這個範例中，我會展示第一種技巧。

這裡會使用來自 Listing 11-7 的 nearby_properties 巢狀字典，我想把它寫入一個名為 nearby.json 的檔案內：

📂Listing 11-63: write_house_json.py:1

```python
import json

nearby_properties = {
    "N. Anywhere Ave.":
    {
        123: 156_852,
        124: 157_923,
        126: 163_812,
        127: 144_121,
        128: 166_356
```

```
    },
    "N. Everywhere St.":
    {
        4567: 175_753,
        4568: 166_212,
        4569: 185_123
    }
}
```

與之前的範例（Listing 11-7）唯一的不同是，現在引入了 json 模組。

我會使用 json.dump() 將一個僅包含可序列化型別的字典（請參閱表 11-4）直接轉換成串流（stream）：

📁 Listing 11-64: write_house_json.py:2

```
with open('nearby.json', 'w') as jsonfile:
    json.dump(nearby_properties, jsonfile)
```

首先是使用 open() 函式建立了一個可寫入的串流，用來處理 nearby.json 檔案。json.dump() 函式需要兩個引數，第一個引數是要寫出的物件，可以是**任何**可序列化的物件。在這個範例中是要把字典 nearby_properties 寫出。

第二個引數是想要寫入的串流，必須是個可寫入的文字串流。在這裡，我傳入了 jsonfile，這是在 with 陳述式中以寫入模式開啟的文字串流。

這就是將 Python 字典寫入 JSON 檔案所需的一切處理！

json.dumps() 函式的運作方式完全相同，唯一的不同是它會返回一個含有 JSON 碼的 Python 字串，而不需要您傳遞一個串流給它。

執行上述的程式碼之後，就可以開啟新建立的 nearby.json 檔案，查看其中的內容，它們都是以 JSON 格式編排呈現的：

📁 Listing 11-65: nearby.json

```
{
    "N. Anywhere Ave.": {
    "123": 156852,
    "124": 157923,
    "126": 163812,
    "127": 144121,
    "128": 166356
},
    "N. Everywhere St.": {
    "4567": 175753,
```

```
    "4568": 166212,
    "4569": 185123
    }
}
```

從 JSON 讀取

您可以使用 json.load() 函式直接把一個 JSON 檔案反序列化為相對應的 Python 物件，該函式接受來源串流物件作為引數。如果我有一個內含 JSON 編碼的 Python 字串，也可以直接使用 json.loads() 來反序列化，只需將字串當作引數傳入即可。

這裡是使用 json.load() 來反序列化在 nearby.json 檔案中的巢狀字典：

📂Listing 11-66: read_house_json.py:1
```python
import json

with open('nearby.json', 'r') as jsonfile:
    nearby_from_file = json.load(jsonfile)
```

我以讀取模式開啟這個 JSON 檔，然後把串流傳遞給 json.load()。這樣會返回反序列化後的物件，在這個範例中我把它綁定到 nearby_from_file 的字典。

這個字典和 Listing 11-65 開始時所使用的字典有一個重要的差異。我會透過列印每個鍵和值的文字表示來展示這個差異：

📂Listing 11-67: read_house_json.py:2
```python
for k1, v1 in nearby_from_file.items():
    print(repr(k1))
    for k2, v2 in v1.items():
        print(f'{k2!r}: {v2!r}')
```

這裡的 f-string 把 k2 和 v2 的值嵌入到字串中，而 !r 則以 repr() 函式來處理，讓它們的編排格式類似於 repr() 的輸出。

您可以在輸出結果中發現這個字典的不同之處嗎？

```
'N. Anywhere Ave.'
'123': 156852
'124': 157923
'126': 163812
'127': 144121
'128': 166356
```

```
'N. Everywhere St.'
'4567': 175753
'4568': 166212
'4569': 185123
```

這些內部字典的「鍵」現在都是字串,而不像原始字典中是整數(Listing 11-63),因為在 JSON 物件中,「鍵」總是字串。這是序列化和反序列化不為互逆操作的完美示範。如果我想要回到使用整數當作「鍵」,則需要重寫這段程式碼,以迭代處理這個轉換的過程,但這已超出了本章的範圍,所以還是保留範例的原樣。

其他格式

我可以專門寫一本書來探討如何在 Python 中處理不同的檔案格式(不過我覺得出版社應該不太會同意)。所以我會在這裡快速介紹幾種最常見的格式。對於每一種格式,您可以將本章的概念與正在使用的特定模組或程式庫的說明文件相結合一起閱讀。

CSV

其中一種最常見的結構化文字格式是 **CSV**,是**逗號分隔值**(**comma-separated values**)的縮寫。就如其名字所示,它是用逗號來分隔個別的值,而值的集合則是用換行符號(\n)來分隔的。

幾乎所有的試算表和資料庫軟體都有使用 CSV 格式,不過很少以標準化的方式使用。Excel 匯出的 CSV 檔案可能和 UNIX 程式匯出的不一樣。這些細微的差異,通常被稱為**方言**(**dialects**),會讓處理 CSV 有一點棘手。

Python 的標準程式庫中有一個 csv 模組,不僅可以處理把資料序列化到 CSV 檔,也可以從 CSV 檔案反序列化成資料,而且還能夠抽象化不同 CSV 方言之間的差異。

想要了解更多關於 csv 模組的資訊,可以連上 Python 官網,參考下列的說明文件:https://docs.python.org/3/library/csv.html#module-csv。

INI

INI 格式非常適合儲存設定配置檔，特別是設定值。它是個非正式的標準，設計成容易閱讀且容易解析。您會在 Windows 和 Unix 系統上找到很多 INI 檔案。您應該都有遇過像是 php.ini 和 Desktop.ini 這樣的檔案，也可能遇過 tox.ini，它被許多包括 flake8 和 pytest 等 Python 工具使用。在使用 INI 格式的檔案中，也常常會看到 .conf、.cfg 甚至 .txt 檔案。

Python 的標準程式庫中含有 configparser 模組，可用來處理 INI 風格的檔案，這個模組創造了自己的多行字串格式，這使得該模組的輸出結果可能與 Python 的 configparser 之外的其他東西不相容，而且也不支援巢狀嵌套。它也無法處理 Windows Registry 風格 INI 檔案中所使用的值型別前置內容。

若想要學習如何使用 configparser，請參閱官方說明文件：https://docs.python.org/3/library/configparser.html#module-configparser。

另一個選擇是，第三方程式庫 configobj，能支援巢狀嵌套和標準多行字串，以及 configparser 中缺少的許多其他功能。由這個模組建立的檔案與其他 INI 解析器可以相容，尤其是其他語言中的解析器。這個程式庫的官方說明文件可以在 https://configobj.readthedocs.io/en/latest/ 上找到。

XML

XML 是一種以標籤、元素和屬性為基礎的結構化標記語言。有很多其他檔案格式都使用 XML 語法，包括 XHTML、SVG、RSS 以及大多數的辦公室文件格式（如 DOCX 和 ODT）。您可以使用 XML 語法和格式來設計屬於自己的文字型檔案格式。

Python 開發者常常更喜歡使用 JSON 而避免使用 XML，原因有兩個：**使用簡單**和**安全性**。JSON 和 XML 都可以表示相同的結構，但在 Python 中使用 XML 需要配合 8 個不同的模組。這些都在 https://docs.python.org/3/library/xml.html 中有詳細介紹。如果在 XML 和 JSON 之間做選擇，您會發現後者更容易處理。

XML 也存在一些安全漏洞，在您反序列化不受信任或未經驗證的資料時，必須要考慮這些漏洞。內建的 Python 模組特別容易受到某些攻擊的威脅，因此在考慮安全性時，官方建議使用第三方程式庫 defusedxml 和 defusedexpat。

另一個選擇是，您也可以使用第三方程式庫 lxml，它解決了許多這類的問題。有關這個程式庫的更多資訊可以在 https://lxml.de/ 找到。

HTML

我好像不需要再告訴您 **HTML** 是什麼，因為它在網際網路上無處不在。Python 允許您透過內建的 html 模組及其兩個子模組 html.parser 和 html.entities 來處理 HTML 檔案。這是一個非常深的議題（不出所料），所以如果您感興趣，我會讓您自己探索。以下的官方說明文件是個很好的起始點：https://docs.python.org/3/library/html.html。

還有一些優秀的第三方程式庫可處理 HTML，包括 lxml.html（lxml 的一部分）和 beautifulsoup4。您可以在 https://www.crummy.com/software/BeautifulSoup/ 了解更多關於 beautifulsoup4 的資訊。

YAML

YAML 是類似 XML 之外的另一種受歡迎的標記語言，它的名稱是「**YAML Ain't Markup Language**」的遞迴縮寫。YAML 處理了許多與 XML 相同的功用，但語法更簡單。

YAML 1.2 是這個語言的最新版本，在實作 JSON 所有功能的同時，還擁有自己的語法。這表示所有合法的 JSON 格式在 YAML 1.2 中也是合法有效的。此外，Python 預設設定輸出的 JSON 與 YAML 1.0 和 1.1 相容。因此，至少在 Python 中，YAML 功能始終比 JSON 多。YAML 比 JSON 強的其中一個特點是它支援註釋（comment）功能。

在 Python wiki 上，PyYAML 這個第三方程式庫被列為唯一有試著遵守 YAML 標準的 YAML 解析器。您可以在 https://pyyaml.org/ 中找到更多關於這個程式庫的資訊。

YAML 確實存在潛在的安全風險，它可以用來執行 Python 程式碼。PyYAML 程式庫提供了 yaml.safe_load() 函式可緩解這個風險，所以您應該使用此函式來代替 yaml.load()。

TOML

另一種設定檔的選擇是 **TOML**，它是「**T**om's **O**bvious, **M**inimal **L**anguage」的
縮寫，由 Tom Preston-Werner 所建立的一種開放格式。此格式受到 INI 的啟發，
但實作了正式的規格。

搭配 TOML 一起工作的最流行的第三方程式庫就稱為 toml。您可以在 https://
github.com/uiri/toml/ 取得更多相關資訊。

ODF

開放文件格式（**ODF**，**O**pen **D**ocument **F**ormat）是由結構化資訊標準促進組織
（OASIS）開發和維護的以 XML 為基礎的檔案格式。它正被廣泛採納，並逐
漸成為一個普及的文件標準。幾乎所有現代文字處理軟體，包括 LibreOffice、
Microsoft Word 和 Google Docs 都使用和支援 ODF。

ODF 的主要用途是處理由辦公套裝軟體產生的資料。也許您正在編寫文法檢查
器、試算表驗證工具、文書處理器或簡報組織工具，這種格式是不能少的。

處理開放文件格式（ODF）最受歡迎的 Python 程式庫之一是 odfpy，由歐洲環
境署開發和維護。您可以在 https://github.com/eea/odfpy/wiki/ 網站上找到有關
此程式庫的更多資訊和說明文件。

RTF

豐富文字格式（**RTF**，**R**ich **T**ext **F**ormat）是很流行的文件格式，支援基本的文
字格式設定。雖然最初是由 Microsoft 為 Word 所開發的專有格式，但由於其簡
單性和可移植性，它在基本文件中仍然相當常見。儘管該格式不再積極開發，
並且在與開放文件格式的競爭中失去了優勢，但 RTF 格式仍然可以使用。

有幾個第三方套件可用來處理 RTF。在 Python 2 版中最受歡迎的庫是 PyRTF。
Python 3 版則有兩個分支版本：PyRTF3 和 rtfx。（截至本文撰寫時，PyRTF3 程
式庫已經不再維護，但仍然可以在 pip 中找到。）RTFMaker 則是一個較新的選
擇，目前還正在積極開發中。不幸的是，這四個程式庫的說明文件都相對稀
少，因此如果您要使用其中任何一個程式庫，就需要做好進入探索未知領域的
準備。

另一種替代方案是，如果上述的程式庫都不能滿足您的需求，或者您不想在沒有說明文件的情況下進行工作，RTF 格式其實很簡單，您可以進行一些研究並編寫自己的基本解析器。它是個封閉的規範，因此很難找到官方說明文件，但 RTF 規範的 1.5 版本可在 http://www.biblioscape .com/rtf15_spec.htm 找到。

總結

誰能猜到在 Python 中處理文字檔需要牽扯多少東西？本章只是剛剛觸及到了這個主題，而這個主題的複雜性很容易被多數五分鐘初學者教學所掩蓋過去。

開啟檔案相當簡單，使用 with 陳述式和 open() 函式就能搞定。pathlib 模組以跨平台的方式處理 path 路徑，因此您不必擔心路徑中斜線和反斜線的問題。目前存在數十種模組（包括標準程式庫和第三方開發者）可用來處理眾多文字型的檔案格式，通常只需透過幾個方法呼叫就能完成。當您將所有這些內容組合在一起時，最終可以獲得處理文字檔的最簡單且固定的模式。

在下一章中，我會介紹在 Python 中處理二進位資料所需學習的相關技術，特別是在讀取和寫入二進位檔的情境下。

跨越程式執行的界限，並在使用者的電腦上建立真實的檔案，這種感覺真的很不錯，對吧？

第 12 章
2 進位與序列化
的處理

01100010 01101001 01101110 01100001 01110010 01111001。這是電腦的語言、是駭客的樂趣，也是您記住的那個電腦科學笑話的主題。如果程式語言想要贏得開發高手的欽佩和採用，它必須能夠處理 **2 進位**（**binary**）的資料。

對於那些還沒有接觸過 2 進位的程式設計師，我會先從基本原理入門，特別是 Python 中的基本原理，以及表達 2 進位資料和執行位元操作的不同做法。有了這個基礎，我再介紹如何以 2 進位的方式來讀取和寫入檔案，最後則快速簡介一些最常見的 2 進位檔案格式。

2 進位表示法和位元運算

對於位元運算操作的精細技巧還不太熟悉的人，我會快速介紹和說明一下。就算您已經知道怎麼進行位元運算與操作，我建議您在接下來的幾頁內容中繼續閱讀，複習一下這些內容也許還會讓您有些小驚喜。

複習一下數字系統

2 進位（**Binary**）是一種只有 0 和 1 兩個數字的數字系統，它們分別對應於電路板上的閘門的開啟和關閉位置。這是所有電腦程式設計的基礎。一般來說，為了更好地讓人理解，這種 2 進位數被抽象出來，以 CPU 指令和資料型別，然後透過各種程式設計建構轉化為人類語言。雖然不需要深入思考 2 進位，但在某些情況下，直接操作和運算是解決問題最有效的做法。

在 Python 中，當您要以 2 進制方式編寫數字字面值時，需要在前面加上 0b，好區別 2 進位與普通十進位的數字。例如，11 是十進位值的「11」，而 0b11 是表示「3」的 2 進位值。

2 進位位元（**bit**）是個單一的數位。**位元組**（**byte**）通常由 8 個位元組成，雖然不常見，但這可能會有所不同。在一個位元組內，位元的位置值通常從右到左升序，就像 10 進位數字一樣。您可以透過在不同位置上開啟（1）或關閉（0）位元來組合出任意數值。在一個位元組內，最右邊位置的值為 1，每個後續位置的值都是前一個位置的兩倍。各個位置的值在表 12-1 中有示範。

表 12-1：位元的位置值

128	64	32	16	8	4	2	1

因此，位元組 0b01011010 等同於 64 + 16 + 8 + 2，即 90。電腦根據資料型別的不同，對特定的位元組進行不同的解釋，這取決於程式碼而不是儲存在 2 進位資料中。從低階的角度來看，相同的位元序列可以表示整數 90、ASCII 字元 'Z'、浮點數的一部分、bytecode 指令等等...可能性是無窮的。幸運的是，您不需要擔心電腦如何處理這種解譯的工作。請相信程式語言能搞定的。

16 進位

您還可以使用 **16 進位**或 16 進位數字系統來表示數字字面值，它之所以被稱為 16 進位，是因為在十進位值 0 到 15 之間有 16 個唯一的數位。前 10 個使用普通的數字 0 到 9，之後分別使用字母 A 到 F 代表 10 到 15 的數字。十進位值 16 無法用 16 進位中的單個數位來表示，在這個系統中，它被表示為 10。在 Python 中，就像大多數程式語言一樣，您需要在 16 進位字面值前面加上 0x，以區別它們與十進位數字的不同。16 進位值 0x15 代表十進位值 21，因為 0x10（16）+0x05（5）=0x15（21）。

以手動組合任何數字系統中的較大數字時，無論是在腦中還是在紙上，將每個**位置值**視為底數的位置數（從 0 開始）是很有用的。例如，十進位數字 4972 可以視為 2 + 70 + 900 + 4000，進一步可以分解為（$2 * 10^0$）+（$7 * 10^1$）+（$9 * 10^2$）+（$4 * 10^3$）。

表 12-2 以 10 為底數的 10 進位（decimal）、以 2 為底數的 2 進位（binary）和以 16 為底數的 16 進位（hexadecimal）分別展示了這一點。

表 12-2：不同數字系統中的位置值

數字系統	位置值				
	10000（n^4）	1000（n^3）	100（n^2）	10（n^1）	1（n^0）
10 進位	10^4（10000）	10^3（1000）	10^2（100）	10^1（10）	10^0（1）
2 進位	2^4（16）	2^3（8）	2^2（4）	2^1（2）	2^0（1）
16 進位	16^4（65536）	16^3（4096）	16^2（256）	16^1（16）	16^0（1）

您可以使用這個原則把 10 進位值轉換為其他進位系統，例如 16 進位。舉例來說，如果我想將 10 進位值 2630 轉換為 16 進位，首先使用公式 $\lfloor \log_{16} 2630 \rfloor$ 來確定所需的最高位置值，這裡是 2。隨後會按照表 12-3 所示進行轉換。

表 12-3：10 進位轉換為 16 進位

要轉的值	2630	70	6
位置值	$\lfloor 2630 / 16^2 \rfloor$ = 0xA（10）	$\lfloor 70 / 16^1 \rfloor$ = 0x4	$\lfloor 6 / 16^0 \rfloor$ = 0x6
現在 16 進位值	0xA00	0xA40	0xA46
計算剩下的值	$2630 \% 16^2 = 70$	$70 \% 16^1 = 6$	$6 \% 16^0 = 6$

10 進位值 2630 具有 16 進位值 0xA46。

16 進位在 2 進位情境中很有用，因為您可以用兩位數確切地表示一個位元組（8 位元）的每個可能值，從 0x00（0）到 0xFF（255）。16 進位是表示 2 進位的一種更簡潔的方式：0b10101010 可以寫成 0xAA。

16 進位的趣事

16 進位使用拉丁字母表的前 6 個字母作為數字，這在開發者間引發了一種傳統的諧音笑話，被稱為 **hexspeak**。像是 0xDEADBEEF 和 0xC0FFEE 這樣的 16 進位數字是有效合法的數值，而且在視覺上也容易識別；前者在一些古老的 IBM 系統上常用來表示未初始化的記憶體位置，因為在大量的 16 進位數字中，它很容易被辨認出來。

同樣地，您有時候可以在 2 進位檔中標記特殊的資料。這樣可以讓您的 2 進位檔稍微容易手動閱讀和除錯，而且也很有趣！只要注意，正常的資料有時候也可能巧合地呈現 16 進位的形式，舉例來說，有個正常的整數值很可能碰巧讀作 0xDEADBEEF，所以使用時要謹慎。

8 進位

表示 2 進位資料的第三種最常見的數字系統是 8 進位（以 8 為底數）。8 進位字面值以 0o（0，後面跟小寫字母 o）為前置。8 進位使用數字表示 10 進位值 0 到 7，但將 8 寫成 0o10。因此，10 進位值 9 和 10 分別表示為 0o11 和 0o12。

表 12-4 再次顯示了位置值，這次包括 8 進位的內容。

表 12-4：不同數字系統中的位置值

數字系統	位置值				
	10000（n^4）	1000（n^3）	100（n^2）	10（n^1）	1（n^0）
10 進位	10^4（10000）	10^3（1000）	10^2（100）	10^1（10）	10^0（1）
2 進位	2^4（16）	2^3（8）	2^2（4）	2^1（2）	2^0（1）
8 進位	8^4（4096）	8^3（512）	8^2（64）	8^1（9）	8^0（1）
16 進位	16^4（65536）	16^3（4096）	16^2（256）	16^1（16）	16^0（1）

每個 8-bit 位元組可以由三個 8 進位數字表示，最高值（0xFF）為 0o377。雖然
8 進位並不像 16 進位那樣乾淨或明顯地對應到位元組，但在某些情況下仍然很
有用，因為它比 2 進位更緊湊，但不像 16 進位那樣需要額外的 6 個數字。8 進
位用於 UNIX 檔案權限，並簡化了指定某些 UTF-8 字元的個別部分和某些組合
語言 op 碼。如果您難以想像這些用例，可能就不太需要用到 8 進位。您有可
能在整個職業生涯中都不會需要它！不過多了解一些還是有備無患的。

整數的數字系統

重要的是要記住，2 進位、8 進位、10 進位和 16 進位都是**數字系統**；也就是
說，它們都是表示相同**全數**或**整數**的不同方式。10 進位數字 12 可以表示為
0b1100、0xc 或 0o14，但在 Python 中將這些字面值中的任何一種綁定到名稱，
它仍然會以一個 10 進位值 12 的整數帶著小數來儲存。

請思考以下情況：

📂Listing 12-1: print_integer.py:1a

```
chapter = 0xc
print(chapter)  # prints '12'
```

預設情況下，印出的整數始終都以 10 進位顯示其字面值。不過我可以使用內
建函式來顯示另一種數字系統中的值：bin()、oct() 或 hex()：

📂Listing 12-2: print_integer.py:1b

```
chapter = 0xc
print(bin(chapter))  # prints '0b1100'
print(hex(chapter))  # prints '0xc'
print(oct(chapter))  # prints '0o14'
```

不管您用哪些方式顯示，chapter 綁定的「值」並沒有改變。

2 的補數

在大多數的電腦中，以 2 進位表示的負數是正數的 **2 的補數**。這種技術比只使
用一個位元來指示正數或負數更受青睞，因為它允許您在位元組中儲存一個額
外的值。

舉例來說，正數 42 以 2 進位來表示是 0b00101010。若要得到 -42，我會反轉每個位元（得到 0b11010101），然後加上 0b1，最終得到 0b11010110（進位了 1：0b01 + 0b01 = 0b10）。

要將負數轉換回正數，只需要重複這個過程。以 -42 或 0b11010110 來說，我會反轉每個位元，得到 0b00101001。然後加上 0b1，得到 0b00101010，這就等於正數 42。

Python **幾乎**都是使用 2 的補數（實際上它執行了一些更複雜的處理，正如您會在後面的內容中所看到的那樣），所以它都是透過在正數形式的 2 進位表示中放置一個負號來顯示負的 2 進位數，如下所示：

📁Listing 12-3: negative_binary.py:1
```
print(bin(42))   # prints '0b101010'
print(bin(-42))  # prints '-0b101010'
```

身為一個數位處理員，這可能是我唯一不喜歡 Python 的地方，雖然我理解它這麼的目的。

幸運的是，可以使用**位元遮罩**（**bitmask**）來查看（近似的）2 的補數表示法，位元遮罩是個 2 進位值，它以策略性地放置的 1 來保留值中的某些位元並丟棄其餘部分。在這個範中，我想要值的前 8 位元（一個位元組），因此把值與 8 個 1 的位元遮罩進行 AND 位元運算：

📁Listing 12-4: negative_binary.py:2
```
print(bin(-42 & 0b11111111))  # prints '0b11010110'
```

這正好顯示了我所想要的樣子：-42 以 8 位元長度的二的補數表示。

位元組順序

在本節中，我談的不是 Python，而是電腦記憶體的**底層**。我們現在要直達硬體的層次了。

大多數的資料是由多個位元組所組成，但位元組出現的順序取決於您的平台所使用的**位元組順序：大端序**（**big-endian**）或**小端序**（**little-endian**）。

位元組順序與電腦如何在記憶體中儲存資料有密切的關聯。每個位元組寬度的記憶體槽都有一個數字地址，通常以 16 進位表示。記憶體地址是連續的。讓我們思考一個值，例如 0xAABBCCDD（10 進位為 2,864,434,397），它由四個位元組所組成：0xAA、0xBB、0xCC 和 0xDD。這個值可以儲存在一個四位元組寬的記憶體區塊內，每個位元組都有一個地址。舉例來說，電腦可能決定將這些資料儲存在記憶體地址 0xABCDEF01、0xABCDEF02、0xABCDEF03 和 0xABCDEF04 的位置，如表 12-5 所示。

表 12-5：具有地址的 4 個位元組空的記憶體區塊

地址	0xABCDEF01	0xABCDEF02	0xABCDEF03	0xABCDEF04
值				

現在這是個挑戰：我們應該以什麼順序來儲存這些位元組呢？您的第一個直覺可能是按照紙上書寫的方式來儲存，就像表 12-6 中那樣。

表 12-6：資料以大端位元組順序儲存在記憶體中

地址	0xABCDEF01	0xABCDEF02	0xABCDEF03	0xABCDEF04	全部值
Hex 值	0xAA	0xBB	0xCC	0xDD	= 0xAABBCCDD
等於	2852126720	+ 12255232	+ 52224	+ 221	= 2864434397

我們稱這種位元組順序為**大端序**，因為表示值的最大部分儲存在最低或最左邊的地址。大端位元組順序通常是最容易理解的，因為它讓位元組從左到右排序，就像在紙上書寫的順序。

相比之下，在小端序系統中，位元組的排放是相反的，如表 12-7 所示。

表 12-7：資料以小端位元組順序儲存在記憶體中

地址	0xABCDEF01	0xABCDEF02	0xABCDEF03	0xABCDEF04	全部值
Hex 值	0xDD	0xCC	0xBB	0xAA	= 0xDDCCBBAA
等於	221	+ 52224	+ 12255232	+ 2852126720	= 2864434397

正如**小端序**（**little-endian**）這個名稱所暗示的那樣，表示數字最小部分的位元組儲存在最低的記憶體地址中。

位元組順序只影響基本資料型別，如整數和浮點數。它不會影響集合，例如字串，它們只是個別字元的陣列。

雖然小端位元組順序用起來感覺有點令人困惑，但它讓硬體上一些小技術的最佳化成為可能。在目前大多數的現代電腦，包括所有英特爾和 AMD 處理器，都是使用小端序。

在大多數的程式語言中，我們通常以大端序來書寫 2 進位的數字。這是在 Python 中使用 bin() 顯示整數時使用的位元組順序。

一般來說，您只有在 2 進位資料要離開您的程式時才會需要關心位元組順序，例如在將資料寫入檔案或透過網路發送時。

Python 整數與 2 進位

與大多數程式語言一樣，在 Python 中，2 進位和 16 進位的字面值表示法都是整數。然而，有個 Python 整數的實作細節滲透到語言的 2 進位邏輯中：**整數實際上是無限的。**

在 Python 2 版中，整數型別的大小被固定為 32 位元，也就是 4 個位元組。此外，Python 2 還有 long 型別，它的大小是無限的。然而，在 Python 3 版中，long 型別取代成為新的 int 型別，因此現在所有整數在理論上是無限的大小。

這種行為對於 2 進位有個極其重要的結果：2 的補數表示法實際上必須以無限數量的 1 位元作為開頭。這就是為什麼 Python 使用相當不傳統的負 2 進位表示法。沒有合理的做法來表示無限數量的 1！這也表示您不能直接輸入一個負整數的 2 進位字面值。反面是必須在正整數的 2 進位字面值前使用**否定**運算子（-），然後相信 Python 會幫您搞定這件事。

由於 Python 使用了這種負 2 進位表示法，一個數字的負 2 進位形式和正 2 進位形式在閱讀上是相同的。只有當您能夠看到無限數量的前置 1 位元時，2 的補數表示法才會是準確的。這在其他地方有個奇怪的影響，稍後您將看到。

位元運算子

您可以使用**位元運算子**（**bitwise operator**）直接處理 2 進位資料，這些運算子對個別位元進行操作。總共有 6 個位元運算子，Python 全都有提供，雖然其中有幾個的行為可能與您通常所期望的操作稍有不同。

位元 AND 運算子（**&**）產生一個新的 2 進位值，如果左右兩邊運算元中對應的位元都是 1 的話，該位元是 1。例如，0b1101 & 0b1010 會得到 0b1000，因為只有在左右兩側運算元中最左側的位元都是 1，所以運算結果才會是 1：

```
  0b1101
& 0b1010
= 0b1000
```

位元 OR 運算子（**|**）產生一個值，如果左右兩邊運算元中對應的位元有 1（或者兩者都是 1）時，該位元為 1。舉例來說，0b1101 | 0b1010 會得到 0b1111，因為左右兩側運算元的四個位元至少其中一個有 1。

```
  0b1101
| 0b1010
= 0b1111
```

位元 XOR 運算子（**^**），如果左邊或右邊運算元中對應的位元有 1，但不是兩者都是 1，則該位元為 1。舉例來說，0b1101 ^ 0b1010 會得到 0b0111；左右側運算元中的第一位都是 1，所以在這裡是 0，而左右側運算元中其他三個位元兩者中只有一個是 1，所以運算結果都是 1。

```
  0b1101
^ 0b1010
= 0b0111
```

位元反轉運算子（**~**），也稱為**位元 NOT**，會把給定運算元中的每個位元反轉，例如 0b0101 會變成（大約）0b1010。

```
~ 0b0101
= 0b1010
```

在 Python 中整數是無限的，所以新值會有無限的 1 位元帶領著，所以 ~0b0101 真實的樣子是 0b111...1010。

```
~  0b000...0101
=  0b111...1010
```

由於無限的 1 很難顯示，Python 以負 2 進位表示法來呈現結果，將負號放在最前面並減去 1 以解決 2 的補數問題。請記住，這種慣例是讓 Python 能夠將負數顯示為正數的負 2 進位形式的關鍵。不幸的是，這也讓正常的位元操作結果在閱讀和理解上變得有些困難。

每當這讓您感到困惑時，可以印出遮罩位元形式來觀看：

Listing 12-5: bitwise_inversion.py

```
print(bin(~0b0101))           # prints '-0b110' (that is, -0b0101 - 0b1)
print(bin(~0b0101 & 0b1111))  # prints '0b1010' (much better)
```

請記住，第一個值在內部是正確的，因為它具有無限的前置 1 位元，讓它能成為 Python 負整數。第二個值看起來正確，但它缺少這些前置的 1 位元，因此實際上是不正確的。

最後要介紹的兩個位元運算子是**左位移**（<<）和**右位移**（>>）運算子。在 2 進位運算中，有兩種位移方式，而程式語言在其位移運算子上只能使用其中一種。**邏輯位移**允許位元在數字的末尾「掉落」，同時在另一端進行以 0 位元位移，以替換被丟棄的位元。**算術位移**與邏輯位移相同，但當需要保留符號時，它還會將**符號位元**（負數中的 1）進行位元位移。

每種程式語言都必須決定其運算子應該使用哪種形式來進行位元位移，Python 是使用**算術位移**。此外，由於整數具有無限的性質，您無法使用左位移來丟棄位元；整數會不斷增長來容納它們，正如您在下面所看到的：

Listing 12-6: bitwise_shift.py:1

```
print(bin(0b1100 << 4))  # prints '0b11000000'
```

這可能不會對程式碼產生深遠的影響，卻可能會改變您實作某些依賴左位移丟棄位元的 2 進位演算法處理。

右位移會保留符號，因此對於正整數，在左側進行位元位移時，將會位移 0，而對於負整數則位移 1：

📂Listing 12-7: bitwise_shift.py:2

```
print(bin(0b1100 >> 4))   # prints  '0b0' (0b0...0000)
print(bin(-0b1100 >> 4))  # prints '-0b1' (0b1...1111)
```

總之，表 12-8 再次列出了這些位元運算子，以及它們對應的特殊方法。

表 12-8：位元運算子

運算子	使用	2 進位（非 Python）範例	特殊方法
&	位元運算 AND	1100 & 1011 ⇒ 1000	__and__(a, b)
|	位元運算 OR	1100 | 1011 ⇒ 1111	__or__(a, b)
^	位元運算 XOR	1100 ^ 1011 ⇒ 0111	__xor__(a, b)
~	位元運算 NOT	~1100 ⇒ 0011	__inv__(a) __invert__(a)
<<	左（算術）位移	0111 << 2 ⇒ 11100	__lshift__(a, b)
>>	右（算術）位移	0111 >> 2 ⇒ 0001 1..1010 2 ⇒ 1..1110	__rshift__(a, b)

這些運算子也可用於布林值，而布林值在內部是基於整數來完成（這讓我的同事一直感到困擾！）。它們不會像這樣處理其他型別，只適用於布林和整數。

在使用位元運算子與現有自訂類別時要小心！因為相對於許多其他運算子，位元運算子的使用並不常見，有些類別可能選擇重新定義位元運算子，以用於完全不相關的用途。因此，在對任何不是整數或布林值的內容所執行的位元操作可能會導致極不可預測的行為。在依賴位元運算子與某個類別一起使用之前，請務必先閱讀關於該類別的說明文件！

您可以透過實作表 12-8 中對應的特殊方法，讓您自己的物件能夠直接與位元運算子一起使用。

位元組字面值

在 Python 中，表示 2 進位的另一種方式是使用**位元組字面值**（**bytes literal**），它看起來像是以 b 為前置的字串字面值，例如 b"HELLO" 或 b"\xAB\x42"。這些都不是字串，而是位元組序列，每個位元組都由 ASCII 字元（例如 "HELLO" 中的 "H" 對應 0x48）或 16 進位轉義序列（例如 "\x42" 對應 0x42）表示。不同於整數物件，位元組字面值具有您明確指定的大小和隱含的位元組順序。

以下是含有字串 "HELLO" 之 2 進位等效的位元組字面值範例：

📁Listing 12-8: bytes_literal.py:1a
```
bits = b"HELLO"
```

雖然位元組字面值不完全等同於字串，但大多數字串字面值的規則在這裡仍然適用，不過有兩個主要例外。第一個是，位元組字面值只能包含 ASCII 字元（值為 0x00 至 0xFF），部分原因是位元組字面值中的每個項目必須確切為一個位元組的大小，部分原因是為了與 Python 2 和其他使用 ASCII 文字編碼的語言保持向後相容性。第二個不同於字串是，位元組字面值無法透過 f-strings 進行格式化。

> NOTE
> 從 Python 3.5 版開始可以使用舊式字串格式化（也就是稱為 %-插值的方式），來格式化位元組字面值。若您發現自己需要在位元組字面值上進行字串格式化或替換，請參閱 PEP 461 規格文件取得更詳細的資訊。

在所有的 Python 字串中，您可以使用轉義序列 '\xhh' 來表示具有 16 進位值 hh 的字元。不同於某些程式語言，這個轉義序列必須始終都含有兩位 16 進位的數字。字母 A 到 F 的大小寫都可以：'\xAB' 和 '\xab' 被視為相同，但 Python 都是輸出後者的寫法。

舉例來說，如果我知道我需要的 "HELLO" 的 16 進位編碼，就可以在一些（或所有）ASCII 字元字面值的位置直接使用：

📁Listing 12-9: bytes_literal.py:1b
```
bits = b"\x48\x45\x4C\x4C\x4F"
```

在想要的值無法由可見字元來表示時會需要直接使用這些 16 進位字面值，例如 '\x07' 在 ASCII 中是不可印出的控制碼 BEL，會觸發系統鈴聲。（print('\x07') 確實會播放聲音，前提是您尚未在終端機或系統設定中關閉系統的鈴聲。）

您還可以建立原始位元組字面值，其中的反斜線字元（\）始終被視為字面字元。因此，原始位元組字面值無法解譯轉義序列，這限制了它們的實用性。但是，如果您不需要轉義序列並且確實需要字面反斜線，那麼原始位元組字面值偶爾也能發揮功用。要定義原始位元組字面值，請在字串前面加上 rb 或 br。在下面的範例展示了標示寫法：

📂Listing 12-10: bytes_literal.py:2

```
bits_escaped = b"\\A\\B\\C\\D\\E"
bits_raw = br"\A\B\C\D\E"
print(bits_raw)                 # prints b'\\A\\B\\C\\D\\E'
print(bits_escaped == bits_raw) # prints 'True'
```

bits_escaped 和 bits_raw 都具有完全相同的值，正如 print() 陳述式中的比較所示，但是對 bits_raw 指定的值更容易輸入。

類位元組物件

如果您需要儲存 2 進位的資料，Python 有提供了**類位元組物件**（**bytes-like objects**）可使用。不像整數，這些物件有固定的大小和**隱含的**位元組順序。這表示它們具備您提供給類位元組物件的位元組時所遵循的位元組順序，同時也表示您需要明確定義所提供資料的位元組順序。這在整數的無限特性變得困擾時會很有幫助。類位元組物件還提供了許多實用函式，與位元組字面值不同。

有一個缺點：位元運算子不適用於類位元組物件。這聽起來可能有些奇怪，甚至令人困擾，而關於這一問題的確切原因大部分是未知的。然而，有兩個非常合理的可能原因。

第一個原因是，避免與位元組順序有關的意外行為是十分重要的。如果您嘗試對大端序和小端序的位元組物件執行大於一個位元組的位元運算，結果的位元組順序將變得不明確。這會讓您面臨獲得垃圾輸出的風險，而這是非常難以除錯的。

第二個原因是，很難預測如何處理不同長度的類位元組物件上的位元運算。您可以把它們都填滿成相同的長度，但要正確執行此操作則需要再次知道位元組順序。

與其讓程式語言去猜測如何隱式解決這些複雜的邏輯問題，類位元組物件就不支援位元運算子了。對於類位元組物件執行位元操作有幾種做法，但需要更多的工作來配合。稍後我將再回過頭來討論這個問題。

有兩種主要的類位元組物件：bytes 以及 bytearray，前者是不可變的，後者是可變的。在所有其他方面，這兩個物件都是相同的：它們提供了與任何其他

Python 序列相同的功能，並提供了相同的方法和行為。這兩個物件甚至可以互相操作。

選用 bytes 或 bytearray 完全取決於您需要的是可變或不可變的物件。為了簡化說明，我會在本節主要使用 bytes 物件，對於 bytearray，程式碼將是相同的。

建立位元組物件

有 6 種建立類位元組物件的做法，不包括預設和複製初始化程式，這兩種分別在建立空物件或從另一個類似位元組物件複製值才使用。

問題在於，將 2 進位字面值傳遞給初始化程式會意外地導致一個空的 bytes 物件。這是因為 2 進位字面值實際上是一個整數，把整數 n 傳遞給 bytes() 建構函式會建立一個大小為 n 位元組的空位元組物件：

📂Listing 12-11: init_bytes.py:1a
```
bits = bytes(0b110)
print(bits)  # prints '\x00\x00\x00\x00\x00\x00'
```

bits 物件正好長 6 個位元組（0b110），其中每個位元都設定為 0。雖然這有點讓人感到驚訝，但請記住，傳遞給 bytes 的任何 2 進位資料都必須具有明確的位元組順序，這對 Python 整數來說並不是固有的。

您可以使用幾種做法從 2 進位字面值建立一個 bytes 物件。其中一種做法是將一個整數的可迭代物件傳遞給 bytes 初始化程式。但是，可迭代物件提供的每個整數必須是正數且可在單個位元組中表示，即它必須是在 0 和 255（包括）之間的值，否則會引發 ValueError 錯誤。

在這裡最快的做法是把 2 進位字面值打包到一個單獨的元組內：

📂Listing 12-12: init_bytes.py:1b
```
bits = bytes((0b110,))
print(bits)  # prints "b'\x06'"
```

請記住，對於只有一個元素的元組，必須在該元素後面加上逗號（,），否則它會被解譯為一個字面整數。

達到相同目標的另一種做法是將 2 進位字面值放在中括號（[]）內來定義一個串列。因為可迭代物件中的每個整數都適合在單個位元組中，所以可迭代物件提供的項目順序有效地定義了位元組的順序。

初始化一個位元組物件的另一種做法是直接指定一個位元組字面值：

📂Listing 12-13: init_bytes.py:2a

```
bits = b'\x06'
print(bits)  # prints "b'\x06'"
```

在 bytearray 的使用範例中，則是傳入字面值到初始化程式內：

📂Listing 12-14: init_bytes.py:2b

```
bits = bytearray(b'\x06')
print(bits)  # prints "b'\x06'"
```

這裡執行的結果沒有什麼意外。

最後的做法是，我可以從任何字串建立一個位元組物件，但必須明確指定所使用的文字編碼：

📂Listing 12-15: init_bytes.py:3

```
bits = bytes('☺', encoding='utf-8')
print(bits)  # prints "b'\xe2\x98\xba'"
```

微笑表情符號（☺）是個 Unicode 字元，其 UTF-8 編碼跨足了三個位元組，為：0xE298BA。如果您熟悉 Unicode，就會注意到這裡未發生的事情：位元組**並未**使用微笑表情符號的正式 Unicode 碼位（U+263A），而是使用了 UTF-8 內部的 2 進位表示方式。

我本來可以省略「encoding=」引數的關鍵字，大多數的 Python 程式設計師可能會這樣做，但我更喜歡明確地拼寫出來。您只需知道這與「bytes('☺', 'utf-8')」是等效的就可以了。

> **NOTE**
>
> UTF-8 字串字面值實際上並沒有特定的位元組順序；它們在讀取時表現得像是大端序，但這只是巧合。其他某些系統，例如 UTF-16 和 UTF-32，則提供了不同位元組順序的變體。

使用 int.to_bytes()

將整數轉換為類位元組物件的最簡單方法之一就是使用 int.to_bytes() 方法。

正如前面提到的，在處理位元組（bytes）時，您必須指定位元組順序。所需的位元組順序通常由您的情況決定，例如您正在處理某種特定檔案格式。網路通常使用大端序。

除此之外，選擇有些是隨意的。如果資料僅是由我的應用程式使用，我通常會選用大端序，這是我的偏好。但如果資料將由系統處理程序來處理，我就會使用系統的位元組順序，我會透過以下方式來確定：

📂Listing 12-16: int_to_bytes.py:1

```
import sys

print(sys.byteorder)  # prints 'little'
```

sys.byteorder 屬性以字串形式提供目前系統的位元組順序。在我的機器上，正如大多數現代的電腦一樣，該值為字串 'little'，表示是小端序。

現在可以建立我的 bytes 物件了：

📂Listing 12-17: int_to_bytes.py:2a

```
answer = 42
bits = answer.to_bytes(❶ 4, byteorder=sys.byteorder)
print(bits.hex(❷ sep=' '))  # prints '2a 00 00 00'
```

首先是將一個整數值綁定到名稱 answer。所有 int 物件都具有 to_bytes() 方法，可用於將值轉換為類位元組物件。我呼叫該方法時傳遞了所需的位元組大小（對於此範例而言是任意大小）❶，以及要使用的位元組順序。隨後把 bytes 物件綁定到名稱 bits。

最後，為了讓輸出更容易閱讀，這裡以 16 進位形式印出 bits 的值，而不是預設的位元字串，並使用空格分隔❷各個位元組的值。值 42 可以用一個位元組表示，而這個位元組（2a）出現在左側，因為我使用的是小端序。

當我嘗試對負數進行這種操作時，情況變得有些複雜。對於值 -42，與上述相同的方法就無法工作：

📂Listing 12-18: int_to_bytes.py:3a

```
answer = -42
bits = answer.to_bytes(4, byteorder=sys.byteorder)
print(bits.hex(sep=' '))
```

程式會在呼叫 answer.to_bytes() 方法時出錯並顯示如下訊息：

```
Traceback (most recent call last):
  File "tofrombytes.py", line 10, in <module>
    bits = answer.to_bytes(4, byteorder=sys.byteorder)
OverflowError: can't convert negative int to unsigned
```

為了解決這個問題，我必須明確指定整數是**有符號的**，這表示使用 2 的補數來表示負數：

📂Listing 12-19: int_to_bytes.py:3b

```
answer = -42
bits = answer.to_bytes(4, byteorder=sys.byteorder, signed=True)
print(bits.hex(sep=' '))  # prints 'd6 ff ff ff'
```

這個版本如預期地執行運作，您可以從 print 陳述式的輸出中看到結果。

預設情況下，signed 參數設為 False，以避免出現意外情況，其中許多源於 Python 只是**假裝**使用 2 的補數，實際上它都在做自己的事情。無論如何，您應該養成的習慣是，在把**可能**是負數的任何東西轉換為整數時要其設為 True。若整數值是正數，而 signed 設為 True 時是不會產生任何效果：

📂Listing 12-20: int_to_bytes.py:2b

```
answer = 42
bits = answer.to_bytes(4, byteorder=sys.byteorder, signed=True)
print(bits.hex(sep=' '))  # prints '2a 00 00 00'
```

序列操作

幾乎所有對類似元組或串列的序列所執行的操作，也可以對類位元組物件執行相同的操作。舉例來說，若想要檢查較大的位元組物件中是否存有特定的位元組序列，則可以使用 in 運算子來操作：

📂Listing 12-21: bytes_in.py

```
bits = b'\xaa\xbb\xcc\xdd\xee\xff'
print(b'\xcc\xdd' in bits)  # prints 'True'
```

在這裡，in 運算子的行為就像在處理字串時是一樣。

我不會在這裡更深入地討論這些操作，因為它們的行為剛好與元組（相對於 bytes）或串列（相對於 bytearray）中的行為一樣。

位元組轉換成整數

您可以使用 int.from_bytes() 從位元組物件建立一個整數。首先是定義一個要轉換的位元組物件：

☐Listing 12-22: bytes_to_int.py:1

```
import sys

bits = ❶ (-42).to_bytes(4, byteorder=sys.byteorder, signed=True)
```

就像在一個名稱綁定到一個在整數值上呼叫 to_bytes() 一樣，我在這裡的整數字面值上使用相同的方法，這個整數字面值被包在括號中❶。這段程式碼定義了新的位元組物件，並綁定到名稱 bits，其值與 Listing 12-19 中的值相同。

為了把 bits 中的值轉換為整數值，我使用了 int.from_bytes() 方法，這個方法是在 int 類別上呼叫的：

☐Listing 12-23: bytes_to_int.py:2

```
answer = int.from_bytes(bits, byteorder=sys.byteorder, signed=True)
print(answer)  # prints '-42'
```

我把 bits 傳給該方法，並指示 byteorder 和使用的 bytes 物件。我還透過指示 signed=True，讓該位元組物件使用 2 的補數來表示負數值。byteorder 和 signed 值不會被位元組物件記住，每次將位元組物件轉換為整數時，您都需要知道和使用這些值。

answer 的值是 -42，是從位元組物件中獲得的。

使用 struct

當您深入研究 Python 的內部運作時，就會發現其中有很多 C 語言的影子。這主要是因為 CPython，它是 Python 的主要實作，是用 C 語言編寫的。與 C 語言的相互操作性仍然在程式語言實作中發揮作用。其中一個例子是 struct 模組。

最初，這個模組是為了允許資料在 Python 值和 C 結構體之間傳遞而建立的。後來，它被證實是一種方便的做法，可以把值轉換為打包的 2 進位資料，具體來說是**連續的** 2 進位資料，這些資料會按照順序一個接一個儲存在記憶體中。

現代的 struct 模組使用 bytes 來儲存這些 2 進位資料，提供了建立類位元組物件的第 6 種做法。不像 int.to_bytes() 只能處理整數，struct.pack() 方法還可以把浮點數和字串（字元陣列）按照您要求的位元組順序轉換為 2 進位資料。然而，請記住，字串本身不受位元組順序的影響。您還可以使用 struct.pack() 把多個值打包到同一位元組物件中，然後將這些個別的值解開到不同的變數內。

預設情況下，struct 會將所有值對齊到您系統上 C 編譯器預期的確切大小，必要時進行填滿（或截斷填滿），不過您可以更改此對齊行為來使用標準大小。

struct 格式字串和打包

struct 的位元組順序、對齊行為和資料型別由**格式字串**確定，該格式字串必須傳給模組的任何函式，或者傳給 struct.Struct 物件的初始化程式，這樣可以更有效地重複使用格式字串。

一般來說，格式字串的第一個字元定義了位元組順序和對齊行為，其使用和行為如表 12-9 所示。

表 12-9：struct **格式字串位元組順序旗標**

字元	行為
@	使用原生位元組順序和對齊（預設）。
=	使用原生位元組順序，但不對齊。
<	小端序，不對齊。
>	大端序，不對齊。
!	網路標準：大端序，不對齊（與 > 相同）。

如果您省略了這個初始字元，struct 會使用原生位元組順序和對齊方式（與使用 @ 時相同），根據需要填滿資料，讓符合 C 編譯器的要求。字串的其餘部分指示了要打包到結構體中的值的資料型別和順序。每個基本的 C 資料型別都由一個字元表示，如表 12-10 所示。

表 12-10：struct 格式字元

字元	C 型別	Python 型別	標準大小
?	_Bool (C99	bool	1
c	char	bytes(1)	1
b	signed char	int	1
B	unsigned char	int	1
h	short	int	2
H	unsigned short	int	2
i	int	int	4
I	unsigned int	int	4
l	long	int	4
L	unsigned long	int	4
q	long long	int	8
Q	unsigned long long	int	8
e	(IEEE 754 binary16 "half precision")	float	2
f	float	float	4
d	double	float	8
s	char[]	bytes	
p	char[] (Pascal string)	bytes	
x	(pad byte)	effectively bytes(1)	

這些型別大多是不言自明的，特別是如果您學過 C（或者 C++ 的話）。在使用原生對齊時，每種型別的大小將取決於系統；否則，struct 會使用標準大小。

如果我想要打包兩個整數和一個布林值，按照大端序表示法（以及標準大小）的順序，我會使用以下格式字串：

📂Listing 12-24: struct_multiple_values.py:1a

```
import struct

bits = struct.pack('>ii?', 4, 2, True)
print(bits)  # prints '\x00\x00\x00\x04\x00\x00\x00\x02\x01'
```

這裡是使用 struct.pack() 函式，把格式字串和想要打包的所有值按順序傳入。這樣就會建立一個位元組物件。

另一種做法是，我可以在型別字元前面加上所需型別的值。在下面的例子中，我使用 2i 來指定兩個相鄰的整數值，而不是 ii。結果與之前相同：

📂Listing 12-25: struct_multiple_values.py:1b

```
import struct

bits = struct.pack('>2i?', 4, 2, True)
print(bits)  # prints '\x00\x00\x00\x04\x00\x00\x00\x02\x01'
```

格式字元 'e' 是指 IEEE 754 的 2008 年修訂中引入的**半精度**浮點數，這是定義所有現代電腦使用的浮點標準的規格文件。

填滿位元 'x' 正好是個空位元組（\x00）。使用 'x' 來手動填滿您的資料。舉例來說，若要在兩個整數之間精確地填滿三個空位元組，我會使用以下方式處理：

📂Listing 12-26: struct_ints_padded.py:1

```
import struct

bits = struct.pack('>i3xi', -4, -2)
print(bits)  # prints '\xff\xff\xff\xfc\x00\x00\x00\xff\xff\xff\xfe'
```

在 struct 中有兩種表示字串的方式。一般來說，您必須使用 **null 終止**傳統字串（'s'），這表示最後一個字元始終都是 \x00，用來標記終止結尾。在格式字元之前的數字是字串的字元長度，'10s' 表示是個有 10 個字元的字串（即 9 個字元再加上 null 終止位元組）。我可以這樣打包字串 "Hi!"：

📂Listing 12-27: struct_string.py:1

```
import struct

bits = struct.pack('>4s', b"Hi!")
print(bits)  # prints 'Hi!\x00'
```

有注意到在這裡是透過在字串前面加上 b，把字串寫成了一個位元組字面值。struct.pack() 方法不能直接使用字串，而必須在格式中要求字串的地方使用位元組字面值。（稍後會列出一個範例，其中會把典型的 UTF-8 字串轉換為位元組字面值。）

只要您知道字串的大小，而且資料只會被您的程式碼讀取，那就不必在這裡放入 null 終止字元。然而，如果您打算把資料送出 Python 之外，最好養成加入 null 終止字元這個習慣。如果 C 程式嘗試處理一個缺少 null 終止字元的字串，就有可能會出現一些奇怪的行為。

又或者，您可以使用 Pascal 字串（'p'），開頭是以一個表示大小的單字元作為整數。這種字串格式不需要 null 終止字示，因為它的大小明確儲存在第一個字元內。但是，它也讓字串的最大大小被限制在 255 位元組。

Listing 12-28: struct_string.py:2

```
bits = struct.pack('>4p', b"Hi!")
print(bits)  # prints '\x03Hi!'
```

另一個考慮因素是可能要把 struct 填滿到符合系統上的**字組大小**（**word size**），這是可寫入的最小記憶體區塊。當打包要傳給 C 的資料時，這尤其重要。

舉例來說，某個含有兩個 long 和一個 short 的 C struct 的長度為 24 個位元組，但格式字串 '@llh' 只生成了一個 18 個位元組的 2 進位區塊。要更正這個問題，在格式字串的末尾加一個 0，然後是您結構中最大的型別。在這個範例中，格式字串的寫法會是 '@llh0l'：

```
struct.calcsize('@llh')    # prints '18' (wrong)
struct.calcsize('@llh0l')  # prints '24' (correct, what C expects)
```

以這種方式填滿永遠不會存有任何危險。如果不需要填滿，字組大小將不受影響。這只適用於使用原生位元組順序和對齊（@）的情況，這對於與 C 交換資料是必要的。如果您手動指定位元組順序或使用網路標準（無對齊），這就無關緊要了，也不會產生影響。

我故意在表 12-10 中省略了三種型別：ssize_t（n）、size_t（N）和 void*（P）。這些只有在使用原生位元組順序和對齊（@）時才可用，但除非您需要在 C 和 Python 兩者之間處理資料，否則不需要它們。如果您需要了解這幾種型別，請參閱說明文件：https://docs.python.org/3/library/struct.html#format-characters。

使用 struct 解開資料

若要將資料從 struct 解開成 Python 值，首先必須確定用於 2 進位資料的適當格式字串。

請思考下面這個範例，這是個使用原生位元組順序和對齊方式打包的整數：

Listing 12-29: struct_int.py:1

```
import struct
```

```
answer = -360
bits = struct.pack('i', answer)
```

只要我知道 bits 使用原生順序並含有一個整數，就可以使用 struct.unpack() 擷取該整數：

📂Listing 12-30: struct_int.py:2
```
new_answer, = struct.unpack('i', bits)
print(new_answer)  # prints '-360'
```

請留意，在這個指定值陳述式中，new_answer 之後有放了一個尾隨逗號（,）。struct.unpack() 函式始終返回一個元組，我必須解開它。由於該元組僅含有一個值，尾隨逗號會強制解開，不然 new_answer 就會綁定到元組本身。

再舉另一個範例，我會從 Listing 12-26 的類位元組物件中解開兩個整數：

📂Listing 12-31: struct_ints_padded.py:2
```
first, second = struct.unpack('>i3xi', bits)
print(first, second)  # prints '-4 -2'
```

三個填滿位元組（'3x'）被丟棄，兩個整數被解開到名稱 first 和 second 中。

在使用 struct 時，絕對必須知道首次打包結構的格式字串。請觀察一下這個範例，如果以下列幾種方式更改格式字串會發生什麼情況：

📂Listing 12-32: struct_ints_padded.py:3
```
wrong = struct.unpack('<i3xi', bits)     # wrong byte order
print(*wrong)                            # prints '-50331649 -16777217'

wrong = struct.unpack('>f3xf', bits)     # wrong types
print(*wrong)                            # prints 'nan nan'

wrong = struct.unpack('>hh3xhh', bits)   # wrong integer type
print(*wrong)                            # prints '-1 -4 -1 -2'

wrong = struct.unpack('>q3xq', bits)     # data sizes too large
print(*wrong)                            # throws struct.error
```

除了最後一個例子之外，似乎都能正常執行，但解開的所有值都是錯誤的。從這個學到的教訓很簡單：請了解您的配置，並使用正確的格式字串。

struct 物件

如果需要重複使用相同的格式字串，最有效的做法是初始化一個 struct.Struct 物件，該物件提供與 struct 函式類似的方法。舉例來說，這裡我想重複把兩個整數和一個浮點數打包成 bytes 物件，所以我會建立一個 Struct 物件。

📂 Listing 12-33: struct_object.py:1

```python
import struct

packer = struct.Struct('iif')
```

這裡使用格式字串 'iif' 建立了一個 Struct 物件，並將其綁定到名稱 packer。Struct 物件記住這個格式字串，並對該物件上的任何 pack() 或 unpack() 呼叫使用這個格式字串。

接下來，我會編寫一個產生器，產生一些奇怪的數字資料並將其打包成類位元組物件：

📂 Listing 12-34: struct_object.py:2

```python
def number_grinder(n):
    for right in range(1, 100):
        left = right % n
        result = left / right
        yield packer.pack(left, right, result)
```

在此範例中，迭代從 1 到 99 的整數，作為除法運算的 right 運算元，隨後將 left 運算元設為 right 值的模除數，另外 n 為傳遞給函式的任何數字。接著使用 left 和 right 執行除法運算，將結果綁定到 result。（這種數學運算沒有什麼特別的原由，就只是好玩而已。）

接下來是使用 packer.pack()，並將運算元和除法的結果傳給它。packer 物件使用我之前傳給它的格式字串來進行處理。

在程式碼的下一部分中，為了示範和解說，我從產生器中擷取打包的 struct 資料，再次使用 packer 物件解開資料：

📂 Listing 12-35: struct_object.py:3

```python
for bits in number_grinder(5):
    print(*packer.unpack(bits))
```

若執行程式，就會看到由產生器產生的位元組物件中打包的 left、right 和 result 值。當然，這只是一個示範用的例子，在現實世界中，我會對這些 2 進位資料執行一些較有用的操作，例如將其儲存在檔案中，而不僅僅是再次解開而已。

類位元組物件的位元運算操作

正如之前提過的，包括 bytes 和 bytearray 在內的類位元組物件不直接支援位元運算子。雖然這有點煩人，但如果考量到位元組物件不知道自己的位元組順序，不支援還是有道理的。如果在大端序和小端序的值之間執行位元運算操作，則無法確定結果的位元組順序。如果有事情會讓 Python 開發人員討厭的，那就是不清晰的行為。

可以對類位元組物件執行位元運算，但必須使用下列其中一種做法來解決。

透過整數進行位元運算操作

第一個選項是先將類位元組物件轉換為整數，這樣可以解決位元組順序的問題。在 Python 中，整數在技術上是無限的，因此可以用來處理不同長度的 2 進位資料。

在這裡有一個函式可用來處理兩個類位元組物件之間的位元運算：

📂Listing 12-36: bitwise_via_int.py:1

```
def bitwise_and(left, right, *, byteorder):
    size = max(len(left), len(right))
```

這個 bitwise_and() 函式接受三個引數：兩個類位元組物件（left 和 right）作為位元運算操作的運算元，以及 byteorder。您還記得在引數串列中的 * 會強制所有在它之後的引數（即 byteorder）成為僅限關鍵字引數。我沒有為 byteorder 提供預設引數，原因一樣是 bytes 物件不具備位元運算子。如果使用者無法明確提供此引數，則函式就應該失效，而不是在私底下產生垃圾輸出。

為了在最後一步將結果轉換回 bytes，我必須知道結果的大小（應該是傳給它的最大位元組物件的大小），以確保不會切掉前置、後置的 0，或實際資料，特別在這是用於另一個位元運算操作的情況！

因為 bytes 是個序列，它實作了 __len__() 特殊方法。在我的函式中，我用 max()
取兩個 bytes 引數長度中的最大值，然後將該值當作輸出的大小。以下是我在
Listing 12-36 函式繼續的下一部分：

📂 Listing 12-37: bitwise_via_int.py:2

```
    left = int.from_bytes(left, byteorder=byteorder)
    right = int.from_bytes(right, byteorder=byteorder)
```

我使用 int.from_bytes() 方法，根據傳給函式的位元組順序，將 left 和 right 的位
元組物件轉換為整數。同時，在編寫程式時，我必須假設 Listing 12-36 的引數
是可變的，以免 bitwise_and() 函式有產生副作用的風險。

請注意，**這裡沒有使用「signed=True」**！這對於位元運算的正確結果至關重
要。否則，我的函式就會得到指示，解譯所有最高位元為 1 的位元組物件為負
整數。這會在整數的最高位填滿無限多的 1。根據這個函式，0xCCCCCC 和
0xAAAA 的實際結果會是 0xCC8888，而不是正確的值 0x008888。

現在有了這些引數的整數形式，就可以對它們使用正常的位元運算子。以下是
Listing 12-37 函式繼續的最後一部分：

📂 Listing 12-38: bitwise_via_int.py:3

```
    result = left & right
    return result.to_bytes(size, byteorder, signed=True)
```

我將位元運算的結果綁定到 result。最後將 result 轉換回 bytes 物件，使用之前
確定的 size 大小、傳給函式的 byteorder 位元組順序，以及「signed=True」來處
理任何可能的負整數值的轉換。隨後返回這個結果的類位元組物件。

我會使用 bitwise_and() 函式來對任何兩個類位元組物件執行位元運算操作：

📂 Listing 12-39: bitwise_via_int.py:4

```
bits = b'\xcc\xcc\xcc'    # 0b110011001100110011001100
bitfilter = b'\xaa\xaa'   # 0b1010101010101010

result = bitwise_and(bits, bitfilter, byteorder='big')
print(result)            # prints "b'\x00\x88\x88'"
```

結果正確無誤！我傳給這個函式的類位元組物件無論是什麼，它都能按預期執
行運算。

透過迭代進行位元運算操作

透過整數進行位元運算操作的做法最靈活，但在處理大量資料時，這種做法可能不太實用，因為它會在 int 中複製兩個 bytes 物件的內容。對於注重演算效率的人來說，整數做法的空間複雜度為 $\Theta(n)$。另一個選擇是用迭代（iteration），而不是使用整數作為中介物件。有趣的是，這兩種選擇的時間複雜度大致相同。實際上，迭代做法**稍微慢**一些！它的優勢在於更低的空間複雜度，這使它在處理大量資料時能夠避免消耗過多的記憶體空間。

當您有大量 2 進位資料需要進行位元運算時，最好還是利用類位元組物件的可迭代特性。在這裡，我會編寫另一個函式，用於對兩個類位元組物件進行位元運算，而這次使用的是迭代的做法：

📁Listing 12-40: bitwise_via_iter.py:1a

```
def bitwise_and(left, right):
    return bytes(l & r for l, r in zip(left, right))
```

在 bitwise_and() 函式內部使用一個產生器運算式來建立新的位元組物件，最終會返回。遍訪類位元組物件會產生相等的每個位元組的正整數值。zip() 函式讓我能同時遍訪 left 和 right 的位元組物件，隨後在每次迭代中對產生的整數對進行位元 AND 運算（&）。

使用這個函式的方式與前述整數版本非常相似，只是不需要再擔心位元組順序的問題。運算元的隱含位元組順序會被拿來使用。（如前所述，您有責任確保位元組順序是相同的！）

以下是 Listing 12-40 的函式使用方式：

📁Listing 12-41: bitwise_via_iter.py:2

```
bits = b'\xcc\xcc\xcc'        # 0b110011001100110011001100
bitfilter = b'\xaa\xaa'       # 0b1010101010101010

result = bitwise_and(bits, bitfilter)
print(result)                 # prints "b'\x88\x88'"
```

目前的做法有一個重要的限制：只有在運算元的長度相同的情況下，我才能可靠地執行位元運算。否則，結果將只與最短的運算元物件一樣長。

理論上是可以處理不同大小的運算元，但要做到這點，就必須再次知道位元組順序，以便知道要在哪一邊進行填滿。我和同事 Daniel Foerster 花了一些時間反覆討論這個議題，找出應對特定問題的可靠且符合 Python 風格的解決方案。

以下是擴展版本的迭代 bitwise_and() 函式，改自 Listing 12-40，這個函式現在可以處理不同大小的類位元組物件：

📁Listing 12-42: bitwise_via_iter.py:1b

```
import itertools


def bitwise_and(left, right, *, byteorder):
    pad_left = itertools.repeat(0, max(len(right) - len(left), 0))
    pad_right = itertools.repeat(0, max(len(left) - len(right), 0))

    if byteorder == 'big':
        left_iter = itertools.chain(pad_left, left)
        right_iter = itertools.chain(pad_right, right)
    elif byteorder == 'little':
        left_iter = itertools.chain(left, pad_left)
        right_iter = itertools.chain(right, pad_right)
    else:
        raise ValueError("byteorder must be either 'little' or 'big'")

return bytes(l & r for l, r in zip(left_iter, right_iter))
```

這裡建立了 pad_left 和 pad_right，它們是用於 left 或 right 運算元填滿的可迭代物件。這兩者都使用 itertools.repeat() 在每次迭代中產生值 0，到指定的迭代次數。這個限制是根據另一個運算元比要填滿之運算元多出多少個位元組來計算的，如果這個運算元是兩者中較大的，則限制為 0。

接著，建立了另外兩個可迭代物件，用來結合位元運算的兩邊的填滿和運算元。位元組順序決定了要怎麼結合填滿與運算元的順序，因為填滿必須套用在較高值的那一端。

如果傳給 byteorder 引數的值不是 'big' 或 'little'，就會引發一個 ValueError 錯誤。（這裡引發的例外和錯誤訊息，與使用不合理的 byteorder 引數時由 int.from_bytes() 引發的相同。）

最後使用 left_iter 和 right_iter 這兩個可迭代物件，它們會產生相同的位元組數，我會像之前一樣在產生器運算式中執行迭代的位元運算操作。

此版本 bitwise_and() 函式的使用和返回方式與前面整數版本的完全相同：

📁Listing 12-43: bitwise_via_iter.py:2b

```
bits = b'\xcc\xcc\xcc' # 0b110011001100110011001100
bitfilter = b'\xaa\xaa' # 0b1010101010101010
```

```
result = bitwise_and(bits, bitfilter, byteorder='big')
print(result) # prints "b'\x00\x88\x88'"
```

再次強調，迭代做法的優點是它針對空間複雜度進行了最化。在時間複雜度方面，則比之前的整數型的做法要慢，因此應該保留給處理特別大型的類位元組物件。在不是大型的類位元組物件下要進行位元運算，則建議使用 int.from_bytes() 和 int.to_bytes()。

使用 memoryview

當您對某個位元組物件進行切片處理時，會建立一個要切片資料的複本。一般情況下，這不會有什麼負面影響，尤其當您之後要指定值給這個資料時。然而，當您處理的是特別大的切片，而且是重複多次時，所有這些複製的操作可能會導致嚴重拖慢效能。

memoryview 類別有助於緩解拖慢效能問題，它透過存取實作**緩衝協定**（**buffer protocol**）的所有物件的原始記憶體資料來達到這樣的效果，這裡有一組方法可提供和管理對底層記憶體陣列的存取。類位元組物件符合這個需求，您會最常使用 memoryview 來處理 bytes 和 bytearray。除了 2 進位導向的物件外，您不太會在其他型別的物件中遇到緩衝協定，雖然 array.array 是一個值得注意的例外。（實際上，緩衝協定是在 C 語言層面定義和實作的，而不是在 Python 本身來處理，所以要在您自己的類別中實作確實並不容易。）

由於 memoryview 設計用來提供非常低層級的記憶體存取，它具有許多特別進階的方法和概念，這裡就不深入介紹。但會向您展示它的最基本用法：就地讀取位元組物件來進行切片或存取其中的一部分，而不是複製要切片的資料去處理。雖然這只在處理特別大的緩衝區時才會運用，但下面的範例只是為了說明和示範，並沒有用太大的資料，只使用一個小的 bytes 物件進行展示。

在這個範例中，我會用切片來確認一些 2 進位資料是否符合特定的格式，也許是每三個位元組之後都有兩個 0xFF 位元組。（好像沒有什麼理由要在現實世界中要這麼做，不用花時間去理解，這就只是個說明用的範例。）實際上，我想要切割每 5 個位元組中的第 4 個和第 5 個位元組，所有 5 個位元組的前 3 個位元組可以是任何值。

首先，我會從沒有使用 memoryview 的版本開始，以供參考：

Listing 12-44: slicing_with_memoryview.py:1a

```python
def verify(bits):
    for i in range(3, len(bits), 5):
        if bits[i:i+2] != b'\xff\xff':
            return False
    return True
```

這個函式是以第四個位元組為基礎（一對中的第一個）透過 for 迴圈進行迭代。一旦到達 bits 的末尾，就知道已經處理完了所有的位元組。（如果這個函式有只切割出最後一個位元組，那就表示程式執行得很好，並返回 False，這就是函式所應該處理的工作。）

在迴圈的每次迭代中，使用 bits[i:i+2] 切割出我關心的兩個位元組，並將其與正在檢查的 b'\xff\xff' 進行比對，如果不相符匹配，立即返回 False。但如果程式碼在沒有違反該條件的情況下完成迴圈，那麼函式就會返回 True。

以下是函式的運用示範：

Listing 12-45: slicing_with_memoryview.py:2

```python
good = b'\x11\x22\x33\xff\xff\x44\x55\x66\xff\xff\x77\x88'
print(verify(good))  # prints 'True'

nope = b'\x11\x22\x33\xff\x44\x55\x66\x77\xff\x88\x99\xAA'
print(verify(nope))  # prints 'False'
```

如之前所提到的，在大多數情況下，這支程式是完全正確的。當我在切片時，會複製那兩個位元組。但如果切片的長度大約為兩**千位元組**，並且要進行數百次切片，那麼所有這些複製出來的副本可能會導致嚴重的效能問題。

這就是 memoryview 能派上用場的地方，我會更新這個範例來使用它。

Listing 12-46: slicing_with_memoryview.py:1b

```python
def verify(bits):
    is_good = True
    view = memoryview(bits)
    for i in range(3, len(view), 5):
        if view[i:i+2] != b'\xff\xff':
            is_good = False
            break
    view.release()
    return is_good
```

這段程式在功能上與之前基本相同，唯一不同的是這次建立了 memoryview 物件，並將其綁定到名稱 view，以便直接存取 bits 的底層記憶體。

我基本上可以用 bytes 類似的做法來使用 memoryview，唯一不同的地方是在 memoryview 上進行切片並就地查看資料，而不是建立資料的副本來處理。

在使用完 memoryview 之後，立即釋放是**非常重要**的，方法是呼叫 memoryview 物件上的 release() 方法。支援緩衝協定的物件知道它們何時被 memoryview 監視，它們會以各種方式更改行為以防止記憶體的錯誤。舉例來說，只要還有一個 memoryview，bytearray 物件就不會調整大小。通常都能安全地呼叫 release() 方法，而最壞的情況就是它什麼都沒做。一旦釋放了 memoryview，那就不能再使用了，如果還嘗試使用就會引發 ValueError。

不幸的是，這裡的程式碼仍不太符合 Pythonic 風格，因為還是需要把值指定給 is_good，並在函式結尾使用該名稱返回。我想對這一點進行優化處理。

嗯...我必須記住在使用完之後關閉某些東西。當然，這表示 memoryview 也是個情境管理器，我能在 with 陳述式中使用。果然，這樣做是可以！我可以把這項技巧納入函式內，讓它更簡潔並符合 Python 風格：

📂Listing 12-47: slicing_with_memoryview.py:1c

```python
def verify(bits):
    with memoryview(bits) as view:
        for i in range(3, len(view), 5):
            if view[i:i+2] != b'\xff\xff':
                return False
    return True
```

這樣看起來更好。這段程式碼仍然與前兩個版本的功能和行為相同，但讀起來更加清晰，並且不會複製在切片的資料。使用方式和結果與 Listing 12-45 範例是一樣的。

讀取與寫入 2 進位資料

就像您可以使用串流來把字串寫入檔案一樣，您也可以使用串流來將 2 進位資料寫入檔案中。2 進位檔案格式，正如稍後會要看到的，相較於文字型的檔案格式是具有一些優勢，特別是能讓檔案的大小更緊湊且處理速度更快。這些技術幾乎與第 11 章中的技術相同，但有個關鍵的不同點：串流必須以 **2 進位模式** 開啟，而不是預設的文字模式，這樣會返回 BufferedReader、BufferedWriter 或 BufferedRandom 物件，具體取決於開啟的模式（請見第 11 章的表 11-1）。

有許多現有的 2 進位資料儲存檔案格式，稍後會討論和介紹，但在下面這個範例中，我會使用 struct 建立自己的格式。在您自己的程式專案中有可能需要以特定方式儲存非常具體的資料，這時就可以自己建立格式。設計屬於自己的 2 進位檔案格式可能需要相當多的考量和規劃，但如果處理得當，自訂檔案格式能完美地適應您的資料。正如您在後面的內容中會看到的範例，由於其格式字串，struct 特別適合這種情況。

組織資料

在這一小節會建立一個基本的類別結構，用於追蹤個人書架（bookshelf）的內容。最後是希望能把這個書架的資料寫入 2 進位串流（包括 2 進位檔案），並從 2 進位串流中建立書架。

我會把程式分成三個檔案：book.py、bookshelf.py 和 __main__.py，它們都放在同一個套件（package）中。該套件還需要放入 __init__.py 檔案，在這個範例中它會是空的。所有這些檔案都會放在 rw_binary_example/ 目錄中，這個目錄會成為這個套件的一部分。以下是這個專案範例的檔案結構：

🗁Listing 12-48: File structure of rw_binary_example/ package

```
rw_binary_example/
├──── book.py
├──── bookshelf.py
├──── __init__.py
├──── __main__.py
```

Book 類別

這支程式的基本資料單位是一本書（Book），我會將它寫成自己的類別：

🗁Listing 12-49: book.py:1

```
import struct


class Book:

    packer = ❶ struct.Struct(">64sx64sx2h")
```

```
    def __init__(self, title="", author="", pages=0, pages_read=0):
        self.title = title
        self.author = author
        self.pages = pages
        self.pages_read = pages_read

    def update_progress(self, pages_read):
        self.pages_read = min(pages_read, self.pages)
```

這裡大部分的內容您應該都已熟悉了。一本書會有標題 title、作者 author、頁數 pages 等，還有一個實例屬性是用來追蹤已讀了多少頁 pages_read。我還提供一個 update_progress() 方法來更新使用者到目前為止已讀了多少頁。

這裡特別值得注意的是，我定義了一個名為 packer 的類別屬性。我把這個名稱綁定到一個 Struct 物件，其中使用格式字串來定義物件的 2 進位格式❶。在這裡使用 Struct 物件，而不是直接使用 struct 模組中的 pack() 函式。我這麼做有兩個原因：第一，這樣可以有一個單一的正規來源來表示我正在使用的 2 進位格式；第二，格式字串會**預先編譯**成 Python 的 bytecode 物件，使得重複使用會更加有效率。

我使用的是大端序，不僅因為熟悉，而且若我想將這些資料發送到網路上（儘管這裡的範例沒有這樣做），也是要使用這種位元組順序。如果在我必須做出有些主觀的決定時（例如選擇位元組順序），我的選擇希望能盡量擴大可以使用這些資料的可能性！

我還會設定字串的大小限制。我需要一個可預測的格式，這樣以後才能從 2 進位資料中讀取，而處理大小不一的資料可能會會變得非常困難。對於這支程式，我設定了 64 位元組的大小限制，這應該足以編碼大多數書籍的標題和作者。在我的格式字串中使用了 64s 來表示標題和作者的 struct 欄位。我還在每個欄位後面跟著一個填滿位元組（x），這樣能保證這些欄位就算使用了所有 64 個字元，都始終可以被解譯成 C 語言風格以 null 結尾的字串。如果我的資料需要由另一種語言的程式碼解譯的話，這樣做能減少潛在的錯誤。

我還指定了兩個 2-byte（short）整數（2h）來儲存頁數和已讀頁數。這應該足夠了，因為一本書不太有可能超過 32,767 頁。（我也可以讓這個數值無符號，但我實際上不需要更高的最大值。也許在程式碼的後期版本中會找到一個更巧妙的方式來使用負數值。）如果我試圖把過大的值打包到結構欄位中，就會引發 struct.error 例外。

現在有了類別和格式字串，我可以寫一個實例方法，將書籍資料從 Listing 12-49 的 Book 類別轉換為 2 進位格式：

📁Listing 12-50: book.py:2

```
    def serialize(self):
        return self.packer.pack(
            self.title.encode(),
            self.author.encode(),
            self.pages,
            self.pages_read
    )
```

為了使用之前預先編譯的格式字串，我會在 self.packer 實例屬性上呼叫 pack() 方法，而不是使用 struct.pack()。把要轉換成 2 進位資料傳遞進去即可。

我必須對每個字串呼叫 encode() 方法，把它們從 UTF-8 轉換為位元組字面字串。我也可以用 self.title.encode(encoding='utf-8') 來明確指定編碼方式。如果使用的是除了預設 UTF-8 之外的字串來編碼，就可能需要指定編碼方式。

整數值 self.pages 和 self.pages_read 可以直接傳遞。

self.packer.pack() 方法會返回一個位元組物件，隨後將它從 serialize 方法返回。

Bookshelf 類別

我的程式會把一組 Book 物件儲存在 Bookshelf 中，這個 Bookshelf 本質上只是串列的薄型包裝函式。

📁Listing 12-51: bookshelf.py:1

```
import struct
from .book import Book

class Bookshelf:
    fileinfo = ❶ struct.Struct('>h')
    version = 1

    def __init__(self, *books):
        self.shelf = [*books]

    def __iter__(self):
        return iter(self.shelf)

    def add_books(self, *books):
        self.shelf.extend(books)
```

從與這個模組位於同一個套件中的 book 模組中引入了 Book 類別，因此在程式的第一行使用了相對引入。

Bookshelf 類別初始化了一個串列 self.shelf，它將儲存傳遞給初始化程式的所有書籍物件。使用者還可以使用 add_books() 方法把更多書籍加到書架上。

這裡允許直接透過從 __iter__() 返回串列的迭代器來迭代書籍，因為這裡的程式沒有必要重新再設計編寫處理程式。

我可以加入一些其他功能，例如刪除或尋找特定的書籍，但我想保持範例的單純性，把處理的焦點放在將這些資料轉換為 2 進位資料。

這個範例中最重要的是我建立的額外 Struct，我把它綁定到 fileinfo。我會用它來儲存檔案格式❶。除此之外，還有一個 version 的類別屬性，是用來追蹤檔案格式的版本編號。如此一來，如果以後更改了 .shlf 檔案格式，就可以告知未來的程式碼應該怎麼讀取舊檔案和新檔案。

這裡定義了一個方法，用來把這些資料寫入 2 進位串流。您可能還記得在第 11 章中有提過怎麼把檔案開啟為串流。我也可以套用這些相同的技術，把資料發送給另一個處理程序，或者透過網路發送給另一台機器。

📂Listing 12-52: bookshelf.py:2

```
    def write_to_stream(self, stream):
        stream.write(self.fileinfo.pack(self.version))
        for book in self.shelf:
            stream.write(book.serialize())
```

write_to_stream() 方法接受一個串流物件當作引數。首先把 .shlf 檔案格式的版本 version 寫入 2 進位串流內。程式碼以後可以檢查這個第一個值，確保正在讀取的 .shlf 檔案有遵循預期的格式。

接下來是遍訪 self.shelf 串列中的 Book 物件，對每本書呼叫 serialize() 方法，隨後使用 stream.write() 將返回的 bytes 物件寫入串流中。由於串流自動將其位置移到寫入 2 進位檔案的最後資料的末尾，所以不需要再去呼叫 stream.seek() 來處理。

寫入檔案

現在可以讓 Book 和 Bookshelf 類別開始儲存一些資料了：

📂Listing 12-53: __main__.py:1

```python
from .bookshelf import Bookshelf
from .book import Book


def write_demo_file():
    # Write to file

    cheuk_ting_bookshelf = Bookshelf(
        Book("Automate the Boring Stuff with Python", "Al Sweigart", 592, 592),
        Book("Doing Math with Python", "Amit Saha", 264, 100),
        Book("Black Hat Python", "Justin Seitz", 192, 0),
        Book("Serious Python", "Julien Danjou", 240, 200),
        Book("Real-World Python", "Lee Vaughan", 370, 370),
    )
```

在模組的頂端引入了 Book 和 Bookshelf 類別。在 write_demo_file() 函式內則建立了一個新的 Bookshelf 物件 cheuk_ting_bookshelf，並填入一些資料。Cheuk Ting 確實對書有很好的品味！

接著在相同的 write_file() 中加入以下內容，並以 2 進位寫入模式開啟檔案：

📂Listing 12-54: __main__.py:2

```python
    with open('mybookshelf.shlf', 'bw') as file:
        cheuk_ting_bookshelf.write_to_stream(file)
```

您可能還記得在第 11 章中有提到在 open() 函式的 mode 字串中指定 b 就可以 **2 進位模式**開啟串流，而不是預設的文字模式。我希望寫出到檔案時如果檔案已經存在，就覆蓋其內容，所以使用了 w 模式。

為了幫助您理解這個範例，我現在先建一個空的 read_demo_file() 函式，稍後再來填寫其內容。

📂Listing 12-55: __main__.py:3a

```python
def read_demo_file():
    """TODO: Write me."""
```

開啟了我要的檔案之後，我把它傳給 cheuk_ting_bookshelf 物件的 write_to_stream() 方法。

在 __main__.py 的底部，我必須放入用於執行 main() 函式的標準程式寫法：

📂Listing 12-56: __main__.py:4a

```
if __name__ == "__main__":
    write_demo_file()
```

完成了！執行這個套件（透過 python3 -m rw_binary_example 命令）會在目前的工作目錄中建立一個名為 mybookshelf.shlf 的新檔案。如果您在一個能夠顯示 2 進位檔案的文字編輯器（例如 Visual Studio Code）中開啟這份檔案，可能會看到書籍的標題和作者顯示在一堆奇怪的符號中。

這裡已經建立了一個含有我的資料的 2 進位檔！（我承認，讓這個例子能順利執行後，我自己也笑得很開心。）

從 2 進位檔讀取資料

我所建立的 .shlf 檔只是一團 2 進位資料，其中並沒有讀取它的資訊。為了讓這個 .shlf 格式能用，我需要擴充這支程式，讓它能讀取 .shlf 檔中的資料，把 2 進位資料轉換回字串和整數。

再回到 Book 類別中，我新增了一個方法來建立新的物件，用於從 .shlf 檔中讀取的 2 進位資料：

📂Listing 12-57: book.py:3

```
    @classmethod
    def deserialize(cls, bits):
        title, author, pages, pages_read = cls.packer.unpack(bits)
        title = title.decode()
        author = author.decode()
```

我選擇把這個方法設為類別方法，而不是實例方法，以防止意外地覆蓋其他書籍資料。這個方法接受一個 bytes 物件，我使用 Book.packer 類別屬性（請參閱 Listing 12-49）把 2 進位資料解開為四個名稱。

我使用 decode() 把字串從 bytes 轉換編碼成 UTF-8。與之前一樣，如果需要解碼成其他的編碼方式，就需要透過 decode() 的「encoding=」參數來指定編碼。

unpack() 方法會自動把整數值轉換成 int。

最後，在這個 deserialize() 類別方法中，我從解開的值中建立和返回一個新的 Book 物件：

Listing 12-58: book.py:4

```
    return cls(title, author, pages, pages_read)
```

我會在 Bookshelf 類別中使用這個新的類別方法。

接下來則是加入一個 from_stream() 類別方法，用來從 2 進位串流建立一個新的 Bookshelf。

Listing 12-59: bookshelf.py:3

```
@classmethod
def from_stream(cls, stream):
    size = cls.fileinfo.size
    version, = cls.fileinfo.unpack(stream.read(size))
    if version != 1:
        raise ValueError(f"Cannot open .shlf v{version}; expect v1.")
```

from_stream() 類別方法接收一個串流物件 stream 作為引數。

在進行任何處理之前，我需要檢查 .shlf 檔案的格式版本，以防未來某些使用者試圖使用此套件開啟一個（現在假設存在）version-2 的檔案。為了做到這一點，首先要確定從檔案開頭讀取多少位元組，這裡儲存了版本 version 的資料。類似 cls.fileinfo（請參閱 Listing 12-51）這樣的 Struct 物件具有一個 size 屬性，該屬性返回一個整數，用來表示把資料打包到該 Struct 中所需的確切位元組大小。

我使用 stream.read(size) 從 2 進位串流中讀取 size 所指示的位元組數量，隨後將返回的位元組字面值傳遞給 cls.fileinfo.unpack()。這會返回一個值的元組，但由於在範例中這個值的元組內只含有一個值，所以我必須小心地將該值解開到 version，而不是將整個元組綁定到這個名稱。

在繼續之前，我會檢查返回的檔案格式版本，如果這個編碼所需的格式版本不正確，就會拋出 ValueError 錯誤。這段程式碼未來的擴展版本可能允許根據讀取之檔案的格式版本來切換使用 Book 模組中不同的 Struct 物件。

現在，我要開始讀取每本書籍的資料：

☞Listing 12-60: bookshelf.py:4

```
        size = Book.packer.size
        shelf = Bookshelf()
```

獲得了 Book 類別使用的 Struct 物件的大小（以位元組為單位），並將其儲存在 size 中。隨即實例化一個新的 Bookshelf 物件，並將其綁定到 shelf。現在已經準備好讀取 2 進位串流中的其餘資料了：

☞Listing 12-61: bookshelf.py:5

```
        while bits := stream.read(size):
            shelf.add_books(Book.deserialize(bits))

        return shelf
```

在迴圈的標頭部分，我使用 stream.read(size) 從 2 進位串流中讀取下一個資料段，隨後將其綁定到 bits。在這個情境中使用了**指定運算式**，透過**海象運算子**，這樣就可以在迴圈標頭中直接檢查 bits 的值。接著隱式檢查 bits 是否不是空的位元組字面值（bytes()），只有當 bits 實際上是空的時候，其值將是「偽值」，或在條件式中隱式評算求值為 False，這都表示已經達到了串流的結尾。任何其他 bits 的值，即使是 b'\x00'，都會導致此運算式評算求值為 True。

在這個迴圈的內容中，我從 bits 中的 2 進位資料，使用 Book.deserialize() 類別方法建立一本新的 Book。隨後把這個 Book 物件加入綁定到 shelf 的 Bookshelf 物件內，這個 Bookshelf 物件是在這裡建立的。

最後，在迴圈完成之後返回 shelf。

由於我結構化處理了 Bookshelf 和 Book 類別，讀取 .shlf 檔案的程式碼相當簡潔優雅。現在開始要編寫在 __main__.py 模組中的 read_demo_file() 函式。

Laís 從她的朋友 Cheuk Ting 那裡收到一些書籍推薦，存放在一個 .shlf 檔案中，所以她需要開啟那個檔案。以下是讓她用 Bookshelf 類別進行處理的程式碼：

☞Listing 12-62: __main__.py:3b

```
def read_demo_file():
    with open('mybookshelf.shlf', 'br') as file:
        lais_bookshelf = Bookshelf.from_stream(file)

    for book in lais_bookshelf:
        print(book.title)
```

我以 **2 進位讀取**模式（br）開啟 mybookshelf.shlf 檔。隨後把檔案串流物件傳給 Bookshelf.from_stream()，接著將返回的 Bookshelf 物件綁定到 lais_bookshelf。

最後，為了確認一切都運作正常，程式遍訪了 lais_bookshelf 中的每一本書，並印出書名。

這裡必須確定有呼叫 read_demo_file() 函式：

📂Listing 12-63: __main__.py:4b

```python
if __name__ == "__main__":
    write_demo_file()
    read_demo_file()
```

執行這段程式會產生如下的輸出結果：

```
Automate the Boring Stuff with Python
Doing Math with Python
Black Hat Python
Serious Python
Real-World Python
```

Laís 的書架現在和 Cheuk Ting 的一模一樣了！

我希望 Cheuk Ting 在 Laís 看完《Dead Simple Python》這本書之後也記得向她推薦此書。

2 進位串流中的移位處理

在處理串流時，如果只想讀取或修改串流的某一部分，而不是遍訪或處理整個串流，則可以更改串流的位置。請回想一下第 11 章提到的，您可以用 tell() 和 seek() 方法在文字串流上進行處理。對於 2 進位串流物件，如 BufferedReader、BufferedWriter 和 BufferedRandom，您也可以使用相同的方法，不過在 seek() 方法上還增加了一些附加的功能。

seek() 方法接受兩個引數。第一個引數是 offset 偏移值，表示在串流中移動的位元組數。正數的偏移值是向前移動，負數的偏移值則是向後移動。

第二個引數是 whence，它指定了偏移值從哪個起始位置開始計算。在文字串流中，偏移值必須為 0。但在 2 進位串流中就沒有這個限制！

在 2 進位串流中，whence 有三個可能的值：0 表示從開頭開始，1 表示從目前位置開始，2 表示從結尾開始。如果想從串流的結尾向前移動 6 個位元組，則可以這樣做：

☐ Listing 12-64: seek_binary_stream.py:1

```
from pathlib import Path
Path('binarybits.dat').write_bytes(b'ABCDEFGHIJKLMNOPQRSTUVWXYZ')


with open('binarybits.dat', 'br') as file:
    file.seek(-6, 2)
```

指定 whence 為 2 表示我從串流的結尾開始尋找位置，而偏移值參數 -6 表示從結尾位置往回移動 6 個位元組。

同樣地，如果希望從目前的串流位置向前移動 2 個位元組，會用以下的寫法：

☐ Listing 12-65: seek_binary_stream.py:2

```
    file.seek(2, 1)
```

whence 引數為 1 表示我從目前位置開始尋找，偏移值引數為 2 表示從那個位置往前移動 2 個位元組。

使用 seek() 時需要小心一點：只有當您在以檔案開頭為起始（whence 為 0，預設值）時，才使用正數的偏移值，否則會引發 OSError 錯誤。同樣地，當使用負數的偏移值和 whence 為 1 時，要小心不要往回倒到串流的開頭之前。

當您以檔案的結尾為起始（whence 為 2）時，請都使用負數的偏移值。正數的偏移值不會引發錯誤，雖然也不會有害，但尋找超過緩衝區的末尾的動作實際上沒有意義。如果尋找動作超過末尾，然後從那個位置寫入資料，實際上就是把該資料丟到一個黑洞中，它是不會被寫入串流的。如果您想要附加資料到串流尾端，請使用 file.seek(0, 2) 把位置定位到末尾。

使用 BufferedRWPair

在收集資料與編寫本書時遇到很多好玩有趣的體驗，其中之一就是能發現陌生的技巧。在閱讀關於這部分的 Python 官方文件時，我了解到還有另一種稱為 BufferedRWPair 的 2 進位串流，它接受兩個串流物件：一個用於讀取，另一個用於寫入。（兩者**必須**是不同的串流物件！）

BufferedRWPair 的主要用途是在處理 socket 或雙向管道時，程式透過兩個獨立的緩衝區與系統中的另一個處理程序通訊：一個用於接收來自其他處理程序的資料，另一個用於發送資料。

另一種用途是簡化從一個來源讀取資料的過程，再對其進行處理，然後將資料發送到其他地方。舉例來說，我可以使用 BufferedRWPair 來從設備的序列埠讀取資料，然後將其直接寫入到檔案內。

我不會在這裡寫出完整的範例，因為這有點複雜，可能使用到本書還沒有介紹之主題的功能（我希望維持書中內容的相關性）。使用 BufferedRWPair 的方式和其他位元組串流差不多，只是您需要明確地初始化，並透過傳遞兩個串流來進行處理：一個用於讀取，另一個用於寫入。

舉個簡單的例子來說明，首先使用一般的方法來建立一個含有某些資料的 2 進位檔案：

📁 Listing 12-66: creating_bufferedrwpair.py:1

```
from pathlib import Path
Path('readfrom.dat').write_bytes(b'\xaa\xbb\xcc')
```

這段程式碼只建立了一個叫做 readfrom.dat 的檔案，這樣在範例要講述示範時就有東西可以讀取。

我透過傳入一個讀取串流和一個寫入串流來建立一個 BufferedRWPair 物件。我會使用 Path 的 open() 方法來建立這些串流：

📁 Listing 12-67: creating_bufferedrwpair.py:2

```
from io import BufferedRWPair
with BufferedRWPair(Path('readfrom.dat').open('rb'), Path('writeto.dat').open('wb')) as buffer:
    data = buffer.read()
    print(data)  # prints "b'\xaa\xbb\xcc'"
    buffer.write(data)
```

為了確認程式是能有效運作的，我會直接以讀取模式開啟 writeto.dat 檔，以檢查其內容：

📁 Listing 12-68: creating_bufferedrwpair.py:3

```
Path('writeto.dat').read_bytes()  # prints "b'\xaa\xbb\xcc'"
```

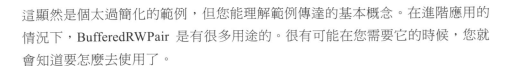

這顯然是個太過簡化的範例，但您能理解範例傳達的基本概念。在進階應用的情況下，BufferedRWPair 是有很多用途的。很有可能在您需要它的時候，您就會知道要怎麼去使用了。

序列化的技術

正如第 11 章所提到的，**序列化**（**serialization**）是將資料轉換為可儲存之格式的過程。這些資料可以寫入檔案、傳輸到網路上，甚至在不同處理程序之間共享。反向操作是**反序列化**（**deserialization**），它把序列化的資料轉換回其原始形式，或至少是一個相似的等效形式。

書中已介紹過用於序列化的多種格式，特別是 JSON 和 CSV。所有這些格式都是文字型的，目的是讓人能夠閱讀，這使它們成為使用者能夠手動修改之檔案的理想選擇。人可閱讀的格式是**不會過時的**，這表示就算目前使用的技術或格式規範不存在的情況下，反序列化過程仍可以被逆向工程來處理。（而這一點比您想像的更常發生！）

使用人可閱讀的、文字型的序列化格式，而不是 **2 進位**序列化格式，這還是有一些缺點。首先是大小：非字串資料不使用其原本的 2 進位形式，而表示為字串通常會消耗更多記憶體空間。與 2 進位格式相比，文字格式通常反序列化的處理速度較慢。這就是為什麼 2 進位格式更適合**虛擬機器**設計模式的原因，其中不同的位元組對應不同的行為。大多數直譯式的程式語言，包括 Python 本身，都在內部使用這種設計模式的某種形式來處理工作。

文字型序列化格式的第三個缺點與其中一個優勢相同：檔案容易被修改。您可能希望防止使用者直接編輯特別複雜或脆弱的資料，因為小的錯誤可能損壞檔案。使用 2 進位序列化格式是阻止檔案被篡改的有效做法。

有個很好的例子是 Minecraft 的 .dat 檔案格式，其中含有以 2 進位格式序列化的遊戲世界資料。（Minecraft 是用 Java 編寫的事實並不重要，序列化的原則是和程式語言無關的。）重要的是請留意，混淆（obfuscation）的做法並不是有效的安全技術。Minecraft 的 .dat 檔案仍然可以被最終使用者編輯，透過像 MC Edit 這種第三方程式就可開啟編輯。

如果您想保護序列化的資料，**加密**（encryption）是唯一的方法。如何運用加密取決於您個人的情況。

舉例來說，太空模擬遊戲 Oolite 使用 XML 來序列化玩家的資料，這種檔案格式方便使用者讀取和編輯，但它在檔案中放入了資料的雜湊字串，以便遊戲能檢測作弊的修改，並對遊戲進行輕微的調整。

在真正需要安全性的應用程式中，序列化的資料通常會完全加密。許多應用程式會以這種方式存放已儲存的密碼，透過主密碼或金鑰來進行加密，以防止資料被攔截。密碼必須序列化並儲存到磁碟上，以便程式能保存，但加密能確保別人無法反序列化這些資料。

> **ALERT**
>
> 對於使用者的資料使用非標準的 2 進位序列化格式並在不需要安全性的情況下加密，是一種普遍存在的反模式。透過這種方式限制使用者存取其資料來鎖住使用者，通常被認為是不道德的。請明智地使用這些工具，並強烈考慮公開資料的序列化格式規範。

總而言之，是否使用文字型或 2 進位的序列化完全取決於您個人的需求。2 進位序列化可以提供較小的檔案大小、更快的反序列化速度，並附帶防止使用者篡改的額外好處。然而，2 進位型格式不如文字型格式所具備不會過時的特質，也可能讓使用者對資料感到不透明。這些是不用於序列化設定的原因。

禁用工具：pickle、marshal 和 shelve

Pickle 是一套常見的內建序列化工具。它將 Python 物件以 2 進位格式儲存在檔案中，隨即在稍後可以再次反序列化或取消封存，變回 Python 物件。這感覺很棒，對吧？

在文件的頂端有一個大紅框，強調了關於 Pickle 的安全性問題，但很可能被人忽視。開發者可能會說：「這就只是個電腦計算器應用程式，這裡不太需要什麼安全性。」

然而，這裡的安全性與資料本身無關。Pickled 資料可以被篡改來執行任意程式碼，這表示如果您使用 pickle 進行序列化，您的 Python 程式可以變成能**實際執**

行任何操作的程式。如果有人修改了使用者機器上的 pickled 資料，這並不難做到，那麼您無害的 Python 程式在反序列化該檔案時就可能成為惡意軟體。

您可以透過使用 hmac 的訊息驗證模組來防止檔案被篡改，但使用本章的其他技術以一種安全的方式序列化資料不是更為直接。Pickle 資料本來就不打算在 Python 之外具有意義，而自訂序列化的做法**可以**讓資料具有可移植性。

而且，pickle 的速度非常慢，且會生成一些相當臃腫的檔案。即使在考慮安全性之前，它實際上是把所有東西序列化到檔案中效率最低的做法。

在 Python 中還有兩個相關的內建工具：marshal 和 shelve。前者 marshal 實際上只是打算在 Python 內部使用的，因為它故意沒有記錄規格文件可能在不同的 Python 版本之間變化。它也有與 pickle 相關的安全性和效能問題，因此不應被視為替代方案。即使它很完美，但也不是設計來讓您使用的。

shelve 模組是以 pickle 為基礎所建構出來的，出於與 pickle 相同的原因，它也應該被忽略而不去使用。

坦白說，pickle、marshal 和 shelve 在序列化成檔案的相關技術上並沒有優勢。它們就像「sudo pip」指令這樣：在它們完全失靈之前**似乎能**正常工作，隨後您會以最痛苦的方式發現這種用法隱藏了超多問題。

請忽略關於這個議題的眾多教材和 Stack Overflow 上誤導性的答案。除非您直接在處理程序之間傳輸資料，除了用來警告其他 Python 開發者遠離它們，請不要理會這些模組的存在。請把 pickle 冷凍起來。

您可能會想為什麼這些模組會先被引入標準程式庫中。其中有一些因素。

首先，pickle 確實有個有效的用途：在執行中的處理程序之間傳輸資料。這是安全的，因為資料永遠不會寫入檔案內。速度和大小仍然是問題，但已經努力在減輕這些問題，因為補救 pickle 比建立一個全新的協定更容易。Python 3.8 引入了 pickle 協定的新版本，目的在改善對大型資料的處理（請參閱 PEP 574）。我會在本書第 17 章再次討論 pickle，到時會介紹多行程（multiprocessing）。

再來，有大量的 Python 程式碼依賴這些模組。曾經 pickle 被視為序列化資料的「明顯做法」，雖然它的缺陷已經出現且早已不再受歡迎。已經有一些舉措可棄用和移除許多所謂的「dead batteries」（參考改編自 Python 的「batteries included」），但 pickle 不在這份清單中，因為它在多行程中有被使用。

這只留下一種解決方案：接受 pickle、marshal 和 shelve 各有其用途，但不要拿來用在資料序列化到檔案的處理。

序列化格式

如果不使用 pickle 和相關的模組，還有哪些選擇呢？幸運的是，我們還有很多選擇！這裡彙整了一份簡短的清單，列出了一些最常見和流行的 2 進位序列化格式，內容僅是簡介而非盡述。如果您對這些檔案格式中的任何一種感興趣，請參閱對應模組或程式庫的官方說明文件。

Property list

Property list 或稱 .plist 檔，是一種序列化格式，最初是 1980 年代的 NeXTSTEP 作業系統建立的，後來繼續發展用於其後代系統：macOS 和 GNUstep。雖然它主要用於這些平台，但您還是可以在自己的程式專案中使用 Property list。這是一種在不使用 pickle 的情況下執行 2 進位序列化的最佳方案之一。

Property list 有兩種主要的版本：2 進位和可讀性較高的 XML 形式。這兩種格式都可以使用內建的 plistlib 模組進行序列化和反序列化。

在 Python 中使用 Property list 的優勢是它們可以直接序列化大多數基本型別，包括經常用作頂層物件的字典（就像 JSON 一樣）。

若想要了解更多相關資訊，請閱讀官方說明文件，其網址是 https://docs.python.org/3/library/plistlib.html。

MessagePack

其中一個主要的 2 進位序列化格式是 MessagePack，其目的是生成簡單、緊湊的序列化輸出。是 JSON 型格式，在大部分情況下可以表示相同型別的資料。

官方的第三方套件 msgpack 可以透過 pip 安裝。若想要得到更多資訊和官方說明文件可以連到 MessagePack 官網上查閱：https://msgpack.org/。

BSON

另一種 JSON 型的 2 進位序列化格式稱為 **BSON**（**B**inary **JSON**）。由於是 2 進位格式，BSON 比 JSON 在進行反序列化更快速。雖然還是比 MessagePack 生成的檔案大，但通常也生成的檔案也算小的了。在某些情況下，BSON 檔案甚至可能比等效相同的 JSON 檔案更大。BSON 還提供了一些 MessagePack 所不具備的額外資料型別。

由於 MongoDB 大量使用 BSON 格式，Python 的 MongoDB 套件 pymongo 也提供了 bson 套件。如果您不想使用整個 pymongo 套件，還可以找簡單的 bson 分支來安裝。從官網可了解更多關於 BSON 的資訊：http://bsonspec.org/。

CBOR

CBOR（**C**oncise **B**inary **O**bject **R**epresentation）是一種專注於簡潔編碼的 2 進位序列化格式。與 BSON 和 MessagePack 一樣，它也是 JSON 型的資料模型。不同於其他兄弟的格式，CBOR 已經被 Internet Engineering Task Force 在 RFC 8949 中正式定義為網路標準，並且被廣泛應用於物聯網的領域。

有一些可用的套件可以透過 pip 安裝來處理 CBOR，其中最更新的是 cbor2。關於這種格式的更多資訊可連到官網查閱：https://cbor.io/。

NetCDF

網路通用資料格式（**N**etwork **C**ommon **D**ata **F**orm），縮寫為 **NetCDF**，是一種主要用於處理陣列導向資料科學的 2 進位序列化格式。它是在 1989 年建立的，以 NASA 的通用資料格式為基礎，雖然這兩種格式現在不再相容。NetCDF 仍然由 **University Corporation for Atmospheric Research**（**UCAR**）維護。

透過 pip 安裝的 netCDF4 套件提供了用於處理 NetCDF 格式的模組。您也可以在 https://www.unidata.ucar.edu/software/netcdf/ 網站上了解更多關於這種格式的相關資訊。

HDF

階層資料格式（**H**ierarchical **D**ata **F**ormat），縮寫為 **HDF**，是一種設計用來儲存大量資料的 2 進位序列化格式。它由非營利的 HDF 團隊開發和維護，廣泛應用於科學、工程、金融、資料分析,甚至創意專案中。它在一些重要的 NASA 專案中扮演了核心角色,也被用於製作電影,如《魔戒》和《蜘蛛人 3》。

HDF5 是最新版本,也是目前的推薦標準。HDF 團隊仍然支援和維護 HDF4。

有一些第三方模組可用來處理 HDF,其中兩個領先的選項是 h5py 和 tables。更多資訊可連到 HDF 團隊的網站查閱:https://www.hdfgroup.org/。

Protocol Buffers

Google 的 Protocol Buffers 是一個越來越受歡迎的 2 進位序列化格式,但我最後才介紹它,因為它的操作方式與其他格式非常不同。

不同於大多數格式已經有自己的標準規格,而 Google 的 Protocol Buffers,您需要自己在一個特殊的 .proto 綱要檔案中定義您的檔案規格。然後,這個綱要會使用 Google 的 Proto 編譯器編譯成您喜愛的程式語言,以 Python 來說,它會生成一個 Python 模組。隨後您可以根據您所建立的規格去使用這個生成的模組來進行序列化和反序列化。

如果您對這個格式感興趣,可參考 Google 的官方說明文件:https://developers.google.com/protocol-buffers/docs/pythontutorial。

其他更多的格式

還有一些針對特定用途所設計的 2 進位序列化格式,例如氣象學中的 **GRIB** 和天文學中的 **FITS**。一般來說,找出適合您需求之格式的最佳做法,是先思考您的資料應該如何儲存,以及在什麼情況下需要反序列化。一旦找到符合特定需求的格式,就可以在 Python 中找到(或編寫)模組來處理。

> NOTE
>
> 您可能有注意到,我沒有提及內建的 xdrlib 模組,它是用來處理較舊式的 XDR 序列化格式。自 Python 3.8 版開始就已被棄用,而且 PEP 594 計畫在 Python 3.10 中將其移除,所以最好不要使用它。

總結

2 進位（Binary）是電腦的語言。它是程式在自身之外分享資料的最可靠方式之一，無論是透過檔案（正如您在這裡看到的）還是跨處理程序或網路。2 進位序列化格式通常提供比文字型格式更小的檔案大小和更快速的反序列化處理，代價是可讀性較低。在為任務選擇文字型或是二進制的部分理由取決於您的受眾：**文字型適用於人，2 進位適用於電腦**。此外，請思考給定格式的可用工具和其對您想要編碼之資料的適用性。舉例來說，就算使用者都不需要與設定檔進行互動，.json 仍然是一種流行的檔案格式，因為這種格式易於除錯！

程式設計師的目標最終是充當人類和計算機之間的翻譯員。掌握以位元和位元組、2 進位和 16 進位思考需要時間，但這是一項非常值得培養的技能。無論程式設計師爬升到抽象層多高的位置，永遠無法真正擺脫建構一切的基礎電腦語言。熟練的程式設計師應該精通人類語言和電腦邏輯，對這兩者了解得越多，就越能充分利用 Python 或任何其他程式語言提供給您的工具。

PART IV
進階概念

第 13 章
繼承和混入

知道何時使用繼承（inheritance）比知道如何使用繼承更為重要。繼承這項技巧對於某些情況很有用，但對大多數的其他情況則非常不適用，因此它是物件導向程式設計中很有爭議的主題之一。從程式的語法上來說，繼承很容易實作。然而，在實際的應用中，繼承涉及到的問題非常複雜而且很微妙，這些內容足以為它開一個專門的章節來說明和探討。

理論回顧：繼承

繼承允許您編寫有共用程式碼和通用介面的類別。為了理解繼承是怎麼運作的，請回顧一下第 7 章中建立 house（物件）的 blueprint（類別）的範例和比喻。假設您現在設計了一個有三間臥室的變種 house 物件，而不是原來的兩間臥室版本。一切保持不變，但在一側新增了一個房間。

現在，如果您改進原本的 blueprint 藍圖，升級廚房的電線，您會希望這些改變同時反映在兩間臥室和三間臥室的 blueprint 藍圖中。但您不希望第三間臥室出現在兩間臥室房子的 blueprint 藍圖上。

這裡就是繼承能派上用場的地方。您可以寫一個叫做 House3B 的類別，它繼承自 House。這個**衍生**類別 House3B，一開始和基底類別 House 完全相同，但您可以擴充這個衍生類別，加入額外的方法和屬性，甚至**覆寫**（替換）基底類別的某些方法。這被稱為 **is-a**（**是**）關係，因為「House3B is a House」。

SOLID 原則

良好的物件導向設計遵循五項原則，用一個縮寫 SOLID 來代表。這五項原則是在決定何時以及如何使用繼承的核心觀念。

然而，很重要的是您必須根據自己的常識來套用這些原則。完全按照 SOLID 的字面意義執行仍可能寫出可怕、難以維護的程式碼！這並不表示這些原則有問題，只是您必須在所有的設計決策中運用自己的常識來配合。

現在，讓我們來看看 SOLID 五項原則分別是什麼：

S：單一職責原則（Single-Responsibility Principle）

就像函式一樣，一個類別應該具有單一且明確的職責。不同之處在於函式是執行某項操作，而一個類別是某種東西。我自己的格言是：「類別是由其組成的資料來定義。」

關鍵是要避免編寫 god 類別，這種類別嘗試完成很多不同的事情。god 類別容易引起錯誤，讓維護變得複雜，且混淆了程式碼的結構。

O：開放-封閉原則（Open-Closed Principle）

一旦某個類別在整個原始程式碼中被使用，就應該避免以可能影響其運用的方式來對它進行修改。使用您類別的客戶端程式碼在您更新類別時不應該去進行太多、或不需要的任何修改。

一旦您的程式碼已經投入使用，盡可能避免去更改物件的介面，這是用來與類別或物件互動的一組公開方法和屬性。您也應該謹慎修改那些衍生類別直接依賴的方法和屬性。此外，最好使用繼承的方式來擴充類別。

L: 里氏替換原則（Liskov Substitution Principle）

當使用繼承時，您必須能在運用中以衍生類別替換基底類別，而不去更改程式的預期行為，這樣有助於防止意外和邏輯錯誤。如果基底類別和衍生類別之間的行為有顯著的差異，那就不應該使用繼承。衍生類別應該是一個完全不同的基底類別。

這並不表示**介面**或**實作**必須完全相同，尤其在 Python 中。衍生類別可能需要在方法上接受不同的引數，但基底類別和衍生類別上相同的運用應該產生類似可觀察的行為，或者至少應該明確回報錯誤。如果在基底類別上呼叫一個方法返回整數，而在衍生類別上的相同呼叫卻返回字串，那麼這種差異會讓人感到困惑。

I：介面隔離原則（Interface Segregation Principle）

在設計類別介面時，要考量客戶端的需求，也就是最終會使用您類別的開發者，即使那個客戶端是未來的您自己。不要強迫客戶端去了解或處理他們不會使用的介面部分。

舉例來說，如果要求每個定義印表機工作的類別都要繼承一個複雜的基底類別 PrintScanFaxJob，那就違反了介面隔離原則。更好的做法是編寫單獨的 PrintJob、ScanJob 和 FaxJob 基底類別，每個類別都有適合其單一職責的專用介面。

D：依賴反轉原則（Dependency inversion principle）

在物件導向程式設計中，會有某些類別依賴於其他類別，有時這會導致大量的重複程式碼。如果後來需要替換其中某個類別或更改實作細節，就必須在每個重複的程式碼實例中進行更改。這樣會讓重構變得很痛苦。

您反而應該使用鬆耦合，這是一種確保對某個部分的變更不會破壞程式碼中其他部分的技巧。舉例來說，不是讓類別 A 直接依賴於特定的類別 B，您可以編寫一個類別，提供單一的抽象介面，作為連接到 B 以及相關的類別 C 和 D（如果需要）的橋樑。

這個原則被稱為「依賴反轉原則」，因為它與很多人對物件導向程式設計的第一個想法相反。不是讓衍生類別從基底類別繼承行為，而是讓基底類別和衍生類別都依賴於一個抽象介面。

實作鬆散耦合的一種做法是透過**多型**（polymorphism），就是讓不同行為和功能的多個類別提供一個共同的介面。這樣一來，您能編寫更簡單的客戶端程式碼，例如，當與不同的類別一起工作時，某個函式能夠表現出相同的行為。

多型通常是透過繼承來實作的。舉例來說，假如您有一個名為 Driver 的類別，用來與 Car 類別互動。如果您希望 Driver 也能與其他車輛一起使用，您可以寫一個名為 Vehicle 的類別，Car、Motorcycle、Boat 和 Starship 都繼承自該類別。如此一來，由於 Driver 與 Vehicle 互動，它可以自動使用這些車輛類別中的任何一個。（這種做法遵循了里氏替換原則。）

實作鬆耦合的另一種做法是透過組合（composition）。在設計使用者介面（UI）時，通常會有**控制器**類別，它提供一個抽象的介面來觸發常見功能，例如顯示對話方塊或更新狀態列。若不希望因為微小的差異（例如對話方塊上的不同按鈕），而在整個專案中重複 UI 控制程式碼。控制器類別抽象出這些實作細節，讓它們脫離了程式的其餘部分，使它們更容易使用、維護和重構。對於常見功能實作的變更只需要在一個地方進行即可。

繼承的使用時機

繼承很容易變得複雜且難以控制，主要是因為這項功能看起來好像很聰明很好用。但您必須知道什麼時候**不要**去使用。

雖然有很多程式語言使用「繼承」和「多型」來允許處理多種不同型別的資料，但 Python 很少需要這樣做。相反地，Python 語言是使用鴨子型別（duck typing），只根據介面的品質接受引數。例如，Python 不強制您從特定的基底類別繼承來讓物件成為迭代器。它反而識別出具有 __iter__() 和 __next__() 方法的所有物件都是迭代器。

由於類別是由其組成的資料所定義，繼承應該是去擴充這個定義。如果兩個或多個類別需要包含相同型別的資料並提供相同的介面，那麼使用繼承可能是合理的做法。

舉例來說，內建的 BaseException 類別包含了描述所有例外情況的幾個共同屬性。其他例外狀況，如 ValueError 和 RuntimeError 等含有相同的資料，因此它們繼承自 BaseException。基底類別為了與這些資料互動而定義了一個共同的介面。衍生類別擴充了介面和屬性來滿足它們的需求。

如果您只是為了要求衍生類別實作特定的介面，或是允許擴充很複雜的介面，而被誘導使用了繼承功能，請考量改用**抽象基底類別**（**abstract base classes**）來代替。我會在第 14 章再回過頭討論這個主題。

繼承的罪過

請記住：**物件導向設計的決策必須基於被封裝的資料**。牢記這個原則將有助於避免許多在物件導向程式碼中常見的可怕情況。繼承有許多被誤用的地方，我會在這裡介紹其中一些較嚴重的情況。

有個主要的繼承反模式是 **god 類別**，這種類別缺乏單一明確的職責，反而存放或提供了大量共享資源的存取。god 類別很快就變得臃腫且難以維護。最好使用類別屬性來儲存需要在物件之間進行共享可變的東西。就算是全域變數也比 god 類別更不容易成為反模式。

另一個繼承反模式是 **stub 類別**，這是一種幾乎沒有包含資料的類別。stub 類別常出現，是因為開發人員想採用繼承來減少重複的程式碼，而不是考量封裝的資料。這樣就導致了大量無用且目的不明確的物件。有更好的做法可以防止重複的程式碼，例如使用模組中的普通函式，而不是編寫方法或使用組合。方法（method）和共同的程式碼，可以使用混入（mixins）和抽象基底類別等技術在類別之間共享（第 14 章）。

混入的做法會在本章稍後的內容介紹，實際上是一種活用 Python 繼承機制的組合形式。它們不是規則的例外做法。

用錯繼承的第三種罪過，是人們傾向於寫出「聰明又好用」的程式碼。繼承是看起來聰明又好用的工具，但不要用錯地方。有時使用組合可以獲得更好的架構和減少錯誤的發生。

Python 繼承的基礎知識

在深入探討繼承的更深層機制之前,我想先從基礎知識開始介紹。

我會以目前很流行的個人工作管理技術「條列式筆記法(也有人稱子彈筆記法)」來當作範例。在現實生活中,**條列式筆記**(**bullet journal**)是一本實體書,由一個或多個**集合**(**collections**)所組成,這些集合都有標題,包括了條列式工作任務、事件和筆記。不同的集合有不同的目的。對於 Python 中的繼承範例,我會編寫一些類別,模擬條列式筆記的功能。

首先是編寫一個簡化的 Collection 類別,不久後會繼承使用這個類別。請記住,類別應該是基於它的資料而不是行為來建立。為了保持範例的簡潔,我會大致撰寫一些空的函式,但其中幾乎沒有實際的動作行為。

📂Listing 13-1: bullet_journal.py:1

```python
class Collection:

    def __init__(self, title, page_start, length=1):
        self.title = title
        self.page_start = page_start
        self.page_end = page_start + length - 1
        self.items = []

    def __str__(self):
        return self.title

    def expand(self, by):
        self.page_end += by

    def add_item(self, bullet, note, signifier=None):
        """Adds an item to the monthly log."""
```

在條列筆記中的 Collection 本身只需要三個東西:標題(self.title)、頁碼(self.page_start 和 self.page_end)、和內容項目(self.items)。

這裡加入了一個特殊的實例方法 __str__() 來在把 Collection 轉換為字串時顯示標題。實作這個方法表示我可以直接使用 print() 函式來顯示一個 Collection 物件。這裡還提供了兩個實例方法:expand(),用來把 Collection 加到另一頁;和 add_item(),用於向 Collection 中加入一個項目。(由於此範例只是示範之用,這裡就省略了此方法的實際處理邏輯。)

接下來會寫一個 MonthlyLog 類別，這是一種特殊的 Collection，用來追蹤整個月份的事件和項目。它仍然需要有標題、頁碼和一組項目。此外，它還需要儲存事件。因為它**擴充**了資料的儲存功能，所以使用繼承來處理這種情況是一個合適的選擇。

📂Listing 13-2: bullet_journal.py:2

```
class MonthlyLog(Collection):

    def __init__(self, month, year, page_start, length=2):
    ❶ super().__init__(❷ f"{month} {year}", page_start, length)
        self.events = []

    def __str__(self):
        return f"{❸ self.title} (Monthly Log)"

    def add_event(self, event, date=None):
        """Logs an event for the given date (today by default)."""
```

您可能還記得在第 7 章有提到，當實例化一個衍生類別時，必須明確地呼叫基底類別的初始化方法。在這裡是使用 super().__init__() 來執行這項操作❶。我根據 month 和 year 建立標題❷，並直接傳遞 page_start 和 length 引數。基底類別的初始化方法會建立這些實例屬性，由於 MonthlyLog 繼承自 Collection，所以可以存取這些屬性❸。

這裡覆寫了 __str__() 特殊實例方法，這次在集合標題的後面附加了 "(Monthly Log)" 字串。

我還為 MonthlyLog 定義了一個特定的實例方法 add_event()，用於記錄 calendar view（日曆檢視）中的事件，我會將這些事件儲存在 self.events 中。我不會在這裡實作這個日曆的行為，因為它很複雜，而且對範例在這裡要的說明和討論的議題並不太相關。

這裡還有一個衍生類別 FutureLog，它是接下來 6 個月之一的 collection 集合：

📂Listing 13-3: bullet_journal.py:3

```
class FutureLog(Collection):

    def __init__(self, start_month, page_start):
        super().__init__("Future Log", page_start, 4)
        self.start = start_month
        self.months = [start_month] # TODO: Add other five months.

    def add_item(self, bullet, note, signifier=None, month=None):
        """Adds an item to the future log for the given month."""
```

FutureLog 類別也繼承自 Collection，並加入了一個屬性 self.months，它是個月份的串列。這個類別還有一個預定義的標題和長度，其用途就像在 MonthlyLog 中透過 super.__init__() 傳遞給 Collection 初始化程式一樣。

我還覆寫了 add_item() 實例方法，所以現在它除了其他引數之外，還接受了 month，並會將 bullet、note 和 signifier 儲存在 FutureLog 中適當的月份。month 參數是可選擇性使用的，所以這裡沒有違反里氏替換原則。與之前一樣，我在這裡跳過了實作的程式，以便讓範例能夠繼續進行。

這裡簡單提一下，就像我可以使用 isinstance() 檢查物件是否是某個類別的實例一樣，我也可以使用 issubclass() 檢查某個類別是否是從另一個類別繼承來的：

```
print(issubclass(FutureLog, Collection))  # prints True
```

以下是類別的非常基本使用示範，我在其中建立了 FutureLog、MonthlyLog 和 Collection，並每個向類別新增了一些項目：

📂Listing 13-4: bullet_journal.py:4
```
log = FutureLog('May 2023', 5)
log.add_item('June 2023', '.', 'Clean mechanical keyboard')
print(log)  # prints "Future Log"

monthly = MonthlyLog('April', '2023', 9)
monthly.add_event('Finally learned Python inheritance!')
monthly.add_item('.', 'Email Ben re: coffee meeting')
print(monthly)  # prints "April 2023 (Monthly Log)"

to_read = Collection("Books to Read", 17)
to_read.add_item('.', 'Anne of Avonlea')
print(to_read)  # prints "Books to Read"
```

因為在這個範例中寫了不少半成品函式，這支程式不會做太多事情，但至少它不會出錯，證明有些功能是正常運作的（我知道這是致命的名言）。衍生類別具有與基底類別相同的屬性和方法，但它能夠覆寫其中的任何一個，並新增更多進去。

> **NOTE**
> 在少數情況下，您有可能會遇到提及「新型類別」的技術文件。「類別」就
> 如今天所知，是在 Python 2.2 版就引入的，最初被稱為「新型類別」。較為有
> 限的「舊」類別一直保留到 Python 3 版被移除為止。

多重繼承

當某個類別繼承自多個基底類別時，它會獲得所有這些基底類別的屬性和方法，這就稱為**多重繼承**（**multiple inheritance**）。

在允許多重繼承的程式語言中，它是個強大的工具，但也帶來了許多棘手的挑戰。因此，我會討論 Python 如何解決這些障礙以及目前仍然存在的問題。與正常的繼承一樣，您是否使用多重繼承的決策，主要取決於資料，而不只是所需的功能。

方法解析順序

多重繼承有個潛在問題是，多個基底類別有相同名稱的方法。假設您有一個 Calzone 類別，它同時繼承自 Pizza 和 Sandwich，而且兩個基底類別都提供了一個 __str__() 方法。如果我在 Calzone 的實例上呼叫 __str__()，Python 必須解決到底要呼叫哪個方法，也就是必須決定要執行哪個類別的 __str__() 方法。程式語言中用來處理這種解析過程的規則就叫做**方法解析順序**（**method resolution order**）。

在這一小節的內容中，我會解釋 Python 如何決定方法解析順序。若想要檢查特定類別的方法解析順序，可以查看該類別的 __mro__ 屬性。

以下是 Calzone 多重繼承場景中的類別：

Listing 13-5: calzone.py:1

```
class Food:
    def __str__(self):
        return "Yum, what is it?"


class Pizza(Food):
    def __str__(self):
        return "Piiiizzaaaaaa"


class Sandwich(Food):
    def __str__(self):
        return "Mmm, sammich."

class Calzone(Pizza, Sandwich):
    pass
```

Pizza 和 Sandwich 這兩個類別都是從 Food 類別繼承而來的。Calzone 同時被視為 Pizza 和 Sandwich 的一種，所以它繼承了這兩個類別。問題是，當下面這段程式碼執行時會印出什麼內容呢？

📂Listing 13-6: calzone.py:2

```
calzone = Calzone()
print(calzone)  # What gets printed??
```

Calzone 會繼承哪個版本的 __str__() 特殊實例方法呢？因為 Pizza 和 Sandwich 都是從 Food 類別繼承來的，而且兩者都覆寫了特殊實例方法 __str__()，當呼叫 Calzone.__str__() 時，Python 必須解決關於要使用哪個類別的 __str__() 實作的模糊性。

上述情況在軟體開發中被稱為**鑽石繼承問題**（**diamond inheritance problem**），有時更被戲稱為「致命的死亡之鑽」（伴隨可怕的雷聲）。這是多重繼承會出現的較為棘手的方法解析問題之一。

Python 解決這個鑽石繼承問題的方式非常直接：它使用一種稱為 **C3 方法解析順序**（**C3 MRO**）的技術，或者更正式地說，**C3 超類別線性化**（**C3 superclass linearization**）。Python 會在幕後自動處理這個問題，您只需要了解它的運作方式，以便能善加利用。

簡而言之，C3 方法解析順序牽涉到根據一套簡單的規則來產生**超類別線性化**，也就是各個類別所繼承之基底類別串列。超類別線性化就是搜尋被呼叫的方法時，各個類別被搜尋的順序。

為了示範和說明，以下是第一類別 Food 的線性化串列。在這裡的表示法（非 Python 表示法），L[Food] 是 Food 類別的線性化排列。

```
L[Food] = Food, object
```

就像 Python 中的所有類別一樣，Food 也繼承自普遍存在的 object，所以線性化順序是 Food，然後是 object。在這個線性化中，Food 被視為**開頭**（**head**），這表示它是線性化串列中的第一個項目，因此是下一個要考慮的類別。串列的其餘部分被視為**尾巴**（**tail**）。在這個範例中，尾巴只有一個項目：object。

Pizza 類別繼承自 Food。要了解其解析順序，Python 必須直接查看 Pizza 類別所繼承的每個類別的線性化排列，並依序考慮線性化中的每個項目。

在以下的非 Python 表示法中，我使用 merge() 來指示尚未考慮之基底類別的線性化。當我完成的時候，merge() 應該是空的。每個線性化都用大括號（{}）括起來。

每個步驟中考慮的類別以「*斜體*」表示，而在該步驟中剛加入到線性化的類別則以「**粗體**」表示。

使用這種表示法，我可以說明 Pizza 的線性化過程。這裡的 C3 MRO 將從左到右遍訪各個開頭類別。在為 Pizza 建立超級類別線性化時，C3 MRO 不關心各個類別中有什麼方法，它只關心類別在它所合併的線性化中出現的位置：

```
L[Pizza] = merge(Pizza, {Food, object})
```

Python 首先會考慮是否要將最左邊的開頭類別（目前的 Pizza 類別），加入到線性化中：

```
L[Pizza] = merge(Pizza, {Food, object})
```

如果開頭類別在合併的所有線性化中都不在任何尾巴內，那麼它會被加入到新的線性化，同時從其他位置移除。由於 Pizza 都沒有出現在任何尾巴中，因此它被加入到線性化中。

接下來，Python 檢驗新的最左邊開頭類別，這是指需要合併之線性化的開頭類別：

```
L[Pizza] = Pizza + merge({Food, object})
```

Food 類別都沒有出現在任何尾巴中，所以它被加入到 Pizza 的線性化內，同時從正在合併的線性化中移除：

```
L[Pizza] = Pizza + Food + merge({object})
```

這表示 object 成為正在合併之線性化的新開頭類別。現在 Python 考慮這個新的開頭類別。由於 object 都沒有出現在任何尾巴中（顯然是因為正在合併的唯一線性化已不再有尾巴），它可以被加入到新的線性化中：

```
L[Pizza] = Pizza + Food + object
```

不再有東西需要合併了。所以，Pizza 的線性化是 Pizza、Food 和 object。而 Sandwich 類別的線性化幾乎相同：

```
L[Sandwich]: Sandwich + Food + object
```

在多重繼承場景中，情況會變得複雜一些，所以讓我們思考一下 Calzone 類別這個範例。我需要按照 Calzone 繼承串列（Listing 13-5）中的類別順序，依序合併 Pizza 和 Sandwich 的線性化。

```
L[Calzone] = merge(
    Calzone,
    {Pizza, Food, object},
    {Sandwich, Food, object}
)
```

C3 MRO 首先檢查最左邊的開頭類別，即 Calzone：

```
L[Calzone] = merge(
    Calzone,
    {Pizza, Food, object},
    {Sandwich, Food, object}
)
```

由於 Calzone 都沒有出現在任何尾巴中，所以就加到新的線性化排列中：

```
L[Calzone] = Calzone + merge(
    {Pizza, Food, object},
    {Sandwich, Food, object}
)
```

接下來要考慮新的最左邊開頭類別是 Pizza。它同樣也沒有出現在任何尾巴中，所以也被加入到新的線性化中。

```
L[Calzone] = Calzone + Pizza + merge(
    {Food, object},
    {Sandwich, Food, object}
)
```

當 Pizza 被從正在合併的線性化中移除後，Food 變成了那個第一個線性化的新開頭類別。由於它是新的最左邊開頭類別，所以接下來就是它來進行考慮。但是，Food 有出現在由 Sandwich 開頭之線性化的尾巴中，所以它目前還不能加到線性化排列內。

接著考慮下一個開頭類別：

```
L[Calzone] = Calzone + Pizza + merge(
    {Food, object},
    {Sandwich, Food, object}
)
```

Sandwich 沒有出現在任何尾巴中，因此可以加入新的線性化，並從正在合併的線性化中移除。C3 MRO 回到考慮最左邊的開頭類別，也就是 Food：

```
L[Calzone] = Calzone + Pizza + Sandwich + merge(
    {Food, object},
    {Food, object}
)
```

Food 類別出現在正在合併的兩個線性化的開頭位置，但沒有出現在任何尾巴中，所以它可以被加入。同時，它也從所有將要合併的線性化中移除。

```
L[Calzone] = Calzone + Pizza + Sandwich + Food + merge(
    {object},
    {object}
)
```

接著要合併的兩個線性化中只剩下 object 作為開頭類別。因為它只以開頭類別的身分出現，而不在尾巴，所以也可以加入新的線性化排列內。

```
L[Calzone] = Calzone + Pizza + Sandwich + Food + object
```

這就是 Calzone 的最終超類別線性化排列。

換句話說，線性化過程會總是尋找正在考慮之類別的下一個最接近的祖輩，只要該祖輩不被任何尚未考慮的祖輩所繼承。以 Calzone 為例來說，下一個最接近的祖輩是 Pizza，而 Pizza 並未被 Sandwich 或 Food 所繼承。Sandwich 類別是下一個，只有在 Pizza 和 Sandwich 都被考慮之後，它們的共同祖輩 Food 才能被加入。

牢記這一點，重新思考 Listing 13-6 中提到的模糊性問題，如下所示，這程式是呼叫了哪一個版本的 __str__() 方法？

```
calzone = Calzone()
print(calzone)  # What gets printed??
```

為了確定哪個基底類別提供了被呼叫的 __str__() 方法，我們需要查看 Calzone 的超類別線性化排列。根據方法解析順序，Python 首先會檢查 Calzone 是否有 __str__() 方法。如果找不到，接下來會檢查 Pizza，並找到所需的方法。確實，執行這段程式碼後會輸出如下結果：

```
Piiiizzaaaaaa
```

維持一致的方法解析順序

在使用多重繼承時，指定基底類別的順序很重要。在這裡的範例中，我們會建立一個 PizzaSandwich 類別，表示一種三明治，其中使用披薩皮代替麵包：

Listing 13-7: calzone.py:3a

```python
class PizzaSandwich(Sandwich, Pizza):
    pass


class CalzonePizzaSandwich(Calzone, PizzaSandwich):
    pass
```

PizzaSandwich 類別繼承自（Sandwich，Pizza）。回想一下，Calzone 繼承自（Pizza，Sandwich）。雖然 PizzaSandwich 和 Calzone 都有相同的基底類別，但它們的繼承並順序不同。這表示 PizzaSandwich 的線性化稍微不同於 Calzone：

```
L[PizzaSandwich] = PizzaSandwich + Sandwich + Pizza + Food + object
```

如果我把 Calzone 內夾在兩片披薩間，就會得到一個 CalzonePizzaSandwich，它繼承自（Calzone，Sandwich）。

因為 Calzone 和 PizzaSandwich 都是以不同的順序繼承相同的基底類別，所以當我嘗試解析 CalzonePizzaSandwich 的 __str__() 方法時，會發生什麼情況呢？以下是 C3 MRO 嘗試解決這個問題的處理步驟。

```
L[CalzonePizzaSandwich] = merge(
    CalzonePizzaSandwich,
    {Calzone, Pizza, Sandwich, Food, object},
    {PizzaSandwich, Sandwich, Pizza, Food, object}
)
```

最左邊的開頭是 CalzonePizzaSandwich，先考慮第一個加入，因為它都沒有出現尾巴中。

```
L[CalzonePizzaSandwich] = CalzonePizzaSandwich + merge(
    {Calzone, Pizza, Sandwich, Food, object},
    {PizzaSandwich, Sandwich, Pizza, Food, object}
)
```

隨即對新的最左邊開頭 Calzone 進行檢查和考慮加入。

```
L[CalzonePizzaSandwich] = CalzonePizzaSandwich + Calzone + merge(
    {Pizza, Sandwich, Food, object},
    {PizzaSandwich, Sandwich, Pizza, Food, object}
)
```

接下來，C3 MRO 觀察 Pizza，它是新的最左邊的開頭類別。先暫時跳過這個類別不加入，因為 Pizza 有出現在其中一個串列的尾巴內。

隨後是考慮下一個開頭類別 PizzaSandwich：

```
L[CalzonePizzaSandwich] = CalzonePizzaSandwich + Calzone + merge(
    {Pizza, Sandwich, Food, object},
    {PizzaSandwich, Sandwich, Pizza, Food, object}
)
```

這個類別可以被加入，因為它只是一個開頭類別。在把 PizzaSandwich 加到新的線性化，並從要合併的線性化中移除之後，C3 MRO 重新考慮最左邊的開頭類別：

```
L[CalzonePizzaSandwich] = CalzonePizzaSandwich + Calzone + PizzaSandwich + merge(
    {Pizza, Sandwich, Food, object},
    {Sandwich, Pizza, Food, object}
)
```

Pizza 仍然不符合被加入的資格，因為它仍然出現在第二個線性化的尾巴內。接著考慮下一個串列的開頭類別 Sandwich：

```
L[CalzonePizzaSandwich] = CalzonePizzaSandwich + Calzone + PizzaSandwich + merge(
    {Pizza, Sandwich, Food, object},
    {Sandwich, Pizza, Food, object}
)
```

不行！Sandwich 有出現在正在合併的第一個線性化的尾巴內。在這裡，Python 無法決定方法解析順序，因為在最後一個步驟中，Pizza 和 Sandwich 這兩個開頭類別也同時出現在另一個線性化的尾巴中。這會導致 Python 引發以下錯誤：

```
TypeError: Cannot create a consistent method resolution
```

對於這種特定情況，解決方法很簡單：只需要調換 PizzaSandwich 基底類別的
順序，像這樣：

📂Listing 13-8: calzone.py:3b

```
class PizzaSandwich(Pizza, Sandwich):
    pass


class CalzonePizzaSandwich(Calzone, PizzaSandwich):
    pass
```

現在 CalzonePizzaSandwich 的線性化處理可以進行了：

```
L[CalzonePizzaSandwich] = merge(
    CalzonePizzaSandwich,
    {Calzone, Pizza, Sandwich, Food, object},
    {PizzaSandwich, Pizza, Sandwich, Food, object}
)

L[CalzonePizzaSandwich] = CalzonePizzaSandwich + merge(
    {Calzone, Pizza, Sandwich, Food, object},
    {PizzaSandwich, Pizza, Sandwich, Food, object}
)

L[CalzonePizzaSandwich] = CalzonePizzaSandwich + Calzone + merge(
    {Pizza, Sandwich, Food, object},
    {PizzaSandwich, Pizza, Sandwich, Food, object}
)

L[CalzonePizzaSandwich] = CalzonePizzaSandwich + Calzone + merge(
    {Pizza, Sandwich, Food, object},
    {PizzaSandwich, Pizza, Sandwich, Food, object}
)

L[CalzonePizzaSandwich] = CalzonePizzaSandwich + Calzone + PizzaSandwich + merge(
    {Pizza, Sandwich, Food, object},
    {Pizza, Sandwich, Food, object}
)

L[CalzonePizzaSandwich] = CalzonePizzaSandwich + Calzone + PizzaSandwich + Pizza +
merge(
    {Sandwich, Food, object},
    {Sandwich, Food, object}
)

L[CalzonePizzaSandwich] = CalzonePizzaSandwich + Calzone + PizzaSandwich + Pizza +
Sandwich + merge(
    {Food, object},
    {Food, object}
)

L[CalzonePizzaSandwich] = CalzonePizzaSandwich + Calzone + PizzaSandwich + Pizza +
```

```
Sandwich + Food + merge(
    {object},
    {object}
)

L[CalzonePizzaSandwich] = CalzonePizzaSandwich + Calzone + PizzaSandwich + Pizza +
Sandwich + Food + object
```

在使用多重繼承時，要非常注意指定基底類別的順序。

要知道，修復這些問題並不是那麼簡單的，就像我在這個範例中所展示的。您可以想像，當繼承三個或更多類別時，問題就會變得更加複雜。我不會在這裡深入探討這些問題，但要知道，理解 C3 MRO 是解決問題的一個重要起點。Raymond Hettinger 在他的文章「Python's super() considered super!」有中概述了一些其他技巧和考慮事項，您可以連到這裡閱讀：https://rhettinger.wordpress.com/2011/05/26/super-considered-super/。

若想更深入地了解 C3 MRO，我建議閱讀伴隨著它一起被加到 Python 2.3 版本的文章：https://www.python.org/download/releases/2.3/mro/。

有趣的是，除了 Python 之外，只有少數相對不太知名的程式語言預設是使用 C3 MRO。Perl 5 及以後版本提供 C3 MRO 作為選項。這是 Python 相對獨特的優勢之一。

明確的解析順序

雖然您大都是需要為程式碼處理正確的繼承順序，但您也可以明確指定呼叫您想要的基底類別的方法：

📁Listing 13-9: calzone.py:3c
```python
class PizzaSandwich(Pizza, Sandwich):
    pass


class CalzonePizzaSandwich(Calzone, PizzaSandwich):
    def __str__(self):
        return Calzone.__str__(self)
```

這會確保不管方法解析的順序如何，CalzonePizzaSandwich 的 __str__() 方法都會呼叫 Calzone 的 __str__() 方法。您應該有注意到，我必須明確傳遞 self 進去,因為我是在 Calzone 類別上呼叫 __str__() 實例方法,而不是在一個實例上呼叫。

多重繼承中的解析基底類別

多重繼承的另一個挑戰是確保呼叫所有基底類別的初始化方法,並傳遞正確的引數給每個初始化方法。預設情況下,如果某個類別沒有宣告自己的初始化方法,Python 會使用方法解析順序來找出。但是,如果衍生類別宣告了初始化方法,它就不會隱式呼叫基底類別的初始化方法,這就必須要明確地指定。

您可能先想到使用super()來處理這種情況。確實,這樣是行得通,但前提是您必須事先規劃好!super() 函式會尋找實例在超類別線性化中的下一個類別(不是目前類別)。如果您沒有預期到這點,這就可能導致一些奇怪和意想不到的行為或錯誤。

為了示範要如何處理,我會在前面介紹過的三個類別中全都加上初始化方法:

Listing 13-10: make_calzone.py:1a

```
class Food:
    def __init__(self, ❶ name):
        self.name = name


class Pizza(Food):
    def __init__(self, toppings):
        super().__init__("Pizza")
        self.toppings = toppings


class Sandwich(Food):
    def __init__(self, bread, fillings):
        super().__init__("Sandwich")
        self.bread = bread
        self.fillings = fillings
```

因為 Pizza 和 Sandwich 都繼承自 Food,所以它們需要透過 super().__init__() 呼叫 Food 的初始化方法,並傳遞必需的引數 name ❶。一切都按預期運作。

但是 Calzone 比較複雜,因為它需要呼叫 Pizza 和 Sandwich 的 __init__()。使用 super() 只提供了方法解析順序中的第一個基底類別的存取權,因此這將只呼叫 Pizza 的初始化方法:

☐Listing 13-11: make_calzone.py:2a

```
class Calzone(Pizza, Sandwich):
    def __init__(self, toppings):
        super().__init__(toppings)
        # what about Sandwich.__init__??


# The usage...
pizza = Pizza(toppings="pepperoni")
sandwich = Sandwich(bread="rye", fillings="swiss")
calzone = Calzone("sausage")  # TypeError: __init__() missing 1 required positional
argument: 'fillings'
```

在 Calzone 的方法解析順序中，super().__init__() 會呼叫 Pizza 的初始化方法。然而，在 Pizza.__init__() 中的 super().__init__() 呼叫（Listing 13-10）會嘗試呼叫 Calzone 實例的線性化排列中下一個類別的 __init__()。換句話說，Pizza 的初始化方法現在會呼叫 Sandwich.__init__()。不幸的是，它會傳遞錯誤的引數進去，程式碼會引發一個相當令人困惑的 TypeError，抱怨少了引數。

看似處理多重繼承中初始化方法的最簡單方式可能是直接明確地呼叫 Pizza 和 Sandwich 的初始化方法，就像下列這般：

☐Listing 13-12: make_calzone.py:2b

```
class Calzone(Pizza, Sandwich):
    def __init__(self, toppings):
        Pizza.__init__(self, toppings)
        Sandwich.__init__(self, 'pizza crust', toppings)

# The usage...
pizza = Pizza(toppings="pepperoni")
sandwich = Sandwich(bread="rye", fillings="swiss")
calzone = Calzone("sausage")
```

這並不能解決問題，因為在基底類別中使用 super() 仍然無法完美應對多重繼承的情況。而且，如果我改變基底類別，甚至只是變更它們的名稱，我也必須重新編寫 Calzone 的初始化方法。

更好的做法仍然是使用 super()，並編寫 Sandwich 和 Pizza 的基底類別，以便能**協同使用**。這表示它們的初始化方法，或任何其他打算與 super() 一起使用的實例方法都能單獨運作，也可以在多重繼承的情境中使用。

為了讓初始化方法能夠協同運作，它們不應該對使用 super() 的類別進行假設。如果我單獨初始化 Pizza，那麼 super() 會參照指到 Food，但當從 Calzone 的實例中透過 super() 存取 Pizza 的 __init__() 時，它將參照指到 Sandwich。一切取決於實例上的方法解析順序（而不是類別）。

在這裡我會重新編寫 Pizza 和 Sandwich 內的程式，以使它們的初始化方法能夠協同運作：

📂Listing 13-13: make_calzone.py:1b

```python
class Food:
    def __init__(self, name):
        self.name = name


class Pizza(Food):
    def __init__(self, toppings, name="Pizza", **kwargs):
        super().__init__(name=name, **kwargs)
        self.toppings = toppings


class Sandwich(Food):
    def __init__(self, bread, fillings, name="Sandwich", **kwargs):
        super().__init__(name=name, **kwargs)
        self.bread = bread
        self.fillings = fillings
```

這兩個初始化方法會接受關鍵字引數，並且必須接受可變參數 **kwargs 中的任何其他未知關鍵字引數。這很重要，因為事先無法知道透過 super().__init__() 可能傳遞上來的所有引數。

每個初始化方法都明確接受它需要的引數，然後透過 super().__init__() 將其餘的引數傳遞到方法解析順序上。不過，在這兩種情況下，當直接實例化 Pizza 或 Sandwich 時，我為 name 提供了預設值。我將 name 以及在 **kwargs 中所有剩餘的引數（如果有的話）傳遞給下一個初始化方法。

要使用這些協同初始化方法，新的 Calzone 類別如下所示：

📂Listing 13-14: make_calzone.py:2c

```python
class Calzone(Pizza, Sandwich):
    def __init__(self, toppings):
        super().__init__(
            toppings=toppings,
            bread='pizza crust',
            fillings=toppings,
            name='Calzone'
        )

# The usage...
```

```
pizza = Pizza(toppings="pepperoni")
sandwich = Sandwich(bread="rye", fillings="swiss")
calzone = Calzone("sausage")
```

我只需要一個 super().__init__() 的呼叫，這會指向 Pizza 的 __init__()，這是由方法解析順序所決定的。不過，我將所有初始化方法的引數都傳遞到超類別的初始化方法中。我只使用關鍵字引數，每個都有唯一的名稱，以確保每個初始化方法都能獲取它所需的，而不受方法解析順序的影響。

Pizza 的 __init__() 使用 toppings 關鍵字引數，然後將其餘部分傳遞下去。接下來是方法解析順序中的 Sandwich.__init__()，它會先獲取 bread 和 fillings，隨後將 name 傳遞給下一個類別 Food。更重要的是，就算我交換 Calzone 繼承串列中 Pizza 和 Sandwich 的順序，這段程式碼仍然可以正常運作。

正如您從這個簡單的範例中所看到的，設計協同使用的基底類別是需要花費一些心思來仔細規劃。

混入

多重繼承有個特別的優點是您可以使用混入。**混入（mixin）**是不完整（甚至無效）類別的一種特殊型別，其中包含了您想要加到多個其他類別中的功能。

一般來說，混入用於共享日誌記錄、資料庫連接、網路、身份驗證等等常見的方法。每當您需要在多個類別之間重複使用相同的方法（不僅僅是函式），混入是實作這一目標的最佳方式之一。

混入確實使用繼承，但它們是繼承要以資料為基礎的例外情況。混入基本上依賴**組合（composition）**的形式，這種組合形式恰好利用了繼承機制。混入很少有自己的屬性，通常依賴於使用它之類別的屬性和方法的預期。

如果會讓您有點困惑，這裡有一個範例可說明這種狀況。

假設我正在建立應用程式，依賴於可以隨時更新的即時設定檔。我會編寫多個類別，這些類別需要從這個設定檔中獲取資料。（實際上，我只為範例編寫了一個這樣的類別。其餘的就留給您自己想像。）

首先，我建立了一個名為 livesettings.ini 的檔案，我將把它儲存在即將編寫之模組的相同目錄內。以下是這個 .ini 檔的內容：

☐Listing 13-15: livesettings.ini

```
[MAGIC]
UserName = Jason
MagicNumber = 42
```

接下來是我編寫的混入，它僅包含用來處理這個設定檔的功能：

☐Listing 13-16: mixins.py:1

```
import configparser
from pathlib import Path


class SettingsFileMixin:

    settings_path = Path('livesettings.ini')
    config = configparser.ConfigParser()

    def read_setting(self, key):
        self.config.read(self.settings_path)
        try:
            return self.config[self.settings_section][key]
        except KeyError:
            raise KeyError("Invalid section in settings file.")
```

SettingsFileMixin 類別本身不是個完整的類別。它缺少初始化方法，甚至參照指到了一個它本身沒有的實例屬性 self.settings_section。這是可以的，因為混入從來不打算單獨使用。這個缺少的屬性將需要由使用混入的任何類別提供。

這個混入確實有一些類別屬性，settings_path 和 config。最重要的是，它有一個 read_setting() 方法，用來從 .ini 檔中讀取設定值。這個方法使用 configparser 模組來從 .ini 檔中的特定區段（self.settings_section）讀取並返回一個由「key」指定的設定值。如果該區段、鍵，甚至是檔案不存在，該方法就會引發一個 KeyError。

這是一個向使用者印出問候文句的類別。我希望此類別能從 livesetting.ini 檔案中取得使用者名稱。所以我讓這個新類別透過繼承來使用 SettingsFileMixin：

☐Listing 13-17: mixins.py:2

```
class Greeter(SettingsFileMixin):

    def __init__(self, greeting):
```

```
        self.settings_section = 'MAGIC'
        self.greeting = greeting

    def __str__(self):
        try:
            name = self.read_setting('UserName')
        except KeyError:
            name = "user"
        return f"{self.greeting} {name}!"
```

Greeter 類別以一個用來當問候語的字串進行初始化。在初始化方法中，定義了
self.settings_section 實例屬性，這是 SettingsFileMixin 所依賴的一個屬性。（在
生產品質的混入中，應該有必要為這個屬性進行文件記錄。）

__str__() 實例方法使用了混入的 self.read_setting() 方法，就好像此方法是這個
類別的一部分一樣。

如果我加入另一個類別，例如一個用來處理 livesettings.ini 中 MagicNumber 值
的類別，這種方法的實用性就變得很明顯：

📁Listing 13-18: mixins.py:3

```python
class MagicNumberPrinter(SettingsFileMixin):

    def __init__(self, greeting):
        self.settings_section = 'MAGIC'

    def __str__(self):
        try:
            magic_number = self.read_setting('MagicNumber')
        except KeyError:
            magic_number = "unknown"
        return f"The magic number is {magic_number}!"
```

只要它們繼承 SettingsFileMixin，我可以讓想要的任何類別從 livesettings.ini 中
讀取。這個混入為程式專案提供了這個功能的單一規範來源，因此對於混入所
做的任何改進或錯誤修復將被使用它的所有類別所接受。

以下是 Greeter 類別的一個使用範例：

📁Listing 13-19: mixins.py:4

```python
greeter = Greeter("Salutations,")
for i in range(100000):
    print(greeter)
```

我在迴圈中執行 print() 陳述式,以展示更改 livesettings.ini 檔的成果。

如果您正要嘗試執行本書的內容,請在啟動模組之前開啟 .ini 檔,將 UserName 更改為您自己的名字,但不要立即儲存更改,隨後執行 mixins.py 模組。一旦它開始執行,請儲存對 livesettings.ini 的更改,然後觀察其變化:

```
# --省略--
Salutations, Jason!
Salutations, Jason!
Salutations, Jason!
Salutations, Bob!
Salutations, Bob!
Salutations, Bob!
# --省略—
```

總結

在 Python 中,「**繼承**」不像在其他程式語言中那麼令人討厭。繼承提供了擴充類別和實作介面的機制,從而在本來會導致混亂的情況下,產生乾淨和結構良好的程式碼。

「多重繼承」在 Python 中運作得很好,這要歸功於 C3 線性化方法解析順序,它避開了鑽石繼承問題所帶來的大部分問題。反過來使得用混入(mixins)來新增方法到類別中成為可能。

在使用這些看似聰明的工具之前,請記住,很多種運用繼承的形式會導致程式失控。在使用本章中的任何策略之前,您應該充分確定要解決的問題是什麼。最終,您的目標應該是建立可讀性強、易於維護的程式碼。繼承若使用不當可能會減損您程式的原本目標,但如果明智地應用這些技術,反而能讓程式碼更加容易閱讀和更好維護。

第 14 章
元類別和抽象基底類別

Python 開發者對於「萬物皆物件（Everything is an object.）」
的箴言非常熟悉。然而，當我們觀察 Python 的類別系統時，這
就變成了一個悖論：如果一切都是物件，那麼類別是什麼呢？
這個看似晦澀之問題的答案揭示了 Python 工具箱中的另一個強
大工具：抽象基底類別（abstract base class），這是在使用鴨子型
別時概述型別預期行為的一種做法。

在本章中，我會深入探討元類別（metaclass）、抽象基底類別（abstract base
class），以及如何使用它們來編寫更易維護的類別。

元類別

類別本身也是**元類別**（**metaclass**）的實例，就像物件是類別的實例一樣。更確切地說，每個類別都是 type 的實例，而 type 本身就是一個元類別。元類別讓您可以覆寫類別的建立方式。

延續第 13 章所用的比喻，房子是從藍圖建造出來的，而藍圖則可以從模板製作。元類別就是那個模板。一個模板可以用來產生許多不同的藍圖，而許多不同的房子可以從這些藍圖中的任何一個建造出來。

在繼續之前，我需要說明一點：您完全可以在整個職業生涯中都不直接使用元類別。單獨來看，元類別肯定不是您考慮使用來解決任何問題的答案。Tim Peters 給了很好地總結和提醒：

> [元類別] 是比 99%使用者應該擔心之問題的更深層魔法。如果您還在思考是否需要元類別，那就表示您不需要（那些實際上需要它們的人是真的確切地知道他們的需要，並不提出為什麼需要的解釋）。

然而，了解元類別確實有助於理解其他 Python 功能，包括抽象基底類別。Django 是一套 Python Web 框架，內部也常使用元類別。我並不試圖編造元類別的某種可信的用途，只會保持最低限度的運用，以展示其工作原理。

使用 type 建立類別

過去您可能曾使用過 type() 這個可呼叫的函式，來取得某個值或物件的型別，如下列這般：

📂Listing 14-1: types.py

```python
print(type("Hello"))    # prints "<class 'str'>"
print(type(123)) # prints "<class 'int'>"

class Thing: pass
print(type(Thing))        # prints "<class 'type'>"

something = Thing()
print(type(something))  # prints "<class '__main__.Thing'>"

print(type(type))        # prints "<class 'type'>"
```

type() 這個可呼叫函式實際上是個元類別而不是個函式，這表示它可以用來建立類別，就像類別用來建立實例一樣。以下是使用 type() 來建立類別的範例：

📁Listing 14-2: classes_from_type.py:1
```
Food = type('Food', (), {})
```

首先是建立了一個名為 Food 的類別。這個類別沒有繼承自任何東西，也沒有任何方法或屬性。事實上，這等同於如下的程式碼：

```
class Food: pass
```

（在實際的程式碼中，我絕對不會定義一個空的基底類別，但在這裡這麼做為了示範的目的。）接下來，我會再次實例化 type 元類別，以建立另一個名為 Pizza 的類別，它繼承自 Food：

📁Listing 14-3: classes_from_type.py:2
```
def __init__(obj, toppings):
    obj.toppings = toppings

Pizza = type(❶ 'Pizza', ❷ (Food,), ❸ {'name':'pizza', '__init__':__init__})
```

我定義了函式 __init__()，這會成為即將來臨之 Pizza 類別的初始化方法。我把第一個參數命名為 obj，因為這**實際上**還不是一個類別的成員。

接下來透過呼叫 type()，並傳遞類別的名稱❶、一個基底類別的元組❷，以及包含方法和類別屬性的字典❸來建立 Pizza 類別。這就是傳遞我編寫的 __init__ 函式的地方。

以下是與前述相等的寫法：

```
class Pizza(Food):
    name = pizza

    def __init__(self):
        self.toppings = toppings
```

如您所見，正常的類別建立語法更加易讀且實際。type 元類別的好處是您可以在執行時以相對動態的方式來建立類別，雖然實際上很少有理由要這樣做。

使用 class 關鍵字建立類別的熟悉做法實際上只是實例化 type 元類別的一種語法糖。無論是哪種方式，最終結果都是相同的，如下所示：

📁Listing 14-4: classes_from_type.py:2

```
print(Pizza.name)                    # 'name' is a class attribute
pizza = Pizza(['sausage', 'garlic']) # instantiate like normal
print(pizza.toppings)                # prints "['sausage', 'garlic']"
```

自訂元類別

您可以建立一個自訂的元類別，用作類別的藍圖。因此，元類別實際上只有在修改語言實例化和處理類別的內部行為方面才會發揮作用。

元類別通常會覆寫 __new__() 方法，因為這是控制類別建立的建構方法。以下是一個範例，使用的是一個沒什麼意義的元類別 Gadget 來示範：

📁Listing 14-5: metaclass.py:1

```
class Gadget(type):

    def __new__(self, name, bases, namespace):
        print(f"Creating a {name} gadget!")
        return super().__new__(self, name, bases, namespace)
```

特殊方法 __new__() 是在您呼叫 type() 或其他任何元類別時，背後自動呼叫的，就像在 Listing 14-2 中所看到的。這裡的 __new__() 方法列印了一個訊息，說明正在建立類別，然後它呼叫了 type 基底元類別的 __new__() 方法。程式語言預期這個方法會接受 4 個引數。

這裡的第一個引數是 self。__new__() 方法被寫成元類別的實例方法，因為它應該是這個元類別任何實例的類別方法。如果您感到迷惘，可以多讀幾次，讓這個觀念沉澱下來，記住類別是元類別的實例。

另一個經常由元類別實作的特殊方法是 __prepare__()。它的作用是建立字典來儲存正在建立之類別的所有方法和類別屬性（請參閱第 15 章）。以下是 Gadget 元類別的一個例子：

📁Listing 14-6: metaclass.py:2

```
    @classmethod
    def __prepare__(cls, name, bases):
        return {'color': 'white'}
```

@classmethod 裝飾器表示這個方法屬於元類別本身，而不是來自這個元類別實例化的類別。（如果您的腦子對這個觀點有點過熱，我強烈建議吃一勺冰淇淋冷靜一下。）__prepare__() 方法還必須接受另外兩個參數，一般都是命名為 name 和 bases。

__prepare__() 特殊方法返回儲存類別上所有屬性和方法的字典。在這個範例中，我返回一個已經有值的字典，因此從 Gadget 元類別建立的所有類別都會具有一個名為 color 的類別屬性，其值為 'white'。

不然的話，就只返回一個空字典，每個類別都可以填入內容。實際上，如果是這種情況，則可以省略 __prepare__() 方法；type 元類別已經透過繼承提供了這個方法，而且 Python 直譯器在處理缺少 __prepare__ 方法時是很聰明的。

至此，關於 Gadget 元類別就講到這裡了！

現在，我會使用 Gadget 元類別來建立一個普通的類別：

🗀 Listing 14-7: metaclass.py:3

```python
class Thingamajig(metaclass=Gadget):
    def __init__(self, widget):
        self.widget = widget

    def frob(self):
        print(f"Frobbing {self.widget}.")
```

這裡有個好玩的特點是我在繼承串列中使用 metaclass=Gadget 來指定元類別。

從這個範例應用中，您可以看到 Gadget 元類別所新增的行為：

🗀 Listing 14-8: metaclass.py:4

```python
thing = Thingamajig("button")  # also prints "Creating Thingamajig gadget!"
thing.frob()                   # prints "Frobbing button."

print(Thingamajig.color)       # prints "white"
print(thing.__class__)         # prints "<class '__main__.Thingamajig'>"
```

Thingamajig 類別已被實例化，這裡可以像任何其他類別一樣使用它，不過有幾個關鍵的不同之處：實例化這個類別會顯示一條訊息，而 Thingamajig 有一個名為 color 的類別屬性，其預設值為 "white"。

ALERT

在多重繼承中牽涉到元類別時，情況會變得有些複雜。如果類別 C 從類別 A 和 B 繼承，那麼 C 的元類別必須與 A 和 B 的元類別相同或是它們的子類別。

這就是建立和使用元類別的基本原則。如果您還跟得上這書講述的內容，恭喜您，因為這是個相當複雜的主題。

您可能已經注意到，我本來可以使用普通的繼承來實作 Gadget 和 Thingamajig 的相同行為，而不是使用自訂的元類別，您的看法是對的！問題是，幾乎想不出有什麼使用元類別的好想法，所以就不得不編造一些沒什麼意義的範例來說明示範，正如上面的例子，就只是為了示範它們的**運作方式**。正如 Tim Peters 所說：「那些真正需要元類別的人會確切知道他們是真的需要，不用再解釋為什麼。」

在我的工作中，有一次我使用了一個元類別來實作 __getattr__()（會在第 15 章說明和討論），它在類別屬性未定義時提供了後備行為。無可否認，元類別是解決這個問題的正確方法。（隨後我的同事 Patrick Viafore 指出我是解錯問題了。真是諷刺啊！）

在 Python 中，元類別也是實作 singleton 單例設計模式的最佳方式，這表示您只會有一個物件實例存在。然而，在 Python 中 singleton 模式並不實用，因為您可以使用靜態方法來達到相同的效果。

有一個原因，數十年來 Python 開發者一直難以找出可行的元類別範例。元類別是您在開發中很少甚至幾乎不會直接使用的東西，除非在極為罕見的某種情況下，您直覺**知道**它是完成工作的正確工具。

透過鴨子型別來設定型別的期望

元類別確實啟用了 Python 中強大的抽象基底類別的概念。這些允許您根據它們的行為來規範型別的期望。但在我解釋抽象基底類別之前，我需要先闡釋一些 Python 中鴨子型別（duck typing）的重要原則。

在第 13 章，我在 Python 中有聲明，您不需要使用繼承來寫一個接受不同型別物件作為引數的函式。Python 使用鴨子型別，這表示它不關心物件的**型別**，只期望物件提供所需的介面。當使用鴨子型別時，有三種確保特定引數具備所需功能的做法：捕捉例外、測試屬性或檢查特定介面。

EAFP：捕捉例外

回顧第 8 章的內容有介紹了「**請求寬恕比請求許可更容易（EAFP）**」的哲學思維，它主張如果引數缺少功能，則應引發例外。這在處理自己程式碼所提供引數的情況下是理想的做法，因為未處理的例外會提醒您需要去改進程式碼不足的地方。

然而，在任何未處理的例外可能逃避檢測的地方使用此技術，直到使用者試著以意外或未經測試的方式使用該程式才發現問題是不明智的做法。這種考量稱為「**快速失效（fail-fast）**」：處於錯誤狀態的程式應該在呼叫堆疊中儘早失效，以減少錯誤逃避偵測的機會。

LBYL：檢查屬性

對於更複雜或脆弱的程式碼，遵循「**三思後行（LBYL）**」的哲學可能更好，即在繼續之前檢查所需的功能是否存在於引數或值上。有兩種做法可以做到這一點。對於依賴於物件上的一兩個方法的情況，您可以用 hasattr() 函式來檢查所需的方法，甚至屬性是否存在。

不過，使用 hasattr() 並不一定像我們期望的那麼簡單或清晰。以下是一個函式的範例，它會將傳遞給它的集合中的每第三個元素進行相乘：

🗁 Listing 14-9: product_of_thirds.py:1a

```
def product_of_thirds(sequence):
    if not ❶ hasattr(sequence, '__iter__'):
        raise ValueError("Argument must be iterable.")
    r = sequence[0]
    for i in sequence[1::3]:
        r *= i
    return r


print(product_of_thirds(range(1, 50))) # prints '262134882788466688000'
print(product_of_thirds(False)) # raises TypeError
```

在 product_of_thirds 函式的一開始是使用 hasattr() 函式來檢查傳入的序列是否含有名為 __iter__ 的屬性❶。這麼做沒問題，因為所有方法在技術上都是屬性。如果引數沒有該名稱的屬性，就會拋出一個錯誤。

然而，這個技巧可能會產生微妙的問題。首先，並非所有可迭代物件都一定支援索引下標的操作，在 Listing 14-9 的範例程式碼中錯誤地假設它有支援。同時請想像一下，如果我將以下的類別的實例傳給 product_of_thirds() 會發生什麼樣的情況：

```
class Nonsense:
    def __init__(self):
        self.__iter__ = self
```

雖然這個範例是虛構的，但並不妨礙開發者將原本假設有特定意義的名稱不合理地重新定義，是的，這樣的壞事在實際的程式中確實出現過。結果會導致 hasattr() 測試通過。hasattr() 函式只檢查物件是否有該名稱的**某個**屬性，它並不關心屬性的型別或介面。

其次，我們必須小心對任何單一函式的實際操作進行假設。根據 Listing 14-9 的範例，我可能會加入以下處理邏輯，嘗試檢查我的序列是否包含可以相互相乘的值：

📁Listing 14-10: product_of_thirds.py:1b

```
def product_of_thirds(sequence):
    if (
        not hasattr(sequence, '__iter__')
        or not hasattr(sequence, '__getitem__')
    ):
        raise TypeError("Argument must be iterable.")
    elif not hasattr(sequence[0], '__mul__'):
        raise TypeError("Sequence elements must support multiplication.")

    r = sequence[0]
    for i in sequence[1::3]:
        r *= i
    return r

# --省略—

print(product_of_thirds(range(1, 50)))  # prints '262134882788466688000'
print(product_of_thirds("Foobarbaz"))   # raises WRONG TypeError
```

透過檢查 __getitem__() 以及 __iter__()，我知道物件必須支援索引下標操作。

還有另一個問題，那就是字串物件確實實作了 __mul__() 但運作不如預期。當嘗試將字串傳給 product_of_thirds() 時，這個版本的程式會拋出 TypeError 例外，但錯誤訊息不正確：

```
TypeError: can't multiply sequence by non-int of type 'str'
```

嗯，這不是我指定的訊息。問題是這個測試未能辨識出函式邏輯，也就是在集合項目之間進行乘法，對於字串來說是毫無意義的。

再者，有時候繼承本身會造成某些狀況，讓 hasattr() 測試的結果可能會有微妙的錯誤。舉例來說，如果您想確保某個物件實作了特殊方法 __ge__（用於 >= 運算子），您可能希望像下列這般工作：

```
if not hasattr(some_obj, '__ge__'):
    raise TypeError
```

以這個測試來說，不幸的是 __ge__ 已經在 object 基底類別上實作了，所有的類別都繼承自它，所以此測試永遠不會失效，即使您期望它應該是要失效的。

總而言之，雖然 hasattr() 適用於很簡單的情況，不過一旦您對引數的型別有很多期望時，就需要在使用鴨子型別時以更好的做法來先做個檢查。

抽象類別

抽象基底類別（abstract base class，縮寫成 **ABC**）允許您指定必須由任何繼承該抽象基底類別之類別實作的特定介面。如果衍生類別未提供預期的介面，類別實例化就會失效。這就提供了一種更強大的方式來檢查物件是否具有特定特性，例如可迭代或可用索引下標等。從某種意義上來說，您可以將抽象基底類別視為某種介面合約：類別同意實作抽象基底類別指定的方法。

抽象基底類別不能直接被實例化，它們只能被另一個類別繼承。一般來說，一個抽象基底類別只定義了期望有哪些方法，而將這些方法的實際實作留給了衍生類別來定義。在某些情況下，抽象基底類別可能會提供一些方法的實作。

您可以使用抽象基底類別來確保物件實際上實作了一個介面。這項技巧避免了方法在某個遙遠的基底類別上被定義的微妙錯誤情況。如果抽象基底類別要求實作 __str__()，那麼任何繼承該抽象基底類別的類別都要自行實作 __str__()，否則就無法實例化該類別，即使 object.__str__() 是有效的也無所謂。

提醒一下：Python 抽象基底類別的概念不應該與 C++、Java 或其他物件導向語言中的虛擬和抽象繼承相比較。雖然有相似之處，但在根本上是以不同的方式運作的。應該視它們為不同的概念。

內建抽象基底類別

Python 提供了用於迭代器和其他一些常見介面的抽象基底類別，但並不**要求**您必須繼承特定的基底類別才能讓物件成為迭代器。抽象基底類別和普通的繼承之間的區別在於，抽象基底類別很少提供實際的功能，相反地，從抽象基底類別繼承表示該類別必須實作預期的方法。

collections.abc 和 numbers 模組包含了幾乎所有內建的抽象類別，還有一些則分散在 contextlib（用於 with 陳述式）、selectors 和 asyncio 等模組之中。

為了示範抽象基底類別是怎麼適用「三思後行（LBYL）」策略，我會重新撰寫 Listing 14-10 的範例。我會使用兩個抽象基底類別來確保傳遞給 product_of_thirds() 函式的引數 sequence 有符合我所期望的介面：

Listing 14-11: product_of_thirds.py:1c

```python
from collections.abc import Sequence
from numbers import Complex


def product_of_thirds(sequence):
    if not isinstance(sequence, Sequence):
        raise TypeError("Argument must be a sequence.")
    if not isinstance(sequence[0], Complex):
        raise TypeError("Sequence elements must support multiplication.")

    r = sequence[0]
    for i in sequence[1::3]:
        r *= i
    return r


print(product_of_thirds(range(1, 50)))  # prints '262134882788466688000'
print(product_of_thirds("Foobarbaz"))   # raises TypeError
```

product_of_thirds() 函式的實作期望引數 sequence 是個序列，因此它必須是可迭代的，否則無法在 for 迴圈中使用，同時序列的元素也必須支援乘法操作。

我使用 isinstance() 來檢查預期的介面，以確保給定的物件是某個類別的實例或其子類別的實例。還確保 sequence 本身衍生自 collections.abc.Sequence，這表示它實作了 __iter__() 實例方法。

我也檢查了序列的第一個元素，以確保它衍生自 numeric.Complex，這表示它支援基本的數值運算，包括乘法。雖然字串實作了特殊方法 __mul__()，但它

不是衍生自 numeric.Complex。這不太合理的，因為它不支援預期的其他數學運算子和方法。因此，在這裡它未通過測試，這是正確的。

從抽象基底類別衍生

抽象基底類別對於識別有哪些類別實作了特定介面是很有用的，所以在您撰寫供其他 Python 開發者使用的程式庫時，請考量讓您的類別從抽象基底類別繼承是有好處的。

為了示範和說明，我會重寫第 9 章結尾的範例程式，使用自訂的可迭代物件和迭代器類別來使用抽象基底類別，這樣就能透過 isinstance() 執行介面檢查。

首先，我需要從 collections.abc 模組中匯入一些抽象基底類別。等我實際使用時，會解釋為什麼要引入這些抽象基底類別。

📂Listing 14-12: cafe_queue_abc.py:1a

```python
from collections.abc import Container, Sized, Iterable, Iterator
```

接下來，我會修改第 9 章範例中的 CafeQueue 類別，使用三個抽象基底類別，這些抽象基底類別承諾了類別功能的重要組成元件：

📂Listing 14-13: cafe_queue_abc.py:2a

```python
class CafeQueue(Container, Sized, Iterable):

    def __init__(self):
        self._queue = []
        self._orders = {}
        self._togo = {}

    def __iter__(self):
        return CafeQueueIterator(self)

    def __len__(self):
        return len(self._queue)

    def __contains__(self, customer):
        return (customer in self._queue)

    def add_customer(self, customer, *orders, to_go=True):
        self._queue.append(customer)
        self._orders[customer] = tuple(orders)
        self._togo[customer] = to_go
```

我對這個類別的實作並沒有做任何更改，但現在繼承了三個不同的抽象基底類別，這些抽象基底類別都來自 collections.abc 模組。我選擇這些特定的抽象基底類別是基於我在這個類別上實作的方法。CafeQueue 類別實作 __iter__() 以處理迭代，所以我繼承了 Iterable 抽象基底類別。Container 抽象基底類別需要 __contains__()，這允許 CafeQueue 能使用 in 運算子。Sized 抽象基底類別需要 __len__()，這表示 CafeQueue 物件可以使用 len()。功能與第 9 章中一樣，但現在有可靠的方法來測試這個類別是否支援迭代、in 和 len()。

因為抽象基底類別在內部使用元類別，所以它們在多重繼承方面有和元類別一樣的問題。在這裡則沒問題，因為 type(Container)、type(Sized) 和 type(Iterable) 都是 abc.ABCMeta 元類別的實例，但如果我同時要繼承來自不同元類別的抽象基底類別或類別，那麼問題就會出現。

我可以更簡潔和簡單來達到相同的效果，只需使用 Collection 抽象基底類別，它本身繼承了 Container、Sized 和 Iterable。這縮短了 import 陳述式：

Listing 14-14: cafe_queue_abc.py:1b

```
from collections.abc import Collection, Iterator
```

更重要的是它清理了 CafeQueue 類別上的繼承串列：

Listing 14-15: cafe_queue_abc.py:2b

```
class CafeQueue(Collection):

    def __init__(self):
        self._queue = []
        self._orders = {}
        self._togo = {}

    def __iter__(self):
        return CafeQueueIterator(self)

    def __len__(self):
        return len(self._queue)

    def __contains__(self, customer):
        return (customer in self._queue)

    def add_customer(self, customer, *orders, to_go=True):
        self._queue.append(customer)
        self._orders[customer] = tuple(orders)
        self._togo[customer] = to_go
```

這個版本和之前在 Listing 14-13 中的版本基本上是相同的。

接下來是調整第 9 章的 CafeQueueIterator 類別來使用 Iterator 抽象基底類別：

📂Listing 14-16: cafe_queue_abc.py:3

```python
class CafeQueueIterator(Iterator):

    def __init__(self, iterable):
        self._iterable = iterable
        self._position = 0

    def __next__(self):
        if self._position >= len(self._iterable):
            raise StopIteration

        customer = self._iterable._queue[self._position]
        orders = self._iterable._orders[customer]
        togo = self._iterable._togo[customer]

        self._position += 1

        return (customer, orders, togo)

    def __iter__(self):
        return self
```

這裡再一次沒有改變第 9 章版本中的實作，只改了繼承 Iterator。這個抽象基底類別需要 __next__() 方法，並繼承自 Iterable，因此也需要 __iter__()。

以下是 CafeQueue 類別修改後的使用情境，以示範抽象基底類別的運作原理：

📂Listing 14-17: cafe_queue_abc.py:4a

```python
def serve_customers(queue):
❶   if not isinstance(queue, Collection):
        raise TypeError("serve_next() requires a collection.")

    if not len(queue):
        print("Queue is empty.")
        return

    def brew(order):
        print(f"(Making {order}...)")

    for customer, orders, to_go in queue:
        for order in orders: brew(order)
        if to_go:
            print(f"Order for {customer}!")
        else:
            print(f"(Takes order to {customer})")


queue = CafeQueue()
queue.add_customer('Raquel', 'double macchiato', to_go=False)
queue.add_customer('Naomi', 'large mocha, skim')
queue.add_customer('Anmol', 'mango lassi')
serve_customers(queue)
```

在 serve_customers() 函式中會檢查 queue 引數是否是繼承自 Collection 抽象基底類別的類別實例❶，然後再繼續執行，因為函式的邏輯依賴於 len() 和迭代。

執行這段程式會得到預期的結果：

```
(Making double macchiato...)
(Takes order to Raquel)
(Making large mocha, skim...)
Order for Naomi!
(Making mango lassi...)
Order for Anmol!
```

雖然這個範例沒有變更其功能性，但抽象基底類別提供了兩個優勢。第一個優勢，任何使用此類別的人都可以透過標準程式庫的抽象基底類別檢查它們的功能。第二個優勢（也許是更重要的），這是一種防止程式碼所依賴的這些特殊方法被意外從一個類別中移除的保險政策。

實作自訂抽象基底類別

一般來說是不會有現成的抽象基底類別能馬上滿足您的需求，所以您需要自己設計編寫。您可以把某個類別設定為抽象基底類別，做法是讓它繼承自 abc.ABC 或其他抽象基底類別，**並且**給它至少一個標記了 @abstractmethod 裝飾器的方法。

對於這個 CafeQueue 範例，我會建立一個自訂的抽象基底類別，以此來定義一個顧客的佇列。其餘的程式碼會期望顧客佇列擁有特定的方法和行為，因此我會使用這個抽象基底類別來事先確立這些期望：

Listing 14-18: cafe_queue_abc.py:1c

```python
from collections.abc import Collection, Iterator
from abc import abstractmethod


class CustomerQueue(Collection):

    @abstractmethod
    def add_customer(self, customer): pass

    @property
    @abstractmethod
    def first(self): pass
```

我讓 CustomerQueue 類別繼承自 Collection，這樣它的衍生類別必須實作 __iter__()、__len__() 和__contains__()，因此 CustomerQueue 透過 Collection 間接地繼承了 ABC。隨後新增了兩個額外的抽象方法，分別是 add_customer() 和 first() 特性 property，每個方法都有標記為使用 @abstractmethod 裝飾器，我從 abc 模組中引入這個裝飾器。任何繼承自 CustomerQueue 的類別都必須實作這些特性 property 和方法。

在 Python 3.3 版之前，如果想要在抽象類別中要求某種方法，就必須用特殊的裝飾器，像@abstractproperty、@abstractclassmethod 和@abstractstaticmethod。您仍然可能會看到這樣的程式碼，但幸運的是，這種寫法已經不再是必要的。現在只要 @abstractmethod 是最內層的裝飾器，就可以使用一般的方法裝飾器，例如 @property 來標記。

我可以新增抽象方法來要求衍生類別擁有特定的實例方法、類別方法、靜態方法，甚至特性 property，但我**無法**要求衍生類別擁有特定的實例屬性。抽象基底類別目的是指定**介面**，而不是資料。

這裡沒有需要實作的抽象方法，雖然我可以編寫預設的實作，並透過 super() 明確呼叫。

現在，我可以將 CafeQueue 類別更新，讓它繼承這個新的 CustomerQueue 抽象基底類別：

Listing 14-19: cafe_queue_abc.py:2c

```python
class CafeQueue(CustomerQueue):

    def __init__(self):
        self._queue = []
        self._orders = {}
        self._togo = {}

    def __iter__(self):
        return CafeQueueIterator(self)

    def __len__(self):
        return len(self._queue)

    def __contains__(self, customer):
        return (customer in self._queue)

    def add_customer(self, customer, *orders, to_go=True):
        self._queue.append(customer)
        self._orders[customer] = tuple(orders)
```

```
        self._togo[customer] = to_go

    @property
    def first(self):
        return self._queue[0]
```

我需要新增必要的特性 first()，在這裡的情況，我使用它來查看排隊中第一個
人的名字。如果我不新增這個 property，執行程式時會產生如下的錯誤：

```
TypeError: Can't instantiate abstract class CafeQueue with abstract method first
```

由於我實作了 first()，所以不需要擔心上述錯誤的發生。

我也會更新 serve_customers() 函式，讓它需要一個 CustomerQueue，而不是一
個 Collection。這麼做是可以的，因為 CustomerQueue 繼承自 Collection，所以
任何繼承自 CustomerQueue 的類別也會滿足 Collection 的介面。

📂Listing 14-20: cafe_queue_abc.py:4b

```python
def serve_customers(queue):
    if not isinstance(queue, CustomerQueue):
        raise TypeError("serve_next() requires a customer queue.")

    if not len(queue):
        print("Queue is empty.")
        return

    def brew(order):
        print(f"(Making {order}...)")

    for customer, orders, to_go in queue:
        for order in orders: brew(order)
        if to_go:
            print(f"Order for {customer}!")
        else:
            print(f"(Takes order to {customer})")

queue = CafeQueue()
queue.add_customer('Raquel', 'double macchiato', to_go=False)
queue.add_customer('Naomi', 'large mocha, skim')
queue.add_customer('Anmol', 'mango lassi')

print(f"The first person in line is {queue.first}.")
serve_customers(queue)
```

除了測試 queue 是否是繼承自 CustomerQueue 類別的實例外，我也在結尾處使
用了 queue.first 特性進行測試。

執行這段程式碼仍然會得到預期的輸出：

```
The first person in line is Raquel.
(Making double macchiato...)
(Takes order to Raquel)
(Making large mocha, skim...)
Order for Naomi!
(Making mango lassi...)
Order for Anmol!
```

除了能夠檢查是誰排在第一位之外，這裡的功能與之前版本沒有不同。與之前一樣，使用抽象基底類別確保了 CafeQueue 實作了其餘程式碼所依賴的所有功能。如果遺漏了預期介面的部分，程式碼會立即失敗，而不是在執行過程中才發生問題。

虛擬子類別

當您開始依賴自訂的抽象類別時，有可能會遇到一種困境：您可能要求某個引數是從自訂抽象基底類別繼承之類別的實例，同時您可能還希望以某種方式允許某些既有類別的實例被使用。例如，您無法修改內建的 list 類別，讓它只是回報有滿足您在自訂抽象基底類別中指定的某個介面。

虛擬子類別（**Virtual subclassing**）允許您讓抽象基底類別回報某些類別是衍生的，即使它們實際上並不是。這讓您能夠指定特定的內建類別和第三方類別，以符合您自訂抽象基底類別所制定的介面。

這樣能運作是因為在呼叫 isinstance(Derived, Base) 或 issubclass(Derived, Base) 時，會先檢查並呼叫 Base.__instancecheck__(Derived) 或 Base.__subclasscheck__(Derived) 方法。否則，將會呼叫 Derived.__isinstance__(Base) 或 Derived.__issubclass__(Base)。

虛擬子類別的關鍵限制是繞過介面強制，而回報**您**已經確認某個特定類別滿足了介面。您可以把任何類別設定為抽象基底類別的虛擬子類別，但完全由您自己負責確保它具有預期的介面。

設定範例

我會先建立一個不使用虛擬子類別的自訂抽象基底類別範例，但使用虛擬子類別可能會有所幫助。假設我正在建立與迴文（palindrome）有關的超實用函式庫，並且我想確保正在處理實作了某些方法的物件：特別是 __reversed__()、__iter__() 和 __str__()。 我不會要求更多其他方法，因為我會編寫一個自訂類別來處理句子回文，這比單字回文更複雜。不幸的是，沒有內建的抽象基底類別支援所有這些方法，而且**只**支援這些方法。

有不同形式的迴文，而我想要能夠以相同的方式與它們互動。這就是為什麼要建立了自訂的 Palindromable 抽象基底類別：

📂Listing 14-21: palindrome_check.py:1

```python
from abc import ABC, abstractmethod


class Palindromable(ABC):

    @abstractmethod
    def __reversed__(self): pass

    @abstractmethod
    def __iter__(self): pass

    @abstractmethod
    def __str__(self): pass
```

Palindromable 抽象基底類別沒有繼承自其他抽象基底類別，所以我只繼承自 abc.ABC。使用這個抽象基底類別，我需要上述這三個方法。

我現在建立了一個特殊的 LetterPalindrome 類別，用來解譯字串是否為基於字母的迴文或句子迴文。這個類別繼承自 Palindromable 抽象基底類別：

📂Listing 14-22: palindrome_check.py:2

```python
class LetterPalindrome(Palindromable):

    def __init__(self, string):
        self._raw = string
        self._stripped = ''.join(filter(str.isalpha, string.lower()))

    def __str__(self):
        return self._raw

    def __iter__(self):
        return self._stripped.__iter__()
```

```
def __reversed__(self):
    return reversed(self._stripped)
```

LetterPalindrome 的初始化方法接受一個字串，移除所有非字母的字元，並轉換成小寫，以便檢查它是否為迴文，方法是將其反轉並與原始字串進行比較。

雖然本書版面有限，這裡沒有列出詳細的範例，但我也能建立 WordPalindrome 類別，讓它同樣接受一個字串，但是逐個單字而不是逐字母進行反轉。

我也實作了所有三個必要的方法。請記住，因為這個抽象基底類別要求有一個 __str__() 方法，所以我**必須**在這裡實作它。就算其中一個基底類別，也就是 object，已經實作了 __str__() 方法，這個 ABC 會將它覆寫為一個抽象方法，強迫我重新實作它。

> **ALERT**
>
> 一旦牽涉到多重繼承，就會變得有些複雜，所以要注意方法解析順序。如果 class X(ABC) 有一個抽象方法 foo()，而 class Y 提供了方法 foo()，那麼當 class Z(X, Y) 需要重新實作 foo() 時，class Z(Y, X) 就**不需要**了！

以下是用來檢查某些內容是否為迴文的函式。這個函式不會關心迴文的形式，只要比較可迭代物件與它的反向是否一一相符匹配，如果是就會返回 True：

📁 Listing 14-23: palindrome_check.py:3

```
def check_palindrome(sequence):

    if not isinstance(sequence, Palindromable):
        raise TypeError("Cannot check for palindrome on that type.")

    for c, r in zip(sequence, reversed(sequence)):
        if c != r:
            print(f"NON-PALINDROME: {sequence}")
            return False
    print(f"PALINDROME: {sequence}")
    return True
```

在執行任何動作之前會先檢查序列是否是從 Palindromable 繼承之類別的實例。如果是，就會迭代比較序列和其反向形式的項目，間接依賴 sequence.__iter__() 和 sequence.__reversed__() 方法。此外，我還會印出結果，間接使用 sequence.__str__() 方法。

如果我把這個函式傳入任何一個缺少這三個方法的類別實例，這段程式碼就毫無意義，而我會迅速引發例外來快速失效。抽象基底類別的特別之處在於它們有助於安全且有效地使用鴨子型別的形式。只要類別能以某種方式使用，它就符合抽象基底類別的要求，其他什麼都不重要。

我會試著使用目前製作出來的迴文檢查器，透過實例化一些 LetterPalindrome 實例，並將它們傳遞給 check_palindrome() 來測試一下：

📁Listing 14-24: palindrome_check.py:4

```python
canal = LetterPalindrome("A man, a plan, a canal - Panama!")
print(check_palindrome(canal))   # prints 'True'

bolton = LetterPalindrome("Bolton")
print(check_palindrome(bolton))  # prints ´False'
```

執行這段程式後會輸出如下結果：

```
PALINDROME: A man, a plan, a canal - Panama!
True
NON-PALINDROME: Bolton
False
```

使用虛擬子類別

因為 check_palindrome() 函式想要的是繼承自 Palindromable 抽象基底類別的類別，所以該函式無法處理內建型的類別，如串列，即使它們本身可能是迴文。試著把一個串列傳給 check_palindrome() 會引發 TypeError 錯誤：

📁Listing 14-25: palindrome_check.py:5a

```python
print(check_palindrome([1, 2, 3, 2, 1]))  # raises TypeError
```

程式失效是因為 list 不是衍生自 Palindromable。我沒理由回頭編輯 Python 的串列類別（也不應該嘗試這樣做）。我反而可以讓串列（list）成為 Palindromable 的虛擬子類別。

有兩種做法可達到目的。最簡單的做法是使用 register() 方法將任何類別登錄到抽象基底類別，像下列這般：

📁Listing 14-26: palindrome_check.py:5b

```python
Palindromable.register(list)
print(check_palindrome([1, 2, 3, 2, 1]))  # prints 'True'
```

現在這個修改過的版本可以正常運作，因為 list 現在是 Palindromable 的虛擬子類別。我們並沒有改變 list 類別的實際繼承，只是讓抽象基底類別宣稱 list 是它的衍生類別。

然而，目前只有 list 有這個設定。如果試圖將 tuple 傳給 check_palindrome()，理應也能運作，但同樣會失效。當然，我可以像對待 list 一樣登錄 tuple，但要對每種想像得到的相容類別都登錄成 Palindromable 的虛擬子類別，這樣真的有些繁瑣。

理論上，只要類別實作了必要的方法、是**有序的**（所以元素可以被可靠地反轉），而且是**有限的**，它都可以被視為 Palindromable 的有效虛擬子類別。請思考一下，任何有序的類別應該也能透過 __getitem__() 用索引下標存取，而且如果它是有限的，應該也會有 __len__() 方法。內建的 collections.abc.Sequence 抽象基底類別除了 __iter__() 和 __reversed__()，還規定了上述這兩個方法。

我可以讓 Sequence 成為 Palindromable 的虛擬子類別，這樣任何繼承自 Sequence 的類別也會成為 Palindromable 的虛擬子類別。我可以像下列這樣做：

Listing 14-27: palindrome_check.py:5c

```
from collections.abc import Sequence  # This should be at the top of the file

# --省略--

Palindromable.register(Sequence)
print(check_palindrome([1, 2, 3, 2, 1]))  # prints 'True'
```

現在我可以使用 list、tuple 以及任何其他繼承自 collections.abc.Sequence 的類別來呼叫 check_palindrome()。

如果關於什麼是 Palindromable 的規則變得更加複雜（就像現實生活中經常發生的那樣），我需要增加更多對 Palindromable.register() 的呼叫，或者完全找到另一種技術。為了處理這些潛在的複雜情況，我可以在抽象基底類別中實作一個特殊的類別方法 __subclasshook__()，這個方法會被 __subclasscheck__() 呼叫，並擴充了子類別檢查的行為。

Listing 14-28: palindrome_check.py:1d

```
from abc import ABC, abstractmethod
from collections.abc import Sequence

class Palindromable(ABC):
```

```
@abstractmethod
def __reversed__(self): pass

@abstractmethod
def __iter__(self): pass

@abstractmethod
def __str__(self): pass

@classmethod
def __subclasshook__(cls, C):
    if issubclass(C, Sequence):
        return True
    return NotImplemented
```

__subclasshook__() 這個類別方法的處理邏輯可以根據需要而變簡單或複雜。在這個案例中則是非常簡單的。在大多數的情況中，如果 C 應該要被視為 Palindromable 抽象基底類別的子類別，則 __subclasshook__() 必須返回 True，如果不應該則返回 False，否則就返回 NotImplemented。這裡的最後部分最為重要！當 __subclasshook__() 返回 NotImplemented 時，會導致 __subclasscheck__() 檢查 C 是否是真實子類別，而不是虛擬子類別。如果在方法的結尾返回 False，就會導致 LetterPalindrome 類別不再被視為 Palindromable 的子類別。

不像大多數特殊方法，Python 不會要求我直接實作 __subclasscheck__()，因為這樣就表示我必須重新實作所有複雜的子類別檢查邏輯。

有了這個改變，那就不再需要登錄 list 和 Sequence 作為虛擬子類別：

📁Listing 14-29: palindrome_check.py:5d
```
print(check_palindrome([1, 2, 3, 2, 1]))              # prints 'True'
print(check_palindrome((1, 2, 3, 2, 1)))              # prints 'True'

print(check_palindrome('racecar'))                    # prints 'True'
print(check_palindrome('race car'))                   # prints 'False'

print(check_palindrome(LetterPalindrome('race car'))) # prints 'True'
print(check_palindrome({1, 2, 3, 2, 1}))              # raises TypeError
```

正如您所看到的，check_palindrome() 現在可以使用 list、tuple 和 str，還有 LetterPalindrome。

與此同時，嘗試傳遞 set 給 check_palindrome() 則會失效，這是合理的，因為 set 是無序的，無法可靠地反轉。

這就是使用抽象基底類別來處理鴨子型別（duck typing）的美妙之處！我可以用 LBYL 策略編寫容錯的程式碼，但不必指定每一種可能適用於該程式碼的類別。反而透過建立 Palindromable 抽象基底類別，和將 collections.abc.Sequence 新增為虛擬子類別，就能讓函式與實作所需介面的幾乎所有類別一起使用。

總結

元類別（Metaclass）是用來實例化類別的神秘「藍圖」，就像類別是物件的藍圖一樣。雖然很少單獨使用，但元類別允許您覆寫或擴充建立類別。

您可以使用抽象基底類別（abstract base classes，縮寫成 ABC），來強制要求並檢查類別是否實作特定的介面。

這並不表示您不需要去使用第 6 章提到的型別提示。當從使用者的角度來強制實作特定的介面時，註釋（annotation）在澄清程式碼應該如何使用方面非常有用。抽象基底類別和子類別檢查的目的是讓程式碼在無望成功的情況下能夠快速失效，尤其是當它可能以微妙或不可預測的方式失效時更應該如此。鴨子型別、繼承和型別提示是互補的概念，它們在程式碼中的運用方式取決於您。

第 15 章
內省和泛型

內省（**Introspection**，或譯**自我檢查**）是程式碼在執行時存取自身資訊並作出回應的能力。作為一種直譯式語言，Python 很擅長內省（自我檢查）。透過了解 Python 是怎麼檢查物件，您就能發現許多最佳化程式碼的模式。

在本章中，我們會探討特殊屬性，而這些特殊屬性會讓內省成為可能。在運用這些特殊屬性時，我們會介紹函式、描述器、和 slot，甚至建構一個（有效率地）不可變的類別。隨後，談到程式碼自我執行這個主題時，還會討論隨意執行的風險。

特殊屬性

Python 主要透過把重要資訊儲存在不同物件的**特殊屬性**（special attribute）中來完成內省的處理。這些特殊屬性讓 Python 在執行時能識別了解名稱、專案結構、物件之間的關係等等。

就像特殊方法一樣，所有特殊屬性都以兩個底線（__）作為開頭和結尾。

在之前的章節中，您已經看過某些特殊屬性，例如特殊屬性 __name__，它含有正在執行之模組的名稱，但在進入點模組時的值是 "__main__"：

```python
if __name__ == "__main__":
    main()
```

還有一個特殊屬性叫做 __file__，它含有目前模組的絕對路徑，可以用來尋找套件中的檔案：

```python
from pathlib import Path

path = Path(__file__) / Path("../resources/about.txt")
with path.open() as file:
    about = file.read()
```

在這兩個情況下，Python 能在執行時存取有關專案結構的資料。這就是內省的運作方式。

在本章範例中需要這些功能配合時一起介紹各種特殊屬性。作為一本方便的參考書，我在附錄 A 中列出 Python 的所有特殊屬性。

內部物件屬性存取：__dict__ 特殊屬性

要撰寫具有內省功能的程式碼，您必須了解 Python 怎麼儲存屬性名稱和值。每個類別和物件都有一個特殊屬性 __dict__ 的實例，這是個儲存屬性和方法的字典。與物件屬性存取相關的行為很大程度上取決於用哪個字典（於在類別或物件上）儲放特定的屬性或方法。實際上，這比您想像的複雜一些。

請思考以下的類別結構，它定義了 Llama（羊駝）為四足動物（Quadruped）：

☐Listing 15-1: llama.py:1

```
class Quadruped:
    leg_count = 4

    def __init__(self, species):
        self.species = species

class Llama(Quadruped):
    """A quadruped that lives in large rivers."""
    dangerous = True

    def __init__(self):
        self.swimming = False
        super().__init__("llama")

    def warn(self):
        if self.swimming:
            print("Cuidado, llamas!")

    @classmethod
    def feed(cls):
        print("Eats honey with beak.")
```

這裡的 Quadruped 和 Llama 類別特別設計來示範屬性的存取,所以請忽略範例可能違反良好物件設計的部分。

讓我們檢查建立的實例和兩個類別的 __dict__ 特殊屬性,以此來了解 Python 是怎麼儲存所有內容的:

☐Listing 15-2: llama.py:2a

```
llama = Llama()

from pprint import pprint

print("Instance __dict__:")
pprint(llama.__dict__)

print("\nLlama class __dict__:")
pprint(Llama.__dict__)

print("\nQuadruped class __dict__")
pprint(Quadruped.__dict__)
```

這裡用了 pprint 模組和函式,**美化印出**字典的內容,這表示我可以在每一行上看到字典中的每個「鍵-值」對。美化印出對於以更好閱讀的方式顯示複雜的集合是很有用的。這段程式碼的輸出顯示了 __dict__ 特殊屬性的內容:

```
Instance __dict__:
{ ❶ 'species': 'llama', 'swimming': False}
```

```
Llama class __dict__:
mappingproxy({'__doc__': 'A quadruped that lives in large rivers.',
              '__init__': <function Llama.__init__ at 0x7f191b6170d0>,
              '__module__': '__main__',
              'dangerous': True,
              'feed': <classmethod object at 0x7f191b619d60>,
           ❷ 'warn': <function Llama.warn at 0x7f191b617160>})

Quadruped class __dict__
mappingproxy({'__dict__': <attribute '__dict__' of 'Quadruped' objects>,
              '__doc__': None,
              '__init__': <function Quadruped.__init__ at 0x7f191b617040>,
              '__module__': '__main__',
              '__weakref__': <attribute '__weakref__' of 'Quadruped' objects>,
           ❸ 'leg_count': 4})
```

您可能會對其中一些東西的位置感到驚訝。species 和 swimming 的實例屬性位於實例 Instance 本身上❶，但所有實例方法和類別屬性、自訂類別方法一樣都儲存在類別（而不是實例上）❷。Quadruped.__dict__ 儲存著 Quadruped 類別的類別屬性 leg_count❸。

> NOTE
>
> 幾乎所有繼承的特殊方法都儲存在通用基底類別 object 的 __dict__ 屬性中，但其輸出內容實際上非常冗長，因為版面有限所以在省略不印出。如果您有興趣，可以使用 pprint(object.__dict__) 自行查看。

另一個奇怪的地方是，類別的 __dict__ 屬性實際上是 mappingproxy 的型別，這是在 types.MappingProxyType 中定義的一個特殊類別。撇開技術細節不談，它實際上是字典的唯讀視圖。類別的 __dict__ 屬性是這種 MappingProxyType，但實例的 __dict__ 屬性只是個普通的字典。然而，正因為如此，您無法直接修改類別的 __dict__ 特殊屬性。

最後，雖然在這裡不容易描述說明，但類別本身的所有特殊屬性和方法都是在**元類別**的 __dict__ 屬性中定義的。在大多數情況下（包括這裡），您可以透過 pprint(type.__dict__) 看到這一點。

您會看到有一些複雜的規則，關於屬性或方法儲存在哪裡的說明。雖然我可以透過正確的 __dict__ 特殊屬性直接存取任何類別或實例的屬性或方法，但實際上執行這種查詢還是很複雜的。Python 有更好的做法。

列出屬性

有兩個函式是專門用來檢查任何類別或實例的 __dict__ 屬性：vars() 和 dir()。

vars() 函式會印出給定物件或類別的 __dict__ 屬性，如下列這般：

Listing 15-3: llama.py:2b

```python
llama = Llama()

from pprint import pprint

print("Instance __dict__:")
pprint(vars(llama))

print("\nLlama class __dict__:")
pprint(vars(Llama))

print("\nQuadruped class __dict__")
pprint(vars(Quadruped))
```

執行這段程式碼的輸出結果應該與 Listing 15-2 的內容相同。

在類別、物件或函式內部不帶任何引數執行 vars()，會列印出目前作用域的 __dict__。在任何物件、函式和類別的作用域之外，它會印出代表區域符號表的字典。如果您想要區域或全域符號表作為字典，也可以分別執行 locals() 或 globals()。請留意，您不應該嘗試使用從這些函式返回的字典來修改區域或全域的值。

dir() 是內建函式，它會返回目前作用域或指定物件或類別作用域中的所有名稱（但不包括值）的串列。dir() 預設會使用 __dict__ 屬性編譯這份串列，並包含基底類別的名稱。如果您修改了類別來處理實際上不是屬性的名稱，則可透過撰寫自己的 __dir__() 方法來覆寫此行為。

在實際應用中，這四個函式：vars()、locals()、globals() 和 dir()，一般只在互動式提示字元模式中執行或進行偵錯時才會有用。

取得屬性

若想要存取屬性，以 leg_count 或 swimming 來說，一般我會使用點運算子（.）來配合，像下列這般：

📁Listing 15-4: llama.py:3a

```
print(llama.swimming)   # prints 'False'
print(Llama.leg_count)  # prints '4'
```

在類別或物件上的點運算子其實是內建函式 getattr() 的語法糖。以下是等效的函式呼叫方式：

📁Listing 15-5: llama.py:3b

```
print(getattr(llama, 'swimming'))   # prints 'False'
print(getattr(Llama, 'leg_count'))  # prints '4'
```

無論哪種情況，我都會將兩個引數傳遞給 getattr()：首先是要搜尋的物件，接著是作為字串的名稱。

在幕後，getattr() 函式使用了兩個特殊方法：__getattribute__() 處理複雜的尋找邏輯，而 __getattr__() 則可以由使用者選擇實作，以進一步擴充在類別上的 getattr() 函式行為。

最終，不論是在尋找實例或類別上，都會牽涉到 object.__getattribute__() 或 type.__getattribute__()。即使這個特殊方法被衍生類別或元類別重新實作，重新實作仍需明確呼叫 object.__getattribute__() 或 type.__getattribute__() 以避免無限遞迴。這其實是件好事，因為要正確重新實作 __getattribute__() 的所有行為絕非小事。

__getattribute__() 特殊方法透過搜尋實例和類別上的 __dict__ 物件，並遵循方法解析順序。如果它找不到正在搜尋的屬性，就會引發 AttributeError 錯誤。從那裡，getattr() 會檢查是否已定義了 __getattr__()，這是當 __getattribute__() 失效時當作屬性尋找之後備選項的特殊使用者自訂方法。如果已經有定義了 __getattr__()，則它將被作為最後一步由 getattr() 呼叫。

在這裡，我會直接使用 __getattribute__()：

📁Listing 15-6: llama.py:3c

```
print(object.__getattribute__(llama, 'swimming'))  # prints 'False'
print(type.__getattribute__(Llama, 'leg_count'))   # prints '4'
```

物件和元類都有一個名為 __dict__ 的特殊屬性，用於按名稱儲存所有其他屬性。這就是為什麼您可以任意向物件或類別新增屬性，甚至可以在類別定義之外新增。（有一種替代的屬性儲存方式，稍後會回頭介紹。）

這是對 getattr() 函式的簡單重新實作，展示了 __getattribute__() 和 __getattr__()
在屬性尋找中的實際使用方式：

📂Listing 15-7: llama.py:3d

```
llama = Llama()

try:
    print(object.__getattribute__(llama, 'swimming'))
except AttributeError as e:
    try:
        __getattr__ = object.__getattribute__(llama, '__getattr__')
    except AttributeError:
        raise e
    else:
        print(__getattr__(llama, 'swimming'))

try:
    print(type.__getattribute__(Llama, 'leg_count'))
except AttributeError as e:
    try:
        __getattr__ = type.__getattribute__(Llama, '__getattr__')
    except AttributeError:
        raise e
    print(__getattr__(Llama, 'leg_count'))
```

雖然這與 getattr() 實際的運作並不完全相同，但很接近，可以讓您理解發生了
什麼。在第一個區塊中存取 llama.swimming，第二個區塊是 Llama.leg_count。
在上述兩種情況下，都先透過 try 呼叫適當的 __getattribute__() 特殊方法來處
理。如果引發 AttributeError，接下來會檢查是否已實作了 __getattr__()，這也是
透過 __getattribute__() 執行來的。如果 __getattr__() 確實存在，則將其呼叫以
執行回退屬性檢查，但如果不存在，則將再次引發原本的 AttributeError 錯誤。

哎呀！這些工作量真是不少。幸運的是，Python 隱藏了這些複雜性。若想要存
取屬性或方法，如果您提前知道要尋找的名稱，可以使用點運算子，或者在執
行時利用字串來透過 getattr() 進行查詢：

📂Listing 15-8: llama.py:3e

```
# Either of these works!
print(llama.swimming)              # prints 'False'
print(getattr(Llama, 'leg_count')  # prints '4'
```

至於覆寫正常行為，通常只有這兩個特殊方法中的 __getattr__() 應該被實作。
__getattr__() 的常見用途是為不存在的屬性提供預設值。一般來說，您應該讓
__getattribute__() 保持原樣。

檢查屬性

若想要檢查屬性是否存在，可以使用 hasattr() 函式來配合，像下列這般：

📁Listing 15-9: llama.py:4a

```
if hasattr(llama, 'larger_than_frogs'):
    print("¡Las llamas son más grandes que las ranas!")
```

在幕後 hasattr() 會在 try 陳述式中呼叫 getattr()，就如下面的做法一樣：

📁Listing 15-10: llama.py:4b

```
try:
    getattr(llama, 'larger_than_frogs')
except AttributeError:
    pass
else:
    print("¡Las llamas son más grandes que las ranas!")
```

設定屬性

設定屬性不像存取屬性那麼複雜。setattr() 函式依賴於 __setattr__() 這個特殊方法。預設情況下，應該都是可以的對屬性設定一個值。在下面的範例中，我把 llama 上的實例屬性 larger_than_frogs 設定為 True：

📁Listing 15-11: llama.py:5a

```
setattr(llama, 'larger_than_frogs', True)
print(llama.larger_than_frogs)  # prints 'True'
setattr(Llama, 'leg_count', 3)
print(Llama.leg_count)           # prints '3'
```

我對 setattr() 傳遞了三個引數：要更改屬性的物件或類別、屬性名稱（以字串表示）以及新值。setattr() 方法完全忽略繼承和方法解析順序，它只關心修改指定物件或類別的 __dict__。如果這個 __dict__ 上存在該屬性，該方法將對其進行修改；否則，該方法將在 __dict__ 上建立一個新的屬性。

在背景中 setattr() 依賴於特殊方法 __setattr__()，而在 Listing 15-11 中的程式碼實際上做了以下的事情：

📁Listing 15-12: llama.py:5b

```
object.__setattr__(llama, 'larger_than_frogs', True)
print(llama.larger_than_frogs)  # prints 'True'
```

```
type.__setattr__(Llama, 'leg_count', 3)
print(Llama.leg_count)              # prints '3'
```

而這進一步修改了 llama.__dict__ 和 Llama.__dict__。有個好玩的細節是，雖然我可以手動修改 llama.__dict__，但 Llama.__dict__ 是個 mappingproxy，這表示**除了 type.__setattr__() 之外**，所有一切都無法對它讀寫。只有 type.__setattr__() 知道怎麼修改在 mappingproxy 中表示的資料（真的，這甚至沒有文件記錄）。

> **ALERT**
> 存取屬性會遵循方法解析順序。然而，設定屬性就不會這樣的。對這個有誤
> 解可能導致許多錯誤。

在設定屬性時，不論是透過 setattr() 還是使用點運算子，請仔細留意您是在修改現有的類別屬性還是只在實例中產生一個同名的屬性。不小心產生同名的實例屬性會帶來很多糟糕的意外，就像之前所看到的一樣。舉例來說：

📁Listing 15-13: llama.py:6a

```
setattr(llama, 'dangerous', False)  # uh oh, shadowing!
print(llama.dangerous)              # prints 'False', looks OK?
print(Llama.dangerous)              # prints 'True', still dangerous!!
```

在這個對 setattr() 的呼叫中，我把 'dangerous' 鍵加到實例的 llama.__dict__ 特殊屬性中，完全忽略了相同「鍵」在類別的 Llama.__dict__ 特殊屬性上已存在。print 陳述式展示了屬性的同名覆蓋影響。

意外的屬性同名覆蓋並不僅限於 setattr()，它也會在對屬性進行任何指定值時出現：

📁Listing 15-14: llama.py:6b

```
llama.dangerous = False  # same problem
print(llama.dangerous)   # prints 'False', looks OK?
print(Llama.dangerous)   # prints 'True', still dangerous!!
```

為了確保我不會用實例屬性遮蔽覆蓋類別屬性，我必須小心處置，只在類別上修改類別屬性，而不要在實例上這樣做：

📁Listing 15-15: llama.py:6c

```
Llama.dangerous = False  # this is better
print(llama.dangerous)   # prints 'False', looks OK?
print(Llama.dangerous)   # prints 'False', we are safe now
```

若想要控制對物件屬性的指定值方式，您可以自己重新實作 __setattr__() 特殊方法。在這裡也要小心處理。如果 __setattr__() 的實作都不會修改 __dict__ 特殊屬性且都不呼叫 object.__setattr__()（或者在處理類別屬性時，都不會呼叫 type.__setattr__()），那麼它實際上可以完全**阻止**屬性的正常運作。

刪除屬性

delattr() 方法可用來刪除屬性。它依賴 __delattr__() 特殊方法，運作的方式與 setattr() 相同，唯一不同之處在於如果所要刪除的屬性不存在，它會返回一個 AttributeError 錯誤。

一般來說，您可以使用 del 運算子來執行這項操作，如下所示：

📂Listing 15-16: llama.py:7a
```
print(llama.larger_than_frogs)  # prints 'True'
del llama.larger_than_frogs
print(llama.larger_than_frogs)   # raises AttributeError
```

這與直接呼叫 delattr() 的做法相同，如下所示：

📂Listing 15-17: llama.py:7b
```
print(llama.larger_than_frogs)  # prints 'True'
delattr(llama, 'larger_than_frogs')
print(llama.larger_than_frogs)   # raises AttributeError
```

delattr() 函式的運作方式是呼叫 __delattr__()，就像 setattr() 呼叫 __setattr__() 一樣。如果您想控制屬性的刪除行為，可以重新實作 __delattr__()，但要謹慎使用，因為修改這個特殊方法所要注意的事情和修改 __setattr__() 時是一樣的。

函式屬性

如果所有物件都可以擁有屬性，且函式也是物件的一種，那麼函式應該也可以有屬性。確實如此，但它們的運作方式可能不是您所想像的那樣。

在實際的應用中，您很少需要直接使用函式的屬性。它們主要用於啟用其他模式和技巧的運作。這些任務有時會牽涉到一些「深奧的魔法」，例如我們在第 14 章中提到的元類別。

有趣的是，函式屬性純粹是因為它們看起來**應該**存在才被加到 Python 的。在那之前，程式庫已經可以濫用 __docstring__ 來模擬函式屬性的行為了。與此同時，其他開發者也試圖透過建立純粹由類別屬性和一個 __call__() 方法組成的類別來模擬函式屬性，然而這種技巧相對於具有屬性的正常函式而言，效能上需要相當大的開銷。

因此，Python 的開發者們的想法是：「嗯，反正他們不論如何都要這樣做，我們不如提供一個正式和明顯的機制來實作它。」

函式屬性的錯誤用法

為了展示函式屬性以及它們的缺陷，請思考以下範例，一開始會以錯誤的方式來使用函式屬性。這段程式碼定義了一個乘法函式，將其中一個運算元儲存在函式屬性中。等一下會解釋為什麼這整個技巧是個很爛的用法。

在這個範例中，multiplier() 把引數 n 乘以 factor 的值並印出結果：

📁Listing 15-18: function_attribute.py:1a

```
def multiplier(n):
    factor = 0
    print(n * factor)

multiplier.factor = 3    ❶
multiplier(2)                # prints 0 ❷
print(multiplier.factor)  # prints 3
```

在使用中，我錯誤地嘗試透過將值指定給函式屬性❶，想要把 factor 的值更改為 3。正如您所看到的，函式呼叫的輸出結果為 0，證明這並未按預期工作，因為區域變數仍然為 0 ❷。但是，如果我檢查 multiplier.factor，這個函式屬性的值確實為 3。這裡到底發生了什麼事呢？

問題在於，函式屬性並不同於區域作用域的變數，它是存在於 multiplier 物件的 __dict__ 屬性內。如果印出這個 __dict__ 屬性，就會看到有 multiplier.factor 這個屬性：

📁Listing 15-19: function_attribute.py:1b

```
def multiplier(n):
    factor = 0
    print(n * factor)
```

```
print(multiplier.__dict__)  # prints {}
multiplier.factor = 3
print(multiplier.__dict__)  # prints {'factor': 3}
```

而且，我無法只使用名稱在函式內部存取函式屬性，就像在 multiplier() 函式中嘗試使用 print 呼叫的方式一樣。存取函式屬性的唯一方法是透過 getattr()，可以直接使用它或透過點運算子來處理，如下所示：

📂 Listing 15-20: function_attribute.py:1c

```
def multiplier(n):
    print(n * multiplier.factor)


print(multiplier.__dict__)  # prints {}
multiplier.factor = 3
print(multiplier.__dict__)  # prints {'factor': 3}
multiplier(2)               # prints 6
```

如您所見，乘法運算現在成功了。但這段程式碼仍然有另一個技術性的問題：如果我未對 multiplier.factor 指定初始值，則 Listing 15-20 中對 multiplier() 的呼叫就會失效。我可以透過讓 multiplier() 函式來定義該函式屬性的預設值（如果未定義）來解決此問題。以下是最終的修改版本：

📂 Listing 15-21: function_attribute.py:1d

```
def multiplier(n):
    if not hasattr(multiplier, 'factor'):
        multiplier.factor = 0
    print(n * multiplier.factor)


multiplier(2)               # prints 0
print(multiplier.__dict__)  # prints {'factor': 0}
multiplier.factor = 3 ❶
print(multiplier.__dict__)  # prints {'factor': 3}
multiplier(2)               # prints 6
```

在 multiplier() 函式的頂端會檢查 factor 函式屬性是否已經定義。如果尚未定義，就將其設定為預設值 0。隨後，透過外部更改函式屬性❶，就可以改變函式的行為。

一開始我就說過，這只是個簡單的範例，是用來展示函式屬性的工作原理。這裡的使用方式甚至遠遠不符合 Python 的風格！

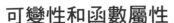

可變性和函數屬性

您或許還記得第 6 章的內容有提過，函式應該是**無狀態的**（**stateless**）。考慮到這個函式的設計目的，我們合理地期望 multiplier(2) 每次都會返回相同的值。然而，這個前提被違反了，因為 multiplier() 在它的函式屬性中保存了狀態。改變 multiplier.factor 就會改變 multiplier(2) 返回的值。

換句話說，**函式屬性是可變物件上的屬性**。這是個等著讓您違犯邏輯錯誤的陷阱！請思考以下這個簡單的範例，我試圖在函式上改變一個函式屬性，結果它也在其他地方改變了：

📁Listing 15-22: bad_function_attribute.py

```python
def skit():
    print(skit.actor)

skit.actor = "John Cleese"
skit()    # prints "John Cleese"

sketch = skit
sketch() # prints "John Cleese"
sketch.actor = "Eric Idle"
sketch() # prints "Eric Idle"

skit()    # prints "Eric Idle"...yikes!
```

當我將 sketch 指定給 skit 時，實際上是將 sketch 綁定到相同的可變函式物件，就像是 skit。當我接著指定一個新值給函式屬性 sketch.actor 時，這等同於將其指定給函式屬性 skit.actor；它們都是同一個函式物件上的屬性。如果您對於可變物件（例如作為引數傳遞的串列）的問題有所了解，這樣的行為可能不會讓您感到驚訝，尤其是在這個簡短的例子中。然而，請想像若這樣的行為散落在數千行的產品程式碼時，這可能會成為極難找尋和解決的嚴重錯誤。

至於我的 multiplier() 函式（Listing 15-21），如果我確實需要以某種方式提供 factor 值，而不只是作為引數，我會將這個函式編寫成一個閉包（closure）。如此一來，每個可呼叫物件都是獨立的、無狀態的。（關於這個主題，請參考第 6 章的內容。）

如果您真的需要使用函式屬性，請小心只以明確、可預測且容易除錯的方式來修改它們。有一種可能的用法是使用裝飾器（decorator）提供可呼叫物件的預設值，並在程式執行期間絕不更改該值。雖然可以使用閉包（closure）實作類似的結果，但使用裝飾器可以把擴充立即放在函式定義之前。這樣可以讓屬性很容易被檢查，這是在閉包中的參數所無法做到的。

描述器

描述器（**Descriptor**）是具有**綁定行為**的物件，這表示它們控制著物件作為屬性時的使用方式。您可以把描述器想像成屬性，它的 getter、setter 和 deleter 方法都被封裝在一個類別中，這個類別還包含這些方法操作的資料。

舉例來說，您可以擁有一個 book 描述器，包含書名、作者、出版社和出版年份的資訊。當這個描述器被當作屬性使用時，可以直接透過一個字串來指定所有這些資訊，隨後描述器可以從該字串中解析出這些資訊。

所有的方法，包括靜態方法、類別方法，還有 super() 函式（第 13 章有介紹和討論），實際上都是描述器物件。屬性也是後端使用的描述器。屬性只在使用它們之類別的情境中定義，而描述器可以在類別之外定義並重複使用。這很像 Lambda 函式是在使用它們的位置定義，而函式是可以在使用它們之外單獨定義的。

描述器協定

物件如果實作了**描述器協定**（**descriptor protocol**）中的至少一個特殊方法，像是 __get__()、__set__() 或者 __delete__()，那麼它就被視為描述器。如果這個物件只實作了 __get__()，那它會被稱為**非資料描述器**（**non-data descriptor**），通常是讓背景後端的方法使用。如果也實作了 __set__() 和／或 __delete__()，那麼它就是一個**資料描述器**（**data descriptor**），property 就是一個例子。

這對 object.__getattribute__() 和 type.__getattribute__() 所使用的**搜尋鏈**（**lookup chain**）非常重要。搜尋鏈決定了 Python 尋找屬性的位置和順序。資料描述器被優先考慮，接著是儲存在物件 __dict__ 中的普通屬性，隨後是非資料描述器，最後是類別及其基底類別的任何屬性。這表示名為 foo 的資料描述器會覆蓋或甚至防止同名屬性的建立。名為 update 的屬性同樣會覆蓋同名方法（非資料描述器）update()。這就是搜尋鏈的運作方式。

唯讀資料描述器（**read-only data descriptor**）仍會定義 __set__() 方法，不過該方法只會拋出一個 AttributeError 錯誤。這對於在搜尋鏈中把該描述器視為資料描述器是很重要的。

> **NOTE**
>
> 您也可以編寫一個只包含__set__() 和__delete__()，甚至只有兩者其中一個方法的有效描述器。不過，實際上很少這麼做，或幾乎沒有這種實務需要。

描述器還具有一個 __set_name__() 方法，當描述器綁定到一個名稱時這個方法就會被呼叫。我稍後在這小節的內容中會示範說明。

以錯誤的方式編寫描述器類別

雖然可以把描述器類別寫成類別的特性 property，但通常會編寫獨立的描述器類別以減少程式碼的重複。如果您想在多個不相關的類別中使用這個描述器，或者如果您想在同一個實例中使用多個相同描述器的實例，在這樣的情況可能很有用。

舉例來說，以下是編寫一個描述器類別，用來儲存關於一本書的詳細資訊。我想從遵循 APA 第 7 版引用格式的字串中解析這些詳細資訊。這是描述器類別的第一部分。請留意，這段程式碼中有一個邏輯錯誤，我稍後會講解：

📂Listing 15-23: book_club.py:1a

```
import re


class Book:
    pattern = re.compile(r'(.+)\(((\d+)\)\. (.+)\. (.+)\..*')

    def __set__(self, instance, value):
        matches = self.pattern.match(value)
        if not matches:
            raise ValueError("Book data must be specified in APA 7 format.")
        self.author = matches.group(1)
        self.year = matches.group(2)
        self.title = matches.group(3)
        self.publisher = matches.group(4)
```

這個類別是個資料描述器（而不是非資料描述器），因為它定義了 __set__() 方法（我會在 Listing 15-24 中定義 __get__()）。當這個描述器是另一個類別的屬性時，可以直接將值指定給這個屬性，隨後 __set__() 方法就會被呼叫。這個方法正好接受三個引數：本身（self）、要存取的物件（instance）和指定給描述器的值（value）。

在 __set__() 方法中，我使用一個預編譯並儲存在類別屬性 pattern 中的正規表示式，來從傳遞給 value 參數的字串中提取作者、書名、出版年份和出版社。這些提取出來的值會儲存在實例屬性中。如果 value 不是符合正規表示式預期格式的字串，就會拋出 ValueError 錯誤。

為了讓這個成為描述器，我必須在 Book 描述器類別中提供 __get__() 方法：

Listing 15-24: book_club.py:2a

```
def __get__(self, instance, owner=None):
    try:
        return f"'{self.title}' by {self.author}"
    except AttributeError:
        return "nothing right now"
```

當這個描述器被當作屬性來存取時，會呼叫 __get__() 方法，返回一個新的字串，其中包含書名和作者的資訊。如果預期的屬性還沒被定義，就會返回字串 "nothing right now"，而不是再次拋出 AttributeError 的錯誤。

__get__() 方法必須接受 self 和 instance 這兩個引數，和 __set__() 一樣，還有一個可選擇性使用的 owner 引數，用來指定描述器所屬的類別。當 owner 設定為預設值 None 時，擁有該描述器的類別會被視為與 type(instance) 相同。

您會注意到 Book 類別並沒有 __init__() 方法。雖然描述器類別**可能**會有一個初始化方法，但您不應該像普通類別一樣用它來初始化實例屬性。這是因為只有一個描述器的實例被所有使用它的類別共享，所有實例屬性也會被共享。實際上，這種意外的行為已經讓正在製作的範例遇到了問題，等一下就會說明。

使用描述器

描述器只在它在另一個類別中被當作屬性使用時才會展現它的綁定行為。為了示範這一點，我會定義一個 BookClub 類別，它會使用 Book 描述器類別來追蹤 BookClub 目前正在閱讀的書籍：

Listing 15-25: book_club.py:3a

```python
class BookClub:
    reading = Book()

    def __init__(self, name):
        self.name = name
        self.members = []

    def new_member(self, member):
        self.members.append(member)
        print(
            "===== - - - - - - - - =====",
            f"Welcome to the {self.name} Book Club, {member}!",
            f"We are reading {self.reading}",
            "===== - - - - - - - - =====",
            sep='\n'
        )
```

這裡的 Book 描述器有派上用場,把一個 Book 的實例綁定到類別屬性 reading 上。我還定義了一個 new_member() 方法,用來將新成員加入 BookClub 並歡迎他們,同時提供有關 BookClub 目前閱讀之書籍的資訊。

這裡有一個重要的細節:**描述器必須是類別屬性**!否則,所有描述器的行為都將被忽略,而且指定值時只會重新綁定屬性到被指定的值。如果您想一想描述器會在哪些地方出現,就應該不會太令人驚訝:所有的方法和屬性都是在類別範圍宣告的,而不是作為 self(實例屬性)上的名稱。

考慮到描述器是一個帶有自己屬性的類別屬性,當使用 BookClub class 時會出現問題。我會透過建立兩個新的讀書會:mystery_lovers 和 lattes_and_lit,來示範這個問題:

Listing 15-26: book_club.py:4

```python
mystery_lovers = BookClub("Mystery Lovers")
lattes_and_lit = BookClub("Lattes and Lit")

mystery_lovers.reading = (
    "McDonald, J. C. (2019). "
    "Noah Clue, P.I. AJ Charleson Publishing."
)
lattes_and_lit.reading = (
    "Christie, A. (1926). "
    "The Murder of Roger Ackroyd. William Collins & Sons."
)

print(mystery_lovers.reading)  # prints "'The Murder of Roger Ackroyd..."
print(lattes_and_lit.reading)  # prints "'The Murder of Roger Ackroyd..."
```

第一個讀書會正在閱讀一本來自某位奇怪的程式設計師的神秘小說,所以我將一個包含適當格式的書籍資訊的字串指定給 mystery_lovers 的 reading 屬性。指定動作觸發了綁定到 reading 的 Book 資料描述器物件上的 __set__() 方法。

與此同時,lattes_and_lit 讀書會的人正在閱讀一本經典的 Agatha Christie 小說,所以我將適當的書籍資訊指定給 lattes_and_lit.reading 屬性。

然而,由於 reading 是類別屬性,這第二次的指定值導致兩個讀書會都在閱讀相同的書,您可以從 print() 陳述式中看到。那我要怎麼修正這個問題呢?

以正確的方式編寫描述符類別

雖然 reading 描述器必須是 BookClub 的類別屬性,但我可以透過在該描述器類別的實例上儲存屬性來修改描述器類別:

Listing 15-27: book_club.py:1b

```python
class Book:
    pattern = re.compile(r'(.+)\((\d+)\)\. (.+)\. (.+)\..*')

    def __set__(self, instance, value):
        matches = self.pattern.match(value)
        if not matches:
            raise ValueError("Book data must be specified in APA 7 format.")
        instance.author = matches.group(1)
        instance.year = matches.group(2)
        instance.title = matches.group(3)
        instance.publisher = matches.group(4)
```

不要讓 Book 描述器自己儲存屬性,而應該將它們儲存在它所屬的實例上,透過 instance 引數來存取它們。

因為我是在實例上定義屬性,所以也提供了一個 __delete__() 方法,這樣透過 BookClub 實例的 reading 屬性刪除 Book 描述器就能正確運作了:

Listing 15-28: book_club.py:2b

```python
    def __get__(self, instance, owner=None):
        try:
            return f"'{instance.title}' by {instance.author}"
        except AttributeError:
            return "nothing right now"

    def __delete__(self, instance):
        del instance.author
        del instance.year
```

```
    del instance.title
    del instance.publisher
```

如果沒有定義這個方法，呼叫 reading 屬性上的 del 操作就會引發例外。

有了描述器的資料會安全地儲存在適當的擁有實例上，我發現之前的用法現在有按照預期運作：

📂Listing 15-29: book_club.py:4

```
mystery_lovers = BookClub("Mystery Lovers")
lattes_and_lit = BookClub("Lattes and Lit")

mystery_lovers.reading = (
    "McDonald, J. C. (2019). "
    "Noah Clue, P.I. AJ Charleson Publishing."
)
lattes_and_lit.reading = (
    "Christie, A. (1926). "
    "The Murder of Roger Ackroyd. William Collins & Sons."
)

print(mystery_lovers.reading)  # prints "'Noah Clue, P.I....'"
print(lattes_and_lit.reading)  # prints "'The Murder of Roger Ackroyd...'"
```

這裡有一些更多的 BookClub 類別的用法範例，展示如何呼叫描述器的 del 操作和加入新成員：

📂Listing 15-30: book_club.py:5

```
del lattes_and_lit.reading

lattes_and_lit.new_member("Jaime")

lattes_and_lit.reading = (
    "Hillerman, T. (1973). "
    "Dance Hall Of The Dead. Harper and Row."
)

lattes_and_lit.new_member("Danny")
```

我清除了目前的書籍，這樣 Lattes and Lit 讀書會現在沒有在閱讀任何書籍，這樣的動作會呼叫 reading.__del__() 方法。隨後加入了一個新成員 Jaime，這裡會使用 new_member() 方法印出一條歡迎的訊息，並宣布讀書會目前沒有在閱讀任何書籍。

接下來，我選擇了一本要讓讀書會閱讀的書，方法是將一個字串指定給 reading 屬性，這樣會呼叫 reading.__set__() 方法來處理。

最後再次透過 new_member() 加入一位新成員並印出歡迎訊息和目前的書籍。

以下是這個使用情境的完整輸出：

```
===== - - - - - - - - - =====
Welcome to the Lattes and Lit Book Club, Jaime!
We are reading nothing right now.
===== - - - - - - - - - =====
Welcome to the Lattes and Lit Book Club, Danny!
We are reading 'Dance Hall Of The Dead' by Hillerman, T.
```

在同一個類別中使用多重描述器

我的設計中還有一個未解決的問題：描述器是在實例上尋找屬性 title、author 等等，因此在同一個 BookClub 實例上有多個 Book 描述器會重複修改這些相同的值。

請想像一下，如果一個讀書會想要追蹤目前的選書和接下來要閱讀的書籍：

📂 Listing 15-31: book_club.py:3b

```python
class BookClub:
    reading = Book()
    reading_next = Book()

    # --省略--
```

為了示範說明，我會指定不同的書籍給 reading 和 reading_next 描述器。從邏輯上來說，這兩個描述器應該是分開運作的，但實際情況並非如此：

📂 Listing 15-32: book_club.py:6

```python
mystery_lovers.reading = (
    "McDonald, J. C. (2019). "
    "Noah Clue, P.I. AJ Charleson Publishing."
)
mystery_lovers.reading_next = (
    "Chesterton, G.K. (1911). The Innocence of Father Brown. "
    "Cassell and Company, Ltd."
)
print(f"Now: {mystery_lovers.reading}")
print(f"Next: {mystery_lovers.reading_next}")
```

這段程式碼的輸出結果為：

```
Now: 'The Innocence of Father Brown' by Chesterton, G.K.
Next: 'The Innocence of Father Brown' by Chesterton, G.K.
```

這是不對的：讀書會應該現在正在閱讀《Noah Clue, P.I.》而後來要閱讀《The Innocence of Father Brown》。問題是，reading 和 reading_later 描述器都將它們的資料儲存在 mystery_lovers 的相同實例屬性中。

為了解決這個問題，我應該將所需的屬性與相關的描述器命名空間一起儲存，建立類似 reading.author 和 reading_later.title 的名稱。這需要在描述器上加入一些額外的方法，首先是：

📂Listing 15-33: book_club.py:1c

```python
import re

class Book:
    pattern = re.compile(r'(.+)\((\d+)\)\. (.+)\. (.+)\..*')

    def __set_name__(self, owner, name):
        self.name = name

    def attr(self, attr):
        return f"{self.name}.{attr}"

    def __set__(self, instance, value):
        matches = self.pattern.match(value)
        if not matches:
            raise ValueError("Book data must be specified in APA 7 format.")
        setattr(instance, self.attr('author'), matches.group(1))
        setattr(instance, self.attr('year'), matches.group(2))
        setattr(instance, self.attr('title'), matches.group(3))
        setattr(instance, self.attr('publisher'), matches.group(4))
```

當描述器首次綁定到擁有之類別上的名稱時，就會呼叫 __set_name__() 特殊方法來處理。在這種情況下，我使用它來儲存描述器綁定的名稱。

我定義了另一個方法，選擇命名為 attr()，在這個方法中，我將描述器名稱的命名空間附加到所需名稱的開頭。因此，對於綁定到 reading 的描述器，呼叫 attr('title') 會返回 reading.title。

我在整個 __set__() 方法中實作了這項行為，使用了 setattr() 函式來配合，來將值指定給實例上給定的屬性。

我必須同樣去修改 __get__() 和 __delete__() 方法：

📂Listing 15-34: book_club.py:2c

```python
    def __get__(self, instance, owner=None):
        try:
            title = getattr(instance, self.attr('title'))
```

```
            author = getattr(instance, self.attr('author'))
        except AttributeError:
            return "nothing right now"
        return f"{title} by {author}"

    def __delete__(self, instance):
        delattr(instance, self.attr('author'))
        delattr(instance, self.attr('year'))
        delattr(instance, self.attr('title'))
        delattr(instance, self.attr('publisher'))
```

在這裡，我分別使用 getattr() 和 delattr() 來存取和刪除由 self.attr() 所組成的指定屬性，這些操作是在 instance 上進行的。

重新執行 Listing 15-32 中的使用情境，會得到了如下結果：

```
Now: 'Noah Clue, P.I.' by McDonald, J.C.
Next: 'The Innocence of Father Brown' by Chesterton, G.K.
```

這兩個描述器分別儲存它們的屬性。可以透過印出 mystery_lovers 物件上的所有屬性名稱來確認這一點：

🗁Listing 15-35: book_club.py:7
```
import pprint
pprint.pprint(dir(mystery_lovers))
```

這會輸出如下的內容：

```
['__class__',
# --省略--
 'reading',
 'reading.author',
 'reading.publisher',
 'reading.title',
 'reading.year',
 'reading_next',
 'reading_next.author',
 'reading_next.publisher',
 'reading_next.title',
 'reading_next.year']
```

Slots 的運用

這個方法的個缺點是所有屬性都儲存在字典集合並從中存取，這會導致效能和記憶體開銷較大。一般情況下是個合理的折衷，因為這種做法能實現多樣性。

如果需要提高類別的效能，您可以使用 **slots**（**插槽**）來預先宣告想要的屬性。在插槽上存取屬性比在字典上存取要快，而且能減少屬性佔用的記憶體空間。

將您的類別切換到使用 slots 而不是使用實例 __dict__ 是很簡單的，只需要加入 __slots__ 類別屬性，它是一個合法有效屬性名稱的元組。這個串列應該包含實例屬性的名稱，而不是方法或類別屬性（這些都儲存在類別 __dict__ 中）。

舉例來說，以下是用於儲存化學元素資料的類別：

📂Listing 15-36: element.py:1a

```python
class Element:
    __slots__ = (
        'name',
        'number',
        'symbol',
        'family',
        'iupac_num',
    )
```

__slots__ 元組含有 5 個名稱。這些將是 Element 實例上唯一合法有效的實例屬性名稱，使用這些屬性的速度比使用 __dict__ 更快。請留意，方法中的任何名稱都不需要列在 __slots__ 中，只需列出實例屬性名稱。而且，這些 slot 的名稱絕不能與類別其他地方的任何名稱有衝突（有兩個例外情況，稍後會提到）。

將屬性名稱綁定到值

雖然屬性名稱在 __slots__ 中被宣告，但在被綁定到值之前（甚至不是 None），仍需要像往常一樣在 __init__() 中綁定：

📂Listing 15-37: element.py:2

```python
    def __init__(self, symbol, number, name, family, numeration):
        self.symbol = symbol.title()
        self.number = number
        self.name = name.lower()
        self.family = family.lower()
        self.iupac_num = numeration

    def __str__(self):
        return f"{self.symbol} ({self.name}): {self.number}"
```

在這裡，我加入了初始化方法，以及一個用於將實例轉換為字串的函式。

從外部來看，這個類別似乎表現得和典型的類別是一樣的，但如果我測量效能，它的速度會改善很多：

Listing 15-38: element.py:3a

```
oxygen = Element('O', 8, 'oxygen', 'non-metals', 16)
iron = Element('Fe', 26, 'iron', 'transition metal', 8)

print(oxygen)  # prints 'O (Oxygen): 8'
print(iron)    # prints 'Fe (Iron): 26'
```

使用帶有 Slots 的任意屬性

__slots__ 屬性完全接管了實例 __dict__ 的屬性儲存，甚至防止為實例建立 __dict__，如下所示：

Listing 15-39: element.py:4a

```
iron.atomic_mass = 55.845  # raises AttributeError
```

然而，如果我希望主要屬性可以享受 __slots__ 的好處，同時仍然允許稍後定義其他屬性，我只需將 __dict__ 加到 __slots__ 中，如下所示：

Listing 15-40: element.py:1b

```
class Element:
    __slots__ = (
        'name',
        'number',
        'symbol',
        'family',
        'iupac_num',
        '__dict__',
        '__weakref__',
    )
```

__dict__ 特殊屬性是規則中兩個不得與類別屬性名稱衝突的例外情況之一。另一個例外情況是 __weakref__，如果您希望 slotted 類別支援弱參照或參照到一個值，不會在其生命週期內增加參照計數或阻止垃圾回收，您可以將它加到 __slots__ 中。我希望 Element 實例既能擁有任意屬性又支援弱參照，所以我將這些名稱都加到 __slots__ 中。

只要進行這項變更，Listing 15-39 中的程式碼就都能正確運作，而且不會引發 AttributeError。這項技術會降低由 slots 提供的空間節省，但您仍然能夠在所有 slots 名稱上獲得效能的增益。

Slots 與繼承

Slots 對繼承有一些重要的影響。首先，在繼承樹中，您應該只宣告每個插槽一次。如果我要從 Element 衍生一個類別，就不應該重新宣告任何 slots。這樣做會讓衍生類別的大小增加，因為每個實例上都宣告了所有的 slots，即使有些基底類別的 slots 被衍生類別的 slots 所遮蔽覆蓋。

再來是您不能從具有非空 slots 的多重父類別繼承。如果您需要在多重繼承場景中使用 slots，最好的做法是確保基底類別只指定一個空元組給 __slots__。如此一來，您就可以讓衍生類別使用 __dict__、__slots__ 或兩者都用。

不可變類別

從技術上來說，並沒有正式的機制來建立不可變類別（immutable class）。這個事實會讓實作可雜湊類別（hashable class）變得有些棘手，因為根據說明文件，__hash__() 方法必須在實例的生命週期內產生一個永不變化的雜湊值。

雖然您無法建立真正不可變類別，但足夠接近，以至於讓它在技術上是可變的這個事實變得不重要。考慮不可變物件的核心特質：一旦其屬性被初始設定，這些屬性不能以任何方式修改，也不能新增附加屬性。這就是為什麼所有不可變物件都是可雜湊的。最明顯的模擬不可變類別的做法（至少以我的角度來看），以及給您最多控制權的做法，就是使用 slots 來實作。

我想把之前的 Element 類別變成一個不可變類別，而且要能夠雜湊。為了達成這個目標，我需要執行以下步驟：

- 將所有屬性實作成 __slots__。

- 透過在 __slots__ 中省略 __dict__ 來限制加入更多屬性。

- 透過在 __slots__ 中包含 __weakref__（不是絕對必要，但在某些用例中很有幫助，可作為良好的實務）來允許建立弱參照。

- 實作 __setattr__() 和 __delattr__() 來防止修改或刪除現有屬性。

- 實作 __hash__() 來讓實例變成可雜湊。

- 實作 __eq__() 和 __gt__() 來讓實例變成可比較的。

我會像前面這樣，從定義__slots__開始：

☐Listing 15-41: element_immutable.py:1

```python
class Element:
    __slots__ = (
        'name',
        'number',
        'symbol',
        '__weakref__',
    )

    def __init__(self, symbol, number, name):
        self.symbol = symbol.title()
        self.number = number
        self.name = name.lower()
```

如果我想儲存關於元素的額外屬性，可以使用字典將 Element 的「鍵」與包含其餘資料的其他可變物件實例關聯為「值」。為了簡潔起見，我在這裡不會這樣做。

我會新增一個方法，用來轉換為字串、進行雜湊以及在 Element 實例之間進行比較：

☐Listing 15-42: element_immutable.py:2

```python
    def __repr__(self):
        return f"{self.symbol} ({self.name}): {self.number}"

    def __str__(self):
        return self.symbol

    def __hash__(self):
        return hash(self.symbol)

    def __eq__(self, other):
        return self.symbol == other.symbol

    def __lt__(self, other):
        return self.symbol < other.symbol

    def __le__(self, other):
        return self.symbol <= other.symbol
```

在所有這些情況下，我都用 self.symbol 作為「鍵」屬性。請記住，__eq__()、__lt__() 和 __le__() 分別對應於等於（==）、小於（<）和小於或等於（<=）運算子。不等於（!=）、大於（>）和大於或等於（>=）是這三者的鏡像映射，所以一般只需要在每對中實作一個特殊方法。

為了讓這個類別的物件成為不可變的，必須防止對其屬性做任何修改。然而，我不能只是讓 __setattr__() 什麼都不做，因為它也用於對屬性的指定初始值。我編寫這個方法讓它只允許對未初始化的屬性進行指定值：

📂Listing 15-43: element_immutable.py:3

```python
    def __setattr__(self, name, value):
        if hasattr(self, name):
            raise AttributeError(
            f"'{type(self)}' object attribute '{name}' is read-only"
            )
        object.__setattr__(self, name, value)
```

如果該屬性已經存在於實例中，就會引發 AttributeError。這裡的錯誤訊息設計得非常精確，完全符合對任何真正不可變的類別修改屬性時引發的錯誤。

由於這裡使用了 slots，只要在 __slots__ 中未指定 __dict__，就不必擔心新屬性的新增。

如果該屬性尚未存在，則使用 object.__setattr__() 把值指定給該屬性。我不能只呼叫 setattr() 函式，否則會產生無限遞迴。

我還必須定義 __delattr__() 以防止刪除屬性：

📂Listing 15-44: element_immutable.py:4

```python
def __delattr__(self, name):
    raise AttributeError(
        f"'{type(self)}' object attribute '{name}' is read-only"
    )
```

__delattr__() 方法的內容較簡單，因為我永遠不希望允許從不可變實例中刪除屬性。因此，對該類別的任何屬性使用 del 都會引發 AttributeError。

如您所見，這個類別現在表現得像不可變物件一樣，從下列用法中可看出：

📂Listing 15-45: element_immutable.py:5

```python
oxygen = Element('O', 8, 'oxygen')
iron = Element('Fe', 26, 'iron')

print(oxygen)                    # prints O
print(f"{iron!r}")               # prints Fe (Iron): 26

iron.atomic_mass = 55.845  # raises AttributeError
iron.symbol = "Ir"               # raises AttributeError
del iron.symbol                  # raises AttributeError
```

有些 Python 開發者會很樂意地指出，透過直接呼叫物件的 __setattr__() 方法來繞過 Element 類別來模擬不可變性：

```
object.__setattr__(iron, 'symbol', 'Ir')
```

雖然這確實修改了 iron.symbol 屬性，但這種惡劣的技巧是針對這個模式的誤導。除了類別本身之外，永遠不應該有任何程式碼呼叫 __setattr__()；Python 及其標準程式庫絕對不會這麼做。

Python 不會假裝自己是 Java！雖然在 Python 語言中可以繞過安全屏障，但如果有人使用這種不合理和骯髒的技巧，他們就應該為可能出現的任何錯誤負責。為了防止這種故意濫用，不值得去採用其他不可變性技術，比如繼承元組，使用 namedtuple 來模擬物件等，這些方法的複雜性和脆弱性並不值得的。如果您想要一個不可變物件，請使用 __slots__ 和 __setattr__()。

或者，您也可以使用標準程式庫中的 dataclasses 模組所提供的類別裝飾器 @class.dataclasses(frozen=True) 來實作相似的功能。Dataclasse 與普通類別有一些不同，因此如果您想使用它們，請先參閱 https://docs.python.org/3/library/dataclasses.html 上的說明文件。

單一調度泛型函式

到目前為止，您可能已經習慣了鴨子型別（duck typing）的概念以及它對函式設計的影響。然而，您可能偶爾需要一個函式來針對不同型別的參數表現出不同的行為。在 Python 之中，就像大多數程式語言一樣，您可以編寫**泛型函式**（**generic function**）來適應不同的參數型別。

Python 中的泛型函式是由 **functools** 標準程式庫模組中的兩個裝飾器來完成的：@singledispatch 和 @singledispatchmethod。這兩個裝飾器都建立了一個**單一調度泛型函式**（**single-dispatch generic function**），它可以根據第一個參數的型別（使用 @singledispatch）或者第一個不是 self 或 cls 的參數（使用 @singledispatchmethod）切換到多個函式實作之間。這是這兩個裝飾器唯一的區別。

我會擴充之前的 Element 類別為例子來說明。假設我希望能夠將 Element 實例互相比較，還可以與包含元素符號的字串或表示元素編號的整數進行比較。我不想寫出含有 if 陳述式配合 isinstance() 來檢查引數是否符合的大型函式，但可以使用單一調度泛型函式來處理。

我會在 Element 類別定義之前加兩個 import，以取用 @singledispatchmethod 和 @overload 裝飾器：

Listing 15-46: element_generic.py:1

```
from functools import singledispatchmethod
from typing import overload

class Element:
    # --省略--
```

有三種些微不同的做法可用來撰寫單一調度泛型函式，我們稍後會探討。不論您使用 @singledispatch 或 @singledispatchmethod，這些技巧都適用，只是第二個裝飾器允許您將 self 或 cls 作為第一個引數，這就是我在這裡使用它的原因。

無論使用哪種技巧，都必須先宣告 __eq__() 方法。這個方法的第一個版本應該是最具型別彈性的版本，因為它將作為後備使用。

Listing 15-47: element_generic.py:2

```
    @singledispatchmethod
    def __eq__(self, other):
        return self.symbol == other.symbol
```

這個方法使用 @singledispatchmethod 裝飾器來宣告，但除此之外，它與普通的 __eq__() 實例方法實作是一樣的。

@singledispatchmethod 裝飾器必須是最外層（第一個）的裝飾器，以便它能與其他裝飾器（例如 @classmethod）一起使用。@singledispatch 裝飾器一般可以存在於任何裝飾器的堆疊中，雖然最好確保它是放在最前面，以避免意外情況，並且保持一致性有助於維護。

使用型別提示登錄單一調度函式

我之前的單一調度 __eq__() 方法仍然接受任何型別。但我想要基於第一個引數的型別來新增不同版本。其中一種做法是使用自動建立的 @__eq__.register 裝飾器進行登錄。在這種情況下，我會建立另外兩個函式版本：一個用於處理字串引數，另一個用於處理整數或浮點數引數。

📁 Listing 15-48: element_generic.py:3

```
@__eq__.register
def _(self, other: str):
    return self.symbol == other

@overload
def _(self, other: float):
    ...

@__eq__.register
def _(self, other: int):
    return self.number == other
```

這裡的第一個方法接受字串引數。第一個參數，也就是被切換的參數，使用了一個預期型別的型別提示，這個型別提示在這個情況下是字串（str）。

這裡的第二個方法接受整數或浮點數，並且是使用 @typing.overload 裝飾器實作的。在型別提示時，您可以用 @overload 將一個或多個函式標頭標記為多載（overload），表示它們是下一個具有相同名稱之函式或方法的多載版本。而省略符號（...）用來替代多載方法的主體，以便它可以共享下方方法的主體。未使用 @overload 裝飾器的函式或方法必須緊接在所有的多載版本之後。

各個單一調度方法一般的命名慣例是在名稱前加上底線（_），以避免不必要的名稱衝突。它們互相覆蓋遮蔽的事實並不重要，因為它們會被包裝和登錄，因此不需要被綁定到名稱本身。

當呼叫 __eq__() 方法時，會檢查第一個參數的型別。如果它符合任何已登錄方法的型別註釋，就使用該方法。否則，就呼叫標記有 @singledispatchmethod 裝飾器的那個後備方法。

使用顯式型別登錄單一調度函式

您也可以不使用型別提示來達到相同的效果。在這種情況下，不是使用型別提示，而是將第一個非 self 參數的預期型別傳遞給 register() 裝飾器。我會使用這種技巧來定義我的 __lt__() 方法：

📁 Listing 15-49: element_generic.py:4

```
@singledispatchmethod
def __lt__(self, other):
    return self.symbol < other.symbol
```

```
    @__lt__.register(str)
    def _(self, other):
        return self.symbol < other

    @__lt__.register(int)
    @__lt__.register(float)
    def _(self, other):
        return self.number < other
```

和以前一樣，第一個版本是最動態的，第二個版本接受字串，第三個版本接受整數或浮點數。

雖然在這個例子中看不到，但您的單一調度函式可以接受您所需要的任意多個引數，甚至可以在不同的函式上使用不同的引數，不過，您只能根據第一個參數的資料型別來切換方法定義。

使用 register() 方法登錄單一調度函式

登錄單一調度函式的第三種方法是將 register() 視為一個方法來呼叫，而不是一個裝飾器，然後直接將任何可呼叫物件傳遞給它。我會使用這種技巧來定義 __le__() 方法。

📂Listing 15-50: element_generic.py:5

```
    @singledispatchmethod
    def __le__(self, other):
        return self.symbol <= other.symbol

    __le__.register(str, lambda self, other: self.symbol <= other)

    __le__.register(int, lambda self, other: self.number <= other)
    __le__.register(float, lambda self, other: self.number <= other)
```

在這個範例中，我先定義了通用的單一調度方法，然後直接登錄了處理字串、整數和浮點數的 lambda 函式。在那個 lambda 的位置，我可以傳遞**任何**可呼叫的物件，無論是之前定義的函式、可呼叫物件，或任何能夠接受相對應引數的東西。

在這三種技巧中，我比較喜歡使用 lambda 函式，特別是對於這些基本運算子特殊方法，因為它們不需要太多重複程式碼。不過，若是更複雜的函式，我更喜歡使用型別提示。

使用 Element 類別

我在這個 Element 類別上投入了許多心力，讓它成為不可變的，並允許比較實例和字串以及數字。投入這些心力所得到的好處在使用這個類別時就變明顯了，我會透過編寫 Compound 類別來進行示範，以此來表示化學化合物：

📂Listing 15-51: element_generic.py:6

```python
class Compound:

    def __init__(self, name):
        self.name = name.title()
        self.components = {}

    def add_element(self, element, count):
        try:
            self.components[element] += count
        except KeyError:
            self.components[element] = count

    def __str__(self):
        s = ""
        formula = self.components.copy()
        # Hill system
        if 'C' in formula.keys():
            s += f"C{formula['C']}"
            del formula['C']
            if 1 in formula.keys():
                s += f"H{formula['H']}"
                del formula['H']
        for element, count in sorted(formula.items()):
            s += f"{element.symbol}{count if count > 1 else ''}"
        # substitute subscript digits for normal digits
        s = s.translate(str.maketrans("0123456789", "₀₁₂₃₄₅₆₇₈₉"))
        return s

    def __repr__(self):
        return f"{self.name}: {self}"
```

我敢打賭您能閱讀看懂這段程式碼並理解其中的一切。簡而言之，這個類別允許我用名字實例化某個化學化合物，並將元素新增到這個化合物中。由於 Element 是可雜湊且不可變的，我可以安全地將 Element 實例當作字典的鍵。

由於我可以拿 Element 實例進行比較，無論是與代表元素符號的字串還是代表元素序號的整數，我可以相對輕鬆地實作使用 Hill 體系來輸出化合物的實驗化學式。

以下是 Compound 類別的使用方式：

📁Listing 15-52: element_generic.py:7

```python
hydrogen = Element('H', 1, 'hydrogen')
carbon = Element('C', 6, 'carbon')
oxygen = Element('O', 8, 'oxygen')
iron = Element('Fe', 26, 'iron')

rust = Compound("iron oxide")
rust.add_element(oxygen, count=3)
rust.add_element(iron, count=2)
print(f"{rust!r}")      # prints 'Iron Oxide: Fe₂O₃'

aspirin = Compound("acetylsalicylic acid")
aspirin.add_element(hydrogen, 8)
aspirin.add_element(oxygen, 4)
aspirin.add_element(carbon, 9)
print(f"{aspirin!r}")   # prints 'Acetylsalicylic Acid: C₉H₈O₄'

water = Compound("water")
water.add_element(hydrogen, 2)
water.add_element(oxygen, 1)
print(f"{water!r}")     # prints 'Water: H₂O'
```

我定義了四個 Element 物件：氫（hydrogen）、碳（carbon）、氧（oxygen）和鐵（iron）。然後使用這些元素來建立三個 Compound 實例：鐵鏽（rust）、阿司匹林（aspirin）和水（water）。我使用規範的字串表示法（從 __repr__()）透過 !r 格式旗標來印出每個 Compound 實例。

正如您所看到的，Compound 類別及其使用方式相當簡單和乾淨，這都是因為我使用了 slots、__setattr__() 和單一調度泛型函式來設計 Element 類別。

任意執行

內省（Introspection）也允許**任意執行（arbitrary execution）**，也就是說，字串可以直接作為 Python 程式碼執行。您遲早會遇到 eval()、compile() 和 exec() 這些內建函式，而這些函式可能會挑起您心中的駭客行動。然而，隱藏的危險就在這裡潛伏。

以下是一個人為的小範例，說明這樣的操作可能出現嚴重問題：

📁Listing 15-53: arbitrary.py

```python
with open('input.dat', 'r') as file:
    nums = [value.strip() for value in file if value]
```

```
for num in nums:
    expression = f"{num} // 2 + 2"
    try:
        answer = eval(expression)
    except (NameError, ValueError, TypeError, SyntaxError) as e:
        print(e)
    finally:
        code = "print('The answer is', answer)"
        obj = compile(code, '<string>', mode='exec')
        exec(obj)
```

我從一個名為 input.dat 的檔案中讀取每一行內容，天真地假設它只含有數學運算式。

對於從 input.dat 讀取的每一行內容，我組合出一個含有 Python 運算式的字串，並將其綁定到 expression。隨後，我將該字串傳遞給 eval() 內建函式，該函式將其作為 Python 運算式評算求值並轉換為一個值，再將其綁定到 answer。

為了示範和說明，我組合了一個含有一行 Python 程式碼的字串，並將其綁定到 code。我本來可以立即將該字串傳給 exec() 內建函式來當作 Python 程式碼執行。不過，我使用 compile() 將其編譯成 Python 程式碼物件，隨後再使用 exec() 執行該程式碼物件。這種做法對於單次使用速度是較慢，但對於反覆呼叫的程式碼則更快。再次強調，我只是為了示範這種技術而加入這部分的示範內容。

問題在於任意執行程式碼是有嚴重的安全風險，特別是當它牽涉到外部來源提供的資料，比如從檔案或使用者輸入的資料。我期待 input.dat 看起來像這樣：

📂Listing 15-54: input.dat:1a

```
40
(30 + 7)
9 * 3
0xAA & 0xBB
80
```

這些值會生成一些整潔、看起來安全的輸出：

```
The answer is 22
The answer is 20
The answer is 15
The answer is 10
The answer is 42
```

這裡存有潛在的安全威脅。如果攻擊者以某種方式修改了 input.dat 檔，使其看起來像下列這樣，會發生什麼事呢？

📂Listing 15-55: input.dat:1b

```
40
(30 + 7)
9 * 3
0xAA & 0xBB
80
exec('import os') or os.system('echo \"`whoami` is DOOMED\"') == 0 or 1
```

如果在一個像 Linux 這樣的 POSIX 系統上執行這段程式碼，會發生什麼事呢？

```
The answer is 22
The answer is 20
The answer is 15
The answer is 10
The answer is 42
jason is DOOMED
The answer is True
```

那個「jason is DOOMED」的訊息應該會讓您冷汗直流，因為這並不是來自於 print 陳述式；這是由作業系統上直接執行的 shell 命令產生的。這被稱為程式碼注入攻擊，可能會導致一些相當可怕的安全問題。（我會在第 19 章重新討論安全性問題。）

有很多巧妙且晦澀難懂的做法可以將程式碼注入到傳給 eval()、compile() 或 exec() 的字串中。因此，雖然這些函式好像是建立真正精彩 Python 程式碼的關鍵，但最好不要輕易使用。如果您確實需要像 eval() 這樣的功能，請直接使用 ast.literal_eval()，雖然它無法對運算子評算求值（因此無法處理 input.dat 檔）。有一些罕見的進階技巧能安全使用 eval()、compile() 或 exec()，但這些技巧十都是要確保讓函式只能接收**可信賴的**資料，而不是外部**不可信賴的**資料。

要了解 eval()（以及 exec()）到底有多危險，可以查閱 Ned Batchelder 的文章，這篇文章名為「Eval really is dangerous」，可連到 https://nedbatchelder.com/blog/201206/eval_really_is_dangerous.html 查閱，該文章的評論部分也很有洞察力。

一些熱愛聰明技巧的讀者可能已經注意到 os.system() 可以用來執行 shell 命令。這個方法也應該很少（甚至幾乎不應該）被使用。建議使用 subprocess 模組代替：https://docs.python.org/3/library/subprocess.html。

總結

類別和類別實例把它們的屬性儲存在特殊的字典中，這個細節讓 Python 在執行時期了解物件的內部組成。

描述器（支持特性、方法和許多其他技巧的魔法）可以用來使您的程式碼更容易維護。Slots 可提升效能，讓您能夠設計編寫出幾乎不可變的類別。單一調度泛型函式（single-dispatch generic functions）提供動態型別多載函式的彈性。

Python 在一開始時看起來確實有些神奇，但它自由地打開後台的大門，讓我們了解它所有的幻術和秘密。透過了解這些技巧的運作方式，您也能夠設計撰寫出優雅的類別和程式庫，讓應用變輕鬆和簡單。

第 16 章
非同步與並行

您應該很懂這些情況：您必須在老闆的要求下完成那份 TPS 報告、修復已經上線的錯誤、還得弄清楚是哪位同事借走了您的訂書機（又是 Jeff 對吧？），而且所有這些都必須在一天結束之前完成。您要如何搞定這一切呢？畢竟您無法複製自己，就算能複製，我想複印機的排隊隊伍已經排到公司門外了，所以您需要「**並行**（concurrency）」來應對這些任務。

在 Python 中也一樣。如果您的程式需要等待使用者輸入、在網路上發送資料、進行資料處理，同時還要更新使用者界面，那就需要「並行」處理這些任務，從而提升程式的反應速度。

在 Python 中，要做到並行處理有兩種選擇：一是使用執行緒（請參閱第 17 章），在這種情況下，作業系統負責多工處理（multitasking）；另一種則是使用非同步處理（asynchrony），由 Python 自己處理。本章內容將專注於後者。

理論回顧：並行

並行（Concurrency）就像是程式的多工（multitasking），快速地讓程式的注意力在多個任務之間切換。它不同於平行（parallelism），平行處理是指多個任務同時執行（請參閱第 17 章）。使用並行處理的程式受限於系統行程，在大多數 Python 的實作中，行程一次只能執行一件事情。

再回顧一下繁忙工作日的例子，您可以寫 TSP 報告、也可以找 Jeff 要回您的訂書針，但不能同時進行。就算您把 Jeff 叫到您的小辦公室，一邊填寫 TSP 報告一邊與他交談，您的注意力也是在這兩項任務之間分散切換，無論您的專注時間有多短。雖然從別人來看可能會覺得您是在同一時間做兩件事，但您實際上只是在不同的任務之間來回切換。

這有個重要的涵義：**並行處理實際上並不會加快執行時間**。總之，填寫 TSP 報告需要花費 10 分鐘，再花 5 分鐘詢問 Jeff。這兩個任務總共需要 15 分鐘，無論您是在與 Jeff 談話前完成報告還是分散注意力兩者兼顧。事實上，由於在不同任務之間切換需要額外的努力，所以使用並行處理可能會花更長時間，在程式設計中也是如此。這些任務在效能上受限於您大腦的能力，就像在電腦中的多工受限於到 CPU 速度。對於 CPU 效能受限的任務，並行處理並不會有什麼幫助。

在處理輸入 / 輸出效能受限的任務時，並行處理才真正能派上用場，例如在網路上接收檔案或等待使用者點按按鈕。舉例來說，請想像一下由於不知道管理層要多少份的原因，所以您必須隨時準備幾份會議議程的副本護貝裝訂好。每次護貝裝訂好一份議程大約需要幾分鐘的時間，而在這段時間內，您只需坐在那裡聽著護貝機的嗡嗡聲，這時您不需要注意和做些什麼。這不是個明智的時間運用方式，對吧？這是個輸入 / 輸出受限的任務，因為您的速度主要受到等待頁面護貝完成（輸出）的限制。現在假設您使用並行處理，將一頁紙放入護貝機，然後走開，到辦公室裡翻個底朝天尋找訂書針。每隔幾分鐘，您回去檢查一下護貝機，也許再送另一張紙進去，然後繼續尋找訂書針。當您在 Martha 的辦公桌抽屜找到訂書針時（不好意思，訂書針不是 Jeff 拿的！），會議議程的護貝也就完成了。

並行處理也對提升程式的反應速度有所幫助：即使在程式執行長時間或重要的任務，比如複雜的資料分析，它仍然可以對使用者輸入作出回應或更新進度條。實際上，沒有一個任務比以前更快，但程式不會卡住。

> 最後要說的是，並行處理對於定期執行的任務也很有用，例如不論程式的其
> 餘部分在做什麼都每隔五分鐘儲存一次暫存檔案。

在 Python 中的非同步

如前所述，在 Python 中實作並行處理有兩種方式。**執行緒化**（**Threading**），也
稱為**先佔式多工處理**（**pre-emptive multitasking**），牽涉到讓作業系統透過**執
行緒**的單一執行串流中執行各個任務來管理多工處理。這多個執行緒仍然共用
同一個系統**行程**（**process**，或譯**處理程序、進程**），這是執行中電腦程式的實
例。如果您在電腦中開啟監控系統的工作管理員，就可以看到電腦上執行的執
行緒清單，其中的任何一個行程都可以有多個執行緒。

傳統的執行緒有一些問題，這就是為什麼我會在第 17 章再回過頭來說明和討
論。在 Python 中實作並行處理的另一種做法是**非同步**（**asynchrony**），也被稱
為**協作多工**（**cooperative multitasking**）。這也是在 Python 中實作並行處理的
最簡單方式，但這並不代表是輕鬆容易的！作業系統只是將您的程式視為在單
一行程中執行，具有單一執行緒，實際上是 Python 本身來管理多工處理，再加
上一些您的協助，這樣就能避開一些執行緒帶來的問題。然而，在 Python 中編
寫出好的非同步程式碼還是需要一些事前思考和規劃。

請記住，非同步處理不等同於平行處理。在 Python 中，有一個叫做**全域直譯器
鎖**（**Global Interpreter Lock，GIL**）的機制，不論系統有多少個核心可用，都
會確保單個 Python 行程受限於單個 CPU 核心。因此，非同步處理和執行緒都
無法實作平行處理。這聽起來可能像是設計缺陷，但試圖從 CPython 中消除
GIL 的努力已經證明比想像中更具技術挑戰性，而且到目前為止的結果是效能
不佳。到本書截稿時，這些努力中最重要的因素之一，也就是 Larry Hastings 的
Gilectomy 進展幾乎已經停滯不前。這個 GIL 會讓 Python 執行更加順暢。

NOTE

有一些繞過 GIL 的方法，例如 Python 擴充模組，因為它們是用 C 語言編寫並
以編譯的機器碼執行。每當您的邏輯走出 Python 直譯器，它也就超出了 GIL

的控制範圍，可以平行執行。我在這本書中不會深入探討這個議題，但在第
21 章會提到一些達到此目標的擴充模組。

早期 Python 實作非同步處理需要借助第三方程式庫，例如 Twisted。後來，
Python 3.5 版加了原生實作非同步處理的語法和功能。但這些功能直到 Python
3.7 版才變得穩定，因此許多關於非同步處理的文章和網路上討論在目前來看
是有點過時了。要取得最新資訊的最佳途徑始終是官方的說明文件。本書作者
已盡力保持與 Python 3.10 版的最新資訊同步。

Python 借鑒了 C# 語言的兩個關鍵詞：async 和 await，以及一種特殊的協程，
實作了非同步處理。（許多其他程式語言如 JavaScript、Dart 和 Scala 也實作了
類似的語法）非同步執行由**事件迴圈（event loop）**管理和執行，事件迴圈負
責多工處理。Python 為此提供了標準程式庫中的 asyncio 模組，我們會在本章
的範例中使用它。

值得注意的是，在我撰稿時，除了基本用法之外，就算對一些 Python 專家來
說，asyncio 還是顯得太過複雜。因此，我會專注於與非同步處理相關的基本
概念，盡量避免不必要的詳細解釋或使用 asyncio。您看到的大部分內容都是
純粹的非同步處理技巧，另外我也會特別提出例外情況。

當您準備深入研究非同步處理這個主題時，可以選擇使用 Trio 或 Curio 程式
庫。這兩個程式庫很使用者友善，它們有很好的說明文件，是針對初學者撰寫
的，並且會經常為 asyncio 的開發者提供設計指導。憑藉本章的知識，您應該
能夠利用它們的說明文件學會相關的運用。

Curio 是由 David Beazley 開發的，他是 Python 和並行處理方面的專家，他的目
標是讓 Python 中的非同步處理變得更容易理解。官方說明文件可以連到網站
https://curio.readthedocs.io/ 找到，官網主頁還包含一些關於 Python 非同步程式
設計的優秀演講連結，也包括一些指導您如何編寫自己的非同步處理模組的演
講（雖然您可能永遠不需要這麼做）。

Trio 是以 Curio 為基礎開發的，它更進一步強調了該程式庫的簡單性和易用性
目標。在我撰寫本文時，Trio 還被視為實驗性質的程式庫，但它仍然足夠穩
定，可以用於上線的環境。大多數 Python 開發者最常建議使用 Trio。您可以連
到 https://trio.readthedocs.io/en/stable/ 找到官方說明文件。

在這一節的前面的內容中有提到 Twisted 程式庫，它在 20 年前就將非同步處理加到 Python 中，比非同步處理加到核心功能的時間還早。它使用了一些過時的模式，而不是現代的非同步處理工作流模型，但它仍然是一個活躍且具有多種用途的程式庫。許多熱門的程式庫在其內部還是使用它來進行相關處理。想要更多資訊，請參閱 https://twistedmatrix.com/。

您可以在 https://docs.python.org/3/library/asyncio.html 找到 asyncio 的官方說明文件。我建議只有在您已經熟悉透過 Trio 或 Curio 以及執行緒（第 17 章）類似概念的非同步程式設計後，再深入研究 asyncio。您理解了非同步處理和並行處理的概念與模式後會有助於您理解 asyncio 說明文件。

請記住，非同步處理在 Python 和整個電腦科學領域仍然相對年輕。非同步工作流模型大約在 2007 年首次出現在 F# 語言中，是以 Haskell 在 1999 年左右引入的概念以及 1990 年代初的一些論文為基礎。相比之下，執行緒的相關概念則可追溯到 20 世紀 60 年代末。許多非同步處理中的問題仍然沒有明確或者已有解決方案。誰知道呢？也許您會成為第一個解決其中某個問題的人！

範例場景：Collatz 遊戲，同步版本

為了正確示範這些概念是怎麼運作的，我會建立一支小程式，可以從並行處理中受益。由於所牽涉的問題比較複雜，本章和下一章的內容我會完全把焦點放在這個範例，這樣您就能熟悉其運作細節。

我會從一個**同步**（**synchronous**）處理的版本開始，這樣您會對我的舉例有清晰的概念。這個範例的複雜性將展示出並行處理中涉及的一些常見問題。對於這些概念的範例來說，簡單是效能的敵人。

在例子中，我會玩弄數學中被稱為 **Collatz 猜想**的奇怪現象，運作方式如下：

1. 從任意正整數 n 開始。

2. 如果 n 是偶數，序列中的下一個數應該是 n / 2。

3. 如果 n 是奇數，序列中的下一個數應該是 3 * n + 1。

4. 如果 n 是 1，停止。

就算從一個極大的數字開始，只需要相對較少的步驟，最終您總是會到達 1。舉例來說，以 942,488,749,153,153 為起點，Collatz 序列僅需 1,863 步就到達1。

您可以用 Collatz 猜想做各種事情。在這個例子中，我會建立一個簡單的遊戲，讓玩家猜測有多少個數字能產生特定長度的 Collatz 序列。我會限制起始數字的範圍為 2 到 100,000 之間的整數（我也可以表示為 10**5）。

舉例來說，確切有 782 個起始數字會產生有確切 42 個值的 Collatz 序列。在這個範例遊戲中，玩家會輸入 42（目標長度），然後猜測有多少個起始數字會產生目標長度的 Collatz 序列。如果玩家猜對了 782，就算贏了。（好吧，這是個不太好的遊戲設定，但用來示範並行處理還是很不錯的。）

在模組頂部，我會定義一個常數 BOUND，代表最大的起始數字。在常數中計數 0 很容易出錯，所以我會將 100,000 定義為 10 的 5 次方：

📂Listing 16-1: collatz_sync.py:1

```
BOUND = 10**5
```

接下來是尋找單個 Collatz 序列中步數的函式：

📂Listing 16-2: collatz_sync.py:2

```
def collatz(n):
    steps = 0
    while n > 1:
        if n % 2:
            n = n * 3 + 1
        else:
            n = n / 2
        steps += 1
    return steps
```

這裡的內容應該不會有什麼令您驚訝的地方。這個函式遵循計算 Collatz 序列的規則，並返回達到 1 所需的步數。

我需要另一個函式來追蹤達到目標序列長度的次數：

📂Listing 16-3: collatz_sync.py:3

```
def length_counter(target):
    count = 0
    for i in range(2, BOUND):
        if collatz(i) == target:
            count += 1
    return count
```

這個函式對從 2 到 BOUND 的每個可能的起始整數執行 collatz()，然後計算有
多少次 Collatz 序列恰好符合 target 步數，最後它返回這個計數。

接下來，我會建立一個函式，用來從使用者那裡取得正整數。在程式執行中，
我需要執行幾次這個函式，首先是為了取得所需的 Collatz 目標長度，再來是
為了取得使用者猜測有多少起始值會產生目標長度的 Collatz 序列：

📂Listing 16-4: collatz_sync.py:4

```python
def get_input(prompt):
    while True:
        n = input(prompt)
        try:
            n = int(n)
        except ValueError:
            print("Value must be an integer.")
            continue
        if n <= 0:
            print("Value must be positive.")
        else:
            return n
```

這個函式現在應該看起來也很熟悉了吧。我使用 input() 從使用者那裡獲得一個
字串，嘗試將其轉換為整數，並確保這個整數不是負數。如果出現任何問題，
會為使用者顯示一條訊息，讓他們再試一次。

以下是將所有內容結合在一起的是主函式：

📂Listing 16-5: collatz_sync.py:5

```python
def main():
    print("Collatz Sequence Counter")

    target = get_input("Collatz sequence length to search for: ")
    print(f"Searching in range 1-{BOUND}...")
    count = length_counter(target)
    guess = get_input("How many times do you think it will appear? ")

    if guess == count:
        print("Exactly right! I'm amazed.")
    elif abs(guess - count) < 100:
        print(f"You're close! It was {count}.")
    else:
        print(f"Nope. It was {count}.")
```

這裡顯示程式的名稱並要求使用者輸入要搜尋之目標序列的長度。我使用
length_counter() 執行對長度的序列搜尋，並將結果綁定到 count。接下來是取

得使用者的猜測，並將其綁定到 guess，然後將其與 count 進行比較，為使用者提供關於他們猜測的值有多接近答案的反饋訊息。

最後，我需要執行主函式：

📂Listing 16-6: collatz_sync.py:6

```
if __name__ == "__main__":
    main()
```

總而言之，我一直遵循著您熟悉的語法和模式來編寫這個範例。但執行這個模組後就會展示為什麼這支程式需要一些並行處理：

```
Collatz Sequence Counter
Collatz sequence length to search for: 42
Searching in range 1-100000...
```

在這一點上，程式會在停滯幾秒後才繼續執行：

```
How many times do you think it will appear? 456
Nope. It was 782.
```

雖然它執行很正常，但感覺不夠靈敏。而且，如果我把 BOUND 的值增加到某個指數值，變成 10**6，延遲的感覺會急劇增加。在我的電腦系統中，從 7 秒增加到了 63 秒！

幸運的是，有很多做法可以讓這支程式變得更加靈敏。在接下來的兩章內容中，我會向您指出這些做法並實作對應的修改。

非同步

讓我們看看非同步處理如何協助 Collatz 程式來改善執行的延遲感覺。首先，請留意執行 length_counter() 時的幾秒延遲是受 **CPU 限制**，因為它與 CPU 執行數學運算所需的時間有關。直到下一章應用並行處理，這個延遲還是會繼續存在。

但這支程式還有另一個延遲來源：使用者。程式必須等待一個不確定的時間，直到使用者輸入合法有效的數字。這支程式的這部分屬於 **I/O 限制**，因為它受到外部因素的回應時間的限制，例如使用者輸入、網路回應或其他程式等，而不是 CPU 的執行速度。

我可以透過並行數學運算和等待使用者的猜測來提高程式的**感知回應**速度，也就是對使用者來說看起來有多快。這些運算本身實際上並不會變得更快，但使用者可能不會察覺到這一點：當 Python 正在進行繁重的數學運算時，使用者只會專注在輸入猜測的數字。

我將使用內建的 asyncio 模組來處理 Python 中的非同步處理，所以我在程式的開端引入：

📂Listing 16-7: collatz_async.py:1a
```
import asyncio

BOUND = 10**5
```

如 Listing 16-1 所示，我會在這裡定義 BOUND 常數。現在可以開始重寫程式碼，讓這支程式可以非同步。

原生協程

在第 10 章內容中，我介紹了以產生器為基礎的簡單協程。簡單協程會執行到它遇到 yield 陳述式，然後等待使用 send() 方法將資料發送到協程物件。

我會透過將程式的某些函式轉換為**原生協程**（native coroutines）來讓遊戲程式碼非同步執行。原生協程也稱為**協程函式**（coroutine functions），它們建構在簡單協程的思維想法基礎上：它們能在特定位置暫停和恢復以實現多工處理，而不是等待資料被發送。在本章的其餘部分，我有時會把**協程函式**和**原生協程**這兩個術語交替使用。請留意，當大多數 Python 開發人員提到協程時，他們大概都是指的是原生協程，就算強調一下也無妨。

您可以在定義的前面加上 async 關鍵字來宣告原生協程，如下所示：

```
async def some_function():
    # ...
```

但不要以為要實作非同步處理，只需要在所有函式定義前面加上 async 關鍵字就行了。這只是使程式碼能非同步處理的眾多步驟中的第一步。

當被呼叫時，協程函式會返回原生協程物件，這是一種**可等待（awaitable）**特殊物件。它們是可呼叫物件，可以在執行過程中暫停和恢復。可等待物件必須使用 await 關鍵字來呼叫，這個關鍵字的作用很像 yield from。在這裡，我使用 await 關鍵字來呼叫可等待協程函式 some_function()：

```
await some_function()
```

還有一點要注意的是：await 關鍵字只能在可等待物件內使用。當原生協程執行達到 await 關鍵字時就會暫停執行，直到被呼叫的可等待物件完成。

> **NOTE**
>
> 雖然在這些範例中您不會看到，但可以將一個原生協程傳給一個函式，以便稍後在某個其他任務完成後進行呼叫。當這樣使用時，被傳遞的原生協程被稱為**回呼（callback）**。

函式應該只在呼叫另一個可等待物件、執行 IO 限制任務，或明確想要與另一個可等待物件同步執行時，才要轉為協程函式。在 Collatz 遊戲程式中，我需要決定哪些函式應該轉為協程函式，哪些應該保留為普通函式。

首先，考慮同步的 collatz() 函數：

📂 Listing 16-8: collatz_async.py:2

```python
def collatz(start):
    steps = 0
    n = start
    while n > 1:
        if n % 2:
            n = n * 3 + 1
        else:
            n = n / 2
        steps += 1
    return steps
```

這個函式幾乎都是立刻返回，所以它既不需要呼叫可等待物件，也不需要與其他可等待物件同步執行，它可以保持為一個普通函式。

與此同時，length_counter() 需要大量運算並且與 CPU 綁定。我希望它能與等待使用者輸入猜測值的程式碼同步執行，因此它是個很好的協程函式候選者。我會重新編寫 Listing 16-3 程式的同步版本：

📁Listing 16-9: collatz_async.py:3

```python
async def length_counter(target):
    count = 0
    for i in range(2, BOUND):
        if collatz(i) == target:
            count += 1
        await asyncio.sleep(0)
    return count
```

我將這個函式轉為協程函式，加入 async，並使用 await asyncio.sleep(0) 告訴 Python 協程函式在哪里可以暫停，讓其他工作可進行。如果在協程函式中沒有 await 任何東西，它就永遠不會被暫停，這就失掉讓它成為協程函式的初衷。（Trio、Curio 和 asyncio 都提供了 sleep() 可等待物件。）

我也希望將依賴 IO 操作的 get_input() 函式轉為協程函式，因為等待使用者輸入的本質就牽涉到能夠暫停和恢復的能力。這個協程函式的第一個版本還沒有 await 其他東西，我稍後會回過頭處理這個問題。

📁Listing 16-10: collatz_async.py:4a

```python
async def get_input(prompt):
    while True:
        n = input(prompt)
        try:
            n = int(n)
        except ValueError:
            print("Value must be an integer.")
            continue
        if n <= 0:
            print("Value must be positive.")
        else:
            return n
```

await 有個關鍵的限制：它只能從可等待物件中呼叫，例如協程函式。我想要從 main() 中呼叫 get_input()，所以 main() 也必須是一個協程函式，您會在後面的 Listing 16-11 中看到這項修改。

在幕後，原生協程仍然以非常類似的方式使用，就像簡單協程一樣。由於 length_counter() 是一個協程函式，我可以強制手動執行它（以同步方式），就像我對待簡單協程一樣。以下只是個執行協程函式的範例，以同步方式執行：

```python
f = length_counter(100)
while True:
    try:
        f.send(None)
```

```
except StopIteration as e:
    print(e)  # prints '255'
    break
```

我絕對不會在實際上線的程式中使用這種做法，因為協程函式需要以特殊方式執行才能發揮作用。

工作

現在 get_input() 和 length_counter() 都是協程函式了，我必須使用 await 關鍵字來呼叫它們。根據我想要的執行方式，有兩種不同的呼叫做法：直接等待它們或將它們安排為**工作**（tasks，或譯**任務**）來進行排程，這些都是特殊物件，可以執行協程函式而不會阻塞。

這兩種做法都需要將 Collatz 範例的 main() 函式轉換為協程函式，所以我會從這個部分開始處理：

📂Listing 16-11: collatz_async.py:5a

```python
async def main():
    print("Collatz Sequence Counter")

    target = await get_input("Collatz sequence length to search for: ")
    print(f"Searching in range 1-{BOUND}")

    length_counter_task = asyncio.create_task(length_counter(target))
    guess_task = asyncio.create_task(
        get_input("How many times do you think it will appear? ")
    )

    count = await length_counter_task
    guess = await guess_task

    if guess == count:
        print("Exactly right! I'm amazed.")
    elif abs(guess-count) < 100:
        print(f"You're close! It was {count}.")
    else:
        print(f"Nope. It was {count}.")
```

決定如何呼叫每個等待操作需要一些思考。首先，在進行其他操作之前，我需要知道使用者想要搜尋的Collatz序列長度。我使用await關鍵字呼叫get_input()協程函式。像這樣呼叫協程函式會在等待使用者輸入時阻擋程式。這種阻擋在這裡是可以接受的，因為在獲得初始的使用者輸入之前，我們無法進行任何數學運算（或實際上，無法進行其他任何操作）。

當我取得輸入值之後，就可以開始在 length_counter() 中進行運算，同時透過再次呼叫 get_input() 來取得使用的猜測值，我希望這兩個操作可以並行處理。為了做到這一點，我需要將原生協程進行工作排程。一般都是要排程 Task 物件，而不是直接實例化。在這裡，我用了 asyncio.create_task() 來對工作進行排程。

這兩個原生協程現在已經進行了排程，在有機會執行的情況下去執行，也就是說，一旦 main() 正在等待某些事情時。我透過等待其中一個工作（當下不重要是哪一個）來讓 main() 協程允許讓出執行控制權，以便讓另一個工作去執行。因為兩個工作都已經排程，它們會輪流執行，直到 length_counter_task 返回 length_counter() 協程函式的返回值。之後程式會等待另一個 guess_task 工作，直到它也返回一個值。由於使用者輸入的速度不同，有可能在 length_counter _task 仍在執行的時候，guess_task 也一直在等待返回一個值。

Trio 和 Curio 程式庫也有 tasks 功能，就像 asyncio 一樣，不過它們的建立方式略有不同。若想要瞭解更多詳情，請參考這些程式庫的說明文件。

事件迴圈

在此時您也許會覺得我已經將程式寫入死胡同：協程函式和其他可等待物件必須使用 await 來呼叫，但只有協程函式可以放入 await 關鍵字。我該如何啟動這個程式呢？

事件迴圈（**event loop**）是非同步程式的核心，它負責管理等待執行的工作，並提供呼叫等待工作堆疊中的第一個工作的處理方式。每個非同步程式模組都提供了事件迴圈機制，如果您敢嘗試，甚至還可以自己編寫一個。在這個範例中，我會使用 asyncio 提供的預設事件迴圈，如下所示：

🗁Listing 16-12: collatz_async.py:6a

```
if __name__ == "__main__":
    loop = ❶ asyncio.get_event_loop()
❷ loop.run_until_complete(main())
```

我取得了一個事件迴圈❶並將它綁定到名稱 loop。事件迴圈物件具有很多個方法可用於控制執行，在這個範例中，我使用 loop.run_until_complete() 來安排並執行 main() 協程函式。

因為這是啟動事件迴圈的最常見方式，所以 asyncio 提供了更簡潔的使用預設事件迴圈的做法就不足為奇了：

📂Listing 16-13: collatz_async.py:6b

```
if __name__ == "__main__":
    asyncio.run(main())
```

現在可以執行我的模組了，而且很順利地完成工作。

> **ALERT**
>
> 根據 asyncio 的開發維護者 Andrew Svetlov 所說的，開發團隊正在改進 asyncio 的設計缺陷，包括事件迴圈的使用方式。如果您是在未來閱讀這本書，也許使用的是 Python 3.12 或更新的版本，那麼上面的範例程式碼可能已經不再是建議的做法。請記得查閱官網上的相關說明文件！

其他的非同步模組提供了一些處理多工的重要機制：Curio 有 TaskGroup，而 Trio 有 Nursery（使用必需）。詳細資訊請查閱這些程式庫的說明文件。目前 asyncio 模組還沒有類似的結構，而且要實作上也相當不容易。

如果您執行這段程式碼，就會注意到一個仍然存在的問題：collatz_async.py 檔仍然會在同樣的地方卡住！這樣的修改並不實用。

讓它真正非同步

程式碼還沒有真正做到並行處理，原因在於 Listing 16-10 中的 get_input() 函式，正如我之前提到的一樣：

```
    n = input(prompt)
```

不論我如何編寫程式的其餘部分，input() 是個 I/O 限制的阻擋函式，因此它會佔用整個處理過程，直到使用者輸入一些東西，例如他們的猜測值。程式並不知道如何輪流執行。

要做到非同步取得使用者輸入，我必須使用一個等效於 input() 的協程函式。標準程式庫中並沒有這樣的功能，但第三方庫 aioconsole 提供了 input() 的非同步等效函式，以及其他一些函式。我需要將這個套件安裝到我的虛擬環境中。

ALERT

非同步從 stdin 串流中取得輸入比表面上看起來更困難，而且目前還沒有完全解決。建立統一的串流 API 是非常困難的！如果您使用不同的非同步程式庫，如 Trio 或 Curio，就會面臨很大的挑戰。這也是我在範例中使用 asyncio 的唯一原因：aioconsole 提供了一個有限但有效的解決方案，不過這個方案只相容於 asyncio。

安裝之後，我引入需要用到的 ainput 協程函式：

📁Listing 16-14: collatz_async.py:1b

```
import asyncio
from aioconsole import ainput

BOUND = 10**5
```

ainput 協程函式的使用方式和內建函式 input() 完全相同，不同的是它是一個可等待物件（awaitable），因此它會定期放棄對行程的控制，讓其他可等待物件執行。

傳統上，標準程式庫函式和模組的非同步版本通常以字母 a（表示 async）作為前置。這一點很重要，因為到本文截稿時，aioconsole 的說明文件相對較少。對於這類程式庫，都會假設命名慣例和使用方式與標準程式庫相同，除非有說明文件另有說明。

我調整了 get_input() 協程函式，以使用 ainput：

📁Listing 16-15: collatz_async.py:4b

```
async def get_input(prompt):
    while True:
        n = await ainput(prompt)
        try:
            n = int(n)
        except ValueError:
            print("Value must be an integer.")
            continue
        if n <= 0:
            print("Value must be positive.")
        else:
            return n
```

現在，如果我執行這個模組，它會以非同步方式運作。如果我花了超過幾秒鐘輸入一個有效的猜測值，結果會在我按下 Enter 鍵後立即顯示結果。但如果我立即輸入一個有效的猜測值,仍然可以觀察到來自受限 CPU 工作的延遲。正如之前提到的,並行性只會提升程式的感知回應速度,但不會改善執行速度。

排程與非同步執行流程

在您習慣了普通同步程式碼的執行流程後,非同步的流程可能需要一些時間來適應。為了幫助強化我所介紹的觀念原則,我會拆解完整的 collatz_async.py 程式檔中的呼叫堆疊。

在執行的一開始,是啟動事件迴圈:

```
asyncio.run(main())
```

這會把 main() 協程函式排程為一個工作(task),我在本節中將它稱為 main。由於它是唯一排程的工作,事件迴圈會立即執行它。

接下來,程式需要使用者輸入的內容才能繼續做其他事情,因此我等待協程函式 get_input() 的返回值:

```
    target = await get_input("Collatz sequence length to search for: ")
```

await 陳述式讓 main 工作放棄控制權,以便其他工作可以執行。get_input() 協程函式作為後台的一個事件進行排程、執行,並將其值返回再指定給 target。完成這個後,main 工作才繼續進行。

接下來是將 get_input() 協程函式當作一個工作來排程,以此來取得使用者輸入的猜測值:

```
    guess_task = asyncio.create_task(
        get_input("How many times do you think it will appear? ")
    )
```

與 guess_task 相關聯的工作已經被排程,但它並不會立即開始執行。main 工作仍然在掌控,並且尚未放棄控制權。

我也以相同的方式將 length_counter() 協程函式當作一個工作進行排程:

```
        length_counter_task = asyncio.create_task(length_counter(target))
```

現在 length_counter_task 被排程在未來的某個時間點執行。

接下來,在 main 工作中執行了這行程式碼:

```
        count = await length_counter_task
```

這段程式碼導致 main 工作放棄控制權,讓事件迴圈掌控,也就是它暫停並等待 length_counter_task 有一個返回值。事件迴圈現在掌握著程式的控制權。

佇列中下一個排定的工作是 guess_task,所以接下來開始執行。get_input() 這個協程函式執行到以下的程式碼:

```
        n = await ainput(prompt)
```

現在,get_input() 正在等待另一個可等待物件,也就是 ainput(),它已經被排定了。控制權交還給事件迴圈,它執行下一個排定的工作,也就是 length_counter_task。length_counter() 這個協程函式開始執行,執行到它的 await 命令之前,然後再將控制權返回給事件迴圈。

也許使用者還沒有輸入任何東西,畢竟只過了幾毫秒,所以事件迴圈會再次檢查 main 和 guess_task,它們都還在等待中。事件迴圈再次檢查 length_counter_task,它在暫停之前再做了一些工作。隨後,事件迴圈再次檢查 ainput,看看使用者是否已經輸入東西。

執行會一直按這種方式進行,直到某件工作完成。

請記住,await 並不是個能**自己**讓出控制權給事件迴圈的魔法關鍵字。實際上,在內部底層是有一些複雜的邏輯來決定接下來執行哪個工作,但出於時間和版面所限的考量,我不會在這裡深入探討。

當 length_counter_task 完成並準備返回值時,在 main 中的 await 也完成,並且將返回的值指定到 count。main() 協程函式中的下一行被執行:

```
 guess = await guess_task
```

在這個範例中，假設 guess_task 還沒完成。main 工作需要再等待一會兒，所以它將控制權交還給事件迴圈，現在事件迴圈檢查 guess_task，仍然在等待中，再檢查 ainput。請留意它不再檢查 length_counter_task，因為該工作已完成。

當使用者輸入內容後，ainput 就有值可以返回了。事件迴圈會檢查仍在等待中的 main 工作，然後允許 guess_task 將其等待中的值存入 n 並繼續執行。在 get_input() 協程函式中已經沒有更多的 await 陳述式，所以除了事件迴圈檢查正在休息的 main 工作之外，guess_task 可以返回一個值。當 await 得到滿足，且沒有其他工作在佇列中時，main 工作再次優先執行，並完成處理。

這裡有一項重要的規則：並行工作完成的順序並不是保證的！正如您在下一章中會看到的，這樣可能會導致一些有趣的問題。

簡化程式碼

我可以用 asyncio.gather() 這個協程函式來讓兩個工作並行，這不會改變程式的功能，但可以讓程式碼更整潔：

📁Listing 16-16: collatz_async.py:5b

```python
async def main():
    print("Collatz Sequence Counter")
    target = await get_input("Collatz sequence length to search for: ")
    print(f"Searching in range 1-{BOUND}")

    (guess, count) = await asyncio.gather(
        get_input("How many times do you think it will appear? "),
        length_counter(target)
    )

    if guess == count:
        print("Exactly right! I'm amazed.")
    elif abs(guess-count) < 100:
        print(f"You're close! It was {count}.")
    else:
        print(f"Nope. It was {count}.")
```

我將想要執行的可等待物件按照希望它們的值被返回的順序傳遞給 asyncio.gather()。雖然 asyncio.gather() 會建立和對所有傳給它的原生協程的工作進行排程，但請記住不要依賴工作啟動和執行的順序。原生協程的返回值會打包成一個串列，然後從 asyncio.gather() 中返回。在這個範例，我將串列中的兩個值解開為 guess 和 count。結果與 Listing 16-11 的相同。

非同步迭代

迭代器在處理非同步操作時的運作方式與函式非常相似：只有標記為 async 的迭代器支援暫停和恢復的行為。在預設的情況下，對迭代器進行迴圈是阻塞的，除非在程式區塊中明確地使用 await 關鍵字配合。非同步操作的這個特定功能在 Python 的幾個版本中經歷了相當多的演變，在 3.7 版中才達到了某種程度的 API 穩定性，所以您可能會發現較舊的程式碼可能使用了過時的技術。

為了展示這個行為，我會重新設計 Collatz 範例，使用非同步可迭代的類別，而不是使用協程函式。請理解，這種技術對於這個範例的使用情境來說有些過於強大。在實際的程式碼中，我會繼續使用更簡單的原生協程，並將非同步迭代器類別保留給較複雜的邏輯。

以下的所有新概念都屬於 Python 核心語言的一部分功能，並非來自 asyncio。我從建立 Collatz 類別開始，將 BOUND 和起始值設定為和以前一樣：

☐ Listing 16-17: collatz_aiter.py:1

```python
import asyncio
from aioconsole import ainput

BOUND = 10**5

class Collatz:

    def __init__(self):
        self.start = 2
```

接下來將編寫一個新的協程函式，其中包含計算單個 Collatz 序列步驟的所有邏輯。實際上，這不算是個真正的協程函式，因為它缺少yield，但這種做法在此範例中很方便：

☐ Listing 16-18: collatz_aiter.py:2

```python
    async def count_steps(self, start_value):
        steps = 0
        n = start_value
        while n > 1:
            if n % 2:
                n = n * 3 + 1
            else:
                n = n // 2
            steps += 1
        return steps
```

要讓物件成為普通的同步迭代器，需要實作 __iter__() 和 __next__() 特殊方法。同樣地，要成為**非同步迭代器**，必須實作 __aiter__() 和 __anext__() 特殊方法。您可以透過實作 __aiter__() 以相同的方式定義一個**非同步可迭代物件**。

在這裡我定義了兩個必要的特殊方法來讓 Collatz 變成非同步迭代器：

🗁 Listing 16-19: collatz_aiter.py:3

```
    def __aiter__(self):
        return self

    async def __anext__(self):
        steps = await self.count_steps(self.start)
        self.start += 1
        if self.start == BOUND:
            raise StopAsyncIteration
        return steps
```

__aiter__() 方法必須返回一個非同步迭代器物件，而在這個範例中，就是指 self。您會注意到這個方法並不是用 async 關鍵字製作成可等待物件。它必須是直接可呼叫的。

__anext__() 這個特殊方法跟 __next__() 有一些不同。首先，最重要的是它會標記為 async，讓它成為可等待的物件，不然迭代過程中會造成阻塞。其次，當沒有更多的值可以迭代時，就會拋出 StopAsyncIteration，而不是像普通迭代器拋出 StopIteration。

在我的 __anext__() 協程函式中也選擇包含一個 await 陳述式，這允許協程函式在需要時暫停並將控制權交還給事件迴圈。（在這裡之所以會這麼做，實際上只是為了示範它的可能性，尤其是當單一迭代步驟耗時很長時，非同步迭代器特別有用。然而，在這個範例中，協程函式的執行時間非常簡短，我也可以省略掉，因為在幕後內部使用非同步迭代器時已用了 await 關鍵字。）

在 length_counter() 協程函式中，我必須使用 async for 來迭代非同步迭代器：

🗁 Listing 16-20: collatz_aiter.py:4

```
async def length_counter(target):
    count = 0
    async for steps in ❶ Collatz():
        if steps == target:
            count += 1
    return count
```

async for 複合陳述式專門用於迭代非同步迭代器，而在這個例子中，非同步迭代器就是 Collatz 實例❶。

如果您想要了解這裡的底層運作原理，可以看看這個函式內的 async for 迴圈的等效處理邏輯：

```python
async def length_counter(target):
    count = 0
    iter = Collatz().__aiter__()
    running = True
    while running:
        try:
            steps = await iter.__anext__()
        except StopAsyncIteration:
            running = False
        else:
            if steps == target:
                count += 1
    return count
```

請注意，在呼叫迭代器上的 __anext__() 時使用了 await 關鍵字。在每次的迭代中，async for 迴圈會將控制權交還給事件迴圈，但如果單個迭代需要很長時間，則需要在 __anext__() 協程函式中加入額外的 await 陳述式來避免阻塞。

至於範例程式碼的其餘部分，我重用了 Listing 16-16 和 16-13 的內容。輸出和行為與之前相同。

如同之前提到的，對於這個Collatz範例來說，非同步迭代器確實是過於強大。在大多數情況下，非同步迭代器只有在迭代是 IO 阻塞或者運算太繁重，以至於需要某種進度指示，或者可能需要與其他 IO 阻塞工作並行處理時才有用。

非同步情境管理器

情境管理器在處理非同步操作時，需要以特定方式來撰寫。非同步情境管理器使用特殊的協程函式 __aenter__() 和 __aexit__()，而不是一般的 __enter__() 和 __exit__() 特殊方法。一般來說，只有在 __aenter__() 或 __aexit__() 需要等待某些事情（例如網路連線）時，才會撰寫非同步情境管理器。

非同步情境管理器使用在 async with 中，而不是 with，但除此之外，它的使用方式與一般的情境管理器都相同。

非同步產生器

您也可以建立**非同步產生器**，它們在所有方面都和一般產生器（在第 10 章討論過）一樣，但只是適用於非同步處理。它們是透過 PEP 525 在 Python 3.6 版中加入的功能。

您可以用 async def 來定義非同步產生器，但在內部使用 yield 陳述式的方式就和一般產生器一樣。由於產生器是非同步的，您可以根據需要在它們的內部使用 await、async for 和 async with 等功能。當非同步產生器以正常方式（無須 await）呼叫時，就會生成一個**非同步產生器迭代器**（asynchronous generator iterator），可以像使用非同步迭代器一樣使用它。

其他非同步的概念

在您的非同步工具箱中有許多其他工具，包括鎖定、池、事件、未來等等。這些概念大多來自於舊式且有較好說明文件的執行緒技術，我會在第 17 章中介紹。本章中跳過這些概念的主要原因是，各個概念的確切使用方式在非同步模組之間都有所不同。如果您之前有進行過一些並行處理的工作，也許會注意到我跳過了一些重要的議題，包括競爭條件和死鎖等。我會在下一章中介紹這些議題。

另一個與非同步相關的進階概念是**情境變數**（**context variables**），或稱之為 contextvars。允許您在不同的情境中儲存不同的變數值，這表示兩個不同的工作可以使用相同的變數，但實際上擷取到完全不同的值。如果您想了解更多關於情境變數的資訊，請參閱官方說明文件：https://docs.python.org/3/library/contextvars.html（對應的執行緒概念是執行緒區域儲存（thread-local storage），但本書中不會介紹說明此概念）。

任何想要深入進行非同步程式設計的人都應該繼續閱讀下一章的內容，因為在執行緒和傳統並行程式設計中經歷的相同問題可能會出現在非同步程式設計中。確切的解決方案因不同的非同步程式庫而有所不同，甚至可能需要一些讀者自行摸索。如果您想精通非同步程式設計，就算您不打算在實際上線時使用執行緒，也應該熟悉執行緒的相關概念和應用。

總結

並行和非同步在一開始時的區分可能令人困惑，所以本章一開始會有一個簡單的理論回顧。並行透過允許程式碼在等待 IO 限制的行程時做其他事情來提升程式的感知回應。它並不會讓程式碼執行得更快，因此對於 CPU 限制的行程，其中延遲來自程式碼本身的情況，那並行就不適用。非同步是一種相對較新的做法，完全在程式碼內做到並行，且無須使用更複雜的技術。

在 Python 中，非同步程式設計是透過 async/await 模型來完成的，它帶入了兩個關鍵字 async 和 await。大致來說，async 表示「這個結構可以非同步來使用」，而 await 表示「我正在等待一個值，如果您願意的話，可以去做其他事情。」await 關鍵字只能在原生協程（也被稱為協程函式）中使用，這是個使用 async def 來宣告的函式。

非同步程式設計主要包括編寫原生協程，然後使用 await 等待，或將它們當成工作進行排程。目前工作完成的順序是不一定且無法保證的。

最後提到的內容是，非同步程式設計依賴事件迴圈來管理原生協程和並行工作的執行。Python 標準程式庫中有 asyncio 可用來完成這一目的，雖然這個模組被大家認為還是太過複雜和晦澀。還有一些更直觀的替代方案，例如 Trio。此外，如果您敢嘗試，也可以編寫自己的自訂事件迴圈，以滿足特定的需求。

第 17 章
執行緒與平行

在 Python 帶入非同步程式設計前,要改善程式的回應速度有兩種選擇:**執行緒處理**(**threading**)和**多行程處理**(**multi-processing**)。雖然這兩個概念在某些程式語言中一般視為相關的,甚至可以互換使用,但在 Python 中,它們兩者卻有很大的區別。

執行緒處理(**threading**)是達成並行的一種做法,對於解決 I/O 阻塞的工作非常有用,其中程式碼受到外部因素的速度限制,例如使用者輸入、網路或其他程式等。但它本身並不適用於解決 CPU 阻塞的工作,其中處理量和複雜度是程式碼變慢的原因。

平行處理(**Parallelism**)是一種處理 CPU 阻塞工作的技術,透過在不同的 CPU 核心上同時執行不同的工作來實現。**多行程**(**multiprocessing**)是我們在 Python 中實現平行處理的做法。這項功能在 Python 2.6 版時帶入。

在程式設計編寫關於使用者界面、事件排程、處理網路以及在程式碼中執行耗時的工作時,並行(Concurrency)和平行(Parallelism)處理通常是必不可少的應用。

不出所料，關於執行緒和多行程有很多內容都遠遠超出了本書的範圍。本章僅幫助您理解 Python 中並行和平行處理的核心概念。您可以參考官方說明文件：https://docs.python.org/3/library/concurrency.html 來獲得更多補充資訊。我假設您已經讀過第 16 章，因為我會以 16 章介紹的 Collatz 範例重新編排和說明。

執行緒

在程式中一組指令序列的執行被稱為**執行的線緒**（**thread of execution**），通常簡稱為**執行緒**。如果 Python 程式沒有使用並行或多行程，它就是執行在單一執行緒中。**多執行緒處理**（**multithreading**）透過在同一個**行程**（**process**）中同時執行多個執行緒，達成了並行處理，行程是執行中電腦程式的實例。

在 Python 中，一個行程內只能同時執行一個執行緒，所以多個執行緒必須輪流執行。執行緒也被稱為先占式多工處理（preemptive multitasking），因為作業系統會**搶占**，或者說搶奪正在執行的執行緒，以便讓另一個執行緒執行。這個與非同步方式相對，非同步處理也被稱為協同式多工處理（cooperative multitasking），其中特定的工作自願放棄控制權。

雖然執行緒由作業系統協調，但您的程式負責啟動這些執行緒並管理它們共享的資料。這並不是個簡單的任務，本章有很大一部分會集中討論在執行緒之間共享資料的困難之處。

並行與平行

雖然這兩者經常被混淆，但它們真的不是同一回事！Go 語言的共同創始人 Rob Pike 說過，**並行**（**concurrency**）是多個工作的組合，而**平行**（**parallelism**）則牽涉同時執行多個工作。平行可以當作並行解決方案的一部分來帶入，但在邀請多行程處理之前，您應該首先了解程式碼的並行設計。（我強烈建議觀看 Pike 在 Heroku Waza 大會上的演講「Concurrency is not Parallelism」，觀看網址為：https://blog.golang.org/waza-talk/）

在許多程式語言中，多執行緒也實現了平行當作為語言和系統架構的副作用。這也是為什麼許多人會混淆平行和並行的原因之一。但是，Python 的全域直譯器鎖（Global Interpreter Lock）阻止了這種隱式的平行，因為任何 Python 行程都受限於在單個 CPU 核心上執行。

基本的執行緒處理

在 Python 中，threading、concurrent.futures 和 queue 模組提供了在多執行緒程式設計時需要的所有類別、函式和工具。我們會在這一章中會使用到這三者。

NOTE

實際上，threading 模組是使用了 _thread 模組，它提供了多執行緒處理的低階原始功能。雖然您應該都是要使用 threading 和 concurrent.futures 模組，因為它們比較容易使用，但如果您需要進行特別進階的操作，_thread 模組可能會有所幫助。您可以連到官網查閱說明文件：https://docs.python.org/3/library/_thread.html。

要有效使用多執行緒處理，首先要識別程式碼中輸入輸出受限的工作，然後將每個這樣的工作隔離到單個函式呼叫之後。這樣的設計會讓後續各個工作的多執行緒處理變得更容易。

以第 16 章中的 Collatz 範例為例，get_input() 函式是 IO 限制的處理，因為它要等待使用者的輸入。程式碼的其餘部分不是 IO 限制，所以能同步執行。我想在一個獨立的執行緒中執行 get_input()，這樣就能與程式的其餘部分並行。

如果您想跟著書中內容一起寫程式，請開啟 collatz_sync.py（Listing 16-1 到 16-6 的程式內容）並建立一份新的複本。在 Listing 17-1 中會有 collatz() 和 length_counter() 方法的原始同步版本。我在頂端引入了 threading 模組，因為我會在這個版本的程式中使用該模組的函式：

🗁 Listing 17-1: collatz_threaded.py:1

```python
import threading

BOUND = 10**5


def collatz(n):
    steps = 0
    while n > 1:
        if n % 2:
            n = n * 3 + 1
        else:
            n = n // 2
        steps += 1
    return steps
```

```
def length_counter(target):
    count = 0
    for i in range(2, BOUND):
        if collatz(i) == target:
            count += 1
    return count
```

當我帶入多執行緒處理時,需要解決先前設計中的一個小問題:在獨立執行緒中執行的函式無法將值返回給呼叫方,但這裡所有的原始函式都會返回值。因此,我需要一個不同的做法來傳遞這些值。

有個簡單的解決方案是建立一個中央位置,讓多執行緒的函式可以儲存它的資料,而實現這一點的快速偷懶做法就是使用全域名稱:

📂Listing 17-2: collatz_threaded.py:2a

```
guess = None


def get_input(prompt):
    global guess
    while True:
        n = input(prompt)
        try:
            n = int(n)
        except ValueError:
            print("Value must be an integer.")
            continue
        if n <= 0:
            print("Value must be positive.")
        else:
            guess = n
            return n
```

這裡的 get_input() 函式將它的回傳值儲存在新的全域名稱 guess 中,隨後仍然直接返回。

沒錯,就這個使用案例而言,這種設計確實不太符合 Python 的風格,稍後我會建立一個更乾淨的解決方案,但目前的寫法可以派上用場。不過,這個版本類比於現實世界的模式,是**可以**符合 Python 風格:您可能需要允許執行緒把資料儲存在一個中央的共享位置,例如某個資料庫。

現在來介紹重點部分。我需要將想要並行執行的函式呼叫,也就是 get_input() 放入執行緒中:

📂Listing 17-3: collatz_threaded.py:3a

```python
def main():
    print("Collatz Sequence Counter")

    target = get_input("Collatz sequence length to search for: ")
    print(f"Searching in range 1-{BOUND}...")

    t_guess = threading.Thread(
        target=get_input,
        args=("How many times do you think it will appear? ",)
    )
    t_guess.start()

    count = length_counter(target)

    t_guess.join()

    if guess == count:
        print("Exactly right! I'm amazed.")
    elif abs(guess - count) < 100:
        print(f"You're close! It was {count}.")
    else:
        print(f"Nope. It was {count}.")

if __name__ == "__main__":
    main()
```

在從使用者那裡取得目標值之前，程式無法進行任何操作，所以我在第一次呼叫 get_input() 時使用一般（同步）的方式來處理。

這裡還需要**第二次**呼叫 get_input()，也就是讓使用者輸入他們的猜測值，這可以與耗費 CPU 處理的 Collatz 運算並行。為了實現並行，用了 threading.Thread() 建立一個執行緒。我把要在執行緒中執行的函式傳遞給 Thread() 的「target=」關鍵字引數。任何必須傳遞給執行緒處理之函式的引數都必須當作元組來傳遞給「args=」。（請留意上面程式碼中 args= 尾端有一個逗號！）當執行緒啟動時，它呼叫 get_input()，並將「args=」中指定的引數傳遞給它。在這個範例中，我正在以執行緒呼叫 get_input()，並將輸入提示訊息當作字串來傳遞。

我把建立的執行緒物件綁定到 t_guess，然後使用 t_guess.start() 在後台啟動，這樣程式碼就可以繼續執行，而不必等待 get_input() 函式的返回。

現在，我可以同步開始呼叫 length_counter() 這個需要大量 CPU 運算的步驟。雖然也可以將這個步驟執行緒處理，但沒有必要，因為在 length_counter() 返回一個值之前，程式實際上無法做其他事情。就效能成本而言，執行緒比非同步工作要昂貴得多，因為建立它們需要更多的開銷。因此，只有在執行緒能夠直接提升程式的效能或感知回應速度時，才應該去建立執行緒。

length_counter() 完成後，這支程式實際上無法再做更多事情，直到 get_input() 的執行緒工作完成且將它的返回值儲存在 guess 中。我使用 t_guess.join() 來**加入**執行緒，這表示程式碼會等待執行緒完成工作後才繼續執行。如果執行緒已經完成，t_guess.join() 的呼叫將立即返回。

隨後，程式繼續正常執行。如果您執行這支完整的程式碼，就會發現它的行為與第 16 章中的非同步版本相同：運算會在程式等待使用者輸入猜測時進行。

逾時

請注意，在等待執行緒完成時，程式會掛住並等待。以 Listing 17-3 來說，這是很安全的，因為在這種情況下，任何延遲都來自使用者輸入值的速度較慢。然而，您可能對這種無限期的逾時有些擔憂。如果執行緒因為使用網路連線或其他系統行程而受到 IO 限制，意外的錯誤可能導致執行緒永遠不會返回！您的程式就會無限期掛著，沒有解釋或錯誤訊息，直到作業系統向疑惑不解的使用者回報：「程式已停止回應。」

為了協助減輕這個問題，您可以帶入一個 timeout 設定。這個設定指定了等待執行緒加入的最長時間，之後無論是否已加入執行緒，程式都會繼續執行。

為了示範和說明，我會讓 Collatz 遊戲使用者等得有點不耐煩。（是的，這絕對是個很糟糕的遊戲設計選擇，但總比讓您看一個全新的範例好，對吧？）

Listing 17-4: collatz_threaded.py:3b

```python
def main():
    # --省略--

    t_guess = threading.Thread(
        target=get_input,
        args=("How many times do you think it will appear? ",),
        daemon=True
    )
    t_guess.start()

    count = length_counter(target)

    t_guess.join(timeout=1.5)
    if t_guess.is_alive():
```

```
        print("\nYou took too long to respond!")
        return

    # --省略--

if __name__ == "__main__":
    main()
```

我使用「timeout=1.5」這個關鍵字引數來傳遞給 join()，這樣一來，當執行達到 join() 陳述式時，程式只會等待一秒半，然後就繼續執行，不管執行緒是否已經完成。實際上，這表示使用者只有一秒半的時間來輸入他們的答案。

請記住，如果 join() 逾時，它實際上不會影響到該執行緒。這個執行緒仍在背景執行，只是 main 程式不再等待它而已。

為了確定是否發生了逾時，我會檢查執行緒是否仍在運作。如果還在運作，我會向使用者抱怨並退出程式。

Daemon 執行緒

另一個要考慮的問題是，退出 main 執行緒並**不會**終止其他執行緒。在 Listing 17-4 的範例中，如果我在等待 t_guess 執行緒時逾時，即使到達了 return 陳述式並結束了 main 執行流程，t_guess 執行緒仍會在背景中無限期執行。這是個問題，尤其是當使用者期望整支程式已經退出時。

即便如此，Python 故意沒有提供明顯的方式來終止一個執行緒，因為這樣做可能會對程式狀態造成可怕的影響，甚至將您的程式狀態搞得一團糟。然而，如果沒有終止執行緒的做法，那麼在抱怨之後，執行緒還是會永遠掛著，輸入資料也不會有任何反應。再次強調，如果執行緒掛著是由於網路錯誤之類的問題，那麼您的程式若不是變得無法回應，那就是等待的執行緒將在 main 程式關閉後長時間在背景中執行。

為了緩解這個問題，我把執行緒設定為 **daemonic**，這表示我把它的壽命與處理程式（main 程式）的壽命綁在一起。當 main 執行緒結束時，所有相關的 daemonic 執行緒也會被終止。

我在建立執行緒時，透過設定關鍵字參數「daemon=True」，就把執行緒定義為 daemonic，就像我在 Listing 17-4 所做的那樣。現在，當我退出 main 程式時，這個執行緒也會被終止。

ALERT

您必須非常小心處理 daemonic 執行緒！因為當您的程式突然結束時，它們也會突然終止，不會完成它們的工作或清理自己。這可能會導致檔案和資料庫連線保持在開啟狀態，造成更動部分寫入，以及各種令人討厭的問題。只有在您絕對確定可以隨時突然終止時，才將執行緒設定為 daemonic。

Futures 和 Executors

在這個範例中，用那個快速又不太完美的全域變數命名技巧來傳遞資料不是最理想的，主要是因為全域變數名稱太容易被覆蓋或被錯誤修改。另一方面，我又不想透過將可變的資料集合傳遞到 get_input() 函式中，帶入副作用。我需要一種更具彈性的方式來從執行緒中返回資料。

這是可能的，多虧有 **futures** 功能，有時在其他程式語言中也稱為 promises 或 delays。future 是個物件，會在未來的某個時刻含有一個值，但它可以像一個普通物件一樣傳遞，即使在它包含值之前。

繼續我們目前的範例，在程式中引入了提供 futures 的 concurrent.futures 模組。futures 還提供一種直接建立執行緒的做法，所以我不再需要 threading 模組。

📁Listing 17-5: collatz_threaded.py:1b

```python
import concurrent.futures

BOUND = 10**5

def collatz(n):
    # --省略--
```

在這個版本中，我不再需要全域變數 guess 來儲存從 get_input() 返回的值，所以我會刪除使用它的兩行程式碼：

📁Listing 17-6: collatz_threaded.py:2b

```python
def get_input(prompt):
    while True:
    n = input(prompt)
    try:
        n = int(n)
    except ValueError:
        print("Value must be an integer.")
        continue
    if n <= 0:
```

```
        print("Value must be positive.")
    else:
        return n
```

現在這個函式看起來就和同步版本一樣,雖然它仍然可以透過 futures 來處理執行緒。

在我的 main 方法中,我使用一個 ThreadPoolExecutor 物件來啟動執行緒。這是一種 executor 的型別,一個可以建立和管理執行的物件:

📂Listing 17-7: collatz_threaded.py:3c

```
def main():
    print("Collatz Sequence Counter")

    # --省略--

    executor = concurrent.futures.ThreadPoolExecutor()
    future_guess = executor.submit(
        get_input,
        "How many times do you think it will appear? "
    )

    count = length_counter(target)
    guess = future_guess.result()
    executor.shutdown()

    # --省略--

if __name__ == "__main__":
    main()
```

我建立了一個新的 ThreadPoolExecutor,並將它綁定到名稱 executor。這個名稱對於執行緒池和其他 executor 來說是慣用的傳統名稱。隨後,我在該池中使用 executor.submit() 建立一個新的執行緒,傳入要執行緒處理的函式以及所有它要的引數。不像 threading.Thread 物件的實例化,在這裡我是**不需要**把引數包裹入一個元組中。

對 executor.submit() 的呼叫會返回一個 future,我將其綁定到名稱 future_guess。這個 future 物件最終會包含由 get_input() 返回的值,但此刻的這個物件只不過是一個承諾。

從這裡開始,我會像往常一樣透過 length_counter() 函式繼續執行那些重量級的運算。

一旦完成這個步驟,我會用 future_guess.result() 取得 future 的最終值。就像加入執行緒時一樣,這會掛著等待直到執行緒返回一個值。

當由 executor 管理的所有執行緒都完成後,我需要告知 executor 清理自己,這可以透過 executor.shutdown() 來完成。這種做法是安全的,即使在執行緒完成之前呼叫它,因為它會在所有執行緒完成後關閉 executor。一旦在 executor 上呼叫了 shutdown(),試圖使用它啟動新執行緒就會引發 RuntimeError 錯誤。

就像 with 陳述式會自動關閉檔案一樣,with 也可以用在自動關閉 executor。這種寫法很有用,可以防止您忘記關閉 executor。

Listing 17-8: collatz_threaded.py:3d

```python
def main():
    print("Collatz Sequence Counter")

    # --省略--

    with concurrent.futures.ThreadPoolExecutor() as executor:
        future_guess = executor.submit(
        get_input,
        "How many times do you think it will appear? "
    )

    count = length_counter(target)

    guess = future_guess.result()

    # --省略--

if __name__ == "__main__":
    main()
```

在 with 陳述式的結尾 executor.shutdown() 的呼叫會自動執行。應該與執行緒同時執行的任何陳述式都必須在 with 的附屬區域內,因為在所有執行緒完成之前,主要控制流程無法離開 with 陳述式。

在這個範例中,我選擇在 with 陳述句之外,即在執行緒池已關閉之後擷取 future 的結果。這個順序不是絕對必要的,但也不會有害,因為執行緒池的關閉代表執行緒已經完成,所以不需要等待才能從 future 中取得結果。

以 Future 來處理逾時

在 future 物件上的 result() 方法接受一個「timeout=」關鍵字引數，就像 Thread 物件上的 join() 方法一樣。不像 Thread 物件，這裡您可以透過捕捉 concurrent. futures.TimeoutError 例外來確定是否發生了逾時。不過，這並不像看起來那麼簡單。雖然您可以在等待時進行逾時處置，但仍然存在著程式停止後執行緒掛著的問題。

這裡有一個範例，但您大概不會想要執行它，因為它會永遠掛著：

```
count = length_counter(target)
try:
    guess = future_guess.result(timeout=1.5)
except concurrent.futures.TimeoutError:
    print("\nYou took too long to respond!")
❶ executor.shutdown(wait=False, cancel_futures=True)
    return  # hangs forever!
else:
    executor.shutdown()
```

問題在於，executor 並不完全支援 daemonic 執行緒，而且截至 Python 3.9 版本都還不支援它們。executor 也不提供任何取消已經執行之執行緒的機制。在處理上面的 TimeoutError 時，我會取消那些尚未開始的執行緒❶，不過一旦某個執行緒由 executor 啟動，就無法在外部停止它，除非使用一些可怕和不能反悔的小技巧來進行處置。

如果由 executor 啟動的執行緒可能在某些情況下需要中止，您需要提前計畫並編寫自訂程式碼，讓執行緒內部處理自己的逾時。這說起來容易，但在處理 get_input() 這種情況是一項複雜的工作，甚至接近不可能。要為使用者輸入建立逾時的設定，我必須使用以執行緒為基礎的技術。

理論回顧：執行緒安全

根據開發者 Eiríkr Åsheim 的說法：有些人面對問題時，想著「我知道，我來用多執行緒搞定。」無論如何，這並不一定能解決問題。

這個笑話是在說，使用多執行緒時，您永遠無法預測哪個執行緒會先完成。您必須做好應對的準備。當程式碼在多執行緒環境下保證能正確運作，就被

稱為是「**執行緒安全（thread safe）**」的。編寫小型且內容明確的範例，像 Collatz 這樣的程式時，寫出執行緒安全的程式碼相對簡單。但在更大型的系統中，常常存有一些隱藏的執行緒安全問題，這些問題很難除錯，是一個可怕的惡夢。

我在第 16 章介紹的非同步時，比較不容易受到這一節中描述之問題的影響，但也不能完全免疫！無論您使用 async/await、執行緒還是多行程，都要注意並行處理可能出現的問題。

正如您迄今所看到的，執行緒需要在執行時期相互傳遞返回值和其他資料。要可靠地在執行緒之間傳遞資料，實際上只有三種方法：**共享狀態**、**使用 futures**，或者**傳遞訊息**。

在這三種技巧中，傳遞訊息被認為是最安全的，但需要仔細的規劃，因為這可能會帶來一些額外的開銷。futures 功能就如我之前使用的那樣，在特定情況下是另一個可靠的選擇。不過，futures 也有一些陷阱，稍後會回來介紹。

共享狀態，就像 Listing 17-2 中的全域名稱範例一樣，看起來最容易使用，且適用於很多場景。共享狀態可以包括全域名稱、可變值、資料庫、串流和檔案。雖然實作看似簡單，但共享狀態是這三種選項中最具有欺騙性的，因為容易出現競爭條件。如果您還是多執行緒的新手，對競爭條件可能還特別難以理解，這裡有個相當扎實的真實範例可用來說明。

請想像辦公室中的共享資料來源，例如一個列出所需物品的白板清單。任何人都可以新增物品到清單上。為了節省秘書的時間，辦公室有個傳統：如果有人要出去吃午餐，他們會在回來的路上順便買一些物品，並使用公司的信用卡結帳。為了確保物品不被遺忘，有一個規則：您不能在帶回物品之前擦除清單上的物品。

Jess 正要出去吃她最喜歡的壽司，剛好辦公室用品店就在旁邊，所以她提醒自己買五盒文件夾，因為 Peter 需要在季度報告中使用。幾分鐘後，Vaidehi 離開去買三明治，然後決定趁機買五盒文件夾。與此同時，Ben 在吃新的食物車時也做了同樣的事，Lisa 在去喝咖啡時也一樣。當每個人從午餐回來時，一臉困惑的 Peter 看到他的桌上有 20 盒文件夾！

問題在於，Jess、Vaidehi、Ben 和 Lisa 都在並行處理（真實的平行處理），由於在閱讀和更新白板上的資料之間存在延遲，所以他們都無法知道其他人正在買文件夾。更糟糕的是，除非經過一番偵探，否則很難知道為什麼

Peter 現在正在製作一個超長的文件夾鏈，並且也在思考如何更好地管理那個討厭的白板。

競爭條件可能會在您最不期望的時候出現。在上面的比喻中，混亂是因為有兩個不可分割的步驟需要按順序進行：閱讀白板和更新白板。

團隊可以使用兩種不同的鎖定策略來防止競爭條件。第一種是**粗粒度鎖定**：當 Jess 決定買東西時，她會在白板的一側寫下她的名字，這樣就取得了白板的鎖定權。只要她的名字在那裡，她是唯一可以編輯白板的人，絕對不允許其他人修改！Jess 在這一刻「擁有」了白板。當她從午餐回來，也許帶回來的是 Jacob 要用的修正液，她會擦掉白板上的名字，將這個要求釋放給其他人來鎖定。

粗粒度鎖定通常會對效能造成負面影響。在他們午餐時間，其他人無法取得白板上的任何物品。

另一種策略是**細粒度鎖定**：Jess 在白板上的「修正液」項目旁邊寫下她的縮寫，表示這個特定項目被鎖定了。仍然可以新增更多的項目到白板上，其他項目也可以被宣告和鎖定，但只有 Jess 可以購買修正液或更新該項目。當她回到辦公室時，她擦掉該項目，並且要透過擦掉白板上的名字來釋放鎖定。

和執行緒安全相關的主題是**可重入性**（reentrancy）。可重入函式能在被同時多次呼叫時，在執行過程中暫停，而不會出現奇怪的影響。如果函式依賴於在整個操作過程中不被修改的共享資源，那就很有可能會被違反這一點。

競爭條件

競爭條件（Race conditions）特別難以檢測，因為一行程式碼可能隱藏著很多步驟。舉例來說，試著考慮一些看似無害的事情，例如增加一個與全域名稱相關的整數：

Listing 17-9: increment.py:1a

```
count = 0

def increment():
    global count
    count += 1
```

遞增加法運算子 += 不是**原子**（**atomic**）運算，這表示它在幕後實際上包含多條指令。您可以透過使用 dis 模塊來反組譯 increment() 函式來查看：

📂 Listing 17-10: increment.py:1b

```python
import dis

count = 0

def increment():
    global count
    count += 1

dis.dis(increment)
```

執行 Listing 17-10 會產生如下的輸出結果：

```
7       0 LOAD_GLOBAL        0 (count)
        2 LOAD_CONST         1 (1)
        4 INPLACE_ADD
        6 STORE_GLOBAL       0 (count)
        8 LOAD_CONST         0 (None)
       10 RETURN_VALUE
```

最左邊一欄中的 7 告訴我們，這個 bytecode 對應於 Python 程式碼的第 7 行，也就是 count += 1。除了最後兩條指令外，所有這些 Python bytecode 指令都發生在這一行程式碼上！讀取 count 的值、加 1，隨後儲存新的值。這三個步驟（跨越五個指令）必須在不間斷的連續中進行。但請思考一下，如果兩個執行緒在相同的時間呼叫 increment()，如表 17-1 所示，會發生什麼情況。

表 17-1：兩個執行緒的競爭條件模型

	執行緒 A	count（全域）	執行緒 A	
0	←讀取	0	（等待）	
1	遞增	0	（等待）	
1	（等待）	0	讀取→	0
1	寫入→	1	（等待）	0
	（完成）	1	遞增	1
		1	←寫入	1
		1	（完成）	1

雖然兩個不同的執行緒應該都在增加全域名稱的 count 值，但在執行緒 A 有機會在寫入更新值之前，執行緒 B 已經先讀取了全域名稱 count 中的值 0。

競爭條件最糟糕的地方在於，不會有所謂的 RaceConditionError 例外可以被拋出。沒有錯誤訊息、也沒有程式檢查錯誤。沒有東西能告知競爭條件正在發生，只能透過深入的偵探工作來確定它。由於無法預測執行緒何時會暫停和恢復，競爭條件可以隱藏在明顯的地方很長時間，直到完美條件達到時才會顯現。這解釋了許多「無法重製」的錯誤報告，讓人感到非常困擾。

競爭條件的範例

為了示範執行緒安全技巧，我會以 Collatz 計算程式來進行無意義的執行緒處理。如前所提，並行處理實際上會進一步**減慢** CPU 限制的工作。不過，接下來要應用的執行緒模式將在參與的函式只是 IO 限制的情況下非常有用。我還會使用這種情境來示範多種並行技術，雖然其中一些並不太適合這裡的情況。跟著一起學習吧。

為了可靠地展示競爭條件，我需要建立一個當作計數器的類別。我會使用這個計數器，而不是普通的整數，來儲存在 Collatz 計算上工作的不同執行緒之間的全域共享狀態。再次強調，這個範例在現實生活中是毫無意義的，但這確實能可靠地重現競爭條件，讓我能進行示範和解說：

📁Listing 17-11: collatz_pool.py:1a

```python
import concurrent.futures
import functools
import time

BOUND = 10**5

class Counter:
    count = 0

    @classmethod
    def increment(cls):
        new = cls.count + 1
❶       time.sleep(0.1)  # forces the problem
        cls.count = new
    @classmethod
    def get(cls):
        return cls.count

    @classmethod
    def reset(cls):
        cls.count = 0
```

競爭條件發生的機率會隨著在一個過程中的連續步驟之間的時間增加而增加，就像在讀取和更新資料之間的時間。透過在 increment() 類別方法中加入那個

time.sleep() 呼叫❶，我增加了計算和儲存新計數之間的時間，因此實際上確保了競爭條件會出現。

現在，我會為這個範例把 collatz() 函式進行執行緒處理的處理，並將 target 數作為引數傳遞給它。每當該函式生成的 Collatz 序列具有 target 值時，我會遞增計數器 Counter 而不是返回一個值：

▱Listing 17-12: collatz_pool.py:2a

```python
def collatz(target, n):
    steps = 0
    while n > 1:
        if n % 2:
            n = n * 3 + 1
        else:
            n = n // 2
        steps += 1

    if steps == target:
        Counter.increment()
```

目前的情況非常適合發生競爭條件。現在我只需要啟動多個執行，問題就會活躍起來！（配合雷聲和邪惡的笑聲。）

在接下來的部分，我會對程式碼進行一些調整，這只是為了建立示範競爭條件而進行的修改。請理解問題並不是執行緒技術本身。下一節中的程式碼是合法有效的。真正的問題在於 Listing 17-11 和 17-12 的程式碼，我稍後會回來解決這些問題。

使用 ThreadPoolExecutor 建立多個執行緒

為了展示競爭條件，我會先取消原本 length_counter() 方法中的 for 迴圈，並將其替換為 ThreadPoolExecutor。這將允許我為每個單獨的 Collatz 序列計算分發一個新的執行緒：

▱Listing 17-13: collatz_pool.py:3a

```python
def length_counter(target):
❶   Counter.reset()
    with concurrent.futures.ThreadPoolExecutor(❷ max_workers=5) as executor:
        func = ❸ functools.partial(collatz, target)
     ❹ executor.map(func, range(2, BOUND))
    return Counter.get()
```

首先我將 Counter 重設為 0 ❶。隨後，在一個 with 陳述式中，我定義了一個
ThreadPoolExecutor，並指定它最多可以同時執行五個執行緒❷（在這裡也稱
之為 worker）。

對於這個隨意的範例，我設定了最多五個 worker。允許的最大 worker 數量對程
式效能有很大的影響：太少的 worker 不足以提升反應速度，但太多的 worker
則會增加開銷。使用執行緒時，值得進行一些試驗和調整，從中找出最適合的
設定！

我需要將兩個引數傳遞給 collatz() 函式：步驟的目標數（target）和序列的起始
值（n）。目標值不會改變，但 n 的每個值是來自一個可迭代的範圍 range(2,
BOUND)。

executor.map() 方法可以迭代分發多個執行緒。然而，這種做法只能傳遞一個
值，由可迭代物件提供給指定的函式。由於我嘗試分發 collatz() 函式，它接受
兩個引數，所以我需要另一種處理第一個引數的方式。為了完成這一點，我使
用 functools.partial() 生成一個可呼叫的物件，將 target 引數提前有效地傳遞❸。
然後，我將這個可呼叫的物件綁定到 func。

executor.map() 方法使用 range() 可迭代物件透過 func 提供剩餘的 collatz() 引數
的值❹。每個結果的函式呼叫將在單獨的 worker 執行緒中執行。這個程式的其
餘部分與 Listings 17-6 和 17-8 中的相同。

如果您按原樣執行這段程式碼，就會看到那個惱人的競爭條件正在發生作用：

```
Collatz Sequence Counter
Collatz sequence length to search for: 123
Searching in range 1-100000...
How many times do you think it will appear? 210
Nope. It was 43.
```

我的猜測值 210 應該是對的，但競爭條件干擾得很嚴重，計算結果超級不准
確。如果您在您的電腦上執行這個程式或更新 time.sleep() 的持續時間，很可能
會得到一個完全不同的數字，甚至有時候可能會巧合地得到正確的數字。這種
不可預測性就是為什麼競爭條件如此難以除錯的原因。

現在我已經完成了問題的建構，接著要開始修復它了。

鎖

鎖（**Lock**）可以防止競爭條件，它確保同一時間只有一個執行緒可以存取共享資源或執行操作。任何想要存取資源的執行緒都必須先鎖定它。如果資源已經被鎖定，該執行緒必須等待直到鎖定被釋放。

我可以透過在 Counter.increment() 中加入鎖定來解決 Collatz 範例中的競爭條件問題：

📁Listing 17-14: collatz_pool.py:1b

```python
import concurrent.futures
import threading
import functools
import time

BOUND = 10**5

class Counter:
    count = 0
    _lock = ❶ threading.Lock()

    @classmethod
    def increment(cls):
      ❷ cls._lock.acquire()
        new = cls.count + 1
        time.sleep(0.1)
        cls.count = new
      ❸ cls._lock.release()

    # --省略--
```

我建立了一個新的 Lock 物件，這個鎖物件在這個範例中，我把它綁定到類別屬性 _lock ❶。每當呼叫 Counter.increment() 時，執行緒會嘗試使用 Lock 的 acquire() 方法❷來**取得**（擁有）這個 Lock。如果另一個執行緒已經擁有這個鎖定，任何其他對 acquire() 的呼叫都會被掛著，直到那個擁有鎖定的執行緒釋放了鎖定為止。一旦某個執行緒取得了鎖定後就可以繼續執行，如同以前一樣。

執行緒必須在完成使用受保護資源的工作後，使用鎖定的 release() 方法盡快**釋放**鎖定，這樣其他執行緒才能繼續❸。**每一個取得的鎖定都必須被釋放**。

因為這個要求，所以 lock 也是情境管理器。我可以透過 with 來隱式處理鎖定的 acquire() 和 release()，如下所示：

📂Listing 17-15: collatz_pool.py:1c

```python
# --省略--

@classmethod
def increment(cls):
    with cls._lock:
        new = cls.count + 1
        time.sleep(0.1)
        cls.count = new
# --省略--
```

with 陳述式會自動執行 lock 的取得和釋放。

Lock 本身並沒有什麼特別的神奇之處，它只是一個稍微高級的布林值。任何執行緒都可以取得一個未被擁有的 Lock，並且任何執行緒都可以釋放 Lock，不論是否為擁有者。您必須確保任何可能導致競爭條件的程式碼都在鎖定的取得和釋放之間。雖然沒有任何東西能阻止您違反此規定，但是除錯時可能充滿危險，也相當令人煩惱。

死鎖、活鎖與飢餓

死鎖（**deadlock**，或譯**死結**）情況發生在您的鎖結合在一起時，導致所有的執行緒都無法前進，陷入相互等待的狀態。您可以把死鎖想像成兩輛車在一座單行道的橋上移動相互面對面無法通過的情況。

類似的**活鎖**（**livelock**，或譯**活結**）情況發生在執行緒無限循環相同的互動，而不僅僅是等待，這導致實際上沒有任何進展。您是否曾經和另一半有過這樣的對話：「您想吃什麼？」「都可以，那您想吃什麼？」如果有的話，那您就已經體驗過現實生活中的「活鎖」的範例。兩個執行緒都在等待對方或互相推遲，但最終都沒有取得進展。

死鎖和活鎖一般都會導致程式變成無法回應，而且通常不會有任何訊息或錯誤提示為什麼會發生這種情況。每當您在使用鎖定的時候，都必須非常謹慎，預防死鎖和活鎖的情況發生。

為了防止死鎖和活鎖，必須留心潛在的循環等待條件，其中兩個或更多的執行緒都在互相等待釋放資源。因為這在程式碼範例中很難真實描述，我會以圖 17-1 來說明一個常見的循環等待條件。

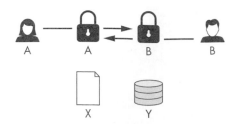

圖 17-1：兩個行程的死鎖

執行緒 A 與執行緒 B 都同時需要存取共享的資源 X 和 Y。執行緒 A 取得了資源 X 的鎖定，同時執行緒 B 取得了資源 Y 的鎖定。現在，執行緒 A 正在等待鎖 B，而執行緒 B 正在等待鎖 A。它們就陷入了死鎖狀態。

解決死鎖或活鎖問題的正確做法一般取決於問題的特定情況，但有一些工具可供選擇。首先，您可以在鎖的 acquire() 方法上指定「timeout=」，如果呼叫逾時就會返回 False。在圖 17-1 的情況中，如果任一執行緒遇到這樣的逾時，它可以釋放其持有的鎖定，進而允許其他執行緒繼續進行。

其次，任何執行緒都可以釋放鎖定，因此您可以在必要時強制中斷死鎖。如果執行緒 A 識別出死鎖，就可以釋放執行緒 B 對資源 Y 的鎖定並繼續執行，進而中斷死鎖狀態。這種做法的困難之處在於，有可能會在**非**死鎖情況下中斷了鎖定，進而產生競爭條件。

死鎖或活死鎖的情況中，鎖定並不是唯一的元兇。當某個執行緒被卡在等待 future 完成或是 join 另一個執行緒，尤其是為了獲得所需的資料或資源，但該執行緒或 future 卻因某種原因而無法返回時，就會發生「**饑餓（starvation）**」現象。如果兩個或多個 future 或執行緒最終都在等待彼此完成，就很有可能會發生這種情況。

甚至只一個執行緒也可能發生死鎖！如果一個單獨的執行緒連續兩次嘗試取得某個鎖定而不先釋放它，那麼就會卡在等待自己釋放它在等待的鎖定上！如果有可能發生此情況，可以用 threading.RLock，而不是 threading.Lock 來處理。使用 RLock，單個執行緒可以多次取取同一個鎖定而不會發生死鎖狀況，而且只有取得鎖定的執行緒可以釋放它。雖然必須釋放的次數與取得的次數依然要相同，但使用 RLock，單個執行緒不會直接讓自己陷入死鎖。

有一點要留意：由於只有擁有鎖定的執行緒才能釋放 RLock，所以要使用 RLock 來解除多執行緒死鎖比使用普通的 Lock 要困難得多。

以佇列傳遞訊息

為了避免競爭條件和死鎖的風險，您可以透過**傳遞訊息**（**passing messages**）來解決，雖然這會增加一些記憶體的花費，但這比使用 futures 或共享資料來源更安全。如果 futures 不適用於您的情況時，在開發與多個執行緒交換和整合資料的預設策略應該是讓這些執行緒傳遞訊息。

一般我們會在執行緒之間使用佇列（queue）來傳遞訊息。一個或多個執行緒可以將資料放入佇列，而一個或多個其他執行緒可以從佇列中提取資料。這類似於在餐廳中，服務生把訂單寫下交給廚房的情景。除非訊息佇列已滿或清空，否則既不需要發送方等待接收方，也不需要接收方等待發送方。

Python 標準程式庫中的 queue 模組提供了已經實作執行緒安全和適當鎖定的集合，因此減少了死鎖的風險。或者，您也可以使用 collections.deque 來傳遞訊息，因為這個集合具有像 append() 和 popleft() 這樣的原子運算操作，所以不需要鎖定。

> NOTE
>
> 從技術上來說，佇列仍然需要一個共享物件，但它被視為與其他共享物件不同。佇列是一個用於單向傳遞資料片段的通道，不同於所有執行緒更新同一個共享的主要資料的物件。

我會更新 collatz_pool.py 範例，透過一個佇列將工作執行緒的結果傳遞回 mani 執行緒，而不是使用共享物件。

📁Listing 17-16: collatz_pool.py:1d

```
import concurrent.futures
import functools
import queue

BOUND = 10**5
```

這裡引入了 queue 模組，並刪除了那個令人討厭的 Counter。

接下來，我會調整 collatz() 函式，將 results 推送到佇列中：

🗁 Listing 17-17: collatz_pool.py:2b

```python
def collatz(results, n):
    steps = 0
    while n > 1:
        if n % 2:
            n = n * 3 + 1
        else:
            n = n // 2
        steps += 1
    results.put(steps)
```

我在 results 參數上接受一個 queue.Queue 物件，然後透過 results.put() 把一個項目加到該集合中。

這裡我做了有意義的設計決策。資料應該只透過佇列單向流動，要麼是輸入到 worker 執行緒，不然就是輸出自 worker 執行緒。大多數與佇列相關的設計模式是針對佇列是否為空、非空或滿的情況作出反應，而不是對資料的內容作出反應。如果您試圖建立一個用來移動多種型別資料的佇列，很容易造成饑餓或無窮迴圈的情況。

在這個範例中，執行 collatz() 的 worker 執行緒會將輸出資料推送到佇列，而 length_counter() 會從佇列中拉取該資料。如果需要雙向通訊，我會實作第二個佇列來處理資料在另一個方向上的流動。

執行 collatz() 的每個 worker 執行緒都必須擁有一個專用的佇列來儲存結果，以免並行呼叫混淆了它們的結果。為了做到這一點，我把佇列當作一個引數傳遞，而不是綁定到全域名稱。雖然從技術上來看，這違反了「無副作用」的原則，但這是可以接受的，因為該佇列僅用作資料傳輸媒介。

以下是更新後的 length_counter() 方法，使用佇列來處理：

🗁 Listing 17-18: collatz_pool.py:3b

```python
def length_counter(target):
    results = queue.Queue()
    with concurrent.futures.ThreadPoolExecutor(max_workers=5) as executor:
        func = functools.partial(collatz, ❶ results)
        executor.map(func, range(2, BOUND))
    results = list(results.queue)
    return results.count(target)
```

我建立了佇列物件，並以與在 Listing 17-13 中傳遞 target 相同的方式將它傳遞給每個 worker 執行緒❶。worker 執行緒將每個生成的 Collatz 序列的長度附加到佇列內。一旦全部完成,就將 results 佇列轉換為一個串列,然後返回目標在該佇列中出現的次數。

使用多重 workers 執行緒的 futures

正如之前提到的,您也可以使用 futures 來解決死鎖的情況。事實上,在這個多執行緒的 Collatz 範例中,futures 是避免死鎖的最佳選擇。只要避免多個執行緒相互等待彼此的 futures,那幾乎就沒有死鎖的風險。

我會進一步修改這裡的死鎖範例程式碼,以實作 futures 的運用。我只需要引入 concurrent.futures 模組來使用這種技術:

📂Listing 17-19: collatz_pool.py:1e

```
import concurrent.futures

BOUND = 10**5
```

我還可以將 collatz() 方法還原到最初的形式,只返回單個值:

📂Listing 17-20: collatz_pool.py:2c

```
def collatz(n):
    steps = 0
    while n > 1:
        if n % 2:
            n = n * 3 + 1
        else:
            n = n // 2
        steps += 1
    return steps
```

executor.map() 方法會返回一個 futures 的可迭代物件,我可以用來收集 worker 執行緒的返回值:

📂Listing 17-21: collatz_pool.py:3c

```
def length_counter(target):
    count = 0
    with concurrent.futures.ThreadPoolExecutor(max_workers=5) as executor:
        for result in executor.map(collatz, range(2, BOUND)):
            if result == target:
                count += 1
    return count
```

這裡的程式會遍訪 executor.map() 返回的每個值,計算有多少個值與目標是相符的。executor.map() 方法基本上是內建的 map() 函式的多執行緒替代品;雖然輸入處理順序不保證，但輸出順序是確定的。大多數的其他技術，您都不能依賴值返回的順序。

這是最乾淨的做法之一，開銷花費非常小。

理論回顧：平行處理

平行處理（Parallelism）是真正的多工，可以同時執行多個工作。這在**高效能運算**（HPC）領域中被廣泛應用，用於處理需要大量運算的工作，這些工作會被拆分成多個子工作，以便在合理的時間內完成。在平行處理中，當主要行程忙碌時，工作會被移至在單獨的 CPU 核心上執行的獨立行程，這樣主要行程和 CPU 核心就可以空出來做其他工作。這只有在有多個 CPU 核心中才能做到，因為單個 CPU 核心一次只能處理一個工作。

以生活中的實例來當比喻，假設您需要影印一份辦公室內部要分發的備忘錄。影印機（類比為 CPU）很慢，所以排隊使用的員工（行程）很長。您有其他事情要忙，所以您請同事 Sangarshanan 代勞，因為他有一些空閒時間。這項工作（影印文件）被移交給另一個行程（Sangarshanan），這樣主要行程（您）就有空去做其他工作。當他完成複印後，會把複印成品留在您的辦公室供您在方便的時取用。

平行處理對於需要大量 CPU 運算的工作是非常有用的，因為它主要受限於 CPU 處理速度。就像上面比喻中排隊等候的員工受到影印機速度限制一樣，CPU 密集型工作受限於 CPU 的處理速度。

平行處理有個重要的限制是各個行程不應共享資源！雖然有些技術可以讓您繞過這項限制，但這麼做會充滿風險。相反地，每項資源只能由一個行程同時存取和使用，行程之間透過傳遞訊息來進行通訊，並按照它們自己的時間來進行。如此一來，行程執行的順序或哪些行程正在並行執行都不重要，因為在平行處理中，這兩件事情本來就是不可預測的。

平行處理是一項相當複雜的技術，充滿了隱藏的陷阱，很難除錯。因此，它應該保留給那些相當重要的 CPU 密集型工作，以便為額外的複雜性提供正當理由的專案。如果只是為了防止使用者界面凍結，那麼並行處理（透過非同步處理）就不是較好的選擇。

以多行程來實現平行處理

自從 Python 2.6 版以後，就可以透過**多行程**（**multiprocessing**）實現平行處理，也就是把不同的工作交給獨立的系統行程來完成，每個行程都有自己專用的 Python 直譯器實例。多行程繞過了 Python 的全域直譯器鎖（GIL）帶來的限制，因為每個行程都有自己的 Python 直譯器，因此也有自己的 GIL。這能讓 Python 程式實現平行運算。一台電腦可以透過把這些多個行程分散在不同的 CPU 核心來同時執行。行程如何分配給不同核心由作業系統自行安排和決定。

請記住，多行程也有它自己的效能成本，僅僅在您的程式碼中加入多行程處理並不會自動讓一切都變快。要提升效能需要仔細思考和工作。就像使用執行緒和非同步一樣，當實作多行程處理時，您必須仔細考量和設計程式碼。在接下來的內容中您很快就會看到這些原則是怎麼實際運作的。

在 Python 中，多行程處理的結構和執行緒非常相似。Process 物件的使用方式就像 Thread 物件一樣。multiprocessing 模組還提供了像 Queue 和 Event 這樣的類別，它們與以執行緒為基礎的類別很相似，但它們是特別為多行程處理而設計的。concurrent.futures 模組則提供了 ProcessPoolExecutor，它的外觀和操作方式與 ThreadPoolExecutor 非常相似，這樣就可以使用 future 物件。

> ALERT
>
> 在互動式直譯器中，多行程處理很少能正常運作，因為子行程必須能夠引入 __main__ 模組。您需要將程式碼執行在一個模組或套件中，而不是直接在互動式直譯器中執行。

醃漬資料

有些 Python 開發者對使用多行程處理有些抵觸，其中一個原因是它在幕後使用了 pickle（中譯有醃漬保存之意，但這裡有點像資料以某格式打包存放起來的意思）。如果您還記得第 12 章講過的內容，pickle 是當作一種資料序列化格式，它非常慢而且不安全，以至於 Python 開發者都極力避免使用，理由充分。

話雖如此，在多行程處理情境下的 pickle 表現還算可以。首先，我們無須擔心 pickle 不安全的問題，因為它僅用於在由程式啟動和管理作用中行程之間直接傳輸資料，因此這些資料被視為可信任的。其次，許多 pickle 的效能問題都因平行處理所帶來的實際效能提升以及序列化的資料從未被寫入檔案而得以彌補，它本身就是個需要耗費 CPU 的工作。

而且，由於 pickle 在多行程處理中使用，這套工具仍然受到積極的維護和改進；Python 3.8 版實作了 pickle 協定 5。一般在使用多行程處理時，您不需要太擔心 pickle，因為它大多數都只是個實作細節。

重要的是記住資料必須是**可打包的（picklable）**，這表示它必須可以被 pickle 協定序列化，這樣才能在行程之間傳遞。根據說明文件指示，您可以進行 pickle 處理的資料型別如下：

None（空值）

True 和 False

整數

浮點數

複數

字串

位元組型的物件

只包含可打包之物件的元組、串列、集合和字典

全域作用域的函式（**但不包括 lambda 函式**）

全域作用域的類別，需要滿足額外的要求

要讓類別變成可打包的（picklable），它的所有實例屬性都必須是可打包的，並且儲存在實例的 __dict__ 屬性內。當一個類別是可打包時，方法和類別屬性以及類別 __dict__ 屬性中的其他內容會被省略。或者，如果一個類別使用 slots 或以其他方式無法滿足這些標準，您可以透過實作特殊的實例方法 __getstate__() 來讓它變成可打包的，該方法應該返回一個可打包的物件。一般來說，這會是一個包含可打包之屬性的字典。如果這個方法返回 False，就表示這個類別無法被打包保存。

您也可以實作特殊的實例方法 __setstate__(state)，此方法接受一個未被 pickle 序列化的物件，您可以根據需要將它解開並指定值給實例屬性。這是一種更耗

時的做法，但它是繞過限制的一個好方法。如果您不定義這個方法，系統會自動生成一個，它接受一個字典並直接指定值給實例的 __dict__ 屬性。

如果您需要大量處理可打包的（picklable）資料，特別是在多執行緒的情境下去進行時，建議您參考官方 pickle 模組的官方說明文件：https://docs.python.org/3/library/pickle.html。

速度考量和 ProcessPoolExecutor

多行程處理繞過了 GIL，允許程式碼使用多個行程，因此您可能會認為它是能加快計算 Collatz 序列這種 CPU 限制的活動。讓我們來測試這樣的想法。

接續前面的範例，我可以透過把 ThreadPoolExecutor 換成 ProcessPoolExecutor 來使用多行程處理。這裡重複使用 Listing 17-19 和 17-20（未在下方顯示），並將 Listing 17-21 修改為如下內容：

📂Listing 17-22: collatz_multi.py:3a

```
def length_counter(target):
    count = 0
    with concurrent.futures.ProcessPoolExecutor() as executor:
        for result in executor.map(collatz, range(2, BOUND)):
            if result == target:
                count += 1
    return count
```

我所需要做的只是將 ThreadPoolExecutor 替換為 ProcessPoolExecutor。在這裡並沒有指定 ProcessPoolExecutor 的 max_workers，所以它預設是使用機器上每個處理器核心處理一個 worker 行程。我碰巧使用的是一台有 8 個核心的機器，所以當我在機器上執行這段程式碼時，ProcessPoolExecutor 的 max_ workers 預設就是 8，但如果是讀者的機器則可能不同。

在這支程式的其餘部分，我仍然延用 Listings 17-6 和 17-8 的內容來執行處理 IO 限制工作，這部分的工作是等待使用者輸入，使用多行程來處理這個 IO 限制工作是沒有太多意義的。

不過，如果我執行這支程式，它實際上是迄今為止最慢的版本！我的電腦搭載了 Intel i7 8 核心處理器，但結果竟然花了長達 **21 秒**。使用 ThreadPoolExecutor 和 future（Listing 17-18）的版本才花了 8 秒，而且根本不使用執行緒處理計算的版本（Listing 17-1）花不到 3 秒。

請放心，這段程式碼確實建立了多個**子行程**（**subprocesses**），也就是連接到 main 行程的獨立行程，並成功繞過了 GIL 的問題。然而問題是，子行程本身的建立和管理花費的開銷非常昂貴！多行程的額外開銷大大超出了可能獲得的效能提升。

另一種做法是，取消處理 IO 限制的行程，並將 CPU 限制工作移到單個子行程中處理。然而，這樣的做法在效能上幾乎與單獨使用執行緒的效能相同，進而消除了在這裡使用多行程的意義。

不能只是將平行處理套用在問題上，然後期望程式碼就會變快。有效的多行程處理需要設計策劃。為了能充分利用多行程，我需要為每個子行程提供合理的工作量。如您所見，如果我建立太多子行程，多行程的開銷將抵消效能的增益。如果建立的太少，則幾乎就和單個子行程是沒有區別的。

我不想要用之前的做法，每次呼叫 collatz() 都建立一個新的子行程，因為十萬個子行程對系統資源來說是巨大的負擔！我反而會將這些工作分給四個獨立的子行程，各個子行程執行四分之一的工作量。我可以透過**分塊**（**chunking**）來完成這項工作：定義分配給單個子行程的工作量：

🗁 Listing 17-23: collatz_multi.py:3b

```
def length_counter(target):
    count = 0
    with concurrent.futures.ProcessPoolExecutor() as executor:
        for result in executor.map(
            collatz,
            range(2, BOUND),
            chunksize=BOUND//4
        ):
            if result == target:
                count += 1
    return count
```

在 executor.map() 方法內，我使用關鍵字引數 chunksize 來指定大約四分之一的量來分配給每個子行程。

當我執行這段程式碼時，發現這個版本是迄今為止最快的！對於 BOUND = 10**5 的大小，它幾乎瞬間完成。如果我將 BOUND 增加到 10**6，這個版本需要 5 秒，而 collatz_threaded.py 的最終版本需要 16 秒。我可以調整分塊的值，找到最理想的分配量，事實上就是 4；在這種情況下，任何更高的值都不會讓程式在 5 秒內執行完成，而較小的值則會更慢。

小心謹慎地應用平行處理，我可以繞過 GIL，加速 CPU 限制的工作。

Producer／Consumer 問題

在平行和並行處理中，通常將執行緒或行程分為 **producer**（**生產方**）和 **consumer**（**消費方**）。producer 提供資料，而 consumer 接收該資料並進行處理。執行緒或行程可以同時是 producer 和 consumer。**producer／consumer 問題**是很常見的情況，其中一個或多個 producer 提供資料，然後由一個或多個 consumer 進行處理。producer 和 consumer 獨立工作，可能以不同的速度進行。producer 可能在產生值比 consumer 處理的速度更快，或者 consumer 處理資料可能以比生產速度更快。挑戰在於防止正在處理的資料佇列變得過於擁擠，以免 consumer 無休止地等待，因為他們不知道 producer 是慢還是已經完成。

我將以 Collatz 範例來模擬 producer／consumer 問題，這樣就不必建立全新的範例。我會讓 producer 提供 Collatz 序列的起始值，並讓四個 consumer 平行工作，生成從這些起始值開始的序列，並確定有多少達到目標步數。（實際上，像 Collatz 這麼簡單的範例，這種模式可能有些多餘。）

乍看之下，這支程式看似很容易編寫：建立一個佇列，將其填滿起始值，然後在執行者上啟動四個子行程來從該佇列中取值。但實際上還是有一些問題需要解決。

首先，我不能等待 producer 生產完所有的值才進行處理。如果我嘗試一次性將所有值放入佇列，當我將 BOUND 設定為 10**7 時，就會佔用大約 3.8 MiB 的記憶體空間，現實中的 producer／consumer 問題的範例可能涉及數 GB 甚至數 TB 的資料量。producer 反而應該只在佇列有空間時才提供更多的值。

其次，consumer 需要知道佇列為何為空，是因為值已經耗盡，還是因為 producer 仍在新增更多值。如果出現阻止值被新增的問題，或者反之，如果有什麼事情阻止 consumer 處理值，那麼程式碼應該能夠優雅地處理這個錯誤，而不是無限期在等待某事發生。同樣地，當程式準備結束時，每個執行緒或子行程應該能夠自行清理（例如關閉檔案和串流），而不是突然中斷。

第三，也許最難實作的是，producer 和 consumer 必須是可重入（reentrant）的。換句話說，如果某個 consumer 在執行過程中被暫停，然後在第一個

consumer恢復之前啟動了另一個consumer，這兩個consumer不應該相互干擾。否則，它們可能以微妙和意想不到的方式陷入死鎖（或活鎖）的危險中。

引入模組

在這支程式中我需要幾個模組來協助處理：

🗁Listing 17-24: collatz_producer_consumer.py:1

```
import concurrent.futures
import multiprocessing
import queue
import itertools
import signal
import time

BOUND = 10**5
```

與之前一樣，concurrent.futures 模組允許我同時使用執行緒和行程。multiprocessing 模組提供了平行處理專用的並行類別，包括 multiprocessing.Queue 和 multiprocessing.Event。queue 模組則提供了與佇列相關的例外處理。在這個特定用例中，我還需要使用 itertools 中的 repeat 來分發 consumer。

signal 模組對您來說可能是新的，它的功用是允許我非同步監控並回應來自作業系統的行程控制信號。這對確保所有子行程能夠優雅地關閉是非常重要的。我稍後會再介紹這個模組的運用。

監控佇列

為了讓 producer／consumer 模型能運作，我需要 multiprocessing 模組中的兩個共享物件。Queue 儲存從 producer 到 consumer 傳遞的資料，而 Event 用於表示 producer 不再向 Queue 加入資料。

🗁Listing 17-25: collatz_producer_consumer.py:2

```
in_queue = multiprocessing.Queue(100)
exit_event = multiprocessing.Event()
```

我使用全域名稱來表示這兩個物件，因為與執行緒不同，當分發子行程時，您無法透過引數傳遞共享物件。

producer 子行程會將起始值放入佇列中,而 consumer 子行程將從佇列中讀取。multiprocessing.Queue 類別具有原子型的 put() 和 get() 方法,就像 queue.Queue 一樣,因此不容易出現競爭條件。我在這裡將引數 100 傳遞給 Queue 的初始化方法,這會設定佇列最多可以容納 100 個項目。最大值的設定有些隨意,您應該根據使用情境進行實驗來得到更精確的值。

exit_event 物件是一個**事件**,一個特殊的旗標,行程可以監視並做出反應。在這種情況下,這個事件用來表示 producer 將不再向佇列加入值,或是表示程式本身已被中止。threading 模組為並行提供了類似的 Event 物件。

很快您將會看到這兩個物件的相關處理。

子行程的清理

每個子行程都有責任自行清理並妥善關閉。當 producer 完成資料的生產後,consumer 需要處理佇列中的剩餘資料,然後自己進行清理。同樣地,如果主程式被中止,必須通知所有子行程,以便能夠妥善進行關閉。

為了處理這兩種情況,接下來會編寫我的 consumer 和 producer 函式,以監控並回應 exit_event。

🗀 Listing 17-26: collatz_producer_consumer.py:3

```
def exit_handler(signum, frame):
 ❶ exit_event.set()


signal.signal(❷ signal.SIGINT, exit_handler)
signal.signal(❸ signal.SIGTERM, exit_handler)
```

我定義了一個**事件處理函式**(**event handler function**),名為 exit_handler(),目的在回應作業系統事件。事件處理函式必須接受兩個引數:與特定系統事件相對應的 **signal number**(信號編號)以及目前的 **stack frame**(堆疊框),大致是代表程式碼中的目前位置和作用域。這兩個值會自動提供,所以不需要擔心要怎麼找出這兩個值。

exit_handler() 函式會設定 exit_event ❶。稍後,我還會編寫行程來回應 exit_event 以進行清理和關閉。

我把行程附加到想要監控的兩個信號上：signal.SIGTERM 在主處理程式終止時發生❷，signal.SIGINT 在被中斷時發生，例如在 POSIX 系統中按下快速鍵 CTRL-C ❸。

Consumer

以下是我的 collatz() 函式以及 consumer 函式：

🗁Listing 17-27: collatz_producer_consumer.py:4

```
def collatz(n):
    steps = 0
    while n > 1:
        if n % 2:
            n = n * 3 + 1
        else:
            n = n // 2
        steps += 1
    return steps


def collatz_consumer(target):
    count = 0
    while True:
        if not in_queue.empty():
            try:
                n = in_queue.get(❶ timeout=1)
            except queue.Empty:
                return count

            if collatz(n) == target:
                count += 1

        if exit_event.is_set():
            return count
```

collatz_consumer() 函式接受一個引數：就是它要尋找的 target 目標。這裡是無窮迴圈，直到明確使用 return 陳述式退出。

在每次迴圈迭代中，consumer 函式檢查共享的佇列（in_queue）是否有任何內容。如果有的話，函式嘗試使用 in_queue.get() 從佇列中取得下一個項目，這個函式會等待，直到佇列中有項目為止。我設定了 timeout 一秒的逾時❶，這對防止死鎖以及讓子行程檢查和回應事件非常重要。一秒對於我的 producer 行程放入新項目到佇列中是足夠的。如果 in_queue.get() 逾時，就會引發例外 queue.Empty，然後我立即退出子行程。

如果 consumer 能夠從佇列中取得一個值，它會將該值傳遞到 collatz() 函式，檢查返回的值是否與 target 相符，然後相對應地更新 count 值。

最後，我檢查 exit_event 是否已設定；如果是的話，我返回 count，優雅地結束子行程。

檢查空的佇列

如果您查看 multiprocessing.Queue.empty()（Listing 17-27 中是 queue.empty()）等方法的說明文件，就會看到一個相當令人擔憂的陳述聲明：

> Because of multithreading/multiprocessing semantics, this is not reliable.
> 由於多執行緒／多行程的語意和規範，這是不可靠的。

這並不表示您不能用 empty() 方法。「不可靠（unreliability）」與我之前在並行本質中所描述的動態有關。當子行程透過 empty() 方法確定佇列是空的時候，由於 producer 在平行執行，它可能**不是**空的。而這種情況並沒有問題。如果這個時間不合適，再多進行一次迭代也沒有害處。

這種情況只有在您依賴 empty() 確保可以放新項目到佇列時才會變得棘手。就算是下一個陳述式，在子行程達到 put() 之前，佇列可能已經填滿了。在呼叫 get() 之前檢查 full() 也是一樣的情況。這就是為什麼我反轉了邏輯，檢查佇列**不是**空的，同時仍然將 get() 陳述式包裹在 try 子句之中。

Producer

Consumer 的介紹和說明已經足夠了。現在是時候用 producer 將一些值放入佇列中了。Collatz 範例的 producer 函式在有空位的情況下會將值推送到佇列中：

📁Listing 17-28: collatz_producer_consumer.py:5

```
def range_producer():
    for n in range(2, BOUND):
      ❶ if exit_event.is_set():
            return
        try:
          ❷ in_queue.put(n, timeout=1)
        except queue.Full:
          ❸ exit_event.set()
            return

    while True:
```

```
        time.sleep(0.05)
        if in_queue.empty():
            exit_event.set()
            return
```

除了在佇列沒有滿時將值推送到佇列中之外，producer 函式始終會檢查是否設定了 exit_event，以便盡快優雅地退出❶。

接下來，我嘗試使用 put() 將一個值放入佇列中❷。在這個特定的範例中，如果操作需要超過一秒，我希望它 timeout 逾時，進而表示 consumer 已經陷入死鎖或以某種方式崩潰。如果逾時，會引發 queue.Full 的例外，我設定 exit_event 並結束子行程❸。請記住，每種情況都有自己理想的逾時時限，您需要自己去找出來。timeout 逾時最好是設定長一些些，而不是過短的。

如果迴圈在沒有逾時的情況下結束，我不希望立刻設定 exit_event，因為這可能會導致 consumer 過早退出，而不處理一些等待中的項目。我反而會以無窮迴圈檢查佇列是否為空。我可以依賴 empty() 方法來告訴我 consumer 何時完成資料處理，因為這是唯一將值加到佇列中的 producer。在每次迭代中，我還會休眠幾毫秒，以防止 producer 在等待時過多消耗處理能力。一旦佇列為空，就設定 exit_event，然後退出函式，結束子行程。

啟動行程

現在我已經寫好了 producer 和 consumer 程式碼，是時候派遣它們去工作了。我會執行 producer 和所有四個 consumer，以此來當作子行程，這裡會使用 ProcessPoolExecutor 來啟動：

Listing 17-29: collatz_producer_consumer.py:6
```
def length_counter(target):
    with concurrent.futures.ProcessPoolExecutor() as executor:
        executor.submit(❶ range_producer)
        results = ❷ executor.map(
            collatz_consumer,
            ❸ itertools.repeat(target, 4)
        )

    return ❹ sum(results)
```

我把 Listing 17-28 的 producer 函式（range_producer()）提交給子行程❶。

這裡很方便地使用 executor.map() 來派遣多個 consumer 子行程❷,但我不需要迭代提供任何資料,這通常就是 map() 的目的。由於該函式需要一個可迭代物件作為其第二個引數,我使用 itertools.repeat() 來建立一個迭代器,提供確切 4 個 target 值的副本❸。這個可迭代物件中的值將會被映射到四個獨立的子行程之中。

最後,我透過 results 收集並加總所有完成的 consumer 子行程返回的計數值❹。由於這個陳述式在 with 的屬於內容之外,它只會在 producer 子行程和所有 4 個 consumer 子行程退出後執行一次。

我設計了程式碼架構,以便與單個 producer 一起使用。如果想要多個 producer 子行程,我就需要重構程式碼。

像之前一樣,程式的其餘部分仍然使用 Listing 17-6 和 17-8 的內容,這部分仍然是多執行緒的寫法。

效能結果

執行 Listing 17-29 的程式碼比執行 Listing 17-23 的版本稍慢一些,對於 BOUND 為 10**5,在我的電腦上需要 5 秒,而上一個版本幾乎立即返回,但您可以看到這支程式有按預期執行:

```
Collatz Sequence Counter
Collatz sequence length to search for: 128
Searching in range 1-100000...
How many times do you think it will appear? 608
Exactly right! I'm amazed.
```

我選擇了數字 128 作為我的測試目標,因為這是以 10**5 為起始值的 Collatz 序列的長度,這是最後提供的值。這讓我能夠確認 consumer 子行程在佇列為空之前沒有退出。有 608 個長度為 128 步的 Collatz 序列,幾秒後完成回報。

請留意,此特定程式的設計未必適用於您的 producer/consumer 情境。您需要仔細思考訊息和資料的傳遞方式、事件的設定和檢查,以及子行程(或執行緒)如何在完成工作後進行清理。我強烈建議讀者參閱 Pamela McA'Nulty 的文章「Things I Wish They Told Me About Multiprocessing in Python」: https://www.cloudcity.io/blog/2019/02/27/things-i-wish-they-told-me-about-multiprocessing-in-python/。

多行程處理的日誌記錄

在多行程處理中有一個部分我選擇先跳過不介紹。一般在處理多個行程時，您會使用一個具有時間戳和行程的唯一識別符號的日誌記錄系統。這對於除錯平行處理程式碼非常有幫助，特別是因為大多數其他除錯工具無法跨行程工作。日誌記錄會允許您在任何給定時刻查看不同行程的狀態，這樣就能知道哪些正在運作、哪些在等待、哪些已經崩潰。我會在第 19 章中介紹日誌記錄，您可以根據需要進行調整。

總結

有許多有用的工具可用於多執行緒處理和多行程處理，但在這裡的內容因版面有限，無法覆蓋講解所有的內容。既然您已經掌握了 Python 中並行和平行的基本知識，我強烈建議快速閱讀這裡使用到的模組，以及我跳過的兩個模組的官方說明文件：

concurrent.futures
https://docs.python.org/3/library/concurrent.futures.html

queue
https://docs.python.org/3/library/queue.html

multiprocessing
https://docs.python.org/3/library/multiprocessing.html

sched
https://docs.python.org/3/library/sched.html

subprocess
https://docs.python.org/3/library/subprocess.html

_thread
https://docs.python.org/3/library/_thread.html

threading
https://docs.python.org/3/library/threading.html

此外，非同步程式庫也有類似的結構和模式，幾乎所有的東西都與多執行緒處理相似，包括鎖定（locks）、事件（events）、池（pools）和未來（futures）。大多數情況下，如果您可以使用多執行緒，也可以使用非同步方式來實現。

總結來說，Python 中有三種主要的多工方式：非同步處理（第 16 章）、多執行緒處理，和多行程。非同步處理和多執行緒都適用於處理 I/O 受限的工作，而多行程則適用於加速 CPU 受限的工作。

話雖如此，但請記住並行處理和平行處理並不是萬能的解決方案！它們可以提高程式的回應，而至少對於多行程來說，可以加快執行時間，但這都是以增加複雜性和可能產生一些棘手的錯誤為代價。它們需要仔細的規劃和程式架構，而且很容易出錯。我花了很多時間來編寫、測試、除錯，並對抗 Collatz 範例出現的問題，直到我把它們搞定為止，花的時間比本書中的其他範例都要多很多！即使現在，您還是有可能發現我忽略了範例程式中的某些設計缺陷。

在程式設計中，並行和平行對於處理使用者界面、安排事件以及執行程式中的繁重工作是很重要的技術。然而，使用傳統的同步程式碼一般也沒有什麼問題。如果您不需要額外的效能，那就避免增加額外的複雜性。

為了更深入了解，您可以查詢其他關於並行和平行的模式，例如 subprocess 模組、類似 Celery 的工作佇列，甚至外部作業系統工具，如 xargs -P 和 systemd。這方面的內容遠遠超出了本書一個章節的範圍。請仔細研究和查詢適合您特定情況的選項。

PART V
程式碼之外的議題

第 18 章

套裝與發布

就算是寫出了世界上最好的程式碼，如果您沒有發布，也不會有多大的價值。一旦您的專案可以執行，就應該在繼續開發之前，先弄清楚如何將它套裝和發布。問題是，在 Python 中，套裝處理（packaging）有時候會讓人感到抓狂。

一般來說，問題不在於程式碼的套裝處理，這相對容易，而是在處理程式碼的相依性，尤其是非 Python 的相依性。發布（Distribution）可能會成為一個令人煩惱的問題，即使對經驗豐富的程式設計師來說也是如此，部分原因是因為 Python 是在各種不同的情境下被使用。然而，如果您了解事物的運作原理，就有堅實的基礎可以克服挫折，並成功把可執行的程式碼部署出去。

在這一章中，我會簡單解說如何套裝和發布 Python 專案，首先透過 Python Package Index，然後轉為可安裝的二進位檔案。為了實際示範，我會帶您瀏覽一個我自己寫的應用程式：Timecard。這個專案很適合當作範例，因為它既包含 Python 和系統的相依性，也包含一些非程式碼的資源，所有這些都需要以某種方式處理。這個程式專案的儲存庫可以在 GitHub 上找到：https://github.com /codemouse92/timecard/。我設定了 packaging_example 分支，只包含專案本身，不包含任何套裝檔案，您可以用它來練習。

本章主要是簡介套裝的過程，不論您打算使用哪種工具。然而，為了避免在解說眾多的套裝工具時讓大家迷失方向，我們會使用廣受歡迎的 setuptools 套件來套裝 Timecard 程式專案，因為它提供了現代套裝的大部分常用模式。

在這個過程中，我會提到許多其他常見的工具，包括一些受歡迎的第三方替代工具，但大部分不會深入介紹。如果您想更深入了解這些工具，書中有提供官方說明文件的連結供您參考。此外，如果您想深入了解套裝的一般知識，其中最好的資源是由社群維護的「Python Packaging User Guide」，您可以連到官網 https://packaging.python.org/ 找到這份使用手冊，其中包含許多更進階的主題，例如套裝 CPython 二進位擴充模組。

為了讓您對套裝的整個概念少一些不適，我也想提一下，Python 套裝的代表吉祥物是一隻快樂的紫色鴨嘴獸：是一種奇怪的小生物，看起來似乎由許多不同的部分組成，它很可愛、友善、還會下蛋。（最後一部分是個雙關語，在本章結束時您可能會理解。）如果您現在對套裝的概念和運用感到害怕，不妨去連到 https://monotreme.club/ 網站，感受一下 Python 套裝吉祥物的可愛和友善。他們還有貼紙。

規劃您的套裝處理

在您開始進行套裝處理之前，需要明確地知道您想達成什麼目標、為什麼要這樣做，以及如何進行。不幸的是，很少有開發者認識到這一必要性，大都是毫無計畫地著手編寫套裝腳本，缺乏真正的方向。這種臨時性的套裝方案可能會面臨脆弱性、不必要的複雜性、在不同系統間的可攜性不足，以及依賴關係的安裝出現問題或缺失等情況。

貨物崇拜程式設計的危險

為了鼓勵使用好的套裝工具和慣例，許多善意的人會提供 setup.py、setup.cfg 或其他在套裝中使用的檔案範本，並建議複製和修改這些範本來運用。這種做法被稱為**貨物崇拜程式設計**（**Cargo Cult Programming**），廣泛應用於 Python 的套裝處理中，這對專案和生態系統都有害。因為配置檔被盲目複製，錯誤、取巧和反模式就會像攜帶瘟疫的兔子一樣擴散。

在套裝處理中的錯誤不一定會導致安裝失敗或顯示有用的錯誤訊息。舉例來說，套裝某個程式庫（library）時的錯誤可能在使用該程式庫作為相依時才會表現出來。在這方面，程式的發布尤其讓人煩惱，因為許多相關的錯誤是針對特定平台的。有時您可以安裝套件，但程式會以出乎意料的方式失敗！問題追蹤程式中充滿了這類問題的記錄，其中很多記錄只是簡單地標記為「Cannot reproduce（無法重現）」，也許是因為這個錯誤只發生在某個特定版本的 Linux 和搭配特定版本的某個系統程式庫。

總之，別陷入貨物崇拜程式設計的誘惑！雖然從一個經過驗證的範本開始是合理的，但要設法了解其中每一行程式碼。仔細閱讀說明文件。確保您沒有遺漏範本可能忽略的必要參數，使用了一些已過時的選項，甚至調換了正確的程式碼行順序。（是的，最後一點確實是個重要問題。）

感恩 Python Packaging Authority（PyPA）工作小組已經做了很多工作，讓社群遠離上述這種情況。PyPA 是個半官方的團體，由希望改進 Python 套裝體驗的 Python 社群成員組成，任何維護專案的人都可以參加。他們詳細解釋了套裝範本每個部分的原由和目的，以及他們維護的 Python Packaging User Guide。

套裝的說明

正如您所發現的，有很多種方式可以對 Python 專案進行套裝和發布。我會把焦點放在 PyPA 建議的技術，但還有很多其他選擇。

無論最終您使用哪種套裝技術，它們必須能產生一個相當具有可攜性和穩定性「就能運作」的套件。您的終端使用者應該能夠在任何支援的系統上執行一組可預測的步驟，並成功執行您的程式碼。雖然安裝說明在不同平台之間可能有所不同，但您應該盡量減少終端使用者需要遵循的步驟數量。步驟越多，出錯的機會就越多！保持簡單，並盡量遵循每個平台的建議套裝和發布慣例。如果終端使用者在安裝您的專案時持續回報問題或混淆，那就要**修正套裝**了。

決定套裝的目標

最終，任何套裝工具的目標都是建立一個單一的**產物**，通常是一個檔案，可以安裝在終端使用者的環境上，不管是個人電腦、伺服器、虛擬機器，或其他硬體裝置。在 Python 中，有多種套裝專案以進行發布的做法。選擇正確的方式取決於您的專案是什麼，以及誰會使用它。

在 PyBay2017 大會上，Mahmoud Hashemi 開了一場名為「The Packaging Gradient」的演講（https://youtu.be/iLVNWfPWAC8），在這次的演講中，他為 Python 的套裝處理生態系統帶來了很多清晰的解釋（我強烈建議觀看）。在演講中，他介紹了 Packaging Gradient（套裝梯度）的概念，將 Python 的套裝和發布選項圖解成像洋蔥一層一層的結構。

選項 1：Python 模組

在 Packaging Gradient 的最內層是 **Python 模組**，它可以單獨發布。如果您整個專案只包含一個 Python 模組，例如一些工具腳本，您可能可以直接發布。不過，也許您已經注意到，當專案涉及多個模組時，這種做法並不實際。

不幸的是，很多 Python 開發者在這個時候退縮了，把他們整個專案壓縮成一個壓縮檔（也許還附上一份說明文件），然後讓可憐的終端使用者自己去搞懂如何在他們的特定系統上執行這個套件。別這樣對待您的使用者，這並不是一個好的體驗。

選項 2：Python 發布套件

在您的 Python 學習旅程中，已經使用 pip 安裝了許多套件。這些套件都是由 **Python 套件索引**（**Python Package Index**，**PyPI**）提供的，PyPI 是一個線上的 Python 套件儲存庫。PyPI 中的每個套件都以原始碼發布和建置發布這兩種或一種格式來提供。

原始碼發布（**source distribution**），縮寫為 **sdist**，含有一個或多個 Python 套件，套裝成一個壓縮檔案，例如 .tar.gz 檔案。只要您的專案的程式碼完全是 Python 且只依賴 Python 套件，這樣做是沒問題的。這是套裝梯度中的第二層。

套裝梯度的第三層是**建置發布**（**built distribution**），縮寫為 **bdist**，它包含預編譯的 Python 位元組碼，以及套件執行所需的二進位檔案。建置發布比原始碼發布的安裝速度更快，並且可以包含非 Python 元件。

建置發布會套裝成一個 **wheel**，這是在 PEP 427 中定義的一種標準格式。**wheel** 這個名稱來自於起司輪圈，這是指「cheese shop」，此名字曾經是 PyPI 現在的原始代號。在 2012 年採用 wheel 標準之前，Python 非正式地使用了另一種格式叫做 **eggs**，但它存有一些技術上的限制，而 wheel 克服了這些問題。

原始碼發布，以及與之相關的建置發布，在被套裝並版本化之後，稱為**發布套件**（**distribution package**）。

PyPI 可以發布 wheel 和 sdist，所以上傳兩者都是簡單的（因此也推薦這麼做）。如果必須做選擇，請優先考慮 sdist。如果只上傳特定系統的 **platform wheel**，而省略了 sdist，其他系統的使用者就無法安裝您的套件。只上傳 wheel 也排除了某些情況下需要強制審核原始程式碼的使用者（例如某些公司使用者）。不過，wheel 的安裝速度比 sdist 快。只要可能，請兩者都上傳。

選項 3：應用程式發布

到目前為止，只有一個問題：PyPI 的用途是供開發者使用，而不是給終端使用者使用。雖然在 PyPI 上發布應用程式是可能的，但並不適合部署到終端使用者或上線的環境。pip 在這方面不夠穩定、不夠可靠！

本章的範例專案 Timecard，確實是個很好的實例。雖然為我的應用程式提供 Python 發布套件是沒有問題，但如果我只告訴終端使用者從 pip 安裝，許多人會感到困惑，我會需要在我的套裝中加入額外的分層。

確定應用程式的正確發布方法，主要取決於專案的相依性、目標環境，以及終端使用者的需求。在本章後面，我會介紹一些適合發布應用程式的不錯選擇。

專案結構：src 或 src-less

在開始套裝的過程中，您必須決定是否使用一個 src/ 目錄。到目前為止，我在書中的所有範例都使用了所謂的 src-less（"source-less"）專案結構，其中主要的專案套件都直接放在儲存庫中。我在前幾章中選用這種做法是因為透過指令「python3 -m *packagenamehere*」執行專案非常簡單，無須安裝。

另一種專案結構包括將所有專案模組和腳本放在專用的 src/ 目錄中。Python 開發者 Ionel Cristian Mărieş 是這種做法的主要倡導者之一，他詳細說明了使用 src/ 目錄的幾個優點，我整理如下：

■ 簡化了套裝腳本的維護。

■ 維持了您的套裝腳本和專案原始程式碼的清晰分隔。

■ 防止了幾種常見的套裝錯誤。

■ 防止您對目前工作目錄作出假設。

■ 為了測試或執行您的套件，您被迫安裝套件，通常是在虛擬環境中進行。

最後一項優點看起來好像有點奇怪。為什麼我在第 2 章時沒有介紹這種技巧，正是想避免這種情況，因為那時還沒正確介紹 setup.cfg 和 setup.py。

然而，在上線生產級別的開發中，強迫自己安裝套件是非常有好處的。這樣能立即揭示套裝的缺陷、對目前工作目錄的假設，以及許多相關問題和反模式。實際上，我是在編寫這本書並進行研究時才了解到這一點，真深切希望自己能早點發現這件事，因為這樣能幫我省下很多困擾。

這種做法的另一個好處是它不讓您把套裝問題拖延到專案的最後一步。從我個人的經驗來告訴您，很少有比在建構完成整個專案之後，發現只能在自己的機器上套裝更令人沮喪的事情！儘早在開發過程中弄清楚如何套裝是很重要的。

在本書後面的部分，特別是在 Timecard 專案中，我會使用 src/ 目錄的做法。即使您不使用專用的 src/ 目錄，當您想要測試專案時，應該在虛擬環境中安裝您的專案。在下一個小節結束時，您就已經完成了這個步驟。

使用 setuptools 套裝發布套件

Python 有許多有趣的套裝工具，每種工具都有自己的支持者，所以可能會讓人感到不知所措。當您猶豫不決時，我建議從 setuptools 開始，它算是 Python 套裝的標準工具。就算您後來決定使用其他套裝工具，很多其他套裝工具都借用了 setuptools 的許多概念。

setuptools 程式庫是 Python 標準程式庫中一個名為 distutils 的分支。在它的全盛時期，distutils 是官方的標準套裝工具（因此它被包含在內），但從 Python 3.10 版開始，它已經被淘汰，取而代之的是 setuptools。

為了把 Timecard 專案套裝為一個發布套件，我會使用 setuptools 和 wheel 模組，後者不是預設安裝好的。最好確保您的環境中這兩者以及 pip 都是最新的。您可以在虛擬環境內使用以下終端命令來執行這項操作：

```
pip install --upgrade pip setuptools wheel
```

請記得在您使用的虛擬環境內執行這個命令，可以透過先啟動虛擬環境，或者直接呼叫它所包含的 pip 二進位檔（例如 venv/bin/pip）來執行。

專案檔與結構

以下是我會為專案建立之相關檔案的介紹說明：

- README.md：是一個含有專案資訊的 Markdown 檔。

- LICENSE：內含專案的授權相關說明。

- pyproject.toml：指定了套件的建構後台以及列出了建構所需的要求。

- setup.cfg：包含了發布套件的元資料、選項和相依性。

- setup.py：以前包含了套裝的指示和相依性，現在則是在原始碼發布套件中把一切連接在一起。

- MANIFEST.in：列出了應該包含在發布套件中的所有非程式碼檔案。

- requirements.txt：列出了相依性（它和 setup.cfg 中的使用方式不同；通常都放上這兩個檔案是有用的）。

我將在接下來的小節內容中介紹這些檔案。

這裡的建議是以 PyPA 的範例專案的最新版本為基礎，您可以在 https://github.com/pypa/sampleproject/ 上查看其內容。其餘的資訊來自於 Jeremiah Paige 在 PyCon 2021 的「Packaging Python in 2021」演講。PyPA 的成員 Bernát Gábor 慷慨地審校了本章內容，確保這裡的說明是最新的。

元資料的歸屬

如今 Python 的套裝生態系統發展迅速，標準可能在昨天、今天和明天都有變化和不同。

在過去，專案的所有元資料，如標題、描述等，都存放在一個叫做 setup.py 的檔案中。這個檔案還包含了其他建構指令，例如要安裝的相依性。即使到今日，大多數 Python 專案仍然延用這種慣例。

現在的慣例則是將所有這些資料都移到一個叫做 setup.cfg 的檔案中，這樣更容易維護，因為這些都是**宣告性**的內容，意味著它著重在資料而不是實作。這項技巧是我在本書所使用的做法。setup.py 檔仍然有一些角色要扮演，但它主要被歸為過時的建構方式。

在不久的將來，有些套裝資料，特別是元資料，都會被移到 pyproject.toml 檔案內。這樣就允許在專案元資料和所有套裝工具使用的選項之間進行明確的分隔，另一方面是 setup.cfg 中的 setuptools 特定配置。到本文截稿時，這個新的慣例尚未被某些 Python 套裝工具實作，但預計很快就會實現。在此期間，pyproject.toml 仍然發揮了不可替代的作用，用來指定使用哪些套裝工具。

README.md 和 LICENSE 檔

每個優秀的專案都應該會有一個 README 檔，用來描述專案、作者以及基本的使用方法。如今的 README 檔通常是以 Markdown 格式（.md）來撰寫，大多數的版本控制平台，如 GitHub、GitLab、Bitbucket 和 Phorge 都能提供良好的格式化顯示。

想要省下編寫 README 的成本絕對是個重大的套裝錯誤！我建議多花點心思和時間來撰寫 README，而且至少包括以下內容：

■ 專案描述，用來吸引使用者關注這個專案的文字說明

■ 作者和貢獻者名單

■ 基本安裝指南

■ 基本使用說明，例如如何啟動程式

- 使用的技術堆疊

- 如何貢獻程式碼或回報問題的方法

此外，無論您的程式碼是否是開源的，都應該包括有一個 LICENSE（授權）檔。對於免費和開源的軟體，這個檔案應該包含授權的完整文字說明。如果您需要協助來挑選開源的授權，可以查看 https://choosealicense.com/ 和 https://tldrlegal.com/ 的網站內容來取得相關文字說明。不然請自行編寫版權資訊。

如果您喜歡，也可以放入 .txt 副檔名的 LICENSE.txt，或是使用 Markdown 格式的 LICENSE.md。

有時我可能還會放入一些檔案，例如 BUILDING.md 或 INSTALL.md，用來描述建構（用於開發）或安裝專案的文字說明。是否使用這些檔案取決於您專案的需要。

setup.cfg 檔

當您要建立一個最終用來上線運作的發布套件時，其中一個最先要建立的檔案是 setup.cfg，它放在專案的根目錄。setup.cfg 檔中包含了所有專案的元資料、相依性和 setuptools 的選項，它也可能被其他套裝工具使用。

也許您會想要使用一個極簡的 setup.cfg 範本，但我和 Mahmoud Hashemi 一樣，建議您不要等到專案的最後階段才開始進行套裝。使用 src/ 目錄會迫使您早早地思考套裝的問題。這是我希望自己在多年前就學會的一課。

當您開始一個專案的工作時，就建立您的 setup.cfg 檔。在這一小節中，我會詳細介紹 Timecard 專案的 setup.cfg 檔。這是套裝腳本中最重要的檔案，所以我會花很多時間來討論這個檔案的內容。

如果您想了解這個檔案的格式內容，可以參考官方說明文件，請連到這個網址：https://setuptools.readthedocs.io/en/latest/userguide/declarative_config.html。

專案的元資料

在為 Timecard 專案撰寫 setup.cfg 檔時，我會從基本的元資料開始處理。setup.cfg 檔被劃分為多個**區段**，用來指示後面的參數屬於哪個工具或選項集。

每個區段都用中括號加上該區段的名稱標識出來。舉例來說，所有的元資料都歸屬在 [metadata] 區段：

📂Listing 18-1: setup.cfg:1

```
[metadata]
name = timecard-app
```

setup.cfg 檔中的所有資料都是以「鍵-值」對的形式存在的。這裡的第一個「鍵」叫做 name，我把字串值設為 timecard-app。請注意，我不需要在字串值周圍使用引號。（說明文件中詳細介紹了 setup.cfg 能理解的不同型別以及對每個「鍵」所期望的型別。）

雖然我的程式叫做 Timecard，但我將發布套件的名稱設為 Timecard-App，以避免萬一與 PyPI 上有發布無關的 Timecard 程式庫混淆。這個名稱將在 pip install 命令中使用。PyPI 對這個名稱是有些限制的：它必須只包含 ASCII 字母和數字，您可以在名稱中放上句號、底線和連字符號等，但這些符號不能放在名稱的開頭或結尾。

版本必須是遵循 PEP 440 中所述格式的字串，如下所示：

📂Listing 18-2: setup.cfg:2

```
version = 2.1.0
```

簡而言之，它必須由兩個或三個整數組成，用點來分隔：可以是 major.minor（'3.0'）的格式，也可以是 major.minor.micro（'3.2.4'）的格式。我強烈建議使用語義化版本編號（Semantic Versioning）。在這個範例中，Timecard 的版本編號是 major 版 2、minor 版 0 和 micro 版（或「patch」版）5。

如果您需要在版本編號中指示更多文字資訊，例如 release candidate、beta、postrelease 或 development 版，可以使用附加字尾。例如，'3.1rc2' 表示「3.1 的 release candidate 版 2」。請參考 PEP 440 以獲取更多關於此規範約定的細節。

像 setuptools-scm 這樣的工具可以為您處理版本編號，這對於您需要經常更新版本編號的情況很有幫助：https://pypi.org/project/setuptools-scm/。然而，以這本書來說，我還是堅持手動的做法。

description 是套件中一句簡要描述，我會在這裡明確輸入表述之文字內容：

📁Listing 18-3: setup.cfg:3

```
description = Track time beautifully.
long_description = file: README.md
long_description_content_type = text/markdown; charset=UTF-8
```

long_description 是一個可放入多行的大型描述，我直接從 README.md 檔的內容中提取。「file:」前置表示我正在從接下來的檔案中讀取。這個檔案必須放在於與 setup.cfg 相同的目錄中，因為這裡不支援路徑。

由於我的 README 檔是個 Markdown 格式的檔案，我還需要用 long_description _content_type 關鍵字引數指示它是以 UTF-8 編碼處理為 Markdown 文字。如果 README 是使用 reStructuredText（另一種標記語言）編寫的，則要使用引數 'text/x-rst' 來指示。否則，如果省略此關鍵字引數，它的預設值為 'text/plain'。如果您在 PyPI 上查看這個專案（https://pypi.org/project/Timecard-App/），您會看到 README.md 被當作頁面的主要內容。

我還放入了授權的資訊。有三種方式可以做到：透過 license 鍵的字串值來顯示、透過 license_file 指定到檔案、或者透過 license_files 指定到多個檔案。由於我的專案只有一個授權，而且放在一個 LICENSE 檔中，所以我會選擇第二種方式來處理：

📁Listing 18-4: setup.cfg:4

```
license_file = LICENSE
```

接下來，我會放入更多有關專案作者的資訊：

📁Listing 18-5: setup.cfg:5

```
author = Jason C. McDonald
author_email = codemouse92@outlook.com
url = https://github.com/codemouse92/timecard
project_urls =
    Bug Reports = https://github.com/codemouse92/timecard/issues
    Funding = https://github.com/sponsors/CodeMouse92
    Source = https://github.com/codemouse92/timecard
```

這裡指定了作者（就是我自己）和作者的聯絡電子郵件地址，使用兩個關鍵字：author 和 author_email。以這個專案為例，我也是專案的維護者。如果有其他人負責套裝，他們的資訊則要放入 maintainer 和 maintainer_email 這兩個關鍵字引數中。

我也放入了關於專案更多資訊的 URL 連結。另外,您可以透過將字典傳遞給 project_urls 引數來指定任何其他連結。這些「鍵」都是字串,是顯示在 PyPI 專案頁面上的連結名稱,「值」是實際的 URL 字串。

為了能在 PyPI 中更容易找到我的發布套件,我放入了一個以空格分隔的關鍵字 keywords 串列:

📁Listing 18-6: setup.cfg:6
```
keywords = time tracking office clock tool utility
```

如果您發現自己需要把一個 setup.py 檔轉換為 setup.cfg,請留意 setup.py 是使用逗號分隔的串列。當移植到 setup.cfg 時,記得要做修改。

分類標籤(classifiers)

PyPI 使用 **classifiers**(**分類標籤**),也就是標準化的字串來協助組織和搜尋索引中的套裝套件。classifiers 的完整串列可在 https://pypi.org/classifiers/ 找到。

我在 setup.cfg 中放入了與 Timecard 相關的 classifiers 資訊,如下所示:

📁Listing 18-7: setup.cfg:7
```
classifiers =
    Development Status :: 5 - Production/Stable
    Environment :: X11 Applications :: Qt
    Natural Language :: English
    Operating System :: OS Independent
    Intended Audience :: End Users/Desktop
    Topic :: Office/Business
    License :: OSI Approved :: BSD License
    Programming Language :: Python
    Programming Language :: Python :: 3
    Programming Language :: Python :: 3.6
    Programming Language :: Python :: 3.7
    Programming Language :: Python :: 3.8
    Programming Language :: Python :: 3 :: Only
    Programming Language :: Python :: Implementation :: CPython
```

我已經在上面列出了所有與我的專案相關的 classifiers,它們是一個字串串列。您的專案的 classifiers 串列可能會有所不同。瀏覽 PyPI 的完整 classifiers 串列,可找出與您專案相關的標籤有哪些。好的參考原則是從上面這份串列中每個分類標籤的第一個雙冒號之前的部分選擇至少一個。(如果您現在對於怎麼選擇感到不知所措,可以等到準備好要進行發布時再來處理。)

放入套件

現在我需要指定哪些檔案應該放入在我的套件中。我在對儲存庫進行結構化處理時使用 src/ 目錄的做法就變得很有用。在一個新的區段中標示為 [options]，放入以下的鍵和值：

📁Listing 18-8: setup.cfg:8a

```
[options]
package_dir =
    = src
packages = ❶ find:
```

package_dir 這個「鍵」告訴 setuptools 到哪裡可以找到我的所有套件。它可以接受一個**字典**，而在 setup.cfg 中，它被表示為一個縮排、以逗號分隔的「鍵—值」對串列。

因為我使用了 src/ 目錄的做法，只需要告知 setuptools 所有的套件，用空字串作為「鍵」，都在 src 目錄中。這是遞迴的，所以任何巢狀嵌套的套件也都會被找到。

這個「鍵」實際上並沒有告訴 setuptools 它要找到**哪些**套件。對於這部分，我需要使用 packages 鍵，我不需要手動列出所有的套件，我可以告知 setuptools 使用它的特殊 find_packages() 函式來幫我找，只需傳入值「find:」❶（請注意後面的冒號！）。當您的專案含有多個頂層的套件時，這個技巧特別有幫助。

find: 函式可以找到給定目錄中的所有套件，但它需要先知道要在哪裡尋找。我會在一個獨立的區段提供這些資訊：

📁Listing 18-9: setup.cfg:9

```
[options.packages.find]
where = src
```

在 where 鍵，我提供了要搜尋套件的目錄名稱，也就是 src。

放入資料

套任裡面並不全是程式碼。我還需要放入一些非程式碼的檔案。回到 [options] 區段，我會像下面這樣指定 setuptools，放入一些非程式碼檔案：

📁Listing 18-10: setup.cfg:8b

```
[options]
package_dir =
    = src
packages = find:
include_package_data = True
```

在 setup.cfg 中，True 和 False 的值會被直譯為布林值，而不是字串。

有兩種方式可以指定引入的非程式碼檔案。我在這個專案範例中使用的做法是使用 MANIFEST.in 檔案列出我想要放入專案中的所有非程式碼檔案。（稍後的內容會介紹這個檔案。）

放入非程式碼檔案的第二種做法是使用 [options.package_data] 區段來指定，但我在這裡不會展示。這個區段可以讓您更細緻地控制放入哪些檔案和不放入哪些檔案，但這對於一般專案來說，可能有點太過詳細了。setuptools 的說明文件中有一個使用這種做法的好範例可參考：https://setuptools.readthedocs.io/en/latest/userguide/declarative_config.html。

相依性

接下來要在 [options] 區段中定義專案的相依性：

📁Listing 18-11: setup.cfg:8c

```
[options]
package_dir =
    = src
packages = find:
include_package_data = True
python_requires = >=3.6, <4
```

我可以指定專案所需的 Python 版本，使用 python_requires 取代套件名稱。請留意「鍵」和「值」仍然是用等號分隔，即使「值」可能以等號、大於或小於開頭。像「python_requires = ==3.8」這樣的寫法是完全合法的，因為「==3.8」是個字串。

我標註 Timecard 需要 Python 3.6 或更新的版本來處理。我也假設它不會適用於理論上的 Python 4 版，因為 Python 的主要版本更新並不保證向下相容。

接下來，我會列出專案所依賴的套件：

📂Listing 18-12: setup.cfg:8d

```
[options]
package_dir =
    = src
packages = find:
include_package_data = True
python_requires = >=3.6, <4
install_requires =
    PySide2>=5.15.0
    appdirs>=1.4.4
```

install_requires 鍵要指定的一個有縮排的值串列。這份串列中的每個值都指定了 Python 套件的相依性。Timecard 依賴 PySide2 套件，並使用該套件版本 5.15.0 帶入的功能。嚴格來說，我可以省略版本編號，僅列出 PySide2，但這並不是個好主意。最好測試不同版本，找出您的程式碼可以執行的最老版本。您可以把這個版本設定為您目前使用的版本，之後再進行更改。

我也可以只為特定版本的 Python 安裝特定的套件。在這個範例中，我並不需要這麼做，但我有可能想要只在 Python 3.7 及更早的版本中安裝 PySide2，這樣的需求是可能的。

```
install_requires =
    PySide2>=5.15.0; python_requires <= "3.7"
    appdirs>=1.4.4
```

在我想要限制的相依性後面加上一個分號，然後加上 python_requires、比較運算子和帶引號的版本編號。引號是必要的，否則您會得到一個晦澀難懂的錯誤訊息「Expected stringEnd」。

實際上，很少有需要僅為某特定版本的 Python 來安裝套件。

可選擇性的處理是，我可以使用 [options.extras_require] 區段來指定用於某些可選擇性功能的額外套件。例如，如果我想允許安裝這個發布中包含有測試，我需要以下內容：

📂Listing 18-13: setup.cfg:10

```
[options.extras_require]
test =
    pytest
```

當我透過「pip install Timecard-App[test]」命令安裝 Timecard 時，它將同時安裝 Timecard 發布套件以及在這裡列出的所有東西。您可以隨意命名這些關鍵字，只要使用字母數字字元和底線即可。這裡也可以放入任意個關鍵字。

新增入口點

最後，我需要指定**入口點**（**entry points**），這是使用者啟動程式的位置。我可以讓 setuptools 替我完成這部分的工作，而不是必須撰寫自訂的可執行 Python 腳本作為入口點。甚至在 Windows 中，它會將這些腳本建立為 .exe 檔案。

入口點是在 [options.entry_points] 區段中指定的，如下所示：

📂Listing 18-14: setup.cfg:11

```
[options.entry_points]
gui_scripts =
    Timecard-App = timecard.__main__:main
```

這裡有兩個可能的鍵：第一個 gui_scripts 鍵用來啟動程式的圖形使用者介面，第二個 console_scripts 鍵用來啟動程式的命令列版本。鍵的值都是一個包含指定陳述式的字串串列，這些陳述式將某個函式指定給一個名稱，這個名稱將成為執行檔或腳本的名稱。在此範例中，Timecard 需要一個名為 Timecard-App 的單一 GUI 腳本，它會呼叫模組 timecard/__main__.py 中的 main() 函式。

setup.py 檔

在 setup.cfg 成為使用慣例之前，大多數的專案都是使用 setup.py 來儲存專案的元資料和建置指示。現在提供給 setup.cfg 的所有資訊都代替直接傳遞給 setuptools.setup() 函式作為關鍵字引數。

setup.py 檔就像其他的 Python 模組一樣，這個檔案在套裝設定使用時是**直接指定式**做法，它專注於套裝的執行方式。這與以 setup.cfg 為基礎的資料中心（更容易驗證錯誤）**陳述宣告式**做法形成對比。

這種做法的困難點是，有些人傾向於在套裝設定中要變得更聰明且功用更多一些。各種不相關的功能逐漸加入：從檔案中提取版本、建立 Git 標籤、送到 PyPI 等等。這增加了在套裝過程中帶入混亂錯誤的風險，套裝本來就很難除錯了，這樣更可能會阻礙其他人的套裝工作。我以前就遇過這種情況！

幸運的是，在許多現代專案中已完全不再需要 setup.py；可改用 setup.cfg 來設定所有 setuptools 配置。

然而，如果您的專案需要有良好的向後相容性，有使用了 C 擴充，或需要依賴 setup.py 工具，您會希望引入最小型的 setup.py 檔：

📁Listing 18-15: setup.py
```
from setuptools import setup
setup()
```

這個檔案僅僅是從 setuptools 模組中引入 setup() 函式並呼叫它。在過去，所有的套裝資料都會以關鍵字引數的方式傳遞給 setup()，但現在，所有這些內容都存放在 setup.cfg 中。

這個檔案不需要有 shebang 行（#! 行）；讓建構工具自己找到它們想要使用的直譯器。

MANIFEST.in 檔

明示清單範本 MANIFEST.in 檔提供了應該包含在發布套件中的所有非程式碼檔案的列表。這些檔案可以來自儲存庫中的任何位置。

📁Listing 18-16: MANIFEST.in:1
```
include LICENSE *.md
```

由於我的設定檔有用了 README.md 和 LICENSE 檔案，所以必須在這裡引入它們。我可以在 include 指令後面列出任意數量的檔案，並以空格來分隔。MANIFEST 還支援 **glob 模式**，我可以用星號（*）作為萬用字元。舉例來說，*.md 匹配所有 Markdown 檔案，因此儲存庫的根目錄中的任何 Markdown 檔案，包括 README.md，都會自動引入。

我也想要放入 src/timecard/resources/ 和 distribution_resources/ 這兩個資料夾中的所有檔案：

📁Listing 18-17: MANIFEST.in:2
```
graft src/timecard/resources
graft distribution_resources
```

graft 這個關鍵字會放入指定目錄及其子目錄中的所有檔案。而 distribution_resources/ 目錄則是我放置這個專案特定作業系統之安裝檔案的地方。

還有一些重要的指令，在這裡的 Timecard 專案內並未使用。這需要更複雜的範例來說明，使用了不同的 MANIFEST.in 檔案（並非屬於這裡示範的 Timecard 專案）：

```
recursive-include stuff *.ini
graft data
prune data/temp
recursive-exclude data/important *.scary
```

在這個範例中，我加入了所有在 stuff/ 目錄下且擁有 .ini 副檔名的檔案。接著，我用 graft 指令引入整個 data/ 目錄。隨後以 prune 指令回去排除 data/temp/ 子目錄中的所有檔案。我也排除 data/important/ 中所有擁有 .scary 副檔名的檔案。所有被排除的檔案並不會被刪除，而是被留在套裝之外。

Manifest 中各行的順序很重要。每個後續的指令都會新增或刪除前面行所編制的檔案列表。如果您將 prune 指令移到 graft 指令的上面，data/temp/ 中的檔案就**不會**被排除了！

您的 Manifest 範本會被 setuptools 用來編制一個 MANIFEST 檔案，其中包含了發布套件中所有非程式碼檔案的完整列表。理論上您是可以自己撰寫這個 MANIFEST 檔案，每行列出一個檔案，但我強烈不建議您這麼做，因為容易搞亂 MANIFEST 檔案，比搞亂 MANIFEST.in 檔案還容易。請相信 setuptools 會按照您在 Manifest 範本中給定的指示進行編制。

還有一些在 MANIFEST.in 檔中能使用的指令和模式。想知道更多資訊，可以連到官網：https://packaging.python.org/guides/using-manifest-in/ 查看。

requirements.txt 檔

您可能還記得這個檔案在第二章有出現過。requirements.txt 檔案內含專案所依賴的 Python 套件列表。這聽起來好像和 setup.cfg 中的 install_requires 重複了，但我通常建議您兩邊都使用，稍後我會解釋原因。

以下是 Timecard 專案的 requirements.txt：

🗀 Listing 18-18: requirements.txt

```
PySide2 >= 5.11.0
pytest
```

也許您會想知道是否有辦法在 setup.cfg 中使用 requirements.txt 的內容，但實際上，最好還是保持兩者分開。在實際應用中，它們的用途稍微有些不同。

在某些情況下，如果您將所有開發相依性都列為可選擇性的，那就可以省略 requirements.txt。然而，使用 requirements.txt 的另一個好處是在開發時可以使用特定版本的程式庫或工具（pinning），同時透過 setup.cfg 強制對使用者使用較寬鬆的版本需求。舉例來說，您的應用程式可能需要「click >= 7.0」，但您正在開發的新版本是以使用特定的「click == 8.0.1」來處理。Pinning 主要對應用程式開發有用。如果您正在開發的是個程式庫，最好避免使用 pinning，因為您無法確定程式庫的使用者需要的是哪個版本的套件。

使用 requirements.txt 檔的另一個主要好處，正如在第 2 章中有提到過的，您可以在一個步驟中快速安裝所有開發所需的東西：

```
pip install -r requirements.txt
```

我仍然建議您將 requirements.txt 保留給專案真正需要的東西，尤其是當版本控制很重要的時候。一般是不會引入像 black 或 flake8 這樣的工具，這些工具可以用其他工具替代而不會造成任何問題。有時候我也會建立一個單獨的 dev-requirements.txt 檔案（或者如果您喜歡的話，可以取名 requirements.dev.txt），裡面放入了所有可選擇性的開發工具。隨後，要在虛擬環境中設定完整的開發環境，我只需要執行以下指令：

```
pip install -r requirements.txt -r dev-requirements.txt
```

如果在您的工作虛擬環境中安裝了相當多的套件，嘗試轉換成 requirements.txt 檔案可能會有些麻煩。為了協助轉換，您可以使用 pip freeze 指令生成一份完整的列表，包含環境中所有安裝套件的版本。接著就可以將這份內容重新導向到一個檔案中：

```
venv/bin/pip freeze > requirements.txt
```

這個指令在 Windows、macOS 和 Linux 上都適用，會將安裝在 venv/ 中的所有套件、包括相依性，完整匯出到 requirements.txt 檔案內。請務必檢查該檔案的內容是否有錯誤，並**將您自己的套件從中移除**，因為沒有道理讓您的套件依賴於自己。

如果您想要同時使用 requirements.txt 和 dev-requirements.txt 檔,您需要在兩個不同的虛擬環境上使用 pip freeze 指令:一個用於執行您的套件,另一個則包含您的完整開發環境。在這兩種情況下,都要檢查輸出的檔案內容,並將您自己的套件從中移除!

pyproject.toml 檔

pyproject.toml 檔有幾種用途,但其中最重要的是用來指定套裝專案的建置系統,這是在 PEP 517 和 PEP 518 中帶入的一個標準。

📁Listing 18-19: pyproject.toml

```
[build-system]
requires = ["setuptools>=40.8.0", "wheel"]
build-backend = "setuptools.build_meta"
```

[build-system] 區段包含了關於建置發布套件所需的套件資訊:在這個範例中是 setuptools 和 wheel。這些需求是透過將字串串列指定給 requires 來設定的,每個字串遵循 setup.py 中 install_requires 的相同慣例。在這裡您可能有注意到,我可以使用任何版本的 wheel,但必須使用 setuptools 40.8.0 或更新的版本。後者是必要的,因為這是 setuptools 開始支援 PEP 517 和 PEP 518 的第一個版本。

build-backend 特性指定了用來建置專案的方案,這裡是 setuptools.build_meta。如果您使用不同的建置工具,比如 Poetry 或 Flit,則要根據工具的說明文件指示在這裡指定。

pyproject.toml 檔案也是儲存 Python 工具設定配置的常見檔案之一。許多主要的程式碼檢查工具、自動格式化工具和測試工具(雖然不是全部)都支援將它們的設定配置儲存在這個檔案中。

PEP 518 帶入了 pyproject.toml 檔可用來進行專案設定配置,但這個檔案也被用來儲存工具的設定配置,從而減少專案中的檔案數量。是否將對 pyproject.toml 的支援加到一些著名工具(如 Flake8),這還是有不少激烈的爭論,因為這看起來沒那麼簡單。如果您真的希望 Flake8 與 pyproject.toml 有好好的協同運作,可以查看 Flake8 的一個分支,Flake9 這一版正在實現了這一點。

測試安裝設定配置

如果一切都有正確的設定配置，您就能夠在虛擬環境中安裝您的專案。現在我會使用以下指令執行這個動作（假設我有一個叫做 venv 的新虛擬環境）：

```
venv/bin/pip install .
```

我特別建議第一次在新的虛擬環境中測試這個指令。尾隨的句點（.）會安裝目前目錄中由 setup.cfg 檔案詳細列出的所有套件。

在安裝時觀察其輸出內容，並修正任何警告或錯誤。一旦您的套件成功安裝，嘗試使用在 setup.cfg 中指定的入口點執行您的專案，這應該會在虛擬環境的 bin/ 目錄內安裝成為可執行檔。我會執行以下指令來進行：

```
venv/bin/Timecard-App
```

如果您的專案是個程式庫而不是應用程式，請在虛擬環境內打開 Python shell 互動模式（venv/bin/python），然後 import 該程式庫。

疑難排除

現在花點時間測試您的專案。一切都有按預期運作了嗎？大多數套裝和發布工具都依賴這個實例能正確運作！如果您遇到任何新的 bug 或錯誤，請回去修復它們。在虛擬環境安裝專案時出現問題的常見原因包括：

■ 需要加到 setup.cfg 的相依性被遺漏了

■ 在 MANIFEST.in 或 setup.cfg 檔中沒有正確引入資料檔案

■ 程式碼中對於目前工作目錄做了虛構的假設

一旦在虛擬環境中成功安裝並執行您的發布套件，那您就已經準備好可以進入下一階段了！

以可編輯的方式安裝

在某些情況下，讓專案以可編輯的方式安裝是有用的，這樣虛擬環境會直接使用 src/ 中的原始程式碼檔。對程式碼的任何更改都會立即反映在測試安裝中。

若想要以可編輯的方式安裝，可用 pip 指令提供 -e 旗標，如下所示：

```
venv/bin/pip install -e .
```

以可編輯的方式安裝您的專案會讓測試和開發變得更輕鬆，因為您不必每次都重新安裝專案。然而，這種做法並非沒有缺點。以可編輯的方式安裝可能會讓虛擬環境找到在 setup.cfg 中未明確要求的外部套件和模組，從而掩蓋套裝問題。只在測試程式碼時才使用 -e，而不要在套裝時使用。

建置套件

一旦確保了 setup.cfg 和相關檔案都正確配置，就開始建置您的原始碼發布版和 wheel 套裝檔吧。請在終端模式中從您專案儲存庫的根目錄執行以下指令。

```
python3 -m pip install --upgrade setuptools wheel build
python3 -m build
```

第一行安裝指令確保在目前環境中已安裝了最新版本的 setuptools、wheel 和 build 等工具。

接下來的指令根據 pyproject.toml 中指定的 build-backend 進行建置。在這個範例中，專案會使用 setuptools 進行建置，套用目前目錄中 setup.cfg 檔的配置。這個指令建置了一個原始碼發布版（sdist）和一個建置發布版或 wheel。

> **NOTE**
>
> 如果您需要為 Python 2 或很舊的 Python 3（例如您使用的是不支援 PEP 517 和 PEP 518 的舊版本 setuptools 或已棄用的 distutils）建置專案，則需要用舊式的 setup.py 並直接使用「python -m setup.py sdist bdist_wheel」執行。

這兩個產物被存放在新建的 dist/ 目錄中：.tar.gz 是原始碼發布版，而 .whl 是建置發布版的 wheel 檔。

build 還有一些其他可用的相關指令，您可以連到官方說明文件的網站中找到：https://pypa-build.readthedocs.io/en/latest/。

或者，如果您只想用 build 的預設值來執行，那可以直接執行 pyproject-build。

發行到 pip（Twine）

從這裡開始，您已經準備好可以發行您的發布套件了！在本節的內容中，我會使用 Timecard 來示範具體的操作步驟。

上傳到 Test PyPI

在將專案上傳到正式的 PyPI 索引之前，請再次透過 Test PyPI 對一切進行測試。Test PyPI 是個專門用於測試工具的獨立索引。如果您要進行實驗，歡迎使用 Test PyPI 來進行。套件和使用者帳戶會被定期清理，所以就算在這裡弄得有點亂也不用擔心。

要上傳到這個索引，您必須首先在 https://test.pypi.org/account/register/ 建立一個帳戶。如果您以前有一個，但現在無法使用，別擔心。這是因為會定期清理，舊的帳戶會被刪除。您可以安心地建立一個新的來測試。

一旦登入，前往 **Account settings**，然後捲動到 **API tokens**。點選 **Add API Token**。您可以給這個 token 取任何名字，但如果您要上傳一個新專案，請確保您把 Scope 設定為 **Entire account**。

在建立 API token 後，在離開頁面之前，您必須儲存整個 token（包括前面的 pypi-），因為它將不再顯示。您會在下一步中需要用到這個 token。

順帶一提，您隨時可以在 Account settings 頁面中刪除 token。任何時候如果您不再記得這個 token，或者不再需要它，都可以進行刪除。

我會上傳 Timecard-App 發布套件到 Test PyPI。（您需要嘗試上傳一個不同名稱的專案，因為到您讀到這裡的時候，Timecard-App 可能已經被使用了。）在這一步中，我使用一個叫做 twine 的套件，我會其安裝到我的使用者環境中：

```
python3 -m pip install --upgrade twine
```

我利用 twine 來上傳專案 dist/ 目錄中的產物：

```
twine upload --repository testpypi dist/*
```

請留意我有明確指定正在上傳到 testpypi 儲存庫，這是 twine 預設知道的。

在提示時輸入使用者名稱 __token__，並使用之前取得的 API 金鑰作為密碼：

```
Enter your username: __token__
Enter your password: (your API token here)
```

仔細觀察終端機的輸出，看看有沒有任何錯誤或警告。如果您需要對專案或其套裝檔進行任何修正，請確保在再次嘗試上傳之前有刪除掉 dist/ 目錄，然後重新建置 sdist 和 bdist_wheel 等產物。

如果一切順利，您會得到一個網址，這樣就可以在 Test PyPI 上看到您的發布套件。請確保那個頁面上的所有資訊都是正確的。

> **NOTE**
>
> 您可能已經注意到，pip 不僅僅能與預設的 PyPI 配合使用。如果需要的話，
> 還可以使用 devpi（https://devpi.net/）執行自己的 Python 套件儲存庫，或者使
> 用 Bandersnatch（https://bandersnatch.readthedocs.io/）建立自己的 PyPI 鏡像。

安裝上傳的套件

接著要確定您能夠在一個全新的虛擬環境中從 Test PyPI 安裝發布套件。我現在會使用我的 Timecard-App 發布套件來進行測試。

為了讓下一步能夠順利運作，我需要手動安裝套件所需的相依項目。這也是我使用獨立的 requirements.txt 檔的原因之一：

```
venv/bin/pip install -r requirements.txt
```

現在可以安裝這個套件本身了。因為這是個相當冗長的命令，我會按照 UNIX 的風格使用反斜線字元（\）將它分成多行：

```
venv/bin/pip install \
    --index-url https://test.pypi.org/simple/ \
    --no-deps/ \
    Timecard-App
```

因為我正在測試上傳到 Test PyPI 的發布套件，而不是正規的 PyPI，我必須明確告知 pip 使用該位置作為原始碼儲存庫，我使用 --index-url 引數進行設定。

然而,我不想從 test.pypi.org 安裝任何套件的相依內容(它們可能遺失、損壞、惡意複製品,或者有其他錯誤),因此我傳入 --no-deps 引數。最後,我指定正在安裝的是發布套件 Timecard-App。

如果一切進展順利,我現在應該能在該虛擬環境中啟動 Timecard-App:

```
venv/bin/Timecard-App
```

我像之前一樣試用,確保一切都如預期運作,而且確實如此!此時,我想要在其他機器上試用,以確保它如預期般運作。我一樣使用先前提到的 pip install 指令在任何連接到網際網路的機器上安裝這個發布套件。

上傳到 PyPI

一旦確定了 Timecard-App 已經準備好能正式使用,我就可以重複整個上傳過程,將它上傳到 PyPI(https://pypi.org/):建立一個使用者帳戶(如果需要的話)、登入、建立 API 金鑰,最後使用以下指令進行上傳:

```
twine upload dist/*
```

上傳到正式的 PyPI 是預設的目標,一旦上傳完成,您會得到一個新的網址:這是您在 PyPI 上的專案網頁。恭喜!您現在可以愉快地分享這個連結。您已經成功推出軟體了!

其他替代的套裝工具

如您所見,現在的 pip、setuptools、wheel 和 twine 等工具都相當方便,但使用時還是有許多步驟和細節需要注意。而您可能還會想學一些其他替代工具。

Poetry

如果您只想學習其中一個替代工具，那就選這個吧！

有些 Python 開發者不喜歡用前面提過的四種不同工具，而是選用 Poetry，它包辦了從依賴管理到建置和推出發布套件的所有工作。所有的套裝配置、依賴項目到元資料，都放在 pyproject.toml 檔案內。

學會怎麼使用 Poetry 並不難，因為它有出色而簡潔的說明文件可參考，尤其是如果您對 setuptools 已有一些了解的話，那學習上會更快速。所有的資訊、安裝指南和說明文件都可以在 https://python-poetry.org/ 找到。

Flit

Flit 是個專注於要讓套裝情境變得更簡單的工具，主要是透過建置和推出純 Python 的發布套件，這樣能把複雜的工作留給其他更複雜的工具來處理。它使用一些簡單的命令來處理建置和推出發布套件。Flit 有許多理念和做法都已經滲透到其他工具和工作流程中。

若想要尋找更多關於 Flit 資訊的最佳地方，就是連到官方的說明文件網站：https://flit.readthedocs.io/en/latest/index.html。

發布到終端使用者

在實現把軟體發布給終端使用者的目標前，我們還有最後一段過程要處理。透過 pip 來安裝並不是把軟體發布給終端使用者的好方法，理由有兩個。第一個是，大多數使用者對 pip 不太了解。第二個是，pip 沒有打算以這種方式來部署軟體。從 PyPI 安裝時可能會發生太多問題，所有的情況都需要一位精通 pip 的 Python 開發者的介入。若想要把軟體發送給非開發人員，您需要一個更強大、使用者導向的解決方案。

Mahmoud Hashemi 描述了軟體發送給終端使用者的套裝梯度層級。我在這裡稍作調整，說明如下：

1.　**PEX**：使用系統範圍的 Python。

2. **Freezers**：包含 Python。

3. **映像檔和容器**：包含大多數或所有系統依賴項目。

4. **虛擬機器**：包含**內核**，也就是作業系統的「心臟」。

5. **硬體**：包含... 嗯，一切！

讓我們稍微深入瞭解每個層級，並思考哪個對於 Timecard 來說比較適合。

PEX

發布獨立產品的最底層選項之一是一種名為 PEX（Python Executable 的簡稱）的格式。它允許您將整個虛擬環境套裝成一個獨立的檔案，實質上是一個結構整齊的 .zip 檔。這個 PEX 檔依賴於正在執行的系統所提供的 Python 直譯器。一旦有了一個 PEX 檔，那就可以把它發布給在已安裝 Python 的 Mac 或 Linux 的使用者。

PEX 在使用上並不直觀。把虛擬環境轉換成 PEX 雖然容易，但要確切指定一個在執行時能執行的腳本需要花費很多工作。而且，PEX 只在 Mac 或 Linux 上適用，如果您需要在 Windows 上進行發布，這就不是個可行的選擇。

由於 PEX 偏向開發人員，它並不適合用來發布 Timecard 專案。如果您想深入了解 PEX，可以參考官方說明文件：https://pex.readthedocs.io/。Alex Leonhardt 也寫了一篇關於 PEX 的優秀文章，網址在：https://medium.com/ovni/pex-python -executables-c0ea39cee7f1，比官方說明文件更容易理解。

Freezers

到目前為止，套裝和發布 Python 應用程式最方便的做法是使用 Freezer，它將編譯後的Python程式碼、Python直譯器，以及所有相依套件捆綁成一個單一的產物。有些 Freezer 甚至會包入系統的相依項目。好處是您最終會得到單一的執行檔，格式符合目標系統的偏好，代價是這個檔案的大小會增加（通常大約 2～12MB 左右）。

這絕對是發布Python應用程式最常見的方式之一，被 Dropbox 和 Eve Online 等程式廣泛使用。

目前有許多 Freezer 可供選用，但最常見的三種是 PyInstaller、cx_Freeze 和 py2app。如果您使用 Qt 5 工具套件來建置 GUI 型的應用程式，fman Build System 是另一個很好的選擇。另外還有一個是 py2exe，不過它目前處於沒有維護的狀態。

PyInstaller

我個人比較喜歡的 Freezer 是 PyInstaller。它有個特別的優點，就是能在所有主要的作業系統上運作。雖然您需要在每個目標環境上單獨執行 PyInstaller，但通常只需要設定配置一次就能搞定。

PyInstaller 是有很多東西要學。您可以在官方說明文件中找到詳盡的使用指南，以及處理各種錯誤和棘手情況的做法：https://pyinstaller.readthedocs.io/。

PyOxidizer

PyOxidizer 算是目前較新的工具之一。這是個很有前途的跨平台工具，可以把您的專案轉換成單一的執行檔，並與 Python 直譯器捆綁在一起。其重點是確保套裝、發布和安裝最終成品等都很容易進行。

您可以連到網站：https://pyoxidizer.readthedocs.io/en/stable/index.html 找到完整的說明文件，以及 PyOxidizer 在某些方面優於其他工具的詳細解說。

py2app

如果您只想為 macOS 套裝專案，那 py2app 是個很好的選擇。它會使用您專案的 setup.py 檔，最後凍結捆綁成單一個 .app 檔。

若想要了解更多關於 py2app 的資訊，請參閱官方說明文件：https://py2app.readthedocs.io/en/latest/tutorial.html。

cx_Freeze

另一個能凍結您的專案的選擇是 cx_Freeze，它是個跨平台的工具，可在 Windows、Mac 和 Linux 上使用。雖然它比 PyInstaller 舊一點，但仍然運作良好。如果您在使用 PyInstaller 或 py2app 時遇到問題，那可以試試這個。

若想要了解更多相關資訊和說明，可連到：https://cx_freeze.readthedocs.org/。

fman Build System

如果您正在使用 Qt 5 程式庫開發一個 GUI 型的應用程式，例如 Timecard 專案，您可以用 fman Build System 在所有作業系統上建置和套裝您的專案。不同於其他工具，它甚至會在 Windows 上建立可執行的安裝程式，macOS 中則是建立 .dmg，若是在 Debian 型的 Linux 上則是建立 .deb 套件，在 Fedora 型的 Linux 上則是建立 .rpm 檔，以及在其他系統中則建立 .tar.xz 檔。

fman 這個工具會要求您以特定方式設定專案，如果您想使用，最好從專案一開始就使用，否則您需要根據 fman Build System 的要求重組專案（這也是為什麼 Timecard 不使用它的原因）。

您可以在 https://build-system.fman.io/ 網站中找到更多資訊、一個很好的教學以及完整的說明文件。

Nuitka

我在第一章有提到過 Nuitka 編譯器，它允許您把 Python 程式碼轉譯為 C 和 C++，然後再組譯成機器碼。Nuitka 實際上是個獨立的實作，最終的執行檔比 CPython 快大約兩倍。

在本書截稿時，Nuitka 已經達到與 Python 3.8 相同的功能。他們正在努力添加 3.9+ 的功能和進行進一步的最佳化。無論如何，這是個令人興奮的專案，很值得我們去關注。

如果您想要真正「編譯」的 Python 程式碼，這就是您要找的工具。更多資訊和說明文件可以在網站：https://nuitka.net/pages/overview.html 中找到。

映像檔和容器

到目前為止，我介紹的所有套裝選項都受到一個共同因素所限制：使用者的機器上安裝了哪些系統程式庫。雖然可以捆綁這些程式庫，就像使用 PyInstaller 所看到的那樣，但這些程式庫仍然受到它們**自己的**依賴關係的影響，其中有些是無法捆綁的。當您開始處理更複雜的應用程式時，這可能變成棘手的問題。

在 Linux 上進行發布時，這變得尤其困難。由於有如此多 Linux 型的作業系統（每種都有多個版本）和無數的套件組合，為所有情況下一次性的建置可能不是件容易的事。解決方案在**容器**（**containers**）中，它們是內含環境，將它們自己的所有依賴項目都帶在身上。可以在系統中安裝多個應用程式，每個都在自己的容器中，它們是否有不同或相互衝突的依賴項目都沒關係。

使用容器的另一個優點是**沙盒**（**sandboxing**），它限制了容器化應用程式對系統的存取。這為使用者提供了透明度和控制權：他們知道給容器的權限有哪些，在很多情況下，他們可以控制這些權限。

目前有四種主要的容器：Flatpak、Snapcraft、Appimage 和 Docker。每種都有其獨特的優勢。

Flatpak

Flatpak 允許您將應用程式套裝成一個獨立的單元，幾乎能安裝在所有的 Linux 環境，以及 Chrome OS。它具有很高的向前相容性，這表示即使在支援 Flatpak 的作業系統的未來版本中，您的套件仍能繼續運作。嚴格來說它不是個容器，但功能類似。即便如此，安裝的 Flatpak 可能共享一些它們共有的相依內容。

我特別喜歡 Flatpak 的一個原因是它讓我們可以選擇或建置所需的每個相依內容或元件。如果可以確定我的 Flatpak 能在我的機器上運作正常，那它應該也能在其他機器上運作正常。這提供了額外控制和可預測性，使得在 Python 中應對複雜的套裝情境變得很輕鬆。

Flatpak 也有自己的應用程式商店，名稱叫做 Flathub，可讓終端使用者輕鬆瀏覽和在他們的 Linux 機器上安裝應用程式。有關 Flatpak 的更多資訊和完整的說明文件，請參閱官方網站：https://flatpak.org/。

您可以在下列網址看到我是如何使用 Flatpak 套裝本書使用的 Timecard 專案範例：https://github.com/flathub/com.codemouse92.timecard。

Snapcraft

由 Ubuntu 作業系統背後的 Canonical 公司維護的 Snapcraft 格式，能將您的應用程式套裝成一個專用的容器，擁有自己的檔案系統。它與系統的其餘部分隔離開來，盡可能地減少存取和共享。由於它的結構很特別，您可以從任何開發環境（包括 Windows 和 macOS）建置 snaps，但在這些環境中不能安裝 snaps。Snapcraft 也有自己的相關的應用程式商店，名稱叫做 Snap Store。

不幸的是，安裝的 Snap 占用的空間相當大，因為除了內核和一些核心依賴項目外，它**為每個容器**帶來了所有東西；它不能在多個 Snaps 之間共享依賴項目。要給 Snap 正確的權限來讓多個使用者的應用程式都能正常運作是有些困難的。由於上述的這些限制和其他的批評，有些 Linux 環境已經放棄了對 Snapcraft 的官方支援。

儘管如此，Snapcraft 仍然是一種可行的容器格式，擁有不少忠實的追隨者。您可以在 https://snapcraft.io/ 學習更多關於這個格式的資訊與完整的說明文件。

AppImage

AppImage 格式提供了內含它們本身的獨立執行檔來安裝，不需要額外的任何東西。在很多方面，AppImage 的行為就像 macOS 應用程式一樣。與 Flatpak 和 Snapcraft 不同，AppImage 在目標系統上不需要任何基礎設施，使用者可以選擇使用 appimaged 來自動登錄 AppImage 到系統中。

AppImage 的設計理念是去中心化，允許您提供自己的下載檔給終端使用者。您甚至可以透過整合 AppImageUpdate 來發布套件的更新。從技術上來看，AppImage 確實有類似的應用商店，叫做 AppImageHub，您可以在那裡瀏覽許多以這種格式套裝的應用程式。新的應用程式是透過對 GitHub 上商店的拉取請求來加入的。

AppImage 的唯一缺點是需要測試您的套件以確保它在您計畫支援的每個 Linux 發布版本中都能運作正常。您的套件**可以**依賴於現有的系統程式庫，實際上，對於一些基本程式庫它必須這樣做，例如 libc（C 語言的標準程式庫，幾乎被所有東西使用）。因此，這可能會產生一種「在我的機器上可以執行」的情況，但 AppImage 可能在隱式依賴於某個系統程式庫，如果在缺少該程式庫的其他 Linux 系統上執行就可能會失敗。

為了達到相同的目的，建議您在想要支援的最老環境上建立您的 AppImage，因為它會從目前環境中收集和捆綁程式庫。AppImages 在向前相容方面相當不錯，但在向後相容方面就沒有打算要表現得很好。

然而，如果您不介意搭配一些額外的環境，AppImage 可以是在所有 Linux 機器上發布軟體的絕佳做法，而且不需要其他任何基礎架構。有關這個格式和完整說明文件的更多資訊，可參閱網站：https://appimage.org/。

Docker

在現代的軟體開發術語中，當人們聽到「容器（container）」時，通常第一個想到的就是 Docker。它允許您定義一個自訂環境，內含除了核心之外的所有東西。這是我所介紹的四種格式中唯一可在 Linux 以外的系統，也就是在 Windows 和 macOS 上運作的格式。

Docker 主要是為了在伺服器上部署而設計的，它不是用於使用者應用程式，因為它在目標機器上需要相當多的設定。一旦 Docker 配置完成，啟動一個映像檔相對較簡單。這使它成為發布伺服器應用程式的理想選擇。

因為 Docker 映像檔是個完全內含的環境，因此很容易為您的專案建一個映像檔。首先，您需要定義一個 Dockerfile，其中概述了建置映像檔的步驟。您可以用某個特定作業系統的基本映像檔為起始，然後安裝所有您需要的套件和相依項目。在 Dockerfile 的情境中，您甚至可以使用 pip 進行安裝。Docker 將 Dockerfile 轉換為一個映像檔，可以上傳到像 Docker Hub 這樣的登錄位置，然後下載到客戶端的機器上。

您可以在 https://www.docker.com/ 網站中找到完整的資訊和詳盡的說明文件。

對原生 Linux 套裝的補充說明

Linux 使用者會發現我完全沒提到原生的 Debian 或 Fedora 套裝。雖然這些套裝格式仍然有其相關性，但隨著前述的可攜格式越來越受歡迎，它們的重要性就逐漸降低。Debian 和 Fedora 的套裝可能特別困難，與可攜格式相比，能提供的優勢相對較少，甚至可以說是沒有的。

這聽起來好像很潮流，但我向您保證，我是最慢接受把 Flatpak、Snapcraft 和 Appimage 作為 Debian 套件的人之一。這些新的可攜格式在終端使用者體驗上有些微的改進，但更重要的是對**開發者**的體驗明顯更好。這三者都運用了不同程度的沙盒技術，類似於虛擬環境，與原生套裝格式形成鮮明對比，後者在每個終端使用者的機器上必須關心依賴程式庫的確切版本。而且，雖然可攜套裝格式通常與虛擬環境和 PyPI 配合得很好，但原生套裝格式很少這樣做，尤其是在完全遵從發布套件儲存庫的標準和政策的情況下。

如果您想使用 Debian 或 Fedora 套裝格式來套裝您的 Python 專案，當然也是可以。像 dh-virtualenv 這樣的工具可以提供協助！但是，如果您的專案有任何重要的依賴項目，請做好準備，可能會遇到一些困難。在嘗試使用任何原生套裝格式發布專案之前，請確定前面所提到的可攜套裝格式真的都無法滿足您的需求。使用什麼套裝格式還是只能由您自己做出的決定。

說明文件

每個專案都需要說明文件（documentation），是的，也包括您的專案。即使是世界上最好的程式碼，如果終端使用者不知道怎麼安裝和使用它，那程式碼也是無用的！

對於特別小的專案，一個單獨的 README.md 可能就夠了，只要使用者容易找到即可。對於更為複雜的情況，那就需要一個更好的解決方案。

在 Python 的歷史中用處理說明文件的方法是內建模組 pydoc，但在過去的幾年裡，已經被 Sphinx 完全取代。幾乎所有 Python 世界的說明文件，包括 Python 官方說明文件，都是使用 Sphinx 來建置的。實際上，雖然 Sphinx 最初是為 Python 專案所建立的，但其豐富的功能和易用性使它在整個程式設計行業中得到廣泛的應用。

Sphinx 使用一種叫做 reStructuredText（縮寫為 reST）的標記語言來建構說明文件。雖然比 Markdown 稍微複雜和嚴謹，但 reST 有很多功能，適用於最複雜的技術文件寫作。最終的產出結果可以匯出為 HTML、PDF、ePUB、Linux man 頁面等多種格式。

專案的說明文件應該放在專案儲存庫的一個獨立目錄中，通常取名為 docs/。如果您的環境中安裝了 sphinx 套件，一般是在開發虛擬環境中可以執行以下命令來建立基本的說明文件結構和配置：

```
venv/bin/sphinx-quickstart
```

您會被引導回答幾個問題。對於大多數情況，我建議在每個提示後的中括號（[ ]）中使用預設值，除非您已對這些提示有更深入的了解。

對於大部分的說明文件，您需要親手撰寫 reStructuredText（.rst）檔案，然後儲存在這個 docs/ 目錄裡。書寫說明文件是無法替代的！期望使用者只從 API 說明文件中學會使用您的軟體，就好像是透過解釋發熱元件的電氣規格來教授某人如何使用烤麵包機一樣。

同一時間，在某些專案內，特別是程式庫方面，將程式碼中的 docstrings（文件字串）放入是很有用的。這在 Sphinx 中也是可能做到的，使用它的 autodoc 功能就能自動處理。

學習 Sphinx 和 reStructuredText，包括 autodoc 功能的最佳入門方式，就是閱讀官方的入門指南：https://www.sphinx-doc.org/en/master/usage/quickstart.html。該網站還提供了 Sphinx 說明文件的其他內容。

在準備發布專案時，您大概也會想要將說明文件發布在網路上。對於開源專案來說，其中最簡單的一種做法就是在 Read the Docs 上註冊一個免費帳戶。該服務專門與 Sphinx 和 reStructuredText 搭配使用，而且可以自動從您的儲存庫更新說明文件。若想要了解更多相關資訊和登入的方法，請連到官方網站 https://readthedocs.org/。

總結

當您準備開始一個專案時，就要一併思考怎麼處理套裝了。有很多選擇可以用來套裝和發布 Python 應用程式，所以接下來的問題就是要選擇使用哪些工具來完成這件工作。作為您自己專案的開發者，您是最終唯一能確定最適合之套裝方案的人選。如果您還不知道該怎麼選擇，可參考我的建議。

首先，我強烈建議在您的專案中使用一個 src/ 目錄來存放程式碼。這會讓其他事情變得更容易。接著，設定您的專案，讓您可以使用 pip 在虛擬環境中安裝這個專案程式。以我來說，我使用 setuptools 來協助我完成這項工作，不過 Poetry 和 Flit 也是很不錯的選擇，您可以選擇更喜歡的工具。

如果您正在開發一個供其他 Python 開發者使用的程式庫或命令行工具，可以規劃將其發布到 PyPI 中。若您的專案是終端使用者導向的應用程式或命令行程式，我建議使用像 PyInstaller 這樣的工具將其套裝成一個獨立的檔案。若是 Linux 發布版本，我強烈建議建立 Flatpak 檔。另一方面，如果您正在建置伺服器應用程式，我則建議將其套裝成 Docker 映像檔。

套裝梯度的最後一層是將您的專案嵌入硬體中進行部署。有無數的方法可以做到這一點，但有一些很受歡迎的選擇包括像 Arduino 和 Raspberry Pi 這樣的單晶片電腦可選用。這是個很廣泛且深入的主題，用一整本書來專門探討都可能介紹不完。在第 21 章，我會向您推薦一些更深入研究這個領域的相關資源。

再一次提醒，這些都只是我的觀點，是基於我自己在 Python 進行套裝處理方面的經驗彙總而來的。無論如何，請記住所有這些工具的存在都或有其原因，而且適合我的專案的工具有可能不適合您的專案。正如我在本章開頭所說，無論您最終使用什麼套裝處理技術，它們都應該要產生一個相當便攜、穩定、且能「正常工作」的套件。

第 19 章
除錯與記錄

在程式碼中出錯是難免的事。您所遇到的錯誤類型可能從簡單的打字錯誤到邏輯錯誤都有，從誤解使用方式到那些源自技術堆疊更深處的奇怪錯誤都有可能。正如盧巴斯基的控制論昆蟲學法則所述：「總會有蟲的（There is always one more bug）。」當您的程式碼出現嚴重問題時，您會需要工具來尋找和修復問題。在本章中，您將學到這些工具的相關知識與應用。

我會先介紹 Python 語言的三個功能，您可以在寫程式時加入，有助於之後除錯：警告（warnings）、記錄（logging）和斷言（assertions）。這些功能比起使用 print 來進行除錯更好，因為您很可能寫一寫之後就忘了「除錯」的 print 放在哪裡，或者不小心就在正式環境中保留了除錯的 print。

接下來，我會帶您了解 Python 除錯工具（pdb）的運用，這個工具可以協助您逐步檢查 Python 程式中的邏輯。還有 faulthandler 能協助您查看 Python 背後的 C 語言程式碼中的未定義行為。最後，我會介紹一下如何使用 Bandit 來檢查程式式碼中的安全問題。

警告

您可以使用**警告**（**warning**）來通知使用者程式處理了一個問題，或是提醒開發者在稍後版本中可能會有一個破壞性的改變。不像本書第 8 章介紹過的例外處理（exception），警告是不會讓程式當掉的。如果程式的問題不會干擾程式正常運作，那使用警告是比較好的處理方式。

此外，警告比起 print 陳述式更方便，因為警告預設是會輸出到標準錯誤串流。在像是「print("My warning message", file=sys.stderr)」的陳述式中，我必須明確指定輸出到標準錯誤串流。

Python 提供一個警告模組，擁有豐富的額外功能和行為。若想要發出警告，使用 warnings.warn() 函式就能做到。舉例來說，這裡有個好玩（也有點傻）的程式試圖將一些文字寫入檔案，如果 thumbs 的值是 "pricking"，就發出警告，提醒有不好的事情即將發生。在警告之後，會開啟一個叫作 locks.txt 的檔案，然後寫入一些文字：

📂Listing 19-1: basic_warning.py:1a

```python
import warnings

thumbs = "pricking"

if thumbs == "pricking":
    warnings.warn("Something wicked this way comes.")

with open('locks.txt', 'w') as file:
    file.write("Whoever knocks")
```

執行後會輸出以下的結果：

```
basic_warning.py:6: UserWarning: Something wicked this way comes.
    warnings.warn("Something wicked this way comes.")
```

警告會透過標準錯誤串流顯示在終端機上，但重要的是，它並不會讓程式當掉。檔案 locks.txt 仍然會被建立，且內容如預期一樣：

📂Listing 19-2: locks.txt

```
Whoever knocks
```

警告的類型

警告有不同的類型,您可以根據需要針對每一種類型進行不同的處理。舉例來說,如果程式在他們的系統中找不到某個檔案而必須進行處理,您應該要讓使用者知道,但您可能不想因為以程式碼中的奇怪語法而打擾他們,這種警告通常只有開發者才需要知道。警告的分類允許您以適合該專案的方式處理這些不同的情況。

表 19-1 列出了各種類型的警告,它們都是繼承自 Warning 基底類別。就像您可以建立自訂的 Exception 處理一樣,您也可以透過繼承表 19-1 中任何一個 Warning 的子類別,來建立屬於自己的警告。

表 19-1:警告的分類

類別	用途	預設忽略
UserWarning	如果在 warn() 中沒有指定分類,預設就是使用這個	
DeprecationWarning	這是關於不再建議使用功能的警告,主要針對開發者	✓
PendingDeprecationWarning	這是關於未來會建議不再使用功能的警告	✓
FutureWarning	針對使用者的警告,提醒有一些不再建議使用的功能(在 3.7 之前,這表示某功能的行為有更改)	
SyntaxWarning	針對可能有問題之語法的警告	
RuntimeWarning	針對可能執行時期有疑慮之行為的警告	
ImportWarning	與 import 模組相關的警告	✓
UnicodeWarning	與 Unicode 相關的警告	
BytesWarning	與類位元組物件相關的警告	
ResourceWarning	與硬體資源使用相關的警告	✓

上表是針對 Python 3.7 到 Python 3.10 以上的版本。較早的 Python 版本預設會忽略不同的警告,這表示您要明確啟用某些警告,才能在執行程式時看到這些警告提示。

要發出特定類型的警告,只要將想要的 Warning 類別當作 warn() 的第二個引數傳入。為了示範,我會修改之前的範例,發出一個 FutureWarning:

📂Listing 19-3: basic_warning.py:1b

```python
import warnings

thumbs = "pricking"

if thumbs == "pricking":
    warnings.warn("Something wicked this way comes.", FutureWarning)

with open('locks.txt', 'w') as file:
    file.write("Whoever knocks")
```

執行這段程式碼會在終端機上產生如下的輸出內容，同時也會建立之前提到的 locks.txt 檔案：

```
basic_warning.py:6: FutureWarning: Something wicked this way comes.
  warnings.warn("Something wicked this way comes.", FutureWarning)
```

過濾警告

警告過濾器（**warnings filter**）控制著警告的顯示方式，您可以在執行模組或套件時，將其作為引數傳給 Python 直譯器。舉例來說，您可以設定警告只顯示一次或多次、完全隱藏、甚至讓程式當掉。（在後面「將警告轉換成例外」小節的內容中，我會解釋為什麼您會需要這樣的設定。）

警告過濾器有 5 個組成欄位，以冒號（:）分隔：

action:*message*:*category*:*module*:*lineno*

表 19-2 會對這些欄位分別介紹和說明。

表 19-2：警告過濾器的欄位

action	這是指定警告應該如何顯示的方式。這個欄位有 6 個選項：default、error、always、module、once 和 ignore。（請參考表 19-3。）
message	被過濾的警告訊息必須符合正規表示式
category	被過濾的警告分類
module	被過濾的警告必須出現的模組（請不要和 action 欄位的 module 選項搞混了）
lineno	被過濾的警告必須發生在哪一行的行號

您可以省略任何欄位，但仍需要放上欄位之間正確數量的冒號。如果您指定了 action 和 category 但省略了 message，您仍需要在它們之間加上冒號：

```
action::category
```

請留意，對於省略的 module 和 lineno 欄位，這裡並不需要加上結尾的冒號，因為它們是在我指定之最後一個欄位 category 後面。

使用 message 欄位，您就可以過濾具有特定訊息的警告。而 module 欄位則可以用來只過濾特定模組中的警告。

隱藏重複的警告

一個警告被觸發多次並不罕見，例如它出現在一個被呼叫多次的函式中。這個情況是由 action 欄位控制的。表 19-3 展示了可以傳給 action 的可能選項。

表 19-3：警告過濾器 action 欄位的選項

ignore	不顯示警告
once	對整支程式只顯示一次警告
module	每個模組只顯示一次警告
default	每個模組和每行行號只顯示一次警告
always	警告不管幾次都顯示
error	把警告轉換成例外

舉例來說，如果我只想在模組中看到特定警告的出現一次，我會把字串 module 傳給 action 欄位，如下所示：

```
python3 -Wmodule basic_warning.py
```

我把警告過濾器傳遞給警告過濾器旗標 -W，後面跟著警告過濾器本身（旗標和過濾器之間不要有空格）。這個旗標必須放在要執行的模組**之前**，因為它是給 Python 本身的引數。如果放在最後，它會被誤認當作 basic_warning.py 模組本身的一個引數。

同樣地，您也可以用 -Wonce 的方式，整個程式執行中只在每個警告的第一次出現時印出。

忽略警告

您也可以透過使用 ignore 的 action 來設定警告過濾器，對終端使用者隱藏整個類別的警告。假設您不想讓使用者看到在您會在下一個程式版本中打算處理的所有 DeprecationWarning（不再建議使用之功能的警告）：

```
python3 -Wignore::DeprecationWarning basic_warning.py
```

ignore 的 action 設定會隱藏警告，而在 category 欄位的 DeprecationWarning 則會在 Python 模組執行時只隱藏所有的 Deprecation（不再建議使用之功能）的警告。

將警告轉換成例外

使用 error 的 action 設定，可以將警告轉換成致命例外狀況（fatal exceptions），讓程式當掉。這是因為基底類別 Warning 繼承自 Exception 類別。以下的例子在執行特定模組時，將所有的警告都轉換為 error：

```
python3 -Werror basic_warning.py
```

由於過濾器中沒有提供其他欄位，這個 error 的 action 設定會影響所有的警告。這在持續整合系統中可能很有幫助，如果有警告就應該自動拒絕合併請求。

將警告升級成例外狀況的另一個原因是確保您的程式碼中沒有使用任何已不再建議使用之功能的程式碼。您可以使用 -Werror::DeprecationWarning 將所有 DeprecationWarning 警告轉為 error，然後逐一解決，直到程式可以正常執行。

然而，將錯誤轉換為例外狀況可能會有負面影響，因為它也會將依賴項目或標準程式庫中的所有警告都轉為 error。為了解決這個問題，我需要限制警告過濾器，如下所示：

```
python3 -Werror:::__main__ basic_warning.py
```

這個警告過濾器只會在我直接執行的模組中將警告轉為錯誤，並且會根據預設的規則處理其他地方的警告。

如果要在整個套件中，例如我的 timecard 套件中要將警告轉為錯誤，而不受依賴項目和標準程式庫的警告影響，我會使用以下的過濾器：

```
python3 -Werror:::timecard[.*] basic_warning.py
```

正規表示式 timecard[.*] 是指符合 timecard 套件中的所有模組或其子套件中的任何模組。

關於警告過濾器還有更多細節超出了本章範圍。如果讀者感興趣，我建議可以進一步閱讀這個網站的內容：https://docs.python.org/3/library/warnings.html。

記錄

在第 8 章中，您已學過怎麼記錄例外狀況，而不僅僅只是把它們傳遞給 print() 來顯示。這項技巧有一些優勢，它讓您能夠控制訊息是發送到標準輸出還是寫入檔案，並且能讓您根據嚴重性來過濾訊息。嚴重性等級遞增的順序分別為：DEBUG、INFO、WARNING、ERROR、和 CRITICAL。

我在第 9 章使用的模式足以讓您進行到這一步，但在一個上線作業級的專案中進行日誌記錄需要更多的設計思考。您必須考慮在什麼條件下應該顯示哪些訊息，以及不同類型的訊息應該如何被記錄。某個關鍵的警告可能需要顯示在終端機上並儲存在檔案中，而有關正常操作的資訊則可能會被隱藏，除非使用者在提供的 "verbose" 模式下執行程式。

為了能處理所有日誌記錄的相關事務，Python 提供了 logging 模組，它定義了四個元件：Logger、Handler、Filter 和 Formatter。我會逐一解釋和說明。

Logger 物件

Logger 物件能處理您的日誌訊息。它接受要被記錄的訊息，這些訊息被表示為 LogRecord 物件，然後根據報告的嚴重性將它們傳遞給一個或多個 Handler 物件。我稍後再回來說明嚴重性和 Handler 是什麼。

典型的專案中每個模組都會有一個 Logger。千萬不要自己實例化這些 Logger 物件。您反而要使用 logger.getLogger() 來取得 Logger 物件，而不是去實例化。這能確保不會建立多個具有相同名稱的 logger：

```
import logging
logger = logging.getLogger(__name__)
```

__name__ 屬性是目前模組的名稱，以及它的上層套件（如果有的話）。如果還沒有以該名稱命名的 Logger 物件，它會在幕後被建立。無論哪種情況，Logger 物件都會被綁定到 logger 名稱並準備好使用。

這個模式在大多數情況下都有效。然而，在套件的入口模組中，您必須明確宣告 logger 的名稱，使用套件的名稱。在這裡使用 __name__ 屬性並不實際，因為它大都是回報入口模組的名稱為 __main__。這個 logger 應該放上套件的名稱，這樣它就可以作為屬於該套件之所有模組的主要 logger。所有其他的 logger 都會把它們的訊息傳遞到這個 logger。

為了說明 Logger 的運用，我會建立一個 letter_counter 套件來當作範例，其功用是要找出給定文字段落中最常出現的字母。這個套件會使用 logging 來處理警告和資訊型的訊息。以下是 __main__.py 模組的開頭：

▭ Listing 19-4: letter_counter/__main__.py:1

```
import pathlib
import argparse
import logging

from letter_counter.common import scrub_string
from letter_counter.letters import most_common_consonant, most_common_vowel

logger = ❶ logging.getLogger('letter_counter')
```

這裡是透過將套件名稱明確傳給 logging.getLogger() 函式❶，並將該物件綁定到 logger 名稱來取得 Logger 物件。

很重要的一點是，這個 logger 的名稱應該與套件名稱相符匹配，這樣它就可以作為 letter_counter 套件的主要 logger。

我還必須為這個套件中每個需要執行日誌記錄的模組和子套件取得一個 Logger 物件。在這裡的範例中，letter.py 模組取得了一個 logger：

▭ Listing 19-5: letter_counter/letters.py:1

```
import logging
from collections import defaultdict

logger = logging.getLogger(__name__)
```

由於這個 __name__ 運算式解析為 letter_counter.letters，因此在 Listing 19-4 中建立的 letter_counter logger 自動成為此 logger 的父層級。因此，傳遞給 letters.py 中 logger 的所有訊息將依次傳遞給 letter_counter logger。

同樣地，我也可以在套件中的其他檔案 common.py 內新增一個 logger：

📂Listing 19-6: letter_counter/common.py:1

```
import logging

logger = logging.getLogger(__name__)
```

Handler 物件

Handler 負責把 LogRecord 物件發送到正確的地方，無論是標準輸出、標準錯誤、檔案、網路上，還是其他位置。logging 模組內含許多內建的 Handler 物件，這些物件都有詳細的說明文件可參考，請連到：https://docs.python.org/3/library/logging.handlers.html 查閱。本章不會介紹太多好用的 handler，因此建議您花點時間閱讀說明文件。不過，在大多數的情況下，您最終有可能會使用到的 handler 應該是以下其中之一：

■ StreamHandler 會把日誌記錄輸出發送到串流，特別是標準輸出和標準錯誤串流。您可以將期望的輸出串流傳遞給 logging.StreamHandler 類別的初始化程式，不然在預設情況下是會使用 sys.stderr 來處理。雖然您可以使用這個 handler 來將日誌記錄輸出到檔案中，但對於這種情況，FileHandler 會給您更好的結果。

■ FileHandler 會把日誌記錄輸出發送到檔案。您必須將目標輸出檔案的檔名或路徑傳遞給 logging.FileHandler 類別的初始化程式。（另外還有一些能進一步專門處理輪轉和系統日誌檔的 Handler 類別。）

■ SocketHandler 會把日誌記錄輸出發送到 TCP 型的網路 socket。您需要把主機和埠號當作引數傳給 logging.handlers.SocketHandler 類別的初始化程式。

■ SMTPHandler 會透過 SMTP 把日誌記錄輸出發送到電子郵件地址。郵件主機、寄件人電子郵件地址、收件人電子郵件地址、主題和登入憑證等都必須傳給 logging.handlers.SMTPHandler 類別的初始化程式。

■ NullHandler 會把日誌記錄輸出丟進黑暗星球的黑洞內，永遠不會再被看到或聽到。不需要傳遞任何東西給 logging.NullHandler 類別的初始化程式。

> **ALERT**
>
> 如果您的專案是個程式庫，請以 NullHandler 當作唯一的日誌記錄 handler，以免混淆或擾亂終端開發人員所使用的任何日誌系統。這能明確地抑制來自程式庫的所有日誌記錄。如果終端開發人員有需要，他們可以將不同的 handler 附加到程式庫的 logger 內。

我繼續用 letter_counter 套件為例來說明，若想要使用 logging.StreamHandler() 將 letter_counter 套件中的所有 LogRecord 物件列印到終端機，這會把日誌記錄發送到標準輸出或標準錯誤串流。我把這個 handler 加到頂層 Logger 物件內，如下所示：

📂Listing 19-7: letter_counter/__main__.py:2

```
stream_handler = logging.StreamHandler()
logger.addHandler(stream_handler)
```

因為我在 StreamHandler() 的建構函式內沒有指定串流，所以 stream_handler 會將訊息傳遞到 sys.stderr 串流。

請留意，我只需要將 Handler 加到 letter_counter logger 即可。由於 letter_counter.letters 和 letter_counter.common 的 loggers 是子層級，它們會將所有的 LogRecord 物件傳遞給它們的父層級。

您可以附加任意數量的 Handler 到任何 logger。子層級 logger 仍然會將它們的 LogRecord 物件傳遞給父層級，除非您將子層級 logger 的 propagate 屬性設定為 False：

```
logger.propagate = False
```

在這個範例中，我不需要將任何 Handler 加到子層級 logger。我可以讓 logger 把它們的 LogRecord 物件傳遞回父層級 logger 內，而父層級 logger 上只有一個 StreamHandler 附加。

依不同級別來記錄

這裡的日誌記錄範例仍然不完整，因為它沒有包含每條訊息的**嚴重程度級別**，這個級別能表示出訊息的相對重要性。

使用不同級別的日誌記錄可以讓您配置設定日誌記錄系統,讓系統只顯示達到或超過特定嚴重程度的訊息。舉例來說,您可能想在開發時看到所有 DEBUG 訊息,但終端使用者應該只看到 WARNING 及以上程度的訊息。

內建的嚴重程度的級別分成 6 個,如表 19-4 所述。

表 19-4:日誌記錄的嚴重程度級別

級別	數字值	用途
CRITICAL	50	與可怕、糟糕、不好、非常糟糕、一切都壞掉的情況相關的訊息
ERROR	40	與可能可以從中恢復之錯誤相關的訊息(這表示至少還有救)
WARNING	30	與目前還不是錯誤但可能需要注意之問題相關的訊息
INFO	20	與實際問題無關但具有資訊性和實用性的訊息
DEBUG	10	開發者會感興趣的訊息,特別是在尋找錯誤時
NOTSET	0	僅用來指定應顯示的所有訊息(從不用作訊息嚴重程度級別)

在記錄訊息時指定其級別,使用與訊息級別相對應的Logger實例方法,就像我在 letter_counter/common.py 中這個函式中所做的那樣:

📁Listing 19-8: letter_counter/common.py:2

```
def scrub_string(string):
    string = string.lower()
    string = ''.join(filter(str.isalpha, string))
    logger.debug(f"{len(string)} letters detected.")
    return string
```

這個函式會把一個字串轉換為全部小寫,並將其過濾為只含有字母的字串。這個例子的重點是 logger.debug() 方法的呼叫,這個方法使用 DEBUG 級別把 LogRecord 傳遞給該模組的 logger 物件(Listing 19-6)。

與此同時,在 letter_counter/letters.py 中,我有一些 INFO 級別的訊息,需要在特定情況下輸出:

📁Listing 19-9: letter_counter/letters.py:1

```
consonants = 'bcdfghjklmnpqrstvwxyz'
vowels = 'aeiou'

def count_letters(string, letter_set):
```

```
    counts = defaultdict(lambda: 0)
    for ch in string:
        if ch in letter_set:
            counts[ch] += 1
    return counts


def most_common_consonant(string):
    if not len(string):
     ❶ logger.info("No consonants in empty string.")
        return ""
    counts = count_letters(string, consonants)
    return max(counts, key=counts.get).upper()


def most_common_vowel(string):
    if not len(string):
     ❷ logger.info("No vowels in empty string.")
        return ""
    counts = count_letters(string, vowels)
    return max(counts, key=counts.get).upper()
```

這些函式會計算給定字串中母音和子音的數量,並返回出現頻率最高的母音或子音。這裡的重要點是對 logger.info() 的兩次呼叫❶❷。請留意,只有在將空字串傳遞給 most_common_consonant() 或 most_common_vowel() 時,才會記錄這些訊息。

控制 Log 級別

任何給定的 Logger 物件都可以使用 setLevel() 方法設定為接收特定級別或更高級別的 LogRecord 物件。與新增 Handler 物件一樣,您只需要在頂層 logger 上設定級別即可。雖然在需要時可以在子 logger 上設定級別,但它們將不再把 LogRecord 物件委派到父層級的 logger。在預設的情況下,Logger 的級別為 NOTSET,這導致它將其 LogRecord 物件委派給階層結構上的父層級。一旦在該階層結構中遇到級別不為 NOTSET 的 Logger,委派的串鏈就會停止。

在我的範例中,預設把頂層 logger 的日誌級別設定為 WARNING,但我允許使用者在呼叫我的套件時傳遞 -v 引數,以將級別設定為 INFO。我使用內建的 argparse 模組來處理命令行引數:

🗁Listing 19-10: letter_counter/__main__.py:3

```
parser = argparse.ArgumentParser(description="Find which letters appear most.")
parser.add_argument("-v", help="Show all messages.", action="store_true") ❶
parser.add_argument("raw_path", metavar="P", type=str, help="The file to read.") ❷
```

```
def main():
    args = parser.parse_args()
    if args.v:
     ❸ logger.setLevel(logging.INFO)
    else:
        logger.setLevel(logging.WARNING)
```

這裡不會詳細介紹 argparse 的使用，因為並不相關，而且官方的 argparse 教材已經有詳細良好的解說了：https://docs.python.org/3/howto/argparse.html。總而言之，我在上述範例中定義了兩個引數：一個 -v 旗標用於切換詳細模式❶，和程式應該從中讀取的檔案路徑❷。在這個範例中，旗標是重點所在。如果在套件呼叫中傳遞了這個旗標，我會把 logger 的級別設為 logging.INFO ❸。不然，我會用 logging.WARNING，從而忽略所有使用 logger.info() 記錄的訊息。

這是 __main__.py 模組的其餘部分，它會讀取檔案、呼叫函式來計算字母的數量，然後顯示輸出結果：

📂Listing 19-11: letter_counter/__main__.py:4
```
    path = pathlib.Path(args.raw_path).resolve()
 ❶ logger.info(f"Opening {path}")

    if not path.exists():
     ❷ logger.warning("File does not exist.")
        return

    with path.open('r') as file:
        string = scrub_string(file.read())
        print(f"Most common vowel: {most_common_vowel(string)}")
        print(f"Most common consonant: {most_common_consonant(string)}")

if __name__ == "__main__":
    main()
```

在與 logging 相關的部分並沒有什麼可以看的，除了一些額外的已記錄訊息：一個是 INFO 級別的❶，另一個是 WARNING 級別的❷。

執行範例

為了展示 logging 系統的運作，我會從命令列呼叫套件，並傳遞含有《The Zen of Python》內容的文字檔路徑：

```
python3 -m letter_counter zen.txt
```

因為我沒有使用 -v 旗標，日誌記錄級別設定為 WARNING，這表示只有在 WARNING、ERROR 或 CRITICAL 級別的訊息會被記錄。由於 zen.txt 是有效的檔案路徑，執行後會看到如下輸出：

```
Most common vowel: E
Most common consonant: T
```

現在我會在呼叫中加入 -v 旗標，這應該根據 Listing 19-10 中的邏輯更改 logger 的級別：

```
python3 -m letter_counter -v zen.txt
```

這樣會讓輸出結果有些不同：

```
Opening /home/jason/Documents/DeadSimplePython/Code/ch19/zen.txt
Most common vowel: E
Most common consonant: T
```

我現在看到了來自 letter_counter/__main__.py 的 INFO 級別訊息。然而，由於檔案存在且不為空，我並未看到其他模組的 INFO 訊息。若想要查看這些訊息，則要傳遞一個指向空檔案的路徑：

```
python3 -m letter_counter -v empty.txt
```

這個輸出就含有額外的訊息：

```
Opening /home/jason/Documents/DeadSimplePython/Code/ch19/empty.txt
No vowels in empty string.
Most common vowel:
No consonants in empty string.
Most common consonant:
```

您會注意到另一條缺失的訊息：來自 letter_counter/common.py（Listing 19-8）的字母計數訊息。由於它被記錄為 DEBUG 級別，因此在將 logger 設定為 INFO 級別時仍然被忽略。我必須修改我的程式碼才能看到它。

為了最後一次的測試，我會不使用 -v 旗標，因此在 logger 上會用 WARNING 級別，隨後在呼叫中傳遞一個無效的檔名：

```
python3 -m letter_counter invalid.txt
```

這次會看到以下的輸出內容：

```
File does not exist.
```

在這種情況下，無論我是否向程式傳遞了 -v 旗標，輸出都將是相同的，因為 WARNING 優先級高於 INFO。

Filter、Formatter 與配置設定

還有兩個元件可以加到日誌記錄系統中：Filter 和 Formatter。

Filter 對於確定在哪裡接收 LogRecord 物件有進一步的定義，可以用 addFilter() 方法套用在 Logger 或 Handler 上。您也可以使用任何可呼叫的物件作為 Filter。

Formatter 物件的工作是把 LogRecord 物件轉換成字串。一般都是透過把一個特殊的格式字串傳遞給 logging.Formatter() 函式來定義這些處理。您也可以使用 setFormatter() 方法將單個 Formatter 加到 Handler 物件上。

您同時也可以透過一個專門的配置設定檔來設定 logger。

如果想要更多關於 logging 的資訊，我建議閱讀由 Vinay Sajip 撰寫的官方 Logging HOWTO 教學指引，請連到 https://docs.python.org/3/howto/logging.html 網站。接著，您也可以參考官方說明文件，請連到 https://docs.python.org/3/library/logging.html 網站。

另外，您也可以使用第三方的 logging 程式庫，像是 eliot（https://eliot.readthedocs.io/）或 loguru（https://github.com/Delgan/loguru）。這些程式庫有它們自己的模式和技巧，您可以參考它們的說明文件來獲取更多資訊。

Assert 陳述式

在寫程式的時候，有時候您可能會注意到某些情況會讓程式的邏輯變得荒謬。此時您可以使用 assert（斷言）陳述式來檢查這些情況，如果某個運算式失效，就會引發一個 AssertionError 例外。

然而，雖然在開發或除錯時這些檢查很有用，但在一般使用者正常操作時通常是多餘的。如果在呼叫您的套件或模組時向 Python 直譯器傳入 -O 旗標（代表 **optimize 最佳化**），所有 assert 陳述式會被 Python 直譯器從程式碼中移除。

因此，只在檢查您自己可能犯的錯誤時使用 assert 陳述式！絕對不要用它們來進行資料驗證，也不要用在回應使用者的錯誤上，因為使用者應該無法停用資料和輸入的驗證。在這類情況下，請使用例外和警告來處理。

相反地，使用 assert 來協助您在除錯時處理特別容易出問題的程式碼區域：也就是那些對程式碼做微小修改或看似無關的地方可能導致意外副作用的位置。接下來的簡易範例程式碼會說明在哪些情況下 assert 是好用的，而在哪些情況下則是沒有用的。

正確使用 assert

在這個範例程式中，我想要計算在任何給定的書架（bookshelf）上可以存放多少張黑膠唱片（vinyl record）。在這個程式中有一個關鍵的常數：單張黑膠唱片及其套子的厚度：

☐ Listing 19-12: vinyl_collector.py:1a
```
THICKNESS = 0.125  # must be a positive number
```

使用一個常數來表示這個值有助於讓程式碼更易維護。如果稍後需要更新這個厚度，也許是因為我進行了一些複雜的統計而找到更精確的平均值，我需要確保使用的值仍然有效。我事先知道將來需要將這個常數用作後來某些數學運算的除數，這代表這個常數絕對不能是 0。它還應該是一個正數，因為黑膠唱片的厚度不會是負的。因此，這個注釋在這裡有點幫助......但另一方面，它並不能阻止我將一個荒謬的數值指定這個常數！

因為錯誤的值會在程式碼本身造成嚴重問題，而且這個值不是外部來源的資料或使用者輸入，那我可以使用 assert。在底層，一個 assert 陳述式的寫法看起來像下面這般：

☐ Listing 19-13: vinyl_collector.py:1b
```
THICKNESS = 0.125
if __debug__:
    if not THICKNESS > 0:
        raise AssertionError("Vinyl must have a positive thickness!")
```

__debug__ 常數是由直譯器定義的，預設值是 True。如果向直譯器傳遞了 -O 旗標，它就會被設為 False。不可能直接給 __debug__ 指定一個值，所以只要沒有向直譯器傳遞 -O，assert 條件就會被評算。在這種情況下，如果 THICKNESS 不大於 0，就會引發一個 AssertionError。

整個邏輯被包在一行的 assert 陳述式中：

📂Listing 19-14: vinyl_collector.py:1c

```
THICKNESS = 0.125
assert THICKNESS > 0, "Vinyl must have a positive thickness!"
```

請留意這裡沒有使用括號，因為 assert 是個關鍵字，不是一個函式。它會檢查條件 THICKNESS > 0，如果失效，就會引發一個 AssertionError，逗號後面的字串會當作錯誤訊息。

將 assert 放在這裡的原因，在看到程式碼的下一部分時就會更清楚，因為接下來的程式碼會使用 THICKNESS 進行一些操作：

📂Listing 19-15: vinyl_collector.py:2

```
def fit_records(width, shelves):
    records_per_shelf = width / THICKNESS
    records = records_per_shelf * shelves
    return int(records)
```

如果 THICKNESS 曾經是 0，這個函式中的除法將引發 ZeroDivisionError。這個錯誤在除錯時可以指引我找到問題所在，但有三個問題。第一，真正的問題是在定義 THICKNESS 的地方，這可能（理論上）離函式有一段距離。第二，錯誤只有在呼叫這個函式時才會顯示，這表示如果我在測試期間碰巧沒有呼叫這個函式，就可能會完全錯過這個錯誤。第三，如果 THICKNESS 是負數，將會產生無意義的輸出結果，但數學運算上還是合法有效的，因此這個 bug 可能會被忽略。

把 assert 放在常數定義的旁邊，主要是為了在執行流程的最早期提醒我可能出現的 bug，直接在問題的來源發現錯誤。

錯誤使用 assert

就像我之前提到的，assert 不應該用來進行資料或輸入的驗證。反而應該使用常規的例外和條件來處理這些情況。

舉例來說，這個函式會提示使用者輸入一個值，然後試著將它轉換成整數。這個第一個版本的程式錯誤使用 assert 來確保這個數字是正數：

📂Listing 19-16: vinyl_collector.py:3a

```python
def get_number(prompt):
    while True:
        value = input(prompt)
        try:
            assert value.isnumeric(), "You must enter a whole number"
            value = int(value)
            assert value > 0, "You must enter a positive number."
        except AssertionError as e:
            print(e)
            continue
        value = int(value)
        return value
```

或許您已經猜到接下來會發生什麼，但我還是會繼續製作和執行這支程式的其餘部分，這樣就能看到問題發生在哪裡：

📂Listing 19-17: vinyl_collector.py:4

```python
def main():
    width = get_number("What is the bookcase shelf width (in inches)? ")
    print("How many shelves are...")
    shelves_lp = get_number(" 12+ inches high? ")
    shelves_78 = get_number(" 10-11.5 inches high? ")
    shelves_single = get_number(" 7-9.5 inches high? ")

    records_lp = fit_records(width, shelves_lp)
    records_single = fit_records(width, shelves_single)
    records_78 = fit_records(width, shelves_78)

    print(f"You can fit {records_lp} LPs, "
          f"{records_single} singles, and "
          f"{records_78} 78s.")


if __name__ == "__main__":
    main()
```

如果正常執行這支程式，似乎運作得相當好。但是，如果我向直譯器傳遞 -O 旗標，就會發現我的輸入驗證消失了：

```
$ python3 -O vinyl_collector.py
What is the bookcase shelf width (in inches)? -4
How many shelves are...
    12+ inches high? 0
    10-11.5 inches high? 4
    7-9.5 inches high? -4
You can fit 0 LPs, 128 singles, and -128 78s.
```

如果輸入驗證可以被關掉，那就不太實用了。這就是為什麼 assert 絕不能用來驗證外部資料或使用者輸入的原因。相反地，我應該使用其他技巧，避免使用 assert：

Listing 19-18: vinyl_collector.py:3b

```python
def get_number(prompt):
    while True:
        value = input(prompt)
        try:
            value = int(value)
        except ValueError:
            print("You must enter a whole number.")
            continue

        if value <= 0:
            print("You must enter a positive number.")
            continue

return value
```

現在，即使我用 -O 旗標執行程式，資料驗證仍然會按照預期運作。

觀看 assert 的實際執行

最終的程式只用 assert 來捕捉在程式碼中給 TIIICKNESS 常數指定無意義值的情況，別無他用。舉例來說，我會將 THICKNESS 改為一個負值，讓 assert 陳述式發生問題：

Listing 19-19: vinyl_collector.py:1d

```python
THICKNESS = -0.125  # HACK: this value is now wrong, for test purposes
assert THICKNESS > 0, "Vinyl must have a positive thickness!"
```

我以一般的方式呼叫該程式：

```
python3 vinyl_collector.py
```

這會輸出預期的 AssertionError，因為 THICKNESS 的值為負的：

```
Traceback (most recent call last):
  File "./vinyl_collector.py", line 2, in <module>
    assert THICKNESS > 0, "Vinyl must have a positive thickness!"
AssertionError: Vinyl must have a positive thickness!
```

我可以直接跳到第 2 行來查看，該行緊鄰問題的根源，我可以發現和解決這個問題，但這裡是為了舉例和示範，所以先不修改。

如果我把 -O 傳遞給直譯器，這會開啟最佳化處理，從而抑制 assert：

```
python3 -O vinyl_collector.py
```

就算 THICKNESS 的值是錯誤的，程式仍會嘗試使用它，就好像 assert 陳述式根本不存在一樣：

```
What is the bookcase shelf width (in inches)? 1
How many shelves are at least...
    12 inches high? 1
    10 inches high? 2
    7 inches high? 3
You can fit -8 LPs, -24 singles, or -16 78s.
```

輸出的結果沒有意義且混亂，但我預料到會有問題，因為我使用 -O 執行程式時，並沒有修復 assert 錯誤。實際上，您只會在相當確定程式中沒有 assert 錯誤時才使用 -O 執行，這是一個您只會在正式執行時使用的旗標，而不要在開發階段使用。

inspect 模組

在您的除錯工具箱中，還有個非常有用的工具是 inspect 模組，它提供了許多函式，可用來獲取關於 Python 中物件和模組的資料，以及程式碼和追蹤資訊。這些資料可用來記錄更具洞察和見解的除錯訊息。

順帶一提，除了在除錯時使用之外，inspect 模組也是我最喜歡的技巧之一，曾經用它將一個 Python 函式的原始碼傳送到遠端機器上。這能讓我在這些機器上進行自動化測試，而不必事先安裝特殊的東西。

官方說明文件的內容已經介紹了這個模組的功能：https://docs.python.org/3/library/inspect.html。

使用 pdb

Warning（警告）、logging（記錄）和 assert（斷言）陳述式能在不使用外部工具的情況下，我們還可以進行相當多的手動除錯。雖然這已經對許多情境都很有用，但還有一些其他工具可以幫助您快速找到程式碼中的問題。這些工具在錯誤的來源可能與其表現相距甚遠，或者涉及多個元件的問題時，尤其有用。

Python Debugger（**pdb**）是個適用於 Python 的全功能除錯器（debugger）。它的工作流程與其他命令行除錯器如 gdb（用於 C++）和 jdb（用於 Java）都很類似。您可以透過設定**中斷點**（**breakpoints**）來運用，中斷點是在程式中控制轉交給除錯器的地方，允許您逐行觀察程式碼的執行過程。

如果您使用的是整合 pdb 功能或提供自家替代除錯器的整合開發環境（IDE），那會更方便。雖然您應該熟悉您的 IDE 的除錯工具，但也很有用知道如何在命令列中使用 pdb，特別是在您無法使用首選開發環境的情況下。

除錯範例

學習如何使用除錯器最好的方法就是實際動手試試看。Listing 19-20 是個完整的模組，其中有個相當頑固的 bug。如果您花點時間閱讀，就可能會自己找出問題，但在實際的程式碼中很少是這麼簡單直接就能找出的。所以，即使您覺得已經找到問題，也請將這段程式碼原封不動地複製到一個檔案中。在接下來的章節中，我會大量使用這段程式碼來讓您動手練習。

🗁 Listing 19-20: train_timetable.py

```python
from datetime import time


def get_timetable(train):
    # Pretend this gets data from a server.
    return [
        {"station": "target_field", "arrives": time(hour=16, minute=27)},
        {"station": "fridley", "arrives": time(hour=16, minute=41)},
        {"station": "coon_rapids_fridley", "arrives": time(hour=16, minute=50)},
        {"station": "anoka", "arrives": time(hour=16, minute=54)},
        {"station": "ramsey", "arrives": time(hour=16, minute=59)},
        {"station": "elk_river", "arrives": time(hour=17, minute=4)},
        {"station": "big_lake", "arrives": time(hour=17, minute=17)},
    ]
```

```python
def next_station(now, timetable):
    """Return the name of the next station."""
    station = None
    for stop in timetable:
        if stop['arrives'] > now:
            station = stop
            break
    station['station'] = station['station'].replace('_', ' ').title()
    return station


def arrives_at(station, timetable):
    for stop in timetable:
        if station == stop['station']:
            return stop


timetable = get_timetable('nstar_northbound')
station = next_station(time(hour=16, minute=43), timetable)
print(f"Next station is {station['station']}.")

stop = arrives_at('coon_rapids_fridley', timetable)
print(f"Arrives at {stop['arrives']}.")
```

這個模組模擬從特定火車獲取即時資料，可能是來自 API 過境資料。隨後，它處理該資料以找到特定的資訊。（真實的例子可能還會使用**通用過境資料規範**（**General Transit Feed Specification**, **GTFS**）格式的資料，但在上述這個虛構的 API 僅提供一個字典串列。）

如果您執行這段程式碼，它會因為一個例外而當掉，這看起來很像是程式碼中的一個簡單錯誤引起的：

```
Traceback (most recent call last):
  File "./train_timetable.py", line 40, in <module>
    stop = arrives_at('coon_rapids_fridley', timetable)
TypeError: 'NoneType' object is not subscriptable
```

我可能對自己說「喔，對啊！」、「我應該只是忘了加上 return 陳述式。」但是當我檢查 arrives_at() 函式時，邏輯是正確的。而且，測試資料中確實有 coon_rapids_fridley 這個站點 ID！這裡感覺有點詭異的事情正在發生。

現在開始進入除錯器來進行細部的檢查。

啟動除錯器

一般您會想要直接在程式碼上執行除錯器（debugger ）。其中一種做法是在執行程式時從命令列呼叫 pdb。舉例來說，如果我想在 train_timetable.py 模組上啟動除錯器，我可以使用如下命令：

```
python3 -m pdb train_timetable.py
```

自從 Python 3.7 版開始，pdb 模組也可以像直譯器一樣使用 -m 來執行一個套件。如果我想要在 debugger 中執行我的 timecard 套件，我會這樣做：

```
python3 -m pdb -m timecard
```

無論哪種方式，模組或套件都會在 pdb shell 模式中啟動。debugger 會立即停止程式，等待輸入指令。

```
> ./train_timetable.py(1)<module>()
-> from datetime import time
(Pdb)
```

在「(Pdb)」提示符號下，我可以輸入 debugger shell 模式的指令。待會我再回來談談如何使用這個 debugger shell 模式。

啟動 debugger 的另一種做法是直接在您的程式碼中設定中斷點。當您正常執行程式碼時，它會碰到這個中斷點，然後把控制權轉交給 pdb。

從 Python 3.7 版開始，您可以使用以下的內建函式在程式碼的任何地方設定中斷點：

```
breakpoint()
```

在 Python 3.7 版之前，您可以用以下方式達到相同的效果：

```
import pdb; pdb.set_trace()
```

如果您大致知道 bug 可能來自哪裡，或者至少知道有問題的執行堆疊開始的位置，那麼中斷點會幫您節省相當多的時間。如果在程式碼內設有中斷點，您只需要正常執行程式：

```
python3 the_module_being_debugged.py
```

這個命令會正常啟動程式，但在遇到中斷點時，Python 直譯器就會把執行控制權轉交給 pdb。

Debugger shell 模式的命令

pdb 工具提供了許多在「(Pdb)」提示符號下輸入的命令，可用來控制和監視程式碼的執行。

在附錄 B 中介紹和記錄了最重要的 pdb 指令。這些指令也在 https://docs.python.org/3/library/pdb.html 上可找到詳盡的說明文件，但在尋找特定內容時這頁內容的導覽可能還不太足夠。

雖然我可能無法示範太多 pdb 指令，但我會引導您進行除錯，處理 Listing 19-20 中的這個特定範例。

逐步執行程式碼

在這個範例中，我會從程式碼頂端開始進行除錯，直接呼叫 pdb，如下所示：

```
python3 -m pdb train_timetable.py
```

我會使用如下所示的除錯器。我強烈建議您跟著一起看。

pdb 會在模組的頂端開始執行，但問題在更下面。我使用 **next**（或縮寫為 **n**）命令移動到模組使用部分的開頭。

```
> ./train_timetable.py(1)<module>()
-> from datetime import time
(Pdb) next
> ./train_timetable.py(4)<module>()
-> def get_timetable(train):
(Pdb) n
> ./train_timetable.py(17)<module>()
-> def next_station(now, timetable):
(Pdb) n
> ./train_timetable.py(28)<module>()
-> def arrives_at(station, timetable):
(Pdb) n
> ./train_timetable.py(34)<module>()
```

```
-> timetable = get_timetable('nstar_northbound')   ❶
(Pdb) list
 29          for stop in timetable:
 30              if station == stop['station']:
 31                  return stop
 32
 33
 34 ->  timetable = get_timetable('nstar_northbound')
 35
 36      station = next_station(time(hour=16, minute=43), timetable)
 37      print(f"Next station is {station['station']}.")
 38
 39      stop = arrives_at('coon_rapids_fridley', timetable)
```

當我到達第一個函式呼叫時❶，我使用 **list**（或縮寫為 **l**）命令查看附近的程式碼。目前停在第 34 行，程式碼中的 -> 標示了這個位置。

設定中斷點並步進函式

我知道問題出在第 39 行附近，所以我會在那裡設定一個中斷點：

```
(Pdb) break 39
Breakpoint 1 at ./train_timetable.py:39
(Pdb) continue
Next station is Coon Rapids Fridley.
> ./train_timetable.py(39)<module>()
-> stop = arrives_at('coon_rapids_fridley', timetable)
```

命令 **break 39** 在第 39 行設定了一個中斷點。隨後我使用 **continue** 命令繼續執行到該中斷點，因為它在執行流程中比目前的位置還後面。

接著，我使用 **step**（或縮寫為 **s**）命令步進 arrives_at() 函式。然後，在檢查該段程式碼之前，我使用 **args** 命令查看傳遞給函式的值：

```
(Pdb) step
--Call--
> ./train_timetable.py(28)arrives_at()
-> def arrives_at(station, timetable):
(Pdb) s
> ./train_timetable.py(29)arrives_at()
-> for stop in timetable:
(Pdb) args
station = 'coon_rapids_fridley'   ❶
timetable = (
    {'station': 'target_field', 'arrives': datetime.time(16, 27)},
    {'station': 'fridley', 'arrives': datetime.time(16, 41)},
 ❷ {'station': 'Coon Rapids Fridley', 'arrives': datetime.time(16, 50)},
```

```
        {'station': 'anoka', 'arrives': datetime.time(16, 54)},
        {'station': 'ramsey', 'arrives': datetime.time(16, 59)},
        {'station': 'elk_river', 'arrives': datetime.time(17, 4)},
        {'station': 'big_lake', 'arrives': datetime.time(17, 17)}
)
```

Coon Rapids Fridley 的 station ID 看起來很奇怪❷，而且顯然不符合我正在尋找的 station ID ❶。timetable 中的資料在某個地方被修改了，這可能是我的程式碼返回 None 的原因之一。不過，我仍然需要確認我的想法。

穿越執行堆疊

由於我在程式碼的這部分沒有更改 station ID，問題必定存在於程式碼的較前面部分。我**可以**重新啟動一個新的除錯對話，這樣就可以在執行堆疊的較前面的位置停下來，但在現實世界大型的程式中進行除錯，這種做法可能太過繁瑣。幸運的是，pdb 提供了替代方案。

首先，我需要知道在執行堆疊中的位置。**where** 命令會顯示目前的堆疊追蹤，由四個框架組成：

```
(Pdb) where
/usr/local/lib/python3.9/bdb.py(580)run()
-> exec(cmd, globals, locals)
  <string>(1)<module>()
  ./train_timetable.py(39)<module>()
-> stop = arrives_at('coon_rapids_fridley', timetable)
> ./train_timetable.py(29)arrives_at()    ❶
-> for stop in timetable:
(Pdb) up
> ./train_timetable.py(39)<module>()
-> stop = arrives_at('coon_rapids_fridley', timetable)
```

目前我在最底層的框架，這由 > 字元表示❶。我可以使用 **up** 指令移動到上一個框架，這會將我的焦點移到這一行：

```
stop = arrives_at('coon_rapids_fridley', timetable)
```

接下來，我會檢查附近的程式碼：

```
(Pdb) l
34      timetable = get_timetable('nstar_northbound')
35
```

```
36         station = next_station(time(hour=16, minute=43), timetable)
37         print(f"Next station is {station['station']}.")
38
39 B->    stop = arrives_at('coon_rapids_fridley', timetable)
40         print(f"Arrives at {stop['arrives']}.")
[EOF]
(Pdb) b 36
Breakpoint 2 at ./train_timetable.py:36
```

我使用 l 命令（就是 list 的縮寫）來查看周圍的程式碼。您會看到第 39 行有一個中斷點，由 B 標示。-> 也表示這是我的目前位置。

我之前知道在某個意外的地方 timetable 被改變了。首要嫌疑是在第 36 行的 next_station() 函式呼叫，所以我在那裡設定了一個中斷點，使用 b 36（與 break 36 相同）。

我必須在執行堆疊中向後移動，這是 pdb 的一個很酷的功能。有兩種方法可以做到：一種是我可以從這一點使用 restart 指令，然後繼續到新的中斷點，另一種是使用 jump。因為後者有點難搞，我會在這裡展示如何實現。

使用 jump 的困難點在於我不能從除了最新框架以外的任何位置跳躍過去，而我與最新框架相隔一層。有一些方法可以解決這個問題，我可以在外部範圍的後面行設定一個中斷點，然後繼續移到這裡。目前範例的情況還滿簡單的，所以我可以使用 next 指令從這一點跳出目前的函式呼叫：

```
(Pdb) next
> ./train_timetable.py(40)<module>()
-> print(f"Arrives at {stop['arrives']}.")
```

現在我已經可以 jump 了。但是，restart 和 jump 之間的重要區別是，前者重新啟動，而後者在目前狀態下執行。這表示如果我想要獲取準確的情況，我需要取得 timetable 的新值，而不改變其他任何東西。在這段程式碼中，最簡單的做法是跳到第 34 行：

```
(Pdb) jump 34
> ./train_timetable.py(36)<module>()
-> timetable = get_timetable('nstar_northbound')
(Pdb) n
> ./train_timetable.py(36)<module>()
-> station = next_station(time(hour=16, minute=43), timetable)
(Pdb) pp timetable
({'arrives': datetime.time(16, 27), 'station': 'target_field'},
```

```
       {'arrives': datetime.time(16, 41), 'station': 'fridley'},
       {'arrives': datetime.time(16, 50), 'station': 'coon_rapids_fridley'},
       {'arrives': datetime.time(16, 54), 'station': 'anoka'},
       {'arrives': datetime.time(16, 59), 'station': 'ramsey'},
       {'arrives': datetime.time(17, 4), 'station': 'elk_river'},
       {'arrives': datetime.time(17, 17), 'station': 'big_lake'})
```

在進行跳躍後，pdb 保持暫停，等待進一步的命令。我用 n 執行這行，然後透過使用 pp timetable 確認 timetable 回到應該的狀態。

檢查原始碼

現在，我要看看 timetable 是怎麼亂掉的。在這點上我不需要用 continue，因為我已經在第 36 行，這就是我下一個想要檢查的位置。我知道 timetable 中的資料正在被改變，所以使用 **source next_station** 命令檢查 next_station() 函式的程式碼內容：

```
(Pdb) source next_station
17      def next_station(now, timetable):
18          """Return the name of the next station."""
19          station = None
20          for stop in timetable:
21              if stop['arrives'] > now:
22                  station = stop
23                  break
24          station['station'] = station['station'].replace('_', ' ').title()
25          return station
(Pdb) b 24
Breakpoint 2 at ./train_timetable.py:24
(Pdb) c
> ./train_timetable.py(22)next_station()
-> station = stop
```

嗯…，第 24 行很有趣，不是嗎？那是從所謂的 lower_snake_case 命名方式轉換為 Title Case 方式的邏輯。我不想浪費時間逐步遍訪那個 for 迴圈，所以我在懷疑的那行上設定了一個中斷點，使用 **b 24**，然後繼續執行 **c**。

現在我可以檢查 station 的前後狀態：

```
(Pdb) p station
{'station': 'coon_rapids_fridley', 'arrives': datetime.time(16, 50)}
(Pdb) n
> ./ch19/train_timetable.py(25)next_station()
-> return station
(Pdb) p station
```

```
{'station': 'Coon Rapids Fridley', 'arrives': datetime.time(16, 50)}
(Pdb) pp timetable
({'arrives': datetime.time(16, 27), 'station': 'target_field'},
 {'arrives': datetime.time(16, 41), 'station': 'fridley'},
 {'arrives': datetime.time(16, 50), 'station': 'Coon Rapids Fridley'},
 {'arrives': datetime.time(16, 54), 'station': 'anoka'},
 {'arrives': datetime.time(16, 59), 'station': 'ramsey'},
 {'arrives': datetime.time(17, 4), 'station': 'elk_river'},
 {'arrives': datetime.time(17, 17), 'station': 'big_lake'})
```

啊哈！我第一次用 **p station** 檢查 station 時，它有正確的 station ID。在使用 **n** 執行了懷疑的那一行後，我再次檢查該值，發現它已經改變了。這本身並不算太糟糕，但如果我用 **pp timetable** 查看 timetable 的值，就會發現更改是在那裡進行的。

雖然元組本身是不可變的，但它的項目卻不一定，而字典則絕對是可變的。透過把元組的項目綁定到 station，然後讓其變動，這個改變就會反映在元組中。

next_station() 函式有副作用。arrives_at() 函式找不到預期 ID 的 station，因為 ID 已經被更改。

檢查解決方案

一旦我找到了問題，就可以退出 debugger 並進行修復。但是，如果搞錯了，我就必須重新開始，這可能很煩人！由於我已經位於錯誤的位置點，我會嘗試將字典更改回正確的狀態。

我可以使用!命令在目前位置執行一個 Python 陳述式，實際上是在我停在的那行之前執行。

```
(Pdb) !station['station'] = 'coon_rapids_fridley'
(Pdb) pp timetable
({'arrives': datetime.time(16, 27), 'station': 'target_field'},
 {'arrives': datetime.time(16, 41), 'station': 'fridley'},
 {'arrives': datetime.time(16, 50), 'station': 'coon_rapids_fridley'},
 {'arrives': datetime.time(16, 54), 'station': 'anoka'},
 {'arrives': datetime.time(16, 59), 'station': 'ramsey'},
 {'arrives': datetime.time(17, 4), 'station': 'elk_river'},
 {'arrives': datetime.time(17, 17), 'station': 'big_lake'})
(Pdb) n
--Return--
> ./train_timetable.py(25)next_station()->{'arrives': datetime.time(16, 50),
'station': 'coon_rapids_fridley'}
-> return station
```

執行修正 station 值的陳述式之後，我用 pp timetable 確認修正是否有效。果然，coon_rapids_fridley 的項目變成了正確的值。接著，我用 n 命令前進到下一行程式碼。

僅只因為我在程式碼中修復了一個問題並不代表程式修復了唯一的問題。我需要讓程式完成執行，以確保問題都已完全解決。我使用 b（或 break）不帶引數，列出所有中斷點。在這個範例中，我會清除中斷點 1 和 2，因為這兩個中斷點在我繼續執行時會造成妨礙。

```
(Pdb) b
Num Type         Disp Enb   Where
1   breakpoint   keep yes   at ./train_timetable.py:39
        breakpoint already hit 1 time
2   breakpoint   keep yes   at ./train_timetable.py:36
        breakpoint already hit 1 time
3   breakpoint   keep yes   at ./train_timetable.py:24
        breakpoint already hit 1 time
(Pdb) clear 1 2
Deleted breakpoint 1 at ./train_timetable.py:39
Deleted breakpoint 2 at ./train_timetable.py:36
```

現在，我已經移除了程式中不再需要的中斷點。（我也可以輸入 clear 清除所有中斷點。）

在這裡使用 continue 命令繼續進行：

```
(Pdb) continue
Next station is coon_rapids_fridley.
Arrives at 16:50:00.
The program finished and will be restarted
> ./train_timetable.py(1)<module>()
-> from datetime import time
(Pdb) q
```

由於 "Next station is..." 的輸出不是我想要的，我得找出解決的辦法，但是程式碼的其餘部分沒有當掉。我解決了原本的這個問題！最後，我可以使用 q 離開 pdb shell 模式，然後根據我發現的問題修改我的程式碼。

事後剖析除錯

到目前為止，您已經看到可以從程式的頂端或預設中斷點執行除錯工具的做法。另外還有第三種做法是**事後剖析**（**postmortem**），也就是在發生致命崩潰當掉之後進行。這最好被視為在崩潰當掉瞬間的快照。您無法在程式碼中移動、設定中斷點、進入函式呼叫或跳來跳去,但您可以從崩潰當掉的點位檢查任何您想要的東西。

有幾種啟動事後剖析除錯的做法。最簡單的方式是在互動式的 Python shell 模式中啟動模組,讓它崩潰當掉,然後使用 import pdb; pdb.pm() 呼叫事後剖析除錯工具:

```
$ python3 -i train_timetable.py
Next station is Coon Rapids Fridley.
Traceback (most recent call last):
  File "/home/jason/IBP Nextcloud/Documents/NoStarchPress/DeadSimplePython/
Code/ch19/train_timetable.py", line 40, in <module>
    print(f"Arrives at {stop['arrives']}.")
TypeError: 'NoneType' object is not subscriptable
> import pdb; pdb.pm()
> /home/jason/IBP Nextcloud/Documents/NoStarchPress/DeadSimplePython/Code/
ch19/train_timetable.py(40)<module>()
-> print(f"Arrives at {stop['arrives']}.")
(Pdb)
```

在這裡我除了進行檢查之外,並不能做什麼其他事情,這表示在此種特定情境下這項技術並不是特別有用。話雖如此,但我仍然可以檢查與名稱 timetable 和 station 綁定的值,這可能會給我一些初步的洞察和剖析:

```
(Pdb) pp timetable
({'arrives': datetime.time(16, 27), 'station': 'target_field'},
 {'arrives': datetime.time(16, 41), 'station': 'fridley'},
 {'arrives': datetime.time(16, 50), 'station': 'Coon Rapids Fridley'},
 {'arrives': datetime.time(16, 54), 'station': 'anoka'},
 {'arrives': datetime.time(16, 59), 'station': 'ramsey'},
 {'arrives': datetime.time(17, 4), 'station': 'elk_river'},
 {'arrives': datetime.time(17, 17), 'station': 'big_lake'})
(Pdb) p station
{'station': 'Coon Rapids Fridley', 'arrives': datetime.time(16, 50)}
```

這與使用 print 陳述式進行除錯非常相似,至少從錯誤點位來看是如此。從這個顯示中,我可以得知 timetable 本身可能已經意外地被改變,這是有用的洞察見解。從這裡,我能以常規的除錯模式重新啟動模組,並跟進這個想法,就像您之前看到的那樣。

使用 faulthandler

如果您曾經使用過 C 或 C++，您可能熟悉**未定義行為**（**undefined behavior**）的概念，或者說在程式碼中沒有正式定義應該如何處理的情況。有未定義行為的程式碼可能會產生任何結果：它可能看起來正常運作或出現錯誤，甚至可能做一些奇怪的事情。

您可能聽過很多 Python 開發者說：「Python 沒有未定義行為！」，但這只有部分是真的。在 Python 的語言規範中並沒有標記為「未定義行為」的內容。一切都應該以一種被定義的方式運作，或者以特定的錯誤失效。

雖然那是事實，但 CPython（預設的直譯器）和許多常見的 Python 擴充模組和程式庫仍然是用 C 建構的，而在 C 中可能存在未定義的行為。如果您在 Python 說明文件中搜尋 "undefined" 這個詞，您會發現一些進階的狀況中可能存在未定義行為的情況。

當您覺得遇到了未定義的行為，特別是面臨**記憶體區段錯誤**（**segmentation faults**，由程式試圖存取它無權存取的計算機記憶體區段而導致的致命系統錯誤）時，faulthandler 模組會是您工具箱中最有用的工具之一。

為了展示這個工具的運用，請思考下面這段具有未定義行為的簡短 Python 程式碼範例：

📁Listing 19-21: segfault.py:1a

```
import ctypes

ctypes.memset(0, 254, 1)
```

這裡的未定義行為來自底層的 C 程式碼：試圖把地址 0（即 null 指標）的記憶體設定為值 254。在 null 指標存取或修改記憶體的行為是未定義的。雖然可能發生任何事情，但這個特定的動作幾乎都會導致記憶體區段錯誤：

```
Segmentation fault (core dumped)
```

在這個簡單的兩行程式中很容易發現這個問題，但請想像一下如果這個錯誤發生在一個有數百行程式碼的龐大專案中又會是怎麼樣的情況。

這就是 faulthandler 派上用場的地方。它可以讓您快速找到程式碼中引起未定義行為那一行程式的位置。使用這個工具有兩種方式。第一種方式是在執行直譯器時搭配使用 -X faulthandler 選項：

```
python3 -X faulthandler segfault.py
```

另一種方式是您也可以在程式碼中直接啟用 faulthandler：

📂Listing 19-22: segfault.py:1b
```
import ctypes

import faulthandler; faulthandler.enable()

ctypes.memset(0, 254, 1)
```

由於啟用 faulthandler 的這行程式應該在問題被找到後就要刪除，所以將 import 陳述式與 enable() 呼叫塞在同一行是可以接受的。

無論您怎麼啟用 faulthandler，其輸出基本上都是一樣的。一旦發現記憶體區段錯誤或類似的致命錯誤，您就會看到完整的堆疊追蹤回報：

```
Fatal Python error: Segmentation fault

Current thread 0x00007f7af346a280 (most recent call first):
  File "/home/jason/DeadSimplePython/segfault.py", line 5 in <module>
Segmentation fault (core dumped)
```

根據這個堆疊追蹤，您可以看到問題在 segfault.py（Listing 19-22）的第 5 行，其中包含對 ctypes.memset 的無效呼叫。

使用 Bandit 評估程式的安全性

正如我在本書中有提到過的，您在使用模組和程式庫，以及選擇的使用方式上可能會在您的程式碼中引入多種安全風險。雖然您應該嘗試保持對漏洞的了解，但記住每一個可能的問題實在是不切實際的。幸運的是，您可以使用一套工具來協助監視程式碼的安全性。

Bandit 是一套以安全為重點的靜態分析工具。它透過建置並測試程式碼的**抽象語法樹**（**abstract syntax tree, AST**），這是一種表示程式碼整體結構的樹狀資料結構，可用來檢查程式碼是否存有安全問題。您可以使用 pip 安裝 bandit 套件，然後像大多數其他靜態分析工具一樣使用它。

請思考下面這支非常小的程式，其中含有一個重要的安全問題：

📂Listing 19-23: magic_calculator.py:1a

```
equation = input("Enter an equation: ")
result = eval(equation)
print(f"{equation} = {result}")
```

我不打算自己指出這裡的安全問題，我會執行這個程式，使用 Bandit 看看它能發現什麼問題：

```
python3 -m bandit magic_calculator.py
```

以下是輸出結果：

```
[main]  INFO    profile include tests: None
[main]  INFO    profile exclude tests: None
[main]  INFO    cli include tests: None
[main]  INFO    cli exclude tests: None
[main]  INFO    running on Python 3.9.0
[node_visitor]  INFO    Unable to find qualified name for module:
super_calculator.py Run started:2022-05-29 22:25:37.497963

Test results:
Issue: [B322:blacklist] The input method in Python 2 will read from standard input,
evaluate, and run the resulting string as python source code. This is similar to,
though in many ways worse than, using eval. On Python 2, use raw_input instead.
Input is safe in Python 3. ❶
   Severity: High Confidence: High
   Location: super_calculator.py:1
   More Info: https://bandit.readthedocs.io/en/latest/blacklists/blacklist_calls.
html#b322-input
1       equation = input("Enter an equation: ")
2       result = eval(equation)
3       print(f"{equation} = {result}")

--------------------------------------------------
Issue: [B307:blacklist] Use of possibly insecure function - consider using safer
ast.literal_eval. ❷
   Severity: Medium Confidence: High
   Location: super_calculator.py:2
   More Info: https://bandit.readthedocs.io/en/latest/blacklists/blacklist_calls.
html#b307-eval
1       equation = input("Enter an equation: ")
2       result = eval(equation)
3       print(f"{equation} = {result}")
```

```
--------------------------------------------------
Code scanned:
        Total lines of code: 3
        Total lines skipped (#nosec): 0

Run metrics:
        Total issues (by severity):
                Undefined: 0.0
                Low: 0.0
                Medium: 1.0
                High: 1.0
        Total issues (by confidence):
                Undefined: 0.0
                Low: 0.0
                Medium: 0.0
                High: 2.0
Files skipped (0):
```

第一個警告❶抱怨 input() 內建函式在 Python 2 中是不安全的。看著這個警告，開發者可能會說：「哦，Bandit 必定是搞錯了。它在抱怨 Python 2，而我是使用 Python 3！」實際上，在這裡 Bandit 並沒有錯。我假設這段程式會在 Python 3 中執行，但程式也有可能會意外地在 Python 2 中執行，當在 Python 2 中使用 input() 確實是不安全的。

若想要修復這個問題，我需要在模組的頂端加上一行 shebang，確保程式碼只會被 Python 3 執行：

📂Listing 19-24: magic_calculator.py:1b

```python
#!/usr/bin/env python3

equation = input("Enter an equation: ")
result = eval(equation)
print(f"{equation} = {result}")
```

Bandit 的第二個警告❷提出了建議：改用 ast.literal_eval() 而不要用 eval()，因為後者容易受到程式碼注入攻擊。我會接受建議進行修改：

📂Listing 19-25: magic_calculator.py:1c

```python
#!/bin/env/python3
import ast

equation = input("Enter an equation: ")
result = ast.literal_eval(equation)
print(f"{equation} = {result}")
```

在修改後的程式碼上重新執行 Bandit，就沒有再發現問題了。您可以在 https://bandit.readthedocs.io/en/latest/ 網站找到該工具的完整說明文件。

安全性的議題可能與您的專案感覺不太相關，但您必須記住，它不一定與您的程式處理的資料相關！許多安全問題與攻擊者可能會用您的程式碼作為一種向量或工具來進行與其無關的攻擊。安全漏洞就像銀行金庫上的一扇門，它怎麼到達那裡、誰打算使用它、或者對授權使用者有什麼幫助都無關緊要。因為遲早有一天，有人會濫用它進行非法或未經授權的用途。

> **ALERT**
>
> 關於程式安全性的所有聲明，在經過測試之前都只是神話。從 Bandit 獲得的整潔分析報告並不保證您的程式碼就是安全的。請保持對最新安全漏洞的了解，包括任何第三方依賴內容或它們依賴項目的漏洞。當您的程式碼涉及系統或資料安全時，請準備進行一些更嚴格的測試。

向 Python 回報錯誤

有時候程式中的問題並不是您的錯！Python 像所有的程式一樣，偶爾會出現一些錯誤 bug。一旦您確定問題不是來自您自己的程式碼、第三方模組或套件，強烈建議您將這個錯誤 bug 回報給 Python 的開發者。

您的第一步應該是檢查這個錯誤是否已經被回報過。在任何問題追蹤系統中，這可能有點麻煩，所以在這一步要有耐心。所有 Python 的問題都在 https://bugs.python.org/ 這個網站上追蹤，值得您在那裡註冊一個帳戶。試著使用不同的詞在網站上搜尋，焦點放在您使用的語言部分和您收到的錯誤訊息中的任何關鍵詞。確保排除任何是您程式碼獨有的用詞，因為它們可能不會出現在其他的錯誤回報中。同時，請不要忽略以前關閉的錯誤，因為有時候會有回溯的情況。如果您找到一個與您的情況相符的現有錯誤，請留下一個帶有您所取得之資訊的評論。

如果找不到相符的問題，就開一個新的錯誤回報。要有心理準備在這裡得花點時間和心力。因為您是遇到這個錯誤的人，您比任何人都更能夠確定其詳細問題。提供盡可能多的資訊，以幫助 Python 開發者重現這個問題。準備好回答進一步的問題，因為您可能需要試一些事情，以此來證明您的程式碼不是真正的問題所在。

Python 說明文件中有一份實用的指南，解釋如何有效回報錯誤。在回報問題之前，請閱讀該說明指南，網址是：https://docs.python.org/3/bugs.html。

安全問題應該與一般的錯誤分開處理，因為需要保密處理以最小化對現有程式碼的風險。如果您發現 Python 有安全漏洞，請透過電子郵件回報給 security@python.org，並按照 https://www.python.org/dev/security/ 上的說明進行操作。

總結

在對抗錯誤時，最好的防禦就是積極進攻。寫程式時善用例外（exception）、警告（warning）、斷言（assertion）和日誌記錄（logging），這樣可以減少後續的除錯工作。

當出現錯誤時，不要只依賴把 print() 陳述式堆在程式碼的各個地方。logging 和 assert 陳述式對於手動除錯和在開發過程中捕捉問題都是很有用的。

與此同時，Python debugger（pdb）是您的工具箱中最實用的工具之一，無論您的整合開發環境（IDE）中的除錯器有多酷多好用，花一點時間學會使用 pdb 是非常值得的。

Python 的預設實作 CPython，以及許多擴充模組都是用 C 語言編寫的，這表示未定義行為和其他與 C 相關的錯誤可能會出現在您的 Python 程式碼中。當發生這種情況時，faulthandler 是您最好的朋友。

最後，準備好在別人使用程式之前先檢查並解決程式碼中的安全漏洞。雖然真正的安全測試是十分複雜且牽扯很多，但 Bandit 可以幫助您入門。

錯誤 bug 可能是無法避免的，但 Python 生態系統提供了優秀的工具可用來捕捉、檢查和修復它們！

第 20 章
測試與效能分析

程式碼有兩個重要的規則：未經測試的程式碼就是有問題的程式碼，而關於效能的所有宣告在經證實之前都是虛幻的。好在 Python 生態系統提供了很多工具可測試和分析您的程式碼。

測試（**Testing**）是**品質保證**（**QA**）的一部分，在軟體開發中的目標是提升程式碼的整體穩定性和可維護性。雖然許多公司擁有專門的 QA 團隊，但測試應該是專案中**每位開發人員**的共同責任。同樣地，**效能分析**（**profiling**）是確保專案達到效能目標的重要部分。即使某些設計模式或演算法在紙上看起來更快，但效能分析才是確保您的實作方式在實際中比某種替代方案更為有效的基礎。在本章的內容中，我會介紹在 Python 中進行測試和效能分析的基本知識，主要使用 pytest 測試框架，並將目光投向實際的上線作業的程式碼。

大多數有經驗的開發人員發現，在編寫程式碼的過程中測試他們的程式比事後測試整個完成的程式更為有效率。這種做法能讓開發人員在早期就捕捉和修正問題，識別和進行修復就更容易。在本章中，我會按照這個過程來進行。我會逐步開發一個完整（較小型）多個檔案的專案，並在每個部分寫入和延展測試，隨後再繼續開發。您將學會如何執行基本的單元測試，有條件地執行測試，並修復不穩定的測試。此外，您還會學到使用 fixtures、mocks 和參數化。我還會介紹測試覆蓋率的衡量、自動化測試、程式碼基準測試以及效能分析。

測試驅動開發（TDD）

測試的實務不應該與特定的**測試驅動開發**（**test-driven development, TDD**）做法混淆，TDD 是指在編寫程式碼之前先編寫測試，然後再編寫程式碼使測試通過。TDD 不是強制性的，您同樣可以在編寫程式碼之後立即編寫測試，這也同樣有效。

如果您已經習慣使用 TDD，我鼓勵您在這一章中繼續運用，先編寫測試。如果您像我一樣更喜歡先寫好程式碼再寫測試，也可以繼續使用這種方式。重要的是要寫測試，而且越早越好。

測試框架

在 Python 中有幾個用於執行測試的框架，各自具有獨特的功能和用例。最受歡迎的 Python 測試框架是 pytest，它是 unittest-based 框架的簡化替代方案，具有極少的樣板程式碼。如果您不知道該使用哪種框架，建議選擇 pytest。您可以在官方說明文件（https://docs.pytest.org/）中獲取更多相關資訊，另外可以使用 pip 從 PyPI 安裝 pytest 套件。

本章還會使用 **tox**，它確保您的封裝在不同的 Python 環境中能正常執行，並自動在每個環境中執行測試套件。您可以在 https://tox.readthedocs.io/ 網站中找到官方的 tox 說明文件，同樣可以使用 pip 從 PyPI 安裝 tox 套件。

在深入測試之前，我想先介紹一些在 Python 專案中常規使用的其他測試框架。

Python 的標準程式庫內含 unittest，它有著悠久的歷史。在 Python 2 版本時，有 unittest 和 unittest2 兩者，而在 Python 3 版，後者變成了 unittest（https://docs.python.org/3/library/unittest.html）。標準程式庫中還內含 doctest，它允許您在 docstrings 中編寫簡單的測試（https://docs.python.org/3/library/doctest.html）。在您不需要安裝任何套件的情況下，這兩者都能派上用場。

unittest 模組曾被現在已停用的 nose 框架擴充和改進，nose 框架增加了對外掛程式的支援。後來 nose2 取代了 nose 框架，然而，nose2 目前大多被認為已過時，所以在可能的情況下，最好把 nose2 測試重寫為 pytest 或其他現代框架。這裡有一份 pytest 說明文件指南可以參考，其網址為：https://docs.pytest.org/en/stable/nose.html。

有一些較新的測試程式庫，其中許多應用了創新的理念並提供了更簡單的介面。其中一個例子是 Hypothesis，它可以透過撰寫描述程式碼應該執行的斷言來自動發現您可能忽略的邊界情況。詳細資訊可以參考官方說明文件，網址為 https://hypothesis.readthedocs.io/。

我個人最喜歡的測試程式庫是 Ward，它具有改進的測試組織和更清晰的輸出。它還與 Hypothesis 配合良好，並且完全支援非同步操作。您可以在連到網站：https://wardpy.com/了解更多資訊。

最後是 RobotFramework，這是個與許多其他工具整合的測試自動化框架。它更適用於難以測試的大型和複雜系統，而不是小型的獨立專案。您可以連到網站：https://robotframework.org/ 了解更多資訊。

範例專案

為了示範真實世界的 Python 測試，我會建立一個完整（但小型）的命令列程式範例，用於對純文字檔進行校對檢查。該程式會接受檔案路徑作為輸入，然後會使用免費的 API 來檢查檔案內容中的拼寫和語法錯誤。接著，它會提示使用者透過選擇建議的修改方式來更正錯誤。更正後的文字會被寫入另一個檔案。

這個專案的完整原始程式碼可以在我的 GitHub 儲存庫上找到，其網址是 https://github.com/codemouse92/textproof。然而，在本章中，我會一邊撰寫程式一邊示範良好的測試習慣，我鼓勵您跟著一起做。在那個儲存庫的 example_starter 分支中含有這個範例的初始資料夾結構和封裝腳本。

為了實作真實的拼寫和文法檢查，我會使用 LanguageTool 的免費網路 API，這是個開源的校對工具和服務（https://languagetool.org/）。

除了第三方模組 requests 和 click 以及 LanguageTool API 之外，這個範例只用了您在本書已學到的功能和技巧。

若想要使用 LanguageTool API，您要用 requests 做一個 POST 請求，將一段純文字字串和其他必要的資訊封裝在字典中，這些字典會在背後轉換成 JSON 格式。LanguageTool 服務會回覆一個很大的 JSON 物件，其中包含了檢測到的文法和拼寫錯誤，以及建議的修正。requests 模組會將這個回應轉換成 Python 字典。接著，我的程式碼就需要從中挑選出需要的資訊。

您可以在 https://languagetool.org/http-api/swagger-ui/#!/default/post_check 網站找到更多有關這個 API 的資訊，也可以在那裡試試看它的網頁介面。

click 模組提供了一種比我在第 19 章使用的 argparse 更直觀的方式來設計命令列介面。我只會使用 @click.command()、@click.argument() 和 @click.option() 這三個 decorator（裝飾器）。

您可以透過 pip 在您的虛擬環境中安裝 requests 和 click 這兩個模組。requests 的官方說明文件在 https://requests.readthedocs.io/，這裡我只會用到 requests.post() 方法和它返回的 requests.Response 物件。click 模組的說明文件在 https://click.palletsprojects.com/。

如果 LanguageTool API 掛了或者您無法連接到它，請放心，幾乎所有我的測試都可以在沒有 API 存取權限的情況下執行。因此，就算沒有網路連線，您應該還是可以完成大部分的範例，最終驗證程式碼是能正確運作。這就是測試的美妙之處。

測試和專案結構

在您開始進行測試之前，對專案結構的安排十分重要。在第 18 章時，我介紹了一個 Python 專案的建議結構，其中包括那個至關重要的 setup.cfg 檔案。在這個範例中，我會擴充類似的結構：

📂Listing 20-1: Project directory tree for textproof/

```
textproof/
├─── LICENSE
├─── MANIFEST.in
├─── pyproject.toml
├─── README.md
├─── requirements.txt
├─── setup.cfg
├─── setup.py
├─── src/
```

```
│         └── textproof/
│     │         ├── __init__.py
│     │         └── __main__.py
├── tests/
│     ├── conftest.py
│     └── __init__.py
└── venv/
```

textproof 套件的原始程式碼應該放在 src/textproof/。正如我在第 18 章中提到的，使用 src/ 目錄是可選擇性的，但強烈建議使用。這不僅讓封裝更加容易，還簡化了測試工具的配置設定。更重要的是，它強迫您在測試之前直接安裝您的套件，這樣可以暴露出封裝的缺陷以及在您的程式碼中對目前工作目錄的任何錯誤假設。

在這個結構中，測試本身會放在 tests/ 目錄中，這被稱為**離地測試**（**out-of-place testing**）。

我會在這裡簡要回顧與設定相關的檔案，主要聚焦在它們對測試配置設定的影響上。詳細的解釋可以參考第 18 章。

LICENSE 和 README.md 檔相當容易理解，所以這裡就不再贅述。同樣地，setup.py 與第 18 章的內容相同，這裡也省略不提。

setup.cfg 檔除了元資料和相依內容，大致上與第 18 章的 Timecard 專案的一樣。由於本書版面有限，所以省略了元資料：

📂Listing 20-2: setup.cfg:1a
```
[options]
package_dir =
    = src
packages = find:
include_package_data = True
install_requires =
    requests
    click
python_version = >=3.6, <4

[options.packages.find]
where = src
exclude = tests

[options.extras_require]
test =
    pytest

[options.entry_points]
```

```
console_scripts =
    textproof = textproof.__main__:main

[flake8]
max-line-length = 120
```

在這個專案中，我使用了兩個程式庫：requests 用來處理 API，以及 click 用來建立命令列介面。我還使用 pytest 進行測試，稍後我會在這裡加入一些工具。

這次我沒有要引入在套件中的非程式碼資料，所以 MANIFEST.in 檔很簡單：

🗁Listing 20-3: MANIFEST.in
```
include LICENSE *.md
```

這個範例中最有趣的設定相關檔案會是 pyproject.toml，最終會儲存我使用的一些測試工具的設定值。目前看起來與第 18 章的一樣：

🗁Listing 20-4: pyproject.toml:1a
```
[build-system]
requires = ["setuptools>40.8.0", "wheel"]
build-backend = "setuptools.build_meta"
```

在 Listing 20-1 範例的專案結構中，我的原始程式碼應該放在 src/textproof/ 裡，而測試應該放在 tests/ 裡。

測試基礎

在這個第一部分的內容中，我會寫一些初始的程式碼和一些基本的測試，即使在整支程式執行之前，我也能夠執行這些測試。

開始編寫範例

我的程式碼功能先要能夠載入一個文字檔，然後再將其存回。我會在專案中使用一個名為 FileIO 的類別，用來在處理檔案內容時儲存它們：

🗁Listing 20-5: src/textproof/fileio.py:1a
```
import pathlib


class FileIO:
```

```
    def __init__(self, in_file, out_file=None):
        self.in_file = pathlib.Path(in_file)
        if out_file is None:
            out_file = in_file
        self.out_file = pathlib.Path(out_file)
        self.out_file_tmp = pathlib.Path(out_file + '.tmp')

        self.data = None

    def load(self):
        if not self.data:
            with self.in_file.open('r') as file:
                self.data = file.read()

        return self.data

    def save(self):
        if not self.data:
            raise RuntimeError("Nothing to save.")

        with self.out_file_tmp.open('w') as file:
            file.write(self.data)
        self.out_file_tmp.rename(self.out_file)
```

FileIO 類別的初始化程式接受一個要讀取之檔案的路徑,並可選擇性地提供一個寫回的檔案路徑;如果未指定 out_file 路徑,它將寫回到與讀取相同的檔案中。load() 實例方法將指定的檔案讀入到 data 實例屬性中,而 save() 實例方法將資料寫出到一個檔案。

單元測試

我目前透過**單元測試**(**unit tests**)來測試程式碼的各個行為,這種測試被稱為單元測試,因為每一個都測試**單一**的單位,例如一個函式,或在這個範例中,函式中的一個特定條件路徑。

在我編寫更多程式碼之前,我想先測試這個類別到目前為止的行為。在 tests/ 目錄中,我建立了一個叫 test_fileio.py 的檔案。在 pytest 中,所有測試模組預設都必須以「test_」開頭,這樣測試框架才能辨識到。如果我將檔案命名為 tests/fileio.py,這樣的測試就不會執行。

每個測試都寫成一個含有一個或多個 assert 陳述式的函式:

📂Listing 20-6: tests/test_fileio.py:1a

```python
import pathlib
import pytest
from textproof.fileio import FileIO

class TestFileIO:

    def test_in_path(self):
        file = FileIO('tests/to_be.txt')
        assert file.in_file == pathlib.Path('tests/to_be.txt')

    def test_out_path(self):
        file = FileIO('tests/to_be.txt', 'tests/out.txt')
        assert file.out_file == pathlib.Path('tests/out.txt')

    def test_no_out_path(self):
        file = FileIO('tests/to_be.txt')
        assert file.in_file == file.out_file
```

因為所有這些測試都關聯到程式碼庫的同一部分,就以組織為目的,將它們組成一個類別是很有用的。

前兩個測試檢查傳遞給 FileIO 初始化程式的路徑字串是否被轉換成分別綁定到 in_file 和 out_file 屬性的 pathlib.Path 物件。第三個測試則檢查,如果只提供一個路徑字串,該路徑將被同時用於 in_file 和 out_file。

雖然這些檢查起來好像很顯而易見,但隨著程式碼變得更加複雜,這些單元測試就會變得非常寶貴。如果對程式碼的任何更改使其不再按照這些測試所期望的方式運作,就會透過測試失效而得知,而不是遇到某種需要除錯的意外行為才發現問題。

良好的測試習慣要求每個單元測試只檢查一個行為,這就是我編寫了三個單獨的測試,而不是一個檢查所有三個行為的測試。這有助於專注於某一個沒有正常運作的行為,而不是必須在多個 assert 陳述式中尋找問題。

我也沒有建立常數來保存一再重複的字串字面值。雖然這違反了 DRY(Don't Repeat Yourself)的編寫程式碼慣例,但在 Python 測試中一般會被視為良好的實務,如此一來,如果正在測試的函式以奇怪的方式重新綁定、變動或與變數互動,您的測試就永遠不會遇到誤報(偽陽性)的風險。請避免在輸入和輸出中使用相同的變數。

最後，請留意 pytest 要求測試函式必須以「test_」開頭，而測試類別必須以「Test」開頭，就像模組檔名必須以「test_」開頭一樣。如果我把第一個測試只命名為 in_path()，它就不會被當作測試來執行。您可以在 pytest 的設定中更改這個行為，做法請查閱網站：https://docs.pytest.org/en/latest/example/python collection.html。有些其他的測試框架，如 Ward，則沒有這個預設的慣例。

以 pytest 執行測試

若要執行這些測試，我必須先在虛擬環境中安裝好套件。在下面的範例中，我已經建立了一個虛擬環境，名為 venv/。現在要在命令列模式中從專案的根目錄內執行以下命令，安裝這個套件及其可選擇性的測試相依內容：

```
venv/bin/pip install -e '.[test]'
```

這會根據 setup.cfg 來安裝本機套件，包括測試所需的任何套件，也就是在 [options.extras_require] 區段指定的 pytest（參閱 Listing 20-2）。您有注意到我在 .[test] 周圍用單引號括起來，這樣可以防止命令列把這些中括號誤解為一個 glob 模式。

我還透過 -e 參數以可編輯模式安裝套件，這表示安裝直接使用 src/textproof/ 中的檔案，而不是將它們複製到虛擬環境中。如果我需要透過 debugger 執行程式碼，這樣的設定對我來說非常有用！

若想要用 pytest 執行專案測試，請輸入以下指令：

```
venv/bin/pytest
```

這樣會自動掃描整個目前的目錄，找尋任何以test_ 開頭的模組、任何以 Test 開頭的類別，以及任何以 test_ 開頭的函式。當 pytest 找到這些測試函式時，就會執行它們，並在終端機上以豐富的色彩和深入的細節輸出結果，如下所示（很遺憾本書沒有色彩顯示）：

```
===================== test session starts =====================
platform linux --
rootdir: /home/jason/Code/Repositories/textproof
collected 3 items

tests/test_fileio.py ...                              [100%]

===================== 3 passed in 0.02s =====================
```

一切都是綠燈通過的！pytest 工具在 tests/test_fileio.py 模組中找到三個測試，而這三個測試都通過了，這裡可由模組名稱後面的三個點（...）來表示。

例外測試

在進行測試時，有個重要的風險就是得到誤報（偽陽性），也就是測試由於程式碼中存有錯誤或邏輯錯誤而通過。舉例來說，您有沒有注意到這些通過的測試有點奇怪嗎？它們都牽涉到一個叫做 tests/to_be.txt 的檔案，但是在專案中並不存在這個檔案。如果 FileIO 收到一個指向不存在的檔案的路徑，它應該引發例外 FileNotFoundError，而不是悄悄繼續執行。

我會將這個例外轉化為一個測試：

📂Listing 20-7: tests/test_fileio.py:2a

```
def test_invalid_in_path(self):
    with pytest.raises(FileNotFoundError):
        FileIO('tests/idonotexist.txt')
```

若想要測試是否有拋出例外，我使用情境管理器 pytest.raises()，而不是普通的 assert 陳述式。在 with 陳述式的附屬內容中，我執行應該會拋出預期例外的程式碼。

重新執行 pytest 顯示測試失效：

```
===================== test session starts =====================
platform linux --
rootdir: /home/jason/Code/Repositories/textproof
collected 4 items

tests/test_fileio.py ...❶ F                          [100%]

========================== FAILURES ==========================
_____ TestFileIO.test_invalid_in_path _____
self = <tests.test_fileio.TestFileIO object at 0x7f9945d29580>

    def test_invalid_in_path(self):
        with pytest.raises(FileNotFoundError):
>           FileIO('tests/idonotexist.txt')
E           ❷ Failed: DID NOT RAISE <class 'FileNotFoundError'>

tests/test_fileio.py:21: Failed
=================== short test summary info ===================
FAILED tests/test_fileio.py::TestFileIO::test_invalid_in_path
=================== 1 failed, 3 passed in 0.03s ===================
```

模組名稱後面的「F」❶代表測試失效。在 FAILURES 標題之後會有更多的細節，指出預期的例外沒有被拋出❷。

請記住，在這種情況下，失效是好事！這表示測試發現了測試的期望和程式碼行為之間有不一致的情況。

現在我開始讓這個測試通過，而在這個範例中，只需在 FileIO 物件的初始化程式中加入一些處理邏輯即可：

📄Listing 20-8: src/textproof/fileio.py:1b

```
import pathlib


class FileIO:
    def __init__(self, in_file, out_file=None):
        self.in_file = pathlib.Path(in_file)
        if not self.in_file.exists():
            raise FileNotFoundError(f"Invalid input file: {self.in_file}")

        if out_file is None:
            out_file = in_file
        # --省略--
```

由於這裡用可編輯的方式安裝了本機套件，所以在再次執行 pytest 之前，我無須重新安裝，虛擬環境會直接使用原始程式碼，所以我的更改在這個情境中會立即生效。

現在執行測試會顯示前三個測試失效，而第四個通過。對於熟悉測試實務的讀者來說，這是向前邁進，而不是倒退：這表示最初前三個測試的通過是錯的！

Test Fixtures 的運用

這些測試失效並不是因為程式碼有缺陷，而是因為它們自己的邏輯有誤。這三個測試錯誤地假設存在某個特定的檔案 tests/to_be.txt。我可以自己建立那個檔案，但最好使用測試框架確保該檔案始終提前存在。我可以透過建立一個 **Software Test Fixture**（**軟體測試固定裝置**），通常稱為 **Test Fixture**（**測試固定裝置**）或 **Fixture**（**固定裝置**）來實現，這是個設定測試可能需要的函式或方法，特別是被多個測試共享的東西。Fixture 還可以執行**拆卸操作**，比如關閉串流或資料庫連接，或刪除臨時檔案。透過使用 fixture，您可以減少撰寫測試的錯誤，並節省時間。

我會在 TestFileIO 測試類別中新增 fixture 來建立測試所期望的那個示範檔案。

🗁Listing 20-9: tests/test_fileio.py:1c

```python
import pytest
import pathlib
from textproof.fileio import FileIO


class TestFileIO:

    demo_data = "To be, or not to be, that is the question!"

    @pytest.fixture
    def demo_in_file(self, tmp_path):
        test_in_file = pathlib.Path(tmp_path) / 'to_be.txt'
        with test_in_file.open('w') as file:
            file.write(self.demo_data)
        return str(test_in_file)

    @pytest.fixture
    def demo_out_file(self, tmp_path):
        test_out_file = pathlib.Path(tmp_path) / 'out.txt'
        return str(test_out_file)

    # --省略--
```

我在類別屬性 demo_data 中定義示範檔案的內容。用範例資料填滿的 fixture 是可以接受的，只要我不在測試本身的斷言中使用該屬性。

這兩個函式 demo_in_file() 和 demo_out_file() 透過 @pytest.fixture 裝飾器轉換為 fixture。這兩個 fixture 各有兩個重要的參數，tmp_path 參數實際上是一個由 pytest 透過**依賴注入**自動提供的 fixture，即在建立或呼叫物件時，該物件獲得它所需的其他物件。在這個範例中，只將參數**命名**為 tmp_path 神奇地讓 pytest 將 tmp_path fixture 物件提供給這個 fixture。tmp_path Fixture 會在檔案系統上建立一個臨時目錄，並在 fixture 拆卸時自動刪除該目錄及其內容。

demo_in_file() fixture 本身會將 demo_data 寫入檔案，然後返回該檔案的路徑。fixture 返回的任何東西都將直接提供給使用該 fixture 的所有測試。如果您需要在該陳述式之後加入拆卸邏輯，例如關閉資料庫連接，您可以在 fixture 中使用 yield 代替 return。

demo_out_file() fixture 返回臨時目錄中 out.txt 檔的路徑（目前尚不存在）。

我會在測試中使用這些 fixture，如下所示：

📂Listing 20-10: tests/test_fileio.py:1c　（接續）

```
    # --省略--
    def test_in_path(self, demo_in_file):
        file = FileIO(demo_in_file)
        assert file.in_file == pathlib.Path(demo_in_file)

    def test_out_path(self, demo_in_file, demo_out_file):
        file = FileIO(demo_in_file, demo_out_file)
        assert file.out_file == pathlib.Path(demo_out_file)

    def test_no_out_path(self, demo_in_file):
        file = FileIO(demo_in_file)
        assert file.in_file == file.out_file
```

和之前一樣，fixture 透過依賴注入加到測試中。我只需添加一個帶有 fixture 名
稱的參數（demo_in_file），pytest 將注入該 fixture。在測試的情境中，demo_
in_file 指到由 fixture 返回或 yield 的任何值。在這個範例中，那是 fixture 建立
的示範檔案路徑的字串代表。

我再次執行 pytest，發現所有四個測試都通過了。

以下是一些額外的單元測試，用來檢查 FileIO 類別的讀寫邏輯：

📂Listing 20-11: tests/test_fileio.py:3

```
    def test_load(self, demo_in_file):
        file = FileIO(demo_in_file)
        file.load()
        assert file.data == self.demo_data

    def test_save(self, demo_in_file, demo_out_file):
        file = FileIO(demo_in_file, demo_out_file)
        file.data = self.demo_data
        file.save()
        with pathlib.Path(demo_out_file).open('r') as check_file:
            assert check_file.read() == self.demo_data

    def test_save__no_load(self, demo_in_file, demo_out_file):
        file = FileIO(demo_in_file, demo_out_file)
        with pytest.raises(RuntimeError):
            file.save()
```

這裡沒有太多需要解釋的地方。主要是用來測試載入檔案、儲存檔案，並確保
在載入之前進行儲存就會引發 RuntimeError。這些測試在第一次執行時也都通
過了。

值得注意的是名稱 test_save__no_load。有些開發者喜歡使用「test_主題__情境」的命名慣例來取名，使用雙底線把測試主題與在其中進行測試的情境描述分開。

延續這個例子：API 的使用

前面已經建立基本的檔案讀取和檔案寫入功能，現在要加入下一部分了：與 LanguageTool API 進行通訊。以下是我在程式中實作的方式：

📂Listing 20-12: src/textproof/api.py

```python
import requests


def api_query(text):
    lang = "en-US"
    response = requests.post(
        "https://languagetool.org/api/v2/check",
        headers={"Content-Type": "application/json"},
        data={"text": text, "language": lang},
    )
    if response.status_code != 200:
        raise RuntimeError(f"API error: [{response}] {response.text}")

    software = response.json()["software"]
    print(f"{software['name']} v{software['version']}")
    print(response.json()['language']['name'])
    return response.json()["matches"]
```

我使用 requests 模組向 https://languagetool.org/api/v2/check 網站的公共 API 端點發送 POST 請求。API 會以 JSON 資料回應，requests 會自動將其轉換為 Python 字典，然後從 requests.post() 返回。我將這個字典綁定到 response。

我檢查 POST 請求的狀態碼；如果不是 200，那表示與 API 通訊或使用時出現問題，我會希望引發一個帶有詳細資料的 RuntimeError。

如果是 200，就表示成功的回應，我會在主控台上印出 API 的名稱和版本以供參考，以及我正在檢查的語言。最後，我返回 LanguageTool 檢測到的錯誤串列。（我從 https://languagetool.org/http-api/swagger-ui/#!/default/post_check 網站的試用中找到字典的鍵和結構。）

測試不是成功就是失效，所以我不會直接測試這個函式（雖然有些人可能認為這樣的測試是合理的）。我稍後**將會**測試它對 API 回應的假設。

在測試模組間共享資料

我希望大多數的測試在沒有網路的情況下也能運作，有兩個原因。第一個，我希望它們在斷線或我使用的 API 暫時無法使用的情況下仍能正常運作。第二個，我不想只為測試程式碼而發送不必要的 API 請求。相反地，我想要為大多數測試使用預先定義好的本機資料，這表示我需要讓所有的測試都能存取這些資料。

我還需要確保程式碼和測試以 API 為基礎的假設是正確的，這看起來像是測試的工作！

在我的 tests/ 目錄中建立了一個特殊的 conftest.py 模組，這個模組**使用確切的名稱**，由 pytest 用來執行初始化設定並在測試模組之間共享 fixture 等。在這裡定義了我希望測試所使用的資料：

📂Listing 20-13: tests/conftest.py:1a

```python
import pytest

example_text = "He and me went too the stor."

example_output = "He and I went to the store."

example_api_response = [
    {
        'context': {
            'length': 2,
            'offset': 7,
            'text': 'He and me went too the stor.'
        },
        'length': 2,
        'message': 'Did you mean "I"?',
        'offset': 7,
        'replacements': [{'value': 'I'}],
    },
    {
        'context': {
            'length': 7,
            'offset': 15,
            'text': 'He and me went too the stor.'
        },
        'length': 7,
        'message': 'Did you mean "to the"?',
        'offset': 15,
        'replacements': [{'value': 'to the'}],
    },
    {
        'context': {
            'length': 4,
```

```
                'offset': 23,
                'text': 'He and me went too the stor.'
        },
        'length': 4,
        'message': 'Possible spelling mistake found.',
        'offset': 23,
        'replacements': [{'value': 'story'},
                        {'value': 'stop'},
                        {'value': 'store'},
                        {'value': 'storm'}]
    }
]


def pytest_configure(config):
    pytest.example_text = example_text
    pytest.example_output = example_output
    pytest.example_api_response = example_api_response
```

example_api_response 綁定的值直接改編自 LanguageTool API 伺服器對 example_
text 回應的 ['matches'] 值，但我已經移除了在程式碼中不使用的所有欄位。我
稍後將使用這些資料進行許多其他測試。example_output 綁定的字串字面值是
套用 LanguageTool 建議的更正之後 example_text 的文法正確形式。

為了讓這些名稱對 tests/ 目錄中的所有測試模組都能用，我覆寫了 pytest_
configure() 函式，並將它們加為 pytest 命名空間的屬性。我可以在 tests/ 目錄中
的所有測試模組中透過 pytest 的屬性來存取它們。

不穩定測試和有條件跳過測試

有時候您可能希望在某些條件下要跳過某個測試，而不是讓它失效。pytest 框
架提供了可以達成此目的的功能。

舉例來說，我的 API 測試是唯一依賴於正常的網路連接和 LanguageTool API 可
用性的測試。如果我撰寫時不太留意，它很容易變成一個**不穩定測試**（**flaky
test**），這可能是除了測試程式碼中缺陷之外的其他原因而造成的意外或定期失
效。發現不穩定測試時，請立即處理，以免讓自己習慣忽略這種不實的負面反
饋。pytest 的說明文件中有一整節關於不穩定測試以及如何緩解的內容，請連
到網站：https://docs.pytest.org/en/stable/flaky.html 查看。

在這個範例中，當公共 API 伺服器無法使用或出現其他問題時，我需要跳過
API 佈局測試。在下面的程式碼中，我使用 pytest.skip() 函式來實作：

📂Listing 20-14: tests/test_api.py

```python
import pytest
import requests


def test_api_layout():
    response = requests.post(
        "https://languagetool.org/api/v2/check",
        headers={"Content-Type": "application/json"},
        data={"text": pytest.example_text, "language": "en-US"},
    )
    if response.status_code != 200:
        pytest.skip("Server unavailable")

    matches = response.json()["matches"]
    for from_api, expected in zip(matches, pytest.example_api_response):
        from_api = set(from_api.keys())
        expected = set(expected.keys())
        assert expected.issubset(from_api)
```

測試的第一部分幾乎與 textproof.api.api_query() 函式相同，因為這是在發送帶
有 example_text 的 POST 請求並儲存回應。

接下來，如果 response.status_code 不是 200，表示 API 本身存在某種問題，我
想要跳過這個測試。

我使用 pytest.skip() 來跳過測試。pytest 的結果會顯示該測試已被跳過，而不是
顯示為失效。

如果 API 請求成功，隨後會迭代代表 API 回應的字典中綁定到 ["matches"] 鍵的
值，並且會在 tests/conftest.py 中定義的 pytest.example_api_response 內迭代相同
的內容。我從這些串列中建立一個集合，然後確保 API 回應中也找到了在
pytest.example_api_response 所有預期的鍵。

> **NOTE**
> 寫一些測試來呼叫 API 或存取程式依賴的其他外部資源是可以的，但應該盡
> 量減少這樣的測試數量。重點是要避免意外經由過多的請求來加重 API 或資
> 源的負擔。在整個測試套件中進行一兩次請求還算是合理的。

進階的 Fixtures 工具：造假模擬和參數化

在測試中，複製外部輸入（例如使用者輸入或網路回應）是相對複雜的部分之一。**造假模擬（Mocking）**可以讓您在測試期間暫時替換程式碼的某些部分，以此來模擬不同的輸入或其他情境。

參數化（Parametrizing）是將單一測試擴展成多個測試的方法，每個測試都具有相同的邏輯但使用不同的資料。這對於測試程式碼如何處理不同的輸入資料是特別有幫助。

延續這個例子：代表打字的錯誤

造假模擬和參數化對於測試程式碼如何處理不同的使用者輸入非常有用。在 textproof 的案例中，我會使用這兩個概念來測試命令列使用者介面，但我必須先建立這介面。

在 textproof 程式中，我想把 LanguageTool 找到的單一錯誤表示為一個物件：

📂Listing 20-15: src/textproof/typo.py:1

```python
class Typo:
    def __init__(self, typo):
        context = typo["context"]
        self.text = context["text"]
        self.hint_offset = int(context["offset"])
        self.offset = int(typo["offset"])
        self.length = int(typo["length"])
        self.message = typo["message"]
        self.suggestions = typo["replacements"]

    def __str__(self):
        underline = "".join((" " * self.hint_offset, "^" * self.length))
        return "\n".join((self.text, underline, self.message))
```

在初始化程式中，我使用來自 API 回應的資料來填入實例屬性。在 __str__() 特殊實例方法中，我透過顯示原始句子，並用插入符號（^）加底線標示打字錯誤（typo），然後在下一行描述該錯誤，將打字錯誤轉換為字串表示。結果可能如下所示：

```
He and me went too the stor.
    ^^
Did you mean "I"?
```

顯示打字錯誤是一回事，但除非使用者可進行某種更改，否則這麼做並沒什麼用。LanguageTool 提供了一些建議，我想允許使用者在這兩者之間做出選擇。

以下是取得使用者選擇的實例方法。LanguageTool 提供的每一個建議更正都被編號（從 1 開始），而 0 則代表「跳過」：

📂Listing 20-16: src/textproof/typo.py:2

```python
    def get_choice(self):
        while True:
            raw = input("Select an option: ")
            try:
                choice = int(raw)
            except ValueError:
                print("Please enter a valid integer.")
                continue

            if choice < 0 or choice > len(self.suggestions):
                print("Invalid choice.")
                continue

            return choice
```

最後，這是用於顯示所有建議的實例方法，同時會呼叫 get_choice() 並根據使用者的選擇採取行動：

📂Listing 20-17: src/textproof/typo.py:3

```python
    def select_fix(self):
        print('')
        print(self)

        for num, suggestion in enumerate(self.suggestions, 1):
            if "shortDescription" in suggestion:
                print(
                    f"{num}: {suggestion['value']} "
                    f"({suggestion['shortDescription']})"
                )
            else:
                print(f"{num}: {suggestion['value']}")
         print("0: (Skip)")

        choice = self.get_choice()
        if choice > 0:
            suggestion = self.suggestions[choice - 1]["value"]
            length_change = len(suggestion) - self.length
            return (suggestion, self.offset, self.length, length_change)
        else:
            return (None, 0, 0, 0)
```

程式碼搞定之後，我就會繼續進行測試！

參數化

我想要測試的第一件事是確認 Typo 初始化程式有正確地儲存了我預期的值。畢竟在存取字典時很容易弄錯！我想要測試多種情境，也就是在 conftest.py 模組中有範例資料的三個拼寫錯誤。

參數化（**Parametrization**）允許您從相同的測試函式生成多種場景。這比在一個測試中寫死所有場景更有用，這樣您就可以分離出哪些具體的場景出現了問題。在 pytest 中可用 @pytest.mark.parametrize() 裝飾器來實現：

📁Listing 20-18: tests/test_typo.py:1a

```
import pytest
from textproof.typo import Typo


class TestTypo:

    @pytest.mark.parametrize("index", range(3))
    def test_create_typo(self, index):
        example_response = pytest.example_api_response[index]
        example_typo = Typo(example_response)
        assert example_typo.offset == example_response['offset']
        assert example_typo.length == example_response['length']
        assert example_typo.message == example_response['message']
        assert example_typo.suggestions == example_response['replacements']
```

在這個範例中，我希望執行 test_create_typo() 三次：分別針對 pytest.example_api_response 中的三個有效索引（見 Listing 20-14）進行測試。

@pytest.mark.parametrize 裝飾器接受兩個引數。第一個是要傳遞值之參數的名稱字串表示，這個例子中是「index」。第二個裝飾器引數是要傳遞給命名參數之值的可迭代物件。

測試本身必須有一個同樣名稱的參數，這裡是 index，它會接收從參數化中傳遞來的值。這裡使用它來存取串列 pytest.example_api_response 中的特定項目。

如果我用 pytest 執行這支程式，會看到如下的結果：

```
===================== test session starts =====================
platform linux -- Python 3.8.10, pytest-7.1.2, pluggy-1.0.0
rootdir: /home/jason/Code/Repositories/textproof
collected 11 items

tests/test_api.py .                                    [ 9%]
```

```
tests/test_fileio.py .......                           [ 72%]
tests/test_typo.py ...                                 [100%]
======================= 11 passed in 0.58s =======================
```

您有注意到 tests/test_typo.py 旁邊有三個點，表示執行了三個測試。這些是 test_create_typo() 的三個場景，由參數化生成的。

如果其中一個失效了，您會看到傳遞給參數的值，像下列這樣：

```
FAILED tests/test_typo.py::TestTypo::test_create_typo[1] - ...
```

測試名稱後面的 [1] 表示參數化的值，這樣您就會知道問題出現在 index 為 1 的場景。

Fixture 的間接參數化

考慮到稍後還會撰寫的其他測試，我不想每次都直接存取 pytest.example_api_response 串列中的項目，這樣會有很多重複。我反而希望提供一個 fixture，返回範例 API 回應的部分。我希望這個 fixture 對所有測試都能用，而不僅只是在 tests/test_typo.py 模組中定義的測試，因此它應該放在 conftest.py 中。

為了讓這個新的 fixture 起作用，我需要它能夠與測試的參數化一起搭配使用。這是透過**間接參數化**（**indirect parametrization**）來完成的，其中參數化的值會傳遞給 fixture。

> NOTE
> 我的編輯們有提出更不容易破碎的方式來撰寫以下的許多測試。話雖如此，但我在這裡選用的技巧是為了展示 pytest 中一些比較難的應用主題。這些都是精心調校過的範例，並不是最佳實務的典範。所以還是留給讀者來決定如何根據情況對您的測試和 fixtures 進行最好地的結構化處置。

以下是我的新 fixture：

📂Listing 20-19: tests/conftest.py:2a
```
@pytest.fixture
def example_response(request):
    return example_api_response[request.param]
```

要與參數化一起搭配使用，這個 fixture **必須**有一個名為 request 的參數，它與 pytest 的 request fixture 相關聯。不要將其與我一直使用的 requests 模組混淆，該模組是用來處理 API。（您現在能感覺到 pytest 對於名稱的要求非常嚴格了嗎？）這會用於接收間接參數化的值，我會透過 request.param 來存取該值。

我還會新增一個類似的 fixture 來生成 Typo 物件：

📂Listing 20-20: tests/conftest.py:3a

```
@pytest.fixture
def example_typo(request):
    from textproof.typo import Typo
    return Typo(example_api_response[request.param])
```

一般是把 import 陳述式放在模組頂端，但測試和 fixture 則是罕見例外之一。我希望在使用 fixture 時才執行 import，並且只在 fixture 的情境中提供所引入的名稱。如此一來，這些 import 不會洩漏到其他 fixture 內，這對於如果需要在不同的 fixture 中從其他地方 import 而造成的名稱衝突會特別有幫助。

現在我重新編寫測試來使用這些 fixtures：

📂Listing 20-21: tests/test_typo.py:1b

```
import pytest
from textproof.typo import Typo

class TestTypo:

    @pytest.mark.parametrize(
        ("example_typo", "example_response"),
        [(0, 0), (1, 1), (2, 2)],
        indirect=("example_typo", "example_response")
    )
    def test_create_typo(self, example_typo, example_response):
        assert example_typo.offset == example_response['offset']
        assert example_typo.length == example_response['length']
        assert example_typo.message == example_response['message']
        assert example_typo.suggestions == example_response['replacements']
```

這個測試本身不需要太多更改，因為我已在測試函式的套件中用了 example_typo 和 example_response 這兩個名稱。（幾乎如我預計的一樣！）我將新的 example_typo 和 example_response fixtures 加到測試函式的參數串列內， 這些是由特殊的 conftest.py 模組提供的，而且這些名稱會在區域綁定到這些 fixtures 返回的值。

我需要在 fixtures 上進行參數化，因此再次使用 @pytest.mark.parametrize 裝飾器。第一個引數是一個名稱的元組（以字串形式），我正在對其進行參數化。第二個是個元組的可迭代物件，每個元組代表傳遞給每個名稱的值。第三個引數，即「indirect=」關鍵字引數，是個名稱的元組（或其他可迭代物件），實際上是指的會接收值的 fixtures。在這個範例中，兩個名稱都是 fixtures，雖然這不一定是必要的。

再次執行 pytest 後會顯示 test_typo.py 中的三個測試都通過，這表示參數化是有效的！

> **ALERT**
>
> 我應該說，參數化的處理似乎都會是有效的！一旦通過了測試，習慣性地確認假設是一種好習慣，您可以暫時印出一些值，並使用 -s 旗標執行 pytest，以允許 print 陳述式透過標準輸出來顯示（後面的內容會有更多介紹）。在早期嘗試編寫這個測試時，我不小心三次執行了相同的場景，完全跳過了其他兩個場景。

使用 Monkeypatch 進行輸入模擬

若想要知道 Typo.get_choice() 方法是否運作正常，就要提供一些使用者輸入來測試。我不想要每次需要執行測試時都賄賂四歲的姪女敲鍵盤幫輸入（即使她是為了點心而工作），我會建立一個**造假模擬**（**mock**），暫時替換 Python 內建的 input() 方法並為測試提供一些輸入。在 pytest 中，造假模擬是透過一個叫做 monkeypatch 的工具來執行的。

我會在 conftest.py 中加入一個用來修改 input() 的 fixture：

Listing 20-22: tests/conftest.py:4

```python
@pytest.fixture
def fake_inputs(request, monkeypatch):
    def fake():
        value = iter(request.param)

        def input(_):
            return next(value)

        return input

    monkeypatch.setattr('builtins.input', fake())
```

這個 fixture 有用到 request 和 monkeypatch。我打算讓這個 fixture 透過參數化來接收一個可迭代物件。我會使用 fake() 提供的閉包，在每次對閉包的後續呼叫中返回該可迭代物件內的每個值。

隨後我使用 monkeypatch.setattr() 把內建的 input() 方法暫時替換為這個閉包。請留意，這裡我實際上是在呼叫 fake()，因為我想對閉包本身進行 Monkeypatch 來代替 input()。

請注意，這個 fixture 並沒有返回任何東西！它唯一的目的是在使用該 fixture 的測試生命週期中模擬 input()。monkeypatch fixture 會在拆卸時自動還原。

以下是我對 Typo.get_choice() 單元的第一個測試版本：

🗀 Listing 20-23: tests/test_typo.py:2a

```python
@pytest.mark.parametrize(
    "fake_inputs",
    [('-1', '20', '3'), ('3',), ('fish', '1.1', '3')],
    indirect=True
)
def test_choice(self, fake_inputs):
    example_response = pytest.example_api_response[2]
    example_typo = Typo(example_response)
    assert example_typo.get_choice() == 3
```

我使用 fake_inputs 進行參數化，建立了三種不同的場景。第一種場景應該是使用者輸入 -1、20 和 3；前兩個輸入會提示使用者再試一次。第二種場景則是假設使用者在第一次輸入時輸入了 3。最後，第三種場景，也是我最喜歡的，涉及兩個無意義的輸入：fish 和 1.1，接著是有效的 3。「indirect=True」參數表示其他參數應傳遞給 fake_inputs fixture。

我設計的這些輸入只用在第三個 typo 場景，因此明確地取得了 pytest.example _api_response[2]。

標記

我想要能夠使用我的 example_typo fixture，而不是在這個測試中手動存取 pytest.example_api_response 串列，但每次對 example_response fixture 進行參數化是有點過分。我反而可以使用**標記（marking）**傳遞單一參數，標記是對測試和 fixture 套用元資料的方式（參數化就是一種標記）。

我會使用自己定義的標記 typo_id 來指定場景編號。我希望這個相同的標記能在 example_response 和 example_typo 上使用。以下是已經調整好的 example_response fixture：

📁Listing 20-24: tests/conftest:2b

```
@pytest.fixture
def example_response(request):
    marker = request.node.get_closest_marker("typo_id")
    if marker:
        index = marker.args[0]
    else:
        index = request.param
    return example_api_response[index]
```

總而言之，我嘗試取得傳遞給 typo_id 標記的值，但如果沒有提供，則會預設使用由參數化提供的值。如果沒有透過任何方式提供值給 fixture，就會因嘗試存取未定義的 request.param 而引發 AttributeError。

順便一提，我會以相同的方式修改 example_typo fixture：

📁Listing 20-25: tests/conftest:3b

```
@pytest.fixture
def example_typo(request):
    marker = request.node.get_closest_marker("typo_id")
    if marker:
        index = marker.args[0]
    else:
        index = request.param

    from textproof.typo import Typo
    return Typo(example_api_response[index])
```

我現在可以重寫 test_choice 測試，使用加上標記的 example_typo fixture：

📁Listing 20-26: tests/test_typo.py:2b

```
    @pytest.mark.typo_id(2)
    @pytest.mark.parametrize(
        "fake_inputs",
        [('-1', '20', '3'), '3', ('fish', '1.1', '3')],
        indirect=True
    )
    def test_choice(self, example_typo, fake_inputs):
        assert example_typo.get_choice() == 3
```

我使用 @pytest.mark.typo_id 裝飾器來傳遞一個值給 typo_id 標記，而這個值被 example_typo fixture 使用。

再次執行 pytest 後會顯示這是成功的，只有一個小插曲：

```
===================== test session starts ======================
platform linux --
rootdir: /home/jason/Code/Repositories/textproof
collected 14 items

tests/test_api.py .                                      [  7%]
tests/test_fileio.py .......                             [ 57%]
tests/test_typo.py ......                                [100%]


====================== warnings summary ======================
tests/test_typo.py:38
  /home/jason/Code/Repositories/textproof/tests/test_typo.py:38:
PytestUnknownMarkWarning: Unknown pytest.mark.typo_id - is this a typo? You
can register custom marks to avoid this warning - for details, see https://
docs.pytest.org/en/stable/mark.html
    @pytest.mark.typo_id(2)

-- Docs: https://docs.pytest.org/en/stable/warnings.html
================= 14 passed, 1 warning in 0.89s ==================
```

這裡出現了一個有關使用未知標記的警告。若想要解決這個問題，我需要在
pytest 中登錄這個標記。有兩種主要的做法可以做到這一點。第一種是使用一
個名為 pytest.ini 的配置檔；第二種方法是將這個設定（使用略有不同的語法）
加到 pyproject.toml 中。兩者之中，後者更為推薦，因為它允許您把各種 Python
工具的所有配置設定集中到一個 pyproject.toml 檔內。在這個範例中，我會使用
後者的做法：

📁Listing 20-27: pyproject.toml:1b

```
[build-system]
requires = ["setuptools>40.8.0", "wheel"]
build-backend = "setuptools.build_meta"

[tool.pytest.ini_options]
markers = [
    "typo_id: the example scenario number"
]
```

在 [tool.pytest.ini_options] 區段的下方，我把所有自訂標記的名稱當作字串指定
給 markers。冒號之後的字串部分是標記的可選擇性描述內容，並不是標記名
稱的一部分。

又或者，我可以從 conftest.py 檔中的 pytest_configure() 函式中登錄標記，如下
所示：

```
def pytest_configure(config):
    pytest.example_text = example_text
    pytest.example_output = example_output
    pytest.example_api_response = example_api_response

    config.addinivalue_line(
        "markers", "typo_id: the example scenario number"
    )
```

然而，我會堅持使用 Listing 20-27 中的 pyproject.toml 做法。

無論您怎麼登錄標記，再次執行 pytest 會顯示警告已解決。

從標準串流捕捉

如果我想要測試 Typo.select_fix()，我不僅需要能夠提供輸入，還需要驗證輸出。預設的情況下，pytest 會捕捉傳送到標準輸出和標準錯誤串流的所有內容，包括來自 print 陳述式的所有內容。這就是為什麼在測試中不能直接使用 print()，以及在執行過程中查看輸出，除非使用 -s 引數啟用 pytest 的標準輸出和標準錯誤串流的捕捉。由於是用 pytest 捕捉輸出，因此可以直接使用 capsys fixture 來存取該輸出。

在繼續之前，我必須把預期的輸出加到 conftest.py 檔：

📂Listing 20-28: tests/conftest.py:1b

```
# --省略--

example_prompts = [
"""
He and me went too the stor.
         ^^
Did you mean "I"?
1: I
0: (Skip)
""",
"""
He and me went too the stor.
               ^^^^^^^
Did you mean "to the"?
1: to the
0: (Skip)
""",
"""
He and me went too the stor.
                    ^^^^
Possible spelling mistake found.
```

```
1: story
2: stop
3: store
4: storm
0: (Skip)
"""
]


def pytest_configure(config):
    pytest.example_text = example_text
    pytest.example_output = example_output
    pytest.example_api_response = example_api_response
    pytest.example_prompts = example_prompts
```

我還會加入一個使用參數化或 typo_id 標記來存取這些提示的 fixture：

⌂Listing 20-29: tests/conftest.py:5

```
@pytest.fixture
def example_prompt(request):
    marker = request.node.get_closest_marker("typo_id")
    if marker:
        index = marker.args[0]
    else:
        index = request.param

    return example_prompts[index]
```

以下是 Typo.select_fix() 的測試：

⌂Listing 20-30: tests/test_typo.py:3

```
    @pytest.mark.parametrize(
        ("example_typo, example_prompt"),
        [(n, n) for n in range(3)],
        indirect=["example_typo", "example_prompt"]
    )
    def test_prompt(self, example_typo, example_prompt, capsys, monkeypatch):
        monkeypatch.setattr('builtins.input', lambda _: '0')
        example_typo.select_fix()
        captured = capsys.readouterr()
        assert captured.out == example_prompt
```

我間接對 example_typo 和 example_prompt fixtures 進行參數化處理。這裡使用 monkeypatch 把 input() 一直模擬成使用者在選擇提示時輸入 0。執行 example_typo.select_fix() 方法後，我擷取捕捉的輸出，確保它與在 conftest.py 內定義的 example_prompts 預期輸出有相符匹配。

GUI 測試

造假模擬 input() 和從標準輸出串流中捕捉是針對命令列應用程式的良好做法，但對於 GUI 和 Web 型的應用程式呢？雖然測試使用者介面更加複雜，但有許多程式庫可以讓測試變得更容易。

PyAutoGUI 就是這樣的一套工具，允許您從 Python 控制滑鼠和鍵盤。它與所有 Python 測試框架相容，並且能在 Windows、macOS 和 Linux 上運作（但在行動裝置還不支援）。您可以在官方說明文件中找到更多資訊：https://pyautogui. readthedocs.io/。

如果您正在使用 Qt GUI 框架（PyQt5、PyQt6、PySide2 或 PySide6），可以考慮使用 pytest-qt 來處理，這是專為測試 Qt 5 應用程式而設計的。正如名字所示，這是 pytest 框架的一個外掛程式。您可以在他們的官方說明文件中查看更多資訊：https://pytest-qt.readthedocs.io/。

如果您從事網頁開發，可能已經熟悉 Selenium 的使用，這是個用於測試網頁應用程式的瀏覽器自動化工具。Selenium 有官方的 Python 綁定，可以透過 pip 安裝，名稱為 selenium。您可以在 https://www.selenium.dev/ 了解更多關於的資訊，或閱讀 Baiju Muthukadan 撰寫的非官方文件「Selenium with Python」，網址為：https://selenium-python.readthedocs.io/。

對於手機應用程式開發，Appium 是其中一個領先的測試自動化框架。就如其名稱所示，它從 Selenium 借用了一些概念和規格。Appium-Python-Client 是官方的 Python 客戶端，可以透過 pip 安裝。欲瞭解更多關於 Appium 的資訊，請參閱網址：https://appium.io/ 及 https://github.com/appium/python-client。

延續這個例子：連接 API 到 Typo

在我的程式中，現在需要把 API 請求的邏輯和 Typo 類別連接起來。我會建立一個 CheckedText 類別，用來儲存正在編輯的文字以及檢測到的錯誤。

Listing 20-31: src/textproof/checked_text.py

```python
from textproof.typo import Typo
from textproof.api import api_query


class CheckedText:
```

```python
    def __init__(self, text):
        self.text = text
        self.revised = text
        self.length_change = 0
        self.typos = [Typo(typo) for typo in api_query(text)]

    def __str__(self):
        return self.revised

    def fix_typos(self):
        for typo in self.typos:
            suggestion, offset, length, change = typo.select_fix()
            if not suggestion:
                continue
            offset += self.length_change
            self.revised = "".join(
                (
                    self.revised[:offset],
                    suggestion,
                    self.revised[offset + length:]
                )
            )
            self.length_change += change
```

我會讓您使用已經了解的知識來自己閱讀搞懂處理的邏輯。簡而言之，初始化程式經由 API 執行提供的純文字字串來建立 CheckedText 物件，隨後為 API 回報的每一個錯誤來初始化 Typo 物件。

fix_typos() 實例方法會遍訪每個 Typo 物件，透過 Typo.select_fix() 實例方法提示使用者對每個打字錯誤選擇處理方式。隨後，該方法會直接在文字的副本（綁定到 self.revised）中進行所選擇的修正。在這個邏輯中，我必須弄清楚如何處理修正文字的長度與被替換的原始文字不同的情況，然後將其納入未來的編輯中。即將進行的測試會確認這個邏輯是有效的。

Autouse Fixtures

到目前為止，我所有的測試（除了一個例外）都成功避免使用 API。現在我需要開始把 textproof 程式的所有邏輯都結合在一起，所以即將進行的測試需要對 API 呼叫進行簡單修補。在測試中，我希望對 textproof.api.api_query() 的呼叫能夠返回 example_api_response，而不是真的向公開 API 發送請求。我可不想要用我（很糟糕）的記憶來記住每個可能有這樣呼叫的測試都已經加入了這個 fixture。為了解決這個問題，我會加入一個 autouse fixture，它會自動套用到所有的測試中。

我在 conftest.py 中加入了以下的 fixture：

☐Listing 20-32: tests/conftest.py:6a
```python
@pytest.fixture(autouse=True)
def fake_api_query(monkeypatch):
    def mock_api_query(_):
        print("FAKING IT")
        return example_api_response

    monkeypatch.setattr('textproof.api.api_query', mock_api_query)
```

@pytest.fixture 裝飾器中傳入的「autouse=True」引數會讓這個 fixture 被**所有**的測試使用。

在這個 fixture 中，我有一個可呼叫的函式，可以像 textproof.api.api_query 一樣被呼叫和接受一個參數，但我忽略這個參數。這個可呼叫函式會返回 example_api_response。我也會在螢幕上印出 "FAKING IT"，而不是由 textproof.api.api_query() 印出的公開 API 資訊。通常這是看不到的，因為 pytest 會捕捉所有輸出，但如果我使用 pytest -s 來執行測試，我可以確認 monkeypatched 函式有被使用，而不是使用真實的 API。

這個 fixture 有個令人意外的問題：它實際上無法在 src/textproof/checked_text.py 模組的情境中對 api_query() 函式進行 monkeypatch，就是因為有這一行 import 的緣故：

```python
from textproof.api import api_query
```

Monkeypatching 是在模組執行完所有 import **之後**才發生的，所以替換 textproof.api.api_query 並不會遮蔽已經作為 api_query 進入這個模組的函式。換句話說，import 陳述式把這個函式綁定到第二個完全限定的名稱上：textproof.checked_text.api_query。

我反而需要對該函式可能綁定的每個完全限定的名稱進行 monkeypatch：

☐Listing 20-33: tests/conftest.py:6b
```python
@pytest.fixture(autouse=True)
def fake_api_query(monkeypatch):
    def mock_api_query(_):
        print("FAKING IT")
        return example_api_response

    monkeypatch.setattr('textproof.api.api_query', mock_api_query)
    monkeypatch.setattr('textproof.checked_text.api_query', mock_api_query)
```

如果我在程式的其他地方引入了 api_query，就需要將所有其他完全限定的名稱
都加入到這個 fixture 中。

一旦這個 fixture 設定好，我就不需要再進行其他操作了。由於這是個 autouse
fixture，這個專案中的所有測試都會自動使用它。現在我可以安心地繼續測試
src/textproof/checked_text.py，因為我知道在過程中不會實際發出 API 請求：

📁 Listing 20-34: tests/test_checked_text.py:1

```python
import pytest
from textproof.checked_text import CheckedText


class TestCheckedText:

    @pytest.fixture
    def example_checked(self, monkeypatch):
        return CheckedText(pytest.example_text)

    def test_checked_text__init(self, example_checked):
        assert example_checked.text == pytest.example_text
        assert len(example_checked.typos) == 3
```

那個新的 fixture 和測試使用了我已經介紹過的概念，所以就不再贅述了。

> **ALERT**
>
> Monkeypatch 不能用來提供根本不存在的函式、類別或模組。如果您需要讓
> pytest 在缺少某個模組的情況下運作，您可以自己撰寫一個具有相同介面的
> 模組。接著，在 conftest.py 中，可以使用字典 sys.modules 將該模組加到環境
> 中，以缺少的模組名稱作為「鍵」。

混合參數化

在同一個測試中，可以混合使用直接和間接的參數化處理。舉例來說，若想要
測試 CheckedText 物件的不同結果，需要使用 fake_inputs fixture 並同時直接提
供預期的結果。我可以這樣做：

📁 Listing 20-35: tests/test_checked_text.py:2

```python
    @pytest.mark.parametrize(
        ("fake_inputs", "expected"),
        [
            ((0, 0, 0), pytest.example_text),
```

```
            ((1, 1, 3), pytest.example_output)
        ],
        indirect=["fake_inputs"]
    )
    def test_fix_typo(self, example_checked, fake_inputs, expected):
        example_checked.fix_typos()
        assert example_checked.revised == expected
```

這裡的訣竅在於，雖然指定了兩個參數化的引數，但我只把其中一個引數，也就是 fake_inputs 設定成間接，接著可以執行 example_checked.fix_typos() 方法，這會使用由 fake_inputs fixture 提供的修補 input() 函式，然後把 example_checked.revised 與在 expected 上參數化的預期結果進行比較。

我要指出的是，雖然這個測試對應到一個單元 CheckedText.fix_typos()，但它也是一個**整合測試**，因為它展示了多個不同的單元能正確地一起運作。整合測試和單元測試一樣重要，因為有可能多個能正常運作的單元，整合後無法正確搭配互動。

模糊測試

我在這一章建立的程式中，會為所有的測試提供了明確的輸入值。然而，通過的測試可能掩蓋了不少的錯誤，因為很容易會忽略掉邊緣的情況。**模糊測試**（**Fuzzing**）是一種技術，能幫助捕捉這些邊緣情況，它在測試中生成隨機的輸入，以找出以意外失效的情況。

由 GitLab 目前維護的 pythonfuzz 工具，是專為在 Python 上進行模糊測試而設計的，它可以獨立於其他測試框架進行運作。若想要了解更多關於 pythonfuzz 的資訊，可以查閱官方儲存庫中的 README 和範例：https://gitlab.com/gitlab-org/security-products/analyzers/fuzzers/pythonfuzz。

範例的總結

有沒有發現我連直接執行 textproof 套件都還沒有做呢？雖然它還不是一個完整或有效的程式，但即便到現在，我知道專案所有的部分都會按預期來運作。這就是在撰寫程式的同時進行測試的美妙之處。我可以隨時確認每個部分的運作是否正確，即便整體還沒有完成。

儘管如此，如果這個範例最終沒有產生一個完整的程式，感覺上會有點奇怪，所以這是最後需要的模組：src/textproof/__main__.py：

Listing 20-36: src/textproof/__main__.py:1a

```python
#!/usr/bin/env python3

import click
from textproof.fileio import FileIO
from textproof.checked_text import CheckedText

@click.command()
@click.argument('path')
@click.option('--output', default=None, help="the path to write to")
def main(path, output):
    file = FileIO(path, output)
    try:
        file.load()
    except FileNotFoundError:
        print(f"Could not open file {path}")
        return

    check = CheckedText(file.data)
    check.fix_typos()
    file.data = str(check)

    file.save()

if __name__ == "__main__":
    main()
```

這個模組定義了程式的命令列介面，使用了流行的 click 套件，比起相似的內建 argparse 模組更容易使用。在命令列中會接受一個必要的參數 path，這指示要從哪裡讀取文字。可選擇性的 --output 旗標則接受一個路徑，指示我想要將修訂後的文字寫到哪裡。

我使用這些 path 路徑定義了 FileIO 物件並讀取了文字，隨後從該文字實例化了一個 CheckedText 物件。如您記得的那樣，在實例化 CheckedText 物件的過程中，會向 LanguageTool 的公開 API 發送請求，然後把建議的修訂回傳。

對 check.fix_typos() 的呼叫會引導使用者逐一檢查每個建議，提示要選擇一個修正，而這個修正會立即套用。修訂之後的文字會被傳回到 FileIO 物件的檔案中，並儲存到檔案內。

好了！我現在可以試試看。首先建立一個含有需要修訂之文字的檔案。以這個例子來說要把它儲存在 textproof/ 專案目錄的根目錄，在 setup.cfg 的旁邊：

☐Listing 20-37: fixme.txt

```
He and me went too the stor.
We gott three bags of chips for the prty.
the cola was too much so we gott lemon lime insted.
```

最後，我會在虛擬環境中呼叫 textproof 程式，如下所示：

```
venv/bin/textproof fixme.txt --output fixmeout.txt
```

假設我有連接到 LanguageTool 公開 API 的網路連線，這支程式會顯示第一個錯誤並提示我選擇修正的做法。這裡會省略完整的輸出，因為版面有限且內容太過冗長，但如果您一直在跟著本章一起建立程式，我鼓勵您可以動手自己試試看這支程式。

程式碼覆蓋率

當您開始與開發者討論「測試」時，很可能會常常聽到**程式碼覆蓋率**（**code coverage**）這個詞。程式碼覆蓋率指的是專案中測試所執行或**涵蓋**之程式碼行數的百分比。良好的程式碼覆蓋率是很重要的，因為任何未被測試到的程式碼都可能存在錯誤或其他不良行為。

Python 提供了兩個內建模組來追蹤執行的陳述式：trace 和 ctrace。然而，大多數 Python 開發者並不直接使用，而是使用第三方工具 coverage.py（pip 安裝的是 coverage），它在背後使用 trace 和 ctrace 來生成程式碼覆蓋率報告。

我現在要測試我的程式碼覆蓋率。如果您是在使用 pytest 的話，就能透過 pytest-cov 這個外掛程式來處理，它允許您從 pytest 中呼叫 coverage.py。為了讓這個範例保持盡量不依賴特定框架，這裡不會使用那個外掛程式。我反而參考了開發者 Will Price 所用的技巧（https://www.willprice.dev/2019/01/03/python-code-coverage.html），以此來做了一些調整和擴充。

首先，我想在 setup.cfg 的測試相依性中新增 coverage 套件，如下所示：

☐Listing 20-38: setup.cfg:1b

```
# --省略--
[options.extras_require]
test =
    pytest
```

```
    coverage
# --省略--
```

接著會確保這個套件已經在虛擬環境中有安裝好，可在命令列中輸入：

```
venv/bin/pip install -e '.[test]'
```

程式碼覆蓋率的評估方式是一樣的，無論您是以可編輯模式（加上 -e）還是一般方式來安裝您的套件。

我還需要告知 coverage.py 要掃描哪些檔案，並告訴它這些檔案的任何副本。這在使用以 src 為基礎的專案配置時尤其重要，因為測試可能在虛擬環境中安裝的程式碼內執行。為了告知 coverage.py 要掃描什麼，我在 pyproject.toml 檔案中新增了兩個新的區段：

📂Listing 20-39: pyproject.toml:2

```
[tool.coverage.run]
source = [
    "textproof",
]

[tool.coverage.paths]
source = [
    "src/textproof",
    "**/site-packages/textproof"
]
```

在第一個區段 [tool.coverage.run] 中，我指定了正在測試的一系列套件。在第二個區段 [tool.coverage.paths] 則指明了原始程式碼的路徑以及在虛擬環境中可以找到原始程式碼的位置。就以 coverage.py 來說，這些路徑都會視為相等。就結果而言，此工具會將 src/textproof/api.py 和 venv/lib64/python3.9/site-packages/textproof/api.py 視為相同的模組。

最後，我可以下列這般在命令列中呼叫 coverage.py：

```
venv/bin/coverage run -m pytest
venv/bin/coverage combine
venv/bin/coverage report
```

第一個指令在 coverage.py 的環境中呼叫 pytest。雖然這裡沒有給 pytest 傳遞任何引數，但您是可以的傳入的。如果您使用的是不同的測試套件，則可以在這裡呼叫那個測試套件，而不是使用 pytest。

NOTE

您也可以在程式中呼叫 coverage.py，以協助在手動測試期間找到可能的「無用」程式碼，也就是程式中從未被使用過的程式碼。但在得出結論時要小心，因為很多程式碼的存在是為了處理可能不常出現的極端情況。

接下來我要結合不同位置相同檔案的報告，按照我在 pyproject.toml 的 [tool.coverage.paths] 區段中提供的指引進行。根據您的情況，這個指令可能沒有任何東西需要結合，但檢查一下也無妨。

最後，我會顯示覆蓋率報告：

```
Name                                                    Stmts   Miss  Cover
----------------------------------------------------------------------------
venv/lib/python3.10/site-packages/textproof/__init__.py     0      0   100%
venv/lib/python3.10/site-packages/textproof/__main__.py    19     19     0%
venv/lib/python3.10/site-packages/textproof/api.py         10      8    20%
venv/lib/python3.10/site-packages/textproof/checked_text.py 17      1    94%
venv/lib/python3.10/site-packages/textproof/fileio.py      22      0   100%
venv/lib/python3.10/site-packages/textproof/typo.py        37      1    97%
----------------------------------------------------------------------------
TOTAL                                                      105     29    72%
```

72% 對第一次嘗試來說已經不錯了！如果我想的話，我還可以回去加更多的測試，讓這個數字更接近 100%。

程式碼覆蓋率是個很有用的衡量指標，只要您記得它是整個專案的一部分。coverage.py 的開發者 Ned Batchelder 指出，100% 的覆蓋率可能會產生一種虛假的安全感，在他的文章中叫做「測量覆蓋率中的缺陷」（https://nedbatchelder.com/blog/200710/flaws_in_coverage_measurement.html）：

有一大堆方式會讓您的程式碼或測試仍然可能出問題，但現在您卻沒有得到任何指引。coverage.py 提供的衡量更準確來說應該稱為陳述式覆蓋，因為它告訴您哪些陳述式被執行過。陳述式覆蓋測試已走到盡頭，而壞消息是您還沒到達目的地，但您已無路可走了。

同樣地，在一篇 2000 年的論文中，題為「How to Misuse Code Coverage（程式碼覆蓋率是怎麼誤用）」的文章，Brian Marick 提出了這樣的觀察：

如果您的測試套件的某部分在覆蓋率上是不足的，很可能在覆蓋率無法檢測方面也存有問題。

上面達到的 72% 程式碼覆蓋率告訴我，至少有 28% 的程式碼沒有被測試，但實際上未被測試的程式碼百分比很可能有更多。程式碼覆蓋率可以點出在哪些區域的額外測試是有幫助，但它無法保證哪些區域不需要額外的測試。

您可以從官方說明文件瞭解更多有關 coverage.py 的資訊：https://coverage.readthedocs.io/。

使用 tox 進行自動化測試

到目前為止，我一直是在虛擬環境上進行測試，這個環境中執行的是 Python 3.9 版。我也希望這個虛擬環境只內含了 setup.cfg 明確要求的套件，但我可能有忘了手動安裝的某些東西，或者之前指定過的一些要求，後來放棄之後又忘記移除卸載。

tox 工具在測試系統中是相當基本的部分，因為它會自動在多個 Python 版本的新虛擬環境中安裝和測試您的套件。在這一小節中就會展示這個工具在我的 Timecard 專案中的應用。

首先，我應該把 tox 加入到 setup.cfg 檔案內：

📁Listing 20-40: setup.cfg:1c

```
# --省略--
[options.extras_require]
test =
    pytest
    coverage
    tox
# --省略--
```

傳統上，所有 tox 的設定都應該寫在 tox.ini 檔案內。不過近來的趨勢是盡可能多多使用 pyproject.toml 檔。但在本書截稿時，對於 pyproject.toml 語法的原生支援還是在計畫中而已。您需要直接把 tox.ini 檔案的內容嵌入到 pyproject.toml 檔之中，如下所示：

📁Listing 20-41: pyproject.toml:3

```
[tool.tox]
legacy_tox_ini = """
[tox]
isolated_build = True
envlist = py38, py39, py310
```

```
[testenv]
deps = pytest
commands = pytest
"""
```

以前寫在 tox.ini 裡的東西，現在應該放在 [tool.tox] 區段下的 legacy_tox_ini 的多行字串裡。

在 tox.ini 風格的資料內部有兩個區段。在 [tox] 區段下，我使用 isolated_build 來指定 tox 應該為它的測試建立新的、隔離的虛擬環境。envlist 這個欄位是一個以逗號分隔的 Python 環境串列，代表我想要進行測試的環境。tox 工具支援 Python 2.7（py27）、Python 3.4（py34）到最新版本（py310，目前為止）、Pypy 的最新版本（pypy27 和 pypy35）以及 Jython（jython）。（關於 Pypy 和 Jython 的更多資訊，請參閱第 21 章。）

> **ALERT**
>
> tox 工具並不是什麼無敵的魔法。您還是需要在基礎的系統中安裝您想要測試的每個 Python 直譯器。

在 [testenv] 區段下，我使用 deps 列出了測試所需的相依套件。您會留意到這裡省略了 coverage，因為在所有這些不同的環境中執行 coverage 是沒有必要的。我把 commands 設定為用來呼叫測試的命令：在這個範例中是用 pytest。這個命令會直接在每個虛擬環境中執行，所以我不需要擔心 venv/bin/ 前置內容，而且這樣做也是不正確的。

我確保透過以下的方式在我的主要虛擬環境中安裝 tox：

```
venv/bin/pip install '.[test]'
```

最後我就能呼叫 tox：

```
venv/bin/tox
```

大概要幾分鐘的時間執行。當它執行時，您會注意到 textproof 套件及其相依套件（但不包括選用的 [test] 相依套件）被安裝在各個虛擬環境中來執行測試。

當一切都執行完畢後,您會看到一份摘要報告:

```
_____ summary _____
py38: commands succeeded
py39: commands succeeded
py310: commands succeeded
congratulations :)
```

我知道我的套件在 Python 3.8、Python 3.9 和 Python 3.10 版上安裝和測試都順利運作,所以我也相當有信心 textproof 可以在其他機器的這些環境中執行。您可以從官方說明文件了解更多關於 tox 的資訊:https://tox.readthedocs.io/。

效能測試與效能分析

身為程式開發者,我們通常會對讓程式碼能執行更快很感興趣。您可能會以某種技術會比另一種更快的概念,做出很多關於您的程式碼的決策。正如我在本章一開始所提到的,所有關於效能的宣稱在經過證實之前都只是虛構的。

效能測試(**Benchmarking**)是用來確定某段程式碼比另一段程式碼更快的做法。相近的技術**效能分析**(**profiling**),則是透過找出效能瓶頸和常見的效率低下點,來發掘現有程式碼還能被改善和最佳化的地方。

Python 提供了對於這些任務會很有幫助的四個內建的工具:timeit、cProfile、profile 和 tracemalloc。我會簡單介紹每一個工具。

使用 timeit 進行效能測試

當您需要快速驗證某段程式碼比另一段程式碼更快時,timeit 是個很棒的工具可幫您進行測試。舉例來說,您可能在網路上看到某種說法,認為在 Python 中進行多重指定值比本書一直使用的普通單一指定值的語法更快。這樣您可以使用 timeit 來驗證這個說法,如下所示:

📂Listing 20-42: profiling_with_timeit.py

```python
from timeit import timeit

count = 10_000_000

def multiple_assign():
    x, y, z = 'foo', 'bar', 'baz'
```

```
time_multiple_assign = timeit(multiple_assign)

def single_assign():
    x = 'foo'
    y = 'bar'
    z = 'baz'

time_single_assign = timeit(single_assign)

print("Multiple assignment:", time_multiple_assign, sep='\t')
print("Individual assignment:", time_single_assign, sep='\t')
```

我要測量的陳述式應該放在一個函式或其他可呼叫的物件中。我還必須決定評估和執行各個陳述式的次數。這個數字需要很大才能讓結果具有意義，而且數字越大，結果就越準確。我把這個數值限制為 10_000_000（一千萬），將它綁定到 count，然後傳遞給 timeit 的可選擇性「number=」關鍵字引數，而不是冒險在兩個函式呼叫時輸入不同的數字，這樣會影響結果的準確性。

timeit 會回傳重複執行陳述式所花費的秒數。我把結果分別綁定到名稱 time_multiple_assign 和 time_single_assign 中，最後印出這些結果。在印出時，我在 print 陳述式中使用了 tab 定位點分隔符號，以便將這兩個數字對齊。

執行程式碼後會得到如下的結果：

```
Multiple assignment:    0.21586943799957226
Individual assignment:  0.18725779700071143
```

每次執行都會得到不同的結果，這是因為您的電腦會透過先佔式多工（請回想一下第 16 章）來管理行程（processes），這表示 Python 行程可能隨時被中斷，以允許其他行程運作幾毫秒。單一的效能分析結果不能下定論，反而應該在大量結果中尋找趨勢。

這兩者之間並沒有太大的差異，但相當明顯的是，多重指定值並沒有比較快。至少在我這個環境中，Python 3.10 版上它還稍微慢了一點。

或者，我也可以傳遞包含要測量之程式碼的字串。在這種情況下，該程式碼必須能夠獨立執行，而且不依賴於模組中的其他任何內容。如果需要進行一些設定，則可以將任意數量的程式碼當作為字串傳遞給 timeit 的「setup=」關鍵字引數。

timeit 模組也可以從命令列來使用。在這裡，我會在 UNIX 終端機中進行與 Listing 20-42 相同的程式碼效能測試。回應會直接顯示在終端機中：

```
$ python3 -m timeit -n 10000000 'x, y, z = "foo", "bar", "baz"'
10000000 loops, best of 5: 20.8 nsec per loop
$ python3 -m timeit -n 10000000 'x = "foo"; y = "bar"; z = "baz"'
10000000 loops, best of 5: 19.1 nsec per loop
```

-n 引數是要指定程式碼執行次數的地方。最後一個引數是必要的：就是指定要執行的 Python 程式碼，以字串形式表示。（如果您使用的是 Bash 系統，記得用單引號包裹字串，而不要用雙引號，以防止 Bash 試圖直譯 Python 程式碼中的任何內容。）

使用 cProfile 或 profile 進行效能分析

雖然效能測試為每個測量的程式碼片段產生單一的測量值，但效能分析則是生成一個測量值的表格，讓您看到程式碼中哪些部分花費最多時間。

Python 提供兩個進行深入程式碼效能分析的工具：cProfile 和 profile。這兩者具有完全相同的介面，但 cProfile 是以 C 擴充模組的形式撰寫，因此處理成本最小化，並繞過了 GIL（全域直譯器鎖），而 profile 模組則完全是用 Python 撰寫，因此會花費更多的處理成本。所以我在可能的情況下會盡量用 cProfile，只有在 cProfile 不可用時才使用 profile，例如在使用另外的 Python 實作時。

不同於 timeit 這個工具，cProfile 和 profile 模組知道它們自己的情境，可以呼叫目前命名空間中可用的任何函式或方法。

您**可以**用 cProfile 或 profile 進行效能測試，只需在各別的 run() 呼叫中執行兩個競比的陳述式或函式呼叫。不過，一般使用 timeit 更適合完成這個目標。我反而會使用 cProfile 來識別可能的效能瓶頸，這是它最適合的功用。

我會對 textproof 套件的預設進入點的 main() 函式呼叫 cProfile，如下所示：

📂Listing 20-43: src/textproof/__main__.py:1b
```python
# --省略--
if __name__ == "__main__":
    # main()
    import cProfile
    cProfile.run('main()')
```

因為這只是臨時的程式碼，我在這裡就直接引入了 cProfile，而不是放在檔案頂端。cProfile 和 profile 兩者提供了相同的方法，包括 run()。如果您使用 profile 而不是 cProfile，這裡示範的其他部分都是一樣的。

我把一個含有 Python 陳述式的字串傳給 profile。在這種情況下，我想透過呼叫 main() 函式來對整支程式進行效能分析。

現在我可以安裝並呼叫程式了。我不能使用 textproof 提供的一般入口點，因為那樣會繞過整個 if __name__ 子句。相反地，我需要直接執行這個套件：

```
venv/bin/pip install -e .
venv/bin/python3 -m textproof fixme.txt --output fixmeout.txt
```

該程式會正常啟動，我可以與它進行互動。

> **NOTE**
> 這就是為什麼我仍然喜歡透過「if __name__ == "__main__"」來設定一個預設的套件進入點。這提供了一個地方可以暫時改變程式的執行方式，以此來進行實驗、除錯和測試，而且不會影響 setup.cfg 提供的主要入口點。

當我使用完程式並退出時，cProfile 會在終端機上顯示一份報告。然而，這份報告的內容龐大，難以尋找，而且以名稱排序並不直觀。我需要根據一些更有用的標準來進行排序，例如以呼叫的次數排序。

cProfile.Profile() 這個類別提供了更多的控制。一般來說，我可以這樣使用，但對於程式碼會有一個關鍵的問題，我會稍後回來解釋：

Listing 20-44: src/textproof/__main__.py:1c

```python
if __name__ == "__main__":
    # main()
    import cProfile, pstats
    pr = cProfile.Profile()
    pr.enable()
    main()
    pr.disable()
    stats = pstats.Stats(pr)
    stats.strip_dirs()
    stats.sort_stats(pstats.SortKey.CUMULATIVE)
    stats.print_stats(10)
```

建立一個新的 cProfile.Profile 物件，並將其綁定到名稱 pr。並使用 pr.enable() 啟用它，之後就是我想要進行效能分析的程式碼。完成之後，我以相同的方式，改用 pr.disable() 來停用效能分析器。

為了對效能分析的結果進行排序，我建立了一個 pstats.Stats() 物件。我使用 strip_dirs() 移除路徑資訊，這樣就只會看到模組名稱。隨後使用 sort_stats() 按每個函式的**累計執行時間**進行排序，表示程式執行該函式所花費的總時間。

最後，我使用 print_stats() 把統計資料印出，並指定只想看到前 10 行的輸出內容，而不是顯示數百行的資料。我也可以在這裡傳入一個浮點數，代表要顯示之行數的百分比。

從 Python 3.8 版開始，cProfile.Profile 也是一個情境管理器，所以我可以使用這種語法，而不必手動啟用和停用：

🗁Listing 20-45: src/textproof/__main__.py:1d

```python
if __name__ == "__main__":
    # main()
    import cProfile, pstats
    with cProfile.Profile() as pr:
        main()
    stats = pstats.Stats(pr)
    stats.strip_dirs()
    stats.sort_stats(pstats.SortKey.CUMULATIVE)
    stats.print_stats(10)
```

如果您嘗試執行 Listing 20-44 或 20-45 中的程式碼，就會注意到**沒有任何輸出**內容。我花了大約半小時摸頭思索這個問題。最後才終於意識到，因為我用 @click.command() 裝飾了 main()，Click 會導致程式在 main() 結束時立即退出，而不是返回這裡進行後續操作。這種問題並不僅僅發生在 Click 上。在現實世界的應用程式中，有很多情況會導致程式在沒有正常返回 main() 或其他函式的情況下終止。也許使用者關閉了視窗或點擊了退出按鈕。

在這個範例中，我可以把邏輯直接放入 main() 函式內，以獲得最佳的結果：

🗁Listing 20-46: src/textproof/__main__.py:1e

```python
#!/usr/bin/env python3

import click
from textproof.fileio import FileIO
from textproof.checked_text import CheckedText
```

```
@click.command()
@click.argument('path')
@click.option('--output', default=None, help="the path to write to")
def main(path, output):
    import cProfile, pstats
    with cProfile.Profile() as pr:
        file = FileIO(path, output)
        # --省略--

        file.save()
    stats = pstats.Stats(pr)
    stats.strip_dirs()
    stats.sort_stats(pstats.SortKey.CUMULATIVE)
    stats.print_stats(10)

if __name__ == "__main__":
    main()
```

執行這支程式**最終**會給我一些有用的輸出內容：

```
    7146 function calls (7110 primitive calls) in 3.521 seconds

Ordered by: cumulative time
List reduced from 652 to 10 due to restriction <10>

Ncalls  tottime  percall  cumtime  percall filename:lineno(function)
    1    0.000    0.000    2.693    2.693 checked_text.py:15(fix_typos)
    9    0.000    0.000    2.693    0.299 typo.py:30(select_fix)
    9    0.000    0.000    2.692    0.299 typo.py:15(get_choice)
    9    2.691    0.299    2.691    0.299 {built-in method builtins.input}
    1    0.000    0.000    0.827    0.827 checked_text.py:6(__init__)
    1    0.000    0.000    0.827    0.827 api.py:4(api_query)
    1    0.000    0.000    0.825    0.825 api.py:107(post)
    1    0.000    0.000    0.825    0.825 api.py:16(request)
    1    0.000    0.000    0.824    0.824 sessions.py:463(request)
    1    0.000    0.000    0.820    0.820 sessions.py:614(send)
```

這裡的欄位列出的是呼叫次數（ncalls）、函式本身所花的總時間（tottime）、平均花在函式上的時間（percall）、函式和它所呼叫的任何內容所花的總時間（cumtime），以及其平均值（percall）。其中最具洞察力的是 cumtime，我已經根據它進行了排序。

我本來可能預期 API 呼叫會花最長的時間，但實際上從這個列表上它排在第 6 位，累計執行時間為 0.827 秒。而來自 checked_text.py 的 fix_typos() 方法是冠軍，花了多達 2.693 秒，但仔細檢查之後，我發現幾乎所有的時間都是花在 input() 函式上。程式的執行時間受到 IO 限制，但因為程式算是感覺非常靈敏的，所以不需要進一步處理。

這裡是可以增加顯示結果的數量，繼續透過這些內容來尋找可能的瓶頸，我想您應該已經懂我的意思了。

您也可以從命令列中呼叫 cProfile 或 profile。但只使用這種方式而不提供顯示結果的手段，這樣會讓查閱結果變得太複雜。您反而可以用工具 SnakeViz，以圖形來呈現結果。可以透過 pip 安裝，指令是 snakeviz。然後，我使用的方式如下所示：

```
venv/bin/python3 -m cProfile ❶ -o profile_out venv/bin/textproof fixme.txt --output
fixmeout.txt
venv/bin/snakeviz profile_out
```

我直接在命令列上呼叫 cProfile，指定將效能分析的結果儲存在 profile_out 檔案內。接著使用 snakeviz 開啟 profile_out 檔❶，這會在系統預設的網頁瀏覽器中開啟一個互動式的效能分析圖。

您可以在 https://jiffyclub.github.io/snakeviz/ 網站了解更多關於 SnakeViz 的資訊。在 Python 中，效能分析還有很多其他的內容。官方說明文件提供了很好的相關內容，詳細展示了如何進行有效的效能分析，以及其中的各種考慮因素：https://docs.python.org/3/library/profile.html。

tracemalloc

如果 cProfile 或 profile 讓您理解了程式碼的時間複雜度，那麼空間複雜度要怎麼處理呢？如果您使用的是 CPython，則可以用 tracemalloc 來檢視系統中的記憶體配置，看看您的程式碼的哪些部分使用了最多的記憶體空間。

考慮到之前提到的 cProfile 實務問題，說明文件中的內容已經相當清楚地展示了 tracemalloc 的運作方式：https://docs.python.org/3/library/ tracemalloc.html。

總結

測試是所有上線成品級專案的關鍵組成部分。Python 生態系統提供了許多用來測試程式碼的工具，還有檢查程式碼覆蓋率和在不同環境中自動進行測試的工具。實際上，要讓所有這些元件無縫協作是需要一些準備工作的，使用 src 型的專案結構會有助於這個過程。一旦您的測試系統運作順暢，持續驗證對程式碼的每次更改會讓朝著正確方向所邁出步伐變得更加容易。

我展示的專案結構也很適用於**持續整合**工具，例如 GitHub Actions、Travis CI、CircleCI 和 Jenkins 等，這些工具能夠自動在儲存庫提交或拉取請求時執行測試的相關工作。

此外，您還可以透過使用 timeit 進行基準測試、使用 cProfile 或 profile 進行效能分析，以及使用 tracemalloc 檢查記憶體配置，以此來瞭解程式碼的表現。

還有一個令人興奮的消息：如果您從第 1 章開始就一直跟隨著我，您現在應該已經見識、學到、並實踐了幾乎所有 Python 核心語言的基本元件，涵蓋了相當多的標準程式庫，以及整個 Python 生態系統的大部分內容。我們現在只剩下最後一站要去學習和體驗。

第 21 章
未來的路徑

恭喜您在程式設計的學習旅程上達到了一個重要的里程碑了：您現在算是懂得怎麼使用 Python 了！您已經熟悉了語法和慣例，學會了如何在 Python 語言中的結構、設計和交付上線使用成品等級的軟體。憑藉這份基礎的知識，您應該能夠理解官方說明文件的內容，甚至還能參與到 Python 開發者社群內很常見的那些有深度的討論。

不過，知道一門程式語言和精通這門程式語言之間是有著深刻的差異。只有寫出實際的程式碼，您才能真正以 Python 的方式來思考。如果在閱讀這本書的同時您一直都有在實際的專案上動手實作，那您可能已經達到這個里程碑。如果還沒有，您未來的下一步非常簡單，但也極其複雜：去動手建立一些東西吧！

「是的，但是呢？」您可能會說，「我現在知道 Python 是怎麼運作了，但我真的能用它做些什麼呢？」

您現在站在十字路口上。從這裡，您可以選擇的方向很多。在本章的內容中，我會指出一些最常走的未來道路，並提供下一階段旅程可能需要用到的更多資源。最後，我會告訴您怎麼融入整個 Python 社群。

關於未來

Python 一直在持續發展中，每個新版本都會帶來新的功能。每個新功能通常都是從社群的討論中提出的 PEP 提案開始的。隨後，這個 PEP 提案可能會經過辯論、調整、重構，最終被接受或被拒絕。

由於軟體開發的特性，語言的所有變動並非都能順利進行。當考慮將某個套件加入標準程式庫時，可能會被標記為**臨時套件**或**臨時 API**，這表示它隨時可能會變動，沒有考量向後相容性。根據 PEP 411 所概述的規則，說明文件會提醒您注意這些臨時套件。

有時候，如果某個功能預計在 Python 的未來版本中釋出，但核心開發者想要讓語言的使用者提前在實際程式碼中測試這個預覽版本，那這個功能就會被加入一個特殊的模組，叫做 __future__。即將推出的功能可以從該模組中引入，並且就像已經成為語言中的一部分來使用。筆者撰寫本文截稿時，__future__ 中只有一個即將推出的功能：「延遲評估註釋（PEP 563）」，這是 Python 3.10 版的一項功能。

如果您想要知道內幕消息，瞭解可能的新功能和語言的未來，可以加入官方論壇：https://discuss.python.org/，並且訂閱 python-dev 郵件清單：https://mail.python.org/mailman3/lists/python-dev.python.org/。

未來有哪些延伸的路徑？

Python 之所以保持為最受歡迎的程式語言之一，擁有很多功能是一個關鍵的原因。然而重點在：您無法學會所有東西，也不應該試圖學所有東西！程式設計不是騎自行車，一旦學會了就不會忘了，程式設計是必須定期練習，否則學到的知識會遺失忘掉。

更好的做法是找一個您在意、想要解決的問題，然後為它打造一個解決方案。這一小節的目的是為您展示 Python 常被用來解決的問題類型。

未來掌握在您手中。您會創造出什麼呢？

Python 應用程式開發

我個人喜歡用 Python 建立 GUI 型的使用者應用程式。無論您是在開發桌面應用程式還是手機應用程式，Python 都是個很適合的程式語言，因為它有直覺的語法和豐富的框架選擇。

即使在這個網路時代，桌面和手機應用程式在市場上仍然有牢固的地位。例如 Spotify 和 Dropbox 這樣的服務提供了客戶端應用程式（都是用 Python 寫的！），並加入了額外的裝置整合。桌面應用程式在許多領域和工作流程中仍然是可靠的幫手，從圖形設計到資料視覺化都有應用。它們也能夠充分利用系統資源和硬體，這在瀏覽器中可能更具挑戰性。

Python 有許多可用的 GUI 框架，其中包括 Tkinter，這是 Tk 框架的 Python 綁定。Tkinter 是最容易上手的 GUI 框架之一，但它的預設圖形風格明顯有些過時。Tkinter 已經包含在 Python 標準程式庫中，雖然有些 Linux 發行版把它當作一個獨立的套件進行發送。

> **ALERT**
>
> 如果您想在 macOS 10.6~10.14 版中使用 Tkinter，則需要安裝比作業系統預裝版本更新的 Python。由於蘋果提供的 Python 配送版本中的 Tkinter 存有嚴重的錯誤，所以需要安裝更新的版本。

其中一個最為知名的 GUI 框架是 Qt（正確發音是 cute），它提供了在各種環境和裝置上建立乾淨現代應用程式所需的一切。Qt 框架有兩個 Python 綁定：PySide2（Qt 5）和 PySide6（Qt 6），是由 Qt 公司維護的官方綁定。另外還有由 Riverbank Computing 維護的 PyQt5 或 PyQt6。

另一個受歡迎的 GUI 框架是 GTK，這是個成熟且強大的框架，在 Linux 上尤其顯著。PyGObject 是 GTK3 和 GTK4 的 Python 綁定。

Kivy 是一套跨足主要桌面和手機作業系統的 GUI toolkit。它特別適用於觸控螢幕裝置（也支援鍵盤和滑鼠），尤其適合遊戲開發。截至目前為止，把 Kivy 應用程式打封裝 Linux 版本會有些困難（而且不完全支援）。Kivy 2.0 版在這方面有一些改進，但我仍強烈建議在開始建置**之前**先弄清楚封裝的問題。

還有很多其他的 GUI 框架，像是 wxPython 和 Flexx，但本書版面有限，在這裡就不一一列舉了。您可以在這裡找到一個會更新的清單：https://wiki.python.org/moin/GuiProgramming。

如果您對建構 GUI 應用程式不知道從哪裡開始，我建議您先從 Qt 入手。如果您希望有指引的做法，可以參考 Martin Fitzpatrick 的《Create GUI Applications with Python & Qt5》，有 PySide2 和 PyQt5 版本。到他的網站：https://www.learnpyqt.com/ 可找到更多資訊，還有教學和範例。

Python 遊戲開發

雖然它不像許多遊戲引擎那麼強大，但 Python 非常適合相對簡便的遊戲開發。知名遊戲如《Civilization IV》、《EVE Online》、《Frets on Fire》和《Toontown Online》都是用 Python 建構的。視遊戲程式而定，您可能都是使用一個通用的 GUI 框架來建置，但為了獲得最佳效果，一般會建議您選擇專門的遊戲開發程式庫。

PyGame 是最老且被引用最頻繁的 Python 遊戲開發程式庫之一。它主要是對 Simple DirectMedia Layer（SDL2）的封裝，SDL2 提供跨平台的硬體存取，可用來處理圖形、音效和裝置。它也與其他圖形 API（如 OpenGL、Direct3D 和 Vulkan）進行介面的連接。

除了 PyGame 之外，還要取決於您想要建立的遊戲類型。另外其他的選擇，像是 Wasabi2D 和 pyglet 都是使用 OpenGL，而這是大多數主要遊戲引擎的基礎。Panda3D 和 Ogre 是兩個用來製作即時 3D 遊戲的熱門選項。當然還有許多其他的程式庫可供選擇。

不管您想要使用哪個遊戲開發框架，它的說明文件是最好的入門資料。或者，如果您想要一個學習曲線平緩且有許多引導範例的選擇，那建議您可以查閱 Al Sweigart 的《Python 好好玩｜趣學電玩遊戲程式設計》（碁峰資訊，2017），這本書會讓您適應 PyGame，更重要的是了解與遊戲開發相關的各種入門知識和概念。

Python 網頁開發

Python 在伺服器端表現也十分卓越,特別適用於快速開發網頁應用程式和 API。目前有三個熱門的程式庫:Django、Flask 和 FastAPI。

Django 是個一應俱全的選擇,它採用了 Model View Template(MVT)架構,內建了資料庫整合、物件關聯映射(ORM),基本上您在使用 Python 建立網頁應用程式或 API 時所需要的東西都具備了。Django 被 BitBucket、Instagram、Public Broadcasting Service(PBS)和 Washington Times 等等使用。若想要開始使用 Django,可以參考官方網站:https://www.djangoproject.com/。Django Girls 也有一個特別好的教學指南,請連到這個網站:https://tutorial.djangogirls.org/ 查閱和學習。

相較之下,Flask 反而是個極簡的選擇。它是輕量級,提供最基本的框架,讓開發者自行選擇要使用哪些工具和元件。Flask 社群提供了很多擴充功能,可以讓 Flask 的功能和 Django 一樣強大,所有這些都可以單獨選擇和安裝。Flask 強調會盡可能把控制權交給開發者。像 Pinterest 和 LinkedIn 這樣的網站都是用 Flask 建立的。如果您想學 Flask,官方的說明文件會引導您完成整個建立、入門和使用框架的過程:https://flask.palletsprojects.com/。

FastAPI 是個專為網頁 API 設計的框架。它的設計注重效能和穩定性,完全符合 OpenAPI(Swagger)和 JSON Schema 標準。詳細的說明文件請參閱網站:https://fastapi.tiangolo.com/。

客戶端的 Python

您可能會好奇是否能在瀏覽器中執行 Python,也就是在客戶端的運作方式。目前,有一些實作的 Python 版本正試圖做到這一點。以下列出其中幾個。

Brython,為 Browser Python 的縮寫,是這兩個選項中比較成熟的。它透過將 Python 轉譯成 JavaScript 的方式來運作。Brython 的設計是為了能與 W3C 文件物件模型(DOM)相容。更多資訊和完整的說明文件可以在網站:https://www.brython.info/ 及專案的 GitHub 頁面:https://github.com/brython-dev/brython 查看。

Skulpt 是一個比較新的解決方案，它的目標是在 JavaScript 中完全實作 Python 語言，而不是當一個轉譯器。但截至目前為止，Skulpt 仍然缺少很多核心語言功能。更多資訊可以參考網站：https://skulpt.org/。

Pyodide 是第三個選項。它是 CPython 移植到 WebAssembly 和 Emscripten 的版本，並支援許多 C 擴充模組。更多相關資訊和說明文件可以在網站：https://pyodide.org/en/stable/ 找到。

Python 的資料科學

Python 是**資料科學**領域中的領先語言之一，專注於透過收集和分析資料來獲取洞察和提取資訊。資料科學被視為應用統計學，與電腦科學相關但有些區別。從資料集中提煉資訊的工作有時被稱為**資料挖掘**。**大數據（big data）**這個詞通常指的是處理特別大型的資料集。

資料科學領域有一個龐大的生態系統，不過這些工具中很多也在軟體開發中也相當實用。

資料科學的環境

在資料科學生態系統中，Jupyter Notebook 可能是最重要的工具之一。它是個完整的互動式開發環境，特別適用於資料科學和科學運算，因為它可以把要執行的 Python 程式碼與 Markdown 格式的文字、數學方程式、即時圖表和其他豐富的媒體結合在一起。一個 Notebook document 就是一個 Jupyter Notebook 檔案，副檔名為 .ipynb（IPython Notebook 是 Jupyter Notebook 的前身）。除了支援 Python，Jupyter 還可以搭配資料科學中另外兩個最流行的 Julia 和 R 語言。您可以在官方網站：https://jupyter.org/ 了解更多關於 Jupyter Notebook 及其相關專案的資訊。

Anaconda 是一個專為資料科學和科學計算設計的獨立 Python 發行版。它預先安裝了超過 250 個最常用的資料科學程式庫和工具，包括 Jupyter Notebook。它還附帶自己的整合開發環境 Anaconda Navigator，以及一個專用的套件管理器 conda。除了這些，Anaconda 還提供了針對資料科學的雲端服務，有免費和付費的方案可選擇。更多資訊可以參考網站：https://anaconda.org/。

資料科學套件

在 Python 中有數百個資料科學的套件，但有幾個特別值得注意，其中有不少是一直在領先的位置：

> **Pandas** 被視為處理資料的不可或缺工具。它提供了 dataframes，讓您能夠從資料庫、試算表、表格、CSV 檔案等地方選取、合併、重新塑形和處理資料，很像 R 語言。更多資訊請參考：https://pandas.pydata.org/。

> **NumPy** 是處理數值運算的領先套件，從數學運算到統計分析，甚至還能進行對串列和陣列的進階處理。若想要了解更多資訊，可以參考：https://numpy.org/about/。

> **SciPy**（程式庫）是在 NumPy 的基礎上擴充而來的，提供了額外的科學運算數值處理程序，包括線性代數和數值最佳化等功能。它屬於 SciPy 生態系統的一部分，可與 NumPy、pandas 以及這份清單上其他一些套件一起搭配運用。若想要了解更多，可以參考：https://scipy.org/。

> **Matplotlib** 是生成圖表、表格、圖形和其他資料視覺化呈現的最受歡迎的程式庫之一。更多資訊可以參考：https://matplotlib.org/。

> **Seaborn** 是在 Matplotlib 的基礎上擴充，並與 pandas 整合，提供更先進的資料視覺化工具（有很多漂亮的顏色可選用！）。更多資訊可以參考：https:// seaborn.pydata.org/。

> **Bokeh** 是另一個熱門的視覺化程式庫，但與 Matplotlib 無關，它能讓您製作嵌入到網頁和 Jupyter　Notebook 內的互動式資料視覺化呈現。想要了解更多，可以參考：https://bokeh.org/。

> **Dask** 是一個專門為資料科學及相關領域使用的主要套件而建的 Python 平行處理程式庫。它能夠加快執行速度，特別是在處理大型資料集或需要大量運算的分析時。若想要了解更多，可以參考：https://dask.org/。

> **Kedro** 是相對新的一員，但在資料科學領域中擔任了重要的角色：提供一個框架讓資料流程保持可擴充、易於維護且準備好投入實際運作。若想要了解更多，可以參考：https://kedro.readthedocs.io/。

在資料科學的領域中有許多副主題，例如**地理資訊系統（GIS）**和許多科學運算的分支等。這些領域通常都有各自常用的程式庫和工具。

另外值得一提的是 Numba，這是個針對 Python 和 NumPy 的即時編譯器，讓您能夠將 Python 程式的特定部分編譯成機器碼。

想更深入了解 Anaconda 生態系統和這裡列出的許多程式庫，其中最方便的做法是閱讀 Lee Vaughan 編寫的書《Doing Science with Python》（No Starch Press，2022）。

Python 的機器學習

Python 中另一個熱門的主題是**機器學習**（**machine learning**），這是人工智慧的核心。機器學習是個演算法，可以根據提供給它的資料和反饋，在一段時間內自動改進的過程，這個過程被稱為**訓練**（**training**）。舉例來說，您的智慧型手機利用機器學習在您輸入時改進自動完成的建議。您使用手機輸入次數愈多，這個演算法就愈能掌握建議給您在輸入時想要的單字。

機器學習是透過**神經網路**（**neural networks**）運作的，這是一種複製生物神經網路結構和行為的資料結構，就像我們現在使用的大腦一樣。當您把多層神經網路疊在一起，就進入了**深度學習**（**deep learning**）的領域。

神經網路的結構並不是特別難理解，但其中牽涉到一些較高階的數學，包括線性代數、多變數微積分和機率論。如果您對機器學習有興趣，花一些時間深入理解這些數學知識是很值得的。不必擔心在紙上計算的數學，其重點是要掌握概念，計算的工作就讓電腦替您完成即可。

機器學習通常會與資料科學緊密相關。（因為訓練神經網路所使用的資料是要從某處取得！）因此，您會發現在這兩個領域中都有很多相同的套件。

以下是 5 個最受歡迎的機器學習套件：

> **TensorFlow** 是一個由 C++ 和 Python 實作的符號式數學程式庫，支撐著今天一些較大型的機器學習專案，包括 Google 的人工智慧也是它起始的地方。相較於其他選項，學習難度較高，但由於其速度的優勢，應用很廣泛。若想要了解更多，可以參考：https://www.tensorflow.org/。
>
> **Keras** 是個在 TensorFlow 基礎上擴充的深度學習 API，通常是較容易使用。這是個入門的極好選擇。若想了解更多，可參考：https://keras.io/。

Scikit-learn 是建立在 NumPy 基礎上的一個較簡單的機器學習程式庫。它特別適用在預測型的資料分析和其他資料科學應用。若想要了解更多，可以參考：https://scikit-learn.org/。

PyTorch 是以 Facebook 的 Torch 框架為基礎，獨立提供了與 NumPy、SciPy和 Scikit-learn 相同的功能。PyTorch 支援 GPU 加速，並且適用於深度神經網路。若想要了解更多，可以參考：https://pytorch.org/。

Aesera 是 Python 專用的機器學習程式庫，能與 NumPy 緊密整合，主要專注在相關的數學處理上。雖然 Aesera 可單獨使用，但一般是與其他選項（如 Keras）一起搭配使用。Aesera 是 Theano 程式庫的延續。若想要了解更多，可以參考：https://aesara.readthedocs.io/en/latest/。

在機器學習的範疇中是還有許多其他的專業領域，包括自然語言處理和電腦視覺等。一旦您掌握了機器學習的基礎知識，就可以繼續深入研究感興趣的任何次要主題。

如果您對這個領域感興趣，有兩本適合入門的書：Andrew Glassner 的《Deep Learning: A Visual Approach》（No Starch Press，2021）和 Ronald T. Kneusel 的《Practical Deep Learning》（No Starch Press，2021）。如果您喜歡一邊學習一邊實作，可以先從 Keras 或 Scikit-learn 開始。

安全性

Python 在**資訊安全**（**information security, infosec**）領域中越來越受歡迎，該領域專注於確保資料、軟體和電腦系統的安全。

這裡要小心提醒一下，用來找出需要補強安全漏洞的技術，正是用來利用這些漏洞的技術。整個資訊安全領域都在一條細微的法律和道德線上運作，把道德的（白帽）駭客與犯罪的（黑帽）駭客區分開來。兩方都知道如何建構和部署惡意軟體、反向工程軟體，以及駭入系統：不同之處在於道德駭客使用這些技術來找出、回報或封閉安全漏洞，防止犯罪駭客利用它們。舉例來說，惡名昭彰的 Heartbleed 和 Spectre 漏洞就是由道德駭客發現並回報的，這防止了犯罪駭客的利用。

有關 Python 和資訊安全的兩本最佳參考書籍是 Justin Seitz 和 Tim Arnold 合著的《黑帽 Python：給駭客與滲透測試者的 Python 開發指南 第二版》（碁峰資訊，2021）和 Justin Seitz 單獨編著的《Gray Hat Python》（No Starch Press，2009）（書名刻意帶有些許諷刺的意味）如果您對這個領域感興趣，這兩本書是最好的入門選擇。

再提醒您一次：使用的技能要用在正確的地方。利用電腦進行犯罪或製造麻煩是不對的，這樣做會招來整個 Python 社群的嘲笑。請保持您的駭客行為是合法且符合道德。

Python 的嵌入式開發

如果您更喜歡製作者的文化，您會很高興知道 Python 目前是**嵌入式開發**中增長最快的語言，這種開發方式是將程式碼直接嵌入控制硬體的裝置中。這表示您可以使用 Python 開發機器人、物聯網裝置以及許多其他硬體的專案。

Python 可以與 Raspberry Pi 一起使用，Raspberry Pi 預先安裝了 Thonny Python IDE。您可以在 https://www.raspberrypi.com/documentation/computers/os.html 網站找到更多資訊。

此外，Python 還可以透過 pyserial 來為 Arduino 微控制器編寫程式：https://pythonhosted.org/pyserial/。

MicroPython 是 Python 的另一個獨立實作，專為嵌入式開發而設計的。它最適合使用 pyboard 微控制器。您可以在 https://micropython.org/ 網站瞭解更多關於 MicroPython 和 pyboard 的資訊。

CircuitPython 是另一個 Python 實作。它是以 MicroPython 為基礎，主要針對 Adafruit 微控制器。也可用於許多 Raspberry Pi 和 Arduino 微控制器，以及來自許多其他品牌的硬體。您可以在 https://circuitpython.org/ 網站找到特定裝置下載、說明文件、教材和指南的連結。

編寫腳本

在所有這些龐大且令人印象深刻的 Python 應用中，很容易忘記這個語言存在的原因之一是為了促進自動化和腳本編寫。由於存在無數的程式庫，使得 Python

能夠與各種軟體、作業系統和硬體進行互動。如果您有個重複性任務需要簡潔的解決方案，Python 很有可能幫得上忙。

學習如何使用 Python 來進行自動化處理，有兩本優秀書籍可參考，分別是：Lee Vaughan 的《Real-World Python》（No Starch Press，2020）和 Al Sweigart 的《Python 自動化的樂趣：搞定重複瑣碎&單調無聊的工作(第二版)》（碁峰資訊，2020）。

Python 的偏好

您可能已經了解 Python 的預設實作，其正式名稱為 CPython，但並非是唯一的實作。實際上有相當多的其他實作，大多數都具有特定的用途。

我必須先提到一個非常專業的實作 RPython，它是專門用來建構直譯式的語言。這是 Python 語言的一個受限子集，帶有**即時（JIT）編譯器**，這表示語言在執行前會立即轉換為機器碼，而不是在執行時期由直譯器進行直譯。您可以在 https://rpython.readthedocs.io/ 網站找到 RPython 的詳細說明文件。

PyPy 是另一種實作，它以比 CPython 更快而聞名。它是以 RPython 實作為基礎，而不是 C。它之所以如此快，是因為它是即時編譯（JIT）的，而不是直譯的，使其效能可與 C++ 或 Java 相媲美。PyPy 始終落後於 CPython 幾個版本，至本書截稿時，它適用於 Python 3.6 版，但對於效能至關重要的專案，這是一個可以接受的妥協。此外，由於 PyPy 不依賴於 C，它一般不支援二進位擴充，除非是為此目的在 CFFI 中建構的一些擴充模組。

Stackless Python 是另一種奇特的實作，提供一些獨特的工具，以改進並行和程式碼結構。在很多方面，Stackless 是一個獨立的存在，必須以此為基礎進行學習。最好的入門方式是參考它的 Wiki 資料，裡面有進一步的參考和資源的連結：https://github.com/stackless-dev/stackless/wiki。

前面提到了 Brython（https://www.brython.info/）、Skulpt（https://skulpt.org/）和 Pyodide（https://pyodide.org/en/stable/），它們是 Web 開發導向的瀏覽器內 Python 實作。我還提到了 MicroPython（https://micropython.org/）和 Circuit Python（https://circuitpython.org/），這是用於嵌入式開發的實作。

除了這些，還有一些使用不同語言建構的 Python 直譯器實作。其中最值得注意的四個是 RustPython，使用 Rust 實作、IronPython 和 Python.NET，這兩者都與 .NET 框架緊密整合、以及 Jython，它是使用 Java 編寫的，是與 Java 虛擬機（JVM）整合。到本書截稿為止，RustPython 支援 Python 3.9 版，Python.NET 支援 Python 3.8 版，而 IronPython 僅支援 Python 3.4 版，Jython 仍與 Python 2.7 版相容。您可以分別在以下網址獲得更多有關資訊：RustPython 在 https://rust python.github.io/、IronPython 在 https://ironpython.net/、Python.NET 在 https://pythonnet.github.io/、Jython 在 https://www.jython.org/。

無論您使用哪一種實作，請記住，官方實作 CPython 是它們所有的基準。即使您打算在其他實作中度過大部分時間，但了解如何熟練使用 CPython 也是十分重要的功課。

參與 Python 的開發

Python 生態系統本身是由全球數千名開發者維護的。有些人編寫程式庫來滿足特定需求，而有些人編寫擴充模組和改進 Python 語言的各種實作。

如果您想參與 Python 的開發，最好具備一些其他開發領域的經驗或興趣，這樣您就能理解存在哪些需求以及如何好好應對。很少有開發者一開始就專注在 Python，他們反而在意識到自己工作中存在某種需求後才開始涉足 Python。即便如此，當您能夠為 Python 生態系統做出貢獻時，就能體會這種很好的感覺。

開發 Python 套件和工具

在這本書學到的技巧已經完全足夠讓您準備好製作和推出上線產品等級的套件、程式庫，以及開發工具。也許您已經有一些想法，或者您還在思考可以建構一些什麼內容。

無論哪種情況，我都強烈建議您更深入了解您定期使用的現有工具和套件。絕大多數的專案都是由少數志願者所維護的，而這些志願者往往不被感激，問題有時候湧入得比他們解決的速度還要快。在著手建立全新的東西之前，考慮一下是否能夠改進現有的解決方案。參與開源專案是建立技能和建立新專業聯繫的好方法，其效果會讓您嚇一跳。您的貢獻甚至不必很大，無論是對積壓的拉取請求進行程式碼審查、修復小錯誤、完成一些小的「內務」工作、整理說明文件，或是精緻封裝，這些都是很有幫助的！

另外還有一些專案被放棄或者無人維護，急需新的維護者站出來接手。當您接手一個被放棄的專案時，就會得到一個可運作的程式碼庫（某些情況下是能運作）和現有的使用者群體。一般來說，專案被放棄有可能是因為需要轉移到 Python 3。而且，與舊程式碼合作也可能是一個非常有價值的經驗。

幾乎所有在 Python Package Index（PyPI）上的套件都有指向官方網站、原始碼和問題追蹤器的連結。其他套件可能會列出現任維護者的電子郵件地址。當您發現某個套件您很常使用時，真的應該考慮參與它的開發和維護工作。

至於新專案，如果您發現自己開發了某個可以解決開發過程中遇到之問題的工具或程式庫，可以考慮把它發佈給全世界使用！

開發 Python 擴充模組

二進位擴充模組，通常簡稱為**擴充模組**或**擴充**，可在 CPython 直譯器之上加入新功能，並讓您將 CPython 與 C 和 C++ 程式碼整合在一起。

包裝模組（**Wrapper modules**）把 C 程式庫暴露給 Python 使用。PyGObject 就是一個例子，它將 GTK C 程式庫和其他一些程式庫進行包裝，並讓它們在 Python 中能使用。擴充模組還可以包裝 C++ 和 FORTRAN 之類的程式庫。

擴充模組的另一個常見用途是提供對作業系統、硬體或 CPython 執行時期的低階存取。

加速模組（**Accelerator modules**）提供純 Python 模組相同的行為，但實際上是用 C 語言編寫的。Accelerator 模組的一個特點是它們可以繞過全域直譯器鎖（GIL），因為它們以編譯的機器碼執行。這些模組應該提供純 Python 的替代模組，以應對擴充模組可能無法工作的情況。

有很多方法可以開發擴充。傳統上，您可以在 C 程式碼中引入 Python.h 標頭檔，然後從那裡開始建構。相關的詳細資訊和說明文件，可以參考網站：https://docs.python.org/3/extending/index.html。

然而，直接使用 Python.h 的方式已不再是最佳做法。除了這種技術相當笨拙且容易出錯之外，用這種方式建構的擴充通常在與 PyPy 和其他 Python 實作的相容性方面會有些困難。有許多第三方工具可以用來建構擴充，可讓它們更簡單且使用起來更加明快。

C Foreign Function Interface（**CFFI**）是比較熱門的選項之一。不像某些其他工具，CFFI 不需要去學習額外的特殊語言，它只使用 C 和 Python。CFFI 適用於 CPython 和 PyPy。您可以從其豐富的官方說明文件中了解更多相關資訊：https://cffi.readthedocs.io/。

CFFI 不支援 C++，所以如果您需要 C++ 和 Python 互通，可以試看看 cppyy。官方說明文件在網站：https://cppyy.readthedocs.io/。

Cython 是個獨立的程式設計語言，是 Python 的超集合，可以直接存取 C 和 C++。您需要像編譯 C 一樣，事先編譯 Cython 程式碼。更多資訊和官方說明文件可以連到網站查閱：https://cython.org/ 。

簡化封裝和介面生成器（**SWIG**）是可以用於十幾種程式語言之間進行互通的工具，包括 Python、C、C++、Java、C#、Perl、JavaScript 和 Ruby 等。它可以用來建立 Python 二進位擴充模組。可以在它的官方網站：http://www.swig.org/ 找到相關的資訊、說明文件和學習教材。

開發 Python 二進位擴充模組是個相當深入的主題，特別是在涉及到 C 語言時。Python Packaging Authority 有一份優秀的指南，深入探討了二進位擴充模組的開發，尤其是從封裝的角度講解：https://packaging.python.org/guides/packaging-binary-extensions/。

貢獻給 Python

Python 是一個開源專案，擁有豐富的社群和維護得很好的開發流程。如果您對 Python 充滿熱情，語言本身一定很歡迎新的貢獻者加入！您的貢獻可以是修復錯誤、測試修補程式、實作新功能和更新說明文件等。就算您沒有出色的 C 語言程式設計技能，仍然還有很多事情可以做。如果您想開始為 Python 做出貢獻，請閱讀官方 Python 開發者指南：https://devguide.python.org/。

如果 Java 或 .NET 更適合您，或者您對 RPython 感興趣，也可以參與 Jython、RustPython、Python.NET、IronPython 或 PyPy 的開發。這些都被視為 Python 生態系統中重要的實作，總有很多事情需要完成。

修改語言

由於 Python 是由社群所建立的，您可以提出對 Python 語言或其標準程式庫的更改。這會需要付出相當多的努力，以及大量的討論、交流、辯論和測試。在這個過程中，您會需要建立一份 PEP，概述您提出的更改以及到目前為止的所有討論。

別輕率地踏入這個過程！就算您覺得自己的想法很明確，但可能低估了其他觀點的深度或價值。我們都希望 Python 成為最好的程式語言，這就表示要考慮到多元化使用者群體有著極度不同的需求和觀點。這就是為什麼提出一個 PEP 是一項很重要的時間投資。

如果您確定能應對這項挑戰，請參考官方指南：https://devguide.python.org/langchanges/ 了解語言修改的資訊。https://devguide.python.org/stdlibchanges/ 網頁則是有關標準程式庫更改的資訊。

成為核心開發者

當您在一段時間內為 CPython 提交了優質的貢獻之後，就可以申請成為**核心開發者**，這會帶給您額外的權威和責任。核心開發者參與領導 Python 的發展，他們對語言方向和提出的修改所給與的意見具有很大的影響力。

如果您想成為 Python 的核心開發者，首先要開始對**修補程式碼**做出貢獻，這包括修復錯誤或實作已獲批准之功能的程式碼，提交給 CPython。一直進行這樣的貢獻，直到核心開發者給予您提交的權限。隨後，他們會繼續關注您的工作，並協助指導您參與 Python 開發的過程。最終，如果您表現出色，可能會有機會正式成為核心開發者。

整個過程、相關的責任和步驟的詳細說明在網站：https://devguide.python.org/coredev/ 的指南中，而這份指南本身是以 PEP 13 為基礎，概述 Python 語言的治理政策。

參與 Python 社群

無論您未來的方向要怎麼走，我都極力建議您融入 Python 社群！您會從其他 Python 開發者身上學到很多東西，同時也能透過協助和指導他人而受益。在網路上有一些官方和非官方的社群，列舉如下：

- The DEV Community：https://dev.to/t/python

- Discord：https://pythondiscord.com/

- Forums (Official)：https://www.python.org/community/forums/

- Libera.Chat IRC (Official)：https://www.python.org/community/irc/

- Mailing Lists/Newsgroups (Official)：https://www.python.org/community/lists/

- Reddit：https://www.reddit.com/r/learnpython/

- Slack：https://pyslackers.com/web

在上面這份清單中，我個人最喜歡的是 DEV 社群，這也是這本書的起點。還有 Libera.Chat IRC，我在那裡認識了本書大部分的技術審校和編輯。

提問

開發者最初加入社群的主要原因是要提問。不論您使用哪個平台，一開始提問可能會有點緊張！以下是在 Python 社群中提問和尋求幫助的一些原則。這些建議在大多數程式設計社群中都適用，但在 Python 中尤其如此！

首先，自己要先做一些研究和實驗。請先**閱讀說明文件**，試試一些可能的解決方案，注意有哪些方案不起作用。我們在 Python 社群很樂意幫助您，但我們也希望看到您自己也有付出了努力。

其次，要具體一點。您提供的資訊愈多，我們就能提供更好的幫助。如果可能的話，給我們一些可以檢查和執行的程式碼、錯誤訊息或錯誤輸出的確切文字、您的環境詳情（作業系統、Python 版本和程式庫的版本），以及您自己實驗結果的見解。在提供所有這些資訊時，要注意遵守社群關於大型貼文的規範。很多平台，包括 Libera.Chat IRC，會要求您使用像 bpaste.net 這樣的貼文分享工具，而不是直接把貼文傳到聊天室中，以免阻礙訊息記錄。絕對不要直接在聊天中貼上多行程式碼或輸出！

第三，要做好接受意外反饋的心理準備。如果某個錯誤是由於設計不良、錯誤的假設或不符合慣用法，我們更願意協助您修正設計而不是修復錯誤。我們針對的不是能**運作**的程式碼，而是**慣用**的程式碼。您可能會被問到類似的問題，例如「您的目標是什麼、您為什麼這樣做，以及您不這樣做有什麼原因？」，請保持冷靜，與我們一同合作。

> **ALERT**
>
> 請把期望放在挑戰您的實作和目標！我們評論的是您的程式碼，而不是您個人或您的技能。無論是現在還是未來，對抗和好戰的態度會降低從別人那裡得到幫助和建議。我們挑戰您是因為我們相信您是真的有足夠聰明和才幹來應對，我們也都期望被同行以同樣的方式對待。

第四，要有禮貌且有耐心。我提到的所有線上社群都是由自願者（志工）組成，他們自願投入時間和力氣來幫助他人的。答案大多數都需要等上一些時間才能得到。直接在公開空間中提問和等待答案時，不要問「能不能問問題」或針對某方面專家詢問，因為這只會浪費大家的時間。在 IRC 的情況下，**請保持登入**狀態，否則您有可能會錯過我們的回應！在任何聊天的媒介中，如果您的訊息在歷史中完全被淹沒（我指的是超出三個或更多桌面螢幕頁面），請冷靜地重新發送。在類似論壇的平台上，請不要被貼文「置頂」的誘惑所迷住。

當您收到回應時，要好好地讀一讀，用心回應。隨著我們不斷地尋找解決方案，可能還會有更多問題等著您回應。

回答問題

透過本書的內容，現在您對 Python 已有了相當的了解！因此，您可能會碰到其他社群成員的問題，或許您能夠回答。這是回饋社群並與其他開發者建立關係的絕佳方式。在這個過程中，您也能學到不少東西。話雖如此，在開始時還是會有些緊張和嚇人。以下是一些建議。

首先，別怕犯錯。如果您覺得能回答某個問題，就大膽嘗試吧。這就是在社群回答問題的好處之一：如果您答錯了，通常還會有其他人在那裡糾正錯誤。

Python 開發者可是很在意準確性的！（真的，您應該看看我從技術審校和編輯那裡得到的一些建議。）在最糟糕的情況下，您還是能在這次經驗中學到東西。我保證，值得交往的人不會因此而看輕您。

其次，回答問題的過程中，超過一半的工作是**提出更多問題**。就像《Python 之禪》所說的那樣，「面對不確定性，拒絕妄加猜測」。最後，您的目標應該是引導提問者朝向解決問題最具 Python 風格的方向發展。

第三，保持和善是相當重要的。對事不對人，唯一值得批評的是**程式碼**和**實踐做法**，絕不是人。不論我們多麼聰明或是多有趣，都不要用貶低或中傷的語言來對待別人。

順帶一提，小心提醒別人「去閱讀說明文件」。對初學者而言，有時說明文件還是太過晦澀難懂。分享相關頁面或部分的連結，或是其他有用的資源是可以的，但絕對**不要**因為別人之前沒有讀過或理解說明文件或其他資料而責怪他們。同樣地，對於網路搜尋結果也是一樣，有時候確定最佳的關鍵字或適用的結果是需要一些真本事的。總而言之，如果問問題的人說連結沒有解決他們的問題，就要有準備進一步詢問來更了解他們遇到的問題。

使用者團體

線上社群雖然是很棒的資源，但和面對面的交流與合作相比，還是差了一點！全球有超過 1,600 個 Python 使用者團體，提供各種背景和技能水準的開發者交流知識的機會，大部都是透過社交聚會、演講、駭客活動，甚至是當地的研討會等活動來進行交流。

官方 Python wiki 上有一份完整的 Python 使用者團體清單：https://wiki.python.org/moin/LocalUserGroups。考慮一下加入您所在區域的其中一個團體。如果您附近沒有使用者團體，也可以考慮自己開設一個！wiki 上也有相關的指南說明：https://wiki.python.org/moin/StartingYourUsersGroup。

PyLadies 團體

特別值得一提的是 PyLadies，這是由 Python 軟體基金會組織的團體，專注於支援和指導 Python 社群中的女性開發者。

PyLadies 舉辦了很多聚會和活動，並提供對應的資源。除了國際線上社群外，全球各地還有許多當地的 PyLadies 團體。如果您家附近沒有，或許您也可以考慮自己組織一個。關於更多 PyLadies 的資訊可以在網站：https://pyladies.com/ 找到。PyLadies 團體的官方清單在這裡：https://pyladies.com/locations/。

研討會

參加研討會是一個極好的方式，不僅可以學到很多，還能在開發者進行交流，擴大您在 Python 社群的網路。Python 世界有許多精彩的研討會，包括 PyCon US（官方研討會）、Pyjamas、SciPy、Python Pizza 和 PyData。在很多國家都有舉辦 PyCon 的活動。

一想到研討會，大概第一個浮現在腦海的是各式各樣的演講和講座。當然，講座確實是其中的重頭戲，尤其是 Python 社群中的重要人物所做的主題演講，但這不是唯一的活動。Workshops 工作坊提供了開發者親身體驗新主題的機會。Lightning talk 快閃講座也很有趣：任何人都可以在 5 或 10 分鐘內做一個演講發表，有時候這就是一種當場的即興發表。有些演講見解深刻，有些則笑翻天。很多研討會還有 Sprints，就是合作編寫程式碼的時間（類似「黑客松」），參與者可以自由組隊建構或改進程式碼。

參加研討會很有趣，但更刺激的是能參與其中！如果您想在研討會上發表一場演講，要留意「**提案徵集（Call for Proposals，CFP）**」，這時您就可以提交演講或工作坊的提案。如果您還是個新手主講者，可以考慮先在當地的 Python 使用者團體發表演講或做個快閃講座。也可以提交一個 Sprints 專案，這樣能吸引新的貢獻者和使用者，同時也是能改進程式碼的絕佳方式。

很多研討會都很仰賴志工的協助，所以考慮聯絡您想參加的研討會，看看有什麼地方需要協助。這樣您就能認識許多很棒的人，而且當志工還滿有趣的。

如果您想參加研討會但負擔不起費用，可以查看是否有獎學金或其他財務援助，尤其在當您是志工時。如果您是一位程式設計師，您的雇主可能也願意在一些研討會費用上提供幫助。畢竟，您學到東西，對他們也受益啊！Python 研討會的清單在 Python wiki 網站上有更新：https://www.python.org/community/workshops/。

加入 Python 軟體基金會

Python 軟體基金會（**Python Software Foundation**，**PSF**）是個非營利組織，正式負責管理 Python 語言的相關事誼。他們負責所有重大的決策，也協助在全球擴大 Python 社群。

Python 軟體基金會是個開放會員制的組織，也就是說，任何人都可以免費加入。基本會員只需要註冊登錄並同意 Python 軟體基金會行為準則，這是整個 Python 社群運作的指南。會員可以收到 Python 軟體基金會的最新訊息通訊。

有三種特殊類型的會員，他們都有權參與 Python 軟體基金會董事會的選舉。Supporting 會員每年會捐款給 Python 軟體基金會。Managing 會員每個月至少志願投入五小時在 Python 社群中，工作包括協助組織活動和使用者團體，或是參與 Python 軟體基金會的專案。Contributing 會員每個月至少志願投入五小時在自由、公開的開源專案上，這些專案有助於達成 Python 軟體基金會的使命。您可以在 https://www.python.org/psf/membership/ 網站上了解更多有關 Python 軟體基金會會員資格的資訊。

這條路還很長…

親愛的讀者，本書內容將到此為止。接下來的方向就看您自己了！我相信在您的前方有著許多冒險。我會送您前進到這片未知領域，並給您三個最後的建議。如果您已經寫了一陣子的程式，或許您已經知道這些事情，但總是值得再次回顧。

第一點建議，**獨自上路有點危險**。閃亮的新解決方案會從陰影中召喚您，引誘您遠離經過時間考驗的開發路徑。巧妙的解決方案會誘使您離開，同時從您未來的自己和同事那裡偷走時間和理智。Bug 在您的程式碼深處潛伏，等待在某個星期五的深夜跳出來，露出尖牙和莫名其妙的日誌檔。與其他 Python 開發者結伴同行是對抗這些危險和危機的最可靠的防禦方式！人多力量大。若沒有 Python 社群的支持、洞察、討論和鼓勵，我絕不可能寫出這本書。我們需要彼此同行和成長。

第二點建議，**要勇於冒險、勇於犯錯**！在解決錯誤、克服困難問題、或是犯錯中，總是能學到比讀寫世界上最好程式碼還多東西。我很喜歡我的同事

Wilfrantz Dede 在著手新任務時常說的一句話:「我要去寫些 bug 了。」bug 是學習過程中不可避免的一部分。學著預期、擁抱和征服它們,然後微笑以對!把您編寫程式碼的錯誤經驗分享給同事。我保證大多數人會因此而更加看得起您,而不會看輕您。任何**看輕**您的人都只是在掩飾自己犯下的嚴重錯誤而已。

第三點建議,**您是一位真正的程式設計師**。再也不用懷疑這一點!不論您在這個行業待了多久,總會有更多東西可以學習。甚至有些資深開發者已經寫程式好幾十年,但仍然感受到未掌握知識的呼喚。

這段旅程其實永遠不會結束。總會有一座山丘的山頂、一條轉彎的路,以及一片無垠的平原在前方延伸!擁抱向前冒險的每一步,您永遠不會變老。

附錄 A
特殊屬性和方法

這個附錄是列出了所有 Python 語言中的特殊屬性和方法,並按類別分類的。如果您是在找特定名稱的特殊方法,建議直接查看索引。

完整的說明文件可以在網站中找到:https://docs.python.org/3/reference/datamodel.html。

特殊方法

這些方法是在類別上宣告的,以支援不同的 Python 運算子、內建函式和複合語法。通常都是宣告為實例方法,除非有其他說明。

表 A-1：轉換與強制轉型

方法	用途	呼叫
obj.__bool__(self)	返回布林值：True 或 False	bool(obj) if obj: pass
obj.__int__(self)	返回一個整數。	int(obj)
obj.__trunc__(self)	返回一個整數，會把小數點部分去掉。	trunc(obj)
obj.__floor__(self)	返回一個整數，會把小數點四捨五入。	floor(obj)
obj.__ceil__(self)	返回一個整數，會把小數點無條件捨去。	ceil(obj)
obj.__index__(self)	返回一個整數，轉換時不損失資料（不會省略資料的任何部分）。表示 obj 是整數型別。	operator.index(obj)
obj.__float__(self)	返回一個浮點數。	float(obj)
obj.__complex__(self)	返回一個複數。	complex(obj)
obj.__round__(self, ndigits=None)	返回一個浮點數，四捨五入到指定的小數位數。如果 ndigits 為 None，則返回一個整數。	float(obj) float(obj, ndigits)
obj.__bytes__(self)	返回一個位元組物件。	bytes(obj)
obj.__repr__(self)	返回呈現為標準表示形式的字串。	repr(obj) f"{obj!r}"
obj.__str__(self)	返回一個字串	str(obj)
obj.__format__(self, format_spec="")	返回一個字串，根據格式規範進行格式化。	format(obj, format_spec)

表 A-2：功能與特性

方法	用途	呼叫
obj.__index__(self)	返回一個整數，無損建立。表示該物件是一個整數。	operator.index(obj)
obj.__call__(self)	實作這個方法會讓物件可以被呼叫。	obj()
obj.__iter__(self)	返回一個對應到物件的迭代器。	iter(obj)
obj.__next__(self)	根據迭代器 obj，返回下一個值。	next(obj)
obj.__enter__(self)	進入與情境管理器 obj 有關的執行時期情境。	with obj: 　　pass
obj.__exit__(self)	離開與情境管理器 obj 有關的執行時期情境。	with obj: 　　pass
obj.__len__(self)	返回 obj 物件的長度，例如集合中的項目數量。	len(obj)
obj.__length_hint__(self)	返回對於 obj 物件的預估長度，以非負整數表示。（選擇性使用）	operator.length_hint(obj)

方法	用途	呼叫
obj.__getitem__(self, key)	回傳物件 obj 中 key 所對應的項目。理想情況下，可以把切片傳遞給 key。	obj[key]
obj.__setitem__(self, key, value)	將物件 obj 中 key 的值設定為 value。	obj[key] = value
obj.__delitem__(self, key)	刪除物件 obj 中 key 的值。	del obj[key]
obj.__missing__(self)	在字典的子類別中，當 key 不在字典中時，會被 __getitem__() 方法呼叫。	
obj.__reversed__(self)	返回一個新的迭代器物件，以反向順序迭代容器中的物件。只有在實作比使用 __len__() 和 __getitem__() 反向迭代更快的情況下才應提供。	reversed(obj)
obj.__contains__(self, item)	檢查物件 obj 是否包含項目 item，然後返回一個布林值。	item in obj
obj.__hash__(self)	返回 obj 的雜湊值。	hash(obj)
obj.__get__(self, instance)	描述器的 Getter。	
obj.__set__(self, instance, value)	描述器的 Setter。	
obj.__delete__(self, instance)	描述器的 Deleter。	
obj.__set_name__(self, owner, name)	描述器的初始化程式。在擁有它的類別 owner 被建立時呼叫。	
obj.__await__(self)	讓物件 obj 可以進行等待。回傳一個迭代器。	await obj
obj.__aiter__(self)	返回一個非同步迭代器物件。	async for i in obj: 　　pass
obj.__anext__(self)	返回一個可等待的物件，該物件會提供非同步迭代器的下一個值。	async for i in obj: 　　pass
obj.__aenter__(self)	與 __enter__() 相同，但會返回一個可等待的物件。	async with obj: 　　pass
obj.__aexit__(self)	與 __exit__() 相同，但會返回一個可等待的物件。	async with obj: 　　pass

表 A-3：比較運算子

方法	用途	呼叫
obj.__lt__(self, other)	如果 self 小於 other，返回 True；否則返回 False。	self < other
obj.__le__(self, other)	如果 self 小於等於 other，返回 True；否則返回 False。	self <= other

方法	用途	呼叫
obj.__eq__(self, other)	如果 self 等於 other，返回 True；否則返回 False。	self == other
obj.__ne__(self, other)	如果 self 不等於 other，返回 True；否則返回 False。	self != other
obj.__gt__(self, other)	如果 self 大於 other，返回 True；否則返回 False。	self > other
obj.__ge__(self, other)	如果 self 大於等於 other，返回 True；否則返回 False。	self >= other

表 A-4：算術運算子

方法	用途	呼叫
obj.__add__(self, other)	返回物件 obj 與 other 物件的和，或連接 obj 和 other 物件。	obj + other operator.add(obj, other)
obj.__sub__(self, other)	返回物件 obj 減 other 物件的差。	obj – other operator.sub(obj, other)
obj.__mul__(self, other)	返回物件 obj 與 other 物件的乘積。	obj * other operator.mul(obj, other)
obj.__matmul__(self, other)	執行物件 obj 與 other 物件的矩陣相乘。	obj @ other operator.matmul(obj, other)
obj.__truediv__(self, other)	執行物件 obj 與 other 物件的實數除法。	obj / other operator.truediv(obj, other)

obj.__floordiv__(self, other)	執行物件 obj 與 other 物件的整數除法。	obj // other
		operator.floordiv(obj, other)

obj.__mod__(self, other)	回傳物件 obj 與 other 物件相除的餘數。	obj % other operator.mod(obj, other)
obj.__divmod__(self, other)	同時執行整數除法和取餘數，然後以元組形式返回結果。等同於（obj // other, obj % other）。	divmod(obj, other)
obj.__pow__(self, other, mod=None)	將物件 obj 的次方提升到 other。如果提供了 mod，結果就相當於 pow(obj, other) % mod，但計算效率更高。	obj ** other pow(obj, other) pow(obj, other, mod) operator.pow(obj, other)
obj.__neg__(self)	負數。	-obj operator.neg(obj)
obj.__pos__(self)	一般情況下，只是返回 self。	+obj operator.pos(obj, other)

方法	用途	呼叫
obj.__abs__(self, other)	絕對值。	abs(obj) operator.abs(obj, other)
obj.__radd__(self, other)	返回 other 物件和物件 obj 的加總。只有在 other 物件不支援該運算時，才會呼叫映射運算子。	other + obj operator.pos(other, obj)
obj.__rsub__(self, other)	返回 other 物件減去 obj 物件的差。（映射）	other – obj operator.sub(other, obj)
obj.__rmul__(self, other)	返回 other 物件減去 obj 物件的乘積。（映射）	other * obj operator.mul(other, obj)
obj.__rmatmul__(self, other)	返回 other 物件與 obj 物件矩陣相乘的結果。（映射）	other @ obj operator.matmul(other, obj)
obj.__rtruediv__(self, other)	返回 other 物件與 obj 物件實數除法的商。（映射）	other / obj operator.truediv(other, obj)

obj.__rfloordiv__(self, other)	返回 other 物件與 obj 物件整數除法的商。（映射）	other // obj
		 operator.floordiv(other, obj)

obj.__rmod__(self, other)	返回 other 物件與 obj 物件相除的餘數。（映射）	other % obj operator.mod(other, obj)
obj.__rdivmod__(self, other)	同時執行整數除法和取餘數，然後以元組形式返回結果。等同於 (other // obj, other % obj)。（映射）	divmod(other, obj)
obj.__rpow__(self, other, mod=None)	將 other 物件的次方提升到 obj。如果提供了 mod，結果就相當於 pow(other, obj) % mod，但計算效率更高。	other ** obj pow(other, obj) pow(other, obj, mod) operator.pow(other, obj)
obj.__iadd__(self, other)	將 obj 物件與 other 物件的加總儲存回 obj。	obj += other
obj.__isub__(self, other)	將 obj 物件減去 other 物件的差儲存回 obj。	obj -= other
obj.__imul__(self, other)	將 obj 物件減去 other 物件的乘積儲存回 obj。	obj *= other
obj.__imatmul__(self, other)	將 obj 物件與 other 物件的矩陣相乘的結果儲存回 obj。	obj @= other
obj.__itruediv__(self, other)	將 obj 物件與 other 物件的矩陣相除的結果儲存回 obj。	obj /= other
obj.__ifloordiv__(self, other)	將 obj 物件與 other 物件整數除法的商儲存回 obj。	obj //= other

方法	用途	呼叫
obj.__imod__(self, other)	將 obj 物件與 other 物件相除的餘數儲存回 obj。	obj %= other
obj.__ipow__(self, other)	將 obj 物件的次方提升到 other 的結果儲存回 obj。	obj **= other

表 A-5：位元運算子

方法	用途	呼叫
obj.__invert__(self)	返回 obj 物件的位元反轉。	~obj operator.invert(obj)
obj.__and__(self, other)	返回 obj 物件與 other 物件的位元 AND 運算。	obj & other operator.and(obj, other)
obj.__or__(self, other)	返回 obj 物件與 other 物件的位元 OR 運算。	obj | other operator.or(obj, other)
obj.__xor__(self, other)	返回 obj 物件與 other 物件的位元 XOR 運算。	obj ^ other operator.xor(obj, other)
obj.__lshift__(self, other)	返回 obj 物件與 other 物件的位元左移。	obj << other operator.lshift(obj, other)
obj.__rshift__(self, other)	返回 obj 物件與 other 物件的位元右移。	obj >> other operator.rshift(obj, other)
obj.__rand__(self, other)	返回 other 物件與 obj 物件的位元 AND 運算。只有在 other 物件不支援該運算時，才會呼叫映射運算子。	other & obj operator.and(other, obj)
obj.__ror__(self, other)	返回 other 物件與 obj 物件的位元 OR 運算。（映射）	other | obj operator.or(other, obj)
obj.__rxor__(self, other)	返回 other 物件與 obj 物件的位元 XOR 運算。（映射）	other ^ obj operator.xor(other, obj)
obj.__rlshift__(self, other)	返回 other 物件與 obj 物件的位元左移。（映射）	other <<= obj operator.lshift(other, obj)
obj.__rrshift__(self, other)	返回 other 物件與 obj 物件的位元右移。（映射）	other >> obj operator.rshift(other, obj)
obj.__iand__(self, other)	將 obj 物件與 other 物件的位元 AND 的結果儲存回 obj。	obj &= other
obj.__ior__(self, other)	將 obj 物件與 other 物件的位元 OR 的結果儲存回 obj。	obj |= other
obj.__ixor__(self, other)	將 obj 物件與 other 物件的位元 XOR 的結果儲存回 obj。	obj ^= other

方法	用途	呼叫
obj.__ilshift__(self, other)	將 obj 物件與 other 物件的位元左移的結果儲存回 obj。	obj <<= other
obj.__irshift__(self, other)	將 obj 物件與 other 物件的位元右移的結果儲存回 obj。	obj >>= other

表 A-6：物件、類別和元類別

方法	用途	呼叫
obj.__new__(cls, ...)	返回 cls 的一個新實例。	obj = cls()
obj.__init__(self, ...)	物件 obj 的初始化程式。	obj = cls()
obj.__del__(self)	物件 obj 的結束處理程式。	del obj # indirect only
obj.__import__(self, ...)	不要實作！	
obj.__getattr__(self, name)	返回 obj 物件上的屬性名稱。	obj.name
obj.__setattr__(self, name, value)	將 value 值指定給 obj 物件上的屬性名稱。	obj.name = value
obj.__delattr__(self, name)	刪除 obj 物件上的屬性名稱。	del obj.name
obj.__dir__(self)	回傳 obj 物件上的有效屬性串列。	dir(obj)
@classmethod obj.__init_subclass__(cls)	當 cls 被子類別化時被呼叫。不返回任何值。	
cls.__instancecheck__(self, instance)	如果實例是 cls 或其子類別之一的實例，返回 True；否則返回 False。	isinstance(instance, cls)
cls.__subclasscheck__(self, subclass)	如果子類別是 cls 或其子類別之一的子類別，返回 True；否則返回 False。	issubclass(instance, subclass)
@classmethod obj.__subclasshook__(cls, subclass)	如果應該將子類別視為 cls 的子類別，返回 True；否則返回 False。	issubclass(instance, subclass)
@classmethod obj.__class_getitem__(cls, key)	返回一個是通用類別 cls 的特化物件。主要與通用型別一起使用。請參考 PEP 484 和 PEP 560。	
meta.__new__(self, name, bases, namespace)	返回從元類別 meta 實例化而來的新類別。	cls = meta()
@classmethod meta.__prepare__(cls, name, bases, ...)	建立並返回儲存正在建立之類別的所有方法和類別屬性的字典。	

特殊屬性

這裡省略了一些只對語言內部感興趣或有用的特殊屬性。

表 A-7：模組中的特殊屬性

方法	用途
__doc__	模組的說明字串。如果沒有定義說明字串，則其值為 None。
__name__	模組的名稱。
__loader__	載入該模組的載入器。被引入系統使用。
__package__	包含該模組的套裝。如果模組是一個套裝，就會與 __name__ 相同。被引入系統使用。
__file__	模組檔案的路徑。在某些情況下可能為 None。被引入系統使用。
__path__	套裝的路徑。只在套裝中定義。被引入系統使用。
__cached__	模組編譯後的 Python 位元組碼表示的路徑。
__spec__	模組對應的 ModuleSpec 物件。這是引入系統使用的技術細節。該物件包含與模組上其他特殊屬性相同的許多資料。
__builtins__	包含所有 Python 內建函式、物件和屬性的模組（一切無須進行引入的內容）。

表 A-8：函式中的特殊屬性

方法	用途
func.__annotations__	參數的型別註釋字典。鍵 return 與傳回值的型別註譯相關聯。
func.__closure__	唯讀單元的元組，包含與記憶體中值綁定的特殊物件，適用於所有閉包變數。
func.__code__	函式編譯程式碼的字串表示形式。（如果您想要函式程式碼的字串表示形式，請使用 inspect.getsource()。）
func.__defaults__	包含預設引數的元組。如果沒有預設引數，則該值只是 None。
func.__dict__	包含所有函式屬性的字典。
func.__doc__	在函式中的說明字串。如果沒有定義說明字串，則其值為 None。
func.__globals__	對全域變數字典的唯讀參照。
func.__kwdefaults__	僅限關鍵字參數的預設引數字典。
func.__module__	在定義函式時所用的模組名稱，如果不適用則為 None。
func.__name__	模組、可呼叫物件、物件或類別的名稱。
func.__qualname__	物件的完全限定名稱。

表 A-9：實例中的特殊屬性（物件）

方法	用途
obj.__class__	實例的類別。
obj.__dict__	實例屬性的字典。
obj.__doc__	實例的說明字串。
obj.__module__	該實例所在模組的名稱，如果不適用則為 None。

表 A-10：類別的特殊屬性

方法	用途
cls.__bases__	類別的基底類別元組，按照類別定義時繼承串列中指定的順序排列。
cls.__dict__	包含類別屬性和實例方法的字典。
cls.__doc__	模組的說明說明字串。如果未定義說明說明字串，其值為 None。
cls.__module__	該類別被定義的模組名稱，如果不適用則為 None。
cls.__mro__	類別的方法解析順序，表示為包含類別的元組。
cls.__name__	類別的名稱。
cls.__qualname__	類別的完全限定名稱。
cls.__slots__	變數名稱的字串序列，應該被保留。在定義時，會阻止自動建立 __dict__ 和 __weakref__ 屬性，除非這些名稱是在 __slots__ 中指定。
cls.__weakref__	參照目前物件所有弱參照的物件。通常不需要直接操作這個屬性，但在處理 cls.__slots__ 時了解其用途是好的（參閱該項目）。

附錄 B

Python 除錯器

（PDB）命令

Python 除錯器（Python DeBugger，pdb）工具有許多命令可以在（Pdb）提示符號位置輸入，以控制和監視程式碼的執行。在這個附錄之中，我會以易於使用的表格來簡介最重要的 pdb 命令。

　　如果您還需要更多資訊，可在網站：https://docs.python.org/3/library/pdb.html 找到所有 pdb 命令的詳細說明文件。

命令	用途
h *command* help *command*	顯示命令的說明。如果未指定特定命令，就列出所有可用的命令。
q quit	結束目前的 pdb 對話模式。
移動	
w where	印出目前位置的堆疊追蹤。
u *count* up *count*	把作用中焦點從目前的堆疊追蹤往上移，可以用 *count* 來選擇移動多少層，預設是一層。
d *count* down *count*	把作用中焦點從目前的堆疊追蹤往下移，可以用 *count* 來選擇移動多少層，預設是一層。
s step	執行並進入目前這一行。
n next	執行並跨過目前這一行。
r return	執行目前函式的其餘部分。
c cont continue	繼續執行，直到觸發下一個中斷點。
unt *lineno* until *lineno*	執行直到指定的 *lineno* 行號，或直到任何大於目前行的行號為止。
j *lineno* jump *lineno*	在目前的行之後，執行在指定的 *lineno* 行號的程式碼。這只能在最底層的框架中進行，且在某些情況下可能無法使用。如果您想暫時跳過一些可能引起問題的程式碼，可用這個命令來跳過。
run restart	重新啟動從程式一開始的除錯，同時保留選項、中斷點和歷史記錄。這只在直接呼叫 pdb 時有效。
檢查	
p *expression*	執行 print(*expression*)。
pp *expression*	執行 pprint(*expression*)。（以 pprint 模組進行美觀列印）
whatis *expression*	印出 type(*expression*)。
a args	印出目前函式的引數串列。
retval	印出目前函式的最後返回值。
display *expression*	監視 *expression* 運算式的值，每次除錯在目前框格停止時會印出這個值。
undisplay *expression*	停止監視 *expression* 運算式，如果 *expression* 省略了，就停止監視所有的運算式。
l lineno list lineno	顯示距離指定 *lineno* 行號周圍 11 行的原始程式碼，如果未指定行號，則顯示目前行的周圍 11 行程式碼。

命令	用途
l *from to* list *from to*	顯示從行號 *from* 到行號 *to* 的原始程式碼。
source *object*	顯示給定的程式碼物件 *object* 的原始程式碼，例如函式、方法、類別或模組。
互動	
! *statement*	在目前的情境中執行給定的一行陳述式，就好像它是下一行的程式碼一樣。
interact	切換到目前情境的互動式 Python Shell 模式中，這樣您就可以執行額外的程式碼。
debug *code*	開始另一個用於除錯陳述式程式碼的 pdb 對話。當您退出該對話時，會返回您執行此命令的對話。
管理中斷點	
b break	列出檔案中的所有中斷點，包括每個中斷點被觸發的次數。
b *lineno* break *lineno* b *file:lineno* break *file:lineno*	在目前檔案的 *lineno* 行號位置，或是在 *file* 檔案名稱的 *lineno* 行號位置設定中斷點。
b *function* break *function*	在 *function* 函式的頂端設定中斷點。
tbreak *where*	在 *where* 位置設定一個臨時性中斷點（遵循 break 相同語法）。第一次觸發臨時性中斷點後，該中斷點就會被移除。
cl clear	清除所有中斷點。在清除所有內容之前會先進行確認。
cl *file:lineno* clear *file:lineno*	清除在 *file* 檔案名稱中 *lineno* 行號上的中斷點。
cl *number* clear *number*	清除 *number* 編號的中斷點。您可以指定多個編號，用空格分隔來清除多個中斷點。

詞彙術語

A

abstract base class (ABC)，抽象基底類別
指定任何衍生類別必須實作之介面的類別。抽象基底類別（ABC）本身不能被實例化。（另見 virtual subclassing，虛擬子類別化。）

abstract syntax tree (AST)，抽象語法樹
樹狀的資料結構，用來代表程式碼的整體結構。被某些靜態分析工具使用，例如 Bandit。

accelerator module，加速器模組
二進位擴充模組，提供與純 Python 模組相等的行為，但是是用 C 語言編寫的，因此更快速且能夠繞過全域直譯器鎖（GIL）。（另見 wrapper module。）

alias (v.)，取別名
將可變值綁定到多個名稱。對綁定到某個名稱的值進行的變更，這也會在綁定到該可變值的所有名稱上看見變更。

and
邏輯運算子，其兩個運算元運算式都必須評算為 True，這樣該運算子本身才會評算為 True。（另見 not、or。）

annotation，註釋
一段合法的語言語法，會被語言本身忽略，但這些註釋文字可提供額外的資訊給程式設計師或靜態分析工具。（另見 type hint，型別提示。）

anonymous，匿名的

指任何沒有名稱的可呼叫物件；匿名的可呼叫物件仍然可以被綁定到名稱上。
（另見 generator expression，產生器運算式；lambda。）

arbitrary argument list，任意引數串列

參見 argument，引數、variadic，可變參數。

arbitrary execution，任意執行

使得字串可以直接被當作 Python 程式碼執行的技術。（另見 code injection attack，程式碼注入攻擊。）

argument，引數

傳遞給可呼叫物件之參數的值。（另見 argument, keyword，關鍵字引數、argument, positional，位置引數。）

argument, keyword，關鍵字引數

根據對引數串列對參數名稱的直接指定而對應參數的引數。（另見 argument, positional，位置引數。）

argument, positional，位置引數

按照在引數串列中的順序位置對應到參數的引數。（另見 argument, keyword，關鍵字引數。）

argument, variadic，可變引數

傳遞給可變參數的引數。（另見 argument, variadic keyword，可變關鍵字引數；parameter, variadic positional，可變位置參數。）

argument, variadic keyword，可變關鍵字引數

傳遞給可變關鍵字參數的引數。（另見 argument, variadic，可變引數；parameter, variadic keyword，可變關鍵字參數。）

artifact，產物

軟體開發的副產品或最終成品，尤其是可以安裝在終端使用者環境中以執行完成的程式。

assembling，組譯

將程式編譯成原生機器碼的行為。

assert

用於宣告 assert 陳述式的關鍵字，其運算式必須返回 True，否則程式將因為 AssertionError 而中止。在某些情況下，直譯器可能會因為最佳化而去掉 assert 陳述式，因此不應該用於資料或輸入驗證。

assignment，指定值

將某個值綁定到名稱的行為。指定值永遠不會複製資料。

assignment expression，指定值運算式

允許您同時把一個值指定給一個名稱，而同一時間在另一個運算式中使用該值。在指定值運算式中，特殊的運算子（:=）被稱之為 walrus operator，海象運算子。

assignment operator (=)，指定值運算子

這個運算子是用來指定值到名稱。

async

這個關鍵字是用來宣告原生協程或非同步產生器（async def）、對非同步迭代器進行的 for 迴圈（async for）或使用非同步情境管理器的 with 陳述式（async with）。

asynchronous，非同步的

描述與非同步相容的所有事物。包括非同步迭代器、可迭代物件、產生器和協程（通常稱為原生協程，另見 coroutine，協程、native，原生）。

asynchrony，非同步性

一種並行的形式，Python 在單一執行緒中管理多工處理。

atomic，原子的

描述一個在底層由單一不可分割的 CPU 指令組成的操作或函式。非原子的操作在並行處理時有可能導致競爭條件。

attribute，屬性

類別或實例的成員變數。

attribute, class，類別屬性

屬於類別的屬性，不管是從類別本身或是類別的實例都可存取其值。

attribute, instance，實例屬性

屬於類別（物件）某個實例的屬性，從類別本身或是類別的實例都是不可以存取其值。

attribute, special，特殊屬性

核心 Python 語言特性使用的屬性。特殊屬性的名稱都是以雙底線（__）開頭和結尾。

augmented assignment operator，擴增指定值運算子

這個運算子會使用左邊和右邊的運算元來進行運算，然後將結果指定給左邊的運算元。

autouse fixture

參見 fixture, autouse。

await，等待

呼叫可等待物件的關鍵字。

awaitable，可等待物件

可呼叫的物件，能在執行中暫停和恢復。

B

base class，基底類別、基礎類別

被一個或多個類別繼承的類別。（另見 derived class，衍生類別。）

bdist

參見 built distribution (bdist)，建置發布。

benchmarking，基準測試

這是用來確定某段程式碼比另一段程式碼更快的技術。（另見 profiling，效能分析。）

big-endian，大端序

參見 byte order，位元組順序。

binary，二進位

一種只含有數字 0 和 1 的二進位數系統，對應電路板上閘門的關閉和開啟位置。在 Python 之中，二進位字面值（整數）是以 0b 為前置。（另見 hexadecimal，16 進位；octal，8 進位。）

binary extension module，二進位擴充模組

一個用 C 語言編寫的可引入擴充模組，可在 CPython 直譯器中加入新功能。（另見 accelerator module，加速器模組；wrapper module，包裝模組。）

bind，綁定

建立一個名稱和值之間的參照引用。

binding behavior，綁定行為
由物件控制在作為屬性時的使用方式；封裝了 getter、setter 和 deleter 方法。

bit，位元
二進位的最小數位；數位資訊的最小單位。

bitmask，位元遮罩
在位元運算中使用的二進位值，用於過濾掉另一個運算元中不需要的位元。

bitwise operation，位元運算
一種在運算元的個別位元上進行的低階二進位運算。

break
這個陳述式能立即退出含有它的迴圈。（另見 continue、for、while。）

breakpoint，中斷點
程式中控制權轉交給除錯器的位置。

bubble up，再次引發
重新引發已捕捉的例外。

buffer，緩衝區
一種類似佇列的結構，資料推送進去後等待被擷取。

buffer protocol，緩衝區協定
這組方法提供並管理對底層記憶體陣列的存取。

built distribution (bdist)，建置發布
包含預編譯的 Python 位元組碼和套件執行所需的所有二進位檔案的產物。

byte，位元組
這個單位一般包含 8 位元的數位資訊。

bytearray，位元組陣列
一個不可變的類位元組串物件。（另見 bytes (object)，位元組（物件））

bytecode，位元組碼
代表 Python 直譯器執行指令的緊湊程式碼。Python 的原始程式碼會被編譯成位元組碼。

byte order，位元組順序
組成較大值的位元組出現的順序。這個順序可以是**大端序**，表示複合值的最大部分先出現（在左邊），或是**小端序**，表示複合值的最小部分先出現。

bytes (object)，位元組（物件）
不可變的類位元組串物件（另見 bytearray，位元組陣列）。

bytes-like object，類位元組串物件
儲存固定大小和指定位元組順序之二進位資料的物件。

bytes literal，位元組字面值
二進位值的字面表示法。它看起來像一個以 b 為前置的字串字面值。

C

C3 method resolution order (C3 MRO)，C3 方法解析順序
參見 method resolution order，方法解析順序。

C3 superclass linearization，C3 父類別線性化
參見 superclass linearization，父類別線性化。

call (n.)，呼叫
可呼叫物件的執行。

callable，可呼叫物件
任何可以被執行的物件，一般透過輸入其名稱，後面跟著括號；可以將 0 個或
多個值作為引數把它們列在括號內傳遞給可呼叫物件。

callback，回呼
傳遞給一個函式且稍後會被呼叫的原生協程。

call stack，呼叫堆疊
這個呼叫的序列會導向目前執行陳述式。（另見 traceback，追蹤。）

camel case，駝峰式命名法
這種命名慣例是讓其中每個單字的第一個字母大寫，其餘字母小寫（例如：
FishAndChips）。如果第一個字母是大寫，這種命名慣例稱為大寫駝峰式命名
法；若第一個字母不是大寫，那就是小寫駝峰式命名法。根據 PEP 8，大寫駝
峰式命名法用於類別名稱。（另見 screaming snake case，大寫蛇形命名法；
snake case，蛇形命名法。）

canonical string representation，標準字串表示法
這是值或物件的一種可讀性較高的表示法，一般包含重新建立該值或物件所需
的所有資訊。是由 repr() 返回。

cargo cult programming，貨物崇拜程式設計

這是一種反模式，指的是在程式設計中模仿某些動作或結構，卻沒有真正理解它們，卻希望達到相關的結果。在軟體封裝中尤其常見。

chunking，切塊

指定將一個較大工作集的多少分配給單一執行緒或子行程的行為。

class，類別

一個包含屬性（變數）和方法（函式）的複合陳述式，可以從中建立實例（物件）。（另見 attribute，屬性、instance，實例、method，方法、object，物件。）

class, static，靜態類別

這個類別只包含類別屬性和類別或靜態方法，但不打算被實例化。這種技術比 singletons 單例模式更受歡迎。

classifier，分類標籤

在封裝中，指的是一個標準化的字串，有助於在套裝索引上組織和搜尋套裝，尤其是 PyPI。

clause，子句

複合陳述式的一個獨立部分；包括標頭和附屬區塊。

closure，閉包

一個可呼叫物件，返回另一個可呼叫物件，並且「閉合」一個或多個非區域的名稱。

closure, stateful，有狀態的閉包

在呼叫之間會保留一點狀態的閉包。

cls

常見的類別方法命名慣例是將第一個參數取名為 cls，此參數預期綁定到類別本身。

code coverage，程式碼涵蓋率

專案中被測試執行或涵蓋的程式碼行數佔總程式碼行數的百分比。

code injection attack，程式碼注入攻擊

這是一種駭客攻擊方式，您的程式碼可能被用來在終端使用者的機器上執行由第三方編寫的程式碼，一般都是用於惡意目的。（另見 arbitrary execution，任意執行。）

coercion，強制轉換

以隱式的方式把某個值從一種型別轉換為另一種型別。

collection，集合

一個以有組織的方式儲存多個值的物件；這是 Python 對「資料結構」的稱呼。
（另見 dictionary，字典、list，串列、set，集、tuple，元組。）

complex number，複數

一種可以儲存虛數部分的數字型別。（另見 Decimal，十進位、floatingpoint-number，浮點數、Fraction、integer，整數。）

composition，組合

兩個類別 A 和 B 之間的關係，其中類別 B 包含類別 A 的一個或多個實例作為屬性。也稱為「has-a，有一個」的關係。（另見 inheritance，繼承。）

compound assignment operator，複合指定值運算子

參見 augmented assignment operator，增量指定值運算子或 assignment expression，指定值運算式。

comprehension，綜合運算、推導式

一種直接產生集合的產生器運算式。（另見 generator expression，產生器運算式。）

comprehension, dictionary，字典綜合運算、字典推導式

一種產生器運算式的形式，可用於生成字典。它被括在大括號（{}）之中，產成器運算式的第一部分定義了鍵和值，鍵和值之間用冒號（:）分隔。

comprehension, list，串列綜合運算、串列推導式

一種產生器運算式的形式，可用於生成串列。它被括在中括號（[]）之中。

comprehension, set，集合綜合運算、集合推導式

一種產生器運算式的形式，可用於生成集合。它被括在大括號（{}）之中。

concatenate，串接、連接

是指將兩個或多個字串合併成一個。

concurrency，並行

是一種技術，其中單一執行緒在多個任務之間切換，從而增加程式的感知回應速度。一次只執行一個任務。（另見 asynchrony，非同步、parallelism，平行、threading，執行緒。）

constructor，建構子、建構函式、建構方法

是特殊的類別方法 __new__()，負責建立並返回一個新的類別實例。建構函式之後會立即呼叫初始化方法。（另見 finalizer，終結方法、initializer，初始化程式。）

consumer，消費方

是一個負責接收並處理資料的執行緒或行程。（另見 producer，生產方。）

context management protocol，情境管理協定

是指一種規範，它要求一個物件必須實作 __enter__() 和 __exit__() 方法，以便與 with 陳述式相容。

context management，情境管理器

是指一個與 with 陳述式相容的物件，能夠處理自己的設定和／或清理任務。

context variables，情境變數

是指能夠儲存不同值的變數，依據哪個非同步任務存取它們而定，也被稱之為 contextvars。

contextvars

另見 context variables，情境變數。

continue

立即跳過所在迴圈的目前迭代陳述式。（另見 break、for、while。）

conversion，轉換

指的是明確地將某個值從一種型別轉換成另一種型別的行為。

cooperative multitasking，協作式多工處理

參見 asynchrony，非同步。

copy (v.)，複製

從相同的資料在記憶體中建立另一個新的值。

core developers，核心開發者

參與主導 Python 開發的開發者。他們對於語言發展方向和提議修改的意見具有相當重要的影響。

coroutine, native，原生協程

是一種可等待的協程，是以簡單協程為基礎，能夠被暫停和恢復，以支援非同步的運算操作。

coroutine, simple，簡單協程

是一種產生器，按照需要消耗資料，而不僅僅是（或除了）生成資料。

counter

是一種針對計數可雜湊物件而設計的字典變體。（另見 defaultdict、Ordered Dict。）

coverage，涵蓋率

參見 code coverage，程式碼涵蓋率。

CPU-bound，受限於 CPU

指的是執行速度受到 CPU 速度限制的程式碼。（另見 IO-bound，受限於 IO。）

CPython

Python 的預設實作，是用 C 語言編寫的。

current working directory，目前工作目錄

使用者（或系統）從中執行命令的目錄。

D

daemonic

指的是與行程生命週期相關聯的執行緒；當主執行緒結束時，所有相關聯的 daemonic 執行緒也會被終止。

data，資料

儲存在一個值中的資訊。您可能會在其他值中有資料的副本。

deadlock，死鎖、死結

是一種錯誤的情況，當兩個或多個鎖的目前狀態結合在一起時，導致所有相關的執行緒都處於等待狀態而無法繼續執行。（另見 livelock，活鎖、starvation，飢餓。）

Decimal

一個用來儲存固定小數點數字的物件，而不是浮點數，因此能夠以小數部分表示精確的數值。（另見 complex number，複數、floating-point number，浮點數、Fraction、integer，整數。）

decorator，裝飾器

是一種特殊的可呼叫物件，用來「包裝」另一個可呼叫物件或類別，修改其行為，而不實際改變可呼叫物件的內容。一般實作成閉包。

deep-copy (v.)，深複製

是指將一個物件複製成一個新的值，並且複製該物件內部參照引用的所有資料到新的值中。

default argument value，預設引數值

如果沒有傳遞任何引數，則指定給參數的值。在參數串列中定義這個值可以使該參數成為可選擇的。（另見 parameter，參數，optional，可選擇的。）

defaultdict

是字典的一種變體，當存取未定義的鍵時，會提供預設值。（另見 Counter、OrderedDict。）

delay，延遲

參見 future，未來，

deque，雙向佇列

是一種可變的、循序的（類似陣列）集合，被最佳化用於存取第一個和最後一個項目。可以透過將串列字面值傳遞給 deque() 初始化方法來建立 deque 字面值。（另見 dictionary，字典、list，串列、set，集、tuple，元組。）

derived class，衍生類別

是從另一個類別繼承或衍生而來的類別。（另見 base class，基底類別。）

descriptor，描述器

是具有綁定行為的物件。

descriptor, data，資料描述器

是一種實作了 __get__() 以及可能的 __set__() 和／或 __delete__() 的描述器。

descriptor, non-data，非資料描述器

是只實作 __get__() 的描述器。

descriptor, read-only data，唯讀資料描述器

是一種實作了 __get__() 和 __set__()，但在後者引發 AttributeError 的描述器。

descriptor protocol，描述器協定

是規定物件為描述器時，必須實作 __get__()、__set__() 和／或 __delete__() 其中之一的協定。

deserialization，反序列化

將儲存的資料轉換成 Python 值的過程。（另見 serialization，序列化。）

destructor，**解構子、解構函式**
參見 finalizer，終結方法。

dict
字典集合的型別名稱。

dict comprehension，**字典綜合運算、字典推導式**
參見 comprehension, dictionary，字典綜合運算。

dictionary，**字典**
是一種可變的、無序的鍵一值對集合。鍵必須是可雜湊的。字典的字面值是用逗號分隔的（每對鍵和值之間用冒號分隔），並且放在大括號中（{}）。（另見 deque，雙向佇列、set，集合、tuple，元組。）

distribution package，**發布套件、發行套件**
是一個封裝和版本化原始程式碼發布版以及其相應之已建構發布版（如果有的話）的產物。

docstring，**說明字串**
是出現在函式、類別或模組的頂端（如果有的話，放在標題的正下方），包含文件說明的字串字面文字。

duck typing，**鴨子型別**
是依據其功能而非其資料型別進行處理的物件。

dunder method，**雙底線方法**
參見 method, special，特殊方法。

E

eager evaluation，**及早求值**
是指在定義或初始化可迭代物件時，對該物件中的每個項目進行評算求值的行為。（另見 lazy evaluation，惰性求值。）

Easier to Ask Forgiveness than Permission (EAFP)，
請求寬恕比請求許可更容易
是一種編寫程式碼的哲學，是指要捕捉並利用例外來控制正常執行的流程。（另見 Look Before You Leap(LBYL)，三思後行。）

eggs

參見 wheel。

elif

是在 if 陳述式中的一個條件子句，只有在所有前述標頭的條件都失效，並且它自己標頭的條件成功時才會執行。（另見 else、if。）

Ellipsis

是一個很少使用的內建值，由三個點（...）組成。在各種程式庫和模組中以不同的方式運用，但在核心語言中並不常見。

else

條件子句，可能出現在以下的情況中：1. 在 if 陳述式中，只有在其他條件子句標頭中的所有條件都失效時才會執行；或者 2. 在 try 陳述式中，只有在 try 陳述式中沒有引發例外的情況下才會執行；或者 3. 在 while 或 for 陳述式的複合陳述式中，只有當 while 或 for 標頭中的條件失效時才會執行。（另見 elif、else、finally、if、try。）

encapsulation，封裝

是類別的預期目標：將資料（屬性）與用於直譯或修改該資料的函式（方法）關聯在一起。

endianness，端序

參見 byte order，位元組順序。

entry point，入口點、進入點

是專案在引入或執行時首先執行的程式碼。

error，錯誤

是由於意外和不正確的行為而引起之程式狀態的例外狀況。（另見 exceptional state，例外狀態。）

event loop，事件迴圈

是處理非同步的迴圈，負責管理在等待中的多工處理，並提供呼叫堆疊中第一個可等候物件的方法。

except

在 try 陳述式中的 except 子句，當在 try 的程式區塊中有引發標示在標頭中的任何例外狀況時，就會執行這個 except 區塊。

exception，例外

是一個物件，代表例外的程式狀態，並儲存與該狀態相關的資訊。如果未處理，例外有可能會引發致命錯誤。（另見 error，錯誤、exceptional state，例外狀態、warning，警告。）

exceptional state，例外狀態

是一種程式狀態，在大多數情況下，必須更改資料或重新導向程式的流程，來讓程式合法繼續執行。（另見 exceptional，例外、happy path，順利路徑。）

exception chaining，例外鏈

是將一個例外與呼叫堆疊中的一個或多個先前例外關聯在一起的行為。

executor，執行器

是在多執行緒中建立和管理執行緒的物件。

expression，運算式

是指一段程式碼，它的執行結果會產生單一的值。

extension module，擴充模組

參見 binary extension module，二進位擴充模組。

F

falsey，假值

參見 truthiness，真值。

field，欄位

參見 attribute，屬性。

file-like object，類檔案物件

參見 stream，串流。

file object，檔案物件

參見 stream，串流。

finalizer，終結方法、終止器

是指特殊的實例方法 __del__()，在使用 del 運算子或垃圾回收器刪除實例時被呼叫。（另見 constructor，建構函式、initializer，初始化方法。）

finally

是 try 陳述式中的一個子句，無論其他子句中的程式碼是否拋出例外或返回，這裡始終都會執行。（另見 else、except、try。）

finder，尋檢器

是一個用來尋找被引入模組的物件。

finder, meta path，元路徑尋檢器

是一個使用特定策略來尋找模組的物件。

finder, path-based，基於路徑的尋檢器

是一種元路徑尋檢器，用來在檔案系統中尋找模組。會呼叫一個或多個路徑項目尋檢器。

finder, path entry，路徑項目尋檢器

是一種在檔案系統中以特定方式尋找模組的尋檢器，例如尋找壓縮檔案的尋檢器。

first-class citizen，第一等公民

一個指示某事物可被視為物件的標識。以 Python 為例，函式就是第一等公民。

fixture

是一個在測試可能需要的情況下設定任何東西的函式或方法，尤其是那些被多個測試共享的東西。它也能執行拆卸。

fixture, autouse

一個自動套用於所有測試的 fixture。

flaky test，不穩定測試

一個可能出現意外或偶爾失效的測試，原因不是測試的程式碼有問題。

float，浮點

參見 floating-point number，浮點數。

floating-point number，浮點數

一個帶有小數部分的數字，根據 IEEE 754 標準小數部分儲存在內部。在 Python 中，這些數字都是以雙精度方式儲存。浮點數因無法精確儲存數值而聞名。（另見 complex number，複數、Decimal、Fraction、integer，整數。）

flush (v.)，沖刷

強制擷取緩衝區中的所有資料；通常指將標準輸出串流或標準錯誤串流中的所有資料列印出來。

for

一個複合陳述式，定義迴圈，依據標頭中的可迭代物件進行迭代，並在每次迭代中執行附屬區的內容，除非明確退出。（另見 while。）

format specification，格式規範
一種含有多種旗標的小型語言，用來控制在格式化字串中數值的格式化呈現。

formatted string，格式化字串
一種字串字面值，允許您直接在字串值中插入和格式化運算式及其結果值。這種字串在開頭引號前加上 f 來表示。（另見 raw string，原始字串、string，字串、string literal，字串字面值。）

Fraction
是一種物件，用來儲存精確的分數，而不是浮點數，因此可以表示一個精確的分數數值。（另見 complex number，複數、Decimal、floating-point number，浮點數、integer，整數。）

freeze，凍結
是執行將 Python 原始程式碼編譯成凍結程式碼的過程。

freezer，凍結器
是一種工具，可以將編譯過的 Python 程式碼、Python 直譯器以及所有相依套件打包成單一的封裝產物。

frozen code，凍結程式碼
是 Python 位元組碼的 C 陣列，被組譯成機器碼。凍結的程式碼仍然需要由 Python 直譯器執行。

frozenset
不可變之變體的集合。

f-string
參見 formatted string，格式化字串。

fully qualified name，完全限定名稱
物件的名稱（如函式），就如同引入系統所看到的那樣，包括該物件所屬的套件名稱和模組名稱。（另見 qualified name，限定名稱。）

function，函式、函數
一個名稱中包含一系列陳述式的可呼叫物件，並且可以選擇性地接受一個或多個引數。（另見 callable，可呼叫物件。）

function, member，成員函式
參見 method，方法。

function, pure，純函數、純函式
指沒有副作用的函式或可呼叫物件，它 a. 不產生任何附帶效應，b. 不會影響其他函式的行為，c. 是可重複執行且無狀態的，也就是說，相同的輸入 X 總是會得到相同的輸出 Y。

functional programming，函數式程式設計
是一種以純函數為核心的程式設計範式。（另見 object-oriented programming，物件導向程式設計、procedural programming，程序式程式設計。）

function annotation，函式註釋
是對函式套用的型別提示。

future，未來物件
是一個在未來某個時間點會包含值的物件，但在它包含值之前，可以像一般物件一樣傳遞。常用於多執行緒和多工處理。在其他程式語言中，有時也稱為 promise（承諾）或 delay（延遲）。

fuzzing，模糊測試
是在測試中生成隨機的輸入，用來尋找導致程式以意外方式失效之輸入的行為。

G

garbage collection，垃圾回收
是將不再需要的物件從記憶體中移除的過程。

garbage collector, generational，世代式垃圾回收器
是處理所有參照計數垃圾回收器無法應對之特殊情況的一種垃圾回收器。（另見 garbage collection，垃圾回收器、reference-counting，參照計數。）

garbage collector, reference-counting，參照計數垃圾回收器
是在當值的參照計數達到 0 的時候就移除該值的垃圾回收器。（另見 garbage collection，垃圾回收器、garbage collector, generational，世代垃圾回收器。）

generator，產生器
參見 generator function，產生器函式、或 generator object，產生器物件。

generator expression，產生器運算式

是由單一運算式定義的匿名產生器，並且該運算式評算求值為一個產生器物件。產生器運算式之於產生器就像 lambda 之於函式。（另見 comprehension，推導式。）

generator function，產生器函式

是指含有一個或多個 yield 陳述式的函式。當直接呼叫時，會生成一個產生器物件。

generator object，產生器物件

是一個可迭代的物件，根據需求生成值。（另見 comprehension，綜合運算。）

generic function，泛型函式

參見 single-dispatch generic function，單一分派函式。

generic type，泛型型別

一般是指一種型別提示，特別是針對集合，其中集合內的項目型別是以參數形式傳遞的。

Global Interpreter Lock (GIL)，全域直譯器鎖

是在 CPython 中的一個機制，確保任何單一的 Python 行程受限於單一 CPU 核心，不論系統有多少個核心。

god class，全能類別

是一種反模式，指的是某個類別違反單一職責原則，擁有過多的目標或功能。容易出現錯誤且難以維護。

H

happy path，順利路徑

指的是一種程式執行的流程，其中所有的資料和條件都是邏輯上正確且合法有效的，因此不會發生錯誤。（另見 exceptional state，例外狀態。）

hashable，可雜湊的

指的是物件可以建立一個雜湊值，且該雜湊值在該物件的生命週期中不會改變。必須實作特殊方法 __hash__()。所有不可變的值都是可雜湊的，而許多可變型別則不是。

hash value，雜湊值

是經過某種處理而生成的獨特且不可變的值，一般是整數。具有相同雜湊值的兩個物件通常保證是等價的。由於比大多數其他值在進行比較時更快，所以有一些集合和演算法都是使用雜湊值來處理。

header，標頭

子句的第一行，大都是以冒號（:）結尾。

hexadecimal，16 進位

是一種由數字 0 到 9 和字母 A 到 F（代表十進位值 10 到 15）組成的 16 進位數字系統。在 Python 中，16 進位字面值是以 0x 作為前置。（另見 binary，2 進位、octal，8 進位。）

hook, meta，元鉤

指的是存放在 sys.meta_path 中的元路徑尋檢器。

hook, path entry，路徑項目鉤

指的是存放在 sys.path_hooks 中的路徑項目尋檢器。

I

identity，識別、身分

是指對記憶體中特定值的參照。當兩個名稱具有相同的識別時，是指它們綁定到記憶體中相同的值。

identity operator，識別運算子

參見 is，是。

if

是一個複合陳述式，根據一個或多個條件標頭的條件來執行附屬的內容。如果 if 條件標頭失效，則該複合陳述式中的每個後續 elif 條件頭都會被評算求值；如果所有條件都失效，則執行 else 子句，如果有的話。（另見 elif、else。）

immutable，不可變的

指的是某個值無法在就地修改。嘗試對指向不可變值的名稱進行變動操作將會把該名稱重新綁定到一個新的值。（另見 mutable，可變的。）

import, absolute，絕對引入

指的是使用模組的完整合格名稱的引入陳述式，從最上層的套件開始。

import, relative，相對匯入
指的是使用相對於目前套件之模組的合格名稱的引入陳述式。

importer，引入器
是一個同時扮演尋檢器和載入器角色的物件。

importer, built-in，內建引入器
是一個用來尋找並載入內建模組的引入器。

importer, frozen，凍結引入器
是一個用來尋找並載入凍結模組的引入器。

in
這個運算子是用來檢查特定值是否包含在任何實作特殊方法 __contains__() 的集合或其他物件中。

indirect parametrization，間接參數化
參見 parametrization, indirect，間接參數化。

infinite iterator，無限迭代器、無窮迭代器
是一種會持續產生值直到明確停止的迭代器。

infinite loop，無窮迴圈、無限迴圈
指的是沒有退出方式的迴圈；參見 loop, infinite，無窮迴圈。

inheritance，繼承
是指兩個類別 A 和 B 之間的關係，其中類別 B 除了擁有在類別 A 中定義的一個或多個屬性或方法外，還可能有一個或多個首次在類別 B 中定義和／或重新定義的屬性或方法。也被稱為「is-a」的關係。（另見 composition，組合。）

initializer，初始化方法、初始化函式
是指特殊的實例方法 __init__()，它在物件由建構函式從類別中建立後立即被呼叫。（另見 constructor，建構函式、finalizer，終結方法。）

instance，實例
是根據類別建立，具有一組屬性（變數）和方法（函式）的有組織集合，存在記憶體中是被視為單一值。（另見 class，類別、object，物件。）

integer，整數
整數。

interactive session，互動式對話
主控台模式，您可以即時透過直譯器輸入和執行程式碼，並查看執行的結果。

interface，介面

是指一組公開的方法，用來與類別或物件進行互動。

interpreted language，直譯型語言

是指原始程式碼或由原始程式碼生成的位元組碼在執行時由語言的直譯器在客戶端機器上直譯並執行的語言。

interpreter，直譯器

是一個能夠直譯並執行原始程式碼或位元組碼的程式。

interpreter shutdown，直譯器關閉

是直譯器的一個特殊階段，在此階段中，所有分配的資源會逐漸釋放。

intra-package reference，套件內參照

參見 import, relative，相對引入。

introspection，內省、自我檢查

程式碼在執行時期存取有關自身資訊的能力。

is

這個運算子是用來比較兩個運算元的身分識別。一般只在將運算元與 True、False 或 None 進行比較時使用。

iterable，可迭代物件

是指可以被迭代器遍訪的物件；必須透過特殊方法 __iter__() 提供一個迭代器物件。所有的集合都是可迭代的。（另見 iteration，迭代、iterative，迭代的、iterator，迭代器。）

iteration，迭代

是指對某一組中一個或多個值的每個單一值進行操作的過程，這些值可以是包含在集合中，也可以是透過陳述式按需逐一提供的值。（另見 iterable，可迭代物件、iterative，迭代的、iterator，迭代器。）

iterative，迭代的

是指使用迭代的描述。

iterator，迭代器

是指可以遍訪可迭代物件的物件；必須實作特殊方法 __next__()，並且從 __iter__() 返回自身。（另見 iterable，可迭代物件、iteration，迭代、iterative，迭代的。）

K

key function，鍵值函式
是指一個可呼叫的函式，返回集合或物件中用來排序的部分。

L

lambda
是指由一個單一運算式組成的匿名函式，其值會被隱式返回。

lazy evaluation，隋性求值、延遲求值
是指在可迭代物件中，每個項目僅在需要時進行評算求值，而不是一開始就全部評算求值。（另見 eager evaluation，及早求值。）

LEGB
參見 scope resolution order，範圍解析順序。

linter
是一種靜態分析器，用來檢查原始程式碼中的常見錯誤、潛在錯誤和風格不一致之處。

list，串列
是一種可變、循序（類似陣列）的集合。串列的字面表示法是以逗號分隔，並用中括號（[ ]）括起來。（另見 deque，雙向佇列、dictionary，字典、set，集、tuple，元組。）

list comprehension，串列綜合運算、串列推導式
參見 comprehension, list，串列綜合運算。

literal，字面值、字面表示法
是指在位置上明確定義值的運算式。

little-endian，小端序
參見 byte order，位元組順序。

livelock，活鎖、活結
是一種類似於死鎖的錯誤情況，不同的是執行緒無窮盡地重複相同的互動，而不僅僅是在等待對方。（另見 starvation，飢餓。）

loader，載入器

是指使用模組規格來載入模組的物件。

lock，鎖

是一個確保在同一時間只有一個任務、執行緒或行程可以存取共享資源的物件，以協助防止競爭條件發生。（另見 deadlock，死鎖、livelock，活鎖、starvation，飢餓」。）

Look Before You Leap (LBYL)，三思後行

是一種編寫程式碼的哲學，透過在使用值之前先測試它來防止錯誤的發生。（另見 Easier to Ask Forgiveness than Permission (EAFP)，請求寬恕比請求許可更容易。）

lookup chain，查詢鏈

是指決定 Python 在哪裡尋找屬性以及尋找順序的規則。其順序如下：資料描述符號、物件屬性、非資料描述符號，最後是根據超類別線性化的類別屬性。

loop, infinite，無窮迴圈

指的是沒有退出方式的迴圈。（參見 infinite loop，無窮迴圈。）

loose coupling，鬆散耦合

是一種模式，其中兩個或多個元件僅透過它們的公開介面互動，而不考慮它們的實作方式。

M

magic method，魔術方法

參見 method, special，特殊方法。

marking，標記

是指將元資料套用於測試和 fixtures。（另見 parametrization，參數化。）

memoryview

是一個物件，提供存取實作緩衝協定之所有物件的原始記憶體。

metaclass，元類別

是指用來實例化類別的物件。

meta hook，元鉤

參見 hook, meta。

meta path finder，元路徑尋檢器

參見 finder, meta path，元路徑尋檢器。

method，方法

是指屬於類別或實例的函式。

method, class，類別方法

是指屬於類別本身的方法，可以在類別上呼叫，也可以在類別的任何實例上呼叫。可以存取類別屬性，但不能存取實例屬性。（另見 method, instance，實例方法、method, static，靜態方法。）

method, dunder，雙底線方法

參見 method, special，特殊方法。

method, instance，實例方法

是指屬於實例的方法，可以存取特定實例的屬性。（另見 method, class，類別方法、method, static，靜態方法」。）

method, magic，魔術方法

參見 method, special，特殊方法。

method, special，特殊方法

是指在類別或實例上實作核心 Python 語言功能的方法；例如，任何支援加法運算子（＋）的實例都實作了特殊方法 __add__()。特殊方法的名稱總是以雙底線（__）開頭和結尾。

method, static，靜態方法

是指屬於類別的方法，但無法存取類別屬性或實例屬性。（另見 method, class，類別方法、method, instance，實例方法。）

method resolution order，方法解析順序

是指在繼承關係中確定檢查方法或屬性之類別順序的規則。（另見 superclass linearization，超類線性化。）

mixin，混入

是指一個純粹存在來包含您可能想要組合到其他類別中之方法和屬性的類別。它可能本身是不完整甚至是無效的，因為它不打算被直接實例化。

mocking，模擬、造假

在測試期間暫時用能模擬輸入或其他情況之版本來替換程式碼的行為。

module，模組

是 Python 中的一種組織的物件。一般是可執行的，而且通常實作成一個 Python 檔（.py）。（另見 package，套件。）

module search path，模組搜尋路徑

是定義 Python 搜尋套件、模組以及搜尋順序的目錄。

module spec，模組規格

是指一個包含關於怎麼載入模組之所有資訊的物件。

multiprocessing，多行程、多元處理、多處理

是在 Python 中實現平行處理的一種技術，透過在不同獨立的 Python 行程上執行任務來實作。（另見 concurrency，並行、parallelism，平行、threading，執行緒。）

mutable，可變動的

是指可以就地修改的值。

mutate，變動

就地修改某個值。

N

name，名稱

是由字母、數字和底線組成的標示，總是與某個值綁定。在 Python 中通常被稱為「變數」。名稱有作用域但沒有型別。

namedtuple，附名元組

附有命名欄位的元組。

name mangling，名稱改編

是 Python 的一種行為，其中屬於類別的名稱被重新命名，一般是為了防止命名衝突或提供一種弱形式的資料隱藏。任何屬於類別的名稱，如果前面有雙底線（__），就會被進行名稱改編。（另見 non-public，非公開、public，公開。）

namespace，命名空間

是指明確定義的通往某個東西（例如一個函式）的路徑。

None

是個特定的值，普遍用來表示沒有、無的值，而不是等價於 False 或 0 的值。

NoneType
None 值的資料型別。

non-public，非公開
是指一個不打算在包含的類別之外被呼叫或修改的屬性或方法，但這樣的存取仍然是可能的。非公開的名稱都是以底線（_）開頭。（另見 name mangling，名稱改編、public，公開」。）

not
是邏輯運算子，它可以反轉一個運算式的布林結果。當與 is 運算子搭配使用（is not），就可檢查兩個值是否具有不同的身份識別。（另見 and、or。）

number system，數字系統
是一種數值以數字序列表示的體系。例如，10 進位或稱為 base-10 的數字系統含有 0 到 9。（另見 binary，2 進位、hexadecimal，16 進位、octal，8 進位。）

O

object，物件
是一個類別的實例。在 Python 中，有個口頭禪就是「一切皆為物件」。

object-oriented programming，物件導向程式設計
是一種以類別和物件為基礎的程式設計範式，透過把資料和相關邏輯耦合在一起來組織成程式碼。（另見 functional programming，函數式程式設計。）

obvious，明顯的、顯而易見的
一旦您瞭解了任何符合 Python 慣用方式的解決方案，應該就會有這樣的感覺。

octal，8 進位
是由數字 0 到 7 組成的 base-8 的數字系統。在 Python 中，8 進位字面值以 0o 為前置。（另見 binary，2 進位、hexadecimal，16 進位。）

operator，運算子
是個標示，通常是一個符號，與一個或兩個運算元（數值）一起搭配形成運算式。在 Python 中，所有運算子在幕後都會呼叫一個特殊的方法。

operator, binary，二元運算子
接受兩個運算元的運算子。

operator, unary，一元運算子
接受一個運算元的運算子。

or
是個邏輯運算子，其中一個或兩個運算元的運算式必須評算求值為 True，運算子才會返回 True。（另見 and、not。）

OrderedDict
是字典的變種，提供了額外的功能，可用於追蹤和管理「鍵—值對」的順序。（另見 Counter、defaultdict。）

P

package，套件
這個詞一般指的是一個常規套件。（參見 package, regular，常規套件。）

package, namespace，命名空間套件
是一種特殊的套件，它沒有 __init__.py 模組，允許您將套件分散成多個部分中。請不要與常規套件混淆。

package, regular，常規套件
是一種特殊的模組，內含其他模組或套件。通常以包含 __init__.py 模組的目錄形式存在。

parallelism，平行、平行處理
是一種技術，同時在不同的 CPU 核心上執行多個任務。（另見 concurrency，並行處理、multiprocessing、多行程）

parameter，參數
是在函式的標頭中定義的名稱，可以在呼叫函式時傳遞（指定）一個值。（另見 argument，引數。）

parameter, keyword-only，僅限關鍵字的參數
是只接受關鍵字引數的參數。（另見 parameter, positional-only，僅限位置的參數。）

parameter, optional，可選擇性參數
是在呼叫時可以省略的引數。透過在參數串列中定義預設引數值，可以讓參數變為可選擇性使用。（另見 parameter, required，必需的參數。）

parameter, positional-only，僅限位置參數

是只接受位置引數的參數。（另見 parameter, keyword-only，僅限關鍵字參數。）

parameter, required，必需的參數

是在呼叫時必須提供引數的參數。（另見 parameter, optional，可選擇性參數。）

parameter, variadic，可變參數

參見 parameter, variadic positional，可變位置參數。

parameter, variadic keyword，可變關鍵字參數

能夠接受任意數量的關鍵字引數並將它們打包成字典的參數。可變關鍵字參數的名稱前面有兩個星號（**）。一般以 kwargs 為慣用的名稱。（另見 argument, variadic keyword，可變關鍵字引數、parameter, variadic，可變參數。）

parameter, variadic positional，可變位置參數

能夠接受任意數量的位置引數並將它們打包成元組的參數。可變位置參數的名稱前面會有一個星號（*）。一般以 args 為慣用的名稱。（另見 argument, variadic，可變引數、parameter, variadic keyword，可變關鍵字參數。）

parametrization，參數化

將一個測試擴展成多個測試，每個測試具有相同的邏輯但使用不同的資料。透過標記的方式來完成。

parametrization, indirect，間接參數化

將參數值轉給一個 fixture 的動作。

pass

直接通過，是個沒有作用的關鍵字。一般被當作程式區塊的佔位符號。

path, absolute，絕對路徑

從檔案系統的根目錄開始的路徑。

path, concrete，具體路徑

一個類路徑的物件，提供與檔案系統互動的方法。

path, pure，純路徑

一個類似路徑的物件，不直接存取底層的檔案系統。

path, relative，相對路徑

從檔案系統中某個非根目錄位置開始的路徑。

path-like object，類路徑物件

一個代表檔案系統路徑的物件。繼承自抽象類別 os.Pathlike。

pdb

參見 Python Debugger (pdb)，Python 除錯器。

PEP

參見 Python Enhancement Proposal，Python 增強提案。

PEP 8

Python 風格樣式指南。

picklable，可醃漬的、可打包的

指可以透過 pickle 協定進行序列化的任何值。

pickle，醃漬、打包

一種在大多數情況下極為緩慢且不安全的序列化格式，但在多行程處理中仍然有用。

pin (v.)，釘住

在套裝中設定一個相依內容，這樣就可以使用該相依內容的特定版本。

platform wheel

參見 wheel, platform。

polymorphism，多型

是一種模式，在這種模式中多個具有不同行為和特性的類別提供共同的介面。

portion，部分

是與命名空間套件一同發布之較大套件的一部分。

postmortem (v.)，事後檢查

在發生致命錯誤後執行除錯器。

pre-emptive multitasking，先佔式多工

參見 threading。

priming，啟動、促發

是對簡單協程進行初始呼叫的動作，將其推進到第一個 yield 陳述式，以便它可以透過 send() 收到一個值。可以透過對簡單協程呼叫 send(None) 或將其傳遞給 next() 來執行。

procedural programming，程序式程式設計

這是一種以控制區塊為組織中心，並著重於控制流程的程式設計範式。（另見

functional programming，函數式程式設計、object-oriented programming 物件導向程式設計。）

process (n.)，行程、進程、處理程序
在系統上執行之電腦程式的實例。（另見 multiprocessing，多行程、subprocess，子行程、thread，執行緒。）

producer，生產方
一個提供資料的執行緒或行程。（另見 consumer，消費方。）

profiling，效能分析
透過這種技術您可以識別現有程式碼中的效能瓶頸和常見的效能不足，進而找出可以最佳化該程式碼的地方。（另見 benchmarking，基準測試。）

promise，承諾
參見 future，未來。

provisional，暫行的、臨時的
一個套用於可能隨時更改的套件或 API 的術語，不考慮向後相容性。

property，特性
屬於類別實例的名稱。在外部的行為類似屬性，但在內部實際上是由一到三個實例方法實作的：getter、setter 和 deleter。

public，公開
預期在包含之類別外呼叫或修改的屬性或方法。（另見 non-public，非公開。）

pure function，純函式、純函數
參見 function, pure，純函式。

PyPA
參見 Python Packaging Authority (PyPA)，Python 套件管理授權小組。

PyPI
參見 Python Package Index (PyPI)，Python 套件索引。

Python Debugger (pdb)，Python 除錯器、偵錯器
Python 的除錯器，其工作流程類似於其他命令行除錯器。

Python Enhancement Proposal (PEP)，Python 增強提案
正式提案的文件，目的對 Python 程式語言相關的官方政策、標準或規範進行新增或修改。

Pythonic，Python 風格的

指符合 Python 慣用寫法的程式碼，也就是能夠充分發揮 Python 語法和行為功能的程式碼。

Python Package Index (PyPI)，Python 套件索引

一個用來存放 Python 套件的線上儲存庫。

Python Packaging Authority (PyPA)，Python 套件管理授權小組

由 Python 社群成員組成的半官方工作小組，致力於維護專案，希望讓 Python 的套件管理成為更好的體驗。

Python Software Foundation (PSF)，Python 軟體基金會

正式管理 Python 語言的非營利組織。

Q

qualified name，限定名稱

物件的名稱，例如一個函式，前面帶有其在模組和套件中的完整命名空間，如果有的話。（另見 fully qualified name，完全限定名稱。）

R

race condition，競爭條件

在並行或平行處理中引發錯誤的一種情況，結果取決於各種任務、執行緒或行程啟動、暫停、恢復和／或完成的順序（這種順序大都是不可預測的）。競爭條件一般極難檢測和除錯。（另見 lock，鎖。）

raw string，原始字串

字串字面值，其中反斜線都被視為字面字元，而非轉義字元。在開始引號前加上 r 表示。（另見 formatted string，格式化字串、string，字串、string literal，字串字面值。）

rebind，重新綁定

將現有的名稱綁定到不同的值。

recursion，遞迴

一個可呼叫物件呼叫自己；可用作迴圈的一種形式。

recursion depth，遞迴深度
從一個可呼叫物件對自己發出之尚未返回的遞迴呼叫次數。

recursion limit，遞迴限制
Python 在引發錯誤之前的最大遞迴深度；可透過 sys.setrecursionlimit() 設定。

reentrant (adj.)，可重入的
指在執行過程中可以被暫停，同時允許再次並行呼叫而不產生奇怪的效應。這是並行和平行處理中的重要概念。

reference，參照
指名稱與值之間的關聯。

reference count，參照計數
指某個特定值有多少個參照存在的計數。

repr
參見 canonical string representation，標準字串表示法。

return，返回
一個立即退出函式的陳述式，可選擇性地將跟在關鍵字後面的值傳回給呼叫該函式的程式碼。

S

scope，作用域、範圍
某個名稱可被存取的封閉程式碼結構。（另見 scope, global，全域作用域、scope, local，區域作用域、scope, nonlocal，非區域作用域。）

scope, global，全域作用域
整支程式共享的作用域；在模組頂層定義的任何名稱都在全域作用範圍內。

scope, local，區域作用域
由函式、lambda 函式或綜合運算式定義的作用域；在區域作用域內定義的任何名稱只能在該作用域範圍內可以進行存取。

scope, nonlocal，非區域作用域
局限在封閉的範圍而非目前的作用域。在巢狀函式中可看到這種作用域，例如函式 A 包含函式 B；A 是 B 的非區域作用域的範圍。

scope resolution order，範圍解析順序、作用域解析順序

搜尋特定名稱之作用域範圍的順序。最好透過縮寫 LEGB 記住，即區域（local）、封閉函式區域（enclosing-function local，也稱為非區域）、全域（global）和內建（built-in）等順序。

screaming snake case，大寫蛇形命名法

一種使用全大寫字母和底線連接的命名慣例；例如，INTEREST_RATE。一般用於視為常數的變數，符合 PEP 8 的建議。（另見 camel case，駝峰式命名法、snake case，蛇形命名法。）

sdist

參見 source distribution (sdist)，原始程式碼發布。

segmentation fault，記憶體區段錯誤

一種致命的系統錯誤，是由於程式試圖存取無權限的電腦記憶體而導致的。這是未定義行為的一種常見可能結果。

self

實例方法第一個參數的傳統命名，應該被綁定到實例本身。

sequence，序列

類陣列的集合。

serialization，序列化

將資料轉換為可儲存格式的過程。（另見 deserialization，反序列化。）

set，集合

一種可變、無序的集合，其中所有項目都確保是唯一的。集合的字面值是以逗號分隔並用大括號括起來的（{}）。（另見 deque，雙向佇列、dictionary，字典、frozenset、tuple，元組。）

set comprehension，集合綜合運算

參見 comprehension, set，集合綜合運算。

severity level，嚴重程度等級

發送到 logger 之訊息相對重要性的程度。

shadow (v.)，遮蔽、隱蔽

使用另一個名稱來隱蔽某個名稱；特別是用區域名稱隱蔽內建或全域名稱，或用實例屬性隱蔽類別屬性。

shallow copy，淺複製

參見 copy，複製。

shebang

Python 檔案頂端的特殊注釋，透過它可以讓檔案直接可執行。簡稱為「haSH-BANG」（#!），出現在該注釋的開頭。

side effects，副作用

指在函式的區域範圍之外對狀態的任何更改。

simple coroutine，簡單協程

參見 coroutine, simple，簡單協程。

single-dispatch generic function，單一調度泛型函式

對於不同型別的參數，會有不同行為的函式。

single-responsibility principle，單一責任原則

這個原則指出一個函式、類別或模組應該只具有一個清晰而明確的責任。

singleton，單例設計模式

一種設計模式，其中一個類別同一時間只允許實例化一個版本。在 Python 中一般不建議使用，更推薦使用靜態類別。（另見 class, static，靜態類別。）

slice notation，切片表示法

一種透過它可以在指定的範圍或模式上迭代多個值的下標形式。切片表示法用中括號（[ ]）括起來，包括三個整數部分：[start: stop: step]。這三個部分中的任何一個都可以省略。

slots

物件上的一組預定義屬性，使用 __slots__ 特殊類別屬性宣告。使用 slots 比預設行為更快，預設行為是將屬性儲存在字典中。

snake case，蛇形命名法

一種命名慣例，一般使用全小寫字母搭配底線（蛇）代替空格來連接命名（例如 interest_rate）。根據 PEP 8，通常用於 Python 的變數和函式名稱。（另見 camel case，駝峰命名法、screaming snake case，大寫蛇形命名法。）

software test fixture

參見 fixture。

source distribution (sdist)，原始程式碼發布

一個或多個 Python 套件打包成壓縮檔。

special attribute，特殊屬性
參見 attribute, special，特殊屬性。

special method，特殊方法
參見 method, special，特殊方法。

starred expression，星號運算式
名稱前面帶有星號（*），可以將多個值解開到其中。

starvation，饑餓
屬於錯誤的情況，其中某個執行緒被永久卡住，一直在等待未來或等待加入執行緒，尤其是為了獲取它所需的一些資料或資源。（另見 deadlock，死鎖、livelock，活鎖。）

state，狀態
在可呼叫物件的執行之間儲存的資料，一般會影響可呼叫物件的行為。

statement，陳述式
在 Python 中的單一可執行的程式碼單位，類似於英語中的一個句子。（另見 expression，運算式、statement, compound，複合陳述式。）

statement, compound，複合陳述式
是一種結構，能把額外的陳述式組織成一個或多個子句，以某種方式影響這些陳述式的執行。Python 有七種複合陳述式，分別是：if、while、for、try、with、dcf 和 class。

statement, simple，簡單陳述式
一般是指一行程式碼。（另 statement，見陳述式。）

static analyzer，靜態分析器
是一種工具，可用來檢查原始程式碼中的潛在問題或違反標準的情況。（另見 linter。）

stream，串流
一個提供從檔案或其他輸入／輸出來源讀取或寫入的緩衝區物件。

stream, standard error，標準錯誤串流
由作業系統提供的串流。作為可以把訊息印到終端模式的緩衝區，這裡是將這些訊息標記為與錯誤相關，而不是正常的輸出。

stream, standard input，標準輸入串流
由作業系統提供的串流。作為包含在終端輸入資料的緩衝區。

stream, standard output，標準輸出串流
由作業系統提供的串流。作為印出到終端模式的緩衝區。

string，字串
由一個或多個 Unicode 或 ASCII 字元組成的值。（另見 formatted string，格式化字串、raw string，原始字串、string literal，字串字面值。）

string literal，字串字面值
字串的一種字面表示法，可用一對單引號（'...'）、雙引號（"..."）或三引號（"""..."""）括起來。

struct，結構
一個用於在 Python 值和二進位資料之間進行轉換的模組，包括能與 C 值進行相互操作。

stub class
一個幾乎不包含任何資料的類別。

subprocess，子行程
一個與主行程相連的獨立行程。（另見 multiprocessing，多行程。）

subscript，下標
透過在中括號（[ ]）中指定索引整數來參照引用集合或其他物件中的個別值。

subscriptable，可下標的
指的是任何允許您透過在中括號（[ ]）中指定索引整數來存取、修改或刪除單個項目的集合或物件。要讓物件變可下標的，它必須實作一個或多個特殊方法，例如：__getitem__()、__setitem__()、__delitem__()。（另見 slice notation，切片表示法。）

suite，附屬區塊
一組程式碼區塊，包含一個或多個屬於子句（即「本體」）的陳述式，因此屬於一個控制其執行的複合陳述式。

super()
一個函式，用於存取目前類別在超類別線性化中的下一個類別。

superclass linearization，父類別線性化、超類別線性化
一個類別所繼承的基底類別串列，按照搜尋呼叫之方法的順序排列。（另見 method resolution order，方法解析順序。）

T

task，任務、工作
一個特殊的物件，用於執行原生協程而不阻塞。

teardown，清理工作
執行清理的任務，例如關閉串流或資料庫的連線、或刪除臨時的檔案。（另見 fixture。）

ternary expression，三元運算式
一種簡潔的條件運算式，能生成一個值。遵循「a if expression else b」形式，其中如果條件 expression 為 True，則三元運算式的值為 a，否則為 b。

test fixture
參見 fixture。

test-driven development (TDD)，測試驅動開發
先撰寫測試，再撰寫程式碼，然後編寫程式碼來讓測試通過的實務做法。

thread，執行緒、線緒
行程中的單一執行串流。一個行程可以有多個執行緒。

threading，執行緒處理
一種由作業系統管理多工的並行形式，透過在各個執行緒中執行各個任務來完成。（另見 asynchrony，非同步、parallelism，平行。）

thread safety，執行緒安全
是指某種技術或技巧，可用來避免與並行相關的錯誤，特別是競爭條件。

timeout，逾時
在並行和平行程式設計中，指的是程式等待執行緒或行程完成的最大時間，超過這個時間程式就會放棄等待。

traceback，追蹤回溯
是指造成例外的完整呼叫堆疊，以及有關例外本身的所有資訊。

truthiness，真值
指的是任何運算式或值的隱含布林值；如果評算求值為 True 則為真，如果評算求值為 False 則為假。等價於 False、0 或 None 的值都是假，其他則是真值。

truthy，真值
參見 truthiness，真值。

try

是個複合陳述式，用來捕捉在初始子句所引發的所有例外，並根據後面接續的 except、else 和 finally 子句進行處理。（另見 else、except、finally。）

tuple，元組

是一個不可變的、有序（類似陣列）的集合。Tuple 的字面值以逗號分隔，一般是用括號（( )）括起來。（另見雙向佇列，deque、字典，dictionary、串列，list、namedtuple、集合，set。）

Turing-complete，圖靈完備性

描述一種語言的特性，也就是您可以在其中實作任何其他程式語言並執行該語言中編寫的任何程式。

type

幾乎所有類別實例化的元類別。

type alias，型別別名

是指綁定到型別提示的名稱，尤其是參數化的泛型型別，以便能更輕鬆地重複使用。

type annotations，型別註釋

參見 type hint，型別提示。

type hint，型別提示

是一種註釋，用來描述與名稱、參數或函式返回相關聯的預期資料型別。只由某些靜態分析工具使用；在 Python 語言本身會完全被忽略。

U

undefined behavior，未定義行為

指在程式碼中出現一種沒有正式定義要如何處理的情況。（另見 segmentation fault，記憶體區段錯誤。）

unit test，單元測試

針對單一單元（例如一個函式或一個函式中的特定路徑）來驗證行為的測試。

unpack，解開

將集合或其他可迭代物中的每個值解開指定給多個名稱。

V

value，值

記憶體中的獨特資料複本。必須有一個對該值的參照引用，否則就會被刪除。值具有型別但沒有作用域。

variable，變數

指的是一個名稱及其值關聯在一起的組合。

variable, member，成員變數

參見 attribute，屬性。

version control system，版本控制系統

是一種追蹤原始程式碼和其他檔案修訂的軟體。Git 是其中一個主要的例子。

virtual environment，虛擬環境

是一個隔離的環境，其中包含所需套件的獨立安裝。

virtual subclassing，虛擬子類別

是一種技術讓其中抽象基底類別（ABC）回報某些類別被視為是衍生的，即使它們實際上並不是。

W

walrus operator，海象運算子

參見 assignment expression，指定值運算式。

warning，警告

這項訊息是關於問題已被解決或還有其他重要的資訊。預設情況下，警告並不是致命的錯誤。（另見 exception，例外。）

warnings filter，警告過濾器

是傳給 Python 直譯器的參數，可用來控制要顯示哪些警告以及顯示方式。

weakref，弱參照

是一種參照，是不會增加參照計數的值。

wheel
中譯為輪子，但在這裡大都不用翻譯。它是 Python 建置發布套件的一種標準格式，定義在 PEP 237 中。取代了 eggs，目標相似但它有更多限制格式。

wheel, platform
是針對特定系統建置的 Python 發布套件格式。

while
複合陳述式，用來定義迴圈，只要標頭中的條件為 true 就執行附屬程式區塊，除非明確地退出。（另見 for。）

wrapper module，包裝模組
二進位擴充模組，可把某個 C 程式庫呈現給 Python 使用。（另參 accelerator module，加速模組。）

Y

yield
是在產生器和簡單協程中使用的關鍵字。有兩種作用：a. 將跟在運算子後面之運算式的值返回給產生器 __next__() 方法的呼叫方；b. 把透過協程的 send() 方法發送給協程的值傳給運算子前面的指定值運算子。（另見 generator，產生器、yield from。）

yield from
是一個陳述式，能把執行控制流程從目前的產生器傳到跟隨這個運算子的可迭代物件。（另見 generator，產生器、yield。）

Z

Zen of Python, The，Python 之禪
是由 Tim Peters 所寫的一首禪意詩，表達了 Python 語言的哲學觀。

Python 風格徹底研究｜超詳實、好理解的 Python 必學主題

作　　者：Jason C McDonald
譯　　者：H&C
企劃編輯：詹祐甯
文字編輯：江雅鈴
設計裝幀：張寶莉
發 行 人：廖文良

發 行 所：碁峰資訊股份有限公司
地　　址：台北市南港區三重路 66 號 7 樓之 6
電　　話：(02)2788-2408
傳　　真：(02)8192-4433
網　　站：www.gotop.com.tw
書　　號：ACL068600
版　　次：2024 年 02 月初版
建議售價：NT$980

國家圖書館出版品預行編目資料

Python 風格徹底研究：超詳實、好理解的 Python 必學主題 /
　　Jason C McDonald 原著；H&C 譯. -- 初版. -- 臺北市：碁峰
　　資訊, 2024.02
　　　　面；　　公分
　　譯自：Dead Simple Python
　　ISBN 978-626-324-738-3(平裝)
　　1.CST：Python(電腦程式語言)
312.32P97　　　　　　　　　　　　　　　113000151